云南古代水文献大系

卷四

江　燕
毕先弟　编著

云南大学出版社
YUNNAN UNIVERSITY PRESS
·昆明·

图书在版编目（CIP）数据

云南古代水文献大系 ： 共六册 / 江燕，毕先弟编著
. -- 昆明 ： 云南大学出版社，2024
ISBN 978-7-5482-4510-0

Ⅰ. ①云… Ⅱ. ①江… ②毕… Ⅲ. ①水文资料－文献资料－云南－古代 Ⅳ. ①P337.274

中国版本图书馆CIP数据核字(2021)第281305号

审图号：GS(2023)2474号

策划编辑：段 然 苏 珊
责任编辑：李春艳 余家涛
装帧设计：刘 雨

云南古代水文献大系

YUNNAN GUDAI SHUI WENXIAN DAXI

江 燕 毕先弟 / 编著

出版发行：云南大学出版社
印装：云南天欣彩印包装有限公司
开本：890mm×1260mm 1/16
印张：241.625
字数：6116千字
版次：2024年5月第1版
印次：2024年5月第1次印刷
书号：ISBN 978-7-5482-4510-0
定价：2400.00元（共六册）

社址：云南省昆明市一二一大街182号（云南大学东陆校区英华园内）
邮编：650091
电话：（0871）65031070 65033244 65031071
网址：http://www. ynup. com
E-mail：market@ynup. com

《云南古代水文献大系》编委会

编　　著　江　燕　毕先弟

编　　委　郑　畅　宫　珏　刘景毛　顾胜华

郭　劲　方　婕

特约编辑　周元晖

目　录

卷　四

津　梁

卷四

津梁

省志

（景泰）云南图经志书·地理志·事要·桥梁

卷一　地理志　事要　桥梁

云南府

云津桥　在城东二里许，当通衢，所跨者即盘龙江之水，自商山之麓流过郡城，所谓萦城银棱河者是也。桥旧名大德，毁于兵，洪武癸酉，西平侯沐春复甃石为之，其东西表以二坊，因桥之名，视旧有加焉。

儒学提举孙大亨《大德桥记》曰：

营缮之兴以其时，皆所以修政经，虑民患，非直为快登览而崇宴游也。夫观射以练武实，塘池以虞旱灾，囿苑以资匮乏，虽裒民之役，劳而不怨，知夫惠及于己，上之人无专利也。况当要冲之津，建舆梁以惠乎。

中庆，古鄯阐也。山川明秀，民物阜昌，冬不祁寒，夏不剧暑，奇花异卉，四序不歇，风景熙熙，寔坤维之胜区也。抑尝闻向之未沾王化也，土悍俗恶，庑宇湫隘，毡裘椎髻，而与中国殊绝。粤自世祖皇帝恢拓疆宇，重以六诏相为雄长，干戈日寻，生灵涂炭，神兵所向，遐域悉定。凯旋之日，命镇戍缉绥诸部，继署省台以控驭之，置郡县，设庠序，宣教化，布政令，移风易俗，不啻影响之应形声。由是远夷蚁附，烟火相望，千里无间，既富且庶，诸蛮朝贡，络绎不绝，有以见圣元德化之盛，敻掩前闻也。

去城之东百举武，有江横绝，曰盘龙。正北八十里许，屈偿、昧祥、邵三甸，凡九十九泉，混混然与诸涧会而为一，乃其源也。蜿蜒滂湃，南入于滇池。夏秋霖雨，泛滥涨溢，波及阛阓，民甚病之。旧虽草创二梁，但树柱架木，叠壤支撑，因循苟且，屡为洪涛所摧，不特稽留远迩，仍惕于蹴踏倾覆之患，迨夫霜降水落，辄复募民料理，岁以为常，靡财耗力，不可殚纪。荣禄大夫云南行中书省平章政事也先不花慨然曰："是津也，梁王经行之所，可不防虞？又且岁岁勤民，曷若坚其基本，壮其规模，为暂劳永逸之策，不其韪欤？"左丞月忽乃、参知政事阿叙、参知政事忽速剌暨幕府诸君咸赞成之，遂命中庆路总管李顺义、千户杨德元董其事，嵩明州倅刘甫杀水势，奠地形，庀工度费。于是工役云集，木石山委，蹲鸱深榛，干泉甃石，巨木为阁，骊水三通，覆以层宇，翼以栏楯，列为九楹。其广二丈七尺，袤十丈有奇，观其壮丽，彼建宁之平政、新州之仁义，曾不是过，屹乎若蜃楼之跨海，灿乎若螮蝀之截渊。轮焉奂焉，实百代之奇功，一方之伟观也。高揖碧鸡，嵯峨千仞，俯临云渚，渺瀁万顷。居民父老愕眙而相谓也：“不图中国之制度获睹于斯也。”举欣欣然有喜色，而歌之曰：“昔我病涉兮，今安若于衽席。昔我之劳勚兮，今憧憧而自适。皆我公之惠政兮，服之无斁。”由此观之，民之所以奔命乐从，如子趋父事，知其不专利于上也。如此彼以乘舆济人于溱洧者，又焉足云乎哉！经始于丁酉孟春，落成于是年季夏，总其工役一千有八十，铁以斤计一万一千二百，木石各十余万。

事既，诸僚属各订其名曰某，平章公皆未之许。绩用方成，朝廷遣使持诏改元，公曰：“灼见圣上之德被迩遐，民劳之功适遭盛际，我辈实无预，当以大德名之。”佥曰：“善。”仍属笔于大亨，辞不获，已乃直纪其实。

於戏！公之意何其深且远哉！盖以方今圣天子治政以德，海宇宁谧，四夷咸宾，诸藩内附，时和岁丰，斯元之所由改也，以是扁颜岂不宜乎？然盛德元勋而不自居，《易》曰“劳谦君子，万民服也”，我公有焉，故乐为之书。

王景常《云津桥记》曰：

云南城东陬，有池曰昆明，池之大不知其几百里也。昆明之上游，有江曰盘龙，江之源亦不知其几百里也。汪洋湍激，深广莫测，而大逵寔通。昔有桥，曰大德，毁于兵有年矣。

天朝下云南，内讧外攘，庶事草创，随葺随罅，行道用棘。今西平侯沐公以为桥梁之政，王道攸关，不一大举，无以示悠久。乃命立表识、辇巨石、杀川流、揵石菑、度丈尺、计工庸，锢石趾以厮暴湍，疏三门以通舳舻，穹窿坱轧，夹以石槛，琳琅蕤篴，横截天堑。方轨长驱，肩摩毂击，屹若金堤，亘若垂虹，行者若履平地焉。是役也，经始于癸酉之冬十月，视成于甲戌之春三月。凡鸠军工，以日计之，几万几千。以其当云南之要津，故名。

夫十月成舆梁，古之制也，然未有梁以石者。至汉以石梁灞，李得昭以石累洛，其来尚矣。矧云南遐遏万里，新建岷府，辇毂之驰道，三军之扈卫，控扼大藩，詟伏百蛮之地，苟无舆梁以观之，何以为名城内地哉？西平奉扬天子休德，凡所以镇绥经理、兴利殄菑，以与前人确类如此。然夷人得践大中至正之途，捐绳牵索引之刁，绝摄衣褰裳之艰，释龟足皲瘃之难，而喁焉以哗，群焉以趍，蠕焉以履，欢欣鼓舞，以自蹈于夷途，繄谁之力欤？昔司马相如桥孙水以通莋都，通使节也；史万岁锢铁桥以渡金沙，利行师也。史犹书之。然通使节与通攀辇孰重？济甲士与济国人孰亟？由是曳之，云津光臻前古矣。

於戏！天子休德，西平布之。天子有民，西闰济之。巍巍石梁，万世赖之。西平名春，字景春，黔宁昭靖王子也。

溥润桥　在咸和门外，所跨者即云津桥从来之水也，上为屋若干楹，旧名至正桥。其详有碑记，附于末卷。

通济桥　在城南关市中，即银棱河之旁流泛注入于市而不可渡，故为是桥，亦表以坊，与金马、碧鸡二坊相接立也。

大河桥 在富民县北三里许。

永济桥 在宜良县汤池巡检司前。

晋宁州

四通桥 在州治之西村，通新兴、沅江等府州。

济远桥 在呈贡县南一里，通官道。

安宁州

东 桥 在州治之东巡检司前。高三丈，阔加倍之，螳螂川之水经其下。

丰 桥 在禄丰县西。阔十丈，其高仅三之一，星宿河之水经其下。

昆阳州

嵩明州

龙济桥 去州之南十里许。

龙街桥 去州之西南二十里许。

卷二

澂江府

普济桥 在府治西北，通要路，而空谷、北坡诸泉过其下。长二寻有奇，阔半之。先是，以木为之，撼动莫敢渡。正统间，知府王彦构石甃之，民皆称便。桥之傍多树以柳。北去数十步，有坊曰迎恩，亦彦所建也。

新兴州

玉溪桥 在州治西白城乡。所跨之溪，其水萦带，苍碧如玉，因以名桥。

路南州

曲靖军民府

潇湘江桥 景泰三年，以石重甃，长可十丈，阔二丈，木蓉箐溪之水过其下。

白石江桥 洪武二十五年，甃石为之，长六引，阔可二寻，马龙溪之水流于其下。

霑益州

太平桥 在州南一百四十里交水村。长八丈，阔二丈，块步溪水流其下。

阿幢桥 在州南一百七十里巡检司南。长一十五丈，阔一丈，腊溪水流其下。

山塘桥 在州南一百七十里山塘铺。长十丈，阔二丈，山塘溪水过焉。

可渡桥 在州北一百二十里可渡河。长八丈余，阔一丈五尺。

永安桥 在越州卫城北。长八丈五尺，阔二丈，弄泥溪水流其下。

陆凉州

城南桥 在城南，洪武二十三年建。

城北桥 在城西北芳华乡。跨南涧之水，洪武十五年建置。

镇夷桥 在越州卫之南，洪武二十七年重建。

马龙州

观音桥　在州治西。长四丈三尺，阔一丈五尺，西河水流其下。

罗雄州

寻甸军民府

迎恩桥　在府治之南。旧尝为土桥，以渡山溪之涨，随筑随圮。景泰二年，通判陈溥始构木为之，覆以屋三楹，俾民交易其间，以贸迁有无，民甚利之。

通靖桥　去府东二十里江外村。长三十丈，阔五尺，跨阿交合溪之上，当四达之冲，而行者便焉。

温泉桥　去府南五十里甸头里。长七丈，阔五尺，亦跨阿交合之溪。

武定军民府

和曲州

大木桥　在州治东二里许。

高　桥　在南甸西北八十里。

大板桥　在元谋县西一里。

禄劝州

卷三

临安府

迎恩桥　在府东二里。初为板桥，正统间以石甃之，长二丈，广五尺，上覆以屋，有坊曰“迎恩”。

泸江桥　在府南一里。建于宣德四年，跨泸江之上，长一十二丈，广五尺，上盖以屋九间，人皆称便。

建水州

玉虹桥　在州西十五里泸江乡。长四丈，广一丈二尺，跨泸江之流，民不病涉，故重而名之。

石屏州

迎恩桥　在州治之东。旧架以木，水泛则漂，民皆徒涉。景泰四年，甃之以石，长五引有奇，阔二寻，其上构亭四楹，其下分为三洞，以通水道。桥西为坊，颜曰“迎恩”。

落矣桥　在州西八十里宝秀乡。长一引有半，阔一丈许，跨于落矣河上。又有小桥在州之东，石桥在州之北，通远桥在州之西，皆便于民。

宁　州

阿迷州

广西府

师宗州

弥勒州

正津桥　在州前。长五丈余，阔七尺，跨八甸溪之上流。

维摩州

广南府

富　州

元江军民府

混龙桥　在府西四十里阿南村。长三丈，阔一丈许，上有栏杆护之，而峨峨河水流于其下。

镇沅府

马龙他郎甸长官司

卷四

楚雄府

平山桥　跨平山河之上。正统十年，知府冯郁以石造之。

龙川桥　在黑盐井巡检司前，跨龙川江之上。

陡涧桥　在广通县东七十五里舍资巡检司之前。

镇南州

平夷桥　在州西五里。

白塔桥　在州西二十五里。

南安州

姚安军民府

姚　州

蜻蛉桥　在州之西北，跨蜻蛉河之水。

承恩桥　在大姚县之南，跨大姚河上，为屋五楹以覆之。

景东府

通华桥　在府治之北，跨通华河上。

顺宁府

遵化桥　在麻陋缺村，草亭覆其上。

归义桥　在甸中村。

永宁府

澜沧卫军民指挥使司

蒗蕖州

白角桥　在白角乡，跨白角河之流。

北胜州

桑园桥　去州南一百五十里，跨桑园河之上。阔八尺，长五丈余，隆冬民不病涉。

延寿桥　去州西一里，跨四城乡之小溪。阔一丈许，长四丈余，上为屋四楹以覆之。

者乐甸长官司

卷五

大理府

迎恩桥　一名黑龙桥，在下关城外。路通冲要，跨洱海之下流，当湍急之处。旧为木桥以度，往往为狂风所撼折，度者如临渊履冰。正统间，知府贾铨倡卫士合谋，甃石为六址，酾以五洞，横架大木，而墁之以石，其长以尺计百有五十，阔杀长十之八，两傍为栏楯，如其长之数，民甚便之。

双鹤桥　在城南门外。

狮子桥　在城北门外。

赵　州

邓川州

青索鼻桥　在州东青索鼻巡检司前。阔一丈，长五尺。

进宝桥　在州西南遵政乡。阔一丈，长四丈余。

云龙州

蒙化府

蒙城桥　在府西二里乌保郎里。

甸头桥　在府北六十五里甸头巡检司南。

样备桥　有二处，一在府西北一百五十里新兴乡，一在府西北一百九十里样备里。

鹤庆军民府

玄化桥　在府西南一里，以石为之。

落钟桥　在府南，又有长康、金登二桥。其北有东山桥，又有象跪桥，各相距不远。

剑川州

济川桥　在州南十里。其东有江东桥，北有巅场桥。

顺　州

乌铺桥　去州西南一十五里，跨乌铺山之间。

丽江军民府

通安州

东员桥　在州南五里，跨清溪之出雪山下者。

宝山州

兰　州

巨津州

普济桥　在剌巴铺前。

卷六

金齿军民指挥使司

众安桥　在诸葛营之西。其东有神济桥，皆跨于沙河之上。

北津桥　旧名板桥，在城北二十里板桥村。长五丈六尺，阔二丈，为屋其上，往来者皆憩于此。东去十里，又有曰东津桥，皆跨于清水河之上。

凤鸣桥　在城北一百二十里沙木河之上。

太平桥　在永平县东一里江东村。又其东北有二桥，曰安定，曰通市，俱跨银龙江之上。

腾冲军民指挥使司

大盈桥　在城西门外，跨大盈江上。

藤　桥　有三处，在龙川、在瓦甸、在曲石，而其桥俱跨龙川江上。盖江水湍急，难以木石为之，自古编藤为桥，系于岩树，以通人马，一年一换。

外夷衙门

〔据陈文修景泰《云南图经志书》（李春龙、刘景毛校注，云南民族出版社2002年版）卷一至卷六《地理志·事要》辑录各府州之桥梁。〕

（正德）云南志·关梁

卷二　云南等处承宣布政使司　云南府

云津桥　在城东二里许，当通衢。水出盘龙江，流经商山之麓，过郡城，入滇池，所谓萦城银稜河者是也。桥旧名大德，毁于兵。洪武癸酉，西平侯沐春重修，其东西表以旗楼，有记。

溥润桥　在城东咸和门外，云津桥北，旧名至正。

通济桥　在云津桥西。水即银稜河之旁流泛注于市而不可渡，故为是桥。

浮　桥　在溥润桥北，即云津之上流也。

望仙桥 在南坝。

四通桥 在晋宁州西，路通新兴、元江等府州。

济远桥 在呈贡县南。

永安桥 旧名东桥，在安宁州东，螳螂川水经其下。弘治七年，巡抚都御史张诰重建，提学佥事欧阳旦有记。

永丰桥 在禄丰县西，星宿河之水经其下。

龙济桥 在嵩明州之南十里许。

龙衔桥 在嵩明州东南二十里许。

大河桥 在富民县北三里许。

永济桥 在宜良县汤池巡检司前。

卷三 大理府

迎恩桥 一名黑龙桥，在下关城外，跨洱海下流，当湍急之处。旧为木桥，以渡往来，每遇狂风摇撼，行者惴惴。正统间，知府贾铨倡卫士谋固之，址石以六，酾洞以五，横址以木，墁木以石，为长九百尺有五十，阔视长杀什之八，两傍为栏楯如长之数，民甚便之。

双鹤桥 在府城南，桥柱立二铜鹤。

狮子桥 在府城北门外。

成美桥 在府城南五里。成化间，知府李逊建，后圮于水。弘治四年，知府马自然重建。

七里桥 在府城南七里。弘治十二年，同知应铉建。

宣化桥 一名黑桥，在狮子桥北，屡圮于水。弘治十年，知府许坦建。

作邑桥 在作邑铺，僧人募木为之，长二百尺。

永安桥 在赵州南门外。弘治二年，署州事楚雄府同知陈宝建。

太平桥 在赵州北，成化二年建。

仪凤桥 在赵州西门外，弘治二年建。

矣江桥 在云南县西八里。

板 桥 在云南县南二十五里。

大板桥 在云南县南五十五里。

德源桥 一名寺寨桥，在邓川州北一十五里。

三道桥 在邓川州东十里，成化间建。

进宝桥 一名银桥，在邓川州东十里。横大木，跨弥苴江，为长四丈以强，阔杀长之三。

青索鼻桥 在邓川州东青索鼻巡检司前。

通济桥 在浪穹县十里，弘治三年建。

卷四 临安府

曲陀关 在河西县北三十里，一名万松营。元号主雪部，山势峭拔，其顶平衍，中有甘泉三十八穴，四面冈峦环抱，茂林葱翠，永乐间立。

迎恩桥　在府东二里。始桥以板为之，正统间易以石，长二丈，广五尺，上覆以屋，有牌楼，题曰“迎恩”。石屏州、宁州各有迎恩桥。

泸江桥　在府南一里。宣德四年建，跨泸江之水，固墩以石者十，斯水以洞者九，续穹于墩，延路于桥，长一十二丈，广五尺，上覆以屋，亦九间，往来利之。

泰安桥　在阿迷州西三十里。

曲江桥　在府城北九十里。

飞虹桥　在府城南二里，跨中沟河之水。正统九年建，成化十年重修。

浣衣桥　在府治南二里，跨小河之水。其水甚洁，浣衣胜他水。正统间建。

永安桥　在府治西北一十五里，跨白龙泉之流。成化十七年建，御史王璟有记。

登瀛桥　在府西南。成化一年建，有碑。

百花桥　在府治南山无垢寺前。夹岸桃李，芙蓉诸花，四时开放，故名。天顺丁丑建。

玉虹桥　在建水州西南一十五里。长四丈，广一丈二尺，跨泸江之流。

天生桥　在建水州南梭罗庄哨。其水潺潺，四时有声，有长石跨流成桥，故名。

落矣桥　在石屏州西八十里宝秀乡。长一引有半，阔一丈许，跨于落矣河上。又有小桥在州之东，石桥在州之北，通远桥在州之西。

通儒桥　在宁州学右。跨半池下流，士夫往来要路。弘治间建。

溥利桥　在通海县东一里，弘治二年建。

永济桥　在通海县东一百步，弘治二年建。

云济桥　在河西县北八十步。正统间造，弘治三年重修。

指南桥　在河西县南二里。弘治二年重修，上建凉亭三间，以憩往来行人。

桂峰桥　在嶍峨县南五十步，成化间建。

宜民桥　在蒙自县东。洪武间立，王景常有碑。

长　桥　在蒙自县东十里铺边。春夏水泛，行人以舟渡，秋冬则由桥，桥长十五丈。天顺三年建。

卷五　楚雄府

平山桥　跨平山河之水。正统十年，知府冯郁建。

龙川桥　在黑盐井巡检司前，跨龙川江之水。

陡涧桥　在广通县东七十五里舍资巡检司前。

平夷桥　在镇南州西五里。

白塔桥　在镇南州西二十五里，跨平夷川。

卧龙岗桥　在府治西七里，跨卧龙河。成化十一年造。

凌虚桥　在府治东三十五里。弘治四年，知府邵敏造。

明月桥　在广通县西二里。

清风桥　在广通县东三里。

济川桥　在府治西四十里吕合巡检司前。先是架木为桥，修废不时，行者病涉。成化二十二年，知府邵敏、同知陈宝易木以石，断水以洞，长十丈，广二丈，护以石栏，以防蹉跌。初名前浪，又改拱辰，今改济川。

安乐桥 在舍资驿西一里。成化十九年，改为腾霄桥。弘治十四年，本府重修，仍旧名。

濯缨桥 在广通县南路甸驿前。永乐十七年，土官段时可建。

翠微桥 在广通县东二十里蒙七塔铺前。

迎恩桥 在南安州治北一里，成化二十二年造。

丹桂桥 在镇南州西五里。

永济桥 在定边县驿前，成化八年造。

擢秀桥 在南安州治东，成化十四年造。

德胜桥 在定边县十里。成化十八年，知县冯源广造。

普利桥 在定边县。桥甚高广，四达之冲，为一县壮丽。

西龙桥 在碍嘉县北十里。

麻弄桥 在碍嘉县南十里。

卷六 澂江府

普济桥 在府西北二里，通要路，而空谷、北坡诸泉过其下，长二寻有奇，阔半之。先是骈木为之，行者病其摇撼。正统间，知府王彦易木以石，民皆称便。桥之傍多树以柳，去桥数十步，有坊曰“迎恩”。

清平桥 在府西二里，今名青云。

借虹桥 在府东四十里，知府安康建。

海门桥 在江川县东南八里，抚仙、星云二湖水相通处。天顺五年建。

永济桥 在江川县治西。

通南桥 在阳宗县西二里。

玉溪桥 在新兴州治西白城乡。所跨之溪，其水萦带，苍碧如玉，因以名桥。

板　桥 在路南州治东。

蒙化府

蒙城桥 在府城西，天顺二年建。

甸头桥 在府城北六十里，弘治七年建。

样备桥 有二，一在府城西北一百五十里，俗名四十里桥；一在府城西北一百九十里样备巡检司前，洪武十七年建。

卷七 景东府

通华桥 在府治北，跨通华河水。

广南府

广西府

大石桥 在府治西一里。弘治十三年，知府朱继祖重建。

所普桥 在府西三十里。

玉津桥 在弥勒州前。长五丈，阔七尺，跨八甸溪之上流。

盘江渡　在师宗州东一百六十里马者笼乡。

卷八　镇沅府

永宁府

顺宁府

遵化桥　在麻陋缺村，草亭覆其上。

归义桥　在甸中村。

卷九　曲靖军民府

澄清上中下三桥　上桥去府治南九里，中桥去府治南七里，下桥在府治西三义驿，俱弘治十七年建，有记。

潇湘江桥　跨木容关溪之水。景泰三年建，弘治十五年，知府焦韶、同知胡光重建。

白石江桥　在府城北八里。洪武二十五年建，长六引，阔可二寻，马龙溪之水流其下。

石堡山桥　在府城南二十里。

迎恩桥　在府城北双沼之间，桥下有闸。洪武初建。

太平桥　在霑益州南一百四十里交水村。长八丈，阔二丈，块步溪水流其下。

阿幢桥　在霑益州南一百七十里。长一十五丈，阔一丈，腊溪水流其下。

山塘桥　在霑益州南一百七十里山塘铺。长十丈，阔一丈，山塘溪水过焉。

可渡桥　在霑益州北一百二十里可渡河。长八丈余，阔一丈五尺。

永安桥　在越州卫城北。长八丈五尺，阔二丈，弄泥溪水流其下。

城南桥　在六凉卫城南，洪武二十三年建。

城北桥　在卫城西北芳华乡，跨南涧之水。洪武十五年建。

镇夷桥　在越州卫南，洪武二十七年重建。

观音桥　在马龙州治西。长四丈三尺，阔一丈五尺，西河水流其下。

姚安军民府

青蛉桥　在府治西北，跨青蛉河之上。旧为木桥，弘治十五年，知府王嘉庆易以石。

迎春桥　在府城北一百二十里。

栋川桥　在府治南，旧名南门桥。弘治初，都指挥李经建，十五年圮于水，按察佥事郁容、知府王嘉庆重建，立牌楼以表其上。

惠通桥　在州治南六里，即惠通海子水所注处。知府马自然治闸其上，以蓄泄水利，民甚赖之。

宝泉桥　在白盐井提举司治前。

荣春桥　在白盐井提举司治后。

孔全桥　在白盐井提举司之西三十里，跨一抛江，以通盐利。

承恩桥　在大姚县治南一里，跨大姚河，上为屋五楹以覆之。永乐十四年，千户施宥建。

迎恩桥　在大姚县西南八里，跨大姚河，一名八里桥。

广济桥　在县治西北三里。

利济桥　在大姚县东四里。

卷十　鹤庆军民府

长康桥　在府治南一十里，驿路经行之所。

金登桥　在府治南二十里，跨漾共江之水，阔三十余丈，桥长视川之阔六尺。郡人岁治木为之，又于其上列木栏楯以防坠跌。

通济桥　在府治南一十五里，跨清河之水。初骈木为桥，辄修辄坏，后居人张质始易以石。桥长一丈五尺，阔九尺，往来利之。

象跪桥　在府治北八里象跪村。是村多怪石巉岩，如狼牙。相传昔有白象过此，不能行，两足跪地，有顷起行，如履平地，有若神助然，因名。其桥长一十五丈，亦驿路经行之所。

金翅鸟桥　在府治南三里，亦经行官道。初以木为之，修废不时。正统九年，郡人曹政易之以石。傍有金翅鸟庙，故名。

东山桥　在府治东七里。长二十余丈，军民樵采必由之路。

金沙江渡　在府治东一百一十里。江阔一里许，深不可测，波涛汹涌。入夏则有瘴，不堪止宿，霜降后乃可渡，渡用刳木船二，比之以为固，人亦便之。

江东桥　在剑川州治东北三里。

颠场桥　在剑川州治北二十里，跨丽江九和之水。

罗城桥　在剑川州治南十五里，跨剑海之水。弘治五年，本府通判莫文芳造。十五年，同知胡尚安重修。

济川桥　在剑川州南十里，跨剑川湖下流。

乌铺桥　去顺州西南十五里，跨乌铺山之涧。

牛甸桥　在顺州治西南一里，跨湖水下流。

已上二桥，俱弘治十五年，知州封澂同土舍子海重修。

武定军民府

虎市桥　在府治东北一里。弘治四年，土官知府凤英建。

龙潭桥　在虎市桥东一里。两岸石壁峭立相对，跨以木桥，下有龙潭，深不可测。俗传内有灵物，桥不可甓，甓之则塌。

大营桥　在府治西南五里。弘治十二年，土官知府凤英建。

通远桥　在府治西南，路通元谋县。弘治十二年建，十六年重修。

济溪桥　在府治东南四十里冷村铺东。天顺七年建，弘治十六年重修。

聚保桥　在府治北卓姑村，弘治九年建。

陟久罗桥　在府治北易笼他衣艾村。弘治十五年，知府凤英建。

骂勒桥　在府治东北阿甸村。弘治十五年，知府凤英建。

法泥则桥　在府治东北。弘治十七年，知府凤英建。

高　桥　在废南甸县西北八十里。正统十年，土官知府阿宁建。

大木桥　在和曲州东二里。正统十年，土官知府阿宁建。

大板桥　在元谋县西一里。正统十一年，土官知县吾起建，成化二十年重修。

卷十一　寻甸军民府

靖远桥　在府北门外。成化丁未，知府谢绍修。

迎恩桥　在府治南。初木桥苟且，溪善泛溢，修废不时。景泰二年，通判陈溥撤而新之，构架坚密，上覆以屋，俾民交易其间。成化丁未，知府谢绍易之以石，民甚便之。

通靖桥　在府东二十里。长三十丈，阔五尺，跨阿交合溪之水，当四达之冲，行者便焉。

温泉桥　在府南五十里甸头里。长七丈，阔五尺，亦跨阿交合之溪。

丽江军民府

东员桥　在通安州南，跨清溪之出雪山下者。

普济桥　在腊巴铺前。

铁　桥　在巨津州北一百三十余里，跨金沙江。桥之建，或云吐蕃，或云隋史万岁及苏荣，或云南诏阁罗凤与吐蕃结好时置。吐蕃尝置铁桥节度，后异牟寻归唐，与韦皋[①]合兵破吐蕃，断铁桥[②]即此也。桥所跨处，穴石锢铁为之，遗址尚存，冬月水清，犹见铁环在焉。

元江军民府

混龙桥　在府西四十里阿南村，跨峩崀河。长三丈，阔一丈许，上有栏楯。

卷十二　北胜州

桑园桥　去州南一百五十里，跨桑园河之上。阔八尺，长五丈。

延寿桥　在州西一里，跨四城乡之溪。阔一丈许，长四丈余，上为屋四楹以覆之。

永安桥　在城西二十里，跨大港子河之上，上覆以屋。

新化州

者乐甸长官司

澜沧卫军民指挥使司

白角桥　在蒗蕖州白角乡，跨白角河之流。

卷十三　金齿军民指挥使司

北津桥　旧名板桥，在城北二十里。长五丈六尺，阔二丈，为屋其上，往来者憩焉。东又有东津桥，皆跨清水河。

---

① 韦皋　原本作“常皋”，据万历《云南通志》、天启《滇志》、康熙《云南通志》、雍正《云南通志》改。《旧唐书·韦皋传》：“字城武，京兆人。……四年，皋遣判官崔佐时入南诏蛮，说令向化，以离吐蕃之助。佐时至蛮国羊咀（苴）咩城，其王异牟寻忻然接遇，请绝吐蕃，遣使朝贡。……南蛮自嶲州陷没，臣属吐蕃，绝朝贡者二十余年，至是复通。”作“韦皋”是，据改。

② 铁桥　原本作“铁路”。《新唐书·南蛮上》：“牟寻欲袭吐蕃，阳示寡弱，以五千人行，许之。即自将数万踵后，昼夜行，大破吐蕃于神川，遂断铁桥，溺死以万计，俘其五王。”作“铁桥”是，据改。

凤鸣桥　在城北一百二十里，跨沙木河。

太平桥　在永平县东一里江东村。又东北有二桥，曰安定，曰通市，俱跨银龙江。

霁虹桥　在司城东八十五里，跨澜沧江。旧以竹索为桥，修废不一。洪武间，镇抚华岳铸二铁柱于两岸以维舟，然岸陡水悍，时遭覆溺，后架木为桥，又为回禄所败。弘治十四年，兵备副使王槐重修，构造屋于其上，贯以铁绳，行者若履平地，有记。

腾冲军民指挥使司

大盈桥　跨城西大盈江，景泰三年建。

藤　桥　有三，一在龙川，一在瓦甸，一在曲石，俱跨龙川江上。盖江水湍急，难以木石为之，编藤为桥，系于岸树，以通往来。

卷十四　车里军民宣慰使司

木邦军民宣慰使司

孟养军民宣慰使司

缅甸军民宣慰使司

八百大甸军民宣慰使司

老挝军民宣慰使司

孟定府

孟艮府

南甸宣抚司

干崖宣抚司

陇川宣抚司

威远州

湾甸州

镇康州

大候州

钮兀长官司

芒市长官司

车里靖安宣慰使司

八寨长官司

孟琏长官司

瓦甸长官司

茶山长官司

麻里长官司

摩沙勒长官司

大古剌宣慰使司

底马撒宣慰使司

〔据周季凤纂修正德《云南志》（国家图书馆藏民国年间钞本）卷二至卷十四辑录。〕

（万历）云南通志·地理志·桥梁

卷二　地理志　桥梁

云南府

云津桥　在府城东二里许，当通衢。水出盘龙江，流经商山之麓，过郡城，入滇池，所谓萦城银棱河者是也。桥旧名大德，毁于兵。洪武癸酉，西平侯沐春重修，其东西表以旗楼。学士王景常《记》：

云南城东陬，有池曰昆明，池之大不知其几百里也。昆明之上游，有江曰盘龙，江之源亦不知其几百里也。汪洋湍激，深广莫测，而大逵是[①]通。昔有桥，曰大德，毁于兵有年矣。

天朝下云南，内讧外攘，庶事草创，随葺随罅，行道用棘。今西平侯沐公以为桥梁之政，王道攸关，不一大举，无以示悠久。乃命立表识，夆巨石、杀川流、揵石菑、度丈尺、计工庸，锢石趾以厮暴湍，疏三门以通舳舻，穹窿坱轧，夹以石槛，琳琅簇篷，横截天堑。方轨长驱，肩摩毂击，屹若金堤，亘若垂虹，行者若履平地焉。是役也，经始于癸酉之冬十月，视成于甲戌之春三月。凡鸠军工，以日计之，几万几千。以其当云南之要津，故名。

夫十月成舆梁，古之制也，然未有梁以石者。至汉以石梁灞，李得昭以石累洛，其来尚矣。矧云南遐逷万里，新建岷府，辇毂之驰道，三军之扈卫，控扼大藩，詟伏百蛮之地，苟无舆梁以观，何以为名城内地哉？西平奉扬天子休

① 是　景泰《云南图经志书》作“寔”，通“是”。

德，凡所以镇绥经理、兴利殄菑，以与前人确类如此。然夷人得践大中至正之途，捐绳牵索引之习，绝摄衣褰裳之艰，释龟足皲瘃之难，而喁焉以哗，群焉以趍，蠕焉以履，欢欣鼓舞，以自蹈于夷途，繄谁之力欤？昔司马相如桥孙水以通莋都，通使节也；史万岁锢铁桥以渡金沙，利行师也。犹[1]书之。然通使节与通辇辇孰重？济甲士与济国人孰亟？由是曳之，云津光臻前古矣。

於戏！天子休德，西平布之。天子有民，西平济之。巍巍石梁，万世赖之。西平名春，字景春，黔宁昭靖王子也。

溥润桥 在府城东咸和门外，云津桥之北，旧名至正。

永清桥 在溥润桥北，即云津桥之上流也。

通济桥 在云津桥西。水即银稜河之濠水泛注入于市而不可渡，故为是桥。

望仙桥 在春登里南坝。

太平桥 在府治东白塔街。

顺城桥 在府西南小泽口桥之上。

南新桥 在府城南板坝河，俗名上桥。

浮　桥 在溥润桥北，即云津之上流也。

四通桥 在晋宁州西，路通新兴、元江等府州。

济远桥 在呈贡县南。

永安桥 旧名东桥，在安宁州东，螳螂川水经其下。弘治七年，巡抚都御史张诰重建，提学佥事欧阳旦有记。

永丰桥 在禄丰县西，星宿河之水经其下。

龙济桥 在嵩明州之南十里许。

龙街桥 在嵩明州东南一十里许。

大河桥 在富民县北三里许。

永济桥 在宜良县汤池巡检司前。

大理府

双鹤桥 在府南门外。跨绿玉溪，一空行水，翼以扶阑。

安固桥 虹跨龙溪，三空行水，翼以扶阑，成化间知府李逊建。有碑，其略曰：

天顺甲申岁七月甲寅夜，旧桥为蛟怪所坏，荡尽无复存者。同寅贰守杨君规画经理，得海贝六千缗，又以府县官俸赀益之。伐石作三墩，架石其上，穹窿如虹，翼以石阑，长四丈，阔三丈，更名安固桥。经始于是年八月，落成于十月。后复圮于水。弘治四年，知府马自然重建，造丈六浮屠于桥南，内置经像，桥乃固。

阳和桥 虹跨青碧溪，一空行水，翼以扶阑。

十里桥 跨莫残溪。

① 犹　景泰《云南图经志书》、正德《云南志》皆作“史犹”。

鹤背桥　跨葶溟溪。

阳南桥　跨阳南溪。此三桥，皆条石为梁。

清风桥　虹跨尾海，一名黑龙桥，在下关城南，长一十五丈。正统间，知府贾铨、守备都指挥郑儁协心合工，扶阑砥柱，致其坚密，酾水为五道，郡治桥梁此为第一。

子河桥　跨海尾新河，条石为梁。

龙关桥　虹跨海尾，二空行水，翼以扶阑。

已上九桥，自府而南。

狮子桥　在府城北门外。虹跨城壕，一空行水，翼以扶阑。

宣化桥　虹跨桃溪，一空行水，翼以扶阑，旧桥屡坏。弘治十年，通判刘杰创造，又作一丈浮屠以阴翊之。知府许坦《碑》，其略曰：

> 郡城北门外第二桥坏，弘治丁巳①，余寅友通守刘君朝用，出俸金百两为诸人倡，士民乐助，遂建桥造塔。经始于岁五月朔，讫于十月望。计为工者八千有奇，皆偿以直。郡人德之，请余为记云。

四里桥　跨梅岑溪。

已下十二桥，俱条石为梁。

五里桥　跨隐仙溪。

白石江桥　跨双鸳溪。

屏峰桥　跨白石溪。

塝曲桥　跨灵泉溪。

洛阳桥　跨锦溪。

湾　桥　跨茫涌溪。

作邑桥　跨阳溪，酾水为二十八道。

牧牛桥　跨万花溪，酾水为十道。

院塝桥　跨霞移溪。

峩崀桥　横潦冲决，石梁不存，近作木桥，时漂于水。

波罗江桥

已上十四桥，自府而北。

永安石桥　在赵州南。弘治二年，楚雄府同知陈宝建。

通济石桥　天顺七年建。

太平石桥　弘治三年，同知陈宝建。

曹溪石桥　一名汤颠桥，耆民赵永龄建。

尚义石桥　嘉靖八年，白崖义民盛钺建。

磨盘桥　时圮于水。

水硙桥　嘉靖十九年，知州王惠重建。

双　桥　在白崖。

---

①　弘治丁巳　原作“弘治丁未”，弘治无丁未年，上文云“弘治十年，通判刘杰创造”，十年为丁巳，是，据改。

迷渡桥　以上九桥，俱州治南。

东山桥　嘉靖十六年，致仕教谕李载阳重修。

城东桥　州人共建。

倚江桥　在云南县西十里。

赤水桥　在县东南二十五里。

小板桥　在云南驿。

大板桥　去小板桥五里。洪武丁卯，指挥赖镇结石为之。

孔全桥　义士孔全所造，构木虹跨，长十丈许，通盐井路。

德源石桥　在邓川州北十里。三空行水。天顺间，舍人王纲募众建。

青索鼻石桥　在州东二十里巡司左。三空行水。成化二十三年，舍人胡泉建。

银　桥　在州东六里，地名三江头。嘉靖二十三年，左所军王经建。

龙　桥　在州东九里。弘治四年，同知程永亨重修。嘉靖二年，上关人沈軏易以石。

三道桥　在州东。中三空，左右二座各一空。天顺间，左所人蒋庆建。弘治十六年，杜文忠辈重修。

新　桥　在州东三里。嘉靖七年，州民杨日新①建。嘉靖二十年圮坏，知州阿国桢重修。

进宝桥　在遵政乡。

安渡桥

新　桥　三桥俱耆民苏鹏程等建。

南江桥　在浪穹县南四里，耆民杨纶建。

蒲江桥　耆民杨缟修建。

通宁桥　在县东南三里。嘉靖间，耆民李敏、杨纶等建。

分水桥　在县东四里，乡民孙汉等重修。

通济桥　在县东八里，乡民朱伦等重修。

广济桥　在县东三十里，乡民李文华建。

猿江桥　在县西南十五里。嘉靖二十四年，县丞鲜椿重修。

汇川桥　在县东南十五里，检校王龠修。以上八桥，皆石墩架木。

南薰桥　一名南津桥，在永安门外。秋潦崩岸，随桥随圮。嘉靖二十三年，知州朱官新作桥，视旧坚致。有李逸民《记》：

嘉靖二十三年正月甲子，宾川州知州安庄朱君作桥于城之南门，越三月朔，桥成。明日丙午，州之宾僚生儒合酹于桥，祝爵于侯。维时凯风景明，其为士者歌薰风之诗。宾曰："其以南薰名桥，侯之惠和其永于吾土乎?"乃驰龙津何邦宪书，征灵鹫山李逸民为之记。其词曰：

维大罗城，水经其南。流潦暴会，驶为怒涛。走石如马，其声轰雷。惊我居人，儿童喧惬。岿礅以梁，激悍莫支。旋梁旋坏，孰究孰思？历载以来，寤

① 杨日新　嘉靖《大理府志》、康熙《大理府志》同，道光《云南通志稿》、光绪《云南通志》、《新纂云南通志》、咸丰《邓川州志》作"杨自新"。

言拊髀。时维朱君，阶令升守。爰自温江，莅我龟阜。察其安危，分其禾莠。剪植并作，燕及黄耇。神应以和，民生日厚。既庶而丰，民力以充。人士是咨，陟降是躬。乃布王政，杠梁是攻。城凡四门，维南称雄。上表奉制，阙庭是通。旬宣劳来，旟帜临戎。不有桥梁，安示尊崇？仍敝守陋，曷称在公？爰作虹跨，以让激射。爰屋于桥，以防渗湿。杀水迂流，排涛襞石。既免傍城之侵溃，亦无作墩之剥激。去危就安，改泛以翕。用利永成，匪曰观侈。於戏！维墉言言，寇偷是樊。维梁平平，施惠以存。天子万祀，侯多受祉。薰风自南，沄沄兹水。后来其观，勿替厥美。

吴公桥 在州西二里。嘉靖八年，知州吴仲善建。二十二年，知州朱官复修。

通江桥 在州北四里。

石门桥 在州北。

桑围桥 在州治北七十里。

云龙桥 在云龙州东洛马盐井傍，嘉靖七年建。

临安府

迎恩桥 在府东一里。初以木为之，正统间甃以石。有段缵《记》略：

临安城东一里许，有水自北来，冲决渠道，旧有石桥，低狭不能尽泄水势，春夏淫潦泛溢，人病涉焉。正统乙丑冬，掌府事云南右参政赖公瑛见而叹曰："吾自出守于此，至升今职，学宫祠庙、置邮津渡，修葺稍备，惟此桥弗称，吾之责也。"既而复谂于众曰："诸有官君子，能协心通力，为我成之乎？"于时，临安卫镇抚刘瑛首捐俸钞千锭为倡，又命前知事何新崇劝谕府卫僚属及市井好事者，出财以助之。维时农隙兵旷，刘君乃募工，伐木辇石，人人乐于趋事。视水湮塞之处力加疏导，令匠氏甃构石梁，下穿水道，高八丈有奇。桥成，上作屋数楹以息行旅，高一十五尺，深二十尺，广视深倍之。桥前五十步，跨道作牌坊三间，高视桥加五尺焉，深广则差之，匾曰"迎恩"。经始于是年十二月，明年丙寅四月毕工。落成之日，学正段缵记其事。

泸江桥 在府南一里。宣德间建，跨泸江。正德中，义民王镐等重修。有王璟《记》略：

事有至劳而能任其责，功有大费而不吝其财，士夫嘉之，凡民德之，何者？暂劳而永逸，大费而利溥也。

临安去郡城东南半里许，旧有泸江桥，岁历既久，势将倾圮，往来者每病涉。正德己卯冬，居人王镐、胡春谒余庭下而进拜曰："泸江桥将坠坏，今我辈欲重修之，可乎？"余曰："桥之利大而其费亦大，非有司之力不能为，恐非汝辈所堪。"镐、春复曰："虽物有废兴，顾修举在人，废而能兴，则继美前人，利济后世矣。"于是慨然以兴废为己任，具材鸠工，莫敢或怠。经始于正德庚辰秋，落成于嘉靖癸未春。又虑旧桥每圮于龙，因作观音大士像以奠之，盖龙性畏佛，往往有征故也。遂为之记。

通贡桥 在府城东北三十里。弘治间建，义官高辛重修。有刘崧《记》：

临安白鹤桥铺东三十里，有水出自香林山之下，龙湫澄彻，可鉴毛发，而水性微温，末流灌田百余顷。渠当孔道，旧有长桥约五丈余，岁久倾圮。弘治辛亥十一月，指挥孙昱倡，居人高辛、吴溶、廖洪辈出赀重修，甃石架木，极其坚密，弥月而桥成，欲余记之。夫“十一月徒杠成，十二月舆梁成”，孟子论王政也。今民间乃能倡义为之，以助政之不逮，其志可嘉也。桥故无名，今题曰“通贡”云。

十架桥 在府城西四里，景泰间建。

清流桥 在府城北二里，天顺间建。

飞虹桥 在府城南二里，跨中沟。正统间建。

浣衣桥 在府城南五里，跨小河。正统间建。二桥皆成化间，居人叶舟重修。有杨偎《记》：

曰有其赀者可以捐千金，苟非好义，一钱以上见于色矣；知好义者可以劳己而利人，苟非知义之所在，暂可勉而久则怠矣。

临安府城南二里有渠曰中沟，又五里曰小河，春夏之交，水势冲漫不可渡，秋冬亦病涉焉。正统间，旧桥既圮，成化间，有议为石梁者，计其费曰数百金，计其役曰非数百夫不可，相顾莫敢先倡。居人叶舟者见而心动焉，曰：“此义举也，吾一人足以为之矣。”乃召匠氏，伐石于山，采木于林，铸铁于冶，度为二梁，高若干，长若干，阔若干，凡费二百金，日役若干夫，积若干日，为夫若干。一不烦他人，人或助之，辄谢不受，劳心苦体，自董工作。完固壮伟，四方之人，车而载者，马而驱者，徒而负且携者，皆若坦途焉，知水之无害而不知梁之为利也。所谓数百金之费，数百夫之役，舟一人为之，不亦难哉！舟有其赀而心且好义，一梁不足，又作一梁，斯为尤难乎！余生也晚，恨不及见其人，故追述其事而记之。

永安桥 在府城西十里，跨白龙渠。成化间，有王璟《桥记》：

临安郡之北关有渠，溉田数百亩，春横潦泛涨，揭厉为艰，旧有桥，圮坏已尽，行者观望咨嗟，间有兴废之志者，计费惮难，日居月诸，徒为永叹，稚幼羸老往往漂溺。一日，居人何濬奋然挥金，不假助于他人，不倩董于同辈，日栉风沐雨，亟取土木金石，征工僦功，其下先错列钜栈，贯以长木，而后置砻石焉，东西石甃纵以丈许，两傍为雁翅状，以杀水势。经始于成化庚子十月，落成于明年夏五月，始终董其事，咸何君劳心戮力，视昔可无倾圮之患。公欲余书其事，因叙其始末，俾勒诸石，以为后来者劝焉。

登瀛桥 在府西南，成化间建。

玉虹桥 在府东十里，长四丈，广半之。宣德间建。

三河桥 在玉虹桥南，三河分流，二桥相望。正统间建。

天生桥 在府南娑罗庄哨，有石跨流，自然成桥。

百花桥 在府南五里，景泰间建。

版　桥 在府西北十里。弘治间，钱锐建。

曲江桥 在府东北百里，跨江，长三十丈。天顺间建。水涨则许用船，水落仍从桥行。

会安桥 在府西北黑冲山下。弘治间，徐宣甃石。

通远桥 在石屏州矣落河东五里，天顺间建。

矣落桥 在石屏州西八十里，跨矣落河。天顺间建。

卢公桥 在宁州西三里，跨浣江，通甸苴关。正德十六年建，嘉靖三十二年重修。

霁虹桥 在宁州西三里，嘉靖八年建。

恩永桥 在宁州西三里，跨恩永河。先年构木结梁，嘉靖甲寅，御史张凤翀改造石桥。

通安桥 在阿迷州东南二里。弘治间，州民王晟建。有杨宪《记》：

桥梁之建，所以利民，设为经久计也。州治东二里许，当官道之冲，沟洫之会，水势由兹以泄，自昔置桥，或以木，或以石，率皆简略，随成随坏，过者病焉。弘治丙午①秋八月，州之秉元者，慨然图为经久，出己赀，召匠氏，为之增其旧制，悉甃以石，高四丈，长广丈六，未逾月而成，州人称便，乃请余记。

夫桥梁所以济人也，今秉元以一厮养，能不惜所费而建济人之功如此，则夫司牧民寄与夫富宁大家宁不思有所义乎？吾州桥梁自此无虑于废坏，而民之利便，将益多以接于永安，桥故以"通安"名之。

永安桥 在阿迷州东二里，天顺间建。

永兴桥 在阿迷州东门外，弘治间建。

通济桥 在阿迷州东门外，于弘治间建立。

小　桥 在阿迷州西门内，因灵泉冲倒。成化间建。

古城桥 在阿迷州南。有平纲《记》：

昔人论为政，贵有公平正大之体，而不贵于务小惠以悦人，故后人之施政，必以桥梁尽心焉。阿迷之镇，三面距河，南至甸头，西至沙寨，东至大河，是河之水，沙河之经，其势汹涌，抵河之冲，地平土疏，水急湍悍，二者之间，剧害尤甚。公使之经行，商贾之往来者，多为所阻，由旧桥之未坚至是也。

弘治壬子，蜀川周侯希旦来为州二守，慨是水之为患，思为桥以图经久，

---

① 弘治丙午　弘治无丙午年，有"丙辰（九年）"、"戊午（十一年）"，未知孰是。天启《滇志》卷三《地理志·桥梁》、雍正《阿迷州志》卷七《桥梁津渡》皆作"弘治间"。

遂捐俸金为倡，令耆老赵迪董其事，州民伍璋各输以赀，总镇府下管庄杜以时以验征子粒寓州境，亦皆欣然来助。桥成，以丈计，下为卷洞，皆甃以石，过者叹美，为利迪辈，请予记之。余惟水有桥梁，民不病涉，诚为政之不可缓者。是桥必待周侯，诚知有公平正大之体而不胥于小惠之施者哉！侯莅州未三年，即桥之一事，而凡所以利吾民者，盖无不兴举矣。故为之记，而凡与有财力者，皆勒碑阴。

东　桥　在阿迷州东。
西　桥　在阿迷州西。
泰安桥　在阿迷州西三十里。
永济桥　在通海县东二里。
溥利桥　在通海县东百步，弘治间建。
云济桥　在河西县北。弘治间建，民甚便之。
碌磔桥　在河西县东二里，正统间建。
指南桥　在河西县南二里，弘治间建。
桂峰桥　在嶍峨县南一里。
龙江渡　在嶍峨县东六十步。水大设舟，涸则设桥。
长　桥　在蒙自县东二十五里，天顺二年间建。
倘甸桥　在蒙自县东七十里，天顺间建。
宜民桥　在蒙自县东二里，洪武间建。
矣波渡　在蒙自县东三十里，有船。
箐口渡　在蒙自县东南一百五十里。
禄蓬渡　在纳楼长官司南四十里。
乍甸渡　在纳楼长官司东南一百里。
阿土渡　在纳楼长官司东一百五十里。
槟榔渡　在亏容长官司西北五十里。
茶　渡　在亏容长官司西北四十里。
纳更三渡　在纳更巡检司，陇墩、蛮板、蛮江是也。

永昌军民府

众安桥　在州城南七里，跨沙河之下流。洪武二十三年，指挥胡渊创建木桥，正德间参将沐崧、嘉靖间副使郭春震相继重修。郡人侍郎张志淳《记》略：

太保山自西北迤逦数百里为永昌镇，诸山由西北左翼南走，折而东之，夹水为河，循山而下，名曰沙河。去郡治十里许，跨河为桥，名曰众安，旧《志》永昌之桥梁者莫先焉。每夏秋，诸山之水溢溢东注，奔流怒涛，云駃鸟疾，弥漫数十里，民物胥溺。先时架木为桥，覆以瓦亭，凡再圮于水。正统甲子，民有杨春者，始易以甓石。弘治中，复圮于水。

去年秋，参戎沐公以岁比登，财用稍足，乃相与谋曰："兹于郡观望甚迩，于通西南诸国甚广，于民利害甚切，讫废不举，举复辄败，无乃不可乎！"乃下令曰："凡财用皆官，凡甓石皆市，凡力役佣，愿施财、施力者不汝拒，亦不汝劝。苟力不足，则取诸近河以南之民，上役无越五日，中三日，下二日。官侵者罚无赦，工玩惕者罚无赦。"令既具，则曰："南北堤隘而夷，夫隘则水罔容，夷则水易襄，兹其所以屡败也。则俾作古萏，崇广三倍于昔而减其一。桥之崇广修袤，准堤而升，翼以石栏，下为洞甓之空三，外琢石堤，激而深入强半，以固厥址。复坎其下，用杀水势。别建甓门于南北，崇广称桥焉。必使水至有所于泄，而无所于壅，以犯于桥，斯可恃以长存矣。"规画既定，乃以冬十月二日经始之，董督择官，工择艺精，力役择勤。公时省而月视焉，随以赏罚，不忒于素。而宪副吴公适至，又首加之意焉，用是如期而告成。时正德十一年丙子夏六月望也。

霁虹桥 在府城北八十里，跨阑沧江。旧以竹索为桥，修废不一。洪武间，镇抚华岳铸二铁柱于两岸以维舟，然岸陡水悍，时遭覆溺，后架木为桥，又为回禄所毁。弘治十四年，兵备副使王槐重修，构屋于上，贯以铁绳，行者若履平地云。修撰杨慎诗[①]：

织铁悬梯飞步惊，独立缥缈青霄平。腾蛇游雾瘴氛恶，孔雀饮江烟濑清。兰津南度哀牢国，蒲塞西连诸葛营。中原回首逾万里，怀古思归何限情。

提学副使朱应登诗[②]：

千寻铁索贯长桥，积翠中天万壑遥。人向半空瞻突兀，路从平地入岧峣。未论文教开荒服，已见夷王款圣朝。鸟语花明迎使节，浪沧江上瘴全消。

杭淮诗[③]：

桥飞江崖霁虹出，铁锁高缘不计年。急江轰雷斗日夜，悬崖峭壁参云烟。木深如闻鬼魅泣，石错却讶蛟龙缠。不有简书来绝域，岂知天下有山川。

提学副使王臣《记[④]》略：

金齿东北三舍许，有江曰阑沧，其阔二百六十尺有奇，地既要冲，而水势且湍悍，舟子专波涛以为利，且日不暇给，覆溺之患殆无月无之。先是，守臣命所司架木为桥，顷为回禄所毁。按察司副使太原王君槐奉命理兵备于金腾，问所以为民利者，佥以桥对。遂请于镇、巡诸公，乃下其事于金齿，命指挥李

① 此诗，《升庵集》卷三十题作"兰津桥"，下有小注"今名霁虹"，雍正《云南通志》卷二十九《艺文十三》题作"霁虹桥"。

② 此诗，《永昌府文征·诗录》卷二题作"过澜沧江"。

③ 此诗，杭淮《双溪集》（影印文渊阁《四库全书》本）卷八题作"过浪沧桥"，《永昌府文征·诗录》卷二题作"众安桥"，下有小注"案：在保山城南七里。"有异。

④ 此记，正德《云南志》卷三十三、《永昌府文征·文录》卷二题作"霁虹桥记"。

淮董其役。斥旧更新，凡灰石材甓工佣之费，皆出于措置，而一无所扰。始事于弘治十三年七月，行旅往来履之若坦途矣。

郡人侍郎张志淳《记[①]》略：

志永昌之胜曰堑两江，阑沧其一也。曰桥霁虹，则江以桥济，不烦舟楫，其亦奇矣。然前此曰桥者，名焉而已。有桥则始于浮屠号了然者，而毕工于成化中，寻亦毁矣。至弘治间，有司乃再复之，至是又倾。去年冬，镇守太监万安朱公奉暨参将古濠沐公崧，命所司葺之，以图久远。于是各施已资以倡民。由是木工、土工、金工、石工、甓工，一切以佣集而第督以官，圮者、腐者、倚者、弱小不胜者，悉撤之更新焉。始事以正德六年十一月八日，落成以次年四月二十一日。其修以尺计二百六十丈有奇，高损三十一，广杀十八，上覆以屋，下承以巨索而系之岩上，大率制皆仍了然之旧，而真固皆福之矣。二公谓不可不纪其成也，乃过予属记。

兵备副使郭春震《记》略：

嘉靖己酉夏，济[②]虹桥复圮，有司白其事于分巡佥宪孟公，请于两台。适经始而予奉玺书按部继至，乃检牒布令，饬财度工，檄所司举行如议，以千户万彙、巡检王贵之督工。其费取诸帑金，役丁取诸巡司，而梓者、石者、瓦者、冶者、绘者率召募，给以直，民不知劳，工不告疲。凡三逾月乃落成。

北津桥　在府城北二十里。洪武十五年，指挥李观建。

东津桥　在府城北二十里，今呼为小板桥。

凤鸣桥　跨沙木河。

大盈桥　在腾越州西，跨大盈江。

龙川桥　在州东七十里，跨龙川江。旧编藤铺板，名曰藤桥。弘治间，兵备副使赵炯建。嘉靖十年，兵备副使潘润效霁虹桥制重建，有郡人徐泰、张含记。

神济桥　在诸葛营东，永乐十六年，车琳建。嘉靖四年，义民吴贵始甃以砖石。张志淳《记》：

永昌郡南数里，由官道东分直南入诸葛村，故有桥跨沙河下流，名曰神济，意初土人以东岳祠于村故也。桥以木为之，废且久矣。嘉靖改元，有吴叟贵始建以石，凡佣工鸠材市甃，类皆出其家，无所募。桥成，以尺计之，崇十有三之半，修二十有四而不及十之四，广十八。翼以阑干，干石三十有二，阑石视干而羡二，中覆之石百四十有八。其制真致无苦窳，其计可谓远矣。其费白金

---

① 此记，《永昌府文征·文录》卷三作“霁虹桥记”。

② 济　《永昌府文征》作“霁”。

以两计者，三百三十有奇焉；工以日计者，自二月始事，至七月一日告成，为日百四十有四焉。未尝少离也，可谓勤矣。

昌平桥 旧名太平桥，在永平县治东半里。跨银龙江，长四十丈，高二丈五尺，广二丈，以木为之，瓦亭十有二间。嘉靖十七年千户赵辅、三十年指挥王合俱重建。

潞江渡 旧刳木为舟，以渡往来，甚惊。嘉靖十六年，兵备副使潘润始置巨舟，可渡百人，两岸各建官厅以憩息。

漾备渡 江东隶蒙化，西隶永平。水急不可桥，故以舟济。

卷三

楚雄府

凌虚桥 在府治东三十五里。弘治四年，知府邵敏建。

卧龙冈桥 在府西七里，跨卧龙河。成化十一年建。

平山桥 跨平山河。正统十年，知府冯郁建。

济川桥 在府治西四十里吕合巡检司前。先是，架木为桥，成化二十二年，知府邵敏易木以石，酾水以洞，长十丈，广二丈，上有扶栏。

龙川桥 在黑盐井巡检司前，跨龙川江。

明月桥 在广通县西二里。

清风桥 在广通县东三里。

濯缨桥 在县南路甸驿前，永乐间建。

翠微桥 在县东二十里蒙七塔铺前。

陡涧桥 在县东七十五里舍资巡检司前。

安乐桥 在舍资驿西一里，弘治间重修。

永济桥 在定边县驿前，成化八年建。

德胜桥 在县北十里。

普利桥 在县。桥甚高广，一县壮观。

西龙桥 在[illegible]嘉县北十里。

麻弄桥 在县南十里。

鱼装桥 在县东南二里。

碓臼河桥 在县北二里。

迎恩桥 在南安州北一里，成化间建。

擢秀桥 在州东，成化十四年建。

新石桥 在州北二里。

水井桥 在州东半里。

妥稍桥 在州东四十里。

苴力桥 在镇南州西四十里。修撰杨慎有《垂柳篇[1]》：

---

① 此篇，《升庵集》卷十三《古乐府》同，天启《滇志》卷二十六《艺文志·歌行》题作“苴力桥垂柳篇”，道光《云南通志稿》卷一百九十七题作“苴力铺咏柳诗”。

楚雄苴力桥有垂柳壹株，婉约可爱，往来过之，赋此志感。其词曰："灵和殿前艳阳时，忘忧馆里光风吹。千门万户旌旗色，九陌三条雨露姿。苍凉苑日笼燕甸，缥缈宫云覆京县。芳树重重归院迷，飘花点点临池见。临池归院总仙曹，应制分题竞彩毫。诏乘西第将军马，诗夺东方学士袍。金明绿暗留烟雾，旧燕新莺换朝暮。只知眉黛为君颦，肯信腰肢有人妒。从此沉沦万里身，可堪憔悴四经春。支离散木甘时弃，攀折荒亭委路尘。摇落秋风上林远，婆娑生意华年晚。肠断关山明月楼，一声横笛清霜阪。"

平夷桥 在镇南州西五里。

白塔桥 在州西二十五里。

丹桂桥 在州西五里。

曲靖军民府

澄清桥 有三，上桥在府治南九里，中桥在治南七里，下桥在治西三岔驿，俱弘治十七年建。督学彭纲《记[①]》：

弘治甲子秋九月之吉，曲靖府新澄清上、中、下三桥成。初，府城西南七里许有唐家桥，又三里有湛家桥，正西值三岔驿路有冯家桥。湛家桥水出胜峰山下，流经翠峰为河，唐家桥水出白家冲，汇河合流出冯家桥，俱入滇大路，盖一水回折而三值于道也。

始，三桥皆骈木苟且，修废不时，民以为病。弘治癸亥之夏，淋雨潦溢，冯家桥坏。明年甲子冬，巡按御史聊城耿公行部至曲靖，民状其事以请。公曰："是不可缓者。"乃稽官书，得两造之当入罚者，为白金若干锾，以备修本。时分守右参议华容黎君、分巡佥事安成王君，实承公意，相与檄任，同知胡光，指挥张钦、蒋汉，百户陈经、任志分董其事。各职奉承恐后，鸠工庀器，度地属役，易木以石，固石以铁，续穹于趾，束水以门。为纵凡四丈有畸，为横弱三之二，为高凡二丈有畸，下空半之。甫成，二桥又坏。知府焦韶、通判白永复以为请。公曰："固犹是也。"则又以千户唐经，百户王濬、湛宣、李昂，舍人湛洪、王瀚主湛家桥，千户王楷、百户徐忠主唐家桥，而总理其事，则韶、光、钦故实任焉，而其费则取之羡余，与韶之所营办节缩以益焉者也。凡作事与桥之纵横、高广，皆如冯家桥。是役也，凡用人日若干，为日凡若干，凡用石、用木若干。经始于是年三月七日，至是讫工。于是，水由其道，路续于桥，以仕以游，以农以樵，以步以骑，无不利涉，无深厉浅揭之难。同知光以三桥之成，公志也，乃取"揽辔澄清"之意而易其名，以湛家桥居上流为澄清上桥，唐家桥居中为澄清中桥，冯家桥最下为澄清下桥。又于上桥之右构亭，琢珉谋记其事，具状介使赍白金来乞言。纲惟是当不朽者，却金而记之。

呜呼！桥梁道路，四民所赖。先王之世，徒杠成于岁十一月，舆梁成于岁十二月，溱洧少焉，孟子讥之。公在云南，以大德立政，不为煦煦之仁，而其

① 此记，正德《云南志》卷三十三《文章十一》题作"曲靖府澄清三桥记"。

所设皆有攸长之惠，若桥之成，特一事耳。而诸君协相之力，事事之勤，亦有不可泯者，是用书之。

潇湘江桥 跨木容关溪之水。景泰三年建，弘治间，知府焦韶、同知胡光重建。

白石江桥 在府城北八里，洪武二十五年建。

石堡山桥 在府城南二十里。

迎恩桥 在府城北双沼之间，桥下有闸。洪武初建。

太平桥 在霑益州南一百四十里交水村。长八丈，阔二丈，块步溪水流其下。

阿幢桥 在州南一百七十里，腊溪水流其下。

山塘桥 在州南一百七十里，山塘溪水过焉。

可渡桥 在州北一百二十里，跨可渡河。

城南桥 在陆凉卫城南，洪武二十二年建。

城北桥 在卫城西北芳华乡，跨南涧之水。洪武十五年建。

永安桥 在越州卫城北，弄泥溪水流其下。

镇夷桥 在卫南，洪武二十七年建。

观音桥 在马龙州西，西河水流其下。

澂江府

青云桥 旧名普济桥，在府东街，跨玗劄溪。先是，骈木为之。正统间，知府王彦易以石。

南津桥 在东街南。嘉靖间，路南州民郭万钟[①]建。

中沟桥 在东街南二里，锁玗劄溪水口。

太平桥 旧名罗藏桥，在府城西二里，跨罗藏溪。先骈木为梁，嘉靖间，知府王良臣易以石，改今名。通判徐子麟重修。

四均桥 在府廖官营东。境内道路至此适均，故名。

永济桥 在府治南七里。旧以木为之，嘉靖间，耆民许俸易石。

清平桥 在府西二里。

河生桥 在府，知府高廷绅建立。

三岔桥 在河生桥西百步。

得路桥 在府西北四里，义民席允中、陈亨建。

务耕桥 在府犂华[②]村北，庠生李杰建。

介营桥 在大、小二军营间，故名。

远达桥 在小军营中。

广济桥 在大军营西路口，民人杨时济建。

通津桥 在广济桥西一里，郡民华仲林建。

潄玉桥 在府东街土主庙前。

庄镜桥 在府治东街。

---

① 郭万钟 天启《滇志》、康熙《云南通志》同，雍正《云南通志》、道光《澂江府志》、光绪《云南通志》皆作“葛万钟”，有异。

② 犂华 天启《滇志》、康熙《云南通志》、雍正《云南通志》、道光《澂江府志》皆作“梨花”。

西市桥 在府城东。弘治间，举人郑玘建。嘉靖间，义民陈绅易以石。

月津桥 在府大河口。原骈木为梁，嘉靖间，义民陈绅易石。

云路桥 在泮池上。

长虹桥 在府城东四十里。构木为之，弘治间，知府安康易以石。嘉靖间，郡人罗应重修。

俯波桥 在府西南。

涌拔桥 在府西南。

惠民桥 府西，知府徐可久建。

迎仙桥 在府南。

龙津桥 在府东。

迎恩桥 在江川县北。

海门桥 在江川县东南八里，为临安要路。其下通星云湖水，入抚仙湖登舟始此。天顺五年建。

通衢桥 在县东。

石　桥 在县东。

大河桥 在阳宗县东。

通济桥 在县西一里。

玉溪桥 在新兴州治西南。

弘济桥 在州南，通嶍峨、新化等路。弘治间，知州邓骏建。

会通桥 在州西，与弘济桥相望。

永安桥 在路南州北敌楼外。

板　桥 在州南二十里。构木为之，嘉靖间，郡人席大宾易以石。

天生桥 有二，一在州北五十里，一在州东北十二里。二桥天成，不假人力，故云。

蒙化府

留春桥 在府城西二里纸房前，后圮，改建于三官庙。

北门桥 在府北门外。

永济桥 在府城北七十里甸头巡检司南。万历元年，通判薛希州[①]建。

漾濞桥 在府城西北一百余里，制如阑沧江桥。

四十里桥 在龙尾关、样备驿之中，赵州、蒙化同修。

甸尾桥 在府南二十里，大理杨仕重修。

锦溪桥 在府城东一里。旧名卫中桥，正德间重修，瓦屋连云，颇为坚久。此溪自龙王庙西北达于阳江，花时，可八九里，望之如锦，游人无虚。

嵯岬桥 郡人张锦重修。

玄珠桥 郡人王绪重修。

通北桥 在府城北三里。

济南桥 在府城南半里。俱郡人张烈文建。

---

① 薛希州　天启《滇志》、康熙《云南通志》、雍正《云南通志》、道光《云南通志稿》皆作“薛希周”。康熙《蒙化府志》卷四《秩官志·文职·明通判》：“薛希周，四川人。”

鹤庆军民府

跨鳌桥　在府治南一里。
清水江桥　在府西四十里。
迎贵桥　在府治南。
落钟桥　郡人赵子禧《记》：

郡治南五里，有溪，源出西山龙湫，截官道而东，入于漾工江。昔人徒杠其上，以通往来。命名之义，唐时有僧，自叶榆舁所铸玄化寺钟归，及桥坠水中，诘旦往取，失钟所在，以为龙盗去，因名。每潢潦暴作，行者病厉揭。孙氏孟寉家饶裕，勇于行义，成化甲辰，兹桥寝敝，孟寉乃罄赀鸠工，伐石陶甓，远近闻者，咸助费效力。阅三月毕工，坚致雄壮。

古之君子好施乐与之心，不限于贫贱富贵，视力之所及，无往不以利人为心，虽不望报，亦未尝爽，而芳声伟烈，所由以昭揭不磨也。孟寉若兹举者，岂非故家作善，相传之有自，与古人操存设施同一揆乎？昔王丹好施急济，里人化之，风俗以厚，郡之君子，其亦有所观感者乎？

新生桥　在府治南二里。
鹤川桥　知府吴堂《记》：

桥去治南十里，为通衢，地名长康里。岁丙寅，义官张质捐资鸠工，作兹义创，乃成桥。南北亘七十尺，广三之一，高半之，下券三空，皆文石。桥之流衍自西山之黑龙潭，逶迤南折百曲，而东贯桥下，入漾工江，溉民田以万计。桥南路先隘，质广之，竖屋憩行李。既为厉民者撤去，顽暴因是以望风旨，连坊牌石，悉畀作桩垫，有识者恨之。岁已卯，某来守兹土，下宣化关，一望皆漫壤，叹无所表建。故老有为某言曰：“张氏有义举而未克就，明公其作兴之！”已乃召质，询所以，慨然力任，遂成其志。命工重发石作二坊，牌跨桥南北，修坏墁，起倾圮，往来有所瞻依也，质亦善哉！因刻之道傍，俾劝观者。

永济桥　在府治南十五里。
石固桥　在府治南十四里。
济川桥　有二，一在府南十八里，一在剑川州治南四里。
东山桥　在府治东五里。
大龙潭桥　在府治东十五里。
金灯桥　在府治东南二十里。
通津桥　在府治南二十五里。
镇远桥　在府治西门外。
清水江桥　在州治西四十里。
周官屯桥　在州治北七里许。
象跪石桥　在府治北十五里。

逢密桥　在州治北三十五里。
小板桥　在府治北。
天生桥　在府治南一百二十里。
观音山桥　在府治南一百二十五里。
劝农桥　在剑川州治东一里。
平济桥　在剑川州治东三里。
崖江头桥　在剑川州治北半里。
柳邑桥　在剑川州治北半里。
广济桥　在剑川州治西南三十里。
颠场桥　在剑川州治北十五里。
崖场桥　在剑川州治北一里。
罗城桥　在剑川州治南十五里。
小石桥　在剑川州治北一里。
下桃羌桥　在剑川州治南二十五里。
乌铺桥　在顺州治西南三十里。
牛甸桥　在顺州治东三里。
求嗣桥　在顺州治西三里。
板　桥　在顺州治南五十里。
金沙江渡　在府治东一百三十里。

姚安军民府

栋川桥　在府治南门外，知府王嘉庆重建。参政张朝用《记》略：

弘治庚申，郡侯王公祐之守姚安，明年辛酉，乃修栋川桥。桥在郡治南门外，架濠临城数十丈许，川源涓流，至惠通泽，筑堤修券，潴水以时。迤北至右所冲，蜿蜒过南城下，会大龙桥水，之华邑村，抵白塔，俱灌溉田亩，无虑数千余顷。前此成桥，上架木，岁久则易砖，苟简粗略，冲塌累矣，虽随葺之，仍病涉焉。侯一日命驾，令左右导自川发源处，沿至桥所，相地形，验水势，知前往往倾塌，由傍无岸堤，中滩当横流也。乃筹画经度，鸠工庀匠，木石采于山，砖甓陶于冶，通底揭沙，易之以土，两岸鳞砌，环洞以石。经始于是年季春，落成于壬戌孟冬。

青蛉桥　在府治西北，跨青蛉河之上。旧为木桥，弘治十五年，知府王嘉庆易以石。
拱辰桥　在府北门外。
迎晖桥　在府东门外。
飞虹桥　在府儒学前，知府杨日赞创建。
九龙桥　在府东南隅。
镇远桥　在府治东五里。
普利桥　在府东北演武亭后。
河头桥　在府东南二里。

惠通桥　在府南五里大石溯上，知府马自然建。

石泉桥　在汇泉桥南二里。

汇泉桥　在惠通桥南。

仁和桥　在石泉桥南二里。

如逵桥　在仁和桥一十二里。

广济桥　在如逵桥南十八里。

连场桥　在府西三十里。

望川桥　在府北二十里。旧以木架，嘉靖十八年，易以石。

济川桥　在府东北十五里。

水碓桥　在府东北隅。

刘家桥　在府西南。

纸房桥　在府西南。

承恩桥　在大姚县治南一里，跨大姚河，上为屋五楹以覆之。永乐十四年，千户施宥建。

迎恩桥　在大姚县西南八里，跨大姚河，一名八里桥。

利济桥　在县东四里。

广运桥　在县东五里。

利鹾桥　在府北一百二十里提举司治前。

神喜桥　提举司东。

荣春桥　在司治后。

孔泉桥　在司治西五十里，跨一泡江，今废。

广西府

大石桥　在府治西一里。弘治十三年，知府朱继祖重建。

所普桥　在府治西三十里。

玉津桥　在弥勒州前。长五丈，阔七尺，跨八甸溪之上流。

盘江渡　在师宗州东一百六十里马者笼乡。

卷四

寻甸府

靖远桥　在府治北三里。

迎恩桥　在府治北。初架木为桥，成化间，知府谢绍易之以石，覆之以屋。

通靖桥　在府治东二十里。长三十丈，阔五丈，跨阿交合溪之水，当四达之冲，今废。

温泉桥　在府治南四十里。长五十丈，阔八尺，跨阿交合溪之水。嘉靖二十七年冬，被水冲圮，知府王尚用重修。

洗马桥　在府治东四里。嘉靖二十三年，知府林斌易之以石，长七丈，阔一丈有奇，三空行水。

兔河桥　在府治东二里。初木桥，嘉靖间，知府林斌易以石。

独树双桥　在府治东半里，俗呼两座桥。

蔡济桥　在府治南十五里。初以木为之，嘉靖二十六年，军人蔡永易之以石。

三板桥　在府治南五里。嘉靖二十九年，易以石。

曰甲桥　在府治南二里。

太平桥　在府治东北三里。弘治间，知府谢绍建。

南安桥　在木密所东二十里。弘治间修，俗呼青石桥。

七星桥　在府东十五里，嘉靖三十二年建。

武定军民府

虎市桥　在府治东北一里。弘治四年，土官凤英修建。

龙潭桥　在虎市桥东一里。两岸江壁峭立相对，跨以木桥，下有龙潭，深不可测。俗传内有灵物，桥不可甃，甃时则塌。

大营桥　在府治东南一里，弘治十三年建。

通远桥　在府治西北，路通元谋县。弘治十二年建。

济溪桥　在府治东南四十里冷村铺东，弘治间建[①]。

聚保桥　在府治北卓孤村。

陟久罗桥　在府治北易笼他夷艾村，弘治十五年建。

骂勒桥　在府治东北阿甸村，弘治间建。

法泥则桥　在府治东北。

高　桥　在废南甸县西北八十里。正统十年，阿宁建，今架木为桥。

大木桥　在和曲州旧治东二里，正统间建。

大板桥　在元谋县西一里，正统间建，今废。

鲁虚桥　在禄劝州西北十里，弘治间建。

西蟠龙桥　在州治西五里，嘉靖三十年建。

景东府

通华桥　在府治北，跨通华河水。

马官桥　在府治南六里。

平川桥　在府治南十里。

南川桥　在府治南二十三里。

孔雀桥　在府治南十八里。

清凉桥　府治南二十三里。

新　桥　在府治南六里。

水寨桥　在府治东十六里。

后所桥　在府治东二十一里。

大河桥　在府治东二里许，上覆瓦屋四十九楹。

新站桥　在府治北六十里。

---

① 弘治间建　正德《云南志》卷十作“天顺七年建，弘治十六年重修”。

元江军民府

混龙桥　在府西四十里阿南村，跨峩崀河，长三丈，阔一丈许，上有栏楯。

丽江军民府

铁　桥　在巨津州北一百三十余里，跨金沙江。桥之建，或云吐蕃，或云隋史万岁及苏荣，或云南诏阁罗凤与吐蕃结好时置。吐蕃尝置铁桥节度，后异牟寻归唐，与韦皋合兵破吐蕃，断铁桥，即此也。桥所跨处，穴石锢铁为之，遗址尚存，冬月水清，犹见铁环在焉。

东员桥　在府东南五里，跨清溪之出雪山下者，以石为之。

万钧桥　在府前三里，知府木高建。

广南府

顺宁州

遵华桥　在麻陋缺村。

归义桥　在甸中村。

永安桥　在官宅北，上覆瓦屋，翼以扶阑。知府猛寅建。

迎恩桥　在府治北五里，知府猛寅建。

祝嵩桥　在府治东五里，跨顺宁河之中流。知府猛寅重修石其址，以酾水道。甃两涘以御冲鈌，屋其背以障风雨，习仪经此，故名。

靖边桥　在坪里村南，跨顺宁河之下流。郡中义民合工重建，长七丈，阔二丈，上有扶阑瓦屋。

掬春桥　在府治北。水自凤山下泻，桥以跨之，上有瓦屋扶阑。

藤　桥　在阿铎河。河水东注，土人构藤桥以济往来。

浮　桥　每至正月时，郡人山汤沐浴，编竹为浮桥于澜沧江上。桥长十五丈，广五丈，人马经之，如卧虹之状。修撰杨慎诗[①]：

千尺长虹卧锦波，悬橦度索笑牂牁。玉关金锁随开阖，水客鲛人杂啸歌。漫道鼋鼍梁碧海，虚传乌鹊驾银河。堪怜来往惊鸿影，步步尘香贱袜罗。

澜沧江渡　在府治东北八十五里，舟楫无虚日。董难《早春渡江》诗：

万树勾芒动早春，长途寒峭恼征人。烟萝幂幂欲啼鴂，春水迢迢将白蘋。尺素燕边劳问候，吴钩天外挂酸辛。销魂更见平芜渺，落日沙头怯问津。

黑惠江渡　在赤龟山下。毛沂诗：

江畔青青草，江汀白白蘋。江云春树暮，愁杀渡江人。

---

① 此诗，《升庵集》（影印文渊阁《四库全书》本）卷二十八题作“浮桥”。

永宁府

开基桥 在府前。每岁水泛时，人病涉，因建桥以济之，遇朽，本府土官量修。

海门桥 在府治西，虹跨鲁窟海门。其流通四川打冲河，达川江。桥外盐井界。

镇沅府

北胜州

长安桥 在州治南一里。

来熏桥 在州治南。

太平桥 在州治南二里。云南县进士周臣《记》略：

沧城南径绝两牛鸣地，有名曰太平桥，实当冲衢。方时七八月，汪然病涉而无告者几余稔矣。其邦李氏科者诒谷自祖，独顾徬徨，恻恻兴心焉以事事，峻堤以利杀，翼岸以苞盘，横才不逾寻，纵约亦余数百丈。以戊戌春鸠工，迄己亥冬落成。

观澜桥 在州治南五里。

碧溪桥 在州治东。

济江桥 在州治南二百里。

通江桥 在州治南二百里。

大河桥 在州北五里。

三步两座桥 在州治北三里。

三渡河桥 在州治南一百五十里。

永安桥 在州治西二十里。

桑园桥 在州治南二百五十里。

通川桥 在州治北五里，通四川路。

上江渡 在州治西一百五十里。

下江渡 在州治南二百里。

新化州

溼泥桥 跨溼泥河。春夏水涨，势甚凶涌，知州麦天惠构木为桥。

者乐甸长官司

车里军民宣慰使司

木邦军民宣慰使司

孟养军民宣慰使司

缅甸军民宣慰使司

八百大甸军民宣慰使司

老挝军民宣慰使司

孟定府

孟艮府

南甸宣抚司

干崖宣抚司

陇川宣抚司

威远州

湾甸州

镇康州

大候[①]州

钮兀长官司

芒市长官司

〔据李元阳纂万历《云南通志》（刘景毛、江燕等点校，中国文联出版社2013年版））卷二至卷四《地理志》辑录。〕

（天启）滇志·地理志·桥梁

卷三　地理志第一之三　桥梁

津梁利涉，惟水（木）惟石。大江之浒，连舰而过，曰浮桥。在中土，不越此三端耳。西蜀松维、石泉间有索桥，以铁为柱，絙以铁链，或竹或木，从横叠架，左右方墙如竹萝，人行其中；一曰铁桥，牵铁链而人力依附焉，纵连直木，横铺平板，左右扶掖而过。皆桥之异也。而滇更有异者，曰藤桥，以藤为之. 闻弱水亦有藤，附水而生，仙灵惧为外人导，每每伐之，今渐长，将到此岸，其此数（类）乎？又有大生桥，不劳人力，稳步而利济，其天台石梁之类乎？又有仙桥，木细而柔，月望一易，更不可测。又徼、川间有海门桥，桥边有界鱼石，两江之鱼，相望不敢越，尤异已乎？至于长桥数十

① 候　正德《云南志》卷十四同，《明史》卷四十六《地理志·顺宁府·云州》、天启《滇志》卷二《地理志·顺宁府·云州》作“侯”。

丈、巨桥数丈，为政者之大惠，其次有行释子劝化、乡人好义者为之，皆可纪也。

云南府

县　桥　在城内布政司南昆明县右。

石　桥　在小西门内。

凤凰桥　在崇正门外，通濠水，以达盘龙江。

溥润桥　在咸和门外，旧名至正。

焦三桥　在治东一里重关外。

通济桥　在云津桥西。水即金棱河之支流，达濠水，泛注于市而不可渡，因建是桥。梁王格杀段平章于此。今水涸而桥存。

云津桥　在治东二里许。水出盘龙江，流经商山下，过郡城，入滇池，所谓萦城者是已。桥旧名大德，毁于兵。洪武癸酉，西平侯沐春重修。

小　桥　在云津桥东三百武。

太平桥　在小桥东二百武。

地藏桥　在治东，跨金汁河上。

吴井桥　在治南三里。以井得名，或云建于吴氏。

老崔桥　在治东南十五里。

新　桥　在治南螺蛳湾。

望仙桥　在治南五里许南坝右。

土　桥　在治南东寺正街。

坂坝河桥　在治西南西寺街。

小泽口桥　在治西南。

顺城桥　在治西南小泽口桥之上。

假溪桥　在治西南洪润门外。

西坂桥　在治西七里许，近黑林铺。

永清桥　在治东北永清门外。

迎仙桥　在治东鸣凤山麓。万历二十七年，巡抚陈用宾建。

永济桥　在松华山，锁盘龙江之上流。

四通桥　在晋宁州西，通新兴、元江诸水。

济远桥　在呈贡县南。

永安桥　旧名东桥，在安宁州东，螳螂川经其下。弘治七年，巡抚张诰重建，提学佥事欧阳旦记。

启明桥　在禄丰县东二十里许。天启元年，土官木增建，巡按杨春茂题。

永丰桥　在治西，星宿河之水经其下。万历四十三年，巡按吴应琦檄县修建。

龙济桥　在嵩明州南十里许。

龙街桥　在治东南十里许。

嘉利桥　在治南四十里，万历七年建。

大河桥　在富民县南三里许。

永济桥　在宜良县汤池巡检司前。

惠津桥　在易门县东。

长虹桥 在三泊县南门外。

崇文桥 在县南三里礼义村河。万历甲辰，知县彭悌建，自为记。

大理府

双鹤桥 在府南门外，跨绿玉溪。

安固桥 跨龙溪。成化间，知府李逊建，后圮。弘治四年，知府马自然重建。

又有阳和、十里、鹤背、阳南四桥，各跨青（清）碧、阳南等溪，皆石条为梁。

清风桥 一名黑龙桥，长一十五丈。正统间，知府贾铨、守备郑俊仝建，釃水为五道，郡治桥梁，此为第一。

子河桥、龙关桥 俱跨海尾，亦条石为梁。以上九桥，自府而南。

狮子桥 在府城北门外城濠上。

宣化桥 跨桃溪，旧桥屡坏。弘治十年，通判刘杰创建，又作一大浮图翊之。

又四里桥、五里桥、白石江桥、屏峰桥、塝曲桥、洛阳桥、湾桥、作邑桥，跨梅岑等溪。

牧牛桥 跨万花溪，釃水为十道。

院塝桥 跨霞移溪。

峨崀桥 横潦冲决，石梁不存，近作木桥。

波罗江桥 以上十四桥，自府而北。

在赵州者曰永安桥，弘治二年，楚雄府同知陈宝建。

曹溪石桥 一名汤颠桥。

尚义石桥 嘉靖八年建。

水硙桥 嘉靖十九年建。

双　桥 在白崖。

迷渡桥 以上六桥，俱州治南。

东山桥 嘉靖十六年重修。

倚江桥 在云南县西十里。

赤水桥 在县东南二十五里。

小大板桥 在云南驿。

孔全桥 义士孔全所造，构木跨水，长十丈许。

德源石桥 在邓川州北。

青索鼻石桥 在州东二十里巡检司左。

银　桥 在州东三江头。

龙　桥 在州东九里。弘治四年，同知程永亨重修。嘉靖二年，上关人沈轨易以石。

三道桥 亦在州东。

新　桥 在州东三里。嘉靖间，知府阿国祯重修。

进宝桥 在遵政乡。

通宁桥 在县东南三里。

分水桥 在县东四里，又八里为通济桥，三十里为庆（广）济桥。

汇川桥 在县东南十五里。

南江桥 在县南四里。

猿江桥 在县西南十五里。以上八桥，俱浪穹县。

南薰桥 在宾川州永安门外。旧恒为秋潦所圮，嘉靖中知州朱官重建，视旧坚致，有李元阳记。

吴公桥 在州西二里。嘉靖八年，知州吴仲善建。二十二年，知州朱官复修。

石门桥 在州北。又通江桥，亦在州北四里。

桑园桥 在州北七十里。

云龙桥 在云龙州，嘉靖七年建。

临安府

迎恩桥 在府东一里。初以木为之，正统间易石，寻圮。隆庆间，乡民樊志宽重修。

登龙桥 在府城迎晖门外。跨壕上，砌以石，东尘（廛）水患稍息，万历二十九年，郡人共建。

泸江桥 在府南一里。宣德间建，跨泸江。正德中，义民王镐等重修。万历初，桥圮，乡民沈崇儒甃以石，覆以屋。

通贡桥 在府城东北三十里。弘治间建，义官高辛重修。

十架桥 在府城西四里，景泰中建。

清流桥 在府城北二里，天顺间建。

飞虹桥 在府城南二里，跨中沟。正统间建。

浣衣桥 在府城南五里，跨小河。正统间建，成化间，居士叶舟重修。

登瀛桥 在府西南，成化间建。

永安桥 在府城西十里，跨白龙渠。

玉虹桥 在府东十里，长四丈，广半之。宣德间建。

三河桥 在玉虹桥南，三河分流，二桥相望。正统间建。

天生桥 在府南娑罗庄哨。有石跨流，自然成桥。

百花桥 在府南五里，景泰间建。

板　桥 在府西北十里。弘治间，钱锐建。

曲江桥 在府东北百里，长三十丈。原系木桥，天顺间建。万历三十二年，乡髪僧如净俗名朱万祐募缘董工，乡绅都御史王恩民倡首创石桥，巡按御史沈正隆、兵备佥事龚云致各捐资助工，有碑记，提学佥事范允临书。详见《旅途志》。

会安桥 在府西黑冲山下，弘治间，徐宣甃石。

通远桥 在石屏州矣落河东五里，天顺间建。

又有惠民桥，万历二十七年建；化龙桥，郡人杨廷相建；石桥，吴宇建，许子言重修；通贡桥，杨琼建；福森桥，杨石（名）学建。俱在州境。

卢公桥 在宁州西三里，跨沅江，通甸苴关。正德十六年建，嘉靖三十二年重修。

霁虹桥 在州西三里，喜（嘉）靖八年建。

恩永桥 在州西三里，跨恩永河。先年构木为梁，嘉靖甲寅，御史张凤翀改建石桥。

观音桥 在州东七里。

广嗣桥 在城西北，张中建。

通安桥 在阿迷州东南二里。弘治间，州民王晟建。

永安桥 在州东二里，天顺间建。

永兴桥、通济桥 俱在州东门外，弘治间建。

小 桥 在州西门内，成化间建。

古城桥 在州南。

东 桥 在州东。

西 桥 在州西。

泰安桥 亦在州西三十里。

洼泥桥 在新化州，跨洼泥河。

永济桥 在通海县东二里。

溥利桥 在县东百步，弘治间建。

秀江桥 在县城西二里。

经济桥 在县南，万历二十九年建。

云济桥 在河西县，弘治间建。

碌溪桥 在县东二里，正统间建。

指南桥 在县南二里，弘治间建。

阳关桥 在县北二十五里，万历八年建。

桂峰桥 在嶍峨县南一里。

长 桥 在蒙自县东二十五里，跨海，构木为之，长千（十）余丈。天顺二年建。

侻甸桥 在县东七十里，天顺间建。

宜民桥 在县东二里，洪武间建。

永安桥 在县西门外，巡抚邹应龙建。

通济桥、架虹桥 俱在新平县治。

太平桥 在县东五里。

永昌府

众安桥 在府城南七里，跨沙河下流。洪武二十三年，指挥胡渊创建木桥。正德间参将沐崧、嘉靖间副使郭春震相继重修。

霁虹桥 在府城北八十里，跨澜沧江，以竹索为之。洪武间，镇抚华岳铸二铁柱于岸以维舟，后架木桥，寻毁。弘治十四年，兵备王槐修。万历二十七年，为顺宁猛酋所焚，兵备副使邵以仁重建。二十八年，复毁，兵备副使杜华先、分巡按察使张尧臣捐俸修，知府华存礼请于两岸设弓兵守之。

东（北）津桥 在府城北二十里，今为小板桥。

凤鸣桥 跨沙木河。

大盈桥 在腾越州西，跨大盈江。

龙川桥 在州东七十里，跨龙川江，旧名藤桥。弘治间兵备赵炯、嘉靖间兵备潘润相继修，岁久倾圮。万历二十六年，署州事余懋学复建。

龙洞桥 在州三里。万历二十八年，指挥孙奇勋建。

神济桥 在诸葛营东。永乐十六年，车琳建。嘉靖四年，义民吴贵始甃以砖石。

昌平桥 旧名太平桥，在永平县治东半里。跨银龙江，长四十丈，高二丈五尺，广二丈，以木为之，覆以瓦亭十二楹。嘉靖十七年千户赵辅、三十年指挥王合重修。

漾濞桥 东隶蒙化，西隶永平，桥制如霁虹。万历二十七年，毁于猛廷瑞，未几，两郡邑合修。永平令为蔡俊。

保场桥 在镇姚所小保场驿前，万历二十年建。

西山桥 在石册寨，土舍莽承绪建。

血战桥 在姚城全胜关外，官兵与缅兵交战处，参将邓子龙建。

楚雄府

云龙桥 在郭东五十步，跨城壕。

青龙桥 在府治东三里，跨平山河。源自南安龙潭，合茅溪水，经府北入龙川江。万历三年，分巡毕天能、知府张九歌建，乡绅鞠以正等赞成。桥西有观音阁，参政罗汝芳题曰“水月圆明”。

凌虚桥 在府治东三十五里。弘治四年，知府邵敏建。万历二十九年，推官陈以躍修。

卧龙冈桥 在府西七里卧龙河上，成化十一年建。

平山桥 跨平山河。正统中，知府冯郁建。

济川桥 在吕合驿巡检司前。成化中，知府邵敏建，长十丈，广二丈。万历间，推官陈以躍、知县罗弘谟重修。

龙川桥 在黑盐井巡检司前。

明月桥、清风桥 俱在广通县东三里。

濯缨桥 在县南路甸驿前，永乐间建。

翠微桥 在县东二十里蒙七塔铺前。

陡涧桥 在县东七十五里舍资巡检司前。

安乐桥 在舍资驿西一里，弘治间重修。

普利桥 在定边县治之内，桥甚高广。

永济桥 在驿前，成化八年建。

德胜桥 在县北十里。

西龙桥 在碍嘉县北十里。

迎恩桥 在南安州北一里，成化间建。

擢秀桥 在州东，成化十四年建。

新石桥 在州北二里。

苴力桥 在镇南州西四十里，杨太史赋垂杨（柳）处。

平夷桥、丹桂桥 俱在州西五里。

瑞应桥 距城五里马龙江上，为迤西要津。万历己亥，知州周宪章建。

平政桥 在城东关外。

丰城桥 在城西关外。俱天启三年知州卢伯宷建。

曲靖府

澄清桥 有三：上桥，在府治南九里；中桥，在治东南七里；下桥，在治西三岔驿。俱弘治十七年建。

潇湘江桥 跨木容关溪。景泰三年建，弘治间，知府焦韶、同知胡光重修。

白石江桥 在城北八里，洪武二十五年建。

石宝山桥 在城南二十里。

迎恩桥 在府城北双沼之间，桥下有闸。洪武初建。

朝阳桥 去府城二十五里，知府高荐建。

太平桥 在霑益州南一百四十里交水村，长八丈，阔二丈，跨块步溪水。

阿幢桥 在州南一百七十里。

可渡桥 在州北一百二十里，临可渡河。

山塘桥 在州南一百七十里。

城南桥 在六凉卫城南，洪武二十三年建。

城北桥 在卫城西北芳华乡，跨南涧。洪武十五年建。

永安桥 在越州卫城北，凭弄泥溪水。

观音桥 在马龙州西，西河水流其下。

关东桥、关西桥 俱在州鲁婆伽岭巡检司。

下板桥 在州西南五十里古城堡。

块泽桥 在亦佐县。两山壁立，流水甚疾，夹岸之间，飞架而渡。

镇夷桥 在越州卫南三里，袤三十余丈，今砌石。

澂江府

青云桥 旧名普济桥，在府东街，跨玗剳溪。正统间，知府王彦建为石桥。

南津桥 在东街南。嘉靖间，路南州民郭万钟建。

中沟桥 在东街南二里，锁玗剳溪水口。

太平桥 旧名罗藏桥，在府城西二里。嘉靖间，知府王良臣建，通判徐子麟重修。

四均桥 在府廖官营东境内，道路至此适均，故名。

永济桥 在府治南七里。

清平桥 在府西二里。

河生桥 在府治东，知府高廷绅建。

三岔桥 在河生桥西百步。

得路桥 在府西北四里，义民席允中、陈亨建。

务耕桥 在府梨花村北，庠生李杰建。

介营桥 在大小二军营间，故名。

远达桥 在小军营中。

广济桥 在大军营西路口。

通津桥 在广济桥西一里。

庄镜桥 在府治东街。

漱玉桥 在府治东街土主庙前。

西市桥 在府治东。弘治间，举人邹玘建。嘉靖间，义民陈绅易以石。

月津桥 在府大河口。

长虹桥 在府东四十里。嘉靖间，郡人罗应重修。

俯波、涌拔二桥 俱在府西南。

迎仙桥 在府南。

惠民桥 在府西，知府徐可久建。

龙津桥 在府东。

迎恩桥 在江川县北。

海门桥 在县东南八里。为临安要路，通星云湖水，入抚仙湖，登舟始此。天顺五年建。中央有界鱼石焉，澂江、江川其鱼二种，以石为界，不敢越江水一波，越则相斗，斗而死，为兵象。

石桥、通衢桥 俱在县东。

大河桥 在阳宗县东。

通济桥 在县西一里。

玉溪桥 在新兴州治西南。

弘济桥 在州南，通嶍峨、新化路。弘治间，知州邓骏建。

会通桥 在州西，与弘济桥相望。

永安桥 在路南州北。

板　桥 在州南二十里。嘉靖间，郡人席大宾易以石。

天生桥 有二，一在州北五十里，一在州东北十二里。二桥天成，不假人力，故云。

赛虹桥 在州，通省大路。万历四十五年，知府汪良修。

三板桥 在州治通衢。万历四十七年，举贡杨兴南弟兄捐修。

蒙化府

永春桥 在府城西二里。后圮，改建于三官庙界。万历十三年，郡人张烈文首倡，易木为石。

北门桥 在府北门外。

永济桥 在府北七十里甸头巡检司南，万历元年，通判薛希周建。

漾濞桥 在府西北一百余里，制如澜沧江桥。

四十里桥 在龙尾关样备驿之中，赵州、蒙化同修。

甸尾桥 在府南二十里，大理杨仕重修。

锦溪桥 在府东一里，旧名卫中桥。正德间重修，源自龙王庙，达于阳江。

嵯峫桥 郡人张锦重修。

玄珠桥 郡人王绪重修。

通北桥 在府北三里。

济南桥 在府南半里。俱郡人张烈文建。

康济桥 在府南三里，郡人孙钊建。

封川桥 在府南十五里温泉山下。

兴隆桥 在府南二十里。俱乡耆李唐贤建。

通云桥 在府南七十里，乡耆戴时遇建。

鹤庆府

跨鳌桥 在府南一里。

新生桥 在府南二里。

东山桥 在府东五里。

大龙潭桥 在府东十五里。

金灯桥 在府东南二十里。
迎贵桥 在府南。
落钟桥 在府南五里，有溪源出西山龙湫，东入漾江。
鹤川桥 在府南十里，为通衢，地名长康里。
石固桥 在府南十四里。又一里，为永济桥。
济川桥 有二，一在府南十八里，一在剑川州南四里。
通济桥 在府南二十五里。
镇远桥 在府西门外。
清水江桥 在府西四十里。
周官屯桥 在府北七里。
象跪石桥 在府北十五里。
逢密桥 在府北三十里。
小板桥 在府北。
天生桥 在府南一百二十里。
观音山桥 在府南一百二十五里。
劝农桥 在剑川州东一里。
平济桥 在州东三里。
岩江头桥、柳邑桥 俱在州北半里。
岩场、小石二桥 俱北一里。
颠场桥 亦北十五里。
广济桥 在州西南三十里。
罗城桥 在州南十五里。
桃羌桥 在州南二十五里。
牛甸桥 在顺州东三里。
乌铺桥 在州西南三十里，会东南涧水入金沙江。万历二十八年，知州李先芬建。
求嗣桥 在州西三里。
板　桥 在州南五十里。

姚安府

栋川桥 在府南门外，知府王嘉庆重建。
青蛉桥 在府西北，跨青蛉河。弘治中，知府王嘉庆建。
迎晖桥 在府东门外。
拱辰桥 在府北门外。
飞虹桥 在府儒学前，知府杨日赞创建。
九龙桥 在府东南隅。
镇远桥 在府东五里。
普利桥 在府东北演武亭后。
惠通桥 在府南五里大石溯上，知府马自然建。
石泉桥、汇泉桥、仁和桥、如逵桥、广济桥 俱在府南。
济川桥 在府东北十五里。

连场桥 在府西三十里。

望川桥 在府北二十里，嘉靖十八年建。

承恩桥 在大姚县南一里，跨大姚河，为屋五楹以覆之。永乐十四年，千户施宥建。

迎恩桥 在县西南八里，亦跨大姚河，一名八里桥。

利济桥 在县东四里。

广运桥 亦在东五里。

利鹾桥 在白盐井提举司治前。

神喜桥 在司东。

荣春桥 在司后。

广西府

大石桥 在府西一里。弘治十三年，知府朱继祖重建。

所普桥 在府西三十里。

玉津桥 在弥勒州前，长五丈，阔七尺，跨八甸溪上流。

漾月桥 在师宗州南门。

五马桥 在州西门。

禄生桥 在州东门外一里。

平政桥 在州南门外。

普济桥 在大河口。

石风桥 在小河口宁折村。

新　桥 在瓦窑村。

大渡桥 在大阿堵村。

双凤桥 在双风山。

蚁泽桥 在槟榔村。

赵公桥 在革得哨。

洪济桥 在州北三十里。

寻甸府

独树双桥 在府东半里，俗呼两座桥。

兔河桥 在府东二里。

洗马桥 在府东四里。二桥俱嘉靖间知府林斌修。

七星桥 在府东十五里，嘉靖三十二年建。万历元年，义官刘聪捐资重造，长四十丈，下连七空。

三板桥 在府南五里。嘉靖二十一年，知府王尚新易以石。

蔡济桥 在府南十五里。嘉靖二十六年，军人蔡永建。

温泉桥 在府南四十里，长五十丈，跨阿交河溪水。嘉靖初年建，万历二十七年重修。原木桥，知府林斌易以石，可通舆马。

太平桥 在府东北三里。弘治间，知府谢绍建。

迎恩桥 在府北。成化间，知府谢绍易木以石，覆以屋。

靖远桥 在府北三里。

武定府

虎市桥　在府东北一里，弘治四年建。

龙潭桥　在虎市桥东一里。江岸两壁峭立，跨以木桥，下有龙潭，俗传内潜灵物，桥不可甃甓。万历二十七年，知府刘懋武建屋七楹于上。

通会桥　在府东。天启三年，知府胡其慥改创。

大营桥　在府东南一里，弘治十三年建。

通远桥　在府西北，路通元谋县。弘治十二年建。

济溪桥　在府东南四十里冷村铺东，弘治间建。

聚保桥　在府北卓孤村。

陟久罗桥　在府北马笼他夷艾村，弘治十五年建。

骂勒桥　在府东北阿甸村，弘治间建。

便民桥　在府北二里。双桥合流，雨水涨，莫能渡。万历一（二）十七年，知府刘懋武创建。

法尼则桥　在府东北。

惠民桥　在府北一里，有涧最深，导引灌溉。万历二十七年，知府刘懋武修。

通会桥　旧名迎祥桥，在府东大路。天启三年，知府胡其慥迁桥于东城之左，以镇水口。

高　桥　在旧南甸县西北八十里。正统十年，阿宁建，架木为之。

大木桥　在和曲州旧治东二里，正统间建。

大板桥　在元谋县西一里。正统间建，寻废。万历二十八年，府同知陈典署县重建。

鲁虚桥　在禄劝州西北十里，弘治间建。

西蟠龙桥　在州西五里，嘉靖三十年建。

景东府

开化桥　在府后，万历间建。

通华桥　在府北通华河。

新站桥　在治北六十里。

马官桥、新桥　俱在府南六里。

平川桥　在府南十里。又十八里，曰孔雀桥。二十三里，曰南川桥，曰清凉桥。

大河桥　在府东二里许，覆以瓦屋四十九楹。

水寨桥　在府东十六里。其二十里，曰后所桥。

兰津桥　两岸峭壁竦立，高广千仞，飞泉急峡，复磴危峰，森罗上下，徼外一诡绝之观也。南北相望，无可通者，以铁索系两岸为桥。汉明帝创造，永乐初重修。不知当时空中何以著力，疑是神运。慎蒙《名山记》。

元江府

混龙桥　在府西四十里阿南村，跨峨崀河，长三丈，阔一丈许。

康济桥　在北门外。

南安桥　在南门外。

石　桥　在德化乡。

西成桥　在西十五里。

藤　桥　在西一百里。

丽江府

铁　桥　在巨津州北一百三十余里，跨金沙江。桥之建，或云吐蕃，或云隋史万岁及苏荣，或云南诏阁罗凤与吐蕃结好时置。吐蕃尝置铁桥节度，后异牟寻归唐，与韦皋合兵破吐蕃，断铁桥即此。所跨处穴石锢铁为之，冬月水清，犹见铁环。

东员桥　在府东南五里。跨清溪，源出雪山，以石为之。

广南府

西安桥　在府西三里。旧架木桥，万历二十六年，土舍侬应祖易以石。

通津桥　在府西五里，万历二十五年建。

顺宁府

遵化桥　在麻陋缺村。

归义桥　在甸中村。

永安桥　在旧府北。又五里，为迎恩桥。

福黎桥　在府东二里。

祝嵩桥　在旧府东五里顺宁河中流。

兔位桥　在府北九十里右甸河。

靖边桥　在坪里村南顺宁河，长七丈，阔二丈。

掬春桥　在府北。水自凤山下泻，上有瓦屋。

藤　桥　在阿铎河。河水东注，土人构藤为桥，以济往来。

浮　桥　在兰沧江上。每至正月，郡人编竹为之，长十五丈，广五丈，人马经之，如卧虹之状。

长宁桥　在新街南一里阿鲁使泥河。

西添桥　在西添河。

愠马罕桥　在温（愠）马罕山下。

枯柯桥　在枯柯寨界，永顺间建，一仿兰沧桥制。

太平桥　在州北门外。旧为贼毁，今仍其址新之。

永宁府

开基桥　在府前，天生桥居其上流。

海门桥　在府西，通四川打冲河，达川江桥外盐井界。

大　桥　在把丘，万历二十四年建。

北胜州

来薰桥　在州南。又一里，为长安桥。又二里，为太平桥。又五里，为观澜桥。一百五十里，为三渡河桥。二百里，为济江桥，一曰通江桥。二百五十里，为桑园桥。在州治东，曰碧溪桥。

大河桥　在州北五里。又有通川桥，其水入蜀江。

永安桥　在州西二十里。

〔据刘文徵撰天启《滇志》（古永继校点，云南教育出版社1991年版）卷三《地理志第一之三·桥梁》127－136页辑录，同时以王云编辑《滇志校考》改补之。〕

（康熙）云南通志·山川志津梁附

卷六　山川志津梁附

云南府

高峣渡　在府西三十里。

海口渡　在昆阳州北二十里。

县　桥　在城内旧布政司南，旧昆明县右。

石　桥　在城小西门内。

凤凰桥　在崇正门外。通濠水，以达盘龙江。

溥润桥　在咸和门外，旧名至正。

焦三桥　在府治东一里重关外。

通济桥　在云津桥西。水即盘龙江之支流，达濠水，流入于市而不可渡，因建是桥。梁王格杀段平章于此，今水涸而桥存。

云津桥　在府治东二里许。水出盘龙江，流经商山下，过郡城，入滇池，所谓萦城者是也。桥旧名大德，毁于兵，明洪武癸酉，西平侯沐春重修。

太平桥　在小桥东二百武。

小　桥　在太平桥西。

地藏桥　在治东，跨金汁河上。

吴井桥　在治南五里。以井得名，或云建于吴氏。

老崔桥　在治东南十五里。

望仙桥　在治南五里许南坝。

土　桥　在治南东寺街。

新　桥　在治南螺蛳湾。

板坝河桥　在治西南西寺街。

小泽口桥　在治西南。

顺城街桥　在治西南小泽口桥之上。

假溪桥　在治西洪润门外。

西板桥　在治西七里许，近黑林铺。

永清桥　在治东北永清门外。

迎仙桥　在治东鸣凤山麓。明万历二十七年，巡抚陈用宾建。

永济桥　在松华山，锁盘龙江之上流。

翰林桥　在府城南坝。为逆折毁，本朝康熙二十二年，巡抚王继文重修。

永定桥　在富民县南数十步。舆梁跨河，高可数丈，上覆瓦屋二十楹，旁有窗壁，远望如空中楼阁，日中贸迁者半集，其内旧称天河桥。

通化桥　俗名土桥，在宜良县东第六铺内。

衢　桥　在县治东门外。

通济桥　在县南第一铺，通路南州。

清远桥　在县北第五铺，上有铺。

太平桥　在县东五里，通六凉卫。

萧官桥　在县北三里，通汤池。

安正桥　在县北一里大闸水口。

青云桥　在县西门外，通阳宗县。

广济桥　在县北。

芮家桥　在青云桥左。

永济桥　在汤池北。

新石桥　在汤池北门外。

凤凰桥　在罗次县南五里落凹营。

喜雨桥　在县北三里。

大石桥　一在县南二十里，一在县北二十五里。

新　桥　在县南七里。本朝康熙十年，署县事何清建，甃石架木，上覆以屋三楹。

思利桥　在晋宁州南城外一里许。

长坡桥　在州南五里。

四通桥　在州城西三里。

新　桥　在州西山麓十里。

十里桥　在州南十里铺前。

龙市桥　在呈贡县南一里。明成化间建，原名济远桥。

通济桥　在县治西小街子。明天顺间，典史易有高建。

舆济桥　在县南二十里大渔村之址。

通利桥　在县北五里。明弘治间，知县何宗有建，陈表重修。

便民桥　在旧归化东惮泥山下。明嘉靖间，知县范宏募建。

利涉桥　在县东一里。明嘉靖间，民蒋春建。

吴笼桥　在县西南七里。明弘治间，李洪重建。

普济桥　在县北五里。明嘉靖间，县民李经建。

大通桥　在县南。明弘治间，典史沈福建，后毁于山水，碑尚存。

安江桥　在安江村。明万历间，知州许亨魁建。

永安桥　旧名东桥，在安宁州东门外，螳螂川经其下。明弘治间，巡抚张诰重修。

醉春桥　在遥岑楼外。明崇祯年建，俗呼为三桥。

昌应桥　在始甸，距州城东二十里。明万历间，杨彦魁建，岁久冲塌。本朝康熙八年，知州张在泽捐金重修。

沙河桥　在州城东南里许。明万历间建，本朝康熙二十三年，知州朱承命因倾圮重建，改名天津桥。

光裕桥　在浴德门外四里。明崇祯间，郡人杨凤建。

寿昌桥　在洪源门外，郡人张希元建。

启明桥　在禄丰县南十五里。天启元年，木增建。

星宿桥　在县西门外，一名永丰。明万历四十三年，巡按吴应琦檄县修建。本朝康熙二十九年，水涨冲塌二硐，奉总督范承勋、抚院王继文檄行迤西捐修，实为通衢之利。

宝泉桥　在县治十里。

飞虹桥　在县北门外。明天启间，王锡衮建。

普济桥　在昆阳州南门外。明万历间，知州夏可渔建。

卢公桥　在州南三里。明万历间，署印知州卢元恺建。

迎恩桥　在州北门外。明嘉靖间，知州张绮建。

升龙桥　在州北五里，今改崖跌水。

龙泉桥　在州东十里龙泉寺前。

新　桥　在州南二十里宝泉寺左。本朝康熙元年建，为新兴通衢。

石龙桥　在州西北三十五里。隔海岸淤泥不入河，为迤西通衢，本朝康熙七年建。

长虹桥　在旧三泊南门外。

崇文桥　在三泊治南三里礼义村河。明万历间，知县彭悌建。

南门大桥　在易门县城南门外。建有“锦云平步”坊，今圮。

捷近桥　在县城东北隅。因洪水倾圮，更建易名七星桥。

易江桥　在县东十五里，地名江渠。建桥坊名题曰“飞虹普渡”。

惠津桥　在县东门三里。以木架桥，今改建石桥。

易川桥　在县东八里曹所营。

栢木桥　在县北四十里矣栖屯，桥以木成。

济南桥　在县南。今圮，以木为之。

普川桥　在县南十五里普倍。

永靖桥　在县北，今新建。

飞虹桥　在嵩明州城东五里。

龙济桥　在州东十里。

龙纳桥　在州东二十里。

嘉利桥　在城东四十里。

龙津桥　在州南十里。

龙关桥　在州南十五里。

大通桥　在城西二十里。

万里桥　在城西五里。

矣纳桥　在城东北二十里。

对龙桥　在城南四十里。

丹凤桥　在城北一里。

仁济桥　在城北门外十里。

凝和桥　在州南门外五里。

曲靖府

大渡、以则渡、七革渡、乃革渡　俱罗平州。

澄清桥 有三，上桥在府治西九里，中桥在府治东南七里，下桥在府治西北三岔驿，俱明弘治十七年建。

鸣凤桥 在城西观音洞下，离城二十五里。明万历三十年，陈政建。

潇湘江桥 跨潇湘江之水。明景泰三年建，弘治间，知府焦韶、同知胡光重建。

白石江桥 在府城北八里。明洪武二十五年建，本朝康熙十年，知府李率祖重修。

堡山桥 在府城南二十里，跨大河。

迎恩桥 在府城北双沼之间。桥下有闸，明洪武初建。

飞虹桥 在儒学大门外之左。

驾虹桥 在儒学大门外之右。

蒙家桥 在府城西二里。

胡家桥 在府城南十里。

新　桥 在城北二十里屯田道，募工修理。

胜峰桥 在府城西门外。

响水桥 近响水一里。

中所营桥 在府城三十里。

红花海桥 在府城东二十二里。

高　桥 有二，一在城东二十里，一在新桥前一里。

石喇桥 在府东三十里。

朝阳桥 在府城东北二十五里，长十余丈，宽三丈。明万历甲午，知府高公荐委卫经历黄子敬督修。

砥道连虹桥 在府城北十八里，地名小路口。夏秋水涨，河岸冲决，淹没军民田庐，行旅甚苦。明万历庚子，经历李廷捐赀，督众筑堤一截，修路四百丈，建石桥三座，以泄水势，行者称便。

中河桥 在府城东十三里。

镇海寺桥 在府城东十五里。

箐口桥 在城东八十里，一名魏家墩桥。

石墩子桥 在城东二十里。

吴六桥 在城东十五里。

把家桥 在城东十五里。

倮㑩桥 在城北三十里。

邓官桥 在城北十三里。

柳家坝桥 在城东北五里。

济众桥 在城西十五里三岔关。本朝康熙九年，驿盐道赵廷标暨阖郡人等同建。

中正石桥 在城西南二十里，水通潇湘河源。本朝康熙六年，廪生沈鉴开同众新建。

太平桥 在新霑益州东门外。长二丈，阔一丈，块步溪水流其下。

石龙桥 在霑益州东半里河东大路，砌以石，水洞三。

堡子桥 在州城西三里。

乾河桥 在州城东十里。

马龙桥 在州城南五里。

王家桥　在洪桥铺。

水西桥　在州城北三十里。

江溪桥　在来宾铺。

山塘桥　在州城南一百七十里，塘溪山之水过焉。

衍嗣桥　在州城南部，明御史缪文龙以石易木。

山　桥　在州城东一里，架木为之。

傥塘桥　在州北八十里，架木为之。

可渡桥　在州北一百二十里。跨可渡河甚险，本朝康熙二十八年，总督范承勋、巡抚王继文仝建。

板　桥　在陆凉州城三里。

土　桥　在州一里。

南　桥　在州二里。

串　桥　在州五里。

观音桥　在马龙州南，明成化间建。

昌隆桥　在州南十五里。

关东桥　在州南二十五里。建于鲁伽婆岭巡检司之东，故名。

关西桥　在州二十五里，建于巡检司之西。

仁济桥　在州南四十里，即白塔桥。

下板桥　在州南五十里。

青石桥　在州南七十里。

高　桥　在州西二里。

双　桥　在州东二里。

龙见桥　在罗平州北三十里。

鲁圻河桥　在州西二里。

连步桥　在学左一里，俱明万历十七年建。

块泽桥　因两山竖立，下流涌水夹岸之间，砌石嵌木，飞架而渡。

天生桥　在块泽江上渡。

永平桥　在块泽江。

界牌铺桥　在平彝卫城北十五里。明万历五年，指挥李厚、千户田嘉禾创建，至今利涉。

界牌桥　在卫西北八里。明万历二十四年，分巡高公荐捐资，檄经历汤廷良督建，仍作亭三楹。

石岑铺桥　有三，明万历间，千户田嘉禾、军人周良用、吴大金建，至今利之。

红崖璋河桥　在卫东三里。明万历间，军人叶汝贵建。

遇顺小桥　有三，明万历间，军人张大云建。

永安桥　在越州卫南。老军吴成建，弄泥溪水流其下。

镇彝桥　在卫城南三十余丈，今砌石。

中洲桥　在卫城南。

东岳桥　在卫城南。

周家桥 在卫城南七里。共桥十一，俱越州卫老军闻世春捐资建，往来便之。

靖远桥 在寻甸州北三里。明嘉靖二十三年，知府林斌重修。

迎恩桥 在旧州南。初架木为之，明成化丁未年，知府谢绍易以石。

通靖桥 在州东二十里，长三丈，阔五尺。

温泉桥 在州南三十里，长十五丈，阔八尺。明嘉靖初年建，万历二十七年重修。

原木桥 知府林斌易以石。

洗马桥 在州东四里。初木桥，明嘉靖二十三年，知府林斌易之以石。

蔡济桥 在州南十五里。明嘉靖二十六年，军人蔡永建。

三板桥 在州南五里。明嘉靖二十一年，知府王尚新易以石。

日甲桥 在州南二里。

太平桥 在州治东北三里。明弘治间，知府谢绍建。

南安桥 在木密所东二十里。

独树双桥 在州东半里。明嘉靖二十三年，知府林斌重修。

七星桥 在州城二十里。郡民刘璁①建，长十丈，阔三丈。

代砖桥 在木密所东十五里。

南安桥 在所东三十里。

普集桥 在所北十五里。

临安府

矣波渡 在蒙自县东三十里，有船。

箐口渡 在蒙自西南一百八十里。

禄逢渡 在纳楼长官司南四十里。

乍甸渡 在纳楼长官司东南二百里。

阿土渡 在纳楼长官司东一百五十里。

槟榔渡 在亏容长官司西北五十里。

茶　甸 在亏容长官司西北四十里。

纳更三渡 在纳楼巡检司，陇墩、蛮板、蛮汪是也。

龙江渡 在嶍峨县东。水大设舟，涸则设桥。

曲江桥 在城东北百里，长三十丈。原系木桥，明天顺间建。万历三十二年，僧如净与张国相募缘董工，乡绅都御史王恩民倡首创石桥，巡按御史沈正隆、兵备佥事龚云致各捐资重修。

香木桥 在城东八十里。

三公桥 在城东一百二十里，今改名飞虹桥。

泸江桥 在城南一里。明宣德间建，跨泸江。正德中，义民王镐等重修，复圮。万历初，乡民沈崇儒甃以石，覆以屋。

十架桥 在城西四里，明景泰间建。

通贡桥 在城东北三十里。明弘治间建，后高辛重修。

---

① 璁　“璁”的异体字，美石。雍正《云南通志》、道光《云南通志稿》、光绪《云南通志》、《新纂云南通志》、康熙《顺宁府志》、光绪《续修顺宁府志稿》皆作“璁”。

迎恩桥　在城东一里。初以木为之，明正统间，甃以石。

青云桥　在城东十五里，同知乡绅张儒象建。

飞虹桥　在城东十五里，跨中沟。明正统间建。

赛公桥　在城东二十里，居人余先觉建。

清流桥　在城北二里，明天顺间建。

浣衣桥　在城南五里，跨小河。明正统间建，成化间，居人叶丹重修。

永安桥　在城西十里，跨白龙渠。明成化间建。

登瀛桥　在城西南，明成化间建。

玉虹桥　在城东十里，长四丈，广半之。明宣德间建。

三河桥　在玉虹桥南，三河分流，二桥相望。明正统间建。

天生桥　在城南娑罗庄哨，有石跨流，自然成桥。

白鹤桥　在城南五里，明景泰间建。

会安桥　在城西北黑冲山下。明弘治间，徐宣甃石。

板　桥　在城西北十里。明弘治间，钱锐建。

顾公桥　在石屏州东门外，明署州通判顾庆恩建。

化龙桥　明乡绅参议杨廷相父子建。

通贡桥　杨琼建。

福森桥　杨名学建。

许家桥　明乡绅许子言建。

通远桥　在矣落桥东五里，明弘治间建。

矣落桥　在城西八十里，跨矣落河。明天顺间建。

通济桥　在阿迷州城东，明弘治间建。

小　桥　在城西门内，明成化间建。

新　桥　在城东北，离城五里。石梁三空，以济东河，广二丈，长十余丈。

永安桥　在城东二里，明天顺间建。

永兴桥　在城东，明弘治间建。

东　桥　原系木桥，今废。

通安桥　明弘治间，王晟建。

古城桥　在府南。

香木桥　在治南一里。石梁一大空，以防群山潦水。相传有水怪藏山岩中，遇雷雨水涨，间出为患，辄倾坏桥梁，空处乃为龙头二尺许，向下衔巨铃，风摇声铮铮然，以镇之。兵乱时，铃为窃去。

南　桥　在治南离城五里，即水泉桥。下石上木，三空，广一丈，长八尺余，以济浑河。明知州方逢盛建。

西　桥　在城西。

义　桥　在治西离城八十里。木梁，广一丈，长八丈，僧人募缘修建。

泰安桥　在城西三十里。

卢公桥　在宁州西三里，跨元江，通甸苴关。明正德十六年建，崇祯十四年，乡耆王杰重修。

霁虹桥 在城西三里。明嘉靖八年建，今圮。

恩永桥 在城南三里，跨永恩河。先年构木桥，明嘉靖甲寅，御史张凤翀改建石桥。

观音桥 在城东七里。

广嗣桥 在城西北，张中建。

黄澄桥 在城西北三十里，路当通衢，涧狭水险。明隆庆七年，州民黄澄建。万历间，其子重修。

永济桥 在通海县东二里。

尼郎桥 在县城迎薰门外。

溥利桥 在县东百步，明弘治间建。

秀江桥 在县城西南秀山，涧水潺湲至海。

迎恩桥 在县东，俗呼大桥。

登瀛桥 在秀山半，名升仙桥。

永济桥 在河西县治北，明弘治间建。

阳关桥 在县北二十五里，明万历八年建。

碌碳桥 在治东。长虹三渡，界于湖中，与苏堤小异。

指南桥 在城南二里，明弘治间建。

桂峰桥 在嶍峨县南一里。

龙江桥 在城东六十步。水大用舟楫，水小设桥。

永安桥 在蒙自县城西门外。明万历间，巡抚邹应龙建。

长　桥 在城北二十里，长十余丈。明天顺三年，土官禄刚建。

宜民桥 在矣渡铺。明洪武间，县丞李复造，周玺、朱良宾重修。

倘甸桥 在城北七十里。明天顺三年建，今名万里桥。

澂江府

青云桥 旧名普济桥，在府东街，跨玗劄溪。明正统间，知府王彦建为石桥。

南津桥 在东街南。明嘉靖间，路南州民郭万钟建。

中沟桥 在东街南二里，锁玗劄溪之水口。

太平桥 旧名罗藏桥，在府西二里。明嘉靖间，知府王良臣建，通判徐子麟重修。

四均桥 在府廖官营东境内，道路至此适均，故名。

永济桥 在府南二里。

清平桥 在府西二里。

河生桥 在府东，明知府高廷绅建。

三岔桥 在河生桥西百步。

得路桥 在府西北四里，义民席允中、陈亨修建。

务耕桥 在府梨花村北，庠生李杰建。

介营桥 在大、小二军营间，故名。

远达桥 在小军营中。

广济桥 在大军营西路口。

通津桥 在广济桥西一里。

庄镜桥 在府东街。

漱玉桥 在府东街土主庙前。

西市桥 在府东。明弘治间，举人邹玘建。嘉靖间，义民陈绅易以石。

月津桥 在府大河口。

长虹桥 在府东四十里。明嘉靖间，郡人罗应重修。

俯波桥、涌拔桥 俱府西南。

迎仙桥 在府南。

惠民桥 在府西，明时知府徐可久建。

龙津桥 在府东。

迎恩桥 在江川县北。

海门桥 在县东南八里。为临安要路，通星云湖水，入抚仙湖登舟始此。明天顺五年建。中央有界鱼石焉，澂江、江川其鱼二种以石为界，不敢越江，越则相斗，兆兵象。

石桥、通衢桥 俱在县东。

大河桥 在旧阳宗县东。

通济桥 在县西一里。

玉溪桥 在新兴州西南。

弘济桥 在路南州，通嶍峨、新化路。明弘治间，知州邓骏建。

会通桥 在州西，与弘济桥相望。

永安桥 在路南州北。

板　桥 在州南二十里。明嘉靖间，郡人席大宾易以石。

天生桥 有二，一在州北五十里，一在州东北十二里。二桥天成，不假人力，故云。

赛虹桥 在州，通省大路。明万历四十五年，知府汪良修。

三板桥 在州治通衢。明万历间，举贡杨兴南弟兄捐修。

武定府

虎市桥 在府东北一里，明弘治间建。

龙潭桥 在虎市桥东一里。江岸两壁峭立，跨以木桥，下有龙潭。俗传内潜灵物，桥不可甃甓。明万历间，知府刘懋武建屋七楹于上。

通会桥 在府东。明天启间，知府胡其慥改创。

大营桥 在府东南一里，明弘治间建。

通远桥 在府西北，路通元谋县。明弘治间建。

济溪桥 在府东南四十里冷村铺东，明弘治间建。

聚宝桥 在府北卓孤村。

陟久罗桥 在府北马笼他彝艾村，明弘治间建。

骂勒桥 在府东北阿甸村，明弘治间建。

便民桥 在府北二里。双桥合流，雨水涨，莫能渡。明万历间，知府刘懋武创建。

泥法则桥 在府东北。

惠民桥 在府北一里，有涧最深，导引灌溉。明万历间，知府刘懋武重修。

通会桥 在府东大路。明天启间，知府胡其慥迁桥于东城之左，以镇水口，旧又名迎祥桥。

恩惠桥 在福田寺前。本朝康熙二十六年，知府王清贤建。

高　桥　在旧南甸县西北八十里。明正统间，阿宁建，架木为之。

大木桥　在和曲州旧治东二里，明正统间建。

大板桥　在元谋县西一里。明正统间建，寻废。万历间，府同知陈典署县重建。

鲁虚桥　在禄劝州西北十里，明弘治间建。

西蟠龙桥　在州西五里，明嘉靖间建。

广西府

盘江渡　在师宗州一百六十里马者笼乡。

大石桥　一名环翠桥，在府西一里。明弘治间，知府朱继祖重建。万历三十八年，知府张宇重修。

所普桥　在府西三十里。

玉津桥　在弥勒州前。长五丈，阔七尺，跨八甸溪上流。

漾月桥　在师宗州南门。

五马桥　在州西门。

禄生桥　在州东门外一里。

平政桥　在州南门外。

普济桥　在大河口。

石凤桥　在小河口宁折村。

新　桥　在瓦窑村。

大渡桥　在大阿堵村。

双凤桥　在双风山。

螘泽桥　在槟榔村。

赵公桥　在革得哨。

洪济桥　在州北三十里。

元江府

混龙桥　在府西四十里阿南村，跨峩崀河。长三丈，阔一丈许。

康济桥　在北门外。

南安桥　在南门外。

石　桥　在德化乡。

西城桥　在府西十五里。

藤　桥　在府西一百里。

义兴桥　在三台坡下。本朝康熙十年，知府潘士秀、副将王起龙暨阖郡人等同建。

广南府

西安桥　在府西三里。旧架木桥，明万历间，土舍侬应祖易以石。

通津桥　在府西五里，万历间建。

开化府

永济桥　在府南。本朝康熙九年，知府刘䜣、通判赖玮建。

镇西桥、三板桥、侬河桥、弥勒河桥　俱在府境。

天生桥　在宝天成。

大理府

双鹤桥　在府南门外，跨绿玉溪。

安固桥　跨龙溪。明成化间，知府李逊建，后圮。弘治间，知府马自然重建，复圮。万历丁丑，分巡王希元重建。

阳和桥　跨青碧溪，亦王希元建。

十里桥、鹤背桥、阳南桥　各跨葶蓂、阳南等溪，皆石桥为梁。

清风桥　一名黑龙桥，长一十五丈。明正统间，知府贾铨、守备郑俊同建。分水为五道，郡治桥梁，此为第一。

子河桥、龙关桥　俱跨海尾，亦条石为梁。以上九桥，自府而南。

狮子桥　在府北门外城濠上。

宣化桥　跨桃溪。旧桥屡坏，明弘治十年，通判刘杰创建，又作一丈浮屠翊之。

四里桥　跨梅岑溪。

五里桥　跨隐仙溪。

白石江桥　跨双鸳溪。

屏峰桥　白石溪。

塝曲桥　灵泉溪。

洛阳桥　跨锦溪。

湾　桥　跨芒涌溪。

作邑桥　跨海岑溪。

牧牛桥　跨万花溪，分水为十道。

院塝桥　跨霞移溪。

峩崀桥、波罗江桥　以上十四桥，自府而北。

永安桥　在赵州。明弘治二年，楚雄同知陈宝建。

曹溪桥　一名汤颠桥。

尚义石桥　明嘉靖八年建。

水硙桥　明嘉靖九年建。

双　桥　在白崖。

天津桥　在迷渡。以上六桥，俱在州南。

东山桥　在州东，明嘉靖十六年重修。

倚江桥　在云南县西一十里。

赤水桥　在县东南二十五里。

大小板桥　俱在云南驿。

孔全桥　义士孔全所造，构木跨水，长十丈许。

德源石桥　在邓川州北。

青索鼻石桥　在州东二十里巡检司左。

银　桥　在州东三江头。

龙　桥　在州东九里。明弘治四年，同知程永亨重修。嘉靖二年，上关人沈軏易以石。

三道桥 在州东。

新　桥 在州东三里。明嘉靖间，知州阿国祯重修。

进宝桥 在遵政乡。

通宁桥 在浪穹县东南三里。

分水桥 在县东四里。

通济桥 在县东八里。

广济桥 在县东三十里。

汇川桥 在县东南十五里。

南江桥 在县南四里。

猿江桥 在县西南十五里。

南薰桥 在宾川州永安门外。旧为秋潦所圮，明嘉靖间，知州朱官重建。

吴公桥 在州西二里。明嘉靖间，知州吴仲善建，知州唐佐、知州朱官相继重修。

石门桥 在州北。

通江桥 在州北四里。

桑园桥 在州北七十里。

云龙桥 在云龙州，明嘉靖七年建。

来薰桥 在北胜州北一里。

长安桥 在州北。

太平桥 在州北二里。

观澜桥 在州北五。

三渡河桥 在州北一百五十里。

济江桥 在州北二百里。

碧溪桥 在州治东。

大河桥 在州北五里。

通川桥 水入蜀江。

永安桥 在州西二十里。

永昌府

潞江渡 旧刳木为舟，以渡往来，甚惊。明嘉靖间，兵备副使潘润始置巨舟，可渡百人，两岸各建官厅憩息。

众安桥 在府城南七里，跨沙河下流。明洪武二十三年，指挥胡渊创建木桥。正德间参将沐崧、嘉靖间副使郭春震相继重修。

霁虹桥 在府城北八十里，跨澜沧江。旧以竹索为之，元至元中，僧了然易以铁缆。明洪武间，镇抚华岳铸二铁柱于岸，维舟以渡，后架木桥，寻毁。弘治间，兵备王槐重修。万历间，为顺宁猛酋所焚，兵备邵以仁重修，复毁，兵备杜华先、分巡张尧臣重修。本朝督抚司道各捐金约费银二千有奇，檄金腾道纪尧典等督建，桥长三百六十尺，南北为关楼四，上覆板屋三十二楹，两端系铁缆十六。弘厰坚緻，视昔有加，日久倾侧。本朝康熙十二年重修。

东津桥 在府城北二十里，今为小板桥。

凤鸣桥 跨沙木河。

大盈桥　在腾越州西，跨大盈江。

龙川桥　在腾越东七十里，旧名藤桥。明弘治间兵备赵炯、嘉靖间兵备潘润、万历间署州事余懋学相继重修。顺治十六年，为李定国所焚，复又重建，坚緻整密，一如霁虹桥制。桥之外为台，台之外为坊，其上为飞轩十有九间，旁维以铁缆五，两端挽以铁缆二。

龙洞桥　在州三里。明万历间，指挥孙奇勋建。

神济桥　在诸葛营东。明永乐间，车琳建。嘉靖间，义民吴贵始甃以砖石。

昌平桥　旧名太平桥，在永平县治东半里，跨银龙江。明嘉靖间，千户赵辅、指挥王合重修。

漾濞桥　制如霁虹，明万历间，毁于猛廷瑞，蒙化、永平二郡重修。

保场桥　在镇姚所小保场驿前，明万历间建。

西山桥　在石册寨，土舍莽承绪建。

血战桥　在姚城全胜关外，官兵与缅交战之处。明参将邓子龙建。

楚雄府

青龙桥　在府东三里。明万历五年，江西客民徐修二创，明末倾圮。本朝康熙五年，援剿前镇左都督马宁与同知史光鉴等同捐俸重修，仍如旧。

延寿桥　在府东十里。

凌虚桥　在腰站，去府东三十里。明弘治四年，知府邵敏建。万历二十九年，推官陈以躍修。

马家桥　在府南五里。

霜　桥　在府西二里。

大石桥　在府西二十里。

清水桥　在府西三十里清水坝。

济川桥　在吕合巡检司。

吕仙桥　在吕合驿。

黑泥桥　在镇南州东半里，府城孔道。明万历间，知州尹为宪建。

苴力桥　在州西四十里。

丰城桥　在州西城外，迤西孔道。明天启元年，知州卢伯案建。

瑞应桥　在州西五里，即丹桂桥，通迤西八府。明万历间，知州周国庠建。

永宁桥　在州西北七里，姚安孔道。明万历辛丑年，知州周国庠建。

白塔桥　在州西三十里，迤西孔道。明万历间，知州李茂魁建。

天心桥　在州城内。

迎恩桥　在州西半里。

擢秀桥　在州城东门外。

新石桥　在州西半里。

小　桥　在州西北二里。

济川桥　在州西南五里。明万历间，知府邵敏建，推官陈以躍、知县罗弘谟重修。

妥稍桥　在州东四十里。

三麻驾桥　在旧碍嘉县东八里。明景泰间，知县熊飞建，绕以横槛，覆以板屋。嘉靖间，杨江永重修。

鱼装桥 在县东南二里。

麻纽桥 在县西南十五里。明弘治间，知县虎臣建，上有屋，后杨江永重修。

西龙桥 在县北十里。

迎恩桥 在定远县南三里。

拱极桥 在县北五里。

清风桥 在广通县东门外三里。明弘治间，知县王正修建。嘉靖间，陆芳重修。

蒙七桥 在县东二十里。明嘉靖间，堡军徐昂修建，通大道。

黑苴桥 在县东二十五里。明成化间，黑苴军民人共建。

安乐桥 在县东四十里舍资界。明嘉靖间，堡军潘惠建，通大道。

濯缨桥 在县西门外。明弘治间，知县蒋哲、县民陆芳建。

明月桥 在县西半里。明成化间，土官段鑑妻梅氏建。

通济桥 在县西五里，明成化间建。嘉靖间，堡军周宪重修，通大道。

关山桥 在县西二十五里回蹬关山下。明弘治间，堡军何荣建，通大道。

溥利桥 在定边县治内。

永济桥 在驿前，明成化八年建。

平彝桥 在县治前，跨河而建。

得胜桥 在县治北十里，跨环川，建自明初。西平侯征南至县，刀斯郎伏兵于此。大水久冲，桥墩犹存。

五马桥 在黑井中街，为行盐之要梁。怒涛汹涌，下筑石基三，洞高二丈，架以横木，覆以板屋，树以栏杆。其设已久，因朽欹将倾。本朝康熙九年，提举朱濛重修。桥东额匾曰“南浦飞云”，桥西额匾曰“烟溪叠翠”。

永胜桥 在司西南，往琅井路上。

永正桥 在琅井中街。开井时建，架木而成，上覆以屋。

玉带桥 在河尾东门内。明万历间，井人杨永濂倡众建。本朝康熙己酉年，生员施浦、张仲斌等重修。

玉城桥 在司北三里许，往黑井孔道。

小石桥 在司西门外数十步，往定远县孔道。

姚安府

栋川桥 在府南门外，明时知府王嘉庆重修。

青蛉桥 在府西北，跨青蛉河。明弘治间，知府王嘉庆重修。

迎晖桥 在府东门外。

拱辰桥 在府北门外。

飞虹桥 在府儒学前，明时知府杨日赞建。

九龙桥 在府东南阳。

镇远桥 在府东五里。

普利桥 在府东北演武亭后。

惠通桥 在府南五里大石溯上，明时知府马自然建。

石泉桥、汇泉桥、仁和桥、如逵桥、广济桥 俱府南。

济川桥　在府东北十五里。
连场桥　在府西三十里。
望川桥　在府北二十里，明嘉靖间建。
承恩桥　在大姚县南一里，跨大姚河，为屋五楹以覆之。明永乐间，千户施宥建。
迎恩桥　在县西南八里，跨大姚河，一名八里桥。
利济桥　在县东四里。
广运桥　在县东五里。
利鹾桥　在白盐井提举司前。
神喜桥　在司东半里。
荣春桥　在司后。

鹤庆府

金沙江渡　在府治东一百三十里。
跨鳌桥　在府南一里。
新生桥　在府南二里。
东山桥　在府东五里。
火龙潭桥　在府东十五里。
金灯桥　在府东南二十里。
迎贵桥　在府南。
落钟桥　在府南五里，有溪源自西山龙湫，东入漾江。
鹤川桥　在府南十里，为通衢，地名长康里。
石固桥　在府南十四里。
永济桥　去府一里。
济川桥　有二，一在府南十八里，一在剑川州南四里。
通济桥　在府南二十五里。
镇远桥　在府西门外。
清水江桥　在府西四十里。
周官屯桥　在府北七里。
象跪石桥　在府北十五里。
逢密桥　在府北七十里。
小板桥　在府北。
天生桥　在府南一百二十里。
观音山桥　在府南一百二十五里。
劝农桥　在剑川州东一里。
平济桥　在州东三里。
岩江头桥、柳邑桥　俱州北半里。
岩场桥、小石桥　俱在州北一里。
颠场桥　在州北十五里。
广济桥　在州西南三十里。
罗城桥　在州南十五里。

桃羌桥 在州南二十五里。

牛甸桥 在旧顺州东三里。

乌铺桥 在州西南三十里，会东南涧水入金沙江。明万历间，知州李先芳[①]建。

求嗣桥 在州西三里。

板　桥 在州南十五[②]里。

顺宁府

兰沧江渡 在府东北八十五里，舟楫无虚日。

黑惠江渡 在赤龟山下。

迎恩桥 在府东门外，永蒙路经之，去府二里。知府王政重修，挽以铁索甚坚固。

衢亨桥 在府北城下。明崇祯十七年，知府曾瑞来建。

行春桥 在府东城外一里，往东山寺路经之。本朝康熙四年，知府米璁捐俸重修。

右甸大桥 明崇祯十五年，通判谢天禄捐俸重修。

枯柯大桥 去府二百五十里。明知府李忠臣建，挽以铁索，巨木为栋，上覆瓦屋。水出毒，岸有岚，热气蒸人，如釜如甑，利在速行，非桥不可。本朝康熙四年，知府米璁重建。

锡铅桥 在府北八十里。明崇祯十七年，知府曾瑞来建木桥，瓦屋叠石为墩，坚固可久矣。

猛右桥、大桥 在府北一百六十里，往隆昌大路。本朝康熙四年，知府米璁修。

小　桥 在府北一百四十里，往隆昌大路。

太平桥、观音寺桥 在府南三里许三官阁山下，路通云州。

归化桥 在府南十五里，路通云州大路。旧桥为水所没已久，本朝康熙三年，知府米璁捐俸重修建。

麻腊寨桥 在府南七十里，路通云州。旧桥冲坏，石址无存，知府米璁捐俸同耆民修建。

大　桥 在府北一百六十里，又名猛家桥，路通蒙化。明末知府曹巽之捐俸建。

永济桥 在大桥之西，相去二里。明末知府曹巽之建。

歪泥桥 在东木龙里，路通永平，去府二百五十里。本朝康熙二年，永平生员冯家训倡修建。

克麻桥 在牛街坡下，通来宣桥大路。秋夏多为涧水所阻，过者称难。本朝康熙二年，知府米璁捐俸重建。

来宣桥 在府北一百八十里牛街驿濞溪江上，通蒙化。其渡最险，明末焚毁。本朝康熙元年，知府米璁捐俸重修，桥长九丈，两端挽以铁缆，上覆瓦屋二十一楹。本朝康熙九年复毁，巡抚李天浴、布政使崔之瑛、按察使张彦珩等捐俸，檄知府许弘勋督修。

凤鸣桥 在府城西。本朝康熙元年，巡抚、司道各捐俸檄知府米璁督修。

石　桥 在云州，出蒙化路。计六座，俱知州张鹤塘捐俸重建。

---

① 李先芳　天启《滇志》作“李先芬”。《续修浪穹县志稿》卷四《秩官志·署摄》：“李先芳，忠州人。万历二十八年以顺州知州摄县事。”作“芳”是。

② 十五　天启《滇志》作“五十”。

锁木桥 在州旧城，系府河水所经。马鞍山居岸北，旧城沙汀拱岸南，桥以锁水。知州刁飞龙捐俸重修。

蒙化府

永春桥 在府城西二里。进士张烈文建，后圮，监生梁朝柄倡众重修。

润泽桥 在府北门外。

永寿桥 在府北七十里甸头巡检司南。明万历元年，通判莘希周建。

云龙桥 在府北一百余里漾濞巡检司，制如漾沧江桥。

四十里桥 在龙尾关、漾濞驿两界中，赵州、蒙化同修。

崇化桥 在府南里许，俗名菜园河桥。大理杨国用重建。

锦溪桥 在府东一里。明万历年，郡绅朱鸣时重建，僧学清重修。源自龙王庙，达于阳江。

嵯岬桥 在城东三里，郡人张锦重修。

悬珠桥 又名聚仙桥，下有瀑布，在城东五里。郡人王绪重修。

南薰桥 在府南三里北塔河，知县孙钊建。

饮虹桥 在府北三里寄马桩下。

封川桥 在府南十五里温泉山下。

兴隆桥 在府南七十里罗求场下。

通云桥 在府南三十里，乡耆戴时遇建。

永宁府

开基桥 在府前，天生桥居其上流。

海门桥 在府西，通四川打冲河，达川江。桥外盐井界。

大　桥 在把丘，明万历间建。

景东府

通化桥 在府北一里。建自明洪武二十三年，水溢倾圮。本朝康熙十年，同知胡向极捐俸重修。

马官桥、新桥 俱府南六里。

平川桥 在府南十里。

孔雀桥 在南府十八里。

南川桥、清凉桥 俱在府南二十三里。

大河桥 在府东二里，覆以瓦屋四十九楹，今因水溢倾圮。

水寨桥 在府北十六里。

新站桥 在府北八十里。水泛冲没，往来病涉。本朝康熙九年，同知胡向极捐俸重修。

兰津桥 西岸峭壁竦立，仰插霄汉，俯映沧江，飞泉急峡，复磴危峰，信奇观也。以铁索南北为桥，相传汉明帝时造，永乐间重修。

丽江府

铁　桥 在巨津州北一百三十余里，跨金沙江。考建桥之时，或云吐蕃，或云隋史万岁及苏荣，或云南诏阁罗凤与吐蕃结好时置。吐蕃尝置铁桥节度，后异牟寻归唐，与韦皋合兵破吐蕃，断铁桥即此。所跨处穴石锢铁为之，冬月水清，犹见铁环。

东员桥　在府东南五里。跨清溪，源出雪山，以石为之。

〔据范承勋等修，吴自肃等纂康熙《云南通志》（日本京都大学藏清康熙三十年刻本）卷六《山川志津梁附》第40页辑录。〕

（雍正）云南通志·城池志附津梁

卷六　城池志附津梁

云南府

云南县附郭

嵩山古渡　在城东一里嵩山寺前。

高峣渡　在城西三十里，舟达本城板坝河。

县　桥　在城大东门内布政司衙门东首，明黔国公沐氏建。

永清桥　在城内菜海子边，本朝康熙二十年重建。

焦三桥　在城大东门外半里，明时修建。

广惠桥　在城大东门外半里。本朝康熙四十九年，副将周士元重修。

地藏桥　在城东二里许，跨金汁河上。

溥润桥　在城东十里，旧名至正桥。本朝康熙三十五年重修，更今名。

丰乐桥　在城东三十里，为往来驿道。本朝雍正元年，郡人王应龙重修。

云津桥　在城东南二里许。水出盘龙江，流经商山下，过郡城，入滇池。旧名大德桥，毁于兵，明洪武二十六年，西平侯沐春重修，以其当云南之要津，更今名。

通济桥　在云津桥西，一名奏功桥。水即盘龙江支流，今水涸而桥存。明成化间建。

太平桥　在城东南二里，古名剩砖桥。三国汉诸葛武侯建，本朝康熙四十五年重修。

小　桥　在太平桥西二百武。

老崔桥　在城东南三十里。明成化间建，本朝雍正元年，郡人王应魁重修。

凤凰桥　在城南门外。通濠水，以达盘龙江。三国汉诸葛武侯建。

土　桥　在城南二里东寺街，今改名东西石桥，又名桂香桥。明总兵邓子龙建。

板坝河桥　在城南二里西寺街，一名望安桥。明万历间建。

新　桥　在城南二里螺蛳湾，今易名引凤桥。明万历间建。

吴井桥　在城南三里，以井得名。或云建于吴氏，明黔国公沐氏重修。

翰林桥　在城南十里南坝。本朝康熙二十二年，巡抚王继文重修。

顺城街桥　在城西南半里，一名烧猪桥。明黔国公沐氏建。

小泽口桥　在城西南一里，一名鸡鸣桥。明天顺间建。

望仙桥　在城西南五里，明天顺间建。

假溪桥　在城小西门外半里，通迤西大道。本朝康熙二十年重修。

石　桥　在城小西门外三里许，一名月明桥。

西板桥　在城西七里许，近黑林铺，一名牛心桥。明万历间建。

金锁桥　在城西四十里高峣小村，三国汉诸葛武侯建。

霖雨桥　在城北十里罗丈村。本朝康熙四十九年，郡人熊武兆等重修。

迎仙桥　在城东北二十里鸣凤山麓。明万历二十七年，巡抚陈用宾建。

永济桥　在城东北三十里松花山，锁盘龙江之上流。本朝康熙间重修。

富民县

永定桥　在城南门外，旧名天河桥，水入昆海。明万历四十六年，知县许成德建。

乐济桥　在城南十里，黄土坡入省大路。本朝康熙十九年，邑人刘在田建。雍正十一年，知县杨体乾重修。

永固桥　在城西十五里，通罗次路。本朝康熙四十年，罗次知县梁衍祚建。

太平桥　在城北十里，通武定路。本朝康熙十九年，邑人刘在田建。

者北桥　有二，俱在城北四十里，通武定路。本朝康熙十九年，邑人刘在田建。

宜良县

陈家渡　在城东三里。

陈所渡　在城东五里。

狗街渡　在城东南十五里。

高峣村渡　在城北三里。

长安村渡　在城东北五里。

小渡口　在城东北五里。

通衢桥　在城东门外。

车渡桥　在城东三里。

长生桥　在城东南郊外。

通济桥　在城南门外。

青云桥　在城西门外。

芮家桥　在青云桥左。

广济桥　在城西一里。

萧官桥　在城西四里。

永济桥　在城西三十五里汤池北关内。

新石桥　在汤池北关外。

清远桥　在城北一里五铺，一名花桥。

弘济桥　在清远桥左。

安政桥　在城北一里。

赛公桥　在城北三里，一名幌桥。

马家桥　在城北九铺。

通化桥　在城东北二里。

太平桥　在城东北五里。

罗次县

映文桥　在城南三里。本朝雍正三年，邑人杨仪、杨德广等建。

凤凰桥 在城南五里。
新　桥 在城南七里。本朝康熙十年，署知县何清建，甃石架木，上覆屋三楹。
迎仙桥 在城南七十里。明万历十六年，邑人张廷琰建。
大石桥 有二，一在城南二十里；一在城北十五里，邑人刘一清、何应爵等建。
衍庆桥 在城西南一百二十里炼象关城西门。明万历间，邑人白朝斗同众捐建。
昌裔桥 在炼象关西五里。明天启间，邑人宋郊同众捐建。
镇安桥 在炼象关西十里。明天启间，邑人朱腾雨同众捐建。
华明桥 在炼象关西十里。明崇祯间，邑人蒲华妻张氏同众捐建。
喜雨桥 在城北二十里北厂村。本朝康熙三十七年，邑人杨广德、李如松等建。

晋宁州

海溪桥 在城东三里盘龙山下。
惠利桥 在城南一里许。明弘治十四年，义官王让建。
长坡桥 在城南五里。明弘治十四年，义官王世泰建。
五里桥 在城南五里，明州人刘世荣建。
十里铺桥 在城南十五里，明州人赵宗周、赵世发同建。
登瀛桥 在城西南三里。
学士桥 在城西南七里。
凤凰桥 在城西门外半里，昔有凤凰止此，故名。
四通桥 在城西三里许。明弘治三年，知州熊弘建。
新　桥 在城西五里，明刘世荣建。
宁静桥 在城西北三里王家坝下。明州人徐天应建，本朝雍正四年，士民重修。
世济桥 在城西北五里。明州人李茂修建，其孙重修，故名。
安澜桥 在城西北十里，本州士民公建。

呈贡县

通济桥 在城内中街。明洪武间，知县揭官保建。
便民桥 在城东三十里惮泥山下。明嘉靖间，知县范宏建。
龙市桥 在城南一里，明成化间建。万历八年，知县黄宇重修。
太平桥 在城南十五里太平关。明成化间，邑人吴应选建。本朝雍正四年，阖邑重修。
舆济桥 在城南十五里大渔村。明万历八年，邑人汪朝阳建。本朝康熙四十五年，邑人姚茂德重修。
普济桥 在城南三十五里。明嘉靖间，邑人李经建。
利涉桥 在城南四十里富有村。明嘉靖间，邑人蒋春建。
吴笼桥 在城西南四十里安江村。明弘治间，邑人李洪建。
安江桥 在安江村。本朝顺治间，邑人保姓建。

安宁州

黄塘渡 在城南十五里，设有渡夫。
温泉渡 在城北十五里。

通清桥　在城内署前大街。

盐课司桥　在城西门内旧盐课司前。

永安桥　在城东门外，螳螂川经其下，为迤西要路。明弘治七年，巡抚张诰重修。本朝康熙四十五年，总督贝和诺、巡抚郭瑮捐俸，知州高珍督修。

醉春桥　在城东门外岑楼北。明崇祯间，州人募修。

昌应桥　在城东三十里，入省大路。明万历间，州人杨彦魁建。本朝康熙八年，知州张在泽重修。十一年，州人祁凤翔募众再修。

天津桥　在城东南一里。明万历间，郡人朱化孚建。本朝康熙二十三年，知州朱承命重修。

崇文桥　在城南二十里。明万历间，旧三泊县知县彭梯建。

博济桥　在城南三十里，通迤西大路。本朝雍正二年，士民募建。

冯母桥　在城南八十里。本朝雍正元年，州人冯加懿母李氏建。

老何①坡桥　在城西南五里，通易门路，县民杨士毅建。

寿昌桥　在城西门外，郡人张希元建。

游得高桥　在城西三十里。

光裕桥　在城北四里。明崇祯间，郡人杨凤建。

禄丰县

启明桥　在城南十五里。明天启间，丽江土知府木增建。

星宿桥　在城西门外，一名永丰桥，通迤西大路。明万历间，知县向兆麟建。本朝康熙三十九年，水涨冲塌二硐，总督范承勋、巡抚王继文檄行迤西各官捐修。四十六年，水涨复冲坏，布政使刘荫枢亲勘议修，不果。四十九年，知县刘自唐捐修，架以木板。雍正五年，水涨复行冲坏，仅存一硐，暂以船只济渡。

飞虹桥　在城北门外里许，通黑、琅两井大路。明天启间，邑绅王锡衮建石桥三硐。本朝康熙十一年倾圮，盐道郭廷弼捐修，易以木桥。四十六年，水泛冲断，盐道李苾捐俸，知县黄枢督修，后复坏。五十二年，黑井提举沈懋价重修。

宝泉桥　在城北二十里翻泥河。明嘉靖初建，下有温泉，土人浴之。

双济桥　在城北三十里，通武定路。本朝康熙五十年，郡人唐瑜建。

昆阳州

海口渡　在城北二十里，为往来要津。

鸣凤桥　在城东三里，本朝康熙五十六年建。

龙泉桥　在城东十里。

普济桥　在城南门外。明万历间，知州夏可渔建。

焕文桥　在城南门外。本朝康熙四十年，智坊士民同建。

卢公桥　在城南三里。明万历间，署知州卢元恺建。

新　桥　在城南二十里，明天启间建。本朝康熙三十二年，知州蒋廷铨重修。

石枧桥　在城西三十里甸头村，长五丈。明时楚人李正相度为枧，以溉田亩，里人德之。

---

①　何　道光《云南通志稿》同，光绪《云南通志》作“河”。

些溪桥 在城西三十五里。明万历间，州人李凌云建。

石龙桥 在城西北三十里，为迤西通衢。本朝康熙七年建。

迎恩桥 在城北门外。明嘉靖间，知州张绮建。

升龙桥 在城北五里。

易门县

惠津桥 在城东二里。明末建，木桥。本朝康熙二年，阖邑捐建，易以石。

易川桥 在城东七里曾所营。明末建，本朝顺治间，邑人徐石匠重修。

飞虹桥 在城东十五里驾易江上，有"飞虹普渡"坊。明崇祯十七年，知县黄世臣建。

迎龙桥 在城南门外。明洪武二十四年建，本朝顺治十八年，知县叶之馨重修。

普川桥 在城南十五里普贝屯。

七星桥 在城北门外，旧名捷近桥。明洪武二十四年建，万历二十九年，邑人张仲美重修，改今名。

永靖桥 在城北一里。

栢木桥 在城北四十五里，接禄丰县界。系板桥，覆以瓦屋。

嵩明州

飞虹桥 在城东五里。

龙济桥 在城东十里。

竜纳桥 在城东二十里。

嘉利桥 在城东四十里，即河口大桥。明万历间，知州熊克壮建。

龙津桥 在城南十里。

龙关桥 在城南十五里。

凝和桥 在城南三十五里杨林驿东。

万里桥 在城西五里。明嘉靖间，知州狄应期建。

大通桥 在城西二十里，即四板桥。明知州狄应期建。

对龙桥 在城西四十里。

丹凤桥 在城北一里。

仁济桥 在城北十里。

矣纳桥 在城东北二十里。

曲靖府

南宁县附郭

驾虹桥 在城内府学宫之右。本朝康熙五年，两学生员同建。

飞虹桥 在学宫之左。本朝康熙五年，知县程封建。

胡家桥 在城东门外。本朝顺治七年，里人公建。

把家桥 在城东十五里。

镇海寺桥 在城东十五里，僧如缘募建。

吴六桥 在城东十五里。本朝顺治六年，里人募建。

中河桥 在城东十五里。本朝康熙五十九年，知县王櫄重修。

箐口桥　在城东十八里魏家墩。明崇祯二年，知县项达建。

红花海桥　在城东二十里，僧普荷募建。

高　桥　有二，一在城东二十里，一在城北二十里新桥之前。

石喇桥　在城东二十里朗目山下。本朝康熙二年，僧一体建。

中所营桥　在城东二十里。明弘治间，军人公建。

潇湘桥　在城南门外。明景泰三年建，弘治间，本府知府焦韶、同知胡元重修。

石墩子桥　在城南十里。

石堡山桥　在城南二十里，为往来官道。明崇祯二年，邑人募建。

中州桥　在城南五十里旧越州东门外，各所兵同建。

周家桥　在旧越州西十五里。明天启二年，千户王贵建。

镇夷桥　在旧越州北门外。明万历五年，卫守备李昭建。

东岳桥　在旧越州北门外。本朝康熙元年，僧广元募建。

中正桥　在城西南二十里。本朝康熙六年，廪生沈鉴开同众建。

胜峰桥　在城西门外，明西平侯沐英建。

蒙家桥　在城西二里。本朝康熙二十九年，知县张为焕建。

澄清桥　有三，一名上桥，在城西九里；一名中桥，在城西北七里；一名下桥，在城西北十五里。俱明洪武间建。

济众桥　在城西十五里。本朝康熙九年，驿盐道赵廷标暨合郡人建。

鸣凤桥　在城西二十五里。明万历三十年，知府陈政建。

响水桥　在城西三十里。本朝顺治五年，邑人公建。

利众桥　在城西北七里。本朝康熙二十三年，南宁知县桂天申建。

冯官桥　在城西北七里。本朝康熙四十三年，曲寻镇总兵陆进忠[①]建。

迎恩桥　在城北门外，一名康桥，一名备兵桥。明洪武间建，本朝康熙二十三年，武定同知署府事王所善重建。

白石江桥　在城北五里。明洪武二十五年建，本朝康熙十年，知府李率祖修。

邓官桥　在城北十三里。

新　桥　在城北二十里。

倮㑩桥　在城北三十里。本朝顺治七年，邑人公建。

柳家坝桥　在城东北七里。明万历二十年，邑人公建。

朝阳桥　在城东北二十里。明万历间，知府高荐建。

霑益州

太平桥　在城东门外，明万历间重修。

黑　桥　在城北三里，一名山塘桥。

陈枋桥　在城北四十里。明万历间建，本朝康熙五十一年，邑人公修。

陆凉州

南　桥　在城南二里，明洪武二十三年建。

---

① 陆进忠　康熙《南宁县志》、咸丰《南宁县志》同，道光《云南通志稿》、光绪《云南通志》、《新纂云南通志》皆作“禄进忠”。雍正《云南通志》卷十八《秩官志·武秩·清提督》：“陆进忠，陕西人，曲寻武霑镇。”作“陆进忠”是。

串　桥　在城西南五里。

土　桥　在城西北一里余。

城北桥　在城西北芳华乡，跨南涧。明初建。

板　桥　在城北三十里。

马龙州

瀑津桥　在城东四十五里。本朝康熙四十六年，军人关育基重修。

三板桥　在城东南二十里，明未州人高智等修建。

西河桥　在城南十五里，明末州绅董朝宪等建。

昌隆桥　在城南十五里。本朝雍正十一年，知州周铨修建。

朱黄桥　在城南五十里。本朝康熙六年，州民朱怀妻黄氏建，因名。

镇西桥　在城南五十里。本朝康熙十年，州民林朝栋等修建。

观音桥　在城西南半里。明成化间，僧明朗募建。

张经桥　在城西南十二里。明嘉靖间，马隆所千户张经建。

关东桥　在城西南二十五里。明洪武间建，本朝雍正十年，知州周铨重修。

关西桥　在城西南三十五里鲁伽婆岭西。明嘉靖间，州民林国珍等建。

南安桥　在城西南五十里。明弘治八年建，本朝康熙三十年，州民鄷际等募修。

青石桥　在城西南七十里。本朝康熙四十年，州士民金太和等修建。

高　桥　在城西一里。明嘉靖间，州民高应登建。

双　桥　在城北三里。本朝康熙二十年，州民金国奇建。

罗平州

以则渡　在城东七十里。

大　渡　在城东一百里。

七革渡　在城东一百一十里。

连步桥　在城内学宫前，明万历间建。

沙湾桥　在城东四十里。明万历间，州同黄宇建。

永平桥　在城东四十里。本朝康熙三十八年，州民张洪学捐建。

三板桥　在城东五十里。明天启间，州同张哲建。

清水河桥　在城东七十里。明天启间，州同慕庸建。

两界桥　在城东百余里栖革江底，旧以舟渡。本朝康熙六十年，州民陈万言捐建石桥。雍正三年，其子九如、九锡重修，覆瓦屋，总督鄂尔泰题匾于上，曰“山水画图”。

鲁折河桥　在城南一里。明万历间，州同王寰建。

平乐桥　在城南四十里。本朝康熙五十八年，州民王连举倡修。

九龙桥　在城北十里。本朝康熙五十四年，知州王永禩[①]建。

龙见桥　在城北二十里。明万历间，州同黄宇建。

安平桥　在城北三十里。本朝康熙五十六年，知州黄德巽建。

---

① 禩　“祀”的异体字。道光《云南通志稿》、光绪《云南通志》、《新纂云南通志》皆作“禩”。雍正《云南通志》卷十八《秩官志·罗平州知州》：“王永禩，上元人，贡生，四十八年任。”作“王永禩”是。

寻甸州

独树双桥 在城东半里。明嘉靖二十三年，知府林斌重修。

洗马桥 在城东四里。初系木桥，明嘉靖二十三年，知府林斌易以石。

七星桥 在城东二十里。明嘉靖间，郡民刘聪建。

通靖桥 在城东二十里。

月甲桥 在城南二里。旧架以木，明嘉靖间，知府王尚用易以石。

三板桥 在城南五里。明成化间，知府李祥建木桥，嘉靖间，知府王尚用易以石。

蔡济桥 在城南十五里。明嘉靖间，军人蔡永建。

温泉桥 在城南三十五里，今名塘子大桥。明嘉靖初建，后圮。本朝雍正二年，知州崔乃镛率士民重修。

代砖桥 在城南五十里木密所城东十五里。

南安桥 在木密所东二十里，一名青石桥。明成化中，商人刘璿道建。弘治间，所军卫腾霄等募修。

迎恩桥 在城北门外，一名阳桥。初系木梁，明成化间，知府谢绍易以石。

靖远桥 在城北三里。明成化间，知府谢绍建。嘉靖间，知府林斌重修。

太平桥 在城东北三里，明知府谢绍建。

平彝县

顺豫仙桥 在城东门外。明万历间，军人张大云建。

祈嗣桥 在城东七里。明万历五年，指挥李厚建。

红崖嶂河桥 在城南三里。明万历间，军人叶汝贵建。

界牌桥 在城西八里。明万历二十四年，分巡道高荐檄经历汤廷良建。

乾 桥 在城西十三里，明万历二十四年建。

石岑铺桥 在城西十五里。明万历间，千户田嘉禾建。

界牌铺桥 在城北十五里。明万历五年，指挥李厚、千户田嘉禾建。

宣威州

石龙桥 在城东一里，明代州人李国标建。

衍嗣桥 在城南半里。明嘉靖间，御史缪文龙建。

山 桥 在城南里许，旧架木为之，今易以石。

马龙桥 在城南五里。

王家桥 在城南十五里。

乾河桥 在城南二十五里。

江溪桥 在城北二十里。

水西桥 在城北三十里。

大屯桥 在水西桥上。

来宾桥 在城北三十五里。

傥塘桥 在城北八十里。

可渡桥 在城北一百三十里，旧系木桥，在可渡关下。本朝康熙二十八年，总督范承勋建石桥于下游里许。三十三年倾圮，威宁镇总兵唐希顺复建木桥于旧处。五十四年，总督郭瑮重修。雍正八年，毁于火。今架浮桥，现议发帑重建。

高　桥　在城东北八里。

临安府

建水州附郭

沙坝渡　在城东北一百里曲江。

登龙桥　在城东迎晖门外。明万历二十年，郡人公建。

迎恩桥　在城东一里，即大石桥。明正统间建，本朝雍正九年，知州夏治源增修。

青云桥　在城东五里，明郡绅张象儒建。

玉虹桥　在城东十里，明宣德间建。

三河桥　在玉虹桥南，三河分流，二桥相望。明正统间建。

天缘桥　在城东十里。本朝雍正六年，郡人傅大美、王琨等倡建，上覆以亭，宽广坚固，知府栗尔璋有碑记。

锁龙桥　在城东十五里。城内外水皆由此出，一名汇源桥。

永济桥　在城东三十里。本朝康熙五十八年，郡民李标枝等建。

通贡桥　在城东三十里。明弘治间，指挥孙公昱建，后义官高辛、吴瑢等重修。

陞云桥　在城东三十里。

永奠桥　在城东三十五里。

宁远桥　在城东七十里。

香木桥　在城东一百二十里。

三公桥　在城东一百二十里，今改名飞虹桥。

泸江桥　在城东南一里。明宣德间建，正德间郡民王镐等重修，万历间郡民沈崇儒甃以石。本朝雍正八年，总兵张应宗、知府张无咎、知州祝宏重修。

飞虹桥　在城东南五十里塔冲河。明正统间建，旧系木桥，本朝康熙三十七年，郡人陈光绪捐建石桥，上覆以阁。

天生桥　在城东南娑罗庄，有石跨流，自然成桥。

浣衣桥　在城南五里，跨小河。明正统间建，成化间，郡民叶丹重修。

白花桥　在城南五里，一名白鹤桥。明景泰间建。

登瀛桥　在城西南，明成化间建。

石架桥　在城西四里，明景泰间建。

永安桥　在城西十里，跨白龙渠。明弘治间建。

会安桥　在城西北黑冲山下。本木桥，明弘治间，郡人徐宣易以石。

板　桥　在城西北十里。明弘治间，郡人钱锐建。

清流桥　在城北二里，明天顺间建。

赛公桥　在城北二十里，明时郡人余先觉建。

曲江桥　在城东北百里。原系木桥，明万历二十二年，巡按沈正隆，兵备龚云致，郡绅张国相、王恩民等各捐赀修建石桥。

张家桥　在城东北曲江沙坝，为入省孔道。郡绅张国相原造木桥以济，夏秋每苦漂没，复置腴田数亩，永作桥费，数百年行人利之。

石屏州

小河底渡　在城西一百二十里。

顾公桥　在城东门外。明天启间，署知州顾庆恩建。

化龙桥　在城东五里。明嘉靖间，州绅杨廷相建。

许家桥　在城西十五里。本朝顺治间，州绅许子言建。

福森桥　在城西十五里。明崇祯间，州人杨名学建。

通贡桥　在城西十五里。本朝顺治间，州人杨琼建。

通远桥　在城西三十里。明弘治间，里人公建。

矣落桥　在城西三十里。本朝顺治间，里人公建。

阿迷州

小　桥　在城西门内，明成化间建。

永安桥　在城东二里，明天顺间建。

香木桥　在城南一里，一名古城桥。

南　桥　在城南五里，即冰泉桥。本朝顺治十一年，知州方逢圣建。康熙五十三年，贡生杨于陛重修。

泰安桥　在城西三十里。

伍氏义桥　在城西八十里。

永济桥　在城西九十里。原系木桥，本朝康熙五十六年，郡民李标致、傅大美等甃以石。

新　桥　在城东北五里。本朝康熙十年，土知州李阿侧建。

宁　州

惠济桥　在城东三里，本朝康熙二十五年建。

梯云桥　在城东五十里。

霁虹桥　在城西二里。明嘉靖八年建，后倾圮，今建木桥。

飞虹桥　在城西三十五里。

浣江桥　在城西北五里。本朝康熙四十五年，知州梁衍祚率众修建。

黄澄桥　在城西北二十五里。明隆庆间，邑人黄澄建。

卢公桥　在城北五里，明崇祯间建。

观音桥　在城北二十里，本朝雍正八年建。

赛公桥　在城北四十五里。

通惠桥　在城北六十里。

通海县

溥利桥　在城东百步，明弘治间建。

彩虹桥　在城东半里。明嘉靖间，邑人贺琪山建。

迎恩桥　在城东一里。本朝康熙二十九年，僧海澄募建。

沈家桥　在城东六里。明天启七年，邑人沈泰建。

永济桥　在城东八里。明万历二十年，邑人张楠建。

登瀛桥　在城南一里。明万历间，邑人陈其力建。

秀江桥 在城西南一里。明嘉靖间，邑人赵汝谦建。

邹家桥 在城西半里。明万历元年，邑人邹仪建。

高家桥 在城西半里。明万历三十年，邑人厉存礼建。

河西县

碌溪桥 在城东三里。

指南桥 在城南二里，明弘治间建。

锁龙桥 在城南四里，明崇祯间建。

永济桥 在城北关外。明弘治间，廪生苏惠然建。本朝康熙四十五年，贡生苏继洵重修。

康济桥 在永济桥北。本朝康熙四十九年，邑人杨运昌建。

阳关桥 在城北三十五里，明万历八年建。

嶍峨县

龙江桥 在城东半里。本朝康熙三十六年，公建石桥，后圮，知县薛祖顺率士民修建木桥。

通济桥 在城西北五里。本朝康熙三十六年，土目禄焦英修建。

兴衣乡桥 在城西北七十里巡检司。

蒙自县

矣波渡 在城西三十里。

箐口渡 在城西八十里。

化鳞桥 在城东南七十里。本朝康熙二十三年，邑人王玉汝、李圣先等建。

永安桥 在城西门外。明万历间，巡抚邹应龙建。

宜民桥 在城西北二十五里矣波铺。明洪武间，县丞李复建木桥。本朝康熙十二年，邑人江濬易以石。

长　桥 在城西北三十里镇远哨。明天顺间，土官禄刚建木桥，后邑人魏之选易以石。

新　桥 在城西北五十里。本朝康熙二十五年，本府知府黄明、知县孙居湜建。

万里桥 在城北七十里，一名倘甸桥。明天顺间建，原系木桥，本朝康熙八年，邑人车万象、姚之高等易以石。

澂江府

河阳县附郭

庄镜桥 在城内东街。

龙津桥 在城东门外。

延龄桥 在城东一里。本朝康熙间，郡绅李发甲建。

高涧桥 在城东一里。本朝康熙四十一年，生员李文炳修。

青云桥 在城东三里，跨玗劄溪，旧名普济。明正统间，知府王彦建。

南津桥 在城东三里。明嘉靖间，路南州民葛万钟建。

漱玉桥 在城东五里。

海晏桥 在城东二十五里海口泄水处。本朝康熙三十六年，知府崔维衡重修。雍正九年，知府王铎再修。

长虹桥 在城东四十里，跨七江溪。明弘治间，知府安康建。本朝康熙九年，通判王猷创铁索桥，未几圮，郡人李缵甲重修。

中沟桥 在城东南五里，锁劄溪之水口。

介营桥 在城东南五里右所大小营间。

广济桥 在城东南五里右所大营西，明郡人杨济时建。

通津桥 在广济桥西一里，明郡人华仲林建。

远达桥 在城东南五里小营中。

锁水桥 在城南门外。

迎仙桥 在城南门外。

永济桥 在城南二里。明嘉靖间，郡民许俸建。

务耕桥 在城南二里梨花村北，明生员李杰建。

月津桥 在城南十里大河口。明嘉靖间，郡人陈绅建。

联玉桥 在城西南十里。本朝康熙四十四年，知县翟枚吉建。

涌拔桥 在城西南三十里，明郡人杨国儒建。

惠民桥 在城西门内。明隆庆间，知府徐可久建。

四均桥 在城西一里廖官营东，道路至此适均，故名。

太平桥 在城西二里，旧名罗藏桥。明嘉靖间，知府王良佐建，通判徐子麟修。

平政桥 在城西二里。本朝康熙间，郡绅赵士麟建。

清平桥 在城西二里。

关庄桥 在城西五里小关庄下。

西城桥 在城西六里。明成化间，举人郑玘建。嘉靖间，郡人陈绅易以石。本朝雍正六年，贡生侯昌重修。

东秩桥 在城西六里。

俯波桥 在城西二十五里，明郡人李又高[①]建。

得路桥 在城西北四里，明郡民席允中、陈亨建。

引凤桥 在城西北隅。本朝康熙二十二年，郡人李缵甲建，引水入城内。

大河桥 在城东北四十里旧阳宗县东。

太平桥 在旧阳宗县东。

迎恩桥 在旧阳宗县西门外。

通济桥 在旧阳宗县西一里。

江川县

土主庙渡 在城西南。

通衢桥 在城南三里。明天顺间，知县张俊建。

永济桥 在城南五里。

石　桥 在城南十里。

---

① 李又高 道光《云南通志稿》作“李文高”。

海门桥　在城南二十里，为临元要路。明景泰间，知县张俊建。

如意桥　在城南三十里双龙乡中台山之下。

迎恩桥　在城北，跨城壕。

丰乐桥　在城北门外里许。本朝康熙四十七年，知县祝兆鹏建。

新　桥　在城北十三里关岭下。

明兴桥　在城东北明兴铺。

新兴州

弘济桥　在城南门外。明弘治间，知州邓骏建，俗名李桐桥。

丰乐桥　在城南二里。本朝康熙间，知州鲁国华建。

普渡桥　在城南十里大营屯，跨大溪河。

盘安桥　在城南二十四里石关哨。本朝康熙三十年，土州判王凤建。

会通桥　在城西门外，跨城壕，与弘济桥相望，俗名上石桥。

中板桥　在城西关，去会通桥三百余步。

下石桥　在城西关外，去中板桥四百余步。

彩虹桥　在城西关外中卫屯。

桂家桥　在城西五里桂家屯。

通年桥　在城西北三里。本朝康熙五十一年，知州任中宜建。

安流桥　在城西北五里。本朝康熙间，知州蔡琨重修，改为听莺桥。

迎恩桥　在城北门外，跨城壕。

玉溪桥　在城北五里。旧建木梁，常致朽败。明崇祯十年，邑人尚书雷跃龙易石墩，植木覆瓦，日久沙淤。本朝康熙五十二年，水溢桥上，知州任中宜增高三尺，仍覆瓦屋。

康阜桥　在城北六里，往省要道。

广济桥　在城北十三里。

普门寺桥　在城北十八里普舍城西关外。

新德桥　在城北二十里。本朝康熙五十一年，知州任中宜建。

云英桥　在城北四十里刺桐关。

观音阁大桥　在城东北十七里。向系木桥，倾圮，本朝雍正八年，知州许廷佐捐俸，率众修建石桥。

永丰桥　在城东北二十里。

新建飞虹桥　在城东北十五里。本朝雍正十年，知州许廷佐捐俸率众修建。

路南州

万寿桥　在城东城壕上。本朝康熙四十九年，知州金廷献捐修。

兴宁桥　在城东一里。本朝康熙三十五年，总督王继文建。

水月桥　在城南关外。本朝康熙五十一年，知州金廷献捐修。

弘济桥　在城南二里。明弘治间，知州邓骏建。

三板桥　在城南五里。明万历间，举人杨兴南兄弟捐修。

板　桥　在城南二十里。明嘉靖间，州人席大宾易以石。

青云桥　在城西南十里。本朝康熙四十五年，知州金廷献修。

赛虹桥　在城西一里。明万历间，知州汪良捐修。

会通桥 在城西二里，与弘济桥相望。明万历间，知州汪良建。

永安桥 在城北门外。本朝康熙十一年，州民苏全、赵西应等募建。

迎恩桥 在城北半里。本朝康熙五十年，知州金廷献捐修。

天生桥 有二，一在城北五十里，一在城东北十二里。二桥天成，不假人力。

武定府

和曲州附郭

金沙江渡 在城西北二百五十里。

恩惠桥 在城东一里福田寺前。本朝康熙二十六年，知府王清贤建。

清风桥 在城东三里。

明月桥 在城东五里燃灯寺右。

大营桥 在城东南一里，明弘治间建。

建新桥 在城东南三里。

太平桥 在城东南二十里。

济美桥 在城东南三十里冷水村，明天顺间建。

天星桥 在城西一百三十里。

高　桥 在城西北六十里。明正统间建，本朝雍正七年重修，旋被水冲坏。九年，知府朱源淳、知州徐修仁捐修。

兴文桥 在城北门外。

惠民桥 在城北门外一里。明万历间，知府刘懋武重修。

便民桥 在城北二里。

虎市桥 在城东北一里，明弘治间建。

龙潭桥 在虎市桥东一里，明知府刘懋武建。

元谋县

阿郎渡 在城西北六十里西溪河，通大姚路。

崇义桥 在城北二里，耆民赵邦贵募建。

永福桥 在城北十五里，赵邦贵募建。

禄劝州

龙王庙渡 在城东三里，近通六块、茂竜、撒马邑一带，远通河外、三马，兼达寻甸州之要津。本朝康熙三十六年，贡生糜世英捐田，作造船济渡之费。

念多渡 在城东南十里，通河东、念多、的多一带。州绅士钱熙贞、董百揆各捐田，作造船济渡之费。

大河口渡 在城东南十八里，通大绢麻、的多村一带往来。

西蟠龙桥 在城西三里。明嘉靖间建，任水冲突，无倾圮之患。人传有仙迹，又呼为仙人桥。

拖梯桥 在城西北十五里。

鲁虚桥 在城北八里。

五马桥 在城北一百里。

撒　甸[①]

鹧鸪河渡　在治南一百一十里。

广西府

盘江渡　在城东北九十里。

东寺桥　在城东二里。明万历三年，僧真裕建，筑堤二十余丈。

来东桥　在城东三里。本朝康熙四十四年，尼僧海藏建，筑堤六十丈。

吉双桥　在城东四里。明万历二十年，吉双、阿勒、武甸、阿平四村汉夷同建木桥。

江头桥　在城东五里。本朝康熙四十四年，郡人周遇奇募建。

邱矣桥　在城东六十里，即飞途渡。

部得竜桥　在城东南八十里，通旧维摩州。

晏清桥　在城南门外。明万历间，知府张光宇、萧以裕先后修建。

石硐村桥　在城南五里。本朝康熙五十年，郡庠生汪浤建。

通济桥　在城南十五里。本朝康熙元年，郡民张文著建。

高　桥　在城南十里。明崇祯十年，郡人蓟辽总督杨绳武建。

正南桥　在城南二十五里。本朝康熙六十一年，郡民胡其敏建。

撒普桥　在城南三十里。本朝康熙三年，知府万裕祚建，郡绅董治、郡民梅朝阳重募修。

望仙桥　在城西门口。明万历二十一年，知府陈忠建。

环翠桥　在城西门外。明弘治间，知府朱继祖建。万历间，知府张光宇重修。

烟光桥　在城西五里。本朝康熙五十一年，郡绅董治、赵日晙重修。

金马桥　在城西十五里。本朝康熙元年，知府万裕祚修。五十六年，郡人张大为易石重修，筑石堤二十余丈。

矣马桥　在城西四十里。本朝康熙四十年，郡民赵远建。

柯家桥　在城北三十里。本朝康熙三十年，郡人柯朝举建。

师宗州

禄逢里渡　在城东八十里。

旧泗渡　在城东一百二十里。

扼罗渡　在城东二百五十里。

禄生桥　在城东一里。明万历间，州绅赵尚文重修。

永昌桥　在城东三里。

新　桥　在城东五里瓦窑村。

普济桥　在城东十里大河口。本朝康熙十二年，知州韩惟一建。

石凤桥　在城东十五里宁相村。

平政桥　在城南门外。

---

① 撒甸　原本作“撒旬”。撒甸，旧土酋地，位于今云南禄劝撒营盘镇。雍正《云南通志》卷四《建置·武定府》：“康熙五十七年，土酋常应运叛诛，移同知驻其地。”后裁。作“撒甸”是，据改。

漾月桥　在城南门外。本朝康熙初，知州陈愷[①]改建。

愷泽桥　在城南四十里。

五马桥　在城西三里。

双凤桥　在城北三里。

大渡桥　在城北二十里大河渚[②]。

洪济桥　在城北三十里。

弥勒州

大百户渡　在城南一百二十里。

莫涉足渡　在城西一百七十里。

弥东桥　在城东一里。本朝康熙六年，邑民程国修。雍正九年，知州张景澍重修。

弥南桥　在城南三里。本朝康熙三十年，邑人刘尔成修。雍正九年，知州张景澍重修。

富春桥　在城南五十里。

永顺桥　在城南八十里。

长命桥　在城南一百里。本朝康熙四十八年，僧学总建，又名七星桥。

弥西桥　在城西三里。

李母桥　在城西五里。

高　桥　在城西四十里。

弥北桥　在城北五里。

邱　北

拐村渡　在治东一百八十里，通师宗州。

便柳渡　在治东二百里，通粤西西隆州。

八达江渡　在治东二百五十里，亦通粤要津。

飞土江渡　在治西一百八十里，通本府。

大江边渡　在治西北一百九十里，通粤西、开化、广南要津。

东　桥　在治东门外。本朝康熙四十年建，雍正十年，里民重修。

水寨桥　在治西十里，为众水汇归之所。本朝康熙六年，里民白玉连建。雍正十年，州同王纬倡捐重修。

新城桥　在治西十三里旧三乡城前。本朝康熙六年，里民王得时建。

高枧槽桥　在治西十三里。本朝雍正八年，里民殷世远募建。

三道箐桥　在治西北三十里。本朝雍正九年，客民胡发元捐建。

旧城桥　在治北十五里龙潭前。本朝康熙三十年，里民张廷汉、李六经捐修。

八达桥　在治北三十里八达哨前。本朝康熙二十五年，里民樊簪、李林生捐修。

广南府

西安桥　在城西三里。旧架木，明万历间，土舍侬应祖易以石。

---

①　陈愷　道光《云南通志稿》、光绪《云南通志》、《新纂云南通志》、乾隆《广西府志》皆作“陈檀”。雍正《云南通志》卷十八《秩官志·师宗州知州》：“陈檀，保定人，员生，十八年任。”作“陈檀”是。

②　大河渚　道光《云南通志稿》作“大阿堵”。

通津桥 在城西四里，明万历间建。

元江府

浮　桥 在城东门外，跨礼社江。本朝雍正八年，知府祝宏、经历张子玉捐建。

清溪桥 在城南门外。本朝康熙五十一年，守备赵国柄重修。

万寿桥 在城南门外里许。本朝康熙三十年，郡人厉士龙建。

广德桥 在城南十里。本朝康熙九年，知府潘士秀、副将王起龙同建。康熙五十年，知府章履成重修。

三板桥 在城南六十里。本朝康熙四十九年，知府章履成、副将林国贤、守备赵国柄同建。

太平桥 在城南一百二十里。明崇祯五年，土舍那仑建。本朝康熙三十年，知府单世重修。

迎恩桥 在城南一百三十里。明万历三十年，郡人胥尚禄建。本朝康熙四十四年，知府罗鋐重修。

他郎桥 在城南三百里。本朝康熙五十年，知府章履成修。

石　桥 在城西南百余里德化乡。

西域桥 在城西十五里。

混竜桥 在城西四十里阿南村，跨峩崀河。

藤　桥 在城西百余里。

安乐桥 在城西北四十里。本朝康熙五十年，教授张凤鸣、训导陈冏伯、经历刘捷武同建。

漫利桥 在城西北五十里。本朝康熙四十五年，经历钟吕武、进士萧勃同建。

康济桥 在城北门外。

大南麻桥 在城北一百三十里。本朝康熙四十九年，知府章履成、副将林国贤、守备赵国柄同建。

新平县

回龙桥 在城东门外。本朝康熙四十一年，阖邑士民建。

永定桥 在城东五里，一名太平桥。本朝雍正六年，阖邑士民建。

麻栗树桥 在城东二十里。本朝雍正九年，知县曾应兆同士民捐修。

亚泥河桥 在城东四十五里，久圮。本朝雍正九年，知县曾应兆同士民捐修。

新化河桥 在城西三十五里。本朝雍正八年，知县曾应兆同士民捐修。

飞凤桥 在城西北一里。本朝康熙六十年，阖县士民捐修。

他　郎

阿墨江渡 在治南九十里。两山壁立，道路险峻，入普思要路。

谷麻江渡 在治西一百三十五里，通镇威、景东要路。

开化府

文山县附郭

永济桥 在城南里许。本朝康熙九年，知府刘祈、通判赖玮同建。

沟交桥　在城南十五里。本朝康熙十八年，阖邑公建。

镇西桥　在城西门外半里。本朝康熙十一年，总兵高启隆、知府刘䜣、通判赖玮同建。

小天生桥　在城西二十五里，规制天成，不假人力。

所里城桥　在城西五十里。本朝康熙二十二年，郡民公建。

洒戛竜桥　在城西九十五里。本朝康熙七年，郡民公建。

天生桥　在城西北二十五里。古桥原系天造，不事人功，后因崎岖难行，本朝康熙四十一年，郡人公捐，于原桥之上建立木桥，今称便焉。

侬人河桥　在城西北四十里。本朝康熙十五年，僧心明募建。

弥勒河桥　在城西北六十里。本朝康熙二十年，士民公建。

泰安桥　在城北门外，旧有桥，倾圮。本朝雍正四年，总兵冯允中、知府佟世佑同兵民建。

汤坝桥　在城北八十里。本朝康熙十三年，士民同建。

三板桥　在城北九十里。本朝康熙五十二年，经历周应龙倡居民同建。

镇沅府

殷春桥　在城东半里。本朝康熙四十年，土知府刀长庚建。

朵河桥　在城东二百里。

恩耕桥　在城南七十里。

聚义桥　在城西半里。

观音桥　在城北五里。以上四桥，俱本朝康熙年间土官刀瀚建。

蛮况桥　在城北二十里。本朝康熙二十年，刀长庚建。

恩乐县

三家坡渡　在城东八十五里。

广恩桥　在城西。长五十七丈，系石墩架木，上盖房五十余间，者乐土司先世建。本朝康熙三十二年，土官刀佩璋同客民游士毅等重建，雍正八年复修。

威　远

香盐井渡　在治南一百五十里。

习本渡　在治南四百里。

猛萨渡　在治西南五百里。

猛戛渡　在治西二百三十里。

青庄河渡　在治北二十里。

那赖桥　在治南一百里。本朝康熙间，土州刀国栋建。

上南安桥　在治南一百二十里。

下南安桥　在治南一百二十里。

东川府

会泽县附郭

小石桥　在城东门外。本朝康熙四十五年，经历张玺建。

车洪江藤桥　在城东一百二十里。

以濯河桥　在城南四十五里。本朝雍正八年，叛夷折毁，知府崔乃镛重修。

龙潭桥　在城西五里。

小江桥　在城西七十里。本朝雍正五年，知府黄士杰建。

卑冲藤桥　在城西一百二十里。

卑郤桥　在城西一百五十里。

壁谷江桥　在城西一百五十里。本朝雍正十年，知县祖承祐重修。

左河桥　在城北门外，一名新桥。本朝雍正六年，知府黄士杰建。

右河桥　在城北五里，一名大桥。本朝雍正六年，知府黄士杰建。

昭通府

恩安县附郭

洒鱼河渡　在城西四十里，通四川马湖、叙州大道。

太平桥　在城东门外半里。本朝雍正七年，知府陈克复建。

南薰桥　在城东五里。本朝雍正十年，知县金言建。

龙津桥　在城东二十五里，知县金言建。

永丰桥　在城南门外，知府陈克复建。

安阜桥　在城南一里，知县金言建。

凤凰桥　在城南十里。本朝雍正十年，郡民李贤品、赵登甲等建。

双虹桥　在城南二十五里，知府陈克复建。

利济桥　在城西门外，知县金言建。

天梯桥　在城西十里，知府陈克复建。

高河桥　在城西十五里，知县金言建。

砥柱桥　在城西四十里，知县金言建。

三道桥　在城西北十五里，知府陈克复建。

旧圃桥　在城西北二十里，知府陈克复建。

通济桥　在城西北四十里，知县金言建。

镇雄州

五眼硐渡　在城西五十里，春夏秋舟渡。

角魁河渡　在城西三百二十里。水险无舟，编筏以渡。

天生桥　在城东二十里。

泰宁桥　在城东三十里，旧名板桥。

高　桥　在城西一百里。

西河口桥　在城西二百里。

网袋桥　在城北一百里，以藤系板。

吊　桥　在城北一百二十里。

永善县

黄草坪渡　在城西六十里。

观音渡　在城北四百二十里太乙山下。

副官村渡　在城北七百五十里。

大　关

老李渡　在雄魁城西南十五里。冬春水涸，架木通往来，至夏秋水涨，土人拽藤为桥，以渡行人。

盐井渡　在雄魁城西南一百七十里，去豆沙关四十里。渡口设巡检一员，稽查奸宄。

新　桥　在雄魁城东四十里，宽八尺，长五丈余。日久倾圮，同知张坦详估重修。

普洱府

杨柳桥　在城东七十里。

普济桥　在城南门外。

新　桥　在城南四里。

西河桥　在城西一里。

永胜桥　在城北二里。

通济桥　在城北三里。

接封桥　在城北十五里。

惠远桥　在城北十五里。

攸　乐

漫达河渡　在治东北一百八十里，通车里路。

整板桥　在治东北二百九十里。

宿底桥　在治东北四百八十里。

思　茅

石　桥　在治南十里。本朝康熙三十年，土目刀猛品率夷民同建。

车　桥　在治南十五里，系车里孔道，因以为名。明崇祯间建。

晏公桥　在治西南里许。本朝康熙四十八年，江西客民建晏公祠于溪之岸，因建此桥，故名。

观音桥　在治西八里。本朝康熙三十六年，土目刀猛品率夷民同建。

大理府

太和县附郭

双鹤桥　在城南一里，跨绿玉溪之水。明万历间，知府莫天赋、同知冯大载建。

安固桥　在城南五里，跨龙溪。明成化间，知府李逊建。弘治四年，知府马自然修。

阳和桥　在城南八里，跨清碧溪。明万历间，分巡道王希元建。

十里桥　在城南十里，跨莫残溪。

鹤背桥　在城南十五里，跨葶蓂溪。

阳南桥　在城南二十里，跨阳南溪。

清风桥　在城南三十里，跨海尾。明正统间，知府贾铨、指挥郑俊同建，分水五道，翼以阑墙，郡治桥梁，此为第一。

子河桥　在城南三十里，跨海尾新河。本朝康熙三十一年，僧正觉募建。

竜关桥　在城南三十里，跨海尾。

狮子桥 在城北门外。

宣化桥 在城北一里，跨桃溪。明弘治十年，通判刘杰建。

四里桥 在城北四里，跨梅溪。

五里桥 在城北五里，跨隐仙溪。

白石桥 在城北七里，跨双鸳溪。

屏风桥 在城北十里，跨白石溪。

塝曲桥 在城北十八里，跨灵泉溪。

洛阳桥 在城北二十里，跨锦溪。

湾　桥 在城北三十里，跨芒涌溪。

作邑桥 在城北三十八里，跨阳溪。

牧牛桥 在城北四十里，跨万花溪。

院塝桥 在城北四十五里，跨霞移溪。本朝雍正五年，涧水泛涌，桥尽冲没，知县罗忻捐俸重修，提督郝玉麟助成之，修石为梁，长一十六丈。

峩崀桥 在城北五十里。

波罗桥 在城北七十里。

赵　州

通济桥 在城东街。明天顺间，百户胡玺、州人苏忠等建。

东山桥 在城东一里。明嘉靖间，州人李载阳建。

见山桥 在城东门外，一名孝友桥。明万历间，州民翁秀建。

彩云桥 在城东南六十二里。明万历间，云南县义官杨舟建。

天津桥 在城东南一百里弥渡市巡检司西。明万历间，通判黄若金建。

二河桥 在城东南一百二十里。明生员杨本荣建，本朝顺治十六年，里民金殿相募修。

永安桥 在城南门外。明弘治间，楚雄府同知陈宝建。

槽溪桥 在城南一里。明弘治间，僧志觉建。

水碓桥 在城南二里。明嘉靖间，知州潘大武建。

北　桥 在城南七里。

狮子桥 在城南十里北桥之南。二桥俱知州潘大武建。

镇龙桥 在城南五十里。本朝康熙五十一年，州民李正春建。

嘉乐桥 在城南六十里白崖加买铺。明万历间，知州沈奎灿建。

甸中桥 在城南六十余里，跨赤水江。明万历间，州人杨文玉等建。

铁柱坪桥 在城南八十五里，亦赤水所经。明万历间建。

大庄桥 在城南一百五里。明万历间，州民史青、高印玉建。

锁云桥 在城南一百三十里，跨弥渡大河。本朝康熙六十一年，知州陈士昂建。

尚义桥 在城西南六十里定西驿岭西，明州人盛钺建。

双　桥 在城西南一百里。明万历间，里民翁德敬建。

磨盘桥 在城西北三十里，明时里民陈辅建。

太平桥 在城北门外。明嘉靖间，千户时雍建。

神庄桥 在城北二里。明万历间，知州庄诚建。

邹官桥 在城东北一里，州民邹廷文建。

云南县

孔仙桥 在城东二百里。明时邑民孔全建，因名孔全桥，后改今名。

赤水桥 在城东南五十里，明时建。

大板桥 在城南二十五里。明指挥赖镇建，本朝康熙十年，邑人赵争先、赵昌先捐修石桥。

倚江桥 在城西南八里。明时建，本朝康熙五十六年，知县伍青莲捐修，又名万年桥。

邓川州

银　桥 在城东六里。明万历间，举人杨韶建。

龙　桥 在城东九里。明弘治间，同知程永亨建，嘉靖间易以石。本朝雍正八年，知州施震重修。

元济桥 在城东六十里。明万历间，邑人王允昌建。

永镇桥 在城东六十里。明万历间，邑人王启后建。

青索鼻桥 在城东南十里。明万历间，舍人胡泉建。

三道桥 在城北三里。明天顺间，邑人蒋庆建。

德源桥 在城北二十里。明天顺间，邑人王纲建，邑人杨富重修。

左所桥 在城北二十三里。明万历间，邑人王经捐建。本朝康熙五十二年重修。

三善桥 在城东北十五里。明万历间，邑人王懋和建。

浪穹县

沂水桥 在城内南街。明弘治间，寿官萧春建，子生员萧茂重修。

蒲江桥 在城东一里。明万历间，邑民赵明昇建。

分水桥 在城东四里。明万历间，知县张廷柏建。

大营桥 在城东四里，明义民张崇志建。

通济桥 在城东八里，本朝里民朱伦等重修。

广济桥 在城东三十里，明屯民李文华建。

通宁桥 在城东南三里。明嘉靖间，耆民李敏、杨纶等建。

东汇桥 在城东南十五里。本朝康熙年间，僧宗印建。

南江桥 在城南四里，一名见龙桥。本朝康熙二十五年覆以屋，更名福寿桥。

汇川桥 在城南十五里，一名宁津桥。明检校王渊、耆民杨廷柏建。原系木桥，本朝康熙三十一年，本府通判黄元治易以石。

猢狲桥 在城西南十五里，一名猿江桥。明嘉靖间，县丞鲜春建，后邑人李友兰修。本朝康熙二十九年，僧裕量重募修。

宾川州

南薰桥 在城南永安门外，一名南津桥。明嘉靖间，知州朱官重建。

天保桥 在城西南二十里。

吴公桥 在城西三里。明嘉靖八年，知州吴仲善建。

龙津桥 在城西六十里，跨横溪。

雪阴桥 在城西九十里鸡足山之麓，一名洗心桥。

汫溪桥 在城西北二十里。

揽溪桥 在城西北三十里，明里人李翔云建。

通南桥 在城北四里。

知政桥 在城北五里，跨纳六溪。明万历间，知州王思珩建。

通江桥 在城北四十里，通金沙江孔道。

桑园桥 在城北七十里。

龙门桥 在城北一百二十里松明村南。

五叶桥 在城东北九十里，一名百接桥。

云龙州

苏溪渡 在城西七十里澜沧江渡口。明万历间，知州周宪章置大船并修船费。

小渡口 在城西北八十二里，船制如苏溪。

云龙桥 在署前，跨沘江，一名砥柱桥。宽一丈，长十五丈，絙以铁索，上覆瓦屋十六间。明万历末，知州周宪章[1]修建。本朝康熙十二年，州生员赵宗鹏、董允升募修，雍正四年，知州陈希芳重修。

瓦草河桥 在城南十五里。本朝康熙五十八年，知州李元英重修。

利济桥 在城西十五里。本朝康熙三十八年，知州顾芳宗重修。

永清桥 在城西八十里，里民公建。

靖北桥 在城西八十三里。

古吉桥 在城西九十二里。

诺邓桥 在城北四十五里，跨诺江。本朝康熙五十四年，知州王㳺重建，上架屋。

果郎桥 在城北四十五里。本朝雍正十年，知州徐本仙重建。

藤　桥 在城北一百一十里。

板　桥 在城北一百八十里，跨沘江，覆以瓦屋。

瓦工河桥 在城东北十里。本朝康熙五十一年，摄州事大理府同知朱钧重建。

木瓜笼桥 在城东北二十五里。本朝雍正十一年，知州徐本仙重建。

普渡桥 在城东北四十里。本朝雍正六年，知州陈希芳重建。

关坪桥 在城东北七十里，跨带河。本朝雍正十二年，知州徐本仙重建。

楚雄府

楚雄县附郭

青龙桥 在城东五里。明万历间，客民徐应中建。本朝康熙五年，总兵马宁、知府史光鉴捐修。二十四年，总兵牛凤翔、知府牛奂重修。五十四年，知县陆坦续修。

延寿桥 在城东十里，知府牛奂重修。

石头河桥 在城东十五里。本朝康熙四十六年，邑人公建。

---

① 周宪章　原本作“周建章”，据道光《云南通志稿》改。雍正《云龙州志》卷九《官师志·知州》：“周宪章，思南举人，万历四十八年任事。详《名宦》。”是，据改。

凌虚桥 在城东三十里。明弘治间，知府邵敏建。万历二十九年，推官陈以曜[①]重修。

济渡桥 在城东三十里凌虚街腰站。向无桥梁，以船济渡。本朝康熙五十六年，知府张嘉颖捐建石桥，土县丞杨世勋董成其事。

济生桥 在城东四十里。本朝康熙四十九年，典史雒永禧重修。

大坝桥 在城南二里。本朝康熙五十年，邑人公建。

马家桥 在城南五里。本朝康熙四十八年，村民公建。

霜　桥 在城西二里。本朝康熙二十五年，知府牛奂捐建。

石　桥 在城西十里。本朝康熙四十七年，邑人公建。

木兰村桥 在城西十五里。本朝康熙五十年，邑人杨毓和建。

金家桥 在城西十五里。本朝康熙十年，邑人公建。

彩云桥 在城西二十里。本朝雍正二年，提督郝玉麟建。

清水桥 在城西三十里。本朝康熙三十五年，邑人公建。

济川桥 在城西四十里。本朝康熙四十八年，邑人公建。

吕仙桥 在城西五十里。

德胜桥 在城北门外。本朝雍正八年，知府储之盘捐赀率耆民王作宾等建。

中渡桥 在城北二里。本朝康熙五十年，耆民许志能募修。

仁永桥 在城北五十里。本朝康熙二十五年，知府牛奂建。

镇南州

天心桥 在城内北巷口。

擢秀桥 在城东门外。

黑泥桥 在城东半里。二桥俱明万历间，知州尹为宪建。

长坡桥 在城东二十里。本朝康熙二十九年，监生李植建。

应嗣桥 在城东南一里。明万历间，州民黄廷佐因祈嗣而建，果应。

镇川桥 在城东南二里。本朝康熙三十九年，土州同段光赞建。

长寿桥 在城东南三十里。本朝康熙三十年，监生李植建。

三元桥 在城南一里。本朝康熙二十五年，武举徐乾元建。

石官桥 在城南十里。明崇祯间，土州同段明柱建。

羊草河桥 在城南六十里。本朝康熙间，州民王永清等同众修建。

鼠街桥 在城西南二百里。本朝康熙七年，客民赵英建。三十八年，客民金元勋、武方侯等重修。

丰城桥 在城西门外。明天启间，知州卢伯寀建。

瑞应桥 在城西五里，即平彝桥。明万历间，知州周国庠建。

苴力桥 在城西十四里。

白塔桥 在城西三十里。明万历间，知州李茂魁建。

小　桥 在城西北五里。

---

① 陈以曜　道光《云南通志稿》、光绪《云南通志》同，天启《滇志》、康熙《云南通志》作“陈以躍”。康熙《楚雄府志》卷五《秩官志·文职·推官》：“陈以躍，太和举人，万历年任。”宣统《楚雄县述辑》作“陈以耀”，各异。

永宁桥　在城西北七里，知州周国庠建。

南安州

天心桥　在城内正街。明洪武初，总兵山士杰建。

永安桥　在城东南四十里。旧名妥梢，系木桥，本朝康熙四十六年，知府卢询、知州张伦至易以石，改今名。

济川桥　在城西南五里。明万历间，知府邵敏建，推官陈以曜修。

弘济桥　在城西南二百里。本朝康熙四十六年，知府卢询、知州张伦至同建，联以铁索，上铺石板。

迎恩桥　在城西门外。明洪武初，总兵山士杰建。

小石桥　在城西门外二里。本朝雍正二年，州民苏元枝建。

定远县

利济桥　在城东十五里。本朝雍正元年，知县孙尔振同绅士、兵民建。

济通桥　在城东二十里。明万历二十八年，军民同建。

观音桥　在城南三里。本朝雍正四年，邑士民公建。

迎恩桥　在城南三里。

永定桥　在城南二十里。

二桥，俱本朝康熙四十一年，知县张彦绅建。

会基桥　在城南二十里。本朝雍正五年，邑民王天祥建。

石河桥　在城南二十里。明万历三年，阖邑捐建。

北门桥　在城北门外。本朝康熙四十一年，知县张彦绅捐建。

双　桥　在城北三里。本朝康熙五十六年，阖邑捐建。

拱极桥　在城北三里。本朝康熙五十六年，知县孙尔振率众捐建。

土河桥　在城北十五里。明万历三十年，绅士军民捐建。

天神桥　在城北四十里。本朝康熙五十四年，阖邑捐建。

广通县

清风桥　在城东门外三里。明洪武间，知县王正建。

蒙七桥　在城东二十里。明嘉靖间，堡军徐昂建。

黑苴桥　在城东二十五里。明成化间，黑苴军民公建。

安乐桥　在城东四十里舍资界。明嘉靖间，堡军潘惠建。

广济桥　在城东七十里。明洪武间，县民陆芳建。

响水桥　在城东七十五里响水箐底。明成化间，土巡检苏文昇建。

濯缨桥　在城西门外。明弘治间，知县蒋哲建。

明月桥　在城西半里。明成化间，土官段镒[①]妻梅氏建。

通济桥　在城西五里。明成化间，知县邹杰建。

关山桥　在城西二十五里回蹬关下。明弘治间，堡军向荣[②]建。

---

① 镒　道光《云南通志稿》、光绪《云南通志》、《新纂云南通志》皆同，康熙《云南通志》作“鑑”，康熙《广通县志》卷五《秩官志·土职》：“段鑑，惟忠子，成化元年袭。”

② 向荣　道光《云南通志稿》同，康熙《云南通志》作“何荣”。

碍　嘉

三麻架桥　在治东八里哀牢山，上覆板屋。明景泰间，知县熊飞建。嘉靖间，知县杨江永重修。

大江桥　在治东六十里石羊厂。旧有铁索桥，被水冲没。本朝雍正六年，南安知州张任详请布政使张允随发帑金，委接任知州孙必荣管厂，候补知县郭治重建，南北仍絙以铁索，上覆瓦屋，旁护风檐。

鱼装桥　在治东南二里。

麻戛桥　在治东南十里。

凤翅桥　在治南八里。本朝雍正十一年，州判罗仰锜重修。

清岗桥　在凤翅桥之上。本朝康熙三十年，易门县民苏尚文建。

邦角桥　在治南五十里。本朝康熙五十三年，邑人黄光源建。

小江河桥　在治南五十余里。本朝康熙三十九年，兵民公建。

麻纽河桥　在治西十五里。明弘治间，知县虎臣建。嘉靖间，知县杨江永修。

虹龙桥　在治北十里。本朝康熙四十年，楚雄县生员杨世正母黄氏倡建。

黑盐井

可渡桥　在治东四十里。本朝康熙六十一年，本井候选州同李恪建。

小石桥　在治东南五十里羊毛关下。本朝康熙三十九年，商人祝明建。

永盛桥　在治东南七十五里沙矣旧。本朝康熙四十五年，提举沈懋价建木桥，后倾圮，六十一年，本井监生梁翊材建造石桥，改名永寿。

惠远桥　在沙矣旧，提举沈懋价建。

马施桥　在治西南半里。明天启元年，提举马良德建。

永济桥　在治西，旧名五马桥，为盐运孔道。元大德元年建，后屡修屡坏。本朝雍正九年，驿盐道张无咎详请总督高其倬、巡抚张允随发帑金七千两，委提举安鼎和、知县唐世梁督建，易今名。

琅盐井

永正桥　在治东中街。明嘉靖间，井耆景正等倡修。本朝雍正三年，提举汪士进率众重修。

玉带桥　在治东门内。明万历间，井耆杨永濂倡建。本朝康熙三十一年，生员景贵春重修。

鹿鸣桥　在治东三里。本朝康熙十七年建，雍正四年，提举汪士进率众重修。

新建永济桥　在治东南四里。本朝雍正十年，提举李国义建。

永康桥　在治西里许。本朝康熙五十年，提举沈鼒建。

西石桥　在治西北五里。

玉成桥　在治北三里。

姚安府

姚州附郭

飞虹桥　在府儒学前，明知府杨日赞建。

迎晖桥 在城东门外，一名九龙桥。明万历间，知府杨芝彬建。

骆家桥 在城东一里。明万历间，里民骆升建。

镇远桥 在城东五里。本朝康熙六十年，乡民周曰秀重修。

栋川桥 在城南门外。明弘治间，知府王嘉庆重修。

惠通桥 在城南五里大石淜。

如逵桥 在城南十里。二桥俱明知府马自然建。

仁和桥 在城南十里。本朝顺治十七年，乡人黄玉倡建。

广济桥 在城南十二里。明嘉靖间，里人刘福倡建。

石泉桥 在城南十五里。明崇祯间，僧普利募建。

汇泉桥 在城南二十里，明洪武间建。

连场桥 在城西三十里。明万历间，知府李贽建。

蜻蛉桥 在城西北一里。明弘治间，知府王嘉庆重修。

拱辰桥 在城北门外。明万历间，署知府李敬可建。

望川桥 在城北二十里，明万历间建。

普利桥 在城东北二里，一名朱家桥。本朝顺治八年，州人公建。康熙五十四年，护府任中宜重修。

济川桥 在城东北十五里。

大姚县

广运桥 在城东三里。

承恩桥 在城东十里。

春溪桥 在城南门外。

迎恩桥 在城南八里。

大通桥 在城西五里。

利济桥 在城北五里。

白盐井

行春桥 在治东一里，旧名神喜桥，又名荣春桥。本朝康熙四十八年，提举郑山捐建。雍正六年，提举刘邦瑞重修。

新　桥 在治南一里。本朝康熙三十八年，灶民王神武建。

环龙桥 在治南一里。本朝雍正七年，提举刘邦瑞重修。

五马桥 在治南，一名利盐桥。明崇祯间，提举沈昌祐建。本朝雍正六年，提举刘邦瑞重修。

宝泉桥 在治西一里，旧名慈润桥。本朝康熙五十二年，提举郑山修。

万安桥 在治北一里。本朝康熙二十七年，提举夏宗尧建。

清水桥 在万安桥西。

锁镇桥 在治北二里。

孔仙桥 在治北四十里。旧系孔姓建，后圮，道人袁见空重建，易木为石。本朝雍正七年，提举刘邦瑞重修。

永昌府

保山县附郭

潞江渡　在城东南一百里。明嘉靖间，兵备道潘洞造巨舟，可渡百人，两岸建官厅憩息。

双　桥　在城内东街。南北分衢，两桥相对，因以得名。

昇阳桥　在城东门外。

镇南桥　在城东南门外。

枯柯铁索桥　在城东南一百二十里。明天启间建，本朝康熙四十七年，知县金铨重修。六十一年，知县李方华[①]建亭七间于上。

众安桥　在城南七里，跨沙河，下流为永腾通衢。明洪武二十三年，指挥胡渊建。本朝康熙二十九年，总兵偏图重修。

龙泉桥　在城西南门外。

仁寿桥　在城西北门外。

拱北桥　在城北门外。

济安桥　在城北五里，即五里桥。

东津桥　在城北二十里。

北津桥　在城北二十里。

三桥俱明洪武十五年，指挥李观建。

霁虹桥　在城北八十里，跨澜沧江。蜀汉武侯南征，始架木桥以济师。元元贞间，也先不花西征，易以巨木，后圮，用舟渡。明洪武中，镇抚华岳铸二铁柱于石以维舟。成化中，僧了然募化建桥，以铁索系两岸，上盖以板，为亭二十三楹，题石壁曰“西南第一桥”。本朝康熙二十七年，总兵偏图增修。

凤鸣桥　在城东北一百二十里沙木河。

腾越州

迎恩桥　在城东门外。

中　桥　在城东三里。

龙川江桥　在城东七十里。前经毁坏，本朝雍正元年，知府林世俊、副将孙弘本、知州杨之盛同建。

血战桥　在城东一百二十里全胜关外。明时，参将邓子龙破缅酋于此。

龙洞桥　在城西南五里。

凌云桥　在城西二里。

通津桥　在城西二里。明嘉靖八年，百户郝昇增修。

三合桥　在城西十里。

大板桥　在城北五里。

天生桥　有三，一在城北二十五里打苴，一在城北四十里清水河，一在城北六十里

---

① 李方华　道光《云南通志稿》、光绪《云南通志》、《新纂云南通志》皆作“李芳华”。雍正《云南通志》卷十八《秩官志·保山县知县》：“李方华，商邱人，举人，五十七年任。”作“李方华”是。

灰窑。

永济桥 在城北五十里。本朝康熙四十年，知府罗纶、同知李文渊、副将张有凤①、知州唐翰弼同捐建。

界尾桥 在城北六十里。本朝康熙三十九年，知州唐翰弼捐重建。

瓦甸桥 在城北七十里。

永平县

九渡桥 在城东六里。

保场桥 在城东九里。

胜备桥 在城东一百二十里。本朝康熙二十九年，知县薛采建。雍正七年，知县胡正笏重修。

云龙桥 在城东南一百九十里蒙化、永平交界之所，漾水、濞水、雒马水汇流于此。旧例永七蒙三修理。本朝康熙三十年，提督诺穆图建引铁索梁，上覆瓦屋，制颇坚丽。

太平桥 在城南门外半里许。本朝康熙五十七年，知县冯庆长建。雍正九年，知县胡正笏捐修。

通津桥 在城南门外半里许。

西山桥 在城西半里。

安定桥 在城西十五里。

广济桥 在城西三十里。

花　桥 在城西四十里。

双　桥 在城北十里，即双汇桥。

鹤庆府

金沙江渡 在城东一百三十里。

跨鳌桥 在城内龙溪书院前，旧有跨鳌坊。明隆庆间，知府周集建。

东山桥 在城东五里，跨漾弓江，以木为之。明时乡民公建。

迎贵桥 在城南门外半里，一名迎恩桥。明知府王昂建。

新生桥 在城南门外一里，明军人孙辇建。

落钟桥 在城南门外五里。

鹤川桥 在城南十里，明知府刘珏建。

永济桥 在城南十五里。

石固桥 在城南十五里。二桥俱明举人孙翰建。

利川桥 在城南十八里。

通济桥 在城南十八里，一名通津桥。二桥俱明知府周集建。

金登桥 在城南二十里，跨漾弓江。明时乡民合造。

三庄桥 在城南三十里。本木桥，本朝康熙五十年，土通判高泫易以石。

天生桥 在城西南一百二十里。

观音山桥 在城西南一百二十五里。二桥俱明知府刘珏建。

---

① 张有凤 道光《云南通志稿》、光绪《云南通志》、《新纂云南通志》、康熙《永昌府志》皆作“张友凤”。雍正《云南通志》卷十八《秩官志·武秩·副将》：“张友凤，山西人，腾越协。”作“张友凤”是。

镇远桥　在城西门外。明知府周集建，本朝顺治间，郡民吴琨重修。

周官屯桥　在城北门外七里，明郡民吕文聪建。

象跪石桥　在城北十里，一名大板桥。明知府林遵节建。

大龙溪桥　在城北十五里，一名大龙潭桥，跨漾弓江。明时乡民公建。

逢密桥　在城北三十五里。

剑川州

伽蓝桥　在城内北街伽蓝祠门前。明崇祯间，郡绅杨廷干建。

劝农桥　在城东一里，跨岩场江水。本朝顺治十三年，士民公建。

上大桥　在城东三里，跨合惠江，为鹤庆路所经。明洪武间，士民公建。

下大桥　在城东三里，一名金龙桥。本朝康熙二十九年，耆民李三材募建。

邵家桥　在城东三十五里清水江。本朝康熙五十年，州人邵辉建。

永渡桥　在城南十里。明万历间，郡庠生杨悰、杨愫、杨惰同建。

海虹桥　在城南十五里，跨海尾河水。明天启间，耆民王国柱、寸受根等募建。

回龙桥　在城南三十里，跨回龙溪。本朝康熙八年，知州刘启复建。

桃羌桥　在城西南三十五里，跨老君山河。明杨悰、杨愫、杨惰同建。

寺登桥　在城西南七十里。旧系木桥，本朝雍正四年，郡庠生罗天爵、尹启昌，耆民段佩衮、王映虬等易以石。

加平桥　在城西南九十里。

上羊层桥　在城西三十五里，跨老君山河。本朝雍正二年，耆民尹联甲等募修。

回流桥　在城西一百二十里求仁甸，为运盐路所经。旧系木桥，本朝康熙六十年，耆民李万寿[①]等募建以石。

岩江桥　在城北半里，为丽江、中甸所经。本朝康熙四十七年，耆民赵应绵等修。

小石桥　在城北二里，为丽江、中甸所经。明举人罗为黼建。

广济桥　在城北八里。明洪武间，士民公建。

平济桥　在城北十二里，跨石菜渠，一名巅场桥。本朝康熙四十七年，耆民赵邦宪建。

利济桥　在城北十二里河头江上。本朝顺治十八年，士民公建。

永济桥　在城北二十五里，跨乾木河，为丽江、中甸所经。本朝康熙四十七年，士民公建。

狮子桥　在下羊层，为兰州所经。本朝康熙十一年建，雍正二年重修。

维　西

其宗渡　在治东北二百里金沙江。本朝雍正十年，通判孙光禄造渡船一只，置水手五名。

奔子栏渡　在治东北六百里，旧设渡船。

溜筒江渡　在治西北五百余里浪沧江。春冬设船以渡，夏秋以篾索悬夹岸，用溜筒系人以渡。

合江桥　在治西一百二十里。

---

① 李万寿　《新纂云南通志》同，道光《云南通志稿》、光绪《云南通志》皆作“李万畴”。

姑拉崖桥 在治西北二百二十里。二桥俱本朝雍正十年，通判孙光禄、参将刘瑛同建，木桥。

顺宁府

澜沧江渡 在城东北八十五里。旧设小舟，本朝雍正三年，知府范溥造大船改渡下流，稍近十里。

黑惠江渡 在城东北一百八十里赤龟山下。

泗水桥 在城东门外。本朝康熙二十二年，知府刘芳声建。雍正二年，里人又别建石桥于此桥之西。

迎春桥 在城东一里。本朝康熙四年，知府米璁建，后知府董永芠、署知府陈之玮相继修。

宣德桥 在城东南二里。本朝康熙二十一年，知府刘芳声建。五十四年，知府殷邦翰重修。

来顺桥 在城南四里。本朝康熙三十八年，知府董永芠建。

归化桥 在城南十五里。本朝康熙七年，知府许弘勋重修。

顺济桥 在城西南一百二十里阿度吾里。本朝雍正三年，经历沈应俞建。

来远桥 在城西南阿度吾里。本朝康熙二十八年，知府徐欐建。

李家桥 在城西北五十里，明郡人李氏建。

济川大桥 在城西北一百四十里。本朝康熙四十一年，知府董永芠建。

济虹桥 在城西北二百里，俗名枯柯桥。明万历间，知府李忠臣建，挽以铁索，复圮。本朝康熙四十一年，知府董永芠重修。

衢亨桥 在城北门外。明崇祯十七年，知府曾瑞来建。

小　桥 在城北一百四十里。

猛家桥 在城北一百六十里，又名大桥。明崇祯间，知府曹巽之建。本朝康熙六十年，知府赵承泰重修，改名兴善桥。

瑞虹桥 在城东北半里鼓山下。本朝康熙二十六年，知府徐欐建。

迎恩桥 在城东北二里。明崇祯六年，知府王政建。本朝雍正三年，知府范溥改木以石。

右甸大桥 在城东北一百里。明崇祯十五年，通判谢天禄建。本朝康熙三十七年，知府董永芠重修。

狮子桥 在城东北一百二十里阿鲁司北。本朝康熙五十八年，里人同建。

史力桥 在城东北一百五十里阿鲁司北。本朝康熙五十七年，里人同建。

来宣桥 在城东北一百八十里，俗名小江桥，跨濞溪江，通蒙化路。初为藤桥，后易以木。本朝康熙七年，知府米璁重修，长九丈，两端挽以铁缆，上覆瓦屋二十一间。五十四年，知府殷邦翰重修。

克马桥 在城东北一百八十里。本朝康熙二年，知府米璁建。

歪泥桥 在城东北二百五十五里，通永平路。本朝康熙二年，生员冯嘉训捐修。

云　州

漫乃江渡 在城东一百里阿轮山边，通景东要津。

神舟渡　在城北一百二十里，路通蒙化。

富春桥　在城东五里。本朝雍正三年，知州吴元鏊捐修。

广德桥　在城南十里，即锁水桥。本朝康熙三年，知州刁飞龙捐建。雍正元年，知府范溥同贡生刘次薇等重修。

新惠桥　在城南十二里，即南桥，以铁索架梁。本朝康熙间，邑人公建。

猛赖桥　在城南一百二十里，即大藤桥，与小藤桥俱为往来要津。日久渐废，本朝雍正二年，知州吴元鏊捐俸，易藤以木。

邦洪桥　在城南一百三十里，交耿马界。旧传土人张氏建，本朝雍正元年，知府范溥捐修。

猛底桥　在城南二百五十里，即小藤桥。

永镇桥　在城北三十七里温崩地方。

长安桥　在城北四十里。

马四河石桥　在城北四十八里。

永北府

金沙江渡　有三，上渡在城西北一百五里紫里，接丽江界；中渡在城西南一百八十里旧顺州板桥，接鹤庆界；下渡在城南一百二十五里金沙江巡检司。

碧溪桥　在城东三里观音箐。

永济桥　在城东南五十里。旧有木桥，今易以石。

来薰桥　在城南门外。

海河桥　在城南八十里。

起文桥　在城南八十里清水驿。

累功桥　在城南一百里满龙伍。

三渡河桥　在城南一百三十里。

济江桥　在城南一百三十里陶营。

通江桥　在城南一百五十里金沙江。

民功桥　在城南二百里金沙江外。旧名龙门桥，久圮，河广水急，人苦厉揭。本朝雍正八年，知府石去浮捐建。

永安桥　在城西十五里。

梁官桥　在城西二十里。

马武桥　在城西三十里。

沈官石桥　在城西三十里。

永清桥　在城西三十五里。

前所桥　在城西四十里。

星马桥　在城西四十里。

陈广桥　在城西四十里。

拱极桥　在城北门外。

通川桥　在城北五里。

天生桥　在城东北三里。

丽江府

金沙江渡　在城北四十五里阿喜汛，出中甸要路，设有渡船。

东员桥　在城东南五里，跨清溪、雪山二水。

万钧桥　在城南门外。本朝康熙六十年，通判程廷伟建。

万子桥　在城西门外半里，跨玉河。本朝雍正六年，教授万咸燕重建。

青龙河桥　在城西十五里束河里。

吉祥桥　在城西二十里白沙里，北跨清溪。

双石桥　在城西北一里。

铁　桥　在城西北三百里旧巨津州界内，跨金沙江。考建桥时，或云吐蕃，或云史万岁及苏荣，或云南诏阁罗凤与吐蕃结好时置。吐蕃尝置铁桥节度，后异牟寻归唐，与韦皋合兵破吐蕃，断铁桥即此。所跨处穴石锢铁为之，冬月水清，俯视犹见铁环。

蒙化府

衍洋桥　在城东三里，旧名嵯峨桥。本朝康熙间，郡人张锦重修。

聚仙桥　在城东五里，一名元珠桥。明郡人王德清建，后圮。本朝康熙六十年，僧维智募修。

锦溪桥　在城东南一里。明初郡人魏忠建，万历间，郡人朱鸣时修。

封川桥　在城南十五里，阳江所经。一川之水，汇流于此，为南路要津。

兴隆桥　在城南七十里罗求场下。本朝顺治间，蜀人周士昂重修。

平彝桥　在城南一百里旧定边县治前。

永济桥　在旧定边县驿南，明成化间建。

阳江河桥　在旧定边县境内。本朝康熙年间，知县邱峤新建。

永春桥　在城西二里，横跨阳江，为西路要津。明嘉靖间，郡绅张文烈[①]建。本朝雍正七年，同知顾朝俊重修。

四十里桥　在城西北一百里，接赵州界。架木为梁，覆以瓦屋，又名天威迳。旧例蒙七赵三，不时修理。

永济桥　在城北七十里。明万历间，通判薛希周建。

云龙桥　在城北一百八十里，详见“永平县”。

和会桥　在城东北大小禾里村。本朝康熙四十年，郡人冯光前建。

景东府

船口渡　在城南。

瑚澜桥　在城东一里。长二百尺，宽十尺余，上覆以瓦。旧有桥圮，本朝康熙五十七年，同知黄叔琪倡众修建。

向明桥　在城南六里。

孔雀山石桥　在城南十五里。

清凉桥　在城南二十里。

---

① 张文烈　道光《云南通志稿》、光绪《云南通志》、《新纂云南通志》皆同，康熙《蒙化府志》作“张烈文”。

蛮仓桥　在城南三十里。

开南桥　在城南四十里。

者吉桥　在城南七十里。

兰津桥　在城西南一百里。两岸峭壁插汉，江流飞急，以铁索扣南北岸为桥。相传汉明帝建，明永乐间重修。

通化桥　在城北一里，明洪武二十三年建。

新　桥　在城北六里。

水寨桥　在城北十六里。

大坝桥　在城北十八里。

新站桥　在城北八十里。本朝康熙九年，同知胡向极捐俸重修。

〔据鄂尔泰修，靖道谟纂雍正《云南通志》（清乾隆元年刻本）卷六《城池志附津梁》第40－70页辑录。〕

（道光）云南通志稿·建置志·津梁

卷四十八　建置志六之一　津梁一

先王体国经野，自门关以达于四海，津梁其最要也。《禹贡》逾河逾洛，津梁无定所。周有盟津，春秋有茅津、棘津、采桑之津，津之有名，始见于记载，而《诗》云维鹈在梁，《毛传》绝水为梁，《尔雅》堤谓之梁，亦谓之碕，皆聚石而成。秦昭王始治河桥，《汉书》又谓之圯，其名虽殊，而济人则一。滇处万山中，雨后川流，往往奔腾澎湃，舟楫难施，其津梁尤有足藉者。今汇纪而备书之，于以见明未病涉云。

云南府

古桥渡　樊绰《蛮书》：昆池源从金马山东北来，拓东城北数十余里官路有桥渡。池流为河，过安宁城下，亘水东西，有桥三十一，阔长三百余步。谨案：今其址无考。

昆明县

嵩山古渡　旧《云南通志》：在城东一里嵩山寺前。《昆明县志略》：知府许宏勋额曰“登彼岸”。

高峣渡　旧《云南通志》：在城西三十里，舟达本城版坝河。

县　桥　旧《云南通志》：在城大东门内布政司衙门东首，明黔国公沐氏建。

永清桥　旧《云南通志》：在城内菜海子边，康熙二十年重建。

焦三桥　旧《云南通志》：在城大东门外半里，明时修建。《云南府志》：在城东一里重关外。

广惠桥　旧《云南通志》：在城大东门外半里。康熙四十九年，副将周士元重修。

地藏桥　旧《云南通志》：在城东二里许，跨金汁河上。

溥润桥　旧《云南通志》：在城东十里，旧名至正桥。康熙三十五年重修，更今名。

丰乐桥　旧《云南通志》：在城东三十里，为往来驿道。雍正元年，郡人王应龙重修。

云津桥 旧《云南通志》：在城东南二里许。水出盘龙江，流经商山下，过郡城，入滇池，旧名大德桥，毁于兵。明洪武二十六年，西平侯沐春重修，以其当云南之要津，更今名。《昆明县志略》：道光八年，总督阮元捐修。

通济桥 旧《云南通志》：在云津桥西，一名奏功桥。水即盘龙江支流，今水涸而桥存，明成化间建。《云南府志》：源由盘龙江达濠水，流入于市而不可渡，因建是桥。元梁王格杀段平章于此。

太平桥 旧《云南通志》：在城东南二里，古名剩砖桥。三国汉诸葛武侯建，康熙四十五年重修。

小　桥 旧《云南通志》：在太平桥西二百武。

老崔桥 旧《云南通志》：在城东南三十里。明成化间建，雍正元年，郡人王应魁重修。《云南府志》：在城东南十五里。

凤凰桥 旧《云南通志》：在城南门外，通濠水，以达盘龙江。三国汉诸葛武侯建。

吴西桥 《昆明县志略》：在城南小泽口水德萧祠前，江西客民建。

土　桥 旧《云南通志》：在城南二里东寺街，今改名东西石桥，又名桂香桥。明总兵邓子龙建。

版坝河桥 旧《云南通志》：在城南二里西寺街，一名望安桥。明万历间建。

新　桥 旧《云南通志》：在城南二里螺蛳湾，今易名引凤桥。明万历间建。

吴井桥 旧《云南通志》：在城南三里，以井得名。或云建于吴氏，明黔国公沐氏重修。《云南府志》：在城南五里。

翰林桥 旧《云南通志》：在城南十里南坝。康熙二十二年，巡抚王继文重修。

顺城街桥 旧《云南通志》：在城西南半里，一名烧猪桥。明黔国公沐氏建。

小泽口桥 旧《云南通志》：在城西南一里，一名鸡鸣桥。明天顺间建。

望仙桥 旧《云南通志》：在城西南五里，明天顺间建。《云南府志》：在南坝。

假溪桥 旧《云南通志》：在城小西门外半里，通迤西大道。康熙二十年重修。

石　桥 旧《云南通志》：在城小西门外三里许，一名月明桥。

西版桥 旧《云南通志》：在城西七里许，近黑林铺，一名牛心桥。明万历间建。

金锁桥 旧《云南通志》：在城西四十里高峣小村，三国汉诸葛武侯建。

霖雨桥 旧《云南通志》：在城北十里罗丈村。康熙四十九年，郡人熊武兆等重修。《昆明县志略》：嘉庆四年，巡抚初彭龄重修。初彭龄《复修霖雨桥记》：

会城东北十里许，跨盘龙江有桥曰霖雨。滇故多高原，山农以恒旸为虑。前贤之莅是邦者，遇旱辄祀于龙泉观，路必经此，意者祷雨立应，兹桥所以名与，而志仅存重修岁月，盖其从来者远矣。江发源寻甸之木龙马，经嵩明邵甸里，黑龙潭水入焉，西南至昆明松华坝，流七十余里入昆池。自兹桥以上，左受竹园、莲峰诸箐之水，右受银稜河、白龙潭诸水，曲折回旋，或沸而流，或激而波。桥以南达敷泽门外，夹岸皆民居市肆，河身始直。《考工记》曰：沟必因水势，防必因地势。善沟者水漱之，善防者水淫之。然则兹桥也，匪直行李之亨衢，盖亦曲流之保障尔。夫流曲，则多游湍水激之，桥故多毁。《管子》

云：导水源，通郁闭，脊津梁，此谓遗之以利。又云：岁高其堤，所以不没也。冬春取土于中，秋夏取土于外，浊水入之，不能为败。谅哉斯言，深有当于畎[①]浍堤防之利哉！嘉庆四年秋，桥为急涨冲溃，司事会议请修。余适于是冬衔命来滇，其时正合《管子》取土高堤之法。于以占攸往，于以浚游湍，殆一举而兼有其利。亟以入告，发帑兴工，委官偕绅士董其事。经始是年十一月，明年春三月报蒇。斯役费帑金千八百两有奇，方伯观察首郡县又捐钱千缗，除桥下之壅积而深之，俾迅流至此少潴，以免杜塞之虞，所谓脊津梁者非欤！绅士以落成，请为文以记之。余惟一介之士，苟存心利物于人，必有所济，矧徒杠舆梁之成，政体攸系，兹桥之完缮如初，宜也。因是以思举锸为云，决渠为雨，一河之利诚溥，而其患亦孔亟也。备患于未然，则省费以获安，古者堨流之法，备水之器，窋[②]淘浚治之功，岂尝取办临时哉？然则疏川导滞，钟水丰物，令斯民均得饶流膏之庆，所厚望于良有司者，如此桥矣。遂允所请，而为之记，以纪其时[③]云。

永清桥　《云南府志》：在城东北永清门外。

迎仙桥　旧《云南通志》：在城东北二十里鸣凤山麓。明万历二十七年，巡抚陈用宾建。

永济桥　旧《云南通志》：在城东北三十里松花山，锁盘龙江之上流。康熙间重修。

富民县

高　桥　《富民县志》：在城东二里。

大营桥　《富民县志》：凡二，在城东三五里许。

永定桥　旧《云南通志》：在城南门外，旧名天河桥，水入[④]昆海。明万历四十六年，知县许成德建。《云南府志》：舆梁跨河，高可数丈，上覆瓦屋二十楹，旁有窗壁，远望如空中楼阁，日中为市。《富民县采访》：乾隆十三年，被水冲坍，士民重修。嘉庆二年火毁，知县虞衡倡修。

乐济桥　旧《云南通志》：在城南十里黄土坡，入省大路。康熙十九年，邑人刘在田建。雍正十一年，知县杨体乾重修。

观音桥　《富民县志》：在城西四里土主庙村旁。

永平桥　《富民县志》：在城西八里清水河村前。

永固桥　旧《云南通志》：在城西十五里，通罗次路。康熙四十年，知县梁衍祚建。《富民县志》：在城西十里大石头内。

登仙桥　《富民县志》：在城北门外。明知县韩位甫《登仙桥记》：

县西有龙潭渠水，并西北清水渠至土主祠山下合流，东入河直县之北。旧措木以渡，夏秋雨潦漂没，民苦揭厉，乃谋为桥，耆民李万春愿捐资助焉。会

---

① 畎　光绪《云南通志》、《新纂云南通志》皆作“畖”。

② 窋　光绪《云南通志》同，《新纂云南通志》作“穵”。

③ 其时　《新纂云南通志》作“其事”。

④ 入　光绪《云南通志》作“出”。

明旨以开路，檄县议上，遂鸠工营造，逾月桥成。由是冠盖星轺，商旅负贩，摩肩接踵，不啻袂帷汗雨。登桥而望，南入滇池，想碧鸡金马之胜，则王褒之所祷祀而求也；北顾泸水，怀纶巾羽扇之风，则诸葛之所经略而定也。况复四山苍翠，平畴衍迤，其流清驶，其途坦夷，雨晴利涉，寒暑弗病。行者讴，倦者息。万目欣欣，王路平平，车马雍雍，旟旗翩翩。乃顾小史，书其名曰“登仙”。

太平桥 旧《云南通志》：在城北十里，通武定路。康熙十九年，邑人刘在田建。

者北桥 旧《云南通志》：有二，俱在城北四十里，通武定路。康熙十九年，邑人刘在田建。

宜良县

陈家渡 旧《云南通志》：在城东三里。《宜良县志》：在城北十五里，邑士民捐设，并捐置田亩作修补船只之费。

陈所渡 旧《云南通志》：在城东五里。《宜良县志》：在城东七里，桥旧朽坏，今倡建新桥，并建阁楼三间。知县李淳《重修陈所渡桥记》：

陈所渡者，迤东通粤之要道也。江水泛溢，舟楫二三。询之绅耆，始知前之桥木朽败，舟人狡黠者视为利薮，行者难焉。余假百金，捐赀二十，俾新建版桥，绅士耆庶义其举，慨然捐输，不数月而桥成。又思夏初拆卸桥木，无所覆庇，非久远计。村人士请建阁于通道，庇行人之风雨，桥木无遗失之忧。搜渡田于隐没，舟人无分外之索，桥之事备矣。后之君子，其谨守之。是为记。

大渡口 《宜良县志》：在城东五里，村民捐设。

狗街渡 旧《云南通志》：在城东南十五里。《宜良县志》：旧桥朽坏，今倡建新桥，添设渡船。知县李淳《新建狗街渡桥记》：

余既倡士庶建陈所渡桥，复倡建狗街渡桥，非喜事也。政非虚文，要于实事，事非一节，归于便民。便民者在去其所病而期于有济，夫民之所病而期于有济者，莫渡若也。狗街距宜城三十里，承大池江、大赤江之流，汇明湖诸水之灌注而出铁池河，入路南界。其水较诸渡口为大，其病涉尤甚。旧设有船渡，便夏秋之往来，至冬春水势稍杀，则于版桥宜，惜兴举无人，行者苦之。余乃捐赀二十，士庶乐义，争先购材鸠工，不日竣事，并升高旧桥房为拆卸之所，经画田租为久远之计，而桥事备矣。今圣人在上，轸恤民艰饥溺廑念，而司牧者仰承德意，循分而尽所得，为邑宰职也。谨书其事，以期后之莅斯土者共勉焉。

石家渡 《宜良县志》：在城东南二十里。康熙间置有田地，为造船济渡之费。

马房渡 《宜良县志》：在城东南二十五里。

高古渡 《宜良县志》：在城东南三十五里。有公田，为济渡之费。

高峣村渡　旧《云南通志》：在城北三里。《宜良县志》：一名高桥村渡，在城北十里，有公田，作渡船工役之费。

长安村渡　旧《云南通志》：在城北五里。《宜良县志》：有公田，作渡船工役之费。

三道水渡　《宜良县志》：在城北十里。有公田，为修船二役之费。

段官村渡　《宜良县志》：在城北十里，村民捐设。

小渡口　旧《云南通志》：在城东北五里。《宜良县志》：有公田，为修船工役之费。

河头营渡　《宜良县采访》：在河头营。

通衢桥　旧《云南通志》：在城东门外。《宜良县志》：上有楼，今圮。

车渡桥　《宜良县志》：在城东三里，耆民芮洪建。

长生桥　旧《云南通志》：在城东南郊外。

通济桥　旧《云南通志》：在城南门外。《云南府志》：在城南第一铺，通路南州。《宜良县志》：在城东六铺，俗名土桥，刘嘉祥建。

青云桥　旧《云南通志》：在城西门外。《云南府志》：通旧阳宗县。《宜良县志》：明万历二年，贡生黄鹤建。

芮家桥　旧《云南通志》：在青云桥左。

广济桥　旧《云南通志》：在城西一里。《宜良县志》：在城北七铺小闸，俞应临建。

萧官桥　旧《云南通志》：在城西四里。《云南府志》：在城北三里，通汤池。《宜良县志》：在城西五里。

永济桥　旧《云南通志》：在城西三十五里汤池北关内。

新石桥　旧《云南通志》：在汤池北关外。

清远桥　旧《云南通志》：在城北一里五铺，一名花桥。《宜良县志》：耆民芮洪建。

宏济桥　《宜良县志》：在清远桥左，耆民芮洪建。

安政桥　《云南府志》：一名安正桥，在城北一里大闸水口。

赛公桥　旧《云南通志》：在城北三里，一名幌桥。

马家桥　旧《云南通志》：在城北九铺。

石版桥　《宜良县志》：在城北十五里江头村。

石　桥　《宜良县志》：在城北三十余里贾龙。

普济桥　《宜良县志》：在城北三十五里，贡生李节民，监生苏士瑶、李如桐、赵相璧倡建。徐文明《普济桥记》：

宜邑大赤江，发源霑益之花鱼潭，浸淫于曲靖，渐渍于陆凉，经路南北界，盘折数百余里，始西达宜良，厥名大河口。自是东折而南，蜿蜒于宜坝几百余里，竟红石岩而出河阳界，会仙湖水以去。其江之在宜者，冬春以桥济，夏秋以舟济，所在皆然。惟河口较他渡难甚，盖其地两山壁峙，水甫出峡，急流陡下，且界居三邑之交，众流奔汇，冬春稍杀，而中间怪石谽岈，仿佛瞿塘滟滪。至夏秋雨积，势益张大，矶蹴洪涛，訇訇声彻数里许，险渡也。旧设舟楫以济行人，而临危蹈险，戕生殒命者多有。至乾隆癸巳，水势混流，舟师不戒，同舩覆没者三十余人，尸横江岸，枕藉沙碛，闻者恻焉。路南太学李如桐、陆凉太学赵相璧、宜良太学苏士瑶、岁荐李节民者，均善士也。目击神伤，誓建石桥，易彼舟渡，慨捐重赀，共襄厥成。相形度势，鸠工庀材，身亲董役，甃以巨石，贯以铁柱，造为长桥。中分七空，高三五丈，长三十丈，宽二丈许。计工约费数万，计赀约费数千。始于甲午冬初，落成于乙未春暮，再修补于丙申之夏，今阅九春秋矣。凡往来者莫不感四善士之德焉，而四方仁人君子颇有捐赀，如不寿诸贞珉，何以劝善而垂久远？明不敏，深嘉四善士不忍人之美意，而乐其相与有成，名曰普济桥，并记巅末如此。

通化桥 旧《云南通志》：在城东北二里。《云南府志》：俗名土桥，在城东六铺。

太平桥 旧《云南通志》：在城东北五里。《云南府志》：在城东五里。《宜良县志》：在城东北四里，康熙七年重修。

罗次县

顺定桥 《罗次县志》：在城内。

翼文桥 《罗次县采访》：在城郭外碧城河。乾隆二十一年，知县严庆云倡建，石桥五孔，并建观音阁三楹于桥头，额曰“镇静冯夷”。教谕罗元琦《重建翼文桥引》：

盖闻除道成梁，纪星期于《夏令》，合方视野，辟轨涂于周行。是以道茀不修，单襄公讥其蔑制，乘舆以济，公孙侨见而恤民。罗次翼文桥者，附依近郭，广接中逵。河绕碧城，夙号流沙古渡，山环玉带，尚缺跨水飞虹。酌以堪舆之言，宜建穹窿之圯。盖以黉宫遥映，标砥柱于文澜；还拟宝塔高浮，竖霄峥于笔阵。实关风会，乃锡嘉名。忆昔年创建，曾协众以鸠工，溯曩日观成，颇利行而称便。不期流多泛滥，以致岸忽骞崩。断续斜梁，无滹沱之坚冰可渡；萧条灌莽，恐阴陵之陷泽堪惊。遂至徙倚津涯，沿堤涨桃花之水；踯躅道左，临流歌匏叶之诗。行人过而褰裳，闺中望而却步。缘是共襄义举，广集同人，思完多年未竟之功，务为一劳永逸之计。纵横十丈，比复道之凌空；首尾双楹，若重檐之耸翠。譬之断鳌立极，知非一篑成功；曾闻镕铁为牛，务使千秋永固。形胜于斯增丽，风气由是宏开，但工费不赀，土木甚钜，虽群情踊跃，咸皆指囷乐输。而褊邑弹丸，未克铺金满地，乏远公之幻术，安能掷杖即成？等精卫之辛劬，窃忧填海无力。将经始于一旦，尚借赀于十方。用募善缘，恭疏短引，还须舍财无量，当思种福有基，尽无算数之布施，扩不思议之功德。伫看役众云集，荷锸星驰，运五丁开凿之威；瀹疏沙碛，做八柱纲维之势。筑建堤防，人悦忘劳，何烦鼛鼓，子来趋事，立竣津梁，消水势以归流，控山形而耸峻。从此轮蹄络绎，一任驰骋螭龙；屐屧连翩，咸见徘徊雁齿。鹿角村畔，惊半月之横波；狮马墟间，睹飞霞之映水。倘若天孙欲渡，不消鹊影纷填；伫俟司马留题，群羡鹏程直上。如游富平津际，重看杜预之经营；恍在洛阳桥边，再见蔡襄之结构。沿堤环翠柳阴翳，遮四面云山；过客俯雕栏碧砌，笼一溪烟月。若非萃亿姓之善果，何以壮三城之保障哉！

镇北桥 《罗次县志》：在城东三十二里鸣鸡寨。

双贵桥 《罗次县志》：在城东三十五里响地哨外。邑人王嘉宾修，通富民大道。

小版桥　《罗次县志》：在城东四十五里九岳坪。

攀桂桥　《罗次县志》：在九岳桂树下。

金虹桥　《罗次县采访》：在城东六十里泽润里南。雍正元年建，通易门、安宁大路。

永安桥　《罗次县采访》：在泽润里北。雍正三年建，通武定、元谋大路。

昆石桥　《罗次县志》：在城东六十二里河尾村。

小石桥　《罗次县志》：在城东六十五里沙奄，通安宁路。

版　桥　《云南府志》：在城东南五里，通省城大道。

映文桥　旧《云南通志》：在城南三里。雍正三年，邑人杨仪、杨德广等建。

凤凰桥　《云南府志》：在城南五里落凹营。

新　桥　旧《云南通志》：在城南七里。康熙十年，署知县何清建，甃石架木，上覆屋三楹。

大石桥　旧《云南通志》：有二，一在城南二十里，一在城北十五里。邑人刘一清、何应爵等建。

永丰桥　《云南府志》：在城南二十里，通安宁大道。《罗次县志》：在川心营。

普济桥　《罗次县志》：在城南三十二里黄坡。邑民王嘉宾募修，通禄丰大道。

迎仙桥　旧《云南通志》：在城南七十里。明万历十六年，邑人张廷炎建。

衍庆桥　旧《云南通志》：在城西南一百二十里炼象关城西门。明万历间，邑人白朝斗同众捐建。《罗次县采访》：嘉庆二十三年，被水冲决，士民重修石桥，为迤西通衢。

昌裔桥　旧《云南通志》：在炼象关西五里。明天启间，邑人宋郊同众捐建。

镇安桥　旧《云南通志》：在炼象关西十里。明天启间，邑人朱腾雨同众捐建。

华明桥　旧《云南通志》：在炼象关西十里。明崇祯间，邑人蒲华妻张氏同众捐建。

鹿鸣桥　《罗次县志》：在城西十里鹿角村。知县何清架木梁，覆以瓦屋，后圮。康熙三十六年，士民杨仪、王辅弼等捐修石桥。明时，弟子员赴公车，饮饯于此，故名。

广德桥　《罗次县志》：在城西北十里温泉北，杨广德修。

永定桥　《罗次县采访》：在温泉南，距城十里许。乾隆五十六年建，通武定衢。

济川桥　《罗次县志》：在城北落摩伍，通武定大道。

喜雨桥　旧《云南通志》：在城北二十里北厂村。康熙三十七年，邑人杨广德、李如松等建。《云南府志》：在城北三里。

永顺桥　《云南府志》：在城北二十五里，通武定大道。

永凝桥　《罗次县志》：在张至坡下。谨案：《罗次县志》又有平政桥，黄一清修，亦在县境内。

晋宁州

金砂渡　《晋宁州志》：在城西七里村后，今淤废。

野鸡龙潭渡　《晋宁州志》：在城西七里诰轴山下。

河泊所渡　《晋宁州志》：在城西十里村后。

小官渡　《晋宁州志》：在城西十里河泊所右。

东山凹渡　《晋宁州志》：在城西十里梁山王后。

老江沟渡　《晋宁州志》：在城西北十三里白龙寺下。

团山渡 《晋宁州志》：在城西北十五里团山村后。

海溪桥 旧《云南通志》：在城东三里盘龙山下。

望仙桥 《晋宁州志》：在城东三里许万松山下。

仙姑桥 《晋宁州志》：在城东四里盘龙山下。

德盛桥 《晋宁州志》：在城南半里。今废，其迹尚存。

惠利桥 旧《云南通志》：在城南一里许。明弘治十四年，王让建。《晋宁州志》：在城南二里。水出盘龙坝，会大坝河，入滇池。旧名惠利，乾隆九年，本州士庶重修，易名广济。

种玉桥 《晋宁州志》：在城南里许。康熙四十八年，知州徐克祺修。

长坡桥 《晋宁州志》：在城南五里。明弘治十四年，王世泰建。万历四十五年，州绅刘汉东重修。

五里桥 旧《云南通志》：在城南五里，明州人刘世荣建。

上登瀛桥 《晋宁州采访》：在城南五里石碑村前。嘉庆十八年，陈于宁、陈于廷倡建。

大　桥 《云南府志》：在城南十里铺长坡下。

十里铺桥 旧《云南通志》：在城南十五里。明州人赵宗周、赵世发同建。

登瀛桥 《晋宁州志》：在城西南三里小寨村前。

学士桥 《晋宁州志》：在城西南七里小朴树村前。水出大堡河，会大坝河，入滇池。

迎仙桥 《晋宁州志》：在城西南十里观音山前。水出大河，入滇池。

凤凰桥 旧《云南通志》：在城西门外半里。昔有凤凰止此，故名。《晋宁州志》：在城西北半里忠烈祠右。《云南府志》：在城西北二里。

四通桥 《晋宁州志》：在城西三里许。明弘治三年，知州熊宏建。万历五年，知州赵时雍重修。《晋宁州采访》：嘉庆十二年，李鼎元、李德元、赵昇重修。《古今图书集成》：路通新兴、元江等府州。

天女桥 《晋宁州采访》：在城西三里天女城山下。乾隆三十五年，村人李芳昊、杨霖润、杨霖浩公建。

利涉桥 《晋宁州采访》：在城西五里天女桥下。明万历间，杨瑞廷建。乾隆间，徐瀚倡修。

新　桥 旧《云南通志》：在城西五里，明刘世荣建。《晋宁州志》：在石美村前，一名刘家桥。

庆丰桥 《晋宁州志》：在城西北一里忠烈祠后。

太平桥 《晋宁州志》：在庆丰桥后，乾隆十年重修。

凝静桥 旧《云南通志》：在城西北三里王家坝下。明州人徐天应建，雍正四年，士民重修。《晋宁州志》：在新江坝下。

世济桥 旧《云南通志》：在城西北五里。明州人李茂修建，其孙重修，故名。

拱秀桥 《晋宁州志》：在城西北五里大西村。

官惠桥 《晋宁州志》：在大西村。二桥俱明万历间建。

永丰桥 《晋宁州志》：在城西北五里梁家营，明万历四十四年建。

义修桥 《晋宁州采访》：在城西北七里中大河界。嘉庆二十四年，节妇王杨氏新建。

安澜桥 旧《云南通志》：在城西北十里，本州士民公建。《晋宁州采访》：在城西北四里中大河界。道光六年，村民重建。《晋宁州志》：又名永安桥。

迎恩桥 《晋宁州志》：在城东北三里迎恩铺外撒马沟，乾隆十八年重修。

善济桥 《晋宁州志》：在城东北四里象鼻岭下，乾隆二十年重修。

呈贡县

通济桥 旧《云南通志》：在城内中街。明洪武间，知县揭官保建。《云南府志》：在城西，明天顺间，典史易有高建。

永济桥 《呈贡县志》：在城东新册村。

便民桥 旧《云南通志》：在城东三十里惮泥山下。明嘉靖间，知县范宏建。

凤鸣桥 《呈贡县志》：在城东南郎家营。

大　桥 《呈贡县采访》：在城南门外，乾隆二十六年建。

大通桥 《云南府志》：在城南。明弘治间，典史沈福建，今圮。

龙市桥 旧《云南通志》：在城南一里。明成化间建，万历八年，知县黄宇重修。《云南府志》：原名济远桥。

舆济桥 旧《云南通志》：在城南十五里大渔村。明万历八年，邑人汪朝阳建。康熙四十五年，邑人姚茂德重修。《云南府志》：在城南二十里。

三版桥 《呈贡县采访》：在城南十五里捞鱼河，澂江孔道。嘉庆二年建。

太平桥 旧《云南通志》：在城南十五里太平关。明成化间，邑人吴应选建。雍正四年，阖邑重修。

普济桥 旧《云南通志》：在城南三十五里。明嘉靖间，邑人李经建。《云南府志》：在城北五里。

利涉桥 旧《云南通志》：在城南四十里富有村。明嘉靖间，邑人蒋春建。《云南府志》：在城东一里。《呈贡县志》：在城南二十里。

仁寿桥 《呈贡县采访》：在城南丰乐村南，乾隆六年建。

吴笼桥 旧《云南通志》：在城西南四十里安江村。明弘治间，邑人李洪建。《云南府志》：在城西南七里。

安江桥 《云南府志》：在安江村。明万历间，知州许亨魁建。旧《云南通志》：顺治间，邑人保姓建。

新　桥 《呈贡县志》：在安江村。

通利桥 《云南府志》：在城北五里。明弘治间，知县何崇有建，陈表重修。

安宁州

黄塘渡 旧《云南通志》：在城南十五里，设有渡夫。《云南府志》：在城南五十里。

河尾渡 《云南府志》：在城北。

白塘渡 《云南府志》：在城北七里。《安宁州志》：一名白塔渡。

温泉渡 旧《云南通志》：在城北十五里。

青龙城渡 《安宁州采访》：在城北五十五里。

李百户村渡 《云南府志》：在城北六十里。

矣龙甸渡　《安宁州采访》：在城北六十五里。

通清桥　《云南府志》：在城内州署前大街。

永安桥　《一统志》：名东桥。旧《云南通志》：在城东门外，螳螂川经其下，为迤西要路。明弘治七年，巡抚张诰重修。康熙四十五年，总督贝和诺、巡抚郭瑮捐俸，委知州高珍督修。《安宁州志》：乾隆元年，布政使陈宏谋捐修。《安宁州采访》：二十七年，知州卞怀诏重修。

醉春桥　旧《云南通志》：在城东门外岑楼北。明崇祯间，州人募修。《云南府志》：在旧遥岑楼外，俗名三桥。

指挥桥　《安宁州志》：在遥岑楼东。

迎恩桥　《安宁州志》：在指挥桥东。

永定桥　《云南府志》：在城东门外。明弘治七年建，迤西通衢。

昌应桥　《一统志》：在城东二十里。旧《云南通志》：在城东三十里，入省大路。明万历间，州人杨彦魁建。康熙八年，知州张在泽重修。十一年，州人祁凤翔募众再修。《安宁州志》：在城东二十五里。《安宁州采访》：嘉庆十九年，署州郭辉翰同绅士段泰吉等捐修。

天津桥　《一统志》：旧名沙河桥[①]。《安宁州志》：在城东南一里。明万历间，郡人朱化孚建。康熙二十三年，知州朱承命重修，改名天津。雍正七年，粮道黄士杰、盐道冯光裕同捐修。

崇文桥　旧《云南通志》：在城南二十里。明万历间，旧三泊县知县彭悌建。《安宁州志》：在礼义村。

长虹桥　《安宁州志》：在城南二十五里旧三泊县南。

资利桥　《云南府志》：在旧三泊县资利河。

博济桥　旧《云南通志》：在城南三十里，通迤西大路。雍正二年，士民募建。

鸣矣河桥　《安宁州志》：在城南四十里，系木桥。

普济桥　《安宁州志》：在城南五十里。

冯母桥　旧《云南通志》：在城南八十里。雍正元年，州人冯加懿母李氏建。《安宁州志》：在城南七十五里。

安澜桥　《安宁州志》：在城南筒车坝。州人祁凤翩、杨同春募建。

西归村桥　《安宁州采访》：在城南西归村，士民修建。

通仙桥　《安宁州采访》：在城南。乾隆五十九年，耆民董大生等捐建。

老何坡桥　旧《云南通志》：在城西南五里，通易门路。州民杨士毅建。

盐课司桥　《云南府志》：在城西门内旧盐课司前。

寿昌桥　旧《云南通志》：在城西门外，郡人张希元建。

游得高桥　旧《云南通志》：在城西三十里。

草铺前桥　《安宁州采访》：在城西草铺前，阖街修建。

草铺后桥　《安宁州采访》：在城西草铺后，庠生杨联陞建。

禄脿街桥　《安宁州采访》：在城西禄脿街，士民修建。

---

① 沙河桥　康熙《云南通志》同，光绪《云南通志》作“涉河桥”。

光裕桥 旧《云南通志》：在城北四里。明崇祯间，郡人杨凤建。

近渡桥 《安宁州志》：在城北七里白塔渡前。

美济桥 《安宁州志》：在城北十五里温泉尾，州人吴蓁、吴芹捐建。

显济桥 《安宁州志》：在美济桥北，州人吴芹建。

登春桥 《安宁州采访》：在宝兴庄前。乾隆五十四年，绅士张云鹏、张灿坤、李球等捐建。

禄丰县

金锁桥 《禄丰县采访》：在城东二乡，高四丈余。嘉庆四年，村人捐建。

启明桥 旧《云南通志》：在城南十五里。明天启间，丽江土知府木增建。《禄丰县采访》：乾隆四十九年冲塌，五十一年，知县戴士炎同绅士捐建。

星宿桥 旧《云南通志》：在城西门外。一名永丰桥，通迤西大路。《云南府志》：春夏之交，涨水暴发，行者怖畏，编竹驾舟，往往覆溺。明万历间，知县向兆麟详允建桥，长三十丈，阔四丈，计五硐，即名星宿桥。旧《云南通志》：康熙三十九年，倾圮，总督范承勋、巡抚王继文檄迤西各官捐修。四十六年，水涨复冲坏，布政使刘荫枢亲勘议修，不果。四十九年，知县刘自唐捐修，架以木版。雍正五年，水涨复行冲坏，仅存一硐，暂以船只济渡。《禄丰县采访》：道光五年，士民等捐修，武生章云标、新平教谕刘霈玉、从九品欧声畅、贡生段钧董其役。

飞虹桥 旧《云南通志》：在城北门外里许，通黑、琅两井大路。明天启间，邑绅王锡衮建石桥，三硐。康熙十一年倾圮，盐道郭廷弼捐修，易以木桥。四十六年，水泛冲断，盐道李苾捐俸，知县黄枢督修，后复坏。五十二年，黑井提举沈懋价重修。《云南府志》：俗名罗次桥，邑绅士王咨翼重修。《禄丰县采访》：雍正五年，被水冲坍，夏秋造船济渡，冬春建木为梁。

康济桥 《禄丰县采访》：在城北十里。康熙五十年建，乾隆间，屡修屡圮。道光二年，知县吉修孝同绅士杨时行捐赀改建，易为两孔，更名永济。

宝泉桥 旧《云南通志》：在城北二十里翻泥河。明嘉靖初建，下有温泉，土人浴之。

双济桥 旧《云南通志》：在城北三十里，通武定路。康熙五十年，郡人唐瑜建。《禄丰县志》：涧水骤发，商旅难行。唐瑜建石桥，既便利涉，又资灌溉，因名。

昆阳州

海口渡 旧《云南通志》：在城北二十里，为往来要津。《云南府志》：在州北四十里。

鸣凤桥 旧《云南通志》：在城东三里，康熙五十六年建。

巨　桥 《云南府志》：在城东三里，元时建。

龙泉桥 旧《云南通志》：在城东十里。

普济桥 《云南府志》：在城南门外。明万历间，知州夏可渔建，改名济生桥。

焕文桥 旧《云南通志》：在城南门外。康熙四十年，智坊士民同建。

卢公桥 旧《云南通志》：在城南三里。明万历间，署知州卢元恺建。

新　桥 旧《云南通志》：在城南二十里。明天启间建，康熙三十二年，知州蒋廷铨重修。《云南府志》：为新兴通衢。

石枧桥 旧《云南通志》：在城西三十里甸头村，长五丈。明时楚人李正相度为枧，以溉田亩，里人德之。

些溪桥 旧《云南通志》：在城西三十五里。明万历间，州人李凌云建。

响水桥 《云南府志》：在城西三十五里，康熙五年建。

天生桥 《云南府志》：在城西四十里鲁黑庄右。

石龙桥 旧《云南通志》：在城西北三十里，为迤西通衢。康熙七年建。

迎恩桥 旧《云南通志》：在城北门外。明嘉靖间，知州张绮建。

升龙桥 《云南府志》：在城北五里仙卧山下，今改崖跌水。

易门县

木奔渡 《续易门县志》：在城西南六十里木奔江。进士董良材捐田置船，以作义渡。

小江口渡 《续易门县志》：在城西小江口。

香树坡厂渡 《续易门县志》：在城西一百二十里香树坡厂。

九渡河渡 《续易门县志》：在城西北一百二十里九渡河。

杨梅庄渡 《续易门县志》：在城西北杨梅庄。

三岔河渡 《续易门县志》：在城北三十五里三岔河。

惠津桥 旧《云南通志》：在城东二里，明末建木桥。《易门县志》：名会津桥，明山西万全县教谕赵世显等捐建。旧《云南通志》：康熙二年，阖邑士民捐建，易以石。《易门县志》：乾隆三十六年，署知县杨奮建亭于上，题曰“断岸流虹”。

云龙桥 《易门县志》：在城东五里大营。

易川桥 旧《云南通志》：在城东七里曾所营。明末建，顺治间，邑人徐石匠重修。

易江桥 《一统志》：在易川桥东七里，地名江渠。

惠泽桥 《易门县志》：在城东八里曾所营。

永济桥 《易门县志》：在城东下江渠，乾隆四十一年修。

镇江桥 《续易门县志》：在下江渠。

飞虹桥 旧《云南通志》：在城东十五里驾易江上，有“飞虹普渡”坊。明崇祯十七年，知县黄世臣建。

迎龙桥 旧《云南通志》：在城南门外。明洪武二十四年建，顺治十八年，知县叶之馨重修。

南门大桥 《云南府志》：在城南门外。建有“锦云平步”坊，今圮。

济南桥 《云南府志》：在城南，系木梁，今圮。

小石桥 《易门县志》：一在城南四会岗头小河上流，一在县东九会叶家房小河下流。

普川桥 旧《云南通志》：在城南十五里普贝屯。

鸣凤桥 《易门县志》：在城南二十里苗茂河，乾隆四十年建。

徐家箐大桥 《续易门县志》：在城南徐家箐。

通济桥 《易门县志》：在城西八十里甸末，系木梁，上覆瓦屋。

小河桥 《易门县志》：在城西八十里新城，系木梁，上覆瓦屋。

驿马坡大桥 《续易门县志》：在城西驿马坡。

永镇桥　《易门县志》：在城西沙衣旧，乾隆三十九年建。

利济桥　《易门县志》：在城西沙丈，经历潘国弼捐修。

见龙寺大桥　《续易门县志》：在城西北易门庄见龙寺。

望春桥　《易门县志》：在城西北太和川，乾隆四十年建。

峡蒲桥　《续易门县志》：在城西北，系木梁，上覆瓦屋。

七星桥　旧《云南通志》：在城北门外，旧名捷近桥。明洪武二十四年建，万历二十九年，邑人张仲美重修，改今名。

永靖桥　旧《云南通志》：在城北一里。

文亨桥　《易门县志》：在城北十五里刘家营。

三汊河桥　《易门县志》：在城北十五里葛根箐。《续易门县志》：在城北三十里，系木梁，上覆以瓦屋。

新　桥　《续易门县志》：在城北十五里，生员吴恕建。

旧县门石首桥　《续易门县志》：在城北三十里旧县。

栢木桥　旧《云南通志》：在城北四十五里，接禄丰县界。系木梁，覆以瓦屋。《续易门县志》：在迤栖屯。道光六年，改建石桥。

绩麻村大桥　《续易门县志》：在城北绩麻村。

窝德村大桥　《续易门县志》：在城北窝德村。

嵩明州

永清渡　《嵩明州采访》：在嘉丽泽边。

段峻德桥　《嵩明州志》：在城东门外。

元和桥　《嵩明州采访》：在城东门外。

罗锦桥　《嵩明州志》：在城东五里。康熙四十八年，知州吴宝林建。

飞虹桥　旧《云南通志》：在城东五里。

龙济桥　旧《云南通志》：在城东十里。

竜纳桥　旧《云南通志》：在城东二十里。

嘉利桥　旧《云南通志》：在城东四十里，即河口大桥。明万历间，知州熊克壮建。

丁官桥　《云南府志》：在城东南。

杨高桥　《云南府志》：在城东南。

永济桥　《嵩明州采访》：在城东南。旧名兔街梁，今改永济桥。

普济桥　《嵩明州采访》：在城东南。旧名河祐梁，今改建石桥，名曰普济。

朝宗桥　《嵩明州采访》：在城南门外。

龙津桥　旧《云南通志》：在城南十里。

龙关桥　旧《云南通志》：在城南十五里。

凝和桥　旧《云南通志》：在城南三十五里杨林驿东。《云南府志》：在杨林南五里。《嵩明州志》：在杨林东一里。

青石桥　《嵩明州志》：在城西南四十里。康熙四十九年，知州吴宝林捐建。

西来桥　《嵩明州采访》：在城西门外。

万里桥　旧《云南通志》：在城西五里。明嘉靖间，知州狄应期建。

大通桥　旧《云南通志》：在城西二十里，即四版桥。明知州狄应期建。

对龙桥 旧《云南通志》：在城西四十里。《云南府志》：在城南四十里。

白邑桥 《嵩明州志》：在城西四十里。

甸尾桥 《嵩明州采访》：在城西四十五里。

庄科桥 《嵩明州志》：在城西五十里。

段麟桥 《嵩明州志》：在城西五十里。

者纳桥 《嵩明州志》：在城西五十里。

天生桥 《嵩明州采访》：在城西五十里，旁有仙人洞。

太和桥 《嵩明州采访》：在城北门外。

丹凤桥 旧《云南通志》：在城北一里。

仁济桥 旧《云南通志》：在城北十里。《云南府志》：在城北一里①。

矣纳桥 旧《云南通志》：在城东北二十里。

大理府

太和县

双鹤桥 旧《云南通志》：在城南一里，跨绿玉溪之水。明万历间，知府莫天赋、同知冯大载建。《明一统志》：桥柱立二铜鹤。

安固桥 《大理府志》：在城南五里，跨龙溪。三孔行水，翼以石阑，长四丈，阔三丈，造浮图，桥南置金像镇之。明成化间，知府李逊建。弘治四年，知府马自然重建，后圮。万历五年，分巡道王希元重建。

阳和桥 旧《云南通志》：在城南八里，跨青碧溪。明万历间，分巡道王希元建。

十里桥 旧《云南通志》：在城南十里，跨莫残溪。

鹤背桥 旧《云南通志》：在城南十五里，跨葶萁溪。

阳南桥 旧《云南通志》：在城南二十里，跨阳南溪。

清风桥 旧《云南通志》：在城南三十里，跨海尾。明正统间，知府贾铨、指挥郑俊同建，分水五道，翼以阑墙。郡治桥梁，此为第一。《大理府志》：一名黑龙桥，在下关城南，长一十五丈。

子河桥 旧《云南通志》：在城南三十里，跨海尾新河。康熙三十一年，僧正觉募建。

竜关桥 《古今图书集成》：在县城南。旧《云南通志》：在城南三十里，跨海尾。《大理府志》：二孔行水，翼以扶阑。

狮子桥 《大理府志》：在城北门外，跨城壕。一孔行水，翼以扶阑。

宣化桥 旧《云南通志》：在城北一里，跨桃溪。明弘治十年，通判刘杰建。《大理府志》：一孔行水，翼以扶阑。明刘杰建，浮图镇之。

四里桥 旧《云南通志》：在城北四里，跨梅溪。《古今图书集成》：跨梅岑溪。

五里桥 旧《云南通志》：在城北五里，跨隐仙溪。

白石桥 旧《云南通志》：在城北七里，跨双鸳溪。《大理府志》：一名白石江桥。

屏风桥 《古今图书集成》：一名屏峰桥。旧《云南通志》：在城北十里，跨白

---

① 在城北一里 光绪《云南通志》作“在城南四十里”。

石溪。

塝曲桥 旧《云南通志》：在城北十八里，跨灵泉溪。

洛阳桥 旧《云南通志》：在城北二十里，跨锦溪。

湾 桥 旧《云南通志》：在城北三十里，跨芒涌溪。

作邑桥 旧《云南通志》：在城北三十八里，跨阳溪。《大理府志》：酾水二十八道。

牧牛桥 旧《云南通志》：在城北四十里，跨万花溪。《大理府志》：酾水十道。

院塝桥 旧《云南通志》：在城北四十五里，跨霞移溪。雍正五年，涧水泛涌，桥尽冲没，知县罗忻捐俸重修，提督郝玉麟助成之，修石为梁，长一十六丈。

峩崀桥 旧《云南通志》：在城北五十里。《古今图书集成》：横潦冲决，石梁不存，近作木桥，时漂于水。

波罗桥 旧《云南通志》：在城北七十里。《大理府志》：一名波罗江桥。

赵 州

凤仪桥 《赵州志》：在城隍庙前，自西门外移此。

通济桥 旧《云南通志》：在城东街。明天顺间，百户胡玺、州人苏忠等建。

见山桥 旧《云南通志》：在城东门外，一名孝友桥。明万历间，州人翁秀建。

东山桥 旧《云南通志》：在城东一里。明嘉靖，州人李载阳建。《赵州志》：在城南门外。明弘治二年，楚雄府同知陈宝建。

彩云桥 旧《云南通志》：在城东南六十二里。明万历间，云南县杨舟建。《赵州志》：在白崖东二里。明太和李元阳《彩云桥》诗：

积雨村墟烟火消，马前沙涨迴齐腰。沟渠不治农人叹，禾稼常伤潦水漂。
凿石苦为鞭挞急，褰裳愁杀路途遥。济川无策甘崖壑，且向人间理断桥。

天津桥 旧《云南通志》：在城东南一百里弥渡市巡检司西。《大理府志》：明万历二年，通判潘大壮、黄若金建。

二河桥 旧《云南通志》：在城东南一百二十里。明生员杨本荣建，顺治十六年，里民金殿相募修。

永安桥 旧《云南通志》：在城南门外。明弘治间，楚雄府同知陈宝建。《赵州志》：在城东一里。明嘉靖间，州绅李载阳建，邹廷文修。

槽溪桥 《古今图书集成》：一名汤巅石桥。旧《云南通志》：在城南一里。明弘治间，僧志觉建。《赵州志》：在城南十五里，州民赵永龄建。

水硙桥 旧《云南通志》：在城南二里。明嘉靖间，知州潘大武建。《大理府志》：明嘉靖十九年，知州王惠重建。《赵州志》：在城南里许。雍正十二年，水泛桥圮，知州程近仁重建。

北 桥 旧《云南通志》：在城南七里。《赵州志》：在城南五里，明知州潘大武建。

狮子桥 旧《云南通志》：在城南十里北桥之南，明知州潘大武建。《赵州志》：在城南七里，明知州张廷仪重修。

迎风桥 《赵州志》：在城南三十里，雍正十一年建。

镇龙桥 旧《云南通志》：在城南五十里。康熙五十一年，州民李正春建。

嘉乐桥 旧《云南通志》：在城南六十里白崖加买铺。明万历间，知州沈奎灿建。《赵州志》：在白崖东十五里。

白马桥 《赵州志》：在白崖南二里。

甸中桥 旧《云南通志》：在城南六十余里，跨赤水江。明万历间，州人杨文玉等建。《赵州志》：一名中江桥，在城南六十五里。雍正二年，弥渡张举倡修。

铁柱坪桥 旧《云南通志》：在城南八十五里，亦赤水所经。明万历间建。

永利桥 《赵州志》：一在铁柱坪南，一在弥渡北六里。

二龙桥 《赵州志》：在城南九十里弥渡东三里。

通济桥 《赵州志》：在弥渡南二里，雍正九年建。

天渡桥 《赵州志》：在弥渡城西一里，跨赤水江。康熙八年，巡司吴道亨建。

报恩寺桥 《赵州志》：在弥渡北一里。

大庄桥 旧《云南通志》：在城南一百五里。明万历间，州民史青、高印玉建。

锁云桥 旧《云南通志》：在城南一百三十里，跨弥渡大河。康熙六十一年，知州陈士昂建。《赵州志》：在城南苴力新村。

二河桥 《赵州志》：在城南一百五十里，苴青、密底二水会处。顺治十六年，金殿相重修，今圮。

永济江桥 《赵州志》：在密底江心中。

尚义桥 旧《云南通志》：在城西南六十里定西驿岭西。《大理府志》：明嘉靖八年，郡民盛钺建。

双　桥 旧《云南通志》：在城西南一百里。明万历间，里民翁德敬建。《赵州志》：在白崖。

只羊桥 旧《云南通志》：在城西北六里。

磨盘桥 旧《云南通志》：在城西北三十里，明时里民陈辅建。

太平桥 旧《云南通志》：在城北门外。明嘉靖间，千户时雍建。《大理府志》：明弘治三年，同知陈宝建。

四象桥 《赵州志》：在青螺山下，跨城北天生河为城中过峡。旧墩阻水滞脉，雍正四年，锦江黎著明倡众改建。

神庄桥 旧《云南通志》：在城北二里。明万历间，知州庄诚建。

红山桥 《赵州志》：在城北五里。

邹官桥 旧《云南通志》：在城东北一里，州民邹廷文建。

澄城桥 《赵州志》：在城东北七里。

云南县

四门石桥 《云南县志》：四桥俱跨城壕。雍正四年，知县王璐修。

三孔桥 《云南县志》：在城东十里。

孔仙桥 旧《云南通志》：在城东二百里。明时邑民孔全建，因名孔全桥，后改今名。《云南县志》：在你甸白盐井大路，桥长十余丈，宽二丈。孔道人修炼于此，故又名孔仙。

升恒桥 《云南县志》：在城东你甸小里坡，通盐井大路。生员赵升恒建。

青涧桥 《云南县志》：在你甸，杨焕修建。

双石桥　《云南县志》：在你甸双桥哨。

俄打喇石桥　《云南县志》：在你甸。

丰隆桥　《云南县志》：有二，在城东和甸街东西。

美成桥　《云南县志》：在和甸新兴村左下。

新册村石桥　《云南县志》：在和甸。

火烧桥　《云南县志》：在城东南青石湾。旧系木桥，邑人张汉忠易之以石。

赤水桥　旧《云南通志》：在城东南五十里，明时建。《大理府志》：在城东南二十五里。

大版桥　旧《云南通志》：在城南二十五里。明指挥赖镇建，康熙十年，邑人赵争先、赵昌先捐修石桥。《大理府志》：去小版桥五里。《云南县志》：在青海铺大路。青龙海水从此出段家坝，积有余田，为岁修赀。

小版桥　《大理府志》：在云南驿，去大版桥五里。

倚江桥　旧《云南通志》：在城西南八里。明时建，康熙五十六年，知县伍青莲捐修，又名万年桥。《大理府志》：在城西十里。

五孔桥　《云南县志》：在城西北。明隆庆间，兵备道朱奎建。

九峰桥　《云南县志》：在城西北二十里九峰山下，通大理路。

利济桥　《云南县志》：在城东北乔甸周派鲁，通白盐井大路。康熙二十三年，袁君龙倡建。

老马村桥　《云南县志》：在波川，系城云两川水注处。

邓川州

新　桥　《大理府志》：在城东三里。明嘉靖间，上登里民杨自新建，知州阿国珍重修。

银　桥　《大理府志》：在城东六里，地名三江头，九孔行水。明弘治间，知州阿骥建木桥。嘉靖二十三年，左所军王经复建。万历间，举人杨韶易以石，并建小桥六处。《邓川州志》：在州东四里。

版桥、沙桥　《邓川州志》：二桥俱在银桥南北。

龙　桥　《大理府志》：在城东九里。长五丈，广六尺。明弘治四年，同知程永亨修。嘉靖二年，上关军人沈经等易以石。旧《云南通志》：雍正八年，知州施震重修。《邓川州志》：在城东一里。雍正间，贡生杨东昇重修。

元济桥　旧《云南通志》：在城东六十里。明万历间，邑人王允昌建。《大理府志》：在羊塘河中。《邓川州志》：在罗陋河中。

永镇桥　旧《云南通志》：在城东六十里。明万历间，邑人王启后建。《大理府志》：在羊塘河尾。《邓川州志》：在罗陋河尾。

青索鼻桥　旧《云南通志》：在城东南十里。《大理府志》：在城东二十里，长五丈五尺。明成化二十三年，舍人胡全建。《邓川州志》：一名天衢桥，在城东八里。乾隆四十七年，署知州张士俊捐修。

江尾桥　《邓川州志》：在城东南，江尾村里人公建。

锁水阁桥　《邓川州志》：在城东南瀰河尾。

和光桥　《邓川州志》：在城东南大王庙塘。

松鹤桥 《邓川州志》：在和光桥下。

马甲邑桥 《邓川州志》：在城南。明嘉靖间，州人杨自新建，知州阿国珍重修。

西湖桥 《邓川州志》：在城西北旧州东三里西湖南岸。明嘉靖间，里民杨自新建，知州阿国珍修。

三道桥 旧《云南通志》：在城北三里。明天顺间，邑人蒋庆建。《大理府志》：在州北孔道中。明弘治十六年，杜文忠等重建。

德源桥 旧《云南通志》：在城北二十里。明天顺间，邑人王纲建，邑人杨富重修。《大理府志》：在城北十里，长五丈。《邓川州志》：乾隆二十三年，僧定一同中所士民重修。

左所桥 旧《云南通志》：在城北二十三里。明万历间邑人王经捐建，康熙五十二年重修。

王铁桥 《邓川州志》：在城北，右所军人王经建。

右所桥 《邓川州志》：在右所，村人刘汝公倡建。

前所桥 《邓川州志》：在中前所，士民建。

进宝桥、安渡桥、新桥 《大理府志》：并在城北遵政乡，耆民苏鹏程等建。

三善桥 旧《云南通志》：在城东北十五里。明万历间，邑人王懋和建。《大理府志》：在羊塘河头。《邓川州志》：在罗陋河头。

普渡桥 《邓川州志》：在鲁潭坡洱水上，知州陈鉴率绅士赵美等建。

高笕桥 《邓川州志》：在小道后。

浪穹县

沂水桥 旧《云南通志》：在城内南街。明弘治间，邑绅萧春建，子生员萧茂重修。

蒲江桥 旧《云南通志》：在城东一里。明万历间，邑民赵明昇建。

分水桥 旧《云南通志》：在城东四里。明万历间，知县张廷柏建。明《通志》：乡民孙漠等重修。

大营桥 旧《云南通志》：在城东四里，明邑民张崇志建。

通济桥 旧《云南通志》：在城东八里，里民朱伦等重修。

广济桥 旧《云南通志》：在城东三十里，明屯民李文华建。

通宁桥 旧《云南通志》：在城东南三里。明嘉靖间，耆民李敏、杨纶等建。《大理府志》：里民饶光泰重修。

东汇桥 旧《云南通志》：在城东南十五里。康熙年间，僧宗印建。

南江桥 旧《云南通志》：在城南四里，一名见龙桥。《大理府志》：明耆民杨纶建，子锐重修。万历二十九年，邑人何邦渐复修。康熙二十五年，僧裕量同王登科募建，覆屋五间，今俗名福寿桥。

汇川桥 旧《云南通志》：在城南十五里，一名宁津桥。《大理府志》：明检校王渊、耆民杨廷柏建，康熙二年，里民饶光泰重建。三十一年，通判黄元治易木以石，覆之以屋，改名宁津。

猢狲桥 旧《云南通志》：在城西南十五里，一名猿江桥。明嘉靖间，县丞鲜春建，后邑人李友兰修。康熙二十九年，僧裕量重募修。

上下铁锁桥 《浪穹县采访》：在城西，嘉庆八年重修。

宾川州

南薰桥　《大理府志》：在城南门外，一名南津桥。明嘉靖二十三年，知州朱官重建。

步云桥　《大理府志》：在城南五里，一名周营桥。

天保桥　旧《云南通志》：在城西南二十里。

吴公桥　《古今图书集成》：在城西二里。旧《云南通志》：在城西三里。明嘉靖八年，知州吴仲善建。《大理府志》：二十三年，知州朱官重修。

龙津桥　旧《云南通志》：在城西六十里，跨横溪。

云阴桥　旧《云南通志》：在城西九十里鸡足山麓，一名洗心桥。

汫溪桥　旧《云南通志》：在城西北二十里。

揽溪桥　旧《云南通志》：在城西北三十里，明里人李翔云建。

通南桥　旧《云南通志》：在城北四里。

知政桥　旧《云南通志》：在城北五里，跨纳六溪。明万历间，知州王思珩建。

通江桥　旧《云南通志》：在城北四十里，通金沙江孔道。

桑园桥　旧《云南通志》：在城北七十里。

龙门桥　旧《云南通志》：在城北一百二十里松明村南。

石门桥　《大理府志》：在城北。

五叶桥　旧《云南通志》：在城东北九十里，一名百接桥。

福申桥　《大理府志》：在山冈铺南五里。

云龙州

苏溪渡　旧《云南通志》：在城西七十里澜沧江渡口。明万历间，知州周宪章置大船并修船费。

小渡口　旧《云南通志》：在城西北八十二里，船制如苏溪。

表村渡　《云龙州采访》：在城西北一百九十里表村，渡澜沧江用溜筒。

云龙桥　旧《云南通志》：在署前，跨沘江，一名砥柱桥。宽一丈，长十五丈，絙以铁索，上覆瓦屋十六间。明万历末，知州周宪章修建。康熙十二年，州生员赵宗鹏、董允升募修。雍正四年，知州陈希芳重修。《云龙州采访》：乾隆四十九年，知州许学范重修。嘉庆二十四年，知州雷文枚倡修。

瓦草河桥　旧《云南通志》：在城南十五里。康熙五十八年，知州李元英重修。

惠安桥　《云龙州采访》：在城西南三十里，知州雷文枚倡建。

利济桥　旧《云南通志》：在城西十五里。康熙三十八年，知州顾芳宗重修。

永清桥　旧《云南通志》：在城西八十里，里民公建。

靖北桥　旧《云南通志》：在城西八十三里。

古吉桥　旧《云南通志》：在城西九十二里。

诺邓桥　旧《云南通志》：在城北四十五里，跨诺江。康熙五十四年，知州王符重建，上架屋。

果郎桥　旧《云南通志》：在城北四十五里。雍正十年，知州徐本仙重建。《云龙州采访》：乾隆二十七年知州孙和相、许学范，道光三年知州袁继先，各率绅士捐修一次。

藤　桥　旧《云南通志》：在城北一百一十里。

板　桥　旧《云南通志》：在城北一百八十里，跨泚江，覆以瓦屋。

顺荡井藤桥　《大理府志》：在城北二百里，明知州周宪章捐修。

瓦工河桥　旧《云南通志》：在城东北十里。康熙五十一年，摄州事大理府同知朱钧重建。《云龙州采访》：乾隆四十八年，知州许学范率绅士重修。嘉庆二十一年，贡生段清、庠生杨名大捐修。

木瓜笼桥　旧《云南通志》：在城东北二十五里。雍正十一年，知州徐本仙重建。《云龙州采访》：在城东北二十里，生员王定、王安等改建石桥。

青云桥　《云龙州采访》：在城东北三十里石门井，邑人杨名飏建。

普渡桥　旧《云南通志》：在城东北四十里。雍正六年，知州陈希芳重建。

梯云桥　《云龙州采访》：旧名青云桥，在城东北四十里。乾隆间动帑建。

关坪桥　旧《云南通志》：在城东北七十里，跨带河。《大理府志》：康熙十五年，州人建。《云龙州采访》：知州周□□修。雍正十二年，知州徐本仙重建。嘉庆五年，知州王栻修，更名世德桥，嗣又被水冲塌，未修。

汤邓铁索桥　《云龙州采访》：在城东北七十里汤邓。道光五年，州人杨念中等捐建。

果苴郎河桥　《云龙州采访》：在城东北一百三十里师井。《大理府志》：制如砥柱桥。

安澜桥　《云龙州采访》：在十二关长春坡，距城八十五里，里人捐建。

三版渡大桥　《大理府志》：在州境内。明知州周宪章建，今易以石。

下江嘴铁索桥　《大理府志》：跨漾濞河，明知州周宪章重建。

卷四十九　建置志六之二　津梁二

临安府

建水县

沙坝渡　旧《云南通志》：在城东北一百里曲江。《临安府志》：初设木桥，每夏秋水涨，漂没为患。邑人张国相制舟以济，并置田以充水手工食之费。

纳更三渡　《一统志》：在建水州。《滇纪》：纳更司撒果山下有陇敦渡，七宝山下有蛮板渡，纳剌山下有蛮江渡，所谓纳更三渡也。

登龙桥　旧《云南通志》：在城东迎晖门外。明万历二十年，郡人公建。《古今图书集成》：跨城濠，上砌以石。《建水县志》：在城东门外马市，嘉庆十五年重建。

迎恩桥　旧《云南通志》：在城东一里，即大石桥。明正统间建。《临安府志》：在城东三里，年久沙壅。雍正九年，知州夏治源同绅士傅大美、邢世瞻重建，易今名。

锁龙桥　《临安府志》：一名汇源桥，在城东一里。旧《云南通志》：在城东十五里，城内外水皆由此出。《建水县志》：在城东门外。嘉庆十五年，知府王善垲重建，改名通惠桥。

汇泸桥　《建水县志》：在城东一里，嘉庆五年重建。

福兴桥　《建水县志》：在城东一里，嘉庆十七年重建。

达泸桥　《建水县志》：在城东一里。嘉庆十六年建，绅士张履泰、张本信重修。

同缘桥　《临安府志》：在城东八里。《建水县志》：在城东九里。乾隆五年，知州夏治源、郡人傅大美重建。

联珠桥　《临安府志》：在城东九里。《建水县志》：在城东十里。乾隆间，郡人王厥清、傅为謇、孙启扬等建。傅为詝《建联珠桥题名说》：

庄子曰“名者，实之宾也”，又曰“为善无近名”。今之题名为实乎，为名乎？为名而为善则善虚，善虚则心伪，心伪则人非，人非则鬼责，名无益也。诚于为善者不至底绩不止，匪求闻达，匪冀获报，是谓实至。实至者宜名，不近名之名，名乃久。行者、居者见之，曰：若者董事，若者募化，若者出纳，若者鸠工，同力协志，克襄厥成，不骞不崩，示我周行。子若孙见之，曰：某某吾之祖若父也。相与廑念太息，无即匪僻，嗣前人恭明德，则题名未始，非劝善之一端也。是桥也，成于三年，董事者王厥清、吾弟为謇、孙启扬，募化者刘应周等，出纳者萧联捷，鸠工者程、王二人。嗟呼！名者，鬼神所忌，实至名归，犹恐遭其所忌，况无实而名乎！诸君其顾名思义，益猎于善以质鬼神，则名垂于无穷也。

玉虹桥　旧《云南通志》：在城东十里，明宣德间建。《临安府志》：在城东南五里。

三河桥　旧《云南通志》：在玉虹桥南，三河分流，二桥相望。明正统间建。

汇一桥　《建水县志》：在城东十里。

天缘桥　旧《云南通志》：在城东十里。雍正六年，郡人傅大美、王琨等倡建，上覆以亭。《建水县志》：在城东十一里。嘉庆四年，郡人傅为诜、曾平侯倡修。

赛公桥　《建水县志》：在城东十五里。旧《云南通志》：在城北二十里，明郡人余先觉建。《临安府志》：在城东北二十里。乾隆二十三年，吴永清、王俊等重修。

通贡桥　旧《云南通志》：在城东三十里。明弘治间，指挥孙公昱建，后高辛、吴瑢等重修。

永济桥　旧《云南通志》：在城东三十里。康熙五十八年，郡民李标枝等建。

陞云桥　旧《云南通志》：在城东三十里。

兴龙桥　《建水县志》：在城东三十里，监生傅为謇倡修。

北冈桥　《建水县志》：在城东三十里，庠生佴煜倡修。

永奠桥　旧《云南通志》：在城东三十五里。

永定桥　《临安府志》：在城东四十里，庠生刘文澣修。

凝远桥　旧《云南通志》：在城东七十里。

香木桥　旧《云南通志》：在城东一百二十里。《临安府志》：在城北九十里，一名太平桥，进士马景泰倡建石桥。《建水县志》：在曲江东三里。

三公桥　旧《云南通志》：在城东一百二十里，今改名飞虹桥。

坦然桥　《建水县志》：在城东黄土坡。嘉庆二十五年，马昱垣、杨朝阳等重建。

转龙桥　《建水县志》：在城东冷水沟。道光二年，生员杨朝阳等新建。

玉龙桥　《建水县志》：在城东。乾隆六十年，绅士傅为诜建。

永安桥　《建水县志》：在城东。嘉庆十五年，绅士傅为诜建。

泸江桥 旧《云南通志》：在城东南一里。明宣德间建，正德间郡民王镐等重修，万历间郡民沈崇儒甃以石。雍正八年，总兵张应宗、知府张无咎、知州祝宏重修。

飞虹桥 旧《云南通志》：在城东南五十里塔冲河，明正统间建。旧系木桥，康熙三十七年，郡人陈光绪捐建石桥，上覆以阁。《临安府志》：跨中沟。

天生桥 旧《云南通志》：在城东南娑罗庄，有石跨流，自然成桥。《建水县志》：在城东二十里，庠生佴煜倡修。

大井桥 《建水县志》：在城东南屯。道光四年，生员杨朝阳等重建。

双虹桥 《建水县志》：在城南二里。《临安府志》：明正统间建，乾隆四年，知州夏治源同郡人傅大美重修。

浣衣桥 旧《云南通志》：在城南五里，跨小河。明正统间建，成化间郡民叶丹重修。

白花桥 旧《云南通志》：在城南五里，一名白鹤桥。明景泰间建。

相见沟桥 《临安府志》：在城南六十里。乾隆四十年，傅为謇倡修。

乍甸桥 《建水县志》：在城南一百里。《临安府志》：在城西南九十里。乾隆六十年，乍甸绅士重修。

登瀛桥 旧《云南通志》：在城西南，明成化间建。

永安大桥 《建水县志》：在城西里许。嘉庆十九年，合郡绅士建石桥。

西安桥 《建水县志》：在城西二里。嘉庆五年，合郡绅士同建。

石架桥 旧《云南通志》：在城西四里，明景泰间建。

天宝桥 《建水县志》：在城西四里。乾隆五十八年，绅士同建。

九司桥 《临安府志》：在城西五里。《建水县志》：乾隆四十二年，知县孟廷对率绅士建。

复兴桥 《建水县志》：在城西五里。

永安桥 旧《云南通志》：在城西十里，跨白龙渠。明弘治间建。《临安府志》：今名见龙桥，明成化间建，后圮。乾隆六十年，郡人张绍武重建。

乡会桥 《建水县志》：在城西十里。嘉庆十九年重建，上覆以阁。

板　桥 旧《云南通志》：在城西北十里。明弘治间，郡人钱锐建。《临安府志》：在城西南十里。

万里桥 《临安府志》：在城西北三十里，贡生廖为栋修。《建水县志》：在城北三十里。

会安桥 旧《云南通志》：在城西北黑冲山下。系木桥，明弘治间，郡人徐宣易以石。

清流桥 旧《云南通志》：在城北二里，明天顺间建。

锁龙桥 《建水县志》：在城北九十里东山。

泗水桥、跃龙桥 《建水县志》：并在东山。

永新桥 《临安府志》：在城北九十五里。乾隆三十六年，生员朱藩建，后被水冲毁，藩子贡生朱正儒、生员冯瑜、倪登甲等倡修。《建水县志》：距曲江十五里。

青云桥 《临安府志》：在城东北十里。旧《云南通志》：在城东五里，明郡绅张象儒建。《建水县志》：在东山。

野马川石桥 《建水县志》：在城东北七十里。

曲江桥 旧《云南通志》：在城东北一百里。《古今图书集成》：系木桥，长三十丈，明天顺间建。旧《志》：明万历二十二年，巡按沈正隆、兵备龚云致、郡绅张国相、王恩民等捐建石桥。《临安府志》：旧名大新桥，在城北一百里。明巡按沈正隆《新建曲江桥记》：

昔杜元凯启建河桥于富平之津，论者谓“周所都经，圣贤莫作”，众口纷角如聚讼，乃卒排群议而梁之。桥成，帝从百官临会其上，举杯属预曰：“非君，桥不立也。”乃知非常之原，黎民惧焉，非一世矣。国家方舆延袤，原隰阜壤，沈沛沮洳，错焉如绣，而水居其七，山陵溪谷之地百不当一也，川泽陂池之地十不当一也。江淮吴越，三江五湖，表里襟带，民生其间，揭厉便习，长年娴于刺舟，牙樯锦缆，绿鷁葱鹜，驶若鸷鸟，乃雁齿龟浮，虹垂星应，壤接而鳞比焉，岂顾高高下下，以罢其民夫？亦河厉溴梁之是赖，以免于褰裳濡轨。不然阳侯怒而天吴震，飞鸟危而帆樯绝，民安得不胥而鱼耶？西南之国，滇为大，滇固非泽国也，度索寻橦，不讲于刳木航苇之利。乃昆明池水，藩屏身毒，汉武写之以习水战，思蚕食焉，固非拂埃扬壒，安得废达沮而不梁也。畇町之阳有曲江，去郡九十里而遥，其源出青蛉、弄栋，由嶍倪而入盘江，汇为巨浸。夏秋雨集，山泉会之，腾涌澎湃，浵浵浩浩，溟涨无端。白鹭寒飞，雪涛山立，行者辄假艒艑以济，榜人不戒于水，中流而胶之，而波之，而迅之，风伯鼓飚，孟婆搧雪，民随波流，葬于鱼腹，死者以国量乎泽，若蕉川中之骨可掬也。余奉命按滇，莅其境，问民所疾苦，父老以告曰：“苦垫河之为厉，民其无如矣。”坐视怀襄，莫救如吏何？余是以有沈石之想，会乡大夫王公恩民、包公见捷怂恿之，捐其橐以助，固非若群喙之纷角也。余亦捐庚廪之半，鸠工纪材，伐石敛土，畚锸齐兴，猋举云集。经始于大荒落之岁，阅敦牂而告成。凡为星者几，为柱者几，傍琢石为斜阑，曲曲十二，望之若渴虹下饮玉池，固不敢比于玉梁金柱，然得醒嶍漯而从平燥，或可拯民于鱼鳖耳。桥阳祠汉寿亭侯以镇，侯于滇固未涉也，其子兴从武侯济师泸之役，死者以万，河为不流，武侯裒其骨而祀之，则垫溺之患，固侯所戚矣。戚之，其不拯之乎？兰津之滨有铁桥焉，悬梯织铁，势若飞虹，其上祠武侯以镇，著侯绩也。关于武侯，心契神合，阴相往来，安知其钟鼓不式灵之？余固昉兰津而祠侯，从民志也。轮宇炳奕，枌橑复结，物物而为之备，令民岁得以牲醴祈福，庶几傜歌鸟拜，侯之灵其默相之，俾海若不惊，冯夷安堵，苍蛟白獭归于其穴，牵牛饮马于万斯年矣。夫沈玉瘗牲，波臣助顺，铸牛燃铁，元冥效灵，以侯之精忠贯日而永奠之，其不比于鞭石竖梁哉。庙貌鼎新，设醴张乐，乃为歌以侑之。其辞曰：

河汤汤兮激潺湲，瀰浩浩兮怀陵山。冯夷怒兮洪涛翻，野渡迂兮溯流难。溯流难兮薄白日，舟如刀兮冲波出。泛中流兮榜人溺，沈重渊兮蛟龙窟。川无梁兮波无人，民之垫兮丁此晨。乃驾梁兮河之滨，通波陵兮车辚辚。鼋龟浮兮断航续，祠灵神兮梁之麓。神之灵兮亶覆育，长虹堵兮螭龙宿。庙貌肃兮燕乐康，振金交鼓兮酬兰浆。神之来兮缤纷扬，拥长剑兮珮锵锵。云冯冯兮阴肃肃，神之鉴兮朱颜颇。哀下土兮殚为戮，庇吾民兮祭受福，千秋万岁兮奠陵陆。

张家桥 旧《云南通志》：在城东北曲江沙坝，为入省孔道。郡绅张国相建木桥，并置腴田数亩，永作桥费，数百年行人利之。《建水县志》：名长桥，夏秋水涨则易以船，行旅不便。嘉庆十三年，王恺等倡建木梁，长里许，行人便之。

双龙桥 《建水县志》：在曲江，距城九十里。嘉庆二十年，曲江绅士倡修。

清水河桥 《建水县志》：在曲江东四里，进士张凤书、金岱、邱国柱等倡建。

永安桥 《建水县志》：在曲屯，魏国宝等建。

石屏州

小河底渡 旧《云南通志》：在城西一百二十里。

顾公桥 旧《云南通志》：在城东门外。明天启间，署知州顾庆恩建。《临安府志》：乾隆四十五年，绅士重修。

傅公桥 旧《云南通志》：在城东二里。《临安府志》：在化龙桥前，为北河入海之道。乾隆五十七年，知州傅应奎浚河建亭，州人赖之，故名。

化龙桥 旧《云南通志》：在城东五里。明嘉靖间，州绅杨廷相建。《临安府志》：在城东二里。乾隆四十三年，绅士重修。五十七年，知州傅应奎又重修。《石屏州采访》：嘉庆十六年，署知州李培英重修。

修冲桥 《古今图书集成》：在城东四十里，交建水州界，往临安要路。

回澜桥 《石屏州采访》：在城东四十里。《临安府志》：在海东湖口。知州管学宣建，乾隆三十八年，署知州蒋振阅重修。

渡沙桥 《石屏州采访》：在城东四十里。《临安府志》：在异龙湖口。向系木桥，知州傅应奎率绅士易以石。

锁龙桥 《石屏州志》：在城东异龙湖尾，全湖泄水处。

郭家桥、南薰桥 《石屏州志》：并在城南。

阳景桥 《临安府志》：在城西门外。州人杨琼建，乾隆五十年，阖州重修。

福森桥 旧《云南通志》：在城西十五里。明崇祯间，州人杨名学建。

通贡桥 旧《云南通志》：在城西十五里。顺治间，州人杨琼建。

许家桥 旧《云南通志》：在城西十五里。顺治间，州绅许子言建。

矣落桥 旧《云南通志》：在城西三十里。《古今图书集成》：在城西八十里，跨矣落河。《一统志》：明天顺间建。《临安府志》：在宝秀西湖之口，明弘治间建。旧《志》：顺治间，里人公建。

通远桥 旧《云南通志》：在城西三十里，明弘治间建。《临安府志》：在矣落桥东五里。

大　桥 《临安府志》：在城西六十里磨古寨。河水奔流，沙石冲激，屡修屡坏。乾隆四十五年，知州吕缵先率绅士重建，五十七年，阖州重修。《石屏州采访》：道光五年，阖州绅士改建于上流河狭处，去旧址二里许，易名庆安桥。

西山桥 《石屏州志》：在城西。耆民张进建，今名长引桥。

拱辰桥 《石屏州志》：在城北。

谨案：《石屏州志》又有杨家桥、惠民桥、会通桥，俱在州境内。

阿迷州

盘江渡　《临安府志》：在城北三十里布沼，过江即弥勒界，入广西要隘。《阿迷州采访》：乾隆三十九年，江西众商捐赀置渡。嘉庆二十五年，铅商马煜垣等复捐赀，添设渡船。

佴落江渡　《临安府志》：在城北九十里盘江迤盘冲下。

永安桥　旧《云南通志》：在城东二里，明天顺间建。

东　桥　《临安府志》：一名会灵桥，在城东。州人伍明德建木桥，后圮。雍正十二年，知州陈权甃以石。

通济桥、永兴桥　《临安府志》：并在城东，明弘治间建。

奏凯桥　《临安府志》：在城南门外，州人杨北捐建。

香木桥　旧《云南通志》：在城南一里，一名古城桥。《古今图书集成》：相传有水怪藏山岩中，遇雷雨水涨，桥辄倾。乃于桥梁空处为龙头二尺许，下衔巨铃，风摇声铮铮然，以镇之。兵乱时，铃为窃去。《临安府志》：元阿宁府旧地。

南　桥　旧《云南通志》：在城南五里，即冰泉桥。顺治十一年，知州方逢圣建。康熙五十三年，贡生杨于陛重修。《临安府志》：上木下石。乾隆四年，贡生杨天与同兄天成捐立二石墩。三十八年，天与及贡生廖为柱捐修右岸。五十八年，天与子纬文倡州绅士易以石，名曰同人桥。

小　桥　旧《云南通志》：在城西门内，明成化间建。

西　桥　《临安府志》：在城西门外。

泰安桥　旧《云南通志》：在城西三十里。

永济桥　旧《云南通志》：在城西九十里。又，伍氏义桥，在城西八十里。《临安府志》：永济桥，在城西八十里。原系木梁，建于赵应文妻伍氏，谓之伍氏义桥，后圮。康熙五十六年，郡绅傅大美等甃以石，易名永济。《阿迷州采访》：道光六年，州人徐玱等捐修。

谨案：旧《志》伍氏义桥、永济桥并载，《府志》以为伍氏义桥更名永济，未知孰是。今姑并存，以俟考。

通安桥　《临安府志》：在城西。明弘治间，王晟建。

新　桥　旧《云南通志》：在城东北五里。康熙十年，土知州李阿侧建。《临安府志》：广二丈，长十余丈，以济东河之险。

傍甸桥　《阿迷州采访》：在傍甸乡。道光六年，州人徐玱等捐建。

宁　州

惠济桥　旧《云南通志》：在城东三里，康熙二十五年建。

广济桥　《古今图书集成》：在城东七里。

梯云桥　旧《云南通志》：在城东五十里。《临安府志》：在婆兮大寨，康熙五十八年建。

铁锁桥　《临安府志》：在城东六十里婆兮马街东。乾隆七年建，三十五年重修。

昇平桥　《临安府志》：在城东马街，乾隆三十四年建。

小江桥　《古今图书集成》：在城东八十里。

得渡桥　《临安府志》：在城东，乾隆七年建。

双元桥 《临安府志》：在城东南十五里马鞍山下。

恩永桥 《古今图书集成》：在城南三里，跨恩永河。原系木桥，明嘉靖三十三年，御史张凤翀改建石桥。

金锁桥 《临安府志》：在城南二十里象鼻山旁，乾隆十五年建。

霁虹桥 旧《云南通志》：在城西二里。明嘉靖八年建，后倾圮，今建木桥。《临安府志》：在斗母阁前，今改建石桥，易名通济。

飞虹桥 旧《云南通志》：在城西三十五里。《临安府志》：在城西北四十里。

广嗣桥 《古今图书集成》：在城西北，张中建。《临安府志》：在城西北一里，今名双龙桥。

浣江桥 旧《云南通志》：在城西北五里。康熙四十五年，知州梁衍祚率众修建。

青龙桥 《临安府志》：在城西北十二里。

黄澄桥 《一统志》《临安府志》：在城西北三十五里。旧《云南通志》：在城西北二十五里。《古今图书集成》：路当通衢，涧狭水险。明隆庆七年，州人黄澄建。万历间，其子重修。

卢公桥 旧《云南通志》：在城北五里。《古今图书集成》：在城南三里，跨元江，通甸苴关。明正德十六年建，崇祯十四年，乡耆王杰重修。《临安府志》：在浣江桥西。

观音桥 《临安府志》：一名狮子桥。旧《云南通志》：在城北二十里，雍正八年建。《古今图书集成》：在城东七里。

联陞桥 《临安府志》：在城北三十里路居先庄。

赛公桥 旧《云南通志》：在城北四十五里。《古今图书集成》：在城北五十里。《临安府志》：在城北三十里梅子哨，一名胥家桥。明崇祯间建。

通惠桥 旧《云南通志》：在城北六十里。《古今图书集成》：在城北七十里。《临安府志》：在城西北六十里。

通海县

溥利桥 旧《云南通志》：在城东百步，明弘治间建。

乾溪桥 《临安府志》：在城东关外平甸山下。雍正八年，僧诚建。

彩虹桥 旧《云南通志》：在城东半里。明嘉靖间，邑人贺琪山建。

迎恩桥 《古今图书集成》：俗名大桥。《临安府志》：又名太平桥。旧《云南通志》：在城东一里。康熙二十九年，僧海澄募建。

沈家桥 旧《云南通志》：在城东六里。明天启七年，邑人沈泰建。

永济桥 旧《云南通志》：在城东八里。明万历二十年，邑人张楠建。

乐善桥 《通海县采访》：在城东南三里南湖池东，为进府要路。原有桥二，俱被水冲塌，嘉庆二十四年重建。

灵寿桥 《临安府志》：在城东南白塔山下，曾巩重建。

尼郎桥 《临安府志》：在城南门外。《通海县志》：跨城壕。

登瀛桥 旧《云南通志》：在城南一里。明万历间，邑人陈其力建。《临安府志》：一名昇仙桥，在秀山之半。

秀江桥 旧《云南通志》：在城西南一里。明万历间，邑人赵汝谦建。《临安府志》：跨秀山涧水上。《通海县采访》：道光元年，阖邑绅士重修。

邹家桥 旧《云南通志》：在城西半里。明万历元年，邑人邹仪建。《临安府志》：在高家桥西。

高家桥 旧《云南通志》：在城西半里。明万历三十年，邑人厉存礼建。

碧溪桥 《临安府志》：在城西二十里小街碧溪寺右。

河西县

渔村渡 《临安府志》：在城东二里渔村下。

小白邑渡、急递铺渡、阿衣村渡、乐德旧渡 《临安府志》：俱在城西碌碌河。

文沙冲渡 《河西县志》：在境内。知县周天任置田，以给水手工食。

碌溪桥 旧《云南通志》：在城东三里。《临安府志》：为桥三，宛如长虹。

小街桥 《临安府志》：在城东十五里。《河西县志》：旧跨窑冲河，今河西徙，桥制犹存。

五桂桥 《临安府志》：在城东十五里白石甸村下。

指南桥 旧《云南通志》：在城南二里，明弘治间建。《临安府志》：乾隆五十一年，邑人王亮天重修。

锁龙桥 旧《云南通志》：在城南四里，明崇祯间建。《临安府志》：在城南一里，明弘治间建。

普济桥 《临安府志》：在城西四十里。乾隆二十四年，知县萧思濬建。《河西县志》：在城西五十里急递铺前。

普乃桥 《临安府志》：在城西北三十五里沙罗坡。乾隆十年，耆民王孝建。

永济桥 旧《云南通志》：在城北关外。明弘治间，廪生苏惠然建。康熙四十五年，贡生苏继洵重修。

康济桥 旧《云南通志》：在永济桥北。康熙四十九年，邑人杨运昌建。

阳关桥 旧《云南通志》：在城北三十五里，明万历八年建。《河西县志》：在城北二十五里。长河之源，两山相对，邑人就崖筑桥，宛若天成。

金　桥 《河西县采访》：在城北。旧有桥，后圮。嘉庆二十年，知县黄觐云重建。

嶍峨县

济川桥 《临安府志》：在城东门外。知县吴懋英建石桥，被水冲决。乾隆四十七年，知县何昱率绅士刘伟等建石墩六座，工未完竣。五十八年，监生张志行、河西李成学等各捐赀，架木为桥。

龙江桥 旧《云南通志》：在城东半里。康熙三十六年，公建石桥。后圮，知县薛祖顺率士民修建木桥。《临安府志》：在城东六十里。水小设桥，大则用舟楫。

猊江桥 《嶍峨县采访》：在城东里许，猊、练二江汇流之所。向用船渡，乾隆四十七年，建木桥。

桂峰桥 《临安府志》：在城南一里。

练江桥 《临安府志》：在城西半里许。

通济桥 旧《云南通志》：在城西北五里。康熙三十六年，土目禄焦英修建。《临安府志》：在城西北十里。

兴衣乡桥 旧《云南通志》：在城西北七十里巡检司。

谨案：《府志》有广济桥，在兴衣乡，疑即此。

永世桥　《临安府志》：在城西北兴衣乡木舌特。

利济桥　《临安府志》：在城西北甸头。

康济桥　《临安府志》：在城西北甸尾，乾隆六十年重修。

永定桥　《临安府志》：在甸尾乡东北坡脚。

蒙自县

箐口渡　《一统志》：在城西南一百八十里。旧《云南通志》：在城西八十里。《临安府志》：在城西北七十里。《蒙自县志》：在城西北八十里，今建会仙桥。《蒙自县新志》：在城西南八十里，渡乍甸河。

矣波渡　旧《云南通志》：在城西三十里。

纳楼三渡　《一统志》：一曰禄逢渡，在纳楼茶甸司南四十里。又司东南百里有乍甸渡，又百五十里有阿土渡。

槟榔渡　《一统志》：在亏容司西北五里。

茶　渡　《一统志》：在亏容司北四十里。

三元桥　《临安府志》：在城东三里。乾隆五十九年，训导杨晟率绅士建。

飞仙桥　《临安府志》：在城东龙古塘，绅士公建。

渡龙桥、锁龙桥、普渡桥　《临安府志》：俱在城东南十里，新安所绅士公建。

化鳞桥　旧《云南通志》：在城东南七十里。康熙二十三年，邑人王玉汝、李圣先等建。《临安府志》《蒙自县旧志》：在城东三里。《蒙自县新志》：在城东南七里。

明远桥、通宝桥、迎宝桥　《临安府志》：俱在城西南七十里个旧厂，绅士建。

永安桥　旧《云南通志》：在城西门外。明万历间，巡抚邹应龙建。《蒙自县志》：桥上为市。

太平桥　《临安府志》：在城西三十里。乾隆五十八年，绅士公建。

宜民桥　旧《云南通志》：在城西北二十五里矣波铺。明洪武间，县丞李复建木桥。《临安府志》：在城西三十里。后圮，邑人周玺、朱用宾重修，连为三桥。康熙十二年，邑人江濬易以石。

新　桥　旧《云南通志》：在城西北五十里。康熙二十五年，知府黄明、知县孙居湜建。《蒙自县志》：在城北五里。

会仙桥　《临安府志》：在城西北七十里箐口。雍正十二年，邑绅尹文炽等建。《蒙自县志》：在倘甸。

三星桥　《临安府志》：在城北十里浆水地。乾隆五十六年，训导杨晟率绅士建。

长　桥　《一统志》：在城北二十里。旧《云南通志》：在城西北三十里镇远哨。明天顺间，土官禄刚建木桥，后圮，邑人魏之选易以石。《临安府志》：在城西北二十里。乾隆三十七年，知县杨奆率士重修，水大仍溢过堤。五十一年，绅士刘策廷、陈锡辂等增筑石堤。

艾家桥　《临安府志》：在城北五十里鸡街。明天启三年，艾清溪妇饶氏建。

万里桥　旧《云南通志》：在城北七十里，一名倘甸桥。明天顺间建，原系木桥，康熙八年，邑人车万象、姚之高等易以石。《临安府志》：在城西北六十里倘甸。乾隆四十七年，武举袁国栋、梁天爵等重修。

长生桥　《临安府志》：在城北草坝，绅士公建。

永凝桥　《临安府志》：在城北白溪河。《蒙自县志》：桥上有亭。

楚雄府

楚雄县

青龙桥　旧《云南通志》：在城东五里。明万历间，客民徐应中建。康熙五年，总兵马宁、知府史光鉴捐修。二十四年，总兵牛凤翔、知府牛奂重修。五十四年，知县陆坦续修。

延寿桥　旧《云南通志》：在城东十里，知府牛奂重修。

石头河桥　旧《云南通志》：在城东十五里。康熙四十六年，邑人公建。

凌虚桥　旧《云南通志》：在城东三十里。明弘治间，知府邵敏建。万历二十九年，推官陈以曜重修。《楚雄府志》：在腰站。《楚雄县志》：在城东三十五里，相传仙造。其石壁立，桥顶有月晕痕迹。乾隆间水涨冲塌，知府史积容重修。

济渡桥　旧《云南通志》：在城东三十里凌虚街腰站。向无桥梁，以船济渡。康熙五十六年，知府张嘉颖捐建石桥，土县丞杨世勋董成其事。

济生桥　旧《云南通志》：在城东四十里。康熙四十九年，典史雒永禧重修。

大坝桥　旧《云南通志》：在城南二里。康熙五十年，邑人公建。

马家桥　旧《云南通志》：在城南五里。康熙四十八年，村民公建。《楚雄县志》：进士马兆羲建。

霜　桥　旧《云南通志》：在城西二里。康熙二十五年，知府牛奂捐建。

石　桥　旧《云南通志》：在城西十里。康熙四十七年，邑人公建。

木兰村桥　旧《云南通志》：在城西十五里。康熙五十年，邑人杨毓和建。

金家桥　旧《云南通志》：在城西十五里。康熙十年，邑人公建。

彩云桥　旧《云南通志》：在城西二十里。雍正二年，提督郝玉麟建。

清水桥　旧《云南通志》：在城西三十里。康熙三十五年，邑人公建。《楚雄府志》：在清水坝。

济川桥　旧《云南通志》：在城西四十里。《古今图书集成》：在吕合巡检司前。先是架木为桥，成化二十二年，知府邵敏易以石，长十丈，广二丈，上有扶栏。旧《云南通志》：康熙四十八年，邑人公建。

吕仙桥　旧《云南通志》：在城西五十里。《楚雄府志》：在吕合。

永盛江桥　《楚雄县志》：在城西三百余里。两岸各甃以石，上架巨木，覆以瓦屋，为景东、普洱、镇沅要路。乾隆三十四年，厂民捐建。

团山厂铁索桥　《楚雄县志》：在城西三百余里。大江两岸，各甃石墩，拽以铁索，索上布板，宽四丈，长五丈。嘉庆九年，厂民募建。

石羊桥　《楚雄县志》：在城西北后河哨，络以铁索。

德胜桥　旧《云南通志》：在城北门外。雍正八年，知府储之盘捐赀，率耆民王作宾等建。

中渡桥　旧《云南通志》：在城北二里。康熙五十年，耆民许志能募修。

仁永桥　旧《云南通志》：在城北五十里。康熙二十五年，知府牛奂建。

仙人桥　《楚雄县志》：在城东北曲甸东老者庄。相传有仙夜逐石为桥，被樵人作鸡鸣声，仙去，桥只成丈余。其石森立方正，无斧凿痕。

镇南州

天心桥 旧《云南通志》：在城内北巷口。《楚雄府志》：通北门水径。

擢秀桥 旧《云南通志》：在城东门外。《楚雄府志》：知州尹为宪建。

黑泥桥 旧《云南通志》：在城东半里。明万历间，知州尹为宪建。

长坡桥 旧《云南通志》：在城东二十里。康熙二十九年，谨案：《府志》《州志》并作三十九年。监生李植建。

应嗣桥 旧《云南通志》：在城东南一里。明万历间，州民黄廷佐因祈嗣建，果应。

镇川桥 旧《云南通志》：在城东南二里。康熙三十九年，土州同段光赞建。

长寿桥 旧《云南通志》：在城东南三十里。康熙三十年，监生李植建。

三元桥 旧《云南通志》：在城南一里。康熙二十五年，武举徐乾元建。

石官桥 旧《云南通志》：在城南十里。明崇祯间，土州同段明柱建。

羊草河桥 旧《云南通志》：在城南六十里。康熙间，州民王永清等建。

鼠街桥 旧《云南通志》：在城西南二百里。康熙七年，客民赵英建。三十八年，客民金元勋、武方侯等重修。

丰城桥 旧《云南通志》：在城西门外。明天启间，知州卢伯寀建。

瑞应桥 旧《云南通志》：在城西五里，即平彝桥。明万历间，知州周国庠建。

苴力桥 旧《云南通志》：在城西十四里。

白塔桥 旧《云南通志》：在城西三十里。明万历间，知州李茂魁建。

小　桥 旧《云南通志》：在城西北五里。

永凝桥 旧《云南通志》：在城西北七里。《镇南州志》：明万历二十九年，知州周国庠建。

南安州

天心桥 旧《云南通志》：在城内正街。明洪武初，总兵山士杰建。《南安州志》：明成化间建。

擢秀桥 《南安州志》：在城东门外，明成化间建。

永安桥 旧《云南通志》：在城东南四十里，旧名妥梢，系木桥。康熙四十六年，知府卢询、知州张伦至易以石，改今名。《楚雄府志》：在城西四里。《南安州志》：往法表撒甸路。

济川桥 旧《云南通志》：在城西南五里。明万历间，知府邵敏建，推官陈以曜修。《南安州志》：往碍嘉路。

弘济桥 旧《云南通志》：在城西南二百里。康熙四十六年，知府卢询、知州张伦至同建，联以铁索，上铺石板。《楚雄府志》：路通石羊厂。

迎恩桥 旧《云南通志》：在城西门外。明洪武初，总兵山士杰建。《楚雄府志》：在城西半里。《南安州志》：明成化间建，通府大路。

新石桥 《南安州志》：在城西半里，往表罗路。

小石桥 旧《云南通志》：在城西二里。雍正二年，州民苏元枝建。《南安州志》：在城西北二里，往府大路。

三麻架桥 旧《云南通志》：在碍嘉东八里哀牢山，上覆板屋。明景泰间，知县熊飞建。嘉靖间，知县杨江永重修。

大江桥 旧《云南通志》：在碍嘉东六十里石羊厂。《楚雄府志》：水流汹涌，舟楫多虞。康熙四十四年，武生滕凯、昆明吴学周同厂民捐赀建。四十八年，知州张伦至捐修。旧《志》：旧有铁索桥，被水冲没。雍正六年，知州张任详请布政使张允随发帑金，委接任知州孙必荣、管厂候补知县郭治重建。南北仍絙以铁索，上覆瓦屋，旁护风檐。《碍嘉采访》：道光五年，水涨冲塌，现议修理。

鱼装桥 旧《云南通志》：在碍嘉东南二里。

麻戛桥 旧《云南通志》：在碍嘉东南十里。

凤翅桥 旧《云南通志》：在碍嘉南八里。雍正十一年，州判罗仰锜重修。

清冈桥 旧《云南通志》：在凤翅桥之上。康熙三十年，易门县民苏尚文建。

邦角桥 旧《云南通志》：在碍嘉南五十里。康熙五十三年，邑人黄光源建。

小江河桥 旧《云南通志》：在碍嘉南五十余里。康熙三十九年，兵民公建。

麻纽河桥 旧《云南通志》：在碍嘉西十五里。明弘治间，知县虎臣建。嘉靖间，知县杨江永修。《楚雄府志》：在碍嘉西四十五里。

虹龙桥 旧《云南通志》：在碍嘉北十里。康熙四十年，楚雄县生员杨世正母黄氏倡建。

西龙桥 《楚雄府志》：在碍嘉北十里。

姚 州

飞虹桥 旧《云南通志》：在府儒学前，明知府杨日赞建。

迎晖桥 旧《云南通志》：在城东门外，一名九龙桥。明万历间，知府杨芝彬建。

谨案：《州志》迎晖、九龙二桥并载，俱在城东。旧《志》谓迎晖桥一名九龙桥，未知孰是。姑存，以俟考。

骆家桥 旧《云南通志》：在城东一里。明万历间，里民骆升建。

镇远桥 旧《云南通志》：在城东五里。康熙六十年，乡民周曰秀重修。

栋川桥 旧《云南通志》：在城南门外。明弘治间，知府王嘉庆重修。

惠通桥 旧《云南通志》：在城南五里大石淜，明知府马自然建。

如逵桥 旧《云南通志》：在城南十里，明知府马自然建。

仁和桥 旧《云南通志》：在城南十里。顺治十七年，里人黄玉倡建。

广济桥 旧《云南通志》：在城南十二里。明嘉靖间，里人刘福倡建。

石泉桥 旧《云南通志》：在城南十五里。明崇祯间，僧普利募建。

汇泉桥 旧《云南通志》：在城南二十里，明洪武间建。

连场桥 旧《云南通志》：在城西三十里。明万历间，知府李贽建。

蜻蛉桥 旧《云南通志》：在城西北一里。明弘治间，知府王嘉庆重修。《姚州志》：跨蜻蛉河。

拱辰桥 旧《云南通志》：在城北门外。明万历间，署知府李敬可建。

望川桥 旧《云南通志》：在城北二十里，明万历间建。《姚州志》：明嘉靖间建。

普利桥 旧《云南通志》：在城东北二里，一名朱家桥。顺治八年，州人公建。康熙五十四年，护府任中宜重修。《姚州志》：在演武亭后。

济川桥 旧《云南通志》：在城东北十五里。

聚魁桥 《姚州志》：在三元阁左金家坝南，知府罗良信建。

大姚县

广运桥 旧《云南通志》：在城东三里。

利济桥 《古今图书集成》：在城东五里。旧《云南通志》：在城北五里。

新坝桥 《大姚县采访》：在城东五里，为西南两河总汇之区，上有魁星阁。

承恩桥 旧《云南通志》：在城东十里。《古今图书集成》：在城南一里，跨大姚河，上覆以屋。明永乐间，千户施宥建。

春溪桥 旧《云南通志》：在城南门外。

南大桥 《大姚县采访》：在城南一里。

迎恩桥 旧《云南通志》：在城南八里。《古今图书集成》：在城西南八里，跨大姚河，一名八里桥。

土　桥 《大姚县采访》：在城南十里。

大通桥 旧《云南通志》：在城西五里。

西大桥 《大姚县采访》：在城西六十里。

广济桥 《古今图书集成》：在城北五里。《大姚县采访》：在城西五里。

广通县

清风桥 旧《云南通志》：在城东三里。《广通县志》：明洪武十六年，知县王正建。嘉靖间，陆芳重修。

蒙七桥 旧《云南通志》：在城东二十里。明嘉靖间，堡军徐昂建。

黑苴桥 旧《云南通志》：在城东二十五里。明成化间，黑苴军民公建。

安乐桥 旧《云南通志》：在城东四十里舍资界。明嘉靖间，堡军潘惠建。

广济桥 旧《云南通志》：在城东七十里。明洪武间，县民陆芳建。《楚雄府志》：在新铺，康熙二十八年建。

响水桥 旧《云南通志》：在城东七十五里响水箐底。明成化间，土巡检苏文昇建。《广通县采访》：在城东九十五里，系木桥。嘉庆九年，士民改建石桥。

濯缨桥 旧《云南通志》：在城西门外。明弘治间，知县蒋哲建。《古今图书集成》：县民陆芳建。《广通县采访》：系木桥，嘉庆九年，士民改建石桥。

明月桥 旧《云南通志》：在城西半里。明成化间，土官段镒妻梅氏建。《广通县采访》：系木桥，嘉庆十四年，士民捐建石桥。

通济桥 旧《云南通志》：在城西五里。明成化间，知县邹杰建。《古今图书集成》：嘉靖间，堡军周宪重修。

关山桥 旧《云南通志》：在城西二十五里回蹬关下。明弘治间，堡军向荣建。《广通县采访》：嘉庆二十年，被水冲毁，士民捐修。

定远县

利济桥 旧《云南通志》：在城东十五里。雍正元年，知县孙尔振率绅士建。

济通桥 旧《云南通志》：在城东二十里。明万历二十八年，军民同建。

观音桥 旧《云南通志》：在城南三里。雍正四年，邑士民公建。

迎恩桥 旧《云南通志》：在城南三里。康熙四十一年，知县张彦绅建。

永定桥　旧《云南通志》：在城南二十里。康熙四十一年，知县张彦绅建。

会基桥　旧《云南通志》：在城南二十里。雍正五年，邑民王天祥建。

石河桥　旧《云南通志》：在城南二十里。明万历三年，阖邑捐建。

龙川桥　《定远县采访》：在城西里许。乾隆元年建，嘉庆二十五年，知县许应元率士民捐修。

北门桥　旧《云南通志》：在城北门外。康熙四十一年，知县张彦绅捐建。

双　桥　旧《云南通志》：在城北三里。康熙五十六年，阖邑捐建。

拱极桥　旧《云南通志》：在城北三里。康熙五十六年，知县孙尔振率众捐修。《定远县志》：在城北五里。

土河桥　旧《云南通志》：在城北十五里。明万历三十年，绅士军民捐建。

天神桥　旧《云南通志》：在城北四十里。康熙五十四年，阖邑捐建。

澂江府

河阳县

庄镜桥　旧《云南通志》：在城内东街。

龙津桥　旧《云南通志》：在城东门外。

延龄桥　旧《云南通志》：在城东一里。康熙间，郡绅李发甲建。

高涧桥　旧《云南通志》：在城东一里。康熙四十一年，生员李文炳修。

飞虹桥　《河阳县采访》：在城东里许。乾隆十四年，知府夏昌建。

七星桥　《河阳县采访》：在城东里许，嘉庆二十一年建。

青云桥　旧《云南通志》：在城东三里，跨玗劄溪，旧名普济。明正统间，知府王彦建。《澂江府志》：旧传饮饯于此，群鹭从桥上飞入青云，故名。

南津桥　旧《云南通志》：在城东三里。明嘉靖间，路南州民葛万钟建。《澂江府志》：在城东街。

漱玉桥　旧《云南通志》：在城东五里。《古今图书集成》：在东街土主庙前。

海晏桥　旧《云南通志》：在城东二十五里海口泄水处。康熙三十六年，知府崔维衡重修。雍正九年，知府王铎再修。

铁池江桥　《河阳县采访》：在城东三十里，乾隆初建。

长虹桥　《澂江府志》：在城东四十里，跨七江溪，原系木梁。明弘治九年，知府安康易以石，名借虹。嘉靖四十三年，郡人罗应元重修。隆庆三年，知府蒋宏德重修。旧《云南通志》：康熙九年，通判王猷创铁索桥，未几圮，郡人李缵甲重修。

河生桥　《澂江府志》：在城东。明知府高廷绅建，今废。

三岔桥　《古今图书集成》：在河生桥西百步。

朝阳桥　《河阳县采访》：在城东南隅，嘉庆四年建。

中沟桥　旧《云南通志》：在城东南五里，锁劄溪之水口。

介营桥　旧《云南通志》：在城东南五里右所大小营间。

远达桥　旧《云南通志》：在城东南五里小营中。

广济桥　旧《云南通志》：在城东南五里右所大营西，明郡人杨济时建。

通津桥　旧《云南通志》：在广济桥西一里，明郡人华仲林建。

迎仙桥 旧《云南通志》：在城南门外。

锁水桥 《澂江府志》：在城南门外东隅。汇城内众水流经沙河村，折鲁溪营入海。《河阳县采访》：旧桥久圮，道光四年，训导李焘倡建。

永济桥 旧《云南通志》：在城南二里。明嘉靖间，郡民许俸建。

务耕桥 旧《云南通志》：在城南二里梨花村北，明生员李杰建。

月津桥 旧《云南通志》：在城南十里大河口。《澂江府志》：旧名观澜桥，架木为梁。明嘉靖十七年，郡民陈绅易以石，旁置碑亭。

联玉桥 旧《云南通志》：在城西南十里。康熙四十四年，知县翟枚吉建。《澂江府志》：在城西南二十里玉笋山前。

涌拔桥 旧《云南通志》：在城西南三十里，明郡人杨国儒建。《澂江府志》：经江川通衢。

惠民桥 旧《云南通志》：在城西门内。明隆庆间，知府徐可久建。

四均桥 旧《云南通志》：在城西一里廖官营东。道路至此适均，故名。

太平桥 旧《云南通志》：在城西二里，旧名罗藏桥。明嘉靖间，知府王良佐建，通判徐子麟修。

平政桥 旧《云南通志》：在城西二里。康熙间，郡绅赵士麟建。《澂江府志》：生员董可征等重修。

清平桥 旧《云南通志》：在城西二里。

关庄桥 旧《云南通志》：在城西五里小关庄下。

西城桥 旧《云南通志》：在城西六里。《澂江府志》：在西街右。明成化间，举人郑玘建，后圮。嘉靖四年，主簿董钺、耆民陈祚重建。二十四年，郡民陈绅易以石。旧《志》：雍正六年，贡生侯昌重修。

东秩桥 旧《云南通志》：在城西六里。《澂江府志》：在西街左。年久倾圮，郡民张友松捐赀重建，置楼于上，后遭水患，楼废桥存。

俯波桥 旧《云南通志》：在城西二十五里，明郡人李文高建。《澂江府志》：在鹭栖村红坡。登桥俯瞰湖水，故名。

引凤桥 旧《云南通志》：在城西北隅。康熙二十二年，郡人李缵甲建，引水入城内。

得路桥 旧《云南通志》：在城西北四里，明郡民席允中、陈亨建。

月宫桥 《澂江府志》：在城东北里许凤翔寺前。明季宾兴饯士于此，故名。

大河桥 旧《云南通志》：在城东北四十里旧阳宗县东。

太平桥 旧《云南通志》：在旧阳宗县东。

迎恩桥 旧《云南通志》：在旧阳宗县西门外。

通济桥 旧《云南通志》：在旧阳宗县西一里。

江川县

土主庙渡 旧《云南通志》：在城西南。《澂江府志》：在古城西南。

拱秀桥 《江川县采访》：在城内学宫右。乾隆五十九年，邑人黄德金倡建。

海门桥 《古今图书集成》：在城东南八里，为临安要路，星云、抚仙两湖交通处。明天顺五年建，中央有界鱼石，澂江、江川其鱼二种以石为界，不敢越江，越则相斗，兆兵象。旧《云南通志》：在城南二十里。明景泰间，知县张俊建。《澂江府志》：在城东十里。

大　桥　《江川县采访》：在城东南桃园。

阜财桥　《江川县采访》：在城南濠上。里人徐湘重修，道光二年，监生黄尔泰增修。

通衢桥　旧《云南通志》：在城南三里。明天顺间，知县张俊建。《澂江府志》：在古城东。

永济桥　旧《云南通志》：在城南五里。《澂江府志》：在古城西。

石　桥　旧《云南通志》：在城南十里。《澂江府志》：在古城东。

如意桥　旧《云南通志》：在城南三十里双龙乡中台山下。

迎恩桥　旧《云南通志》：在城北濠上。

丰乐桥　旧《云南通志》：在城北里许。康熙四十七年，知县祝兆鹏建。

双龙桥　《江川县采访》：在城北十里大石关前。嘉庆九年，武举蔡景清倡建。

新　桥　旧《云南通志》：在城北十二里关岭下。

张公桥　《江川县采访》：在城北二十里茨桐铺。

登瀛桥　《江川县采访》：在城东北隅，乾隆五十九年建。

广平桥　《江川县采访》：在城东北二十里明兴铺。嘉庆三年，庠生陈其才倡修。

明兴桥　旧《云南通志》：在城东北明兴铺。

狮象桥　《江川县采访》：在城东北尹棋[①]村，澂江大路经此。乾隆五十五年重修。

新兴州

弘济桥　旧《云南通志》：在城南门外。明弘治间，知州邓骏建，俗名李桐桥。《一统志》：通嶍峨、新化等路。

丰乐桥　旧《云南通志》：在城南二里。康熙间，知州鲁国华建。《澂江府志》：在郑家屯。

普渡桥　旧《云南通志》：在城南十里大营屯，跨大溪河。《澂江府志》：在城西南十里。

盘安桥　旧《云南通志》：在城南二十四里石关哨。康熙三十年，土州判王凤建。

会通桥　旧《云南通志》：在城西门外。跨城壕，与弘济桥相望，俗名上石桥。

中板桥　旧《云南通志》：在城西关外，去会通桥三百余步。《新兴州志》：分大溪河为金汁中沟。

下石桥　旧《云南通志》：在城西关外，去中板桥四百余步。《新兴州志》：上建魁阁，分大溪河为金汁下沟。

彩虹桥　旧《云南通志》：在城西关外中卫屯。《新兴州志》：跨金汁沟。

桂家桥　旧《云南通志》：在城西五里桂家屯。《新兴州志》：跨大溪河。

济星桥　《新兴州采访》：在城西四十里大小洛河。道光五年，武举任广泽、生员杜培初、郡人王汝舟等捐建。

通年桥　旧《云南通志》：在城西北三里。康熙五十一年，知州任中宜建。《澂江府

---

① 棋　光绪《云南通志》作“祺”。

志》：在城西徐百户屯，西河、奇梨溪合流入大溪处。

普惠桥 《新兴州采访》：在城西北三里，久圮。嘉庆十二年，署知州洪其照率绅耆重建，易名永惠。

安流桥 旧《云南通志》：在城西北五里。康熙间，知州蔡琨重修，改为听莺桥。《澂江府志》：在左家屯，奇梨溪、西河合流处。

迎恩桥 旧《云南通志》：在城北门外，跨城壕。

龙门桥 《新兴州采访》：在城北龙门村，嘉庆初建。

玉溪桥 旧《云南通志》：在城北五里。旧建木梁，常致朽败。明崇祯十年，邑人尚书雷跃龙易石墩，置木履瓦，日久沙淤。《澂江府志》：康熙九年，知州耿文明重修。旧《志》：五十二年，水溢桥上，知州任中宜增高三尺，仍履瓦屋。《新兴州采访》：乾隆十四年，知州徐正恩倡修。嘉庆四年，知州刘嶙率绅士重建，增高四尺。

通州便桥 《新兴州采访》：在城北五里，跨罗木箐河。道光六年，生员冯文璋等建。

康阜桥 旧《云南通志》：在城北六里，往省要道。《新兴州志》：跨罗木箐河，俗名康家桥。《新兴州采访》：在玉溪桥北。乾隆五十六年，知州陆绍宗重修。

广济桥 旧《云南通志》：在城北十三里。《新兴州志》：在咸宁里，跨罗木箐分河。

普门寺桥 旧《云南通志》：在城北十八里普舍城西关外。《新兴州志》：在罗木箐下沟。

新德桥 旧《云南通志》：在城北二十里。康熙五十一年，知州任中宜建。《澂江府志》：在刘家屯西河。

云英桥 旧《云南通志》：在城北四十里刺桐关。

济美桥 《新兴州采访》：在城北四十二里刺桐关下，往省大路。康熙二十年建，雍正九年，郡人束乃成修。乾隆四十年，束为仁重修。

飞虹桥 旧《云南通志》：在城东北十五里。雍正十年，知州许廷佐捐俸率众修建。

观音阁大桥 旧《云南通志》：在城东北十七里，向系木桥，倾圮。雍正八年，知州许廷佐捐俸率众修建石桥。《澂江府志》：跨罗木箐河。

龙马桥 《新兴州采访》：在城东北十七里龙门桥之上。乾隆间，生员宋煜、武举袁绍武倡建。

永丰桥 旧《云南通志》：在城东北二十里。《澂江府志》：在白塔山下罗麽溪。

路南州

义　渡 《续路南州志》：距州城六十里民乡河头营。每岁立夏三日设船，立冬三日建木梁。

万寿桥 旧《云南通志》：在东城壕上。康熙四十九年，知州金廷献捐修。《澂江府志》：在城东北。

兴凝桥 旧《云南通志》：在城东一里。康熙三十五年，总督王继文建。

广通桥 《续路南州志》：在城东五里。康熙间，庠生李见龙建。雍正四年，其子衍祚重修。

双龙桥 《续路南州志》：在城东五里。雍正七年，知州杨化元建。

圣恩桥 《续路南州志》：在城南武庙前。

水月桥 旧《云南通志》：在城南关外。康熙五十一年，知州金廷献捐修。

弘济桥 旧《云南通志》：在城南二里。明弘治间，知州邓骏建。

三板桥 旧《云南通志》：在城南五里。明万历间，举人杨兴南兄弟捐修。《路南州采访》：乾隆三十七年，马兆垣重修，更名仁寿桥。

板　桥 旧《云南通志》：在城南二十里。明嘉靖间，州人席大宾易以石。《续路南州志》：乾隆二十年重修。

注砚桥 《续路南州志》：在城南二十里文笔山侧，土名滉桥。乾隆五十三年，施定邦倡捐易石，更名注砚桥。

刘家桥 《续路南州志》：在城南三十里大龙潭村，为宝源诸厂要道。乾隆四十二年，江西客民刘国英建。

心平桥 《续路南州志》：在城南江尾村，乾隆四十年建。

锁龙桥 《续路南州志》：在城西南五里许。

青云桥 旧《云南通志》：在城西南十里。康熙四十五年，知州金廷献修。《续路南州志》：原桥倾圮，乾隆四年，阖州捐修。

三元桥 《续路南州志》：在城西南四十里。乾隆二十一年，知州史进爵倡建。

叠水桥 《续路南州志》：在城西南五十里，为阖州众水所归。乾隆五十九年，生员李昭、吏员段如柏建。

砥柱桥 《续路南州志》：在城西南八十余里老树田下。乾隆二十六年，署州吴际盛倡建，长十余丈，阔丈许，缩以铁索，贯以巨木，上铺木板，中建观音阁，左右设栏杆，两头设门启闭。嘉庆十一年重修。

会通桥 旧《云南通志》：在城西二里，与弘济桥相望。明万历间，知州汪良建。

永济桥 《续路南州志》：在城西三里许。

赛虹桥 《一统志》：在城西北，通云南府大路。旧《云南通志》：在城西一里。明万历间，知州汪良捐修。

拥津桥 《续路南州志》：在城西北一百里民和乡大河堤尾。乾隆二十一年，知州史进爵倡建。

永安桥 旧《云南通志》：在城北门外。康熙十一年，州民苏全、赵西应等募建。

迎恩桥 旧《云南通志》：在城北半里。康熙五十年，知州金廷献捐修。

天生桥 旧《云南通志》：有二，一在城北五十里，一在城东北十二里。二桥天成，不假人力。

普济桥 《续路南州志》：在城北七十里。乾隆间，监生李如桐、赵相璧等捐建。高十丈，宽二丈，长三十余丈。

联陞桥 《续路南州志》：在城东北三十里。乾隆二十年，知州史进爵倡建。

广南府

宝宁县

普厅桥 《广南府志》：在城东南二百二十里普厅。原系竹桥，嘉庆二十二年，知府何愚易以石。

乐安桥 《广南府志》：在城南九十里西洋江。原设渡船，水涨时往来甚艰。乾隆十九年，知府蒋衡捐建石桥。

旧莫桥　《广南县志》：在城西南。康熙四十七年，知府茹仪凤建。

西安桥　旧《云南通志》：在城西三里。旧架木，明万历间，土舍侬应祖易以石。

通津桥　旧《云南通志》：在城西四里，明万历间建。

顺宁府

顺宁县

澜沧江渡　旧《云南通志》：在城东北八十五里。旧设小舟，雍正三年，知府范溥造大船改渡下流，稍近十里。《顺宁县采访》：乾隆间，知府刘靖率士民建铁索木桥，长三十六丈，宽一丈二尺，复捐置田租百余石，以作岁修之费。嘉庆十九年，火毁，知县麟瑞率士民重修。副榜李于阳《澜沧江渡》：

横亘水中央，垂虹百丈长。铁緪飞碧落，石壁破青苍。浪急蛟鼍吼，山深猿狖藏。临流频眺望，天堑壮遐方。

黑惠江渡　旧《云南通志》：在城东北一百八十里赤龟山下。

泗水桥　旧《云南通志》：在城东门外。康熙二十二年，知府刘芳声建。雍正二年，里人又别建石桥于此桥之西。

迎春桥　旧《云南通志》：在城东一里。康熙四年，知府米璁建，后知府董永芠、署知府陈之玮相继修。《顺宁县采访》：嘉庆二十年，被水冲毁，知县路华倡修。道光五年复毁，知县金澂捐赀重建。

祝嵩桥　《一统志》：在城东五里，跨顺宁河之中流。明土知府猛寅重修为石址，以酾水道，上有扶栏瓦屋。

宣德桥　旧《云南通志》：在城东南二里。康熙二十一年，知府刘芳声建。五十四年，知府殷邦翰重修。《顺宁县采访》：乾隆六十年，被水冲毁。嘉庆元年，知县崔凤三倡建。

藤　桥　《一统志》：在城南阿铎河。河水东注，土人构藤为桥。

来顺桥　旧《云南通志》：在城南四里。康熙三十八年，知府董永芠建。《顺宁府志》：初名观音寺桥，在城南三官阁下，通云州路。

归化桥　旧《云南通志》：在城南十五里。《顺宁府志》：康熙三年，知府米璁建。七年，知府许宏勋重修。《顺宁县采访》：乾隆四十年，水泛冲毁，知县秦涛率士民重修，今废。

麻腊寨桥　《顺宁府志》：在城南七十里。康熙三年，知府米璁建，今废。

顺济桥　旧《云南通志》：在城西南一百二十里阿度吾里。雍正三年，经历沈应俞建。

来远桥　旧《云南通志》：在城西南阿度吾里。康熙二十八年，知府徐欐建。

凤鸣桥　《顺宁府志》：在城西。康熙元年，米璁建。

济虹桥　《一统志》：在城西二百五十里，俗名枯柯桥。《顺宁府志》：在城西北二百里永顺分界处。明万历四十年，知府李忠臣建，挽以铁索，复圮。顺治十八年，知府米璁修。旧《云南通志》：康熙四十一年，知府董永芠重修。

李家桥　旧《云南通志》：在城西北五十里，明郡人李氏建。

锡铅后桥　《顺宁府志》：在城西北八十里，入锡腊路。

济川大桥　《顺宁府志》：在城西北一百四十里，入永昌大路。知府刘芳声修，久废。旧《云南通志》：康熙四十一年，知府董永芠重建。

衢亭桥　旧《云南通志》：在城北门外。明崇祯十七年，知府曾瑞来建。

掬春桥　《一统志》：在城北，水出交凤山，下流为河。

小　桥　旧《云南通志》：在城北一百四十里。《顺宁府志》：旧名锡铅前桥，在城北八十里。明崇祯十七年，知府曾瑞来建。因水势冲激，屡修屡圮。今建小桥，以济行人。

猛家桥　旧《云南通志》：在城北一百六十里，又名大桥。明崇祯间，知府曹巽之建。康熙六十年，知府赵承焘重修，改名兴善桥。《一统志》：路通蒙化。

瑞虹桥　旧《云南通志》：在城东北半里鼓山下。康熙二十六年，知府徐欐建。

迎恩桥　旧《云南通志》：在城东北二里。明崇祯六年，知府王政建。《顺宁府志》：后经火毁，康熙二十二年，知府刘芳声重修。雍正三年，知府范溥[①]改建石桥。《顺宁县采访》：嘉庆十五年，被水冲圮，改道于北越新村，达昙拨营，因建通顺、巩固等桥。

澜沧江浮桥　《一统志》：在城东北八十五里。编竹十五丈，广五丈。

右甸大桥　旧《云南通志》：在城东北一百里。明崇祯十五年，通判谢天禄建。康熙三十七年，知府董永芠重修。《顺宁府志》：通永昌路。

狮子桥　旧《云南通志》：在城东北一百二十里阿鲁司北。康熙五十八年，里人同建。

史力桥　旧《云南通志》：在城东北一百五十里阿鲁司北。康熙五十七年，里人同建。

来宣桥　《顺宁府志》：俗名小江桥，在城东北一百八十里。跨漭溪江，通蒙化路。初为藤桥，顺治七年，通判杨廷璧始易木梁，后因李忠武之乱焚毁。康熙元年，知府米璁重建，绾以铁索，上覆瓦屋二十余间。八年复毁，知府许宏勋捐建。二十八年，知府徐欐重修。五十二年，被水冲没。五十四年，知府殷邦翰倡修。《顺宁县采访》：嘉庆三年又毁，今设筏以济。

克马桥　旧《云南通志》：在城东北一百八十里。康熙二年，知府米璁建。

歪泥桥　旧《云南通志》：在城东北二百五十五里，通永平路。康熙二年，生员冯嘉训捐修。《顺宁府志》：在东木笼里。

靖边桥　《一统志》：在府城坪里村南，跨顺宁河下流。长七丈，阔二丈。

翁起桥　《顺宁府志》：在府境内，即飞虹桥。明万历十八年建，康熙三年，知府米璁修。

云　州

漫乃江渡　旧《云南通志》：在城东一百里阿轮山边，通景东要津。

---

① 范溥　原本作“徐溥”，雍正《云南通志》“迎恩桥”及本志下文“广德桥”“邦洪桥”引旧《志》皆作“范溥”。光绪《续修顺宁府志稿》卷二十《秩官志·知府》：“范溥，吴县人，监生，六十一年任”。作“范溥”是，今据改。下同，不再出校。

神舟渡　旧《云南通志》：在城北一百二十里，路通蒙化。

富春桥　《顺宁府志》：一名东桥，在城东五里。康熙五十四年，署知州程之炜修。旧《云南通志》：雍正三年，知州吴元鏊捐修。

柳荫桥　《云州采访》：在城东邦谷村下。河畔有柳树垂荫，故名。

会龙桥　《云州采访》：在城东南四十里蛮亥山麓，庠生钟澧捐修。

回龙桥　《云州采访》：在城东南猛麻三家村下关，锁一猛风脉，因名回龙。

三道桥　《云州采访》：在猛麻漫岩村下。有三，石桥一，木桥二。

广德桥　旧《云南通志》：在城南十里，即锁水桥。康熙三年，知州刀飞龙捐建。雍正元年，知府范溥同贡生刘次薇等重修。《顺宁府志》：一名北桥，在旧城，系府境河水下流所经。庠生钟澧捐修。

新惠桥　旧《云南通志》：在城南十二里，即南桥，以铁索架梁。康熙间，邑人公建。

猛赖桥　旧《云南通志》：在城南一百二十里，即大藤桥，与小藤桥俱为往来要津。日久渐废，雍正二年，知州吴元鏊捐俸，易藤以木。

邦洪桥　旧《云南通志》：在城南一百三十里，交耿马界。旧传土人张氏建，雍正元年，知府范溥捐修。《云州采访》：道光四年，知州李端元重修，更名青云桥。

猛底桥　旧《云南通志》：在城南二百五十里，即小藤桥。《顺宁府志》：在城南八十里，结藤为梁。

永安桥　《顺宁府志》：在城北门外。《云州采访》：武生刘恬修，后圮。道光四年，知州李端元捐修，更名康济桥。

石　桥　《一统志》：在城北，路通蒙化。

小板桥　《顺宁府志》：在城北十里盐井哨。

永镇桥　旧《云南通志》：在城北三十七里温崩。《顺宁府志》：在城北四十里。

长安桥　旧《云南通志》：在城北四十里。《顺宁府志》：在城北五十里猛郎河。

马四河石桥　旧《云南通志》：在城北四十八里。《顺宁府志》：在城北，去猛郎十里。署知州王坦捐修。

缅宁厅

澜沧江上渡　《缅宁厅采访》：在城东二百里。通景东要津，设船以济。

澜沧江下渡　《缅宁厅采访》：在城东南一百五十里，通威远要津。

栢木桥　《缅宁厅采访》：在城东里许。通景东路，土司时建。

南信桥　《缅宁厅采访》：在城南五里。乾隆五十九年倾圮，六十年，署通判张德基重修。

双　桥　《缅宁厅采访》：在城南十里，出猛猛路。乾隆五十七年，里人梅天泽等倡修。

茅草桥　《缅宁厅采访》：在城南四十里锡本。上有屋，覆以茅草，故名。今易以瓦。

铁锁桥　《缅宁厅采访》：在城西十五里，通耿马路。今改为石桥。

圈纳桥　《缅宁厅采访》：在城西北五里，跨蛮巩河。

腊丁桥　《缅宁厅采访》：在城北八十里，乾隆三十五年建。

凝远桥　《缅宁厅采访》：在城东北二里，通云州路。乾隆二十八年，通判马文炳建。

卷五十　建置志六之三　津梁三

曲靖府

南宁县

驾虹桥　旧《云南通志》：在城内府学宫右。康熙五年，两学生员同建。

飞虹桥　旧《云南通志》：在学宫左。康熙五年，知县程封建。

胡家桥　旧《云南通志》：在城东门外。顺治七年，里人建。

王家桥　《南宁县采访》：在城东里许。乾隆五十一年，村民公建。

万善桥　《南宁县采访》：在城东四里。乾隆五十年，贡生段泽远倡建。

把家桥　旧《云南通志》：在城东十五里。

镇海寺桥　旧《云南通志》：在城东十五里，僧如缘募建。

吴六桥　旧《云南通志》：在城东十五里。顺治六年，里人公建。

中河桥　旧《云南通志》：在城东十五里。康熙五十九年，知县王枟重修。

箐口桥　《一统志》：一名魏家墩桥。旧《云南通志》：在城东十八里。明崇祯二年，知县项达建。

红花海桥　旧《云南通志》：在城东二十里，僧普荷募建。

中所营桥　旧《云南通志》：在城东二十里。明弘治间，军人公建。

石喇桥　旧《云南通志》：在城东二十里朗目山下。康熙二年，僧一体建。

高　桥　旧《云南通志》：有二，一在城东二十里，一在城北二十里新桥前。

潇湘桥　旧《云南通志》：在城南门外。明景泰三年建，弘治间知府焦韶、同知胡元重修。《一统志》：跨潇湘江。

石墩子桥　旧《云南通志》：在城南十里。

石堡山桥　旧《云南通志》：在城南二十里，为往来官道。明崇祯二年，邑人公建。《一统志》：跨大河。

街头桥　《南宁县采访》：在城南二十里。乾隆五年，士民公建。

前街桥　《南宁县采访》：在城南二十里。嘉庆八年，士民公建。

中州桥　旧《云南通志》：在城南五十里旧越州东门外，各所兵同建。

岳东营桥　《南宁县采访》：在旧越州南十里。乾隆五年，村民公建。

周家桥　旧《云南通志》：在旧越州西十五里。明天启二年，千户王贵建。

镇夷桥　旧《云南通志》：在旧越州北门外。明万历五年，卫守备李昭建。

东岳桥　旧《云南通志》：在旧越州北门外。康熙元年，僧广元募建。

大营桥　《南宁县采访》：在城西南十五里。乾隆十年，村民公建。

中正桥　旧《云南通志》：在城西南二十里。康熙六年，禀生沈鉴开同众建。

胜峰桥　旧《云南通志》：在城西门外，明西平侯沐英建。

蒙家桥　旧《云南通志》：在城西二里。康熙二十九年，知县张为焕建。

澄清桥　旧《云南通志》：有三，一名上桥，在城西九里；一名中桥，在城北七里；

一名下桥，在城西北十五里。俱明洪武间建。

济众桥 旧《云南通志》：在城西十五里。康熙九年，驿盐道赵廷标暨合郡人建。

普济桥 《南宁县采访》：在城西十六里。嘉庆十八年，村民张恒举倡郡人建。

永通桥 《南宁县采访》：在城西十九里。乾隆五十四年，总督福纲、知府常德、署县木通阿倡建。

鸣凤桥 旧《云南通志》：在城西二十五里。明万历三十年，知府陈政建。《南宁县采访》：在城西南三十里青岩坝上。

响水桥 旧《云南通志》：在城西三十里。顺治五年，邑人公建。

利众桥 旧《云南通志》：在城西北七里。康熙二十三年，知县桂天申建。

冯官桥 旧《云南通志》：在城西北七里。康熙四十三年，曲寻镇总兵禄进忠建。

迎恩桥 旧《云南通志》：在城北门外，一名康桥，亦名备兵桥。洪武间建，康熙二十三年，武定府同知王所善重建。

麒麟桥 《南宁县采访》：在〔城〕北里许。

白石江桥 旧《云南通志》：在城北五里。明洪武二十五年建，康熙十年，知府李率祖重修。《一统志》：跨白石江上。

太平桥 《南宁县采访》：在城北五里。嘉庆三年，里人建。

永安桥 《南宁县采访》：在城北八里。嘉庆元年，里人公建。

邓官桥 旧《云南通志》：在城北十三里。《霑益州志》：在城南二十里。

新　桥 旧《云南通志》：在城北二十里。《霑益州采访》：在城南十里，道光四年重建。

倮㑩桥 旧《云南通志》：在城北三十里。顺治七年，邑人公建。《南宁县采访》：在旧越州东北八里。《霑益州志》：在城南十三里。

谨案：以上三桥，南宁、霑益志书两载，今并入此。

砥道连虹桥 《一统志》：在城北八十里，地名小路口。夏秋水涨，沙岸冲决。明万历中，经历李廷倡众筑堤四百丈，石桥三门泄水，行者称便。

柳家坝桥 《一统志》：在城东北五里。旧《云南通志》：在城东北七里。明万历二十年，邑人公建。

朝阳桥 旧《云南通志》：在城东北二十里。明万历间，知府高荐建。

霑益州

太平桥 旧《云南通志》：在城东门外，明万历间重修。《霑益州志》：康熙间，邑人沈逢圣增修。

庆丰桥 《霑益州采访》：俗名三硐桥，在太平桥左，入京要道。嘉庆八年，水涨冲圮，知州洪其照倡建。

石龙桥 《一统志》：在城东半里。

高　桥 《霑益州志》：在城东十二里。

天生桥 《霑益州采访》：在城东二十里。

王把事桥 《霑益州志》：在城东南十里。

朝阳桥 《霑益州志》：在城东南三十里。

阿幢桥 《霑益州志》：在城南八里。

山塘桥　《一统志》：在城南一百七十里，自塘溪山水经其下。旧《云南通志》：一名黑桥，在城北三里。《霑益州志》：唐武德七年，检校南宁都督韦仁寿建。

刘公桥　《霑益州采访》：在城西北一百二十里，界接东川府。旧设渡，乾隆三十二年，州人建木桥。六十年，东川刘汉鼎易以石。

水西桥　《一统志》：在城北三十里。

陈枋桥　旧《云南通志》：在城北四十里。明万历间建，康熙五十一年，邑人公修。

过河山桥　《霑益州采访》：原系木桥，雍正间，邑人彭翩远改建石桥。

陆凉州

望海桥　《陆凉州志》：在城东十五里，又名滥泥桥。明隆庆间，邑人焦纶高建。

永凝桥　旧《云南通志》：在城南二里许。《陆凉州志》：在城南关外，原名城南桥，又名会泽桥。明洪武二十三年建，以木为梁。万历间，官民捐建石桥，工未竣，遂为洪涛所摧。崇祯九年，郡民重建木梁，今易以石。

阎芳桥　《陆凉州志》：在城南古城之东。明隆庆间，州民王朝阳易以石。

旧云南桥　《陆凉州志》：在城南五里，州民朱琼建。

新哨桥　《陆凉州志》：在城南三十里，近凤雏山。明天启间，州人文盛建。

老马桥　《陆凉州志》：在城南四十里，近阿油铺。昔为马姓所建，故名。

晃　桥　《陆凉州志》：在城西南。

串　桥　旧《云南通志》：在城西南五里。《陆凉州志》：在城西北数武。

新云南桥　《陆凉州志》：在城西南七里，乾隆七年建。

弘济桥　《陆凉州志》：在城西西华寺左，原名城西桥。架木为梁，明嘉靖间，州民王璋易以石。万历四十五年，州民张灼复修，更今名。

土　桥　旧《云南通志》：在城西北一里余。

新板桥　《陆凉州志》：在城西北三十里，乾隆七年建。

城北桥　旧《云南通志》：在城西北芳华乡，跨南涧。明初建。

板　桥　旧《云南通志》：在城北三十里。《陆凉州志》：明洪武十年建，万历间州人王锡极砌以石墩。崇祯九年，马良誉复修。

马龙州

锁金桥　《马龙州志》：在城东十五里。

松溪桥　《马龙州志》：在城东四十里。

瀑津桥　旧《云南通志》：在城东四十五里。康熙四十六年，军人关育基重修。

三板桥　旧《云南通志》：在城东南二十里，明末州人高智等修建。

永兴桥　《马龙州志》：在城东南六十里湾子之左。

西河桥　旧《云南通志》：在城南十五里，明末州绅董朝宪等建。

昌隆桥　旧《云南通志》：在城南十五里。雍正十一年，知州周铨修建。

朱黄桥　旧《云南通志》：在城南五十里。康熙六年，州民朱怀妻黄氏建，因名。

镇西桥　《马龙州志》：在城南五十里竹园村，明万历十七年建。旧《云南通志》：康熙十年，州民林朝栋修建。

观音桥　旧《云南通志》：在城西南半里。明成化间，僧明朗募建。

张经桥　旧《云南通志》：在城西南十二里。明嘉靖间，马隆所千户张经建。

卧龙桥 《马龙州志》：在城西南二十里，明嘉靖间建。

关东桥 旧《云南通志》：在城西南二十五里。明洪武间建，雍正十年，知州周铨重修。《马龙州志》：在鲁伽婆岭。

关西桥 《一统志》：在州西南二十五里。旧《云南通志》：在城西南三十五里鲁伽婆岭西。明嘉靖间，州民林国珍等建。

仁济桥 《马龙州志》：在城西南四十里。

南安桥 旧《云南通志》：在城西南五十里。明弘治八年建，康熙三十年，州民鄷际等重修。

青石桥 旧《云南通志》：在城西南七十里。康熙四十年，州士民金太和等修建。

高　桥 旧《云南通志》：在城西一里。明嘉靖间，州民高应登建。

白蟒桥 《马龙州志》：在城西白蟒河。

教场桥 《马龙州志》：在城北二里。

双　桥 旧《云南通志》：在城北三里。康熙二十年，州民金国奇建。

响水桥 《马龙州志》：在城东北二十五里。

罗平州

以则渡 旧《云南通志》：在城东七十里。

鲁布革义渡 《罗平州采访》：在城东九十里，系滇黔要道。嘉庆二十四年，州民唐普轩等倡首，造船作义渡，并捐置田亩，以作水手工食。

大　渡 旧《云南通志》：在城东一百里。

七革渡 旧《云南通志》：在城东一百一十里。

得胜河义渡 《罗平州采访》：在城东百二十里，为滇黔要道。嘉庆十一年，江西众商置义田，作水手工食、岁修船只之费。

连步桥 旧《云南通志》：在城内学宫前，明万历间建。

沙湾桥 旧《云南通志》：在城东四十里。明万历间，州同黄宇建。《罗平州志》：通黄草坝路。

永平桥 旧《云南通志》：在城东四十里。康熙三十八年，州民张洪学捐建。

东平桥 《罗平州采访》：在城东四十里洒马邑。石皆未经锤钻，俗传有神暗助。

三板桥 旧《云南通志》：在城东五十里。明天启间，州同张哲建。《罗平州志》：在州东板桥村，系黄草坝路。

清水河桥 旧《云南通志》：在城东七十里。明天启间，州同慕庸建。

两界桥 旧《云南通志》：在城东百余里栖革江底。旧以舟渡，康熙六十年，州民陈万言捐建石桥。雍正三年，其子九如、九锡重修，上覆瓦屋，总督鄂尔泰额于上，曰“山水画图”。

南关桥 《罗平州志》：在城南，系上省要路。明时建。

水碓桥 《罗平州采访》：在南关桥上，相隔半里。

官菜园桥 《罗平州采访》：在南关桥下。

大石桥 《罗平州采访》：有二，一在城南二十里康诺村，一在城南五里乾河。通粤西孔道。

庆丰桥 《罗平州采访》：在城南三十里打磨石汛下，通粤西孔道。

平乐桥　旧《云南通志》：在城南四十里。康熙五十八年，州民王连举倡修。

南塘桥　《罗平州志》：在城西南孔道。

汇河桥　《罗平州志》：在城西门外。

鲁折河桥　《一统志》：在城西二里，明万历七年建。旧《云南通志》：在城南一里。明万历间，州同王寰建。

永济桥　《罗平州采访》：在城西八里以西戛。

九龙桥　旧《云南通志》：在城北十里。康熙五十四年，知州王永禶建。《罗平州志》：因沙洲建桥，甃为九孔，江面虽阔八十余丈，今已安稳无虞。知州王永禶《新建九龙桥记》：

> 罗雄钀山，挺秀高插云霄，千峰环列似儿孙，矗矗插天彩笔。三峡江自北来，蜿蜒而东折，依稀玉带，滇南奇观也。往时土酋窃据，采风之车辙不至，探幽之屐齿罕及，仅仅诸蛮聚于斯。万历时，改土设流，筑城建学，人烟渐集，文教始兴。欣逢圣天子御极，德绥咸服，海晏河清。己丑春，余来牧是邦，劝农课士之暇，历览江山，距城十里许，有牂柯古渡，适当曲靖、陆凉、霑益之冲，徒以扁舟一叶，济彼行人。余隐虑遐迩人民，临流却步，视为畏途，筹画者久。会有明经茂才暨诸处士，慨然以建桥来请。余幸获同心，亟疏短引，募诸同城诸公并绅士军民随力捐助，择吉鸠工。因其分流，架为九梁，名曰九龙桥，取龙能吐雾兴云升腾之义也。经始于癸巳八月，告成于乙未莫春，千百载之阙陷，至此乃得补救。噫！宇宙之丰功伟烈，必待其人而后成，类若斯耶。且江势若游龙，有桥为中流砥柱，俨然玉锁重关，收住山川清淑之气，毓秀钟灵。居兹土者，务耕桑，守法纪，处为俊乂，出为循良，地灵人杰，亦如龙之变化升腾焉。是余所厚望于罗雄人士者也，奚止作一慈航普渡往来行人已哉！是为记。

龙见桥　旧《云南通志》：在城北二十里。明万历间，州同黄宇建。

块泽桥　《一统志》：在城北，跨[①]块泽江上，两山壁立。《罗平州采访》：在城北百二十里卑淅厂。嘉庆十一年，知州张应垣率绅士厂民建。高十余丈，长三十余丈，宽丈余。

天生桥　《罗平州采访》：在块泽桥上，相隔十五六里。河中有巨石，高七八丈，长三丈余，中自成孔。

安平桥　《罗平州志》：在城北三十里，喜旧溪东流至此分派。往来甚艰，州民刘大成架木为梁。康熙五十六年，知州黄德巽易以石。

六龙桥　《罗平州采访》：在城北三十五里鲁特村，邑庠生孔传道、孔继宗倡修。

高　桥　《罗平州采访》：在城北四十里把洪村。

大　桥　《罗平州采访》：在城北五十里龙硐村旁。

新　桥　《罗平州采访》：在城北六十里以孔村。

---

① 跨　光绪《云南通志》、《新纂云南通志》同，《清一统志》作“在”。

龙安桥 《罗平州志》：在州北之乾河。明万历间，署州黄宇建。

寻甸州

独树双桥 旧《云南通志》：在城东半里。明嘉靖二十三年，知府林斌重修。

兔儿河桥 《寻甸州采访》：在城东一里许。乾隆六十年，知州李焜重修。

洗马桥 旧《云南通志》：在城东四里。初系木桥，明嘉靖二十三年，知府林斌易以石。

七星桥 旧《云南通志》：在城东二十里。明嘉靖间，郡民刘聪建。《寻甸州采访》：在城东十五里。乾隆元年，州民白大成倡修。

通靖桥 《一统志》：在城东二十里。长三丈，阔五尺，跨阿交合溪。

广善桥 《寻甸州志》：在城东三十里周高村，康熙四十一年建。

太平桥 《寻甸州采访》：在城东南三十里集贤村。嘉庆二年，村人夏云峰建。

崇善桥 《寻甸州采访》：在城东南三十五里小坝者村。乾隆十八年，秦镕建。

下板桥 《寻甸州志》：在城东南七十里。

虎渡桥 《寻甸州志》：在城东南甸头里河边村。乾隆十年，村民王相宽建石桥。

月甲桥 旧《云南通志》：在城南二里。旧架以木，明嘉靖间，知府王尚用易以石。

望峰桥 《寻甸州志》：在城南二里。明知府李祥建，以泄堤水。《寻甸州采访》：在城南关外。康熙四十七年，州人彭起凤建。乾隆二十二年，水泛倾圮，州民彭贤、杨芳声、吴英等捐修。嘉庆十七年，水涨又圮，州民彭源捐修。

三板桥 旧《云南通志》：在城南五里。明成化间，知府李祥建木桥。嘉靖间，知府王尚用易以石。《寻甸州志》：在城南七里。

阿义桥 《寻甸州志》：在城南七里余洗里村，明万历间建。

蔡济桥 旧《云南通志》：在城南十五里。明嘉靖间，军人蔡永建。《寻甸州志》：在王家村。

小河桥 《寻甸州志》：在城南二十五里。

蒋所桥 《寻甸州志》：在城南三十里。

连云桥 《寻甸州志》：在城南三十二里，康熙三十九年建。

引凤桥 《寻甸州志》：在城南三十五里。康熙四十九年，塘子屯士民建。

温泉桥 旧《云南通志》：在城南三十五里，今名塘子大桥。明嘉靖初建，后圮。雍正二年，知州崔乃镛率士民重修。

羊子街桥 《寻甸州志》：在城南四十五里。

代砖桥 旧《云南通志》：在城南五十里木密所城东十五里。

南安桥 旧《云南通志》：在木密所东二十里，一名青石桥。明成化间，商人刘瓒道建。弘治间，所军卫腾霄等募修。

牛子街桥 《寻甸州志》：有二，俱在城西百余里，左右跨列。

甸尾桥 《寻甸州志》：在城西一百里甸尾村。

可郎高桥 《寻甸州志》：在城西百里可郎村。

新石桥 《寻甸州采访》：在城西亦郎里。乾隆二十年，州人马全建。

栖龙桥 《寻甸州采访》：在城西亦郎里朵丹村。嘉庆十六年，州民杨文发捐建。

迎恩桥 旧《云南通志》：在城北门外，一名阳桥。初系木梁，明成化间，知府谢绍易以石。

靖远桥　《一统志》：一名靖边远桥。旧《云南通志》：在城北三里余。明成化间，知府谢绍建。嘉靖间，知府林斌重修。

太平桥　旧《云南通志》：在城东北三里。明弘治间，知府谢绍建。

段宗桥　《寻甸州志》：明总兵段乔生建，今圮。

平彝县

块泽渡　《平彝县采访》：在城东南一百二十里亦佐地。两山壁立，流水甚疾，旧有桥，今设舟以渡。

顺豫仙桥　旧《云南通志》：在城东门外。明万历间，军人张大云建。

祈嗣桥　旧《云南通志》：在城东南七里。明万历五年，指挥李厚建。

兴隆桥　《平彝县采访》：在城东南二百里亦佐地，康熙三十六年建。

亦阳桥　《平彝县采访》：在城东南二百里亦佐地。

永安桥　《平彝县采访》：在城东南二百里亦佐地。

红崖嶂河桥　旧《云南通志》：在城南三里。明万历间，军人叶汝贵建。

界牌桥　旧《云南通志》：在城西八里。明万历二十四年，分巡道高荐檄经历汤廷良建。《平彝县志》：在城西北八里。

乾　桥　旧《云南通志》：在城西十三里，明万历二十四年建。

石岑铺桥　旧《云南通志》：在城西十五里。明万历间，千户田嘉禾建。

界牌铺桥　旧《云南通志》：在城北十五里。明万历五年，指挥李厚、千户田嘉禾建。

宣威州

石龙桥　旧《云南通志》：在城东一里，明州人李国标建。

衍嗣桥　旧《云南通志》：在城南半里。明嘉靖间，御史缪文龙建。《宣威州采访》：后水涨倾圮，乾隆四十一年，贡生侯御远砌以石，改名麒麟桥。

山　桥　旧《云南通志》：在城南里许。原系木梁，今易以石。

马龙桥　旧《云南通志》：在城南五里。

王家桥　旧《云南通志》：在城南十五里。《宣威州志》：在城南洪桥铺。

乾河桥　旧《云南通志》：在城南二十五里。

小江桥　《宣威州采访》：在城西南八十里。架木为梁，乾隆三十七年，易以石。

御史桥　《宣威州采访》：在城西下堡。明嘉靖间，御史缪文龙建。昔有桥廊，北额曰“南通六诏”，南额曰“北达三巴”。后圮，署州饶梦铭砌以石，水硐三，改名朝阳桥。

扯卓桥　《宣威州采访》：在城西五十里。

大有桥　《宣威州采访》：在城西六十里，跨仙人洞河。乾隆十六年建，上覆瓦屋，郡人吴承伯题其额曰“近瞩宣城，遥接巴江”。

如意桥　《宣威州采访》：在大有桥上游，相距里许，跨石城河。乾隆二十七年重建，郡人吴承伯题其额曰“云间玉柱，步上天台”。

江溪桥　旧《云南通志》：在城北二十里。

水西桥　旧《云南通志》：在城北三十里。《宣威州志》：在大屯。

大屯桥 旧《云南通志》：在水西桥上。《宣威州志》：在城北夏屯。

来宾桥 旧《云南通志》：在城北三十五里。

傥塘桥 旧《云南通志》：在城北八十里。《宣威州志》：架木为之。

可渡桥 旧《云南通志》：在城北一百三十里，旧系木桥，在可渡关下。康熙二十八年，总督范承勋建石桥于下游里许。总督范承勋《新建可渡石桥记》：

> 徙杠舆梁，王政之大经，所为广利济，免病涉也。然在安流通津，则其为力也易，若乃绝崖断壑，出其途者，势难飞渡，有望洋兴叹耳。尝见吴梅村之诗，有曰“盘江西绕七星关，可渡桥边万仞山”，其险可想而知矣。余自辛酉年由蜀东督师恢滇，过其境，知为滇黔蜀三省驿使往来之孔道也。崇冈峻岭，岌嶪相向，一水中断，抱石而行，湍激迅悍，声若轰雷，势若奔马。于时横槊危梁，见跕跕飞鸢，惊心骇目，行旅皆为震撼。切然念之，恐兹桥之未能久济也。迨承乏滇黔，追维羁途，尤为系念。已而仲夏，霑益州州牧以桥梁朽烂来告，复触余怀。闻此桥修而复坏者数矣，因其所请，思为一劳永逸之计，乃谋诸司郡，度非石桥不可。遣员估计费金，物力维艰，众缘莫给，佥称桥属滇黔要津，费须滇六黔四，公捐为当。随与抚军石公商咨黔抚军田公，欣然乐从。于是遴员齐赴，择日兴工，酌旧桥之下流宽平处而建造焉。创于己巳之夏，成于庚午之冬。桥栏横广二丈八尺，圻堮相望，十有六丈，三洞通流，铜关铁键，俱称缮致，谓俨然石虹鳌背矣。来乞余文以记之，备述桥畔摩崖旧迹，曰积翠流丹，曰山高水长，且并以其奇胜荟萃陈词，欲得不朽之文，以垂不朽之功也。嘻！向虑民病涉，合二省之钱为之，以桥梁实关大政也。今幸告成矣，桥曰可渡，诚可渡矣。兹滇黔各有所捐，不劳民矣，无阻邮矣，余亦欣然乐为之记矣。虽愧不朽之文，用记不朽之桥，亦云可矣。

三十三年倾圮，威宁镇总兵唐希顺复建木桥于旧处，五十四年，总督郭瑮重修。雍正八年，毁于火。今架浮桥，现议发帑重建。《宣威州志》：今重建木桥。

高　桥 旧《云南通志》：在城东北八里。

八仙桥 《宣威州采访》：在城东北八里许。

五福桥 《宣威州采访》：嘉庆十九年，知州张槐倡捐重修。

太和桥 《宣威州采访》：嘉庆十九年，知州张槐倡捐重修。

丽江府

丽江县

井里渡 《丽江府志》：在城东一百三十里。冬春用双木槽，夏秋用溜筒。

晟剌古岸 《丽江府志》：在城西六十里海罗塘。康熙六十年征西藏，于此搭浮桥渡江。

澜沧江渡 《丽江府志》：在城西四百里，地名木瓜音，渡用双木槽。又一在日件，即剑川协吉尾汛前。

金沙江渡 旧《云南通志》：在城北四十五里阿喜汛，出中甸要路，设有渡船。《丽江府志》：在城北五十五里。

俸可渡　《丽江府志》：在城东北四百五十里，渡用木槽。

东员桥　旧《云南通志》：在城东南五里。跨清溪、雪山二水。《丽江府志》：明时土知府木氏建。

万钧桥　《一统志》：在府城南三里。旧《云南通志》：在城南门外。康熙六十年，通判程廷伟建。《丽江县采访》：后水泛倾圮，乾隆五十二年，职员杨文灿、陈玉峰等倡建。

修文桥　《丽江府志》：在万钧桥之东，系木梁。通判陈廷伟建，上覆以亭，额曰“中流砥柱”。

七河桥　《丽江府志》：在城南四十里七河村。

来鹤桥　《丽江府志》：在七河桥南。原桥久圮，乾隆八年，鹤庆府耆民洪伟烈捐修，知府管学宣旌以匾曰“石虹来鹤”。

白地坪桥　《丽江府志》：在城南三百八十里，距下井二十里，系运盐要路。雍正八年，知府靳治岐建。乾隆三年圮，知府管学宣重建。

长水桥　《丽江府志》：在城西南十五里剌沙里，明土知府木氏建。

清江桥　《丽江府志》：在城西南九十里九河里，跨清江。

长川桥　《丽江府志》：在城西南二百余里旧兰州界，跨白石溪上。康熙间，土舍罗维馨建。

应鼎桥　《丽江府志》：在城西南二百余里旧兰州界，跨白石溪上。康熙间，土舍罗维馨建。

万子桥　旧《云南通志》：在城西门外半里，跨玉河。雍正六年，教授万咸燕重建。

大研桥　《丽江府志》：在城西门外，明土知府木氏建。

介福桥　《丽江府志》：在城西七里剌沙里。乾隆三年，里民和日介建。

普济桥　《丽江府志》：在城西十三里普七瓦村，明土知府木氏建。

青龙河桥　旧《云南通志》：在城西十五里束河里。《丽江县采访》：道光六年，贡生和国钧、生员郭墉等倡建。

次美桥　《丽江府志》：在城西十八里剌沙里，明土知府木氏建。

跨白玉溪石桥　《丽江府志》：有六，一在剌沙里，二在具略瓦，三在寨后，俱系通衢。明土知府木氏建。

吉祥桥　旧《云南通志》：在城西二十里白沙里，北跨青溪。《丽江府志》：明土知府木氏建。

葛陂桥　《丽江府志》：在白沙里。两岸缘崖，条石为梁。

具可桥　《丽江府志》：在白沙里。以上二桥，俱明土知府木氏建。

木别桥　《丽江府志》：在城西二十里剌是里。

来远桥　《丽江府志》：又名吊桥、关桥，在城西七十里石鼓，跨冲江河。乾隆四年，知府管学宣奉文建。

阿那湾木桥　《丽江府志》：在城西一百三十二里。乾隆七年，知府管学宣建。

平政桥　《丽江府志》：在城西一百五十里。乾隆二年，署府江峤孙建。五年毁于火，七年知府管学宣重修。

通甸桥 《丽江府志》：在城西二百七十里。架木为梁，长十余丈，跨通甸河。乾隆七年圮，知府管学宣重修。

河西木桥 《丽江府志》：在城西三百余里。乾隆七年，知府管学宣建。

甸平桥、新井木桥 《丽江府志》：二桥俱在城西四百里。乾隆元年，大使苗道建。

弩弓坪木桥 《丽江府志》：在城西。乾隆七年，管学宣建。

双石桥 旧《云南通志》：在城西北一里。《丽江府志》：在城西北二里，玉河于此分派。

铁 桥 樊绰《蛮书》：唐贞元十年，南诏异牟寻用军，斩断铁桥。《明史・地理志》：巨津州北有金沙江入州界，有铁桥跨其上。旧《云南通志》：在城西北三百里。考建桥时，或云吐蕃，或云史万岁及苏荣，或云南诏阁罗凤与吐蕃结好时建。吐蕃尝置铁桥节度，后异牟寻归唐，与韦皋合兵破吐蕃，所断铁桥即此。所跨处穴石锢铁为之，今冬月水清，俯视犹见铁环。

北岳桥 《丽江府志》：在城北二十六里北岳庙东。

鹤庆州

金沙江渡 旧《云南通志》：在城东一百三十里。

跨鳌桥 旧《云南通志》：在城内龙溪书院前，旧有跨鳌坊。明隆庆间，知府周集建。

东山桥 旧《云南通志》：在城东五里，跨漾弓江。以木为之，明时乡民公建。

火龙潭桥 《一统志》：在城东十里。

迎贵桥 旧《云南通志》：在城南门外半里，一名迎恩桥。明知府王昂建。

济川桥 《一统志》：在城南。

新生桥 旧《云南通志》：在城南门外一里，明时军人孙犟建。

落钟桥 旧《云南通志》：在城南门外五里。《鹤庆府志》：郡人孙昂甃以石。

鹤川桥 旧《云南通志》：在城南十里，明知府刘珏建。

永济桥 旧《云南通志》：在城南十五里，明举人孙翰建。

石固桥 旧《云南通志》：在城南十五里，明举人孙翰建。

利川桥 旧《云南通志》：在城南十八里，明知州周集建。

通济桥 旧《云南通志》：在城南十八里，一名通津桥。明知府周集建。

金登桥 旧《云南通志》：在城南二十里，跨漾弓江。明乡民公建。《鹤庆府志》：长十余丈，架木为之。

三庄桥 旧《云南通志》：在城南三十里。原木桥，康熙五十年，土通判高浤易以石。

天生桥 旧《云南通志》：在城西南一百二十里。

观音山桥 旧《云南通志》：在城西南一百二十五里。

二桥俱明知府刘珏建。

镇远桥 旧《云南通志》：在城西门外。明知府周集建，顺治间，郡民吴琨重修。

逢密桥 《一统志》：在府城西三十里。旧《云南通志》：在城北三十五里。

清水江桥 《一统志》：在城西四十里。

周官屯桥 旧《云南通志》：在城北门外七里，明郡民吕文聪建。

象跪石桥　旧《云南通志》：在城北十里，一名大板桥。明知府林遵节建。

小板桥　《鹤庆府志》：在城北。

大龙溪桥　旧《云南通志》：在城北十五里，一名大龙潭桥，跨漾弓江。明时乡民公建。《鹤庆府志》：长八余丈，架木为之。

剑川州

伽蓝桥　旧《云南通志》：在城内北街伽蓝祠前。明崇祯间，郡绅杨廷榦建。

四门濠池桥　《剑川州志》：在城外。

劝农桥　旧《云南通志》：在城东一里，跨岩场江水。顺治十三年，士民公建。

小马桥　《鹤庆府志》：在城东里许庄登沟上。

上大桥　旧《云南通志》：在城东三里，跨合惠江，为鹤庆路所经。明洪武间，士民公建。

下大桥　旧《云南通志》：在城东三里，一名金龙桥。康熙二十九年，耆民李三材募建。《剑川州采访》：康熙五十六年重建，乾隆间地震倾圮，生员杨朝元捐建。

邵家桥　旧《云南通志》：在城东三十五里清水江。康熙五十年，州人邵辉建。

通湖桥　《鹤庆府志》：在城南四里。《剑川州采访》：道光五年，署知州刘铭勋捐修。

永渡桥　旧《云南通志》：在城南十里。明万历间，郡庠生杨悰兄弟同建。

海虹桥　旧《云南通志》：在城南十五里，跨海尾河。明天启间，耆民王国柱、寸受根募建。《鹤庆府志》：旧名罗城桥，在甸尾。

回龙桥　旧《云南通志》：在城南三十里，跨回龙溪。康熙八年，知州刘启复建。

玉津桥　《剑川州采访》：在城南七十里沙溪黑惠江，乾隆间建。

桃羌桥　旧《云南通志》：在城西南三十五里，跨老君山河。明万历间，郡庠生杨悰兄弟同建。

寺登桥　旧《云南通志》：在城西南七十里。旧系木桥，雍正四年，郡庠生罗天爵、尹启昌，耆民段佩衮、王映虬等易以石。

加平桥　旧《云南通志》：在城西南九十里。《鹤庆府志》：距沙溪二十里。

上羊层桥　旧《云南通志》：在城西三十五里，跨老君山河。雍正二年，耆民尹联甲等募修。

回流桥　旧《云南通志》：在城西一百二十里求仁甸，为运盐路所经。旧系木桥，康熙六十年，耆民李万畴等募建，易以石。

岩江桥　旧《云南通志》：在城北半里，为丽江、中甸所经。康熙四十七年，耆民赵应绵等修。

柳邑桥　《鹤庆府志》：在城北一里。

小石桥　旧《云南通志》：在城北二里，为丽江、中甸所经。明举人罗为黼建。

广济桥　旧《云南通志》：在城北八里。明洪武间，士民建。

平济桥　旧《云南通志》：在城北十二里，跨石菜渠，一名巅场桥。康熙四十七年，耆民赵邦宪建。

利济桥　旧《云南通志》：在城北十二里河头江上。顺治十八年，士民公建。

金龙桥　《剑川州采访》：在城北十五里，为丽江、中甸、维西要路。乾隆四十六年建。道光二年，水涨倾圮。三年，署知州刘铭勋捐修。

金鸡桥　《剑川州采访》：在城北十五里石菜江上，道光元年建。

永济桥　旧《云南通志》：在城北二十五里，跨乾木河，为丽江、中甸所经。康熙四十七年，士民公建。

狮子桥　旧《云南通志》：在下羊层，为兰州所经。康熙十一年建，雍正二年重建。

中甸厅阙

维西厅

其宗渡　旧《云南通志》：在治东北二百里金沙江。雍正十年，通判孙光禄造渡船一只，置水手五名。

奔子栏渡　旧《云南通志》：在治东北六百里，旧设渡船。

溜筒江渡　旧《云南通志》：在治西北五百余里浪沧江。春冬设船，夏秋以篾索悬夹岸，用溜筒系人以渡。

合江桥　旧《云南通志》：在治西一百二十里。

姑拉崖桥　旧《云南通志》：在治西北二百二十里。以上二桥，俱雍正十年通判孙光禄、参将刘瑛同建木桥。

普洱府

宁洱县

杨柳桥　旧《云南通志》：在城东七十里。

追栗桥　《普洱府采访》：在城东四十里，系普洱、思茅要道。旧设木桥，屡被冲毁。嘉庆二十一年，职员包际泰倡建石桥。

普安桥　《普洱府采访》：在城东南五十里，俗名头道河，为普洱、思茅要道。旧无桥梁，嘉庆二十三年，乡饮张任寿倡士民捐建石桥。

普济桥　旧《云南通志》：在城南门外。

新　桥　旧《云南通志》：在城南四里。

西河桥　旧《云南通志》：在城西一里。

永胜桥　旧《云南通志》：在城北二里。

通济桥　旧《云南通志》：在城北三里。

接封桥　旧《云南通志》：在城北十五里。

惠远桥　旧《云南通志》：在城北十五里。

弥陀桥　《宁洱县采访》：在城东北，邑人杨氏建。

思茅厅

漫达河渡　《思茅厅采访》：在城西南三百五十里。旧《云南通志》：在攸乐东北一百八十里，通车里路。

石　桥　旧《云南通志》：在城南十里。康熙三十年，土目刀猛品率夷民同建。

车　桥　旧《云南通志》：在城南十五里，系车里孔道，因以为名。明崇祯间建。

晏公桥　旧《云南通志》：在城西南里许。康熙四十八年，江西客民建晏公祠于溪之岸，因建此桥，故名。

宿底桥　《思茅厅采访》：在城西南五十五里。旧《云南通志》：在攸乐东北四百八十里。

整板桥　《思茅厅采访》：在城西南二百四十五里。旧《云南通志》：在攸乐东北二百九十里。

观音桥　旧《云南通志》：在城西八里。康熙三十六年，土目刀猛品率夷民同建。

他郎厅

里仙江渡　《他郎厅采访》：在城南六十里。

猛野江渡　《他郎厅采访》：在城南八十里。

阿墨江渡　《他郎厅志》：一名永安江渡。旧《云南通志》：在城南九十里。两山壁立，道路险峻，系入普思要路。

漫丢江渡　《他郎厅采访》：在城南九十里。

布固江渡　《他郎厅采访》：在城南一百里。

鲁马江渡　《他郎厅采访》：在城西南六十里。

挖野江渡　《他郎厅采访》：在城西九十里。

普西江渡　《他郎厅采访》：在城西九十里。

谷麻江渡　旧《云南通志》：在城西一百三十五里，通镇威、景东要路。《他郎厅志》：以上八渡，各设渡夫二名，渡船二只。

水癸河石桥　《他郎厅采访》：在城东十三里水癸村。乾隆四十年，士民捐赀修建。

涟漪桥　《他郎厅志》：在城南门外。道光二年冲坍，四年重修。

椿溪桥　《他郎厅志》：在城南门外。

昌阜桥　《他郎厅志》：在城南门外。

观音桥　《他郎厅采访》：在城南里许。乾隆二年建，六年被水冲毁，通判张子玉领项修。

青云桥　《他郎厅志》：在城西门外。

布竜桥　《他郎厅志》：在城西布竜村。

白华石桥　《他郎厅采访》：在城西北一里。乾隆五十二年，士民捐赀公建。

那肺桥　《他郎厅志》：在城北门外。

章差桥　《他郎厅志》：在城北章差村。

碧朔桥　《他郎厅志》：在城东北碧朔村。

步仙桥　在瞻鲁坪。

九道河桥　《他郎厅采访》：在厅境内，系木梁。乾隆六年，通判张子玉领项修建。

威远厅

香盐井渡　旧《云南通志》：在城南一百五十里。

习本渡　旧《云南通志》：在城南四百里。

猛萨渡　旧《云南通志》：在城西南五百里。

猛戛渡　旧《云南通志》：在城西二百三十里。

青庄河渡　旧《云南通志》：在城北二十里。

那赖桥　旧《云南通志》：在城南一百里。康熙间，土州刀国栋建。

上南安桥、下南安桥　旧《云南通志》：并在城南一百二十里。

永昌府

谨案：樊绰《蛮书》开南、银生、永昌、寻传四处，皆有铁桥，今其址无考。

保山县

潞江渡 旧《云南通志》：在城东南一百里。明嘉靖间，兵备道潘润造巨舟，可渡百人，两岸建官厅憩息。

双　桥 旧《云南通志》：在城内东街。南北分衢，两桥相对，因以得名。

永安桥 《永昌府志》：在城内法明寺前。

昇平桥 《永昌府志》：在城内地官坊北。

土　桥 《永昌府志》：在城内彭指挥街。

新　桥 《永昌府志》：在城内钟楼巷口。

石　桥 《永昌府志》：在城内南园巷。

春晖桥 《永昌府志》：在城东昇阳门内。

昇阳桥 旧《云南通志》：在城东门外。

镇南桥 旧《云南通志》：在城东南门外。《永昌府志》：道光元年，知府刘彰宽捐修。

枯柯铁索桥 旧《云南通志》：在城东南一百二十里。明天启间建，康熙四十七年，知县金铨重修。六十一年，知县李芳华建亭七间于上。《永昌府志》：在城东南一百三十里大鹿山脚。

保场桥 《永昌府志》：在城东南一百五十里镇姚所保场驿前，明万历间建。

清河桥 《永昌府志》：在镇南门内。

龙池桥 《永昌府志》：在城南易罗池南。

众安桥 《永昌府志》：在城南七里，跨沙河下流，为永腾通衢。明洪武二十三年，指挥胡渊建，正德间参将沐崧、嘉靖间副使郭春震相继重修。康熙二十九年，总兵偏图重修。

神济桥 《永昌府志》：在城南诸葛营北。明永乐间，指挥车琳建。嘉靖间，义民吴贡[①]甃以石。

龙泉桥 旧《云南通志》：在城西南门外。

饮马桥 《永昌府志》：在城西南龙池内。

仁寿桥 旧《云南通志》：在城西门外。

西山桥 《永昌府志》：在城西石册寨，土舍莽承绪建。

拱北桥 旧《云南通志》：在城北门外。

通华桥 《永昌府志》：在城北通华门外。

济安桥 旧《云南通志》：在城北五里，即五里桥。《永昌府志》：闸潴西河水，明洪武十五年，指挥李观建。

东津桥 旧《云南通志》：在城北二十里。《永昌府志》：明洪武间，指挥李观建，今名小板桥。

---

① 吴贡　康熙《云南通志》、光绪《云南通志》皆作“吴贵”。

北津桥　旧《云南通志》：在城北二十里。《永昌府志》：明洪武十五年，指挥李观建。道光元年，知府刘彰宽捐修。

霁虹桥　樊绰《蛮书》：龙尾城西第七驿有桥，即永昌也。两岸高险，横亘大竹索为梁，上布箦，箦上实板，仍以竹屋盖桥。其穿索石孔，孔明所凿也。旧《云南通志》：在城北八十里，跨兰沧江，蜀汉武侯南征，始架木桥以济师。元元贞间，也先不花西征，易以巨木，后圮，用舟渡。明洪武中，镇抚华岳铸二铁柱于石，以维舟。成化中，僧了然募建，以铁索系两岸，上盖以板，为亭二十三楹，副使吴鹏题石壁曰“西南第一桥”。《永昌府志》：岁以民兵三十人更番戍守，日久铁缆损蚀，兵备道王槐倡修，参将沐崧继修，兵备道郭春震复修。后为顺宁猛酋所焚，兵备道郭以仁、杜华先，分巡道张尧臣相继重修，明季复毁。顺治间，督抚司道各捐金，檄金腾道纪尧典督建，两端系铁缆十六，覆板于上。为屋三十二楹，长三百六十丈，南北为关楼四，宏厰坚致，视昔有加，后毁于兵。康熙十二年，总兵张国柱重建，吴逆时又毁。二十年，知县蒋嘉谟重建。二十七年，总兵偏图增修两亭于南北岸，桥旁翼以栏杆，日久损蚀。三十八年，总兵周化凤、知府罗伦、知县程奕修。乾隆十五年，水泛冲毁，知府曹梦龙、知县顿权重修。

凤鸣桥　旧《云南通志》：在城东北一百二十里，跨沙木河。《永昌府志》：相传桥下水多瘴，人马饮之即病。

腾越厅

迎恩桥　旧《云南通志》：在城东门外。《腾越州志》：在饮马河下流。

东门桥　《腾越州志》：在城东门外，明指挥陈效建。

中　桥　旧《云南通志》：在城东三里。

满金邑桥　《腾越州志》：在城东雷起，郡人陈志建。

跃鳞桥　《腾越州志》：在城东东山寺，系木梁，今圮。

龙川江桥　旧《云南通志》：在城东七十里。《永昌府志》：在龙川驿，跨凤溪江，旧编藤为桥，铺以木板。明弘治间，兵备副使赵炯建桥于上流，寻废。嘉靖间，兵备副使潘润效霁虹桥制重建。康熙三十七年毁，三十八年，副将张友凤、知州唐翰弼重建于壶瓶口。旧《志》：雍正元年，知府林世俊、副将孙宏本、知州杨之盛同建。《腾越州志》：乾隆三十三年，发帑重修。

血战桥　《一统志》：在城东一百二十里全胜关外。《永昌府志》：明万历间，参将邓子龙建，因破缅酋于此，故名。

团山桥、凤山桥　《腾越州志》：俱在城东南团山村。

新　桥　《腾越州志》：在城西南里许。

龙洞桥　旧《云南通志》：在城西南五里。《腾越州志》：一名叠水河桥，明指挥陈仪建。

镇彝关桥、蔺家桥　《腾越州志》：并在城西南，明朗蔺家寨。

河西桥　《腾越州志》：有二，俱在城西南河西练。

曩转桥　《腾越州志》：一名铁索桥，在城西南七十里南甸西南十余里，通干崖道。干崖土司建。

普天桥　《腾越州志》：在南甸黄果树塘，下通曩宋道。

曩烟桥　《腾越州志》：在南甸夷寨南。

凌云桥 《腾越州志》：一名大桥。旧《云南通志》：在城西二里。《永昌府志》：跨大盈江，指挥陈福甃以砖石。

通津桥 旧《云南通志》：在城西二里。明嘉靖八年，百户郝昇增修。《腾越州志》：乾隆三十九年重修。

三合桥 旧《云南通志》：在城西十里。《永昌府志》：叠水河、芭蕉溪、来凤滩合流于此，故名。《腾越州志》：在和顺乡，明寸玉建。

顺江桥 《腾越州志》：在城西大西练。

固东桥 《腾越州志》：在城西阿白屯，有田为岁修之费。

乌索桥 《腾越州志》：在阿白屯西。

厢子桥 《腾越州志》：在城西明光罗香甸。

回龙桥 《腾越州志》：在城西界头之马面关。

郑家桥、冉家桥 《腾越州志》：俱在城西北江苴。

北门桥 《腾越州志》：在城北门外。

筒车河桥 《腾越州志》：在城北门外田心。明指挥杨继武建，乾隆四十年重建。

迎凤桥 《腾越州志》：在城北，明绅士郑文运建。

大板桥 旧《云南通志》：在城北五里。

天生桥 旧《云南通志》：有三，一在城北二十五里打苴，一在城北四十里清水河，一在城北六十里灰窑。

永济桥 旧《云南通志》：在城北五十里。康熙四十年，知府罗纶、同知李文渊、副将张友凤、知州唐翰弼捐建。《永昌府志》：在城北九十里。《腾越州志》：系铁索桥，在曲石界尾地。

成德桥 《腾越州志》：在曲石野猪箐，络以铁索。

天济桥 《腾越州志》：在曲石，跨潞江，络以铁索。乾隆三十年，生员董棫等建，系上江、云龙、永昌要道。三十一年，永顺镇总兵乌尔登额、知府陈大吕因边事拆毁。

界尾桥 旧《云南通志》：在城北六十里。康熙三十九年，知州唐翰弼重建。

向阳桥 《腾越州志》：在城北六十里。明时建，乾隆三十五年，里民重修，络以铁索。

瓦甸桥 旧《云南通志》：在城北七十里。《永昌府志》：在城北二十里。

夹象石桥 《腾越州志》：在瓦甸，一名铁索桥。

藤　桥 《明史·地理志》：腾越州东北有龙川江，有藤桥在其上。《永昌府志》：有二，一在瓦甸，一在曲石。水流湍急，以藤系于两岸树上，行者扳援以渡。《腾越州志》：有三，一在龙川，一在甸尾，一在曲石，皆跨龙川江。

双虹桥 《腾越厅采访》：在城东北蒲缥站西，系永腾孔道。乾隆五十四年，知府陈孝昇捐修。

永平县

九渡桥 旧《云南通志》：在城东六里。《永昌府志》：在城东北五十里，跨九渡河上。

保场桥 旧《云南通志》：在城东九里。

胜备桥 旧《云南通志》：在城东一百二十里。康熙二十九年，知县薛采建。雍正七年，知县胡正笏重修。《永昌府志》：在城东北，为永顺、龙陵、腾越要路。引铁索为梁，上覆板屋，道光六年三月毁于火，知府陈廷焴重建。

云龙桥　旧《云南通志》：在城东南一百九十里，蒙化、永平交界之所。漾水、濞水、雒马水汇流于此，旧例永七蒙三修理。康熙三十年，提督诺穆图建，引铁索为梁，上覆瓦屋。

太平桥　《一统志》：一名昌平桥。旧《云南通志》：在城南门外半里许。康熙五十七年，知县冯庆长建。雍正九年，知县胡正笏捐修。《永昌府志》：一名银江桥，在城东南，跨银龙江，长四十丈，高二丈五尺，广二丈。嗣因水泛倾圮，知县姚孔鍠修，后又倾圮，知县宣世涛重修。

通津桥　旧《云南通志》：在城南门外半里许。

西山桥　旧《云南通志》：在城西半里。

安定桥　旧《云南通志》：在城西十五里。《永昌府志》：在城北八里木里场村，跨银龙江上。

广济桥　旧《云南通志》：在城西三十里。

花　桥　旧《云南通志》：在城西四十里。

双　桥　旧《云南通志》：在城北十里，即双汇桥。《永昌府志》：在城东南八十里，一河二桥，故名。

龙陵厅

镇安桥　《永昌府志》：在土城外。

放马厂桥　《永昌府志》：在厅南大关外二十里。

永康桥　《永昌府志》：在厅南芒市，去大关五十里。

得胜桥　《永昌府志》：在芒市蛮波五里。

坝兔桥　《永昌府志》：在厅南三十里道水箐口。

滩冷桥　《永昌府志》：在厅南遮放。

盘龙桥　《永昌府志》：在厅西三里鳌山下。

香柏桥　《永昌府志》：在厅西北三十里，通腾越大路。

猛淋桥　《永昌府志》：在厅北三里。

铁河桥　《永昌府志》：在厅北十里。

头道桥　《永昌府志》：在厅北潞江。

二道桥　《永昌府志》：在潞江。

开化府

文山县

和尚庄桥　《开化府志》：在城东八里。康熙十一年，士民公建。

益后桥、平坝桥　《开化府志》：并在城东十里，郡人公建。

锡板桥　《开化府志》：在城东八十里，里民胡应泰捐修。

牛羊太平桥　《开化府志》：在城东百余里。乾隆十八年，胡应泰捐建。

平寨桥　《开化府志》：在城东百里许，郡人李国柱捐建。

达戛桥　《开化府志》：在城东百三十里，寨民公建。

磨山桥 《开化府志》：在城东百四十里，寨民公建。

炭喜桥 《开化府志》：在城东二百里许，系木梁。

兴宝桥 《开化府志》：在城东二百里许，路通者囊厂。郡人李荣普倡建。

者崩桥 《开化府志》：在城东二百四十里，里民捐建。

永济桥 旧《云南通志》：在城南里许。康熙九年，知府刘圻、通判赖玮同建。

石洞桥 《开化府志》：在城南五里许，里人公建。

老虎沟桥 《开化府志》：在城南六里，郡人杨景汉建。

双元桥 《开化府志》：在城南六里。乾隆七年，里人公建。

沟交桥 旧《云南通志》：在城南十五里。康熙十八年，阖邑公建。

佴可桥 《开化府志》：在城西南百三十里，监生萧俊建。

大栗树桥 《开化府志》：在城西南百四十里，监生萧俊捐建。

箐口桥 《开化府志》：在城西南百八十里。

望松桥 《开化府志》：在城西濠上，郡人向得先捐建。

镇西桥 旧《云南通志》：在城西门外。康熙十一年，总兵高启隆、知府刘圻、通判赖玮同建。

太安桥 《开化府志》：在城西。

小天生桥 旧《云南通志》：在城西二十五里。规制天成，不假人力。

二博桥 《开化府志》：在城西四十里，里人公建。

所里城桥 旧《云南通志》：在城西五十里。康熙二十二年，郡民公建。

路梯桥 《开化府志》：在城西六十里，士民捐建。

洒戛竜桥 旧《云南通志》：在城西九十五里。《开化府志》：在城西百里许。康熙七年，郡民公建。

普明桥 《开化府志》：在城西百二十里，里人捐建。

八寨大石桥 《开化府志》：有二，俱在城西百三十里。

藤　桥 《开化府志》：在城西三百余里。冬春水减乘筏，夏秋水泛，土人取藤系两岸巨树，编而为桥，高出水面数丈，桥上复系长条，手引以渡，长丈余。

天生桥 旧《云南通志》：在城西北二十五里。古桥原系天造，不事人力。《开化府志》：在城西北三十里。飞石陡崖，两山相接，盘龙流其中。后因崎岖难行，康熙四十一年，郡人别建木桥。年久倾圮，知府汤大宾、知县谢千子复开旧道于桥上，宽敞坦平，徒舆便焉。

侬人河桥 旧《云南通志》：在城西北四十里。《开化府志》：在城西北五十里，即盘龙河经道处。康熙十五年，僧心明募建。

弥勒河桥 旧《云南通志》：在城西北六十里。《开化府志》：在城西北八十里。康熙二十年，士民公建。

天仙桥 《开化府志》：在城西北九十里，贡生贾荣冕建。

双河桥 《开化府志》：在城西北百里许，黑末六寨公建。

泰安桥 《开化府志》：一名北桥。旧《云南通志》：在城北门外。旧有桥，倾圮。雍正四年，总兵冯允中、知府佟世佑倡建。

朱家桥 《开化府志》：在城北二里许钟灵寺后，楚人朱正芳捐建。

一字桥 《开化府志》：在城北五十里。康熙三十年，里民公建。

探南桥 《开化府志》：在城北五十五里，开广通衢。原系木梁，今易以石，里民公建。

汤坝桥 《开化府志》：有二，一在城北八十里，康熙十三年，士民同建；一在城西百五十里，木桥石墩，上盖瓦屋，里人公建。

三板桥 旧《云南通志》：在城北九十里。《开化府志》：在城北百二十里。康熙五十二年，土经历周应龙倡建。

安平厅

牛羊天生桥 《开化府志》：在府城南百五十里，由府城大河通交趾。每逢水涨，喷高数丈，声震十余里，系中外交界。

卷五十一 建置志六之四 津梁四

东川府

会泽县

洒海渡 《东川府志》：在城西南百余里待补集义乡，通汤丹、落雪等厂。

以里河渡 《东川府志》：在城西门外以里村。夏秋设渡，春冬用舆梁。

小江渡 《续东川府志》：在城西北，系运铜要路。乾隆二十年，知县执谦建踏雪桥于此。六十年火毁，知府屠述濂修。嘉庆七年冲毁，知府鸣铎重修。十七年复冲，署府福宁理详请设渡，并置田亩，作岁修工食之费。

小石桥 旧《云南通志》：在城东门外。康熙四十五年，经历张玺建。

太平桥 《东川府志》：在城东门外半里许。

坤利桥 《东川府志》：在城东九十七里者海东。旧系木桥，乾隆间，临武、桂阳客民易以石，故又名临桂桥。

车洪江藤桥 旧《云南通志》：在城东一百二十里。《续东川府志》：乾隆五十年，职员刘汉鼎建。

丈美桥 《东川府志》：在城东百八十里输诚里法纳村，系木梁，长阔各一丈二尺。乾隆十九年，知府义宁建。

永安桥 《续东川府志》：在城东杓窝江，嘉庆元年建。

且中桥 《东川府志》：在城东南九十里忠顺里。

叶西桥 《东川府志》：在城东南尚德乡龙潭河。

盘桂桥 《东川府志》：在尚德乡五龙募村后。

欢有桥 《东川府志》：在尚德乡五龙募。

敏蚕桥 《东川府志》：在尚德乡赵家村后。

春影桥 《东川府志》：在尚德乡，跨以濯河。

以濯河桥 旧《云南通志》：在城南四十五里。雍正八年，叛夷拆毁，知府崔乃镛重修。

如州桥 《东川府志》：在城南凝靖里，跨以濯河。

眉守桥 《东川府志》：在凝靖里待补。

可月桥 《东川府志》：在城西南待补集义乡，跨阿汪溪，系木梁。

隐是桥 《东川府志》：在集义乡，跨深沟，系木梁。

天镜桥 《东川府志》：在集义乡，跨深沟。

过翠桥 《东川府志》：在集义乡橄榄坡。

通隐桥 《东川府志》：在城西南清凝里，跨黑水河，木梁。

七星桥 《续东川府志》：在城西门外。乾隆三十一年，知府李豫建。

锁翠桥、飞云桥 《东川府志》：俱在城西门外三里许，跨义通河，系木梁。知府义宁建，上覆以亭。

日者桥 《东川府志》：在城西门外三里许折柳亭前。

龙潭桥 旧《云南通志》：在城西五里。

福海桥 《续东川府志》：在城西十里马鞍山旁，系运铜要路。郡人何映璧捐建石桥，高阔各三丈，长十余丈。

小江桥 旧《云南通志》：在城西七十里。雍正五年，知府黄士杰建。

卑冲藤桥 旧《云南通志》：在城西一百二十里。

卑却桥 旧《云南通志》：在城西一百五十里。

壁谷江桥 旧《云南通志》：在城西一百五十里。雍正十年，知县祖承祐重修。

津在桥 《东川府志》：在城西北崇礼乡鲁雾村。

长聚桥 《东川府志》：在崇礼乡黑河尾。

左河桥 旧《云南通志》：在城北门外，一名新桥。

右河桥 旧《云南通志》：在城北五里，一名大桥。以上二桥，俱雍正六年，知府黄士杰建。

壬申桥 《东川府志》：在城东北牛栏江。乾隆十六年，知府夏昌建。

宾水桥 《东川府志》：在城东北敦仁乡瓦泥寨。

春前桥 《东川府志》：在敦仁乡梅子河。

湖天桥 《东川府志》：在敦仁乡以舍村。

巧家厅

龙王庙渡 《巧家厅采访》：在城西南善长里蒙姑。《东川府志》：在府西北则补，北达建昌，乃金沙江之要津，设兵四名，每月发循环簿稽查往来。

象鼻岭渡 《续东川府志》：在巧家西南一百二十里善长里小江入金沙江处，为运铜要路。

阿屋村渡 《续东川府志》：在巧家西五里鲁木得，系川滇交界。乾隆五十七年，职员刘汉鼎等捐田一百亩零，年收租谷六十石，以作岁修船只、水手工食之费。

鱼洒哨渡 《续东川府志》：在巧家西二十余里归治里。乾隆三十八年设，系川滇两营会哨之处。

嗣应桥 《续东川府志》：在城南门内。乾隆四十六年，粤省客民冯冬星建。

一家苗桥 《续东川府志》：在城西南八十里善长里。嘉庆十五年，岁贡刘城建。

五里桥 《续东川府志》：在善长里蒙姑坡，距巧家一百里。嘉庆二十二年，刘城建。

刘公桥 《续东川府志》：在善长里蒙姑，距巧家一百三十五里。乾隆五十二年，刘汉鼎捐建，通郡城要道。

安贞桥 《续东川府志》：在善长里蒙姑。嘉庆二十一年，节妇萧唐氏建，旋被大水冲塌，二十四年重修。

曲可桥 《巧家厅采访》：在城西五十里小河。《东川府志》：在归治里，距巧家营八十里，为巧家要道。乾隆四年，建木梁，长十五丈，高九丈，阔丈余，上覆以亭。后毁，经历陈辙倡修，复捐置田亩，以作岁修之费。道光十年夏，大水，桥圮，署同知陆葆倡修，并清厘地亩租谷，作岁修费。岁修田二分：一坐落小河桥，年收市斗租谷二十石；一坐落海溪坝葫芦口，年收市斗租谷一十三石。二共谷三十三石，除上纳条粮外，余俱存贮，以作岁修费。

臭水井桥 《续东川府志》：在棉沙湾。嘉庆间，刘城建。

三道沟桥 《续东川府志》：在归治里。嘉庆间，刘城建。

玉虹桥 《续东川府志》：在木期吉。乾隆间，刘汉鼎建。

昭通府

恩安县

洒鱼河渡 旧《云南通志》：在城西四十里，通四川马湖、叙州大道。

太平桥 旧《云南通志》：在城东门外半里。雍正七年，知府陈克复建。

南薰桥 旧《云南通志》：在城东五里。雍正十年，知县金言建。

龙津桥 旧《云南通志》：在城东二十五里，知县金言建。

永丰桥 旧《云南通志》：在城南门外，知府陈克复建。

安阜桥 旧《云南通志》：在城南一里，知县金言建。

凤凰桥 旧《云南通志》：在城南十里。雍正十年，郡民李贤品、赵登甲等建。

双虹桥 旧《云南通志》：在城南二十五里，知府陈克复建。

利济桥 旧《云南通志》：在城西门外，知县金言建。

天梯桥 旧《云南通志》：在城西十里，知府陈克复建。

高河桥 旧《云南通志》：在城西十五里，知县金言建。

砥柱桥 旧《云南通志》：在城西四十里，知县金言建。

三道桥 旧《云南通志》：在城西北十五里，知府陈克复建。

旧圃桥 旧《云南通志》：在城西北二十里，知府陈克复建。

通济桥 旧《云南通志》：在城西北四十里，知县金言捐建。

镇雄州

班（斑）鸠井渡 《镇雄州志》：在城南二百里，界接永凝渡，名陇赣。水势险急，偶遇泛涨，舨舟难济，半用筒槽。

五眼硐渡 旧《云南通志》：在城西五十里，春夏秋舟渡。《镇雄州志》：在城西七十里。

波布河渡 《镇雄州志》：俗名哺哺河，在城西一百一十里。冬则可涉，春夏秋编筏以渡。

角魁河渡 旧《云南通志》：在城西三百二十里。《镇雄州志》：在城西四百六十里。水险无舟，编筏以渡。

洛杭渡 《镇雄州志》：在城北一百七十里。刳木以济，乾隆三十五年，分防牛街千总刘惠倡置版舟，每岁令舟人量留渡钱，以新朽败。

溪口渡　《镇雄州志》：在城北一百八十里。水势迅速，版舟难济，仍用筒槽。

天生桥　旧《云南通志》：在城东二十里。《镇雄州志》：一在城东洛浆，一在城南母享，一在城西五眼硐下。

泰凝桥　旧《云南通志》：在城东三十里，旧名版桥。《镇雄州志》：乾隆元年，知州徐柄易以石。

镇东桥　《镇雄州志》：在城东二百七十里两河口。乾隆四十一年，知州饶梦铭、州判郝允杰重建。

镇南桥　《镇雄州志》：在城南十五里。乾隆三十二年，监生何可赞捐建，额曰“万年桥”。

太平桥　《镇雄州志》：在城南三十里翟底河，里人捐建。

云路桥　《镇雄州志》：在城南四十里，里人捐建。

镇西桥　《镇雄州志》：在城西二十里，乾隆三十九年，知州饶梦铭、吏目顾嘉颖重修。

高　桥　旧《云南通志》：在城西一百里。

西河口桥　旧《云南通志》：在城西二百里。

凌霄桥　《镇雄州志》：在城北六十里古芒部凌霄阁下。

网袋桥　旧《云南通志》：在城北一百里，以藤系版。

镇北桥　旧《云南通志》：在城北一百二十里。《镇雄州志》：旧名吊桥，在城北二百七十里水田寨。两岸巉岩壁立，中为大流，夏秋水涨，行者阻滞，动经数日。乾隆三十五年，分防牛街千总刘惠率众捐修，旋被冲坍。三十九年，知州饶梦铭重建。

无讼桥　《镇雄州志》：距彝良城十余里，乃戈魁、伐乌往来孔道。每遇水涨，辙阻累日，公私苦之。乾隆四十九年，里民捐修，致讼，州同文斗息之，额曰“无讼桥”。

永善县

黄草坪渡　旧《云南通志》：在城西六十里。

观音渡　旧《云南通志》：在城北四百二十里太乙山下。

副官村渡　旧《云南通志》：在城北七百五十里。

大关厅

老李渡　旧《云南通志》：在雄魁城西南十五里。冬春水涸，架木往来，至夏秋水涨，土人拽藤为桥，以渡行人。

盐井渡　旧《云南通志》：在雄魁城西南七百七十里，去豆沙关四十里。渡口设巡检一员，稽查奸宄。《大关厅采访》：嘉庆二十二年，巡检王厚坤率绅士造铁连环十二，面幔木版，上有扶手，路分三条，直长二十四丈，横宽八尺，更名易渡桥。

新　桥　旧《云南通志》：在雄魁城东四十里。宽八尺，长五丈余。日久倾圮，同知张坦详估重修。

石阁河桥　《大关厅采访》：原建木桥，嘉庆六年，客民林延芳易以石。

大关河桥　《大关厅采访》：原建木桥，年久倾圮。嘉庆二十一年，生员吴瑞麟倡众捐建石桥。

响水硐桥　《大关厅采访》：原建石桥，被水冲坍。道光元年，生员吴祥麟弟兄倡建木桥。

乾溪沟桥 《大关厅采访》：道光元年，职员李建中捐建。

景东直隶厅

者后渡 《景东厅采访》：在城东南一百二十里。

船口渡 旧《云南通志》：在城南。《景东厅志》：在治南清凉桥下，今移蛮仓渡。

中所渡 《景东厅志》：在城南四十里。

蛮井渡 《景东厅采访》：在城南六十里。

戛里江渡 《景东厅志》：在城西四跕。

那允渡 《景东厅采访》：在城南六十里。

都喇渡 《景东厅采访》：在城南八十里。

石 桥 《景东厅志》：在城东门外。相传郑姓建，里人重修。

溯澜桥 旧《云南通志》：在城东一里。长二百尺，宽十尺余，上覆以瓦。旧桥倾圮，康熙五十七年，同知黄叔琪率众修建。《景东厅志》：在城南一里。银江至此，水势浩大，长桥如虹，覆瓦屋六十四间，上有铺面，下有沙坝，郡人于此赶街，久圮。嘉庆十八年，绅耆募建未成，贡生赵绂等筹送租谷三十二石，又郡绅罗含章送租谷二十八石、银四百两，设船济渡，共作每年渡夫工食之费。凡往来行人，不准收钱，以便行旅。

大河桥 《一统志》：在府城东二里，跨大河。上覆瓦屋四十九楹，今水溢倾圮。

青云桥 《景东厅志》：在城南门外。

景明桥 《景东厅志》：在城南六里。

向明桥 旧《云南通志》：在城南六里。

平川桥 《一统志》：在府城南十里。

孔雀山石桥 旧《云南通志》：在城南十五里。《景东厅志》：在城南二十里。嘉庆二十四年圮，绅士罗承休捐建。

清凉桥 旧《云南通志》：在城南二十里。《景东厅志》：在城南三十里。

蛮仓桥 旧《云南通志》：在城南三十里。《景东厅采访》：在城南四十里。

开南桥 旧《云南通志》：在城南四十里。《景东厅志》：在城南六十里。绅士李继春、苏子秀倡建，嘉庆十八年倾圮，众士庶重修。

者吉桥 旧《云南通志》：在城南七十里。《景东厅志》：在城南八十里。

者干桥 旧《云南通志》：在城南九十里。额曰“万世永赖”，又曰“霁虹饮渡”。

那赖桥 《景东厅志》：在城南者干。

蛮费桥 《景东厅志》：在者干。

圈快桥 《景东厅志》：在者干。

瀛洲桥 《景东厅志》：在者干上营。

会麟桥 《景东厅志》：距者干五里。

兰津桥 《一统志》：在城西南，跨澜沧江。旧《云南通志》：在城西南一百里。两岸峭壁插汉，江流飞急，以铁索扣南北岸为桥。相传汉明帝建，明永乐间重修。《景东厅志》：久废，今目为兰津箐。

通津桥 《景东厅志》：古名中桥，在城西五里据菊河中，通达村寨。

虹 桥 《景东厅志》：在城西北。

通华桥 《一统志》：在府城北，跨通华河。旧《云南通志》：名通化，在城北一里，明洪武二十三年建。《景东厅志》：在城北二里。

新　桥 旧《云南通志》：在城北六里。《景东厅志》：在城北八里。《一统志》：在府北八十里。水泛冲没，往来病涉，康熙九年重修。

右所桥 《景东厅志》：在城北十里，久圮。嘉庆二十四年，绅士罗承休等倡建。

水寨桥 旧《云南通志》：在城北十六里。

大坝桥 旧《云南通志》：在城北十八里。《景东厅志》：在城北二十里。

蛮垂桥 《景东厅志》：在城北三十里。

排沙桥 《景东厅采访》：在城北三十里，绅士程承式建。

板　桥 《景东厅志》：在城北六十里。

小龙街桥 《景东厅采访》：在城北六十里，绅士程承式倡建。

新站桥 旧《云南通志》：在城北八十里。康熙九年，同知胡向极捐修。《景东厅志》：后圮，嘉庆十六年重建。

景恩桥 《景东厅志》：距城百四十里，周艾、曹丰等倡建。

石麟桥 《景东厅志》：俗名蛮冈桥，绅士罗遵缨捐建。

花鱼箐桥 《景东厅采访》：绅士程承式捐修。

南涧桥 《景东厅采访》：绅士程承式捐修。

中和桥 《景东厅志》：绅士罗遵缨、罗曰伯倡建。

蒙化直隶厅

衍洋桥 旧《云南通志》：在城东三里，旧名嵯峫桥。康熙间，郡人张锦重修。

登龙桥 《蒙化厅志》：在城东三里龙王庙前。

聚仙桥 旧《云南通志》：在城东五里，一名元珠桥。明郡人王德清建，后圮。康熙六十年，僧维智募修。《蒙化厅志》：郡人王绪重修。

佛波桥 《蒙化厅志》：在城东四十里石佛哨。

锦溪桥 《一统志》：名卫中桥。旧《云南通志》：在城东南一里。明初郡人魏忠建，万历间郡人朱鸣时修。《蒙化厅志》：上覆瓦屋七楹，长七丈，高三丈，势若长虹。昔日沿溪花柳，望之若锦，故名。《蒙化厅采访》：郡人同僧密湛捐修。

济南桥 《一统志》：在城南半里。

崇化桥 《蒙化厅志》：在城南一里，俗名菜园河桥。后圮，大理杨国用重建。

南薰桥 《蒙化厅志》：在城南三里白塔河，郡人孙钊建。

封川桥 旧《云南通志》：在城南十五里，阳江所经。一川之水，汇流于此，为南路要津。《蒙化府志》：大理杨国用建，长十丈，广二丈。后水泛冲决，郡人重修。

通云桥 《蒙化厅志》：在城南三十里。耆民戴时遇建，梁朝柄重修。

兴隆桥 旧《云南通志》：在城南七十里罗求场下。顺治间，蜀人周士昂重修。

永安桥 《蒙化厅采访》：在罗求场，庠生林应鹤倡修。

平彝桥 旧《云南通志》：在城南一百里旧定边县治前。

永济桥 旧《云南通志》：在旧定边县南，明成化间建。

阳江河桥 旧《云南通志》：在旧定边县境内。康熙间，知县邱峤新建。

普利桥 《楚雄府志》：在旧定边县治内。

德胜桥 《楚雄府志》：在旧定边县北。

永春桥 旧《云南通志》：在城西二里，横跨阳江，为西路要津。嘉靖间，郡绅张文烈建。雍正七年，同知顾朝俊重修。《蒙化厅志》：后水泛冲决，监生梁朝柄倡众重修。《蒙化厅采访》：一名西河桥。

宏济桥 《蒙化厅志》：在城西鼠街下。同知卡廷松、监生梁朝柄等建，今圮。

四十里桥 《一统志》：在城西北龙尾关。旧《云南通志》：在城西北一百里，接赵州界。架木为梁，覆以瓦屋，又名天威迳。旧例蒙七赵三，不时修理。

润泽桥 《蒙化厅志》：在城北门外。

靖武桥 《蒙化厅志》：在城北里许。

饮虹桥 《蒙化厅志》：在城北三里系马桩下。

永济桥 旧《云南通志》：在城北七十里。明万历间，通判薛希周建。

云龙桥 旧《云南通志》：在城北一百八十里。《蒙化厅志》：为蒙、永交界，漾、濞、雒马三江汇流于此，奔湍雪浪，触石吞崖，舟楫难施，诚为天险。旧例蒙三永七修理。后因倾圮，康熙三十一年，提督诺穆图捐赀改建，就崖架木，缭以铁链，横楞厚枋，上覆以屋。

和会桥 旧《云南通志》：在城东北大小禾里村。康熙四十年，郡人冯光前建。

永镇桥 《蒙化厅采访》：在大楼房南二里许。乾隆五一八年，郡人张登瀛、杨珍朝、黄开益等新建。

康济桥 《蒙化厅志》：在瓦葫芦下，今圮。

永北直隶厅

金沙江渡 旧《云南通志》：有三，上渡在城西北一百五里紫里，接丽江界；中渡在城西南一百八十里旧顺州板桥，接鹤庆界；下渡在城南一百二十五里金沙江口。雍正十三年，署府江峤孙详请置买田亩，永为官渡，商贾称便。

碧溪桥 旧《云南通志》：在城东三里观音箐。

永济桥 旧《云南通志》：在城东南五十里。《永北府志》：系东南要路，旧有木桥，倾圮，河陡水深，行者病焉。雍正二年，吏员杨大衡同土司高𪸩勋修建石桥。

来薰桥 旧《云南通志》：在城南门外。

长安桥 《永北府志》：在城南，俗呼为小桥。

太平桥 《永北府志》：在城南二里。明庠生李科建，后圮，监生田永登重建。

观澜桥 《永北府志》：有二，一在城南十里，一在观音阁。

海河桥 旧《云南通志》：在城南八十里。

起文桥 旧《云南通志》：在城南八十里清水驿。

回澜桥 《永北府志》：在清水驿西。

宏大桥 《永北府志》：在清水驿北。

累功桥 旧《云南通志》：在城南一百里满龙伍。

三渡河桥 旧《云南通志》：在城南一百三十里。

济江桥 旧《云南通志》：在城南一百三十里陶营。

通江桥 旧《云南通志》：在城南一百五十里金沙江。

民功桥 旧《云南通志》：在城南二百里金沙江外，旧名龙门桥，久圮。雍正八年，知府石去浮捐建。《永北府志》：嗣因蛟泛冲倒，乾隆二十一年，知府袁德达同绅士捐建，仍名龙门。

江海联桥 《永北府志》：在城南远屯。

桑园桥 《一统志》：在城西南，跨桑园河。

延寿桥 《一统志》：在城西，跨四城乡之小溪。

关坪桥 《永北府志》：在城西三里。

明月桥 《永北府志》：在城西十五里西山关小坡下，原名永安桥。郡人杨之樑建，年久倾圮。乾隆二十一年，知府袁德达重修，改名明月桥。

梁官桥 旧《云南通志》：在城西二十里。《永北府志》：屡建屡圮，乾隆二十二年，太和严尚礼同生员何朝纲、刘怀远重建。

马武桥 旧《云南通志》：在城西三十里。《永北府志》：又名马伍桥，在近屯西山下。

沈官石桥 旧《云南通志》：在城西三十里。《永北府志》：又名九眼桥，明嘉靖间，百户沈高建。

永清桥 旧《云南通志》：在城西三十五里。《永北府志》：在近屯沙河。

前所桥 旧《云南通志》：在城西四十里。

星马桥 旧《云南通志》：在城西四十里。《永北府志》：在近屯马军。

陈广桥 旧《云南通志》：在城西四十里。

观会桥 《永北府志》：在城西近屯。

杨百户桥 《永北府志》：在近屯金官。

晓　桥 《永北府志》：在近屯河西，郡人杨珊倡建。

饮虹桥 《永北府志》：在城西北隅。

城内石桥 《永北府志》：在城内北街真庆观。

拱极桥 旧《云南通志》：在城北门外。

三步两座桥 《永北府志》：在城北一里。

通川桥 旧《云南通志》：在城北五里。《一统志》：通四川路。

天生桥 旧《云南通志》：在城东北三里。

黑坞桥 《永北府志》：在黑坞。久圮，郡人李尔芳建木梁。

开基桥 《一统志》：在永宁府城南。

海门桥 《一统志》：在永宁府城西。鲁窟海子之水流经此，入四川打冲河。

广西直隶州

盘江渡 旧《云南通志》：在城东北九十里。

东寺桥 旧《云南通志》：在城东二里。明万历三年，僧真裕建，筑堤二十余丈。

来东桥 旧《云南通志》：在城东三里。康熙四十四年，尼僧海藏建，筑堤六十丈。《广西府志》：一名龙甸石桥。

吉双桥 旧《云南通志》：在城东四里。明万历二十年，吉双、阿勒、武甸、阿平四村汉夷同建木桥。

江头桥 旧《云南通志》：在城东五里。康熙四十四年，郡人周遇奇募建。

邱矣桥 旧《云南通志》：在城东六十里，即飞途渡。《广西府志》：旧名邱矣渡，在城东八十里，渡盘江。

天生桥　《广西州采访》：在城东七十里得冲哨。两岸跨石相对，宽丈余，可通车马，天然生成。

部得竜桥　旧《云南通志》：在城东南八十里，通旧维摩州。《广西府志》：旧名部得竜渡，往邱北小道。

晏清桥　旧《云南通志》：在城南门外。明万历年间，知府张光宇、萧以裕先后修建。《广西府志》：上有大士阁。

石硐村桥　旧《云南通志》：在城南五里。康熙五十年，郡庠生汪浤建。

高　桥　旧《云南通志》：在城南十里。明崇祯十年，郡人蓟辽[1]太史杨绳武建。

通济桥　《广西府志》：在城南十五里固白村。旧《云南通志》：康熙元年，郡民张文著建。

正南桥　旧《云南通志》：在城南二十五里。康熙六十一年，郡民胡其敏建。

撤普桥　旧《云南通志》：在城南三十里。康熙三年，知府万裕祚建，郡绅董治、郡民梅朝阳重募建。

永镇桥　《广西州采访》：在城南四十里。乾隆五十二年，廪生李瑞芝建。

乐善桥　《广西州采访》：在城西南五十里阿摆村。嘉庆二十年，杨先春妻黄氏新修。

望仙桥　旧《云南通志》：在城西门口。明万历二十一年，知府陈忠建。

隍祠桥　《广西府志》：在城西城隍祠前，通判毕一谦建。

环翠桥　《一统志》：在城西一里，一名大石桥。旧《云南通志》：在城西门外。明弘治间，知府朱继祖建。万历间，知府张光宇重修。

玉阁桥　《广西府志》：在城西里许。有二，一在正街，一在朝天门外。

烟光桥　旧《云南通志》：在城西五里。康熙五十一年，郡绅董治、赵日畯重修。

三见坡桥　《广西府志》：在城西十二里。

金马桥　旧《云南通志》：在城西十五里。康熙元年，知府万裕祚修。五十六年，郡人张大为易石重修，筑石堤二十余丈。

所普桥　《一统志》：在城西三十里。

嵧竜桥　《广西府志》：在城西四十里，生员杨开建。

矣马桥　旧《云南通志》：在城西四十里。康熙四十年，郡民赵远建。

路溪桥、绿里桥　《广西府志》：并在城西四十里。

老鸦桥　《广西府志》：在城西五十里，往省大路。

普则勒桥　《广西府志》：在城西五十里，生员刘世昌建。

矣戈河桥　《广西府志》：在城北二十里。

柯家桥　《广西府志》：在城北五十里。旧《云南通志》：在城北三十里。康熙三十年，郡人柯朝举建。

师宗县

禄丰里渡　《广西府志》：一名禄丰里渡。旧《云南通志》：在城东八十里。

---

① 蓟辽　原本作“蘇辽”，据雍正《云南通志》改。乾隆《广西府志》卷十九《乡贤》有：“杨绳武，擢佥宪，巡抚顺天，驻扎遵化，迁兵部右侍郎，总督蓟辽，赐尚方剑。”作“蓟辽”是，据改。

旧泗渡 旧《云南通志》：在城东一百二十里。

盘江渡 《一统志》：在城东一百六十里马者笼乡。

扼罗渡 旧《云南通志》：在城东二百五十里。

拐村渡 旧《云南通志》：在邱北东一百八十里，通师宗州。

便柳渡 旧《云南通志》：在邱北东二百里，通西隆州。

八达江渡 旧《云南通志》：在邱北东二百五十里，通粤西要津。

飞土江渡 旧《云南通志》：在邱北西一百八十里，通本府。

大江边渡 旧《云南通志》：在邱北西北一百九十里，通粤西、开化、广南要津。

禄生桥 旧《云南通志》：在城东一里。明万历间，州绅赵尚文重修。

永昌桥 旧《云南通志》：在城东三里。

新　桥 旧《云南通志》：在城东五里瓦窑村。

普济桥 旧《云南通志》：在城东十里大河口。康熙十二年，知州韩惟一建。

石凤桥 旧《云南通志》：在城东十五里宁相村。《广西府志》：在小河口。康熙十二年，知州韩惟一重修。

平政桥 旧《云南通志》：在城南门外。

漾月桥 旧《云南通志》：在城南门外。康熙初，知州陈檀改建。

恺泽桥 《一统志》：在城南五十里。旧《云南通志》：在城南四十里。《广西府志》：在槟榔洞，一名蚁泽桥。

五马桥 旧《云南通志》：在城西三里。

赵公桥 《广西府志》：在城西十里，州绅赵尚文修。

双凤桥 旧《云南通志》：在城北三里。《广西府志》：在双凤村。

大渡桥 旧《云南通志》：在城北二十里。《师宗州志》：在大阿堵村。

洪济桥 旧《云南通志》：在城北三十里。《广西府志》：州绅赵尚文修。

东　桥 旧《云南通志》：在邱北东门外。康熙四十年建。雍正十年，里民重修。

水寨桥 旧《云南通志》：在邱北西十里，为众水汇归之所。康熙六年，里民白玉连建。雍正十年，州同王纬倡捐重修。

新城桥 旧《云南通志》：在邱北西十三里旧三乡城前。康熙六年，里民王得时建。

高枧槽桥 旧《云南通志》：在邱北西十三里。雍正八年，里民殷世远募建。

三道箐桥 旧《云南通志》：在邱北西北三十里。雍正九年，客民胡发元捐建。

旧城桥 旧《云南通志》：在邱北北十五里龙潭前。康熙三十年，里民张廷汉、李六经捐修。

八达桥 旧《云南通志》：在邱北北三十里八达哨所前。康熙二十五年，里民樊簪、李林生捐修。

弥勒县

巴盘渡 《一统志》：在城南一百里。两山夹流，为一方之险要。

大百户渡 旧《云南通志》：在城南一百二十里。

莫涉足渡 旧《云南通志》：在城西一百七十里。

弥东桥 旧《云南通志》：在城东一里。康熙六年，邑民程国修。雍正九年，知州张景澍重修。《弥勒县采访》：乾隆元年，监生杨永芳改建石桥。

龙潭桥 《广西府志》：在城东三十里。

三星桥 《一统志》：在城南，跨八甸溪上流。《广西府志》：在城东五里许弥东哨，即玉津桥，上建水月楼。

长薰桥 《弥勒州志》：在城南三里。乾隆元年，知州徐光请帑修建。《弥勒县采访》：在城南一里，一名南桥。乾隆三十八年，知县赵椿龄造石墩木桥。嘉庆十四年，署知县温之诚、知县张椿龄改造石桥。

弥南桥 旧《云南通志》：在城南三里。康熙三十年，邑人刘尔成修。雍正九年，知府张景澍重修。

部龙桥 《广西府志》：在城南五里弥南哨。久圮，知州王希圣重修。

萼辉桥 《弥勒县采访》：在城南十五里。乾隆三十八年，州同唐训建木桥。嘉庆十四年，通判唐有柏、州同严均武、贡生舒恂同改建石桥。

庆春桥 《弥勒县采访》：在城南二十五里。道光四年，乡饮黄世龙新建。

富春桥 《广西府志》：在城南五十里，州民喻时通建。

龙潭哨桥 《广西府志》：在城南五十五里，庠生耿勷捐赀重建。

双济桥 《弥勒州志》：在城南七十里竹园村。

龙母桥 《弥勒县采访》：在竹园村。距城八十里许，贡生杨瑞建。

石坝头桥 《弥勒县采访》：在竹园村。距城八十五里，职员海汝洋建。

湾沟大桥 《弥勒县采访》：在竹园村。距城八十五里，庠生耿勷建。

石牛坡桥 《弥勒县采访》：在竹园村。距城九十五里，武生洪恩诏建。

双龙桥 《弥勒县采访》：在城南八十里。向系渡船，每遇水涨，必致淹没。道光三年，职员海汝洋改建石桥。

永顺桥 旧《云南通志》：在城南八十里。

长命桥 旧《云南通志》：在城南一百里。《弥勒州志》：在城南一百二十里。康熙四十八年，僧学总建，又名七星桥。《广西府志》：广一丈，长十余丈，筑堤三十余丈。

十月渡桥 《广西府志》：在州西二里古城。

弥西桥 旧《云南通志》：在城西三里。

李母桥 旧《云南通志》：在城西五里。

高　桥 旧《云南通志》：在城西四十里。

凤颈桥 《弥勒州志》：在城西四十里，路通十八寨。

弥北桥 旧《云南通志》：在城北五里。

太平桥 《弥勒州志》：在城北十五里。知州秦仁修，雍正十一年，吏目赵良辅重修。

观音桥 《弥勒县采访》：在城北二十里，邑人郭有皋建。

平安桥 《弥勒县采访》：在城北二十里，邑人郭有皋建。

白马桥 《弥勒州志》：在城东北五里，又名平政桥。《广西府志》：监生杨永芳捐修。《弥勒县采访》：后倾圮，道光四年，监生韩煦改建石桥。

武定直隶州

金沙江渡 旧《云南通志》：在城西北二百五十里。

鹧鸪河渡 旧《云南通志》：在城东北一百六十五里撒甸南一百一十里。

通会桥 《一统志》：在和曲州东大路。明天启中迁于东城之左，以镇水口。旧又名迎祥桥。

恩惠桥 旧《云南通志》：在城东一里福田寺前。康熙二十六年，知府王清贤建。谨案：《武定府志》作思惠桥。

清风桥 旧《云南通志》：在城东三里。《武定府志》：在木果甸，旧名龙桥。

明月桥 旧《云南通志》：在城东五里然灯寺右。

大营桥 旧《云南通志》：在城东南一里，明弘治间建。

建新桥 旧《云南通志》：在城东南三里。

太平桥 旧《云南通志》：在城东南二十里。

济美桥 旧《云南通志》：在城东南三十里冷水村，明天顺间建。《一统志》：一名济溪桥，在城东南四十里。

天星桥 旧《云南通志》：在城西一百三十里。

通远桥 《一统志》：在和曲州西北，路通元谋县。《武定府志》：明弘治十二年建。

惠民桥 《一统志》：在和曲州西北一里，有涧，极深。旧《云南通志》：在城北一里。明万历间，知府刘懋武重修。

高　桥 旧《云南通志》：在城西北六十里，明正统间建。《武定府志》正统十年阿宁建。雍正七年重修，旋被水冲坏，知府朱源淳、知州徐修仁捐修。

兴文桥 旧《云南通志》：在城北门外。

便民桥 旧《云南通志》：在城北二里。《一统志》：万历中建。《武定府志》：在西村，今圮。

虎市桥 旧《云南通志》：在城东北一里，明弘治间建。

龙潭桥 《一统志》：在城东北二里。两岸崖壁峭立，跨以木桥，下有龙潭。旧《云南通志》：在虎市桥东，明知府刘懋武建。

谨案：《武定府志》尚有聚宝桥，明弘治九年建；久罗桥、镇武桥，俱在州境内。

元谋县

阿郎渡 旧《云南通志》：在城西北六十里西溪河，通大姚路。《元谋县志》：通定远。

高君渡、班宰渡、奇柳渡、多克渡、那化渡 《元谋县志》：以上五渡，俱通姚安。

大板桥 《元谋县志》：在城西一里。土县丞吾起建，后圮。《一统志》：明万历间重修。

便民桥 《元谋县志》：在城西北六十里阿郎渡，知县莫舜鼐建。

崇义桥 旧《云南通志》：在城北二里，耆民赵邦贵募建。《元谋县志》：在县北里许。

永福桥 《元谋县志》：一名花桥。旧《云南通志》：在城北十五里，耆民赵邦贵募建。

万民桥、天生桥 《元谋县志》：俱在城北马街北。

禄劝县

龙王庙渡 旧《云南通志》：在城东三里，近通六块、茂龙、撒马邑一带，远通河外、三马兼达寻甸州之要津。康熙三十六年，贡生糜世英捐田，作造船济渡之费。

永平渡 《禄劝县采访》：在城东南五里余，路通河东。乾隆三年，士民施其聪、杨国辅等同捐田，作造船之费。

念多渡 旧《云南通志》：在城东南十里，通河东念多、的多。州绅钱熙贞、董百揆各捐田，作造船济渡之费。

大河口渡 旧《云南通志》：在城东南十八里，通大缉麻、的多村一带往来。

盘龙河渡 《禄劝县采访》：在城南一里，通富民、省会要路。乾隆三十年，士民捐设。

普渡河渡 《禄劝县采访》：在城东北巡检司地，为东川、寻甸孔道。

厂江、河门厂二渡 《禄劝县采访》：厂江渡，渡金沙江，通狮子尾厂。河门厂渡，旧设于土色江边，岩峻岸险，水势湍急，往往覆舟。乾隆四十三年，因开河门厂，遂引而上之。两岸具有回流，今安渡无虞，往来行人称便焉。

缉麻桥 《禄劝县采访》：在城南二十里，通省会、富民。乾隆五十年，贡生朵云等捐建。

西蟠龙桥 旧《云南通志》：在城西三里。明嘉靖间建，任水冲突，无倾圮之患。人传有仙迹，又呼为仙人桥。《禄劝县采访》：在县西木果甸，本和曲地。嘉靖间，知州郭鋐重修，今圮。

鲁虚桥 《一统志》：在州西北十里，明弘治中建。旧《云南通志》：在城北八里。

抡梯桥 旧《云南通志》：在城西北十五里。《武定府志》：康熙十八年，僧学显建。

永定桥 《禄劝县采访》：在城北四十里，通撒甸十五马沿江一带。嘉庆十四年，生员李捷先倡建。

五马桥 旧《云南通志》：在城北一百里。《武定府志》：在鹧鸪河，今废。

元江直隶州

浮　桥 旧《云南通志》：在城东门外，跨礼社江。雍正八年，知府祝宏、经历张子玉捐建。

清溪桥 旧《云南通志》：在城南门外。康熙五十一年，守备赵国柄重修。

万寿桥 旧《云南通志》：在城南门外里许。康熙三十年，郡人厉士龙建。《元江州志》：后圮，知府单世重修。

广德桥 旧《云南通志》：在城南十里。康熙九年，知府潘士秀、副将王起龙同建。康熙五十年，知府章履成重修。

三板桥 旧《云南通志》：在城南六十里。康熙四十九年，知府章履成、副将林国贤、守备赵国柄同建。《元江州志》：嘉庆十七年，郡人邵辉等改建石桥。

太平桥 旧《云南通志》：在城南一百二十里。明崇祯五年，土舍那仑建。康熙三十年，知府单世重修。

迎恩桥 旧《云南通志》：在城南一百三十里。明万历三十年，郡人胥尚禄建。康熙四十四年，知府罗鋐重修。

他郎桥 旧《云南通志》：在城南三百里。康熙五十年，知府章履成修。

石　桥 旧《云南通志》：在城西南百余里德化乡。

西域桥 旧《云南通志》：在城西十五里。

混龙桥 《一统志》：在府城西二十五里。长三丈，阔丈余。旧《云南通志》：在城西四十里阿南村，跨峩崀河。

藤　桥　旧《云南通志》：在城西百余里。

永镇桥　《元江州志》：在城西北三十里老乌，士民重建。

安乐桥　旧《云南通志》：在城西北四十里。康熙五十年，教授张凤鸣、训导陈冏伯、经历刘捷武同建。

漫利桥　旧《云南通志》：在城西北五十里。康熙四十五年，经历钟吕武、进士萧勃同建。

义兴桥　《一统志》：在府城北，康熙十年建。

康济桥　旧《云南通志》：在城北门外。

大南麻桥　旧《云南通志》：在城北一百三十里。康熙四十九年，知府章履成、副将林国贤、守备赵国柄同建。

甘庄河桥　《元江州志》：在城东北三十里。乾隆三十年，士民同建，嘉庆十七年重修。

新平县

树布拉渡　《新平县志》：在城西南百五十里。渡磨沙江，走磨沙、蛮仑等处。

东磨渡　《新平县志》：在城西北六十里。渡戛赛江，走戛赛，越哀牢至恩乐。

三家渡　《新平县志》：在城西北百八十里三家村。渡麻哈江，上斗门乡至界牌，走南安州。

回龙桥　旧《云南通志》：在城东门外。康熙四十一年，阖邑士民建。《新平县志》：今在东关厢街中心。

鸣凤桥　《新平县志》：在土城小东门外。康熙五十五年，邑人公建。

联陞桥　《新平县志》：俗名魏家桥，在城东二里。邑人公建，后圮。嘉庆十九年，知县黄会中、游击杨沛重修。

永定桥　旧《云南通志》：一名太平桥，在城东五里。《新平县志》：跨襟带河，雍正六年，阖邑士民公建。乾隆四十五年，知州陈松率士民重修。

锁水桥　《新平县志》：在城东五里马密，乾隆五十一年公建。

镇风桥　《新平县志》：在城东八里，乾隆五十一年公建。

麻栗树桥　旧《云南通志》：在城东二十里。雍正九年，知县曾应兆同士民捐修。《新平县志》：在城东十五里，跨平甸河。旧为通衢，今改由太平桥至大观塘，此路成僻壤，桥久圮。

亚尼河桥　旧《云南通志》：在城东四十五里，久圮。《新平县志》：一名双龙桥，跨亚尼河。康熙五十一年，参将冯西生捐建，后圮。雍正九年，知县曾应兆同士民捐修。乾隆四十七年，知县庞兆懋、教谕郝英复率士民重修。

叠戛桥　《新平县志》：在城东南十里。邑人公建，今圮。

永济桥　《新平县志》：在城西南一里。乾隆五十年，邑人公建。

庆丰桥　《新平县志》：在城西一里。

广济桥　《新平县志》：在城西五里，跨襟带河。康熙初年，邑人公建。久圮，今架木桥以利涉。

妥甸桥　《新平县志》：在县西三十里，久圮。

新化河桥 旧《云南通志》：在城西三十五里。雍正八年，知县曾应兆同士民捐修。《新平县志》：跨七曲河。

飞凤桥 旧《云南通志》：在城西北一里。康熙六十年，阖邑士民捐修。

接仙桥 《新平县志》：在城东北一里，乾隆十二年公建。

镇沅直隶州

殷春桥 旧《云南通志》：在城东半里。康熙四十年，土知府刀长庚建。

朵河桥 旧《云南通志》：在城东二百里。

恩耕桥 旧《云南通志》：在城南七十里。

聚义桥 旧《云南通志》：在城西半里。

观音桥 旧《云南通志》：在城北五里。以上四桥，俱康熙年间土官刀瀚建。

蛮况桥 旧《云南通志》：在城北二十里。康熙二十年，土知府刀长庚建。

恩乐县

三家坡渡 旧《云南通志》：在城东八十五里。

广恩桥 旧《云南通志》：在城西。长五十七丈，系石墩架木，上盖房五十余间，者乐土司先世建。康熙三十二年，土官刀佩璋同客民游士毅重建。《恩乐县志》：雍正五年六月，大水泛滥冲圮，八年，署县梅予抟倡修。乾隆二十三年，知县张大森复修。三十四年，知县萧思濬拆修。五十一年，摄县事张大本增修。五十二年，知县刘浔额曰“广恩桥”。道光三年，知县谭纶复修。六年，知县余炳虎率典史张钊捐修。

黑盐井直隶提举司

可渡桥 旧《云南通志》：在治东四十里。康熙六十一年，本井候选州同李恪建。

小石桥 旧《云南通志》：在治东南五十里羊尾关下。康熙三十九年，商人祝明建。《黑盐井志》：系运盐大路。

永盛桥 旧《云南通志》：在治东南七十五里沙矣旧。康熙四十五年，提举沈懋价建木桥，后倾圮。六十一年，本井监生梁翊材修造石桥，改名永寿桥。《黑盐井志》：在司治南山庙外，今圮。

宝泉桥 《黑盐井志》：在司治东南，为禄丰发泥河运盐要路。明井人公建。

惠远桥 旧《云南通志》：在沙矣旧。《黑盐井志》：在司治东南，为赴省大路。康熙四十年，提举沈懋价建，后圮。雍正间，监生梁翊材重修，更名仁寿桥。乾隆三十年冲没，提举张珑率灶户重建。四十五年又冲毁，提举徐统潘率灶户重修，旋圮。乾隆五十八年，井生梁之权倡建。

马施桥 旧《云南通志》：在治西南半里。明天启元年，提举马良德建。《黑盐井志》：今圮。

桃园桥 《黑盐井志》：在司治西南五里。康熙年间建，通琅井、定远要道，今圮。

永济桥 旧《云南通志》：在治西。《黑盐井志》：跨龙川江，旧名五马桥，为运盐孔道。元大德五年建，明万历间冲毁后建石墩，架木为梁。顺治间，提举林启杰重修。康熙六年，提举朱濠重修，三十年，水涨基圮，提举王策重建，四十三年，水涨复圮，提举沈懋价重修。雍正四年，又圮，十年，提举安鼎和、定远县知县唐世梁详请动帑重建，改名永济桥。乾隆三年，西硐冲坍，提举王勃、定远县知县沈堂详请动帑兴修，十年，提举孙必荣、定远县知县李堂补修。十三年，砲岸冲坏，孙必荣复详请动帑补修，十八年冲坍，提举邱兆熊捐修。二十八年又冲坍，提举高其人、广通县知县宣世涛详请兴修，三十七年八月，水涨冲没，奉檄勘办，提举张珑以需费不资，且屡修屡坏，不能永久，议请令各灶户于夏秋设船济渡，冬春造浮桥，于是岁多耗费，而行旅挽运益艰，往往有覆溺者。乾隆五十二年，提举吴公璘倡建石墩五座，东砲岸十余丈仍架木为梁，由是往来称便，无烦舟楫，亦无病涉矣。嘉庆二年，提举叶道治增高石墩数层，铺石易木，六年，西岸墩倾，提举张度重修。

八龙桥　《黑盐井志》：在司治北，跨龙沟河口，今圮。

琅盐井直隶提举司

永正桥　旧《云南通志》：在治东中街。明嘉靖间，井耆景正等倡修。雍正二年，提举汪士进率士民重修。《琅盐井志》：开井时建，架木为梁，上覆以屋，为运卤要路。

玉带桥　旧《云南通志》：在东门内。明万历间，井耆杨永濂倡建。《琅盐井志》：康熙八年，井生施溥、张仲斌等重修，后焚毁。三十一年，井生景贵春重建。康熙四十九年，被水冲没，提举沈鼐率众捐赀重建。

鹿鸣桥　旧《云南通志》：在治东三里许，康熙十七年建。《黑盐井志》：后圮，五十年，提举沈鼐捐赀重建。雍正四年，提举汪士进率众灶重建。

永济桥　旧《云南通志》：在治东南四里。雍正十年，提举李国义建。《琅盐井志》：在鹿鸣桥下。

永康桥　旧《云南通志》：在治西里许。《琅盐井志》：康熙五十年，提举沈鼐捐建。乾隆十四年，提举孙元相捐修，为薪柴要路。

西石桥　旧《云南通志》：在治西北五里。《琅盐井志》：通定远路。

玉成桥　旧《云南通志》：在治北三里。《琅盐井志》：通黑井路。

通文桥　《琅盐井志》：在司治东北文昌街。

河道木桥　《琅盐井志》：井地两山相逼，一水中流，民居两岸之上。每遇雨泽过多，河水泛涨，易遭水患。雍正十年，提举李国义审度水势，捐赀开挖河道，修筑堤塖，民获安堵。并建木桥一座，以济往来。

白盐井直隶提举司

行春桥　旧《云南通志》：在治东一里，旧名神喜桥，又名荣春桥。康熙四十八年，提举郑山捐建。雍正六年，提举刘邦瑞重修。《白盐井志》：在司治东北，属乔井。乾隆十二年，提举何恺重修。

迎峰桥　《白盐井志》：在治南关内王阁前。乾隆十九年，监生甘旨倡建。

五马桥　旧《云南通志》：在治南，一名利盐桥。《白盐井志》：明崇祯间，提举沈昌祐建。康熙十三年，提举郑山修。雍正六年，提举刘邦瑞修。乾隆二十年，提举郭存庄重修。《白盐井采访》：嘉庆六年，提举周礼重修。

新　桥　旧《云南通志》：在治南一里。康熙三十八年，灶民王神武建。《白盐井志》：在观音井，又名涌泉桥。

环龙桥　旧《云南通志》：在治南一里。雍正七年，提举刘邦瑞重修。《白盐井志》：在观音井。

宝泉桥　旧《云南通志》：在治西一里，旧名慈润桥。康熙五十二年，提举郑山修。

万安桥　旧《云南通志》：在治北一里。康熙二十七年，提举夏宗尧建。《白盐井志》：属尾井，乾隆十二年，提举何恺重修。

清水桥　旧《云南通志》：在万安桥西。《白盐井志》：即圣泉桥，乾隆十二年，提举何恺重修。

锁镇桥　旧《云南通志》：在治北二里。《白盐井志》：属尾井，乾隆十二年，提举何恺重修。《白盐井采访》：道光五年，提举曹锡爵重修。

孔仙桥　旧《云南通志》：在治北四十里。《白盐井志》：距井五十里，两山峻峭，中流巨波，系运盐要路。旧为孔姓所建，因名孔仙桥。后道人袁见空重建，易木为石。旧《云南通志》：雍正七年，提举刘邦瑞重修。《白盐井采访》：乾隆十六年，提举高锦动项再修。嘉庆九年，署提举李辑玉、提举周礼重修。

霁虹桥　《白盐井采访》：在司治内。乾隆二十二年，提举郭存庄重修。

采香桥　《白盐井采访》：在司治内。乾隆四十二年，提举郎嘉卿重修。道光元年，提举王汝琛重修。

镇川桥　《白盐井采访》：在司治内。嘉庆二十年，提举张槐率士民新建。

〔据阮元等修，王崧等纂道光《云南通志稿》（清道光十五年刻本）卷四十八至卷五十一《建置志·津梁》辑录。〕

（光绪）云南通志·建置志·津梁

卷四十八　建置志六之一　津梁一

先王体国经野，自门关以达于四海，津梁其最要也。《禹贡》逾河逾洛，津梁无定所。周有盟津，春秋有茅津、棘津、采桑之津，津之有名，始见于纪载，而《诗》云维鹈在梁，《毛传》绝水为梁，《尔雅》堤谓之梁，亦谓之碕，皆聚石而成。秦昭王始治河桥，《汉书》又谓之圯，其名虽殊，而济人则一。滇处万山中，雨后川流，往往奔腾澎湃，舟楫难施，其津梁尤有足藉者。今汇纪而备书之，于以见明未病涉云。

云南府

古桥渡　樊绰《蛮书》：昆池源从金马山东北来，拓东城北数十余里官路有桥渡。池流为河，过安宁城下，亘水东西，有桥三十一，阔长三百余步。谨案：今其址无考。

昆明县

嵩山古渡　旧《云南通志》：在城东一里嵩山寺前。《昆明县志略》：知府许宏勋额曰“登彼岸”。

高峣渡　旧《云南通志》：在城西三十里，舟达本城版坝河。

县　桥　旧《云南通志》：在城大东门内布政司衙门东首，明黔国公沐氏建。

永清桥　旧《云南通志》：在城内菜海子边，康熙二十年重建。《云南府志》：一在城东北敷泽门外旧永清门。

焦三桥 旧《云南通志》：在城大东门外半里，明时修建。《云南府志》：在城东一里重关外。

广惠桥 旧《云南通志》：在城大东门外半里。康熙四十九年，副将周士元重修，易名福德桥。

地藏桥 旧《云南通志》：在城东二里许地藏寺后，跨金汁河上。

桂林桥 《昆明县采访》：在城东二里许，跨金汁河上，一名相公堤。康熙间重修，建魁楼于上，今楼毁桥存。

打鱼桥 《昆明县采访》：在城东三里许。兵燹圮，光绪十年，士民李德义、张应辰等重修。

溥润桥 旧《云南通志》：在城东十里，旧名至正桥。康熙三十五年重修，易今名。

丰乐桥 旧《云南通志》：在城东三十里，为往来驿道。雍正元年，郡人王应龙重修。《昆明县采访》：光绪六年，绅耆李旺请由善后局筹款重修，新建石坝一道。

云津桥 旧《云南通志》：在城东南二里许，一名得胜桥。水出盘龙江，流经商山下，过郡城，入滇池。旧名大德桥，毁于兵。明洪武二十六年，西平侯沐春重修，以其当云南之要津，易今名。《昆明县志略》：道光八年，总督阮元重修，上覆瓦屋，彻夜灯烛辉煌，俗名"云津夜市"。

云津小桥 《昆明县采访》：在云津桥旁。康熙间修，系卸水孔道，年久淤塞。

通济桥 旧《云南通志》：在云津桥西，一名奏功桥。水即盘龙江支流。明成化间建，《云南府志》：源由盘龙江达濠水，流入于市而不可渡，因建是桥。元梁王格杀段平章于此。今水涸而桥存。

太平桥 旧《云南通志》：在城东南二里，古名剩砖桥。三国汉诸葛武侯建，康熙四十五年重修。

小　桥 旧《云南通志》：在太平桥西二百武。

老崔桥 旧《云南通志》：在城东南三十里，明成化间建。雍正元年，郡人王应魁重修。《云南府志》：在城东十五里。

珠市桥 《昆明县采访》：在城南门外东。

凤凰桥 旧《云南通志》：在城南门外，通濠水，以达盘龙江。三国汉诸葛武侯建。

吴西桥 《昆明县志略》：在城南小泽口水德萧祠前，江西客民建。

土　桥 旧《云南通志》：在城南二里东寺街，今改名东西石桥，又名桂香桥。明总兵邓子龙建。

版坝河桥 旧《云南通志》：在城南二里西寺街，一名望安桥。明万历间建。

明月桥 《昆明县采访》：在城南二里东寺街，跨玉带河，俗名三板桥。光绪五年，粮储道崔尊彝、水利同知觉罗明图筹款重修。

引凤桥 旧《云南通志》：在城二里螺蛳湾。旧名新桥，明万历间建。《昆明县采访》：光绪五年，官绅朱兆文等重修。

银安桥 《昆明县采访》：在城南三里马家营，俗名圆匡桥，跨杨家河。光绪六年重修。

吴井桥 旧《云南通志》：在城南三里，以井得名。或云建于吴氏，明黔国公沐氏重修。《云南府志》：在城南五里。

前卫营桥　《昆明县采访》：在城南三里许明通河上。兵燹圮，光绪间，粮储道崔尊彝、代理水利同知骆钫筹款重修。

解家桥　《昆明县采访》：在城南五里。光绪四年，士民潘国元等重修。

迎仙桥　《昆明县采访》：在城南五里盘龙江上。同治间毁，光绪六年，粮储道崔尊彝、代理水利同知骆钫筹款重修。

秧鸡桥　《昆明县采访》：在城南十里。光绪五年，朱兆文重修。

永胜桥　《昆明县采访》：在城南十里永畅河上。兵燹圮，光绪七年，由善后局筹款重修。

翰林桥　旧《云南通志》：在城南十里南坝。康熙二十二年，巡抚王继文重修。

永丰桥　《昆明县采访》：在城南十里许盘龙江上。康熙六十年，郡人张文杰、洪国才等捐建。乾隆五年，郡人杨懋、张伦等捐修。同治七年，兵燹倾圮。光绪七年，绅耆杨增、马有功等请由善后局筹款重修。

马房桥　《昆明县采访》：在城南雄川堡。同治间，毁于兵。

新济桥　《昆明县采访》：在城南十五里春登里。兵燹倾圮，光绪五年，署布政使崔尊彝、署粮储道胡允林筹款重修。

万宝桥　《昆明县采访》：在城南二十里旧门里宝象河上。被水冲溃，光绪七年，粮储道崇缮、水利同知贵端重修，并修石岸十余丈。

严家桥　《昆明县采访》：在城南严家堡下五甲。光绪七年，乡民杨萃等捐修木桥。

鸣远桥　旧《云南通志》：在城西南半里顺城街，一名烧猪桥。明黔国公沐氏建。

小泽口桥　旧《云南通志》：在城西南一里，一名鸡鸣桥。明天顺间建。

望仙桥　旧《云南通志》：在城西南五里南坝。明天顺间建，后毁于兵。《昆明县采访》：光绪四年重修。

马洒营桥　《昆明县采访》：在望仙桥下，光绪四年重修。

假溪桥　旧《云南通志》：在城小西门外半里，通迤西大道。康熙二十年重修。

石　桥　旧《云南通志》：在城小西门外三里许，一名月明桥。

梁家桥　《昆明县采访》：在城西五里许海源河上。光绪六年，粮储道崔尊彝新建石桥二座。

新石桥　《昆明县采访》：在城西五里近栗家洼。兵燹倾圮，光绪四年，乡耆栗正纯、张应辰重修。

枋　桥　《昆明县采访》：在城西五里赵家堆后。旧系木梁，光绪八年，官绅重建，易以石。

土堆石桥　《昆明县采访》：在城西五里。毁于兵，光绪八年，官绅重建。

西版桥[①]　旧《云南通志》：在城西七里许，近黑林铺，一名牛心桥。明万历间建。

明家桥　《昆明县采访》：在城西十里鱼翅河上。兵燹倾圮，光绪十年，官绅重修。

潘家湾桥　《昆明县采访》：在城西。同治十年，粮储道韩锦云、水利同知朱百梅筹款重修。

金锁桥　旧《云南通志》：在城西四十里高峣小村，三国汉诸葛武侯建。

---

① 西版桥　道光《云南通志稿》、光绪《云南通志》同，雍正《云南通志》、《新纂云南通志》皆作“西板桥”。

济川桥　《昆明县采访》：在城西六里。

左龙须河桥　《昆明县采访》：有四，距城六里者三，距城七里者一。

红　桥　《昆明县采访》：在城西七里许。

永安桥　《昆明县采访》：在城西九里许。

兴隆桥　《昆明县采访》：在城西九里。以上八桥，均同治十一年分省补用道岑毓宝倡修，又率官绅盐商等捐修西关外至碧鸡关大路，计三十里。

霖雨桥　旧《云南通志》：在城北十里罗丈村。康熙四十九年，郡人熊武兆等重修。《昆明县志略》：嘉庆四年，巡抚初彭龄重修。初彭龄《复修霖雨桥记》：

会城东北十里许，跨盘龙江有桥曰霖雨。滇故多高原，山农以恒旸为虑。前贤之莅是邦者，遇旱辄祀于龙泉观，路必经此，意者祷雨立应，兹桥所以名与，而志仅存重修岁月，盖其从来者远矣。江发源寻甸之木龙马，经嵩明邵甸里，黑龙潭水入焉，西南至昆明松华坝，流七十余里入昆池。自兹桥以上，左受竹园、莲峰诸箐之水，右受银稜河、白龙潭诸水，曲折回旋，或沸而流，或激而波。桥以南达敷泽门外，夹岸皆民居市肆，河身始直。《考工记》曰：沟必因水势，防必因地势。善沟者水漱之，善防者水淫之。然则兹桥也，匪直行李之亨衢，盖亦曲流之保障尔。夫流曲，则多游湍水激之，桥故多毁。《管子》云：导水源，通郁闭，脊津梁，此谓遗之以利。又云：岁高其堤，所以不没也。冬春取土于中，秋夏取土于外，浊水入之，不能为败。谅哉斯言，深有当于亩浍堤防之利哉！嘉庆四年秋，桥为急涨冲溃，司事会议请修。余适于是冬衔命来滇，其时正合《管子》取土高堤之法。于以占攸往，于以浚游湍，殆一举而兼有其利。亟以入告，发帑兴工，委官偕绅士董其事。经始是年十一月，明年春三月报蒇。斯役费帑金千八百两有奇，方伯观察首郡县又捐钱千缗，除桥下之壅积而深之，俾迅流至此少潴，以免杜塞之虞，所谓脊津梁者非欤！绅士以落成，请为文以记之。余惟一介之士，苟存心利物于人，必有所济，矧徒杠舆梁之成，政体攸系，兹桥之完缮如初，宜也。因是以思举锸为云，决渠为雨，一河之利诚溥，而其患亦孔亟也。备患于未然，则省费以获安，古者堨流之法，备水之器，宽洵浚治之功，岂尝取办临时哉？然则疏川导滞，钟水丰物，令斯民均得饶流膏之庆，所厚望于良有司者，如此桥矣。遂允所请，而为以之记，纪其时云。

马村桥　《昆明县采访》：在城北十里盘龙江上。兵燹倾圮，光绪七年，由善后局筹款重修，改建木桥，计六空。

大波村桥　《昆明县采访》：在城北二十里。被水冲决，光绪四年，储道崔尊彝筹款重修。

白沙河桥　《昆明县采访》：在城北二十里沙靠村。光绪八年，署粮储道崇缮、水利同知魏锡经筹款重修。

小河石桥　《昆明县采访》：在城北四十里邵甸盘龙江上。兵燹倾圮，光绪四年，粮储道崔尊彝筹款重修。

永安桥 《案册》：在城北陈家营，光绪七年重修。

迎仙桥 旧《云南通志》：在城东北二十里鸣凤山麓。明万历二十七年，巡抚陈用宾建。

永济桥 旧《云南通志》：在城东北三十里松花山，锁盘龙江之上流。康熙间重修。

富民县

高 桥 《富民县志》：在城东二里。

大营桥 《富民县志》：有二，在城东三五里许。

永定桥 旧《云南通志》：在城南门外，旧名天河桥，水出[①]昆海。明万历四十六年，知县许成德建。《云南府志》：舆梁跨河，高可数丈，上覆瓦屋二十楹，旁有窗壁，远望如空中楼阁，日中为市。《富民县采访》：乾隆十三年，被水冲坍，士民重修。嘉庆二年火毁，知县虞衡倡修。咸丰间，兵燹倾圮。光绪七年，知县志秀倡修。

乐济桥 旧《云南通志》：在城南十里黄土坡，入省大路。康熙十九年，邑人刘在田建。雍正十一年，知县杨体乾重修。道光二十六年，被水冲圮。咸丰五年，士民重修，易以石。

观音桥 《富民县志》：在城西四里土主庙村旁。

永平桥 《富民县志》：在城西八里清水河村前。

永固桥 旧《云南通志》：在城西十五里，通罗次路。康熙四十年，知县梁衍祚建。《富民县志》：在城西十里大石头内。

登仙桥 《富民县志》：在城北门外。明知县韩位甫《登仙桥记》：

> 县西有龙潭渠水，并西北清水渠至土主祠山下合流，东入河直县之北。旧揞木以渡，夏秋雨潦漂没，民苦揭厉，乃谋为桥，耆民李万春愿捐资助焉。会明旨以开路，檄县议上，遂鸠工营造，逾月桥成。由是冠盖星轺，商旅负贩，摩肩接踵，不啻袂帷汗雨。登桥而望，南入滇池，想碧鸡金马之胜，则王褒之所祷祀而求也；北顾泸水，怀纶巾羽扇之风，则诸葛之所经略而定也。况复四山苍翠，平畴衍迤，其流清驶，其途坦夷，雨晴利涉，寒暑弗病。行者讴，倦者息。万目欣欣，王路平平，车马雍雍，旟旗翩翩。乃顾小史，书其名曰“登仙”。

太平桥 旧《云南通志》：在城北十里，通武定路。康熙十九年，邑人刘在田建。《富民县采访》：咸丰六年，山水冲决，士民刘复旦、寸明珠倡修。同治六年，复决，知县志秀率县民王庚乐倡修。

者北桥 旧《云南通志》：有二，俱在城北四十里，通武定路。康熙十九年，邑人刘在田建。《富民县采访》：光绪七年，秋涨冲决，附贡杨时昌倡修。

宜良县

大渡口 《宜良县志》：在城东五里，村民捐设。

狗街渡 旧《云南通志》：在城东南三十里。《宜良县志》：旧桥朽坏，今倡建新桥，

---

① 出 《新纂云南通志》同，道光《云南通志稿》作“入”。

添设渡船。知县李淳《新建狗街渡桥记》：

余既倡士庶建陈所渡桥，复倡建狗街渡桥，非喜事也，政非虚文，要于实事，事非一节，归于便民。便民者在去其所病而期于有济，夫民之所病而期于有济者，莫渡若也。狗街距宜城三十里，承大池江、大赤江之流，汇明湖诸水之灌注而出铁池河，入路南界。其水较诸渡口为大，其病涉尤甚。旧设有船渡，便夏秋之往来，至冬春水势稍杀，则于版桥宜，惜兴举无人，行者苦之。余乃捐赀二十，士庶乐义，争先购材鸠工，不日竣事，并升高旧桥房为拆卸之所，经画田租为久远之计，而桥事备矣。今圣人在上，轸恤民艰饥溺廑念，而司牧者仰承德意，循分而尽所得，为邑宰职也。谨书其事，以期后之莅斯土者共勉焉。

石家渡　《宜良县志》：在城东南二十里。康熙间置有田地，为造船济渡之费。

马房渡　《宜良县志》：在城东南二十五里。

高古渡　《宜良县志》：在城东南三十五里。有公田，为济渡之费。

高峣村渡　旧《云南通志》：在城北三里。《宜良县志》：一名高桥村渡，在城北十里，有公田，作渡船工役之费。

长安村渡　旧《云南通志》：在城北五里。《宜良县志》：有公田，作渡船工役之费。

三道水渡　《宜良县志》：在城北十里。有公田，为修船工役之费。

段官村渡　《宜良县志》：在城北十里，村民捐设。

陈家渡　旧《云南通志》：在城东三里。《宜良县志》：在城北十五里。邑士民捐设，并捐置田亩，作修补船只之费。

小渡口　旧《云南通志》：在城东北五里。《宜良县志》：有公田，为修船工役之费。

河头营渡　《宜良县采访》：在河头营。

通衢桥　旧《云南通志》：在城东门外。《宜良县志》：上有楼，今圮。

车渡桥　《宜良县志》：在城东三里，耆民芮洪建。

长生桥　旧《云南通志》：在城东南郊外。

陈所渡桥　旧《云南通志》：在城东五里。《宜良县志》：在城东七里。桥旧朽坏，今倡建新桥，并建阁楼三间。知县李淳《重修陈所渡桥记》：

陈所渡者，迤东通粤之要道也。江水泛溢，舟楫二三。询之绅耆，始知前之桥木朽败，舟人狡黠者视为利薮，行者难焉。余假百金，捐资二十，俾新建版桥，绅士耆庶义其举，慨然捐输，不数月而桥成。又思夏初拆卸桥木，无所覆庇，非久远计。村人士请建阁于通道，庇行人之风雨，桥木无遗失之忧。搜渡田于隐没，舟人无分外之索，桥之事备矣。后之君子，其谨守之。是为记。

通济桥　旧《云南通志》：在城南门外。《云南府志》：在城南第一铺，通路南州。《宜良县志》：在城东六铺，俗名土桥，刘嘉祥建。

青云桥　旧《云南通志》：在城西门外。《云南府志》：通旧阳宗县。《宜良县志》：

明万历二年，贡生黄鹤建。

芮家桥　旧《云南通志》：在青云桥左。

广济桥　旧《云南通志》：在城西一里。《宜良县志》：在城北七铺小闸，俞应临建。

萧官桥　旧《云南通志》：在城西四里。《云南府志》：在城北三里，通汤池。《宜良县志》：在城西五里。

双龙桥　《宜良县采访》：在城西五里，于宗周建。

永济桥　旧《云南通志》：在城西三十五里汤池北关内。

新石桥　旧《云南通志》：在汤池北关外。

清远桥　旧《云南通志》：在城北一里五铺，一名花桥。《宜良县志》：耆民芮洪建。

宏济桥　《宜良县志》：在清远桥左，耆民芮洪建。

安政桥　《云南府志》：一名安正桥，在城北一里大闸水口。

赛公桥　旧《云南通志》：在城北三里，一名幌桥。

马家桥　旧《云南通志》：在城北九铺。

石版桥　《宜良县志》：在城北十五里江头村。

石　桥　《宜良县志》：在城北三十余里贾龙。

普济桥　《宜良县志》：在城北三十五里，贡生李节民，监生苏士瑶、李如桐、赵相璧倡建。徐文明《普济桥记》：

宜邑大赤江，发源霑益之花鱼潭，浸淫于曲靖，渐渍于陆凉，经路南北界，盘折数百余里，始西达宜良，厥名大河口。自是东折而南，蜿蜒于宜坝几百余里，竟红石岩而出河阳界，会仙湖水以去。其江之在宜者，冬春以桥济，夏秋以舟济，所在皆然。惟河口较他渡难甚，盖其地两山壁峙，水甫出峡，急流陡下，且界居三邑之交，众流奔汇，冬春稍杀，而中间怪石硌砑，仿佛瞿塘滟滪。至夏秋雨积，势益张大，砚蹴洪涛，訇訇声彻数里许，险渡也。旧设舟楫以济行人，而临危蹈险，戕生殒命者多有。至乾隆癸巳，水势混流，舟师不戒，同船覆没者三十余人，尸横江岸，枕籍沙碛，闻者恻焉。路南太学李如桐、陆凉太学赵相璧、宜良太学苏士瑶、岁荐李节民者，均善士也。目击神伤，誓建石桥，易彼舟渡，慨捐重赀，共襄厥成。相形度势，鸠工庀材，身亲董役，甃以巨石，贯以铁柱，造为长桥。中分七空，高三五丈，长三十丈，宽二丈许。计工约费数万，计赀约费数千。始于甲午冬初，落成于乙未春暮，再修补于丙申之夏，今阅九春秋矣。凡往来者莫不感四善士之德焉，而四方仁人君子颇有捐赀，如不寿诸贞珉，何以劝善而垂久远？明不敏，深嘉四善士不忍人之美意，而乐其相与有成，名曰普济桥，并记巅末如此。

通化桥　旧《云南通志》：在城东北二里。《云南府志》：俗名土桥，在城东六铺。

太平桥　旧《云南通志》：在城东北五里。《云南府志》：在城东五里。《宜良县志》：在城东北四里，康熙七年重修。

新　桥　《宜良县采访》：在城南三里谭官营。光绪九年，村民倡建。

罗次县

顺定桥 《罗次县志》：在城内。

翼文桥 《罗次县采访》：在城郭外碧城河。乾隆二十一年，知县严庆云倡建，石桥五孔，并建观音阁三楹于桥头，额曰“镇静冯夷”。教谕罗元琦《重建翼文桥引》：

> 盖闻除道成梁，纪星期于《夏令》，合方视野，辟轨涂于周行。是以道茀不修，单襄公讥其蔑制，乘舆以济，公孙侨见而恤民。罗次翼文桥者，附依近郭，广接中逵。河绕碧城，夙号流沙古渡，山环玉带，尚缺跨水飞虹。酌以堪舆之言，宜建穹窿之圯。盖以黉宫遥映，标砥柱于文澜；还拟宝塔高浮，竖霄峥于笔阵。实关风会，乃锡嘉名。忆昔年创建，曾协众以鸠工，溯曩日观成，颇利行而称便。不期流多泛滥，以致岸忽骞崩。断续斜梁，无滹沱之坚冰可渡；萧条灌莽，恐阴陵之陷泽堪惊。遂至徙倚津涯，沿堤涨桃花之水；踯躅道左，临流歌匏叶之诗。行人过而褰裳，闺中望而却步。缘是共襄义举，广集同人，思完多年未竟之功，务为一劳永逸之计。纵横十丈，比复道之凌空；首尾双楹，若重檐之耸翠。譬之断鳌立极，知非一篑成功；曾闻镕铁为牛，务使千秋永固。形胜于斯增丽，风气由是宏开，但工费不赀，土木甚钜，虽群情踊跃，咸皆指囷乐输。而褊邑弹丸，未克铺金满地，乏远公之幻术，安能掷杖即成？等精卫之辛劬，窃忧填海无力。将经始于一旦，尚借赀于十方。用募善缘，恭疏短引，还须舍财无量，当思种福有基，尽无算数之布施，扩不思议之功德。伫看役众云集，荷锸星驰，运五丁开凿之威；瀹疏沙碛，傚八柱纲维之势。筑建堤防，人悦忘劳，何烦鼛鼓，子来趋事，立竣津梁，消水势以归流，控山形而耸峻。从此轮蹄络绎，一任驰骋螭龙；屐屧连翩，咸见徘徊雁齿。鹿角村畔，惊半月之横波；狮马墟间，睹飞霞之映水。倘若天孙欲渡，不消鹊影纷填；伫俟司马留题，群羡鹏程直上。如游富平津际，重看杜预之经营；恍在洛阳桥边，再见蔡襄之结构。沿堤环翠柳阴翳，遮四面云山；过客仰雕栏碧砌，笼一溪烟月。若非萃亿姓之善果，何以壮三城之保障哉！

《罗次县采访》：兵燹毁，同治三年，土民重修。

镇北桥 《罗次县采访》：在城东三十二里鸣鸡寨。

双贵桥 《罗次县志》：在城东三十五里响地哨外。邑人王嘉宾修，通富民大道。

小版桥 《罗次县志》：在城东四十五里九岳坪。

攀桂桥 《罗次县志》：在九岳桂树下。

金虹桥 《罗次县采访》：在城东六十里泽润里南。雍正元年建，通易门、安宁大路。

永安桥 《罗次县采访》：在泽润里北。雍正三年建，通武定、元谋大路。

昆石桥 《罗次县志》：在城东六十二里河尾村。

小石桥 《罗次县志》：在城东六十五里沙竜，通安宁路。

版　桥 《云南府志》：在城东南五里，通省城大道。

映文桥 旧《云南通志》：在城南三里。雍正三年，邑人杨仪、杨德广等建。

凤凰桥 《云南府志》：在城南五里落凹营。

新 桥 旧《云南通志》：在城南七里。康熙十年，署知县何清建，甃石架木，上覆屋三楹。

大石桥 旧《云南通志》：有二，一在城南二十里，一在城北十五里。邑人刘一清、何应爵等建。

永丰桥 《云南府志》：在城南二十里，通安宁大道。《罗次县志》：在川心营。

普济桥 《罗次县志》：在城南三十二里黄坡。邑民王嘉宾募修，通禄丰大道。《罗次县采访》：同治十三年，士民吕元音、胡尔荣等重修。

迎仙桥 旧《云南通志》：在城南七十里。明万历十六年，邑人张廷炎建。

衍庆桥 旧《云南通志》：在城西南一百二十里炼象关城西门。明万历间，邑人白朝斗同众捐建。《罗次县采访》：嘉庆二十三年，被水冲决，士民重修石桥，为迤西通衢。

昌裔桥 旧《云南通志》：在炼象关西五里。明天启间，邑人宋郊同众捐建。

镇安桥 旧《云南通志》：在炼象关西十里。明天启间，邑人朱腾雨同众捐建。

华明桥 旧《云南通志》：在炼象关西十里。明崇祯间，邑人蒲华妻张氏同众捐建。

鹿鸣桥 《罗次县志》：在城西十里鹿角村。知县何清架木梁，覆以瓦屋，后圮。康熙三十六年，士民杨仪、王辅弼等捐修石桥。明时，弟子员赴公车，饮饯于此，故名。

广德桥 《罗次县志》：在城西北十里温泉北，杨广德修。

永定桥 《罗次县采访》：在温泉南，距城十里许。乾隆五十六年建，通武定衢。

济川桥 《罗次县志》：在城北落摩伍，通武定大道。

喜雨桥 旧《云南通志》：在城北二十里北厂村。康熙三十七年，邑人杨广德、李如松等建。《云南府志》：在城北三里。

永顺桥 《云南府志》：在城北二十五里，通武定大道。

永凝桥 《罗次县志》：在张至坡下。

平政桥 《罗次县志》：在县境内，黄一清修。

晋宁州

金砂渡 《晋宁州志》：在城西七里村后，今淤废。

野鸡龙潭渡 《晋宁州志》：在城西七里诰轴山下。

河泊所渡 《晋宁州志》：在城西十里村后。

小官渡 《晋宁州志》：在城西十里河泊所右。

东山凹渡 《晋宁州志》：在城西十里梁山王后。

老江沟渡 《晋宁州志》：在城西北十三里白龙寺下。

团山渡 《晋宁州志》：在城西北十五里团山村后。

海溪桥 旧《云南通志》：在城东三里盘龙山下。

望仙桥 《晋宁州志》：在城东三里许万松山下。

仙姑桥 《晋宁州志》：在城东四里盘龙山下。

德盛桥 《晋宁州志》：在城南半里。今废，其迹尚存。

惠利桥 旧《云南通志》：在城南一里许。明弘治十四年，王让建。《晋宁州志》：在城南二里。水出盘龙坝，会大坝河，入滇池。旧名惠利，乾隆九年，本州士庶重修，易名广济。

种玉桥 《晋宁州志》：在城南里许。康熙四十八年，知州徐克祺修。

长坡桥 《晋宁州志》：在城南五里。明弘治十四年，王世泰建。万历四十五年，州绅刘汉东重修。

五里桥 旧《云南通志》：在城南五里，明州人刘世荣建。

上登瀛桥 《晋宁州采访》：在城南五里石碑村前。嘉庆十八年，陈于宁、陈于廷倡建。

接龙桥 《晋宁州采访》：在城南五里石碑村前，康熙间建。

迎龙桥 《晋宁州采访》：在城南八里耿家营。康熙间，士民公建。

天生桥 《晋宁州采访》：在城南九里小江头。雍正间，士民公建。

广济桥 《晋宁州采访》：在城南十里铺前。康熙间，士民建。

大　桥 《云南府志》：在城南十里铺长坡下。

十里铺桥 旧《云南通志》：在城南十五里。明州人赵宗周、赵世发同建。

登瀛桥 《晋宁州志》：在城西南三里小寨村前。

学士桥 《晋宁州志》：在城西南七里小朴树村前。水出大堡河，会大坝河，入滇池。

迎仙桥 《晋宁州志》：在城西南十里观音山前。水出大河，入滇池。

龙门桥 《晋宁州采访》：在城西南三十五里龙王塘。

映华桥 《晋宁州采访》：在城西南四十五里六街。

凤凰桥 旧《云南通志》：在城西门外半里。昔有凤凰止此，故名。《晋宁州志》：在城西北半里忠烈祠右。《云南府志》：在城西北二里。

四通桥 《晋宁州志》：在城西三里许。明弘治三年，知州熊宏建。万历五年，知州赵时雍重修。《晋宁州采访》：嘉庆十二年，李鼎元、李德元、赵昇重修。《古今图书集成》：路通新兴、元江等府州。

瀛洲桥 《晋宁州采访》：在城西三里康乐村。道光八年，员生任占甲倡建。

天女桥 《晋宁州采访》：在城西三里天女城山下。乾隆三十五年，村人李芳旲、杨霖润、杨霖浩公建。

利涉桥 《晋宁州采访》：在城西五里天女桥下。明万历间，杨瑞廷建。乾隆间，徐瀚倡修。

新　桥 旧《云南通志》：在城西五里，明刘世荣建。《晋宁州志》：在石美村前，一名刘家桥。

凤仪桥 《晋宁州采访》：有二，均在城西八里金砂、大西、左卫三交界处。古名过樑桥，道光十七年，阖州士民公建。

青龙桥 《晋宁州采访》：在城西九里左卫新村界。巨石一块，宽平阔大，经过者皆以为异。

庆丰桥 《晋宁州志》：在城西北一里忠烈祠后。

太平桥 《晋宁州志》：在庆丰桥后，乾隆十年重修。

凝静桥 旧《云南通志》：在城西北三里王家坝下。明州人徐天应建，雍正四年，士民重修。《晋宁州志》：在新江坝下。

普济桥 《晋宁州采访》：在城西北四里许大营。

世济桥　旧《云南通志》：在城西北五里。明州人李茂修建，其孙重修，故名。

拱秀桥　《晋宁州志》：在城西北五里大西村。

官惠桥　《晋宁州志》：在大西村。

二桥俱明万历间建。

永丰桥　《晋宁州志》：在城西北五里梁家营，明万历四十四年建。

义修桥　《晋宁州采访》：在城西北七里中大河界。嘉庆二十四年，节妇王杨氏新建。

永顺桥　《晋宁州采访》：在城西北七里马家村，士民公建。

永福桥　《晋宁州采访》：在城西北八里吕家坝，士民公建。

安澜桥　旧《云南通志》：在城西北十里，本州士民公建。《晋宁州采访》：在城西北四里中大河界。道光六年，村民重建。《晋宁州志》：又名永安桥。

迎恩桥　《晋宁州志》：在城东北三里迎恩铺外撒马沟，乾隆十八年重修。

善济桥　《晋宁州志》：在城东北四里象鼻岭下，乾隆二十年重修。

呈贡县

通济桥　旧《云南通志》：在城内中街。明洪武间，知县揭官保建。《云南府志》：在城西。明天顺间，典史易有高建。一在城南二十五里。《呈贡县采访》：道光二十年，旧归化县城内，士民捐资新建。

永济桥　《呈贡县志》：在城东新册村。

便民桥　旧《云南通志》：在城东三十里惮泥山下。明嘉靖间，知县范宏建。

青龙桥　《呈贡县采访》：在城东三十里松子园外，接河阳界。乾隆间建。

凤鸣桥　《呈贡县志》：在城东南郎家营。

姑娘桥　《呈贡县采访》：在茴庄南五里。光绪十年，绅民陆应芳等倡捐重修，通河阳路。

利济桥　《呈贡县采访》：在城东南三十里茴庄村外，为澂江孔道。光绪十年，知县李明鋆率民杨苏、华炳文等倡捐新建。

大　桥　《呈贡县采访》：在城南门外，乾隆二十六年建。

大通桥　《云南府志》：在城南。明弘治间，典史沈福建，今圮。

龙市桥　旧《云南通志》：在城南一里。明成化间建，万历八年，知县黄宇重修。《云南府志》：原名济远桥。

新虹桥　《呈贡县采访》：在城南兴隆营。清光绪十一年，村民建。

运转桥　《呈贡县采访》：在兴隆营。年久倾圮，沙壅横流，行人病涉。清光绪十一年，知县李明鋆率士民华炳文、陈标等倡捐重建。

老旺桥　《呈贡县采访》：在城南三里。光绪间，士民杨钟南等倡建。

舆济桥　旧《云南通志》：在城南十五里大渔村。明万历八年，邑人汪朝阳建。康熙四十五年，邑人姚茂德重修。《云南府志》：在城南二十里。

三版桥　《呈贡县采访》：在城南十五里捞鱼河，澂江孔道。嘉庆二年建。

太平桥　旧《云南通志》：在城南十五里太平关。明成化间，邑人吴应选建。雍正四年，阖邑重修。

普济桥　旧《云南通志》：在城南三十五里。明嘉靖间，邑人李经建。《云南府志》：

在城北五里。

利涉桥 旧《云南通志》：在城南四十里富有村。明嘉靖间，邑人蒋春建。《云南府志》：在城东一里。《呈贡县志》：在城南二十里。

仁寿桥 《呈贡县采访》：在城南丰乐村南，乾隆六年建。

龙门桥 《呈贡县采访》：在城西南里许大古城。同治十三年，知县史致準率士民杨珍等重建。

吴笼桥 旧《云南通志》：在城西南四十里安江村。明弘治间，邑人李洪建。《云南府志》：在城西南七里。

永丰桥 《呈贡县采访》：在城西五里可乐村南。道光间，士民捐建。

安江桥 《云南府志》：在安江村。明万历间，知州许亨魁建。顺治间，邑人保姓建。

新　桥 《呈贡县志》：在安江村。

通利桥 《云南府志》：在城北五里。明弘治间，知县何崇有建，陈表重修。

望云桥 《呈贡县采访》：在前卫营。道光二十二年，村民建。

锁龙桥 《呈贡县采访》：在倪家营。道光二十六年，村民建。

安宁州

黄塘渡 旧《云南通志》：在城南十五里，设有渡夫。《云南府志》：在城南五十里。

河尾渡 《云南府志》：在城北，今废。

白塘渡 《云南府志》：在城北七里。《安宁州志》：一名白塔渡。

温泉渡 旧《云南通志》：在城北十五里。

青龙城渡 《安宁州采访》：在城北五十五里。

李百户村渡 《云南府志》：在城北六十里。

矣龙甸渡 《安宁州采访》：在城北六十五里。

通清桥 《云南府志》：在城内州署前大街。

永安桥 《一统志》：名东桥。旧《云南通志》：在城东门外，螳螂川经其下，为迤西要路。明弘治七年，巡抚张诰重修。康熙四十五年，总督贝和诺、巡抚郭瑮捐俸，委知州高珍督修。《安宁州志》：乾隆元年，布政使陈宏谋捐修。《安宁州采访》：二十七年，知州卞怀诏重修。

醉春桥 旧《云南通志》：在城东门外岑楼北。明崇祯间，州人募修。《云南府志》：在旧遥岑楼外，俗名三桥。

指挥桥 《安宁州志》：在遥岑楼东。

迎恩桥 《安宁州志》：在指挥桥东。

永定桥 《云南府志》：在城东门外。明弘治七年建，迤西通衢。

昌应桥 《一统志》：在城东二十里。旧《云南通志》：在城东三十里，入省大路。明万历间，州人杨彦魁建。康熙八年，知州张在泽重修。十一年，州人祁凤翔募众再修。《安宁州志》：在城东二十五里。《安宁州采访》：嘉庆十九年，署州郭辉翰同绅士段泰吉等捐修。

天津桥 《一统志》：旧名涉河桥。《安宁州志》：在城东南一里。明万历间，郡人朱化孚建。康熙二十三年，知州朱承命重修，改名天津。雍正七年，粮道黄士杰、盐道冯光裕同捐修。《安宁州采访》：咸丰八年，兵燹毁。光绪九年，士民捐修。

崇文桥 旧《云南通志》：在城南二十里。明万历间，旧三泊县知县彭悌建。《安宁州志》：在礼义村。

长虹桥 《安宁州志》：在城南二十五里旧三泊县南。

资利桥 《云南府志》：在旧三泊县资利河。

博济桥 旧《云南通志》：在城南三十里，通迤西大路。雍正二年，士民募建。

鸣矣河桥 《安宁州志》：在城南四十里，系木桥。《安宁州采访》：道光十四年，士民捐资改建石桥，更名凤鸣。

回龙桥 《安宁州采访》：在城南四十里双村。道光十八年，士民新建。

普济桥 《安宁州志》：在城南五十里。

永济桥 《安宁州采访》：在城南七十五里前所。道光二十八年，士民捐建。

冯母桥 旧《云南通志》：在城南八十里。雍正元年，州人冯加懿母李氏建。《安宁州志》：在城南七十五里。

惠济桥 《安宁州采访》：在城南八十里石坝。咸丰元年，士民捐建。

王家桥 《安宁州采访》：在城南九十里石岩村。道光二十五年，士民捐建。

潆川桥 《安宁州采访》：在城南九十里吴李坝。道光二十七年，士民捐建。

普安桥 《安宁州采访》：在城南九十里小营。道光三十年，士民重建。

保善桥 《安宁州采访》：在城南九十里七街子。同治十一年，村民建。

安澜桥 《安宁州志》：在城南筒车坝。州人祁凤翮、杨同春募建。

西归村桥 《安宁州采访》：在城南西归村，士民修建。

通仙桥 《安宁州采访》：在城南。乾隆五十九年，耆民董大生等捐建。

老河坡桥 旧《云南通志》：在城西南五里，通易门路。州民杨士毅建。

盐课司桥 《云南府志》：在城西门内旧盐课司前。

寿昌桥 旧《云南通志》：在城西门外，郡人张希元建。

游得高桥 旧《云南通志》：在城西三十里。

草铺前桥 《安宁州采访》：在城西草铺前，阖街修建。

草铺后桥 《安宁州采访》：在城西草铺后，庠生杨联陞建。

禄脿街桥 《安宁州采访》：在城西禄脿街。士民建，一名清风桥。

光裕桥 旧《云南通志》：在城北四里。明崇祯间，郡人杨凤建。

近渡桥 《安宁州志》：在城北七里白塔渡前。

美济桥 《安宁州志》：在城北十五里温泉尾，州人吴蓁、吴芹捐建。

显济桥 《安宁州志》：在美济桥北，州人吴芹建。

登春桥 《安宁州采访》：在宝兴庄前。乾隆五十四年，绅士张云鹏、张灿坤、李球等捐建。

禄丰县

金锁桥 《禄丰县采访》：在城东二乡，高四丈余。嘉庆四年，村人捐建。

启明桥 旧《云南通志》：在城南十五里。明天启间，丽江土知府木增建。乾隆四十九年冲塌，五十一年，知县戴士炎同绅士捐建。

星宿桥 旧《云南通志》：在城西门外。一名永丰桥，通迤西大路。《云南府志》：

春夏之交，涨水暴发，行者怖畏，编竹驾舟，往往覆溺。明万历间，知县向兆麟详允建桥，长三十丈，阔四丈，计五硐，即名星宿桥。旧《云南通志》：康熙三十九年倾圮，总督范承勋、巡抚王继文檄迤西各官捐修。四十六年，水涨复冲坏，布政使刘荫枢亲勘议修，不果。四十九年，知县刘自唐捐修，架以木版。雍正五年，水涨复行冲坏，仅存一硐，暂以船只济渡。《禄丰县采访》：道光五年，士民等捐修，武生章云标、新平教谕刘霈玉、从九品欧声畅、贡生段钧董其役。

飞虹桥 旧《云南通志》：在城北门外里许，通黑、琅两井大路。明天启间，邑绅王锡衮建石桥，三硐。康熙十一年倾圮，盐道郭廷弼捐修，易以木桥。四十六年，水泛冲断，盐道李苾捐俸，知县黄枢督修，后复坏。五十二年，黑井提举沈懋价重修。《云南府志》：俗名罗次桥，邑绅士王咨翼重修。《禄丰县采访》：雍正五年，被水冲坍，夏秋造船济渡，冬春建木为梁。《禄丰县采访》：咸丰初，盐井禄邑官绅重修，改名利济桥。同治初复修。

康济桥 《禄丰县采访》：在城北十里。康熙五十年建，乾隆间，屡修屡圮。道光二年，知县吉修孝同绅士杨时行捐赀改建，易为两孔，更名永济。《禄丰县采访》：同治十年，知县张钰率井绅同修。

宝泉桥 旧《云南通志》：在城北二十里翻泥河。明嘉靖初建，下有温泉，土人浴之。

双济桥 旧《云南通志》：在城北三十里，通武定路。《禄丰县志》：康熙五十年，郡人唐瑜建。《禄丰县志》：涧水骤发，商旅难行。唐瑜建石桥，既便利涉，又资灌溉，因名。

昆阳州

海口渡 旧《云南通志》：在城北二十里，为往来要津。《云南府志》：在州北四十里。

鸣凤桥 旧《云南通志》：在城东三里，康熙五十六年建。

巨　桥 《云南府志》：在城东三里，元时建。

龙泉桥 旧《云南通志》：在城东十里。

普济桥 《云南府志》：在城南门外。明万历间，知州夏可渔建，改名济生桥。

焕文桥 旧《云南通志》：在城南门外。康熙四十年，智坊士民同建。

卢公桥 旧《云南通志》：在城南三里。明万历间，署知州卢元恺建。

新　桥 旧《云南通志》：在城南二十里。明天启间建，康熙三十二年，知州蒋廷铨重修。《云南府志》：为新兴通衢。

石枧桥 旧《云南通志》：在城西三十里甸头村，长五丈。明时楚人李正相度为枧，以溉田亩，里人德之。

些溪桥 旧《云南通志》：在城西三十五里。明万历间，州人李凌云建。

响水桥 《云南府志》：在城西三十五里，康熙五年建。

天生桥 《云南府志》：在城西四十里鲁黑庄右。

石龙桥 旧《云南通志》：在城西北三十里，为迤西通衢。康熙七年建。

迎恩桥 旧《云南通志》：在城北门外。明嘉靖间，知州张绮建。

升龙桥 《云南府志》：在城北五里仙卧山下，今改崖跌水。

屡丰桥 《案册》：在城北。跨海口，计三座十余空。道光十六年，总督伊里布、巡抚颜伯焘率官绅捐修，并建龙王庙、白将军庙于中滩。光绪四年重修。

易门县

木奔渡 《续易门县志》：在城西南六十里木奔江。进士董良材捐田置船，以作义渡。

小江口渡 《续易门县志》：在城西小江口。

香树坡厂渡 《续易门县志》：在城西一百二十里香树坡厂。

九渡河渡 《续易门县志》：在城西北一百二十里九渡河。

杨梅庄渡 《续易门县志》：在城西北杨梅庄。

三岔河渡 《续易门县志》：在城北三十五里三岔河。

惠津桥 旧《云南通志》：在城东二里，明末建木桥。《易门县志》：名会津桥，明山西万全县教谕赵世显等捐建。旧《云南通志》：康熙二年，阖邑士民捐建，易以石。《易门县志》：乾隆三十六年，署知县杨奋建亭于上，题曰“断岸流虹”。

云龙桥 《易门县志》：在城东五里大营。

易川桥 旧《云南通志》：在城东七里曾所营。明末建，顺治间，邑人徐石匠重修。

易江桥 《一统志》：在易川桥东七里，地名江渠。

惠泽桥 《易门县志》：在城东八里曾所营。

永济桥 《易门县志》：在城东下江渠，乾隆四十一年修。

镇江桥 《续易门县志》：在下江渠。

飞虹桥 旧《云南通志》：在城东十五里驾易江上，有“飞虹普渡”坊。明崇祯十七年，知县黄世臣建。

迎龙桥 旧《云南通志》：在城南门外。明洪武二十四年建，顺治十八年，知县叶之馨重修。

南门大桥 《云南府志》：在城南门外。建有“锦云平步”坊，今圮。

济南桥 《云南府志》：在城南，系木梁，今圮。

小石桥 《易门县志》：一在城南四会岗头小河上流，一在县东九会叶家房小河下流。

普川桥 旧《云南通志》：在城南十五里普贝屯。

鸣凤桥 《易门县志》：在城南二十里苗茂河，乾隆四十年建。

徐家箐大桥 《续易门县志》：在城南徐家箐。

通济桥 《易门县志》：在城西八十里甸末，系木梁，上覆瓦屋。《易门县采访》：又名南山桥，今圮。

小河桥 《易门县志》：在城西八十里新城，系木梁，上覆瓦屋。《易门县采访》：今圮。

驿马坡大桥 《续易门县志》：在城西驿马坡。

永镇桥 《易门县志》：在城西沙衣旧，乾隆三十九年建。

利济桥 《易门县志》：在城西沙丈，经历潘国弼捐修。

见龙寺大桥 《续易门县志》：在城西北易门庄见龙寺。

望春桥 《易门县志》：在城西北太和川，乾隆四十年建。

峡蒲桥 《续易门县志》：在城西北，系木梁，上覆瓦屋。

七星桥 旧《云南通志》：在城北门外，旧名捷近桥。明洪武二十四年建，万历二十九年，邑人张仲美重修，改今名。

永靖桥 旧《云南通志》：在城北一里。

文亨桥 《易门县志》：在城北十五里刘家营。

三汊河桥 《易门县志》：在城北十五里葛根箐。《续易门县志》：系木梁，上覆以瓦屋。

新　桥 《续易门县志》：在城北十五里，生员吴恕建。

旧县门石首桥 《续易门县志》：在城北三十里旧县。

栢木桥 旧《云南通志》：在城北四十五里，接禄丰县界。系木梁，覆以瓦屋。《续易门县志》：在迤栖屯。道光六年，改建石桥。

绩麻村大桥 《续易门县志》：在城北绩麻村。

窝德村大桥 《续易门县志》：在城北窝德村。

永安桥 《易门县采访》：在城东北十里山后箐小河，故名小河桥。旧系木梁，光绪九年，武生吴光鲁倡修，改建石桥，易今名。

嵩明州

永清渡 《嵩明州采访》：在嘉丽泽边。

段峻德桥 《嵩明州志》：在城东门外。

元和桥 《嵩明州采访》：在城东门外。

罗锦桥 《嵩明州志》：在城东五里。康熙四十八年，知州吴宝林建。

飞虹桥 旧《云南通志》：在城东五里。

普济桥 《嵩明州采访》：在城东七里。道光五年，小迤半村公建。

龙济桥 旧《云南通志》：在城东十里。

太平桥 《嵩明州采访》：在城东十里。顺治间，太平龙阖村建。道光十五年，罗锦村重修。

竜纳桥 旧《云南通志》：在城东二十里。

永济桥 《嵩明州采访》：在城东二十五里。道光十三年，地震倾圮。十九年，金下枝士庶重修，同治十三年复修。

白龙桥 《嵩明州采访》：在城东三十五里。道光间，士民新建。

嘉利桥 旧《云南通志》：在城东四十里，即河口大桥。明万历间，知州熊克壮建。

前卫石桥 《嵩明州采访》：在城东百里。明万历间，卫宗元倡建，被水冲坍，未修。

堡子屯河桥 《嵩明州采访》：在城东百里。明万历间，高天祥倡建，咸丰三年重修。

庆云桥 《嵩明州采访》：在城东百里。明万历间，罗元亮建。光绪五年，士民重修。

丁官桥 《云南府志》：在城东南。

杨高桥 《云南府志》：在城东南。

永济桥 《嵩明州采访》：在城东南。旧名兔街梁，今改永济桥。

普济桥 《嵩明州采访》：在城东南。旧名河祐梁，今改建石桥，名曰普济。

朝宗桥 《嵩明州采访》：在城南门外。

龙津桥 旧《云南通志》：在城南十里。

龙关桥 旧《云南通志》：在城南十五里。

凝和桥 旧《云南通志》：在城南三十五里杨林驿东。《云南府志》：在杨林南五里。《嵩明州志》：在杨林东一里。

青石桥 《嵩明州志》：在城西南四十里。康熙四十九年，知州吴宝林捐建。

西来桥 《嵩明州采访》：在城西门外。

万里桥 旧《云南通志》：在城西五里。明嘉靖间，知州狄应期建。

云津桥、通明桥 《嵩明州采访》：并城西十里。明万历间建，道光十二年，李楷等重修。

大通桥 旧《云南通志》：在城西二十里，即四版桥。明知州狄应期建。

对龙桥 旧《云南通志》：在城西四十里。《云南府志》：在城南四十里。

白邑桥 《嵩明州志》：在城西四十里。

甸尾桥 《嵩明州采访》：在城西四十五里。

庄科桥 《嵩明州志》：在城西五十里。

段麟桥 《嵩明州志》：在城西五十里。

者纳桥 《嵩明州志》：在城西五十里。

天生桥 《嵩明州采访》：在城西五十里，旁有仙人洞。

景星桥 《嵩明州采访》：在城西百里。明万历间，蒋文明倡建。光绪五年，士民重修。

太和桥 《嵩明州采访》：在城北门外。

丹凤桥 旧《云南通志》：在城北一里。

仁济桥 旧《云南通志》：在城北十里。《云南府志》：在城南四十里。

长安桥 《嵩明州采访》：在城北十里。道光二十八年，长安冲村民建。

锁水桥 《嵩明州采访》：在城北百二十里。明万历四十一年，知州余化龙倡建，咸丰六年，兵燹毁。

矣纳桥 旧《云南通志》：在城东北二十里。

大理府

太和县

海虹桥 《太和县采访》：在城东海滨柴村。明御史李东建，咸丰六年，知府唐惇培捐修。

双鹤桥 旧《云南通志》：在城南一里，跨绿玉溪之水。明万历间，知府莫天赋、同知冯大载建。《明一统志》：桥柱立二铜鹤。

安固桥 《大理府志》：在城南五里。跨龙溪，三孔行水，翼以石阑，长四丈，阔三丈，造浮图，桥南置金像镇之。明成化间，知府李逊建。弘治四年，知府马自然重建，后圮。万历五年，分巡道王希元重建。《太和县采访》：光绪七年，士民捐赀重修。

阳和桥 旧《云南通志》：在城南八里，跨青碧溪。明万历间，分巡道王希元建。

《太和县采访》：道光四年，提督罗思举、迤西道谢崧、知府宋湘、知县宫思晋捐赀重建。光绪八年，提督黄武贤、迤西道熊昭镜、知府王邦彦、知县吴申祐、参将黄河洲倡捐重修。

十里桥 旧《云南通志》：在城南十里，跨莫残溪。《太和县采访》：道光四年，提督罗思举、迤西道谢崧、知府宋湘、知县宫思晋捐修。光绪八年，士民重修。

鹤背桥 旧《云南通志》：在城南十五里，跨葶蒖溪。

阳南桥 旧《云南通志》：在城南二十里，跨阳南溪。《太和县采访》：道光四年，提督罗思举、迤西道谢崧、知府宋湘、知县宫思晋重修。

清风桥 旧《云南通志》：在城南三十里，跨海尾。明正统间，知府贾铨、指挥郑俊同建，分水五道，翼以阑墙。郡治桥梁，此为第一。《大理府志》：一名黑龙桥，在下关城。《太和县采访》：光绪三年，迤西道熊昭镜、知府毛庆麟、提督杨玉科率士民捐修。迤西道熊昭镜《重修黑龙桥碑记》：

大理有上、下两关，下关名龙尾关，在郡治南三十里。太、赵、邓、浪、宾诸水汇入洱海，洱海之水自北而南，由关外分二道西流，天然重险。旧建石桥二座，在内者为黑龙桥，河阔而深，其长数倍外桥，行李之往来苍洱间者，舍此莫由达焉。且地处山海之冲，风力最劲，故又有两墙以为障蔽。丙子秋，久雨之后，地震桥圮，人皆病涉。余商诸芷卿大守、云阶提军，各捐廉以为之倡，附近绅民亦知叶榆之不可一日无此桥也，莫不共襄善举，遂嘱李绅光裕等董其事。先转巨石，运大木架板，以暂通车马，俾行人无阻，始得从事于桥。但水深三丈，桥根茫茫，畚锸无所施，则桥根不可得而成，欲去水则洱海朝汐逆行，既不能置闸断流，又不可开沟旁泄，虽工料俱备，而势几束手。不得已，博访周咨，乃近桥筑坝两层，多用水车，催丁壮，竭人力，以与水争尺寸，众诚所格，冥漠中若有默助者，水忽涸。一日而桥基遂成，阅两月而桥工告竣。共费银一千两有奇。是役也，人咸难之，乃不费一公帑，不役一民夫，而竟克成，可见天下无不可成之事也。太守来请记于余，余即其事以记之。

子河桥 旧《云南通志》：在城南三十里，跨海尾新河。康熙三十一年，僧正觉募建。

竜关桥 《古今图书集成》：在县城南。旧《云南通志》：在城南三十里，跨海尾。《大理府志》：二孔行水，翼以扶阑。

龙溪桥 《太和县采访》：在城西南郭外十数武，跨龙溪上流。长四丈许，计三孔。明嘉靖间，郡人李元阳、杨怀哲建。咸丰五年，溪涨决。六年，知府唐惇培、知县毛玉成率士民捐赀重修，移距旧址西上五丈许。

中和桥 《太和县采访》：在城西门外，跨中溪上游，旧系平桥。清道光五年水决，知府宋湘、参将三音保、知县宫思晋以中溪水截流而北，有关风脉，率士民捐赀改建圆桥，形如弓背，俨乎卧虹。

中溪桥 《太和县采访》：在城西二里中溪口。明嘉靖间，郡人高𤧥建。

凤凰桥 《太和县采访》：在城西北郭外，跨中溪次曲。明嘉靖间，郡人高𤧥建。

桃溪桥 《太和县采访》：在城西北里许，跨桃溪上流。长五丈许，三孔行水，翼以扶阑。明嘉靖间，郡人杨怀哲建，今阑圮桥存。

狮子桥 《大理府志》：一名安民桥，在城北门外。跨城壕，中溪下曲，一孔行水，翼以扶阑。《太和县采访》：一名安民桥。

宣化桥 旧《云南通志》：在城北一里，跨桃溪。明弘治十年，通判刘杰建。《大理府志》：一孔行水，翼以扶阑。明刘杰建，浮图镇之。

四里桥 旧《云南通志》：在城北四里，跨梅溪。《古今图书集成》：跨梅岑溪。

五里桥 旧《云南通志》：在城北五里，跨隐仙溪。

白石桥 旧《云南通志》：在城北七里，跨双鸳溪。《大理府志》：一名白石江桥。

屏风桥 《古今图书集成》：一名屏峰桥。旧《云南通志》：在城北十里，跨白石溪。

塝曲桥 旧《云南通志》：在城北十八里，跨灵泉溪。《太和县采访》：同治七年，溪涨冲塌，士民捐赀重修。

洛阳桥 旧《云南通志》：在城北二十里，跨锦溪。

湾　桥 旧《云南通志》：在城北三十里，跨芒涌溪。

凤鸣桥 《太和县采访》：在城北三十里，跨芒涌溪。明杨黼建，道光十四年，郡人何浚重修。

作邑桥 旧《云南通志》：在城北三十八里，跨阳溪。《大理府志》：酾水二十八道。《太和县采访》：道光二十五年，拔贡段环槼倡修。

牧牛桥 旧《云南通志》：在城北四十里，跨万花溪。《大理府志》：酾水十道。

院塝桥 旧《云南通志》：在城北四十五里，跨霞移溪。雍正五年，涧水泛涌，桥尽冲没，知县罗忻捐俸重修，提督郝玉麟助成之，修石为梁，长一十六丈。

峩崀桥 旧《云南通志》：在城北五十里。《古今图书集成》：横潦冲决，石梁不存，近作木桥，时漂于水。

波罗桥 旧《云南通志》：在城北七十里。《大理府志》：一名波罗江桥，今圮。

明星桥 《太和县采访》：在城东北郭外。明弘治间，士民捐建，久圮。同治十年，耆民赵恩厚等倡修。

双凤桥 《太和县采访》：在城东北五里，跨桃溪尾。道光间，武举杨开泰倡建。

镇西桥 《太和县采访》：在城东北二十里，跨灵泉溪尾。道光间，郡人李时倡建。光绪三年，贡生李庚吉等重修。

赵　州

凤仪桥 《赵州志》：在城隍庙前，自西门外移此。

通济桥 旧《云南通志》：在城东街。明天顺间，百户胡玺、州人苏忠等建。

见山桥 旧《云南通志》：在城东门外，一名孝友桥。明万历间，州人翁秀建。

永安桥 《赵州采访》：在城东一里。明嘉靖间，州人李载阳建，邹廷文修。

彩云桥 旧《云南通志》：在城东南六十二里。明万历间，云南县杨舟建。《赵州志》：在白崖东二里。明太和李元阳《彩云桥》诗：

积雨村墟烟火消，马前沙涨迥齐腰。沟渠不治农人叹，禾稼常伤潦水漂。

凿石苦为鞭挞急，褰裳愁杀路途遥。济川无策甘崖壑，且向人间理断桥。

天津桥 在城东南一百里弥渡市巡检司西。《大理府志》：明万历二年，通判潘大壮、黄若金建。

二河桥 在城东南一百二十里。明生员杨本荣建，清顺治十六年，里民金殿相募修。

东山桥 在城南门外。明弘治二年，楚雄府同知陈宝建。《赵州志》：在城东一里。明嘉靖间州绅李载阳建，邹廷文修。

槽溪桥 《古今图书集成》：一名汤巅石桥。旧《云南通志》：在城南一里，明弘治间，僧志觉建。《赵州志》：在城南十五里，州民赵永龄建。

水硙桥 旧《云南通志》：在城南二里。明嘉靖间，知州潘大武建。《大理府志》：明嘉靖十九年，知州王惠重建。《赵州志》：雍正十二年，水泛桥圮，知州程近仁重建。《太和县采访》：同治十一年，绅民复修。

北　桥 旧《云南通志》：在城南七里。《赵州志》：在城南五里，明知州潘大武建。

狮子桥 旧《云南通志》：在城南十里北桥之南，明知州潘大武建。《赵州志》：在城南七里，明知州张廷仪重修。

猢狲箐桥 《赵州采访》：在城南二十五里，跨波罗江，为迤西通衢。被水冲坍，光绪九年，署知州史建中重修。

迎风桥 《赵州志》：在城南三十里，雍正十一年建。

镇龙桥 旧《云南通志》：在城南五十里。康熙五十一年，州民李正春建。

嘉乐桥 旧《云南通志》：在城南六十里白崖加买铺。明万历间，知州沈奎灿建。《赵州志》：在白崖东十五里。

白马桥 《赵州志》：在白崖南二里。

甸中桥 旧《云南通志》：在城南六十余里，跨赤水江。明万历间，州人杨文玉等建。《赵州志》：一名中江桥，在城南六十五里。雍正二年，弥渡张举倡修。

铁柱坪桥 旧《云南通志》：在城南八十五里，亦赤水所经。明万历间建。

永利桥 《赵州志》：一在铁柱坪南，一在弥渡北六里。

二龙桥 《赵州志》：在城南九十里弥渡东三里。

通济桥 《赵州志》：在弥渡南二里，雍正九年建。

天舟桥 《赵州采访》：在弥渡城南十五里，跨赤水江。道光三十年添修。

底定桥 《赵州采访》：在弥渡城南百四十里。居弥蒙下游，通景东要津。河水汹涌，舟楫难行，里人三次修建。初架木，次垒石，后用铁锁，俱冲没，至今未修。

天渡桥 《赵州采访》：在弥渡城西一里。跨赤水江。康熙八年，巡司吴道亨建。同治元年，州人重修。

永渡桥 《赵州采访》：在弥渡城西南三里，跨赤水江。咸丰十一年，士民重修。

云津桥 《赵州采访》：在弥渡城西南十七里，跨毘雌河，为景东通衢。道光三十年重修。

报恩寺桥 《赵州志》：在弥渡北一里。

大庄桥 旧《云南通志》：在城南一百五里。明万历间，州民史青、高印玉建。

锁云桥 旧《云南通志》：在城南一百三十里，跨弥渡大河。康熙六十一年，知州陈士昂建。《赵州志》：在城南苴力新村。

二河桥 《赵州志》：在城南一百五十里苴青、密底二水会处。顺治十六年，金殿相重修，今圮。

永济江桥 《赵州志》：在密底江心中。

尚义桥 旧《云南通志》：在城西南六十里定西驿岭西。《大理府志》：明嘉靖八年，郡民盛钺建。

双 桥 旧《云南通志》：在城西南一百里。明万历间，里民翁德敬建。《赵州志》：在白崖。

只羊桥 旧《云南通志》：在城西北六里。

元丰桥 《赵州采访》：在城西北十里许满江邑，跨波罗江。咸丰元年，庠生段体信、李溪倡建石桥，建魁星阁于上，今阁毁桥存。

海口桥 《赵州采访》：在满江邑，为海东至下关通衢。光绪三年，居民重修。

北湖桥 《赵州采访》：在城西北十里下庄村。道光三十年，倾圮，未修。

磨盘桥 旧《云南通志》：在城西北三十里，明时里民陈辅建。

太平桥 旧《云南通志》：在城北门外。明嘉靖间，千户时雍建。《大理府志》：明弘治三年，同知程宝建。

四象桥 《赵州志》：在青螺山下，跨城北天生河为城中过峡。旧墩阻水滞脉，雍正四年，锦江黎著明倡众改建。

神庄桥 旧《云南通志》：在城北二里。明万历间，知州庄诚建，今圮。

红山桥 《赵州志》：在城北五里。

北塔桥 《赵州采访》：在城北十里北塔庙下，为海东入赵大路。旧有圆桥，道光三十年，被水冲决。光绪八年，孀妇许许氏捐赀重修。

邹官桥 旧《云南通志》：在城东北一里，州民邹廷文建。

澄城桥 《赵州志》：在城东北七里。

德胜桥 《赵州采访》：在距城三十里下关，为清风河分流。

迎赦桥 《赵州采访》：在小赤佛门首大路。明知州潘大武建，被水冲决。光绪九年，知州史建中重修。

白鹤桥 《赵州采访》：在大赤佛村外，跨波罗江。咸丰元年，村人建。

云南县

四门石桥 《云南县志》：四桥俱跨城壕。雍正四年，知县王璐修。

三孔桥 《云南县志》：在城东十里。

孔仙桥 旧《云南通志》：在城东二百里。明时邑民孔全建，因名孔全桥，后改今名。在你甸白盐井大路。《云南县志》：桥长十余丈，宽二丈。孔道人修炼于此，故又名孔仙。

升恒桥 《云南县志》：在城东你甸小里坡，通盐井大路。生员赵升恒建。

青涧桥 《云南县志》：在你甸，杨焕修建。

双石桥 《云南县志》：在你甸双桥哨。

俄打喇石桥 《云南县志》：在你甸。

丰隆桥 《云南县志》：有二，在城东和甸街东西。

美成桥 《云南县志》：在和甸新兴村左下。

新册村石桥 《云南县志》：在和甸。

火烧桥 《云南县志》：在城东南青石湾。旧系木桥，邑人张汉忠易之以石。《云南县采访》：光绪九年，士民刘诏书、虞腾春等倡修。

赤水桥 旧《云南通志》：在城东南五十里，明时建。《大理府志》：在城东南二十五里。

大版桥 旧《云南通志》：在城南二十五里。明指挥赖镇建，康熙十年，邑人赵争先、赵昌先捐修石桥。《大理府志》：去小版桥五里。《云南县志》：在青海铺大路。青龙海水从此出段家坝，积有余田，为岁修赀。

小版桥 《大理府志》：在云南驿，去大版桥五里。

倚江桥 旧《云南通志》：在城西南八里。明时建，康熙五十六年，知县伍青莲捐修，又名万年桥。《大理府志》：在城西十里。

五孔桥 《云南县志》：在城西北。明隆庆间，兵备道朱奎建。

九峰桥 《云南县志》：在城西北二十里九峰山下，通大理路。

利济桥 《云南县志》：在城东北乔甸周派鲁，通白盐井大路。康熙二十三年，袁君龙倡建。

老马村桥 《云南县志》：在波川，系城云两川水注处，架木为梁。

鱼进营桥 《云南县采访》：旧系木桥，道光二十八年，邑人钱文印、吴联相倡捐重修，易以石，更名永定桥。

龙凤桥 《云南县采访》：距云南驿二里。光绪九年，士民刘诏书、虞腾春倡捐重修。

养鱼潭桥 《云南县采访》：在云南驿东十里。光绪五年，邑人董云庆等重修。

观音桥 《云南县采访》：在云邑沐滂铺，为入省通衢。

邓川州

新　桥 《大理府志》：在城东三里。明嘉靖间，上登里民杨自新建，知县阿国珍重修。

银　桥 《大理府志》：在城东六里，地名三江头，九孔行水。明弘治间，知州阿骥建木桥。嘉靖二十三年，左所军王经复建。万历间，举人杨韶易以石，并建小桥六处。《邓川州志》：在州东四里。

版桥、沙桥 《邓川州志》：二桥俱在银桥南北。

井旁桥 《邓川州志》：在银桥南，跨瀰苴河，井旁士民建。

龙　桥 《大理府志》：在城东九里。长五丈，广六尺。明弘治四年，同知程永亨修。嘉靖二年，上关军人沈经等易以石。旧《云南通志》：雍正八年，知州施震重修。《邓川州志》：在城东一里。雍正间，贡生杨东昇重修。

元济桥 旧《云南通志》：在城东六十里。明万历间，邑人王允昌建。《大理府志》：在羊塘河中。《邓川州志》：在罗陋河中。

永镇桥 旧《云南通志》：在城东六十里。明万历间，邑人王启后建。《大理府志》：在羊塘河尾。《邓川州志》：在罗陋河尾。

青索鼻桥 旧《云南通志》：在城东南十里。《大理府志》：在城东二十里，长五丈五尺。明成化二十三年，舍人胡全建。《邓川州志》：一名天衢桥，在城东八里。乾隆四十七年，署知州张士俊捐修，州人高上桂重修。

小街子桥 《邓川州志》：在天衢桥南，跨瀰苴河。小街士民建。

高笕桥 《邓川州志》：在城东南小道后。

江尾桥 《邓川州志》：在城东南，江尾村里人公建。

锁水阁桥 《邓川州志》：在城东南瀰河尾，里人建。

和光桥 《邓川州志》：在城东南大王庙塘。

松鹤桥 《邓川州志》：在和光桥下。

普渡桥 《邓川州志》：在城南十七里。跨上洱池，以通东西道。知州陈鉴率士民赵美等建。

马甲邑桥 《邓川州志》：在城南天衢桥北，跨瀰苴河。明嘉靖间，州人杨自新建，知州阿国珍修。《邓川州采访》：道光二十六年，州人增修。

甲戌桥 《邓川州志》：在马甲邑桥东北里许。甃石成堤，形如曲尺，卧于波心间，以数桥分泄东湖之水。《大理府志》：在城东二十里。

杨家营桥 《邓川州志》：在城西北八里，跨西湖尾。杨家营各村捐建。

西湖桥 《邓川州志》：在城西北旧州东三里西湖南岸。明嘉靖间，里民杨自新建，知州阿国珍修。

三道桥 旧《云南通志》：在城北二里许。一堤亘摩迦泽中，以通南北孔道，复截堤为桥，以通东西泽水。明天顺间，邑人蒋庆建。弘治十六年，杜文忠重修。《邓川州志》：道光二十五年，地震尽圮。二十九年，署知州汤师淇捐修。

德源桥 旧《云南通志》：在城北二十里，跨瀰苴河，三孔行水。明天顺间，邑人王纲建，杨富重修。《大理府志》：在城北十里，长五丈。《邓川州志》：乾隆二十三年，僧定一同中所士民重修。

左所桥 旧《云南通志》：在城北二十三里。明万历间，邑人王经捐建，康熙五十二年重修。

王铁桥 《邓川州志》：在城北，右所军人王经建。

右所桥 《邓川州志》：在右所，村人刘汝公倡建。

前所桥 《邓川州志》：在中前所，士民建。

进宝桥、安渡桥、新桥 《大理府志》：并在城北遵政乡，耆民苏鹏程等建。

三善桥 旧《云南通志》①：在城东北十五里。明万历间，邑人王懋和建。《大理府志》：在羊塘河头。《邓川州志》：在罗陋河头。

普渡桥 《邓川州志》：在鲁潭坡洱水上，知州陈鉴率绅士赵美等建。

浪穹县

沂水桥 旧《云南通志》：在城内南街。明弘治间，邑绅萧春建，子生员萧茂重修。

蒲江桥 旧《云南通志》：在城东一里。明万历间，邑民赵明昇建。

分水桥 旧《云南通志》：在城东四里。明万历间，知县张廷柏建。明《通志》：乡民孙漠等重修。

---

① 旧《云南通志》 原本缺，据道光《云南通志稿》补。

大营桥 旧《云南通志》：在城东四里，明邑民张崇志建。

通济桥 旧《云南通志》：在城东八里，里民朱伦等重修。

应山铺桥 《浪穹县采访》：在城东十五里。

下新村桥 《浪穹县采访》：在城东十八里。

高三营桥 《浪穹县采访》：在城东二十里。

观音桥 《浪穹县采访》：在三营东。以上四桥均里人捐建。

马营沟桥 《浪穹县采访》：在城东十五里。

郑家庄桥 《浪穹县采访》：在城东二十里。二桥均系木梁，里人重修，易以石。

广济桥 旧《云南通志》：在城东三十里，明屯民李文华建。

厚生桥 《浪穹县采访》：在城南二十里。同治十年，村民重修。

集凤桥 《浪穹县采访》：在城南凤羽河上。架木为之，岁由官修。

通灵桥 旧《云南通志》：在城东南三里。明嘉靖间，耆民李敏、杨纶等建。《大理府志》：里民饶光泰重修。

东汇桥 旧《云南通志》：在城东南十五里。康熙年间，僧宗印建。

南江桥 旧《云南通志》：在城南四里，一名见龙桥。《大理府志》：明耆民杨纶建，子锐重修。万历二十九年，邑人何邦渐复修。康熙二十五年，僧裕量同王登科募建，覆屋五间，今俗名福寿桥。《浪穹县采访》：旧系木桥，不时倾圮，后知县江河清率绅民捐修，易以石。

汇川桥 旧《云南通志》：在城南十五里，一名宁津桥。《大理府志》：明检校王渊、耆民杨廷柏建，康熙二年，里民饶光泰重建。三十一年，通判黄元治易木以石，覆之以屋，改名宁津。

猢狲桥 旧《云南通志》：在城西南十五里，一名猿江桥。明嘉靖间，县丞鲜春建，后邑人李友兰修。康熙二十九年，僧裕量重募修。

上下铁锁桥 《浪穹县采访》：在城西，嘉庆八年重修。

江登桥、新生邑桥、波大邑桥、雪梨场桥 《浪穹县采访》：四桥并在村西，里人捐建。

落凤桥 《浪穹县采访》：在城北五充路口。

通惠桥 《浪穹县采访》：在巡检司。旧系木桥，捐赀改建石桥于上游。

渡龙桥 《浪穹县采访》：在夹石渡西。

泰丰桥 《浪穹县采访》：在小红山村后。

赤洞壁桥 《浪穹县采访》：在石龙寺东。

宾川州

南薰桥 《大理府志》：在城南门外，一名南津桥。明嘉靖二十三年，知州朱官重建。

步云桥 《大理府志》：在城南五里，一名周营桥。

大罗桥 《宾川州采访》：在城西南二里。酾水三道，长二十丈，跨纳六河。道光二十五年，州人杨向荣、褚凤翔等建。

天保桥 旧《云南通志》：在城西南二十里。

吴公桥 《古今图书集成》：在城西二里。旧《云南通志》：在城西三里。明嘉靖八年，知州吴仲善建。《大理府志》：二十三年，知州朱官重修。

龙津桥 旧《云南通志》：在城西六十里，跨横溪。

云阴桥 旧《云南通志》：在城西九十里鸡足山麓，一名洗心桥。

汬溪桥 旧《云南通志》：在城西北二十里。

揽溪桥 旧《云南通志》：在城西北三十里，明里人李翔云建。

通南桥 旧《云南通志》：在城北四里。

知政桥 旧《云南通志》：在城北五里。酾水五道，长四十丈，跨纳六溪。明万历间，知州王思珩建，后被水冲陷第二孔。

通江桥 旧《云南通志》：在城北四十里，通金沙江孔道。

桑园桥 旧《云南通志》：在城北七十里。

龙门桥 旧《云南通志》：在城北一百二十里松明村南。

石门桥 《大理府志》：在城北。

五叶桥 旧《云南通志》：在城东北九十里，一名百接桥。

福申桥 《大理府志》：在山冈铺南五里。

云龙州

苏溪渡 旧《云南通志》：在城西七十里澜沧江渡口。明万历间，知州周宪章置大船并修船费。

小渡口 旧《云南通志》：在城西北八十二里，船制如苏溪。

表村渡 《云龙州采访》：在城西北一百九十里表村，渡澜沧江，用溜筒。

云龙桥 旧《云南通志》：在署前，跨沘江，一名砥柱桥。宽一丈，长十五丈，絙以铁索，上覆瓦屋十六间。明万历末，知州周宪章修建。康熙十二年，州生员赵宗鹏、董允升募修。雍正四年，知州陈希芳重修。《云龙州采访》：乾隆四十九年，知州许学范重修。嘉庆二十四年，知州雷文枚倡修，咸丰七年重修。

瓦草河桥 旧《云南通志》：在城南十五里。康熙五十八年，知州李元英重修。《云龙州采访》：今圮。

惠安桥 《云龙州采访》：在城西南三十里，知州雷文枚倡建。

利济桥 旧《云南通志》：在城西十五里。康熙三十八年，知州顾芳宗重修，改名运石桥，久圮。

沧江铁索桥 《云龙州采访》：在城西七十里，横跨沧水。长二十八丈，系铁索十二，覆以木板，翼以扶阑，东西立桥门各一。石岸高二十余丈，西建望江楼，高入云表，气象万千，洵州西一大观也。同治二年，浪穹庠生李玉树倡建。

永清桥 旧《云南通志》：在城西八十里，里民公建。

靖北桥 旧《云南通志》：在城西八十三里。

古吉桥 旧《云南通志》：在城西九十二里。

诺邓桥 旧《云南通志》：在城北四十五里，跨诺江。康熙五十四年，知州王符重建，上架屋。

果郎桥 旧《云南通志》：在城北四十五里。雍正十年，知州徐本仙重建。《云龙州采访》：乾隆二十七年知州孙和相、许学范，道光三年知州袁继先，各率绅士捐修一次。

藤 桥 旧《云南通志》：在城北一百一十里。

板　桥　旧《云南通志》：在城北一百八十里，跨沘江，覆以瓦屋。

顺荡井藤桥　《大理府志》：在城北二百里，明知州周宪章捐修。

木瓜箐桥　《云龙州采访》：在石门，监生王安、增生王定同建。

梭罗河桥　《云龙州采访》：在石门，监生王安建。

秉礼桥　《云龙州采访》：在诺邓山麓，跨箐水之上。

通经桥　《云龙州采访》：在关里大波浪村下，跨沘江。

广济桥　《云龙州采访》：旧名瓦工河桥，在城东北十里。康熙五十一年，摄州事大理府同知朱钧重建。《云龙州采访》：乾隆四十八年，知州许学范率绅士重修。嘉庆二十一年，贡生段清、庠生杨名大捐修。《云龙州采访》：光绪八年，被水冲塌，未修。

木瓜笼桥　旧《云南通志》：在城东北二十五里。雍正十一年，知州徐本仙重建。《云龙州采访》：在城东北二十里，生员王定、王安等改建石桥。

青云桥　《云龙州采访》：在城东北三十里石门井，邑人杨名飏建。

普渡桥　旧《云南通志》：在城东北四十里。雍正六年，知州陈希芳重建。

梯云桥　《云龙州采访》：旧名青云桥，在城东北四十里。乾隆间动帑建。

关坪桥　旧《云南通志》：在城东北七十里，跨带河。《大理府志》：康熙十五年，州人建。《云龙州采访》：知州周□□修。雍正十二年，知州徐本仙重修。嘉庆五年，知州王栻修，更名世德桥，嗣又被水冲塌，未建。

汤邓铁索桥　《云龙州采访》：在城东北七十里汤邓。道光五年，州人杨念中等捐建。

果苴郎河桥　《云龙州采访》：在城东北一百三十里师井。《大理府志》：制如砥柱桥。

安澜桥　《云龙州采访》：在十二关长春坡，距城八十五里。里人捐建。

三版渡大桥　《大理府志》：在州境内。明知州周宪章建，今易以石。

下江嘴铁索桥　《大理府志》：跨漾濞河，明知州周宪章重建。

太平桥　《云龙州采访》：在汤涧东榜村。

三道桥、彩虹桥　《云龙州采访》：并在汤里。

狮象桥　《云龙州采访》：在归里老窝上。

义风桥　《云龙州采访》：在关里大览村下，跨沘江。

卷四十九　建置志六之二　津梁二

临安府

建水县

沙坝渡　旧《云南通志》：在城东北一百里曲江。《临安府志》：初设木桥，每夏秋水涨，漂没为患。邑人张国相制舟以济，并置田以充水手工食之费。

纳更三渡　《一统志》：在建水州。《滇纪》：纳更司撒果山下有陇敦渡，七宝山下有蛮板渡，纳剌山下有蛮江渡，所谓纳更三渡也。

登龙桥　旧《云南通志》：在城东迎晖门外。明万历二十年，郡人公建。《古今图书集成》：跨城濠，上砌以石。《建水县志》：在城东门外马市，嘉庆十五年重建。

东安桥 《建水县采访》：在城外里许，道光十九年建。

迎恩桥 旧《云南通志》：在城东一里，即大石桥。明正统间建。《临安府志》：在城东三里，年久沙壅。雍正九年，知州夏治源同绅士傅大美、邢世瞻重建，易今名。

锁龙桥 《临安府志》：一名汇源桥，在城东一里。旧《云南通志》：在城东十五里，城内外水皆由此出。《建水县志》：在城东门外。嘉庆十五年，知府王善垲重建，改名通惠桥。

汇泸桥 《建水县志》：在城东一里，嘉庆五年重建。

福兴桥 《建水县志》：在城东一里，嘉庆十七年重建。

达泸桥 《建水县志》：在城东一里。嘉庆十六年建，绅士张履泰、张本信重修。

万安桥 《建水县采访》：在城东五里，道光十六年建。

青云桥 《建水县采访》：在城东北十里。旧《云南通志》：在城东五里，明郡绅张象儒建。《建水县志》：在东山。

同缘桥 《临安府志》：在城东八里。《建水县志》：在城东九里。乾隆五年，知州夏治源、郡人傅大美重建。

联珠桥 《临安府志》：在城东九里。《建水县志》：在城东十里。乾隆间，郡人王厥清、傅为謇、孙启扬等建。傅为詝《建联珠桥题名说》：

庄子曰“名者，实之宾也”，又曰“为善无近名”。今之题名为实乎？为名乎？为名而为善则善虚，善虚则心伪，心伪则人非，人非则鬼责，名无益也。诚于为善者不至底绩不止，匪求闻达，匪冀获报，是谓实至。实至者宜名，不近名之名，名乃久。行者、居者见之，曰：若者董事，若者募化，若者出纳，若者鸠工，同力协志，克襄厥成，不骞不崩，示我周行。子若孙见之，曰：某某吾之祖若父也。相与廑念太息，无即匪僻，嗣前人恭明德，则题名未始，非劝善之一端也。是桥也，成于三年，董事者王厥清、吾弟为謇、孙启扬，募化者刘应周等，出纳者萧联捷，鸠工者程、王二人。嗟呼！名者，鬼神所忌，实至名归，犹恐遭其所忌，况无实而名乎！诸君其顾名思义，益猎于善以质鬼神，则名垂于无穷也。

玉虹桥 旧《云南通志》：在城东十里，明宣德间建。《临安府志》：在城东南五里。

三河桥 旧《云南通志》：在玉虹桥南，三河分流，二桥相望。明正统间建。

汇一桥 《建水县志》：在城东十里。

天缘桥 旧《云南通志》：在城东十里。雍正六年，郡人傅大美、王琨等倡建，上覆以亭。《建水县志》：在城东十一里。嘉庆四年，郡人傅为诜、曾平侯倡修。

赛公桥 《建水县志》：在城东十五里。旧《云南通志》：在城北二十里，明郡人余先觉建。《临安府志》：在城东北二十里。乾隆二十三年，吴永清、王俊等重修。

通贡桥 旧《云南通志》：在城东三十里。明弘治间，指挥孙公昱建，后高辛、吴瑢等重修。

永济桥 旧《云南通志》：在城东三十里。康熙五十八年，郡民李标枝等建。

陞云桥 旧《云南通志》：在城东三十里。

兴龙桥　《建水县志》：在城东三十里，监生傅为謇倡修。

北冈桥　《建水县志》：在城东三十里，庠生侢熤倡修。

永奠桥　旧《云南通志》：在城东三十五里。

永定桥　《临安府志》：在城东四十里，庠生刘文澣修。

凝远桥　旧《云南通志》：在城东七十里。

香木桥　旧《云南通志》：在城东一百二十里。《临安府志》：在城北九十里，一名太平桥，进士马景泰倡建石桥。《建水县志》：在曲江东三里。

三公桥　旧《云南通志》：在城东一百二十里，今改名飞虹桥。

坦然桥　《建水县志》：在城东黄土坡。嘉庆二十五年，马昱垣、杨朝阳等重建。

转龙桥　《建水县志》：在城东冷水沟。道光二年，生员杨朝阳等新建。

玉龙桥　《建水县志》：在城东。乾隆六十年，绅士傅为诜建。

永安桥　《建水县志》：有二，一在城东，嘉庆十五年，绅士傅为诜建；一在曲屯，魏国宝等建。

泸江桥　旧《云南通志》：在城东南一里。明宣德间建，正德间郡民王镐等重修，万历间郡民沈崇儒甃以石。雍正八年，总兵张应宗、知府张无咎、知州祝宏重修。

飞虹桥　旧《云南通志》：在城东南五十里塔冲河，明正统间建。旧系木桥，康熙三十七年，郡人陈光绪捐建石桥，上覆以阁。《临安府志》：跨中沟。

天生桥　旧《云南通志》：在城东南娑罗庄，有石跨流，自然成桥。《建水县志》：在城东二十里，庠生侢熤倡修。

大井桥　《建水县志》：在城东南屯。道光四年，生员杨朝阳等重建。

中济桥　《建水县采访》：在城南里许，光绪七年建。

齐巽桥　《建水县采访》：在城南里许，光绪十一年建。

双虹桥　《建水县志》：有二，一在城南二里。《临安府志》：明正统间建，乾隆四年，知州夏治源同郡人傅大美重修。一在曲江侯家箐口，道光二十五年建。

浣衣桥　旧《云南通志》：在城南五里，跨小河。明正统间建，成化间郡民叶丹重修。

白花桥　旧《云南通志》：在城南五里，一名白鹤桥。明景泰间建。

相见沟桥　《临安府志》：在城南六十里。乾隆四十年，傅为謇倡修。

乍甸桥　《建水县志》：在城南一百里。《临安府志》：在城西南九十里。乾隆六十年，乍甸绅士重修。

登瀛桥　旧《云南通志》：在城西南，明成化间建。

永安大桥　《建水县志》：在城西里许。嘉庆十九年，合郡绅士建石桥。

西安桥　《建水县志》：在城西二里。嘉庆五年，合郡绅士同建。《建水县采访》：道光十年，绅士陈光辉重建。

石架桥　旧《云南通志》：在城西四里，明景泰间建。

天宝桥　《建水县志》：在城西四里。乾隆五十八年，绅士同建。

九司桥　《临安府志》：在城西五里。《建水县志》：乾隆四十二年，知县孟廷对率绅士建。

复兴桥　《建水县志》：在城西五里。

双龙桥　《建水县采访》：有二，一在城西八里，道光十九年建。《建水县志》：一在曲江，距城九十里。嘉庆二十年，曲江绅士倡建。

永安桥　旧《云南通志》：在城西十里，跨白龙渠。明弘治间建。《临安府志》：今名见龙桥，明成化间建，后圮。乾隆六十年，郡人张绍武重建。

乡会桥　《建水县志》：在城西十里。嘉庆十九年重建，上覆以阁。

板　桥　旧《云南通志》：在城西北十里。明弘治间，郡人钱锐建。《临安府志》：在城西南十里。

万里桥　《临安府志》：在城西北三十里，贡生廖为栋修。《建水县志》：在城北三十里。

会安桥　旧《云南通志》：在城西北黑冲山下。系木桥，明弘治间，郡人徐宣易以石。

清流桥　旧《云南通志》：在城北二里，明天顺间建。

锁龙桥　《建水县志》：在城北九十里东山。

泗水桥、跃龙桥　《建水县志》：并在东山。

永新桥　《临安府志》：在城北九十五里。乾隆三十六年，生员朱藩建，后被水冲毁，藩子贡生朱正儒、生员冯瑜、倪登甲等倡修。《建水县志》：距曲江十五里。

野马川石桥　《建水县志》：在城东北七十里。

曲江桥　旧《云南通志》：在城东北一百里。《古今图书集成》：系木桥，长三十丈，明天顺间建。旧《志》：明万历二十二年，巡按沈正隆、兵备龚云致、郡绅张国相、王恩民等捐建石桥。《临安府志》：旧名大新桥，在城北一百里。明巡按沈正隆《新建曲江桥记》：

昔杜元凯启建河桥于富平之津，论者谓“周所都经，圣贤莫作”，众口纷角如聚讼，乃卒排群议而梁之。桥成，帝从百官临会其上，举杯属预曰：“非君，桥不立也。”乃知非常之原，黎民惧焉，非一世矣。国家方舆延袤，原隰阜壤，沈沛沮洳，错焉如绣，而水居其七，山陵溪谷之地百不当一也，川泽陂池之地十不当一也。江淮吴越，三江五湖，表里襟带，民生其间，揭厉便习，长年娴于刺舟，牙樯锦缆，绿鷁葱鹭，驶若鸷鸟，乃雁齿龟浮，虹垂星应，壤接而鳞比焉，岂顾高高下下，以罢其民夫？亦河厉淏梁之是赖，以免于褰裳濡轨。不然阳侯怒而天吴震，飞鸟危而帆樯绝，民安得不胥而鱼耶？西南之国，滇为大，滇固非泽国也，度索寻橦，不讲于刳木航苇之利。乃昆明池水，藩屏身毒，汉武写之以习水战，思蚕食焉，固非拂埃扬壒，安得废达沮而不梁也。昫町之阳有曲江，去郡九十里而遥，其源出青蛉、弄栋，由嵧俔而入盘江，汇为巨浸，夏秋雨集，山泉会之，腾涌澎湃，汵汵浩浩，溟涨无端。白鹭寒飞，雪涛山立，行者辄假艒艁以济，榜人不戒于水，中流而胶之，而波之，而迅之，风伯鼓飚，孟婆搧雪，民随波流，葬于鱼腹，死者以国量乎泽，若蕉川中之胔可掬也。余奉命按滇，莅其境，问民所疾苦，父老以告曰：“苦垫河之为厉，民其无如矣。”坐视怀襄，莫救如吏何？余是以有沈石之想，会乡大夫王公恩民、包公见捷怂恿之，捐其橐以助，固非若群喙之纷角也。余亦捐庚廪之半，鸠工纪材，伐石

> 敛土，畚锸齐兴，焱举云集。经始于大荒落之岁，阅敦牂而告成。凡为星者几，为柱者几，傍琢石为斜阑，曲曲十二，望之若渴虹下饮玉池，固不敢比于玉梁金柱，然得醒嘲潔而从平燥，或可拯民于鱼鳖耳。桥阳祠汉寿亭侯以镇。侯于滇固未涉也，其子兴从武侯济师泸之役，死者以万，河为不流，武侯裒其骨而祀之，则垫溺之患，固侯所戚矣。戚之，其不拯之乎？兰津之滨有铁桥焉，悬梯织铁，势若飞虹，其上祠武侯以镇，著侯绩也。关于武侯，心契神合，阴相往来，安知其钟鼓不式灵之？余固昉兰津而祠侯，从民志也。轮宇炳奕，枌橑复结，物物而为之备，令民岁得以牲醴祈福，庶几傜歌鸟拜，侯之灵其默相之，俾海若不惊，冯夷安堵，苍蛟白獭归于其穴，牵牛饮马于万斯年矣。夫沈玉瘗牲，波臣助顺，铸牛燃铁，元冥效灵，以侯之精忠贯日而永奠之，其不比于鞭石竖梁哉。庙貌鼎新，设醴张乐，乃为歌以侑之。其辞曰：
>
> 河汤汤兮激潺湲，瀰浩浩兮怀陵山。冯夷怒兮洪涛翻，野渡迂兮溯流难。溯流难兮薄白日，舟如刀兮冲波出。泛中流兮榜人溺，沈重渊兮蛟龙窟。川无梁兮波无人，民之垫兮丁此晨。乃驾梁兮河之滨，通波陵兮车辚辚。鼋龟浮兮断航续，祠灵神兮梁之麓。神之灵兮亶覆育，长虹堵兮螭龙宿。庙貌肃兮燕乐康，振金交鼓兮酬兰浆。神之来兮缤纷扬，拥长剑兮珮锵锵。云冯冯兮阴肃肃，神之鉴兮朱颜巅。哀下土兮殚[①]为戮，庇吾民兮祭受福，千秋万岁兮奠陵陆。

小新桥　《建水县采访》：距大新桥半里，跨清水河。康熙间郡人公建，两岸各甃以石，上架巨木，覆以瓦屋。同治间毁于兵，郡人重修。

张家桥　旧《云南通志》：在城东北曲江沙坝，为入省孔道。郡绅张国相建木桥，并置腴田数亩，永作桥费，数百年行人利之。《建水县志》：名长桥，夏秋水涨则易以船，行旅不便。嘉庆十三年，王愷等倡建木梁，长里许，行人便之。

联陞桥　《建水县采访》：在曲江阎家坡后。旧系木桥，被水冲决。道光二十三年，民许国彦、杨朝阳、温如松等倡捐，改建石桥，易名双虹。

清水河桥　《建水县志》：在曲江东四里，进士张凤书、金岱、邱国柱等倡建。

大坡头桥　《建水县采访》：在城北五里，为入省要道。其地不蕃草木，雨后多圮，行者苦之。咸丰四年，绅耆周文英、王汝霖、高仰之、杨树蕙倡捐，改由公桥另开新路，并添建二桥，较前平坦。

石屏州

小河底渡　旧《云南通志》：在城西一百二十里。

顾公桥　旧《云南通志》：在城东门外。明天启间，署知州顾庆恩建。《临安府志》：乾隆四十五年，绅士重修。

傅公桥　旧《云南通志》：在城东二里。《临安府志》：在化龙桥前，为北河入海之道。乾隆五十七年，知州傅应奎浚河建亭，州人赖之，故名。

化龙桥　旧《云南通志》：在城东五里，明嘉靖间州绅杨廷相建。《临安府志》：在城东二里。乾隆四十三年，绅士捐修，五十七年，知州傅应奎又重修。《石屏州采访》：

---

① 殚　原本作“殚”，据道光《云南通志稿》改。殚，尽也。

嘉庆十六年，署知州李培英复修。

修冲桥 《古今图书集成》：在城东四十里，交建水州界，往临安要路。

回澜桥 《石屏州采访》：在城东四十里。《临安府志》：在海东湖口。知州管学宣建，乾隆三十八年，署知州蒋振阅重修。

渡沙桥 《石屏州采访》：在城东四十里。《临安府志》：在异龙湖口。向系木桥，知州傅应奎率绅士易以石。

锁龙桥 《石屏州志》：在城东异龙湖尾，全湖泄水处。

郭家桥、南薰桥 《石屏州志》：并在城南。

阳景桥 《临安府志》：在城西门外。州人杨琼建，乾隆五十年，阖州重修。

福森桥 旧《云南通志》：在城西十五里。明崇祯间，州人杨名学建。

通贡桥 旧《云南通志》：在城西十五里。顺治间，州人杨琼建。

许家桥 旧《云南通志》：在城西十五里。顺治间，州绅许子言建。

矣落桥 旧《云南通志》：在城西三十里。《古今图书集成》：在城西八十里，跨矣落河。《一统志》：明天顺间建。《临安府志》：在宝秀西湖之口，明弘治间建。旧《志》：顺治间，里人公建。

通远桥 旧《云南通志》：在城西三十里，明弘治间建。《临安府志》：在矣落桥东五里。

庆安桥 《临安府志》：原名大桥，在城西六十里磨古寨。河水奔流，沙石冲激，屡修屡圮。乾隆四十五年，知州吕缵先率绅士重建。五十七年，阖州重修。《石屏州采访》：道光五年，阖州绅士改建于上流河狭处，去旧址二里许，易今名。光绪五年，被水冲圮，绅士张祖瑞、袁景夔倡捐改建石桥，行旅称便。

西山桥 《石屏州志》：在城西。耆民张进建，今名长引桥。

拱辰桥 《石屏州志》：在城北。

杨家桥、惠民桥、会通桥 《石屏州志》：俱在州境内。

阿迷州

盘江渡 《临安府志》：在城北三十里布沼，过江即弥勒界，入广西要隘。《阿迷州采访》：乾隆三十九年，江西众商捐赀置渡。嘉庆二十五年，铅商马煜坦[1]等复捐赀，添设渡船。

佴落江渡 《临安府志》：在城北九十里盘江迤盘冲下。

永安桥 旧《云南通志》：在城东二里，明天顺间建。

东　桥 《临安府志》：一名会灵桥，在城东。州人伍明德建木桥，后圮。雍正十二年，知州陈权甃以石。

通济桥、永兴桥 《临安府志》：并在城东，明弘治间建。

奏凯桥 《临安府志》：在城南门外，州人杨北捐建。

香木桥 旧《云南通志》：在城南一里，一名古城桥。《古今图书集成》：相传有水怪藏山岩中，遇雷雨水涨，桥辄倾。乃于桥梁空处为龙头二尺许，下衔巨铃，风摇声铮铮然，以镇之。兵乱时，铃为窃去。《临安府志》：元阿宁府旧地。

---

① 马煜坦 《新纂云南通志》同，道光《云南通志稿》作“马煜垣”。

南　桥　旧《云南通志》：在城南五里，即冰泉桥。顺治十一年，知州方逢圣建。康熙五十三年，贡生杨于陛重修。《临安府志》：上木下石，乾隆四年，贡生杨天与同兄天成捐立二石墩。三十八年，天与及贡生廖为柱捐修右岸。五十八年，天与子纬文倡州绅士易以石，名曰同人桥。

小　桥　旧《云南通志》：在城西门内，明成化间建。

西　桥　《临安府志》：在城西门外。

泰安桥　旧《云南通志》：在城西三十里。

永济桥　旧《云南通志》：在城西九十里。又，伍氏义桥，在城西八十里。《临安府志》：永济桥，在城西八十里。原系木梁，建于赵应文妻伍氏，谓之伍氏义桥，后圮。康熙五十六年，郡绅傅大美等甃以石，易名永济。《阿迷州采访》：道光六年，州人徐玱等捐修。

谨案：旧《志》伍氏义桥、永济桥并载，《府志》以为伍氏义桥更名永济，未知孰是。今姑并存，以俟考。

通安桥　《临安府志》：在城西。明弘治间，王晟建。

太平桥　《阿迷州采访》：在城北十五里他泥白寨，出盘江路。旧系石桥，兵燹倾圮。光绪五年，个旧厂李光荣捐赀复建，广一丈六尺，长四丈余，易名太平。

新　桥　旧《云南通志》：在城东北五里。康熙十年，土知州李阿侧建。《临安府志》：广二丈，长十余丈，以济东河之险。《采访》：今圮。

傍甸桥　《阿迷州志》：在傍甸乡。道光六年，州人徐玱等捐建。

宁　州

惠济桥　旧《云南通志》：在城东三里，康熙二十五年建。

迎春桥　《宁州采访》：在城东五里，为往来要道。咸丰二年，州绅刘家逵同弟家运、李廷杰、李会元、蔡昇等捐建。以地当东郊，州大夫每岁迎春于此，故名。

广济桥　《古今图书集成》：在城东七里。

梯云桥　旧《云南通志》：在城东五十里。《临安府志》：在婆兮大寨，康熙五十八年建。

铁锁桥　《临安府志》：在城东六十里婆兮马街东。乾隆七年建，三十五年重修。

昇平桥　《临安府志》：在城东马街，乾隆三十四年建。

小江桥　《古今图书集成》：在城东八十里。

得渡桥　《临安府志》：在城东，乾隆七年建。

双元桥　《临安府志》：在城东南十五里马鞍山下。

恩永桥　《古今图书集成》：在城南三里，跨恩永河。原系木桥，明嘉靖三十三年，御史张凤翀改建石桥。

卢公桥　旧《云南通志》：在城北五里。《古今图书集成》：在城南三里，跨元江，通甸苴关。明正德十六年建，崇祯十四年，乡耆王杰重修。《临安府志》：在浣江桥西。

金锁桥　《建安府志》：在城南二十里象鼻山旁，乾隆十五年建。

通济桥　原名霁虹。旧《云南通志》：在城西二里。明嘉靖八年建，后倾圮，今建木桥。《临安府志》：在斗姥阁前，今改建石桥，易名通济。

飞虹桥　旧《云南通志》：在城西三十五里。《临安府志》：在城西北四十里。

广嗣桥　《古今图书集成》：在城西北，张中建。《临安府志》：在城西北一里，今名双龙桥。

浣江桥　旧《云南通志》：在城西北五里。康熙四十五年，知州梁衍祚率众修建。《宁州采访》：道光初，州绅刘大绅修。咸丰间，绅士刘家逵等重修。光绪十年，知州陈文煌督修。

青龙桥　《临安府志》：在城西北十二里。

黄澄桥　《一统志》《临安府志》：在城西北三十里。旧《云南通志》：在城西北二十五里。《古今图书集成》：路当通衢，涧狭水险。明隆庆七年，州人黄澄建。万历间，其子重修。

观音桥　《临安府志》：一名狮子桥。旧《云南通志》：在城北二十里，雍正八年建。《古今图书集成》：在城东七里。

联陞桥　《临安府志》：在城北三十里路居先庄。

赛公桥　旧《云南通志》：在城北四十五里。《古今图书集成》：在城北五十里。《临安府志》：在城北三十里梅子哨，一名胥家桥。明崇祯间建。

通惠桥　旧《云南通志》：在城北六十里。《古今图书集成》：在城北七十里。《临安府志》：在城西北六十里。

通海县

溥利桥　旧《云南通志》：在城东百步，明弘治间建。

乾溪桥　《临安府志》：在城东关外平甸山下。雍正八年，僧诚建。

彩虹桥　旧《云南通志》：在城东半里。明嘉靖间，邑人贺琪山建。

迎恩桥　《古今图书集成》：俗名大桥。《临安府志》：又名太平桥。旧《云南通志》：在城东一里。康熙二十九年，僧海澄募建。

沈家桥　旧《云南通志》：在城东六里。明天启七年，邑人沈泰建。

永济桥　旧《云南通志》：在城东八里。明万历二十年，邑人张楠建。

乐善桥　《通海县采访》：在城东南三里南湖池东，为进府要路。原有桥二，俱被水冲塌，嘉庆二十四年重建。

灵寿桥　《临安府志》：在城东南白塔山下，曾巩重建。

尼郎桥　《临安府志》：在城南门外。《通海县志》：跨城壕。

登瀛桥　旧《云南通志》：在城南一里。明万历间，邑人陈其力建。《临安府志》：一名昇仙桥，在秀山之半。

秀江桥　旧《云南通志》：在城西南一里。明万历间，邑人赵汝谦建。《临安府志》：跨秀山涧水上。《通海县采访》：道光元年，阖邑绅士重修。

福寿桥　旧《云南通志》：在城西半里。明万历元年，邑人邹仪建。《临安府志》：在高家桥西。《通海县采访》：原名邹家桥，被水冲决。同治六年，邑人李宪、解省身重建，易今名。

高家桥　旧《云南通志》：在城西半里。明万历三十年，邑人厉存礼建。

碧溪桥　《临安府志》：在城西二十里小街碧溪寺右。

河西县

渔村渡　《临安府志》：在城东二里渔村下。

小白邑渡、急递铺渡、阿衣村渡、乐德旧渡　《临安府志》：俱在城西碌碌河。

文沙冲渡　《河西县志》：在境内。知县周天任置田，以给水手工食。

碌溪桥　旧《云南通志》：在城东三里。《临安府志》：为桥三，宛如长虹。

小街桥　《临安府志》：在城东十五里。《河西县志》：旧跨窑冲河，今河西徙，桥制犹存。

五桂桥　《临安府志》：在城东十五里白石甸村下。

指南桥　旧《云南通志》：在城南二里，明弘治间建。《临安府志》：乾隆五十一年，邑人王亮天重修。

锁龙桥　旧《云南通志》：在城南四里，明崇祯间建。《临安府志》：在城南一里，明弘治间建。

普济桥　《临安府志》：在城西四十里。乾隆二十四年，知县萧思濬建。《河西县志》：在城西五十里急递铺前。

古城桥　《河西县采访》：在西乡古城山后。旧系义渡，咸丰五年，邑人李庆槐、张为质、陈爋、柏兆先、施润等倡捐，改建石桥。

猊练江桥　《案册》：在西乡，跨猊、练二江。同治九年，邑人李庆槐倡建石桥，计三硐，长十二丈，宽二丈。

普乃桥　《临安府志》：在城西北三十五里沙罗坡。乾隆十年，耆民王孝建。

永济桥　旧《云南通志》：在城北关外。明弘治间，廪生苏惠然建。康熙四十五年，贡生苏继洵重修。

康济桥　旧《云南通志》：在永济桥北。康熙四十九年，邑人杨运昌建。

阳关桥　旧《云南通志》：在城北三十五里，明万历八年建。《河西县志》：在城北二十五里。长河之源，两山相对，邑人就崖筑桥，宛若天成。

金　桥　《河西县采访》：在城北。旧有桥，后圮。嘉庆二十年，知县黄觐云重建。

嶍峨县

济川桥　《临安府志》：在城东门外。知县吴懋英建石桥，被水冲决。乾隆四十七年，知县何昱率绅士刘伟等建石墩六座，工未完竣。五十八年，监生张志行、河西李成学等各捐赀，架木为桥。《嶍峨县采访》：道光间重修，同治间复修。

龙江桥　旧《云南通志》：在城东半里。康熙三十六年，公建石桥。后圮，知县薛祖顺率士民修建木桥。《临安府志》：在城东六十里。水小设桥，大则用舟楫。《嶍峨县采访》：久圮未修。

猊江桥　《嶍峨县采访》：在城东里许，猊、练二江汇流之所。向用船渡，乾隆四十七年，建木桥。道光间重修，今圮。

桂峰桥　《临安府志》：在城南一里。《嶍峨县采访》：系木桥，陆续培修。

练江桥　《临安府志》：在城西半里许。《嶍峨县采访》：系木桥，陆续培修。

通济桥　旧《云南通志》：在城西北五里。康熙三十六年，土目禄焦英修建。《临安府志》：在城西北十里。《嶍峨县采访》：水涨冲决，光绪七年，改建木桥于上流大鱼塘。

兴衣乡桥　旧《云南通志》：在城西北七十里巡检司。谨案：《府志》有广济桥，在兴衣乡，疑即此。

永世桥　《临安府志》：在城西北一百三十里兴衣乡木舌特。

利济桥 《临安府志》：在城西北一百二十里甸头乡。

康济桥 《临安府志》：在城西北一百五十里甸尾乡，乾隆六十年重修。

永定桥 《临安府志》：在城西北一百六十里甸尾乡东北坡脚。

蒙自县

箐口渡 《一统志》：在城西南一百八十里。旧《云南通志》：在城西八十里。《临安府志》：在城西北七十里。《蒙自县志》：在城西北八十里，今建会仙桥。《蒙自县新志》：在城西南八十里，渡乍甸河。

矣波渡 旧《云南通志》：在城西三十里。

纳楼三渡 《一统志》：一曰禄逢渡，在纳楼茶甸司南四十里。又司东南百里有乍甸渡，又百五十里有阿土渡。

槟榔渡 《一统志》：在亏容司西北五里。

茶 渡 《一统志》：在亏容司北四十里。

三元桥 《临安府志》：在城东三里。乾隆五十九年，训导杨晟率绅士建。

观音桥 《蒙自县采访》：在城东三里。咸丰三年，邑人杨庆芳捐赀新建。

飞仙桥 《临安府志》：在城东龙古塘，绅士公建。

渡龙桥、锁龙桥、普渡桥 《临安府志》：俱在城东南十里，新安所绅士公建。

化鳞桥 旧《云南通志》：在城东南七十里。康熙二十三年，邑人王玉汝、李圣先等建。《临安府志》《蒙自县旧志》：在城东三里。《蒙自县新志》：在城东南七里。

明远桥、通宝桥、迎宝桥 《临安府志》：俱在城西南七十里个旧厂，绅士建。

永安桥 旧《云南通志》：在城西门外。明万历间，巡抚邹应龙建。《蒙自县志》：桥上为市。

太平桥 《临安府志》：在城西三十里。乾隆五十八年，绅士公建。

长 桥 《一统志》：在城北二十里。旧《云南通志》：在城西北三十里镇远哨。明天顺间，土官禄刚建木桥，后圮，邑人魏之选易以石。《临安府志》：在城西北二十里。乾隆三十七年，知县杨奎率绅士重修，水大仍溢过堤。五十一年，绅士刘策廷、陈锡辂等增筑石堤。

宜民桥 旧《云南通志》：在城西北二十五里矣波铺。明洪武间，县丞李复建木桥。《临安府志》：在城西三十里。后圮，邑人周玺、朱用宾重修，连为三桥。康熙十二年，邑人江濬易以石。

新 桥 旧《云南通志》：在城西北五十里。康熙二十五年，知府黄明、知县孙居湜建。《蒙自县志》：在城北五里。

会仙桥 《临安府志》：在城西北七十里箐口。雍正十二年，邑绅尹文炽等建。《蒙自县志》：在倘甸。

三星桥 《临安府志》：在城北十里浆水地。乾隆五十六年，训导杨晟率绅士建。

艾家桥 《临安府志》：在城北五十里鸡街。明天启三年，艾清溪妇饶氏建。

万里桥 旧《云南通志》：在城北七十里，一名倘甸桥。明天顺间建，原系木桥，康熙八年，邑人车万象、姚之高等易以石。《临安府志》：在城西北六十里倘甸。乾隆四十七年，武举袁国栋、梁天爵等重修。

长生桥 《临安府志》：在城北草坝，绅士公建。

永凝桥　《临安府志》：在城北白溪河。《蒙自县志》：桥上有亭。

楚雄府

楚雄县

青龙桥　旧《云南通志》：在城东五里。明万历间，客民徐应中建。康熙五年，总兵马宁、知府史光鉴捐修。二十四年，总兵牛凤翔、知府牛奂重修。五十四年，知县陆坦续修。

延寿桥　旧《云南通志》：在城东十里，知府牛奂重修。

石头河桥　旧《云南通志》：在城东十五里。康熙四十六年，邑人公建。

凌虚桥　旧《云南通志》：在城东三十里。明弘治间，知府邵敏建。万历二十九年，推官陈以曜重修。《楚雄府志》：在腰站。《楚雄县志》：在城东三十五里，相传仙造。其石壁立，桥顶有月晕痕迹。乾隆间水涨冲塌，知府史积容重修。

济渡桥　旧《云南通志》：在城东三十里凌虚街腰站。向无桥梁，以船济渡。康熙五十六年，知府张嘉颖捐建石桥，土县丞杨世勋董成其事。

济生桥　旧《云南通志》：在城东四十里。康熙四十九年，典史雒永禧重修。

大坝桥　旧《云南通志》：在城南二里。康熙五十年，邑人公建。

马家桥　旧《云南通志》：在城南五里。康熙四十八年，村民公建。《楚雄县志》：进士马兆羲建。

霜　桥　旧《云南通志》：在城西二里。一作双桥。康熙二十五年，知府牛奂捐建。

石　桥　旧《云南通志》：在城西十里。康熙四十七年，邑人公建。

木兰村桥　旧《云南通志》：在城西十五里。康熙五十年，邑人杨毓和建。

金家桥　旧《云南通志》：在城西十五里。康熙十年，邑人公建。

彩云桥　旧《云南通志》：在城西二十里。雍正二年，提督郝玉麟建。

清水桥　旧《云南通志》：在城西三十里。康熙三十五年，邑人公建。《楚雄府志》：在清水坝。

济川桥　旧《云南通志》：在城西四十里。《古今图书集成》：在吕合巡检司前。先是架木为桥，明成化二十二年，知府邵敏易以石，长十丈，广二丈，上有扶栏。旧《云南通志》：康熙四十八年，邑人公建。

吕仙桥　旧《云南通志》：在城西五十里。《楚雄府志》：在吕合。

永盛江桥　《楚雄县志》：在城西三百余里。两岸各甃以石，上架巨木，覆以瓦屋，为景东、普洱、镇沅要路。乾隆三十四年，厂民捐建。

团山厂铁索桥　《楚雄县志》：在城西三百余里。大江两岸，各甃石墩，拽以铁索，索上布板，宽四丈，长五丈。嘉庆九年，厂民募建。

石羊桥　《楚雄县志》：在城西北后河哨，络以铁索。

德胜桥　旧《云南通志》：在城北门外。雍正八年，知府储之盘捐赀，率耆民王作宾等建。

安定桥　《楚雄县采访》：在城北门外。道光十八年，绅士谢长清建。

中渡桥　旧《云南通志》：在城北二里。康熙五十年，耆民许志能募修。

仁永桥　旧《云南通志》：在城北五十里。康熙二十五年，知府牛奂建。

仙人桥　《楚雄县志》：在城东北曲甸东老者庄。相传有仙夜逐石为桥，被樵人作鸡鸣声，仙去，桥只成丈余。其石森立方正，无斧凿痕。

镇南州

天心桥　旧《云南通志》：在城内北巷口。《楚雄府志》：通北门水径。

擢秀桥　旧《云南通志》：在城东门外。《楚雄府志》：知州尹为宪建。

黑泥桥　旧《云南通志》：在城东半里。明万历间，知州尹为宪建。《镇南州采访》：兵燹圮。

长坡桥　旧《云南通志》：在城东二十里。康熙二十九年，谨案：《府志》《州志》并作三十九年。监生李植建。

应嗣桥　旧《云南通志》：在城东南一里。明万历间，州民黄廷佐因祈嗣建，果应。《镇南州采访》：今圮。

镇川桥　旧《云南通志》：在城东南二里。康熙三十九年，土州同段光赞建。《镇南州采访》：光绪五年，州人重修。

长寿桥　旧《云南通志》：在城东南三十里。康熙三十年，监生李植建。

三元桥　旧《云南通志》：在城南一里。康熙二十五年，武举徐乾元建。《镇南州采访》：光绪三年，州人重修。

石官桥　旧《云南通志》：在城南十里。明崇祯间，土州同段明柱建。

永安桥　原名羊草河桥。旧《云南通志》：在城南六十里。康熙间，州民王永清等建，《镇南州志》：后倾圮，道光二十六年，孔从周倡修，易今名。

谨案：《采访》以上二桥皆毁于兵。

小箐河桥　《镇南州志》：在城南三十里。嘉庆间，景东程含章修。

团山厂桥　《镇南州志》：在城南二百五十里石硐寺。江心石岩矗起，西界镇南，东界楚雄，古设藤桥，今岩西为木桥，岩东为铁索桥。道光间建。

铁索桥　旧名鼠街桥。旧《云南通志》：在城西南二百里。康熙七年，客民赵英建。三十八年，客民金元勋、武方侯等重修。

丰城桥　旧《云南通志》：在城西门外。明天启间，知州卢伯寀建。

谨案：《采访》以上二桥均久圮未修。

瑞应桥　旧《云南通志》：在城西五里，即平彝桥。明万历间，知州周国庠建。

苴力桥　旧《云南通志》：在城西十四里。

白塔桥　旧《云南通志》：在城西三十里。明万历间，知州李茂魁建。

芦湾桥　《镇南州采访》：在城西四十里。光绪四年，州人捐建。

天神堂桥　《镇南州志》：在城西九十里。道光二十年，西道马志夔捐修。《镇南州采访》：兵燹圮。

小　桥　旧《云南通志》：在城西北五里。

永凝桥　旧《云南通志》：在城西北七里。《镇南州志》：明万历二十九年，知州周国庠建。

南安州

天心桥　旧《云南通志》：在城内正街。明洪武初，总兵山士杰建。《南安州志》：成化间重修。

擢秀桥　《南安州志》：在城东门外，明成化间建。

永安桥　旧《云南通志》：在城东南四十里，旧名妥梢，系木桥。康熙四十六年，知府卢询、知州张伦至易以石，改今名。《楚雄府志》：在城西四里。《南安州志》：往法表撒甸路。

济川桥　旧《云南通志》：在城西南五里。明万历间，知府邵敏建，推官陈以曜修。《南安州志》：往碍嘉路。

弘济桥　旧《云南通志》：在城西南二百里。康熙四十六年，知府卢询、知州张伦至同建，联以铁索，上铺石板。《楚雄府志》：路通石羊厂。《南安州采访》：久圮未修。

迎恩桥　旧《云南通志》：在城西门外。明洪武初，总兵山士杰建。《楚雄府志》：在城西半里。《南安州志》：明成化间建，通府大路。

新石桥　《南安州志》：在城西半里，往表罗路。

小石桥　旧《云南通志》：在城西二里。雍正二年，州民苏元枝建。《南安州志》：在城西北二里，往府大路。

三麻架桥　旧《云南通志》：在碍嘉东八里哀牢山，上覆板屋。明景泰间，知县熊飞建。嘉靖间，知县杨江永重修。

大江桥　旧《云南通志》：在碍嘉东六十里石羊厂。《楚雄府志》：水流汹涌，舟楫多虞。康熙四十四年，武生滕凯、昆明吴学周同厂民捐资建。四十八年，知州张伦至捐修。旧《志》：旧有铁索桥，被水冲没。雍正六年，知州张任详请布政使张允随发帑金，委接任知州孙必荣、管厂候补知县郭治重建。南北仍絙以铁索，上覆瓦屋，旁护风檐。《碍嘉采访》：道光五年，水涨冲塌，现议修理。

鱼装桥　旧《云南通志》：在碍嘉东南二里。

麻戛桥　旧《云南通志》：在碍嘉东南十里。

凤翅桥　旧《云南通志》：在碍嘉南八里。雍正十一年，州判罗仰锜重修。

小江河桥　旧《云南通志》：在碍嘉南五十余里。康熙三十九年，兵民公建。

西龙桥　《楚雄府志》：在碍嘉北十里。

清冈桥　旧《云南通志》：在凤翅桥之上。康熙三十年，易门县民苏尚文建。

邦角桥　旧《云南通志》：在碍嘉南五十里。康熙五十三年，邑人黄光源建。

麻纽河桥　旧《云南通志》：在碍嘉西十五里。明弘治间知县虎臣建，嘉靖间知县杨江永修。《楚雄府志》：在碍嘉西四十五里。

虹龙桥　旧《云南通志》：在碍嘉北十里。康熙四十年，楚雄县生员杨世正母黄氏倡建。

谨案：《采访》以上四桥均久圮未修。

姚　州

飞虹桥　旧《云南通志》：在府儒学前，明知府杨日赞建。

迎晖桥　旧《云南通志》：在城东门外，一名九龙桥。明万历间，知府杨芝彬建。

谨案：《州志》迎晖、九龙二桥并载，俱在城东。旧《志》谓迎晖桥，一名九龙桥，未知孰是。姑存，以俟考。

骆家桥　旧《云南通志》：在城东一里。明万历间，里民骆升建。

镇远桥　旧《云南通志》：在城东五里。康熙六十年，乡民周曰秀重修。《姚州志》：

在城西北一里。

栋川桥[①] 旧《云南通志》：在城南门外，明弘治间，知府王嘉庆重修，今圮。

文明桥 《姚州志》：在城南门外。同治十年，州人公建。

聚源桥 《姚州志》：在城南二里。光绪七年，州人徐联魁建。

惠通桥 旧《云南通志》：在城南五里大石淜，明知府马自然建。

如逵桥 旧《云南通志》：在城南十里，明知府马自然建。《姚州志》：在城南二十五里，嘉靖三十年，知府杨愷修。道光十二年，官绅重修。

仁和桥 旧《云南通志》：在城南十里。顺治十七年，里人黄玉倡建。

广济桥 旧《云南通志》：在城南十二里。明嘉靖间，里人刘福倡建。

石泉桥 旧《云南通志》：在城南十五里。明崇祯间，僧普利募建。

汇泉桥 旧《云南通志》：在城南二十里，明洪武间建。《姚州志》：嘉靖三十年，知府杨愷修。

宝成桥 《姚州志》：在城西门外。

连场桥 旧《云南通志》：在城西三十里。明万历间，知府李贽建。

蜻蛉桥 旧《云南通志》：在城西北一里。明弘治间，知府王嘉庆重修。《姚州志》：在大南门外，跨蜻蛉河。《姚州采访》：光绪五年，州人张星聚重修。

拱辰桥 旧《云南通志》：在城北门外。明万历间，署知府李敬可建。

望川桥 旧《云南通志》：在城北二十里，明万历间建。《姚州志》：明嘉靖间建。

普利桥 旧《云南通志》：在城东北二里，一名朱家桥。顺治八年，州人公建。康熙五十四年，护府任中宜重修。《姚州志》：在演武亭后。

济川桥 旧《云南通志》：在城东北十五里。

聚魁桥 《姚州志》：在三元阁左金家坝南，知府罗良信建。道光二十七年，知州吴嘉思修。同治十一年，州人重修。

大姚县

广运桥 旧《云南通志》：在城东三里。《大姚县志》：在城东五里。

利济桥 《古今图书集成》：在城东五里。旧《云南通志》：在城北五里。

新坝桥 《大姚县采访》：在城东五里，为西南两河总汇之区，上有魁星阁。

承恩桥 旧《云南通志》：在城东十里。《古今图书集成》：在城南一里，跨大姚河，上覆以屋。明永乐间，千户施宥建。《大姚县志》：在城东三里。

龙街桥 《大姚县志》：在城东八十八里。

春溪桥 旧《云南通志》：在城南门外。

南大桥 《大姚县采访》：在城南一里。

泗溪桥 《大姚县志》：在城南七里。

迎恩桥 旧《云南通志》：在城南八里。《古今图书集成》：在城西南八里，跨大姚河，一名八里桥。

土 桥 《大姚县采访》：在城南十里。

新桥、蒋家桥 《大姚县志》：并在城南十五里。

---

① 栋川桥 原本无，据道光《云南通志稿》补。

姜家桥 《大姚县志》：在城南十八里。

回龙桥 《大姚县志》：在城南二十二里谭家坝。

宝珠桥 《大姚县志》：在城南二十三里见龙寺。

安澜桥 《大姚县采访》：在城南三十里七街，为姚州白盐井通衢。同治十一年，候补道杨凤仪建。

西门桥 《大姚县志》：在城西半里。

大通桥 旧《云南通志》：在城西五里。

广济桥 《古今图书集成》：在城北五里。《大姚县采访》：在城西五里。

火烧桥 《大姚县志》：在城西十五里。

申安桥 《大姚县志》：在城西二十五里。

允升桥 《大姚县志》：在城西四十里。

彩新桥 《大姚县志》：在城西五十里。

西大桥 《大姚县志》：在城西六十里。

回龙桥 《大姚县志》：在苴却锁水阁下，距城一百八十里。

铁索桥 《大姚县采访》：在城北九十里苴跋江，为金沙江各渡要路。左甃石岸，右就石壁凿孔，拽以铁索，索上布板，宽丈余，长十余丈。道光二十八年，邑人捐赀修建。

广通县

清风桥 旧《云南通志》：在城东三里。《广通县志》：明洪武十六年，知县王正建。嘉靖间，陆芳重修。《广通县采访》：同治九年，绅耆李思恩、杨秀倡捐重修。

蒙七桥 旧《云南通志》：在城东二十里。明嘉靖间，堡军徐昂建。

黑苴桥 旧《云南通志》：在城东二十五里。明成化间，黑苴军民公建。

安乐桥 旧《云南通志》：在城东四十里舍资界。明嘉靖间，堡军潘惠建。

广济桥 旧《云南通志》：在城东七十里。明洪武间，县民陆芳建。《楚雄府志》：在新铺，康熙二十八年重建。

响水桥 旧《云南通志》：在城东七十五里响水箐底。明成化间，土巡检苏文昇建。《广通县采访》：在城东九十里①，系木桥。嘉庆九年，士民改建石桥。

普济桥 《广通县采访》：在城南六十里罗川。同治六年，士民杨正鸿、李时中、曾泰宗等倡建。

乐善桥 《广通县采访》：在罗川文笔山下。道光十九年，文生高礼义、杨开第、张景辉等捐建。

濯缨桥 旧《云南通志》：在城西门外。明弘治间，知县蒋哲建。《古今图书集成》：县民陆芳重修。《广通县采访》：系木桥，嘉庆九年，士民改建石桥。同治十年，绅耆李思恩、李科等捐修。

明月桥 旧《云南通志》：在城西半里。明成化间，土官段镒妻梅氏建。《广通县采访》：系木桥，嘉庆十四年，士民捐建石桥。

桃溪桥 《广通县志》：嘉靖间，堡军周宪重修。

通济桥 旧《云南通志》：在城西五里。明成化间，知县邹杰建。《古今图书集成》：

---

① 九十里 《新纂云南通志》同，道光《云南通志稿》作“九十五里”。

嘉靖间，堡军周宪重修。

关山桥　旧《云南通志》：在城西二十五里回蹬关下。明弘治间，堡军向荣建。《广通县采访》：嘉庆二十年，被水冲毁，士民捐修。

定远县

东门桥　《定远县采访》：在城东门外。

利济桥　旧《云南通志》：在城东十五里。雍正元年，知县孙尔振率绅士建。

济通桥　旧《云南通志》：在城东二十里。明万历二十八年，军民同建。

南门桥　《定远县采访》：在城南门外。

观音桥　旧《云南通志》：在城南三里。雍正四年，邑士民公建。

迎恩桥　旧《云南通志》：在城南三里。康熙四十一年，知县张彦绅建。《定远[1]县采访》：兵燹倾圮，光绪八年，邑人唐昌典重修，易名镇定。

玉润桥　《定远县采访》：在城南十五里，邑士民捐建。

永定桥　旧《云南通志》：在城南二十里。康熙四十一年，知县张彦绅建。《定远县采访》：俗名大石桥，光绪八年，贡生何钟吉重修。

会基桥　旧《云南通志》：在城南二十里。雍正五年，邑民王天祥建。

石河桥　旧《云南通志》：在城南二十里。明万历三年，阖邑捐建。

仓河新桥　《定远县采访》：在城南二十里。道光十六年，举人唐毓俊、唐昌锡倡捐新建。

西门桥　《定远县采访》：在城西门外。

龙川桥　《定远县采访》：在城西里许。乾隆元年建，嘉庆二十五年，知县许应元率士民捐修。同治四年，监生李茂东、詹大显率邑人重修。

北门桥　旧《云南通志》：有二，一在城北门外，康熙四十一年，知县张彦绅捐建。《定远县采访》：一在土主庙前。

双　桥　旧《云南通志》：在城北三里。康熙五十六年，阖邑捐建。

拱极桥　旧《云南通志》：在城北三里。康熙五十六年，知县孙尔振率众捐修。《定远县志》：在城北五里。

土河桥　旧《云南通志》：在城北十五里。明万历三十年，绅士军民捐建。

天神桥　旧《云南通志》：在城北四十里。康熙五十四年，阖邑捐建。

澂江府

河阳县

庄镜桥　旧《云南通志》：在城内东街。

龙津桥　旧《云南通志》：在城东门外。

延龄桥　旧《云南通志》：在城东一里。康熙间，郡绅李发甲建。

高涧桥　旧《云南通志》：在城东一里。康熙四十一年，生员李文炳修。《河阳县采访》：光绪间，郡人重修。

飞虹桥　《河阳县采访》：在城东里许。乾隆十四年，知府夏昌建。

---

① 定远　原本作“广通”，据上下文意改。

七星桥 《河阳县采访》：在城东里许，嘉庆二十一年建。

青云桥 旧《云南通志》：在城东三里，跨玗劄溪，旧名普济。明正统间，知府王彦建。《澂江府志》：相传饮饯于此，群鹭从桥上飞入青云，故名。《河阳县采访》：同治十二年，旧城士民重修。

南津桥 旧《云南通志》：在城东三里。明嘉靖间，路南州民葛万钟建。《澂江府志》：在城东街。

漱玉桥 旧《云南通志》：在城东五里。《古今图书集成》：在东街土主庙前。

海晏桥 旧《云南通志》：在城东二十五里海口泄水处。康熙三十六年，知府崔维衡重修。雍正九年，知府王铎再修。

铁池江桥 《河阳县采访》：在城东三十里，乾隆初建。

长虹桥 《澂江府志》：在城东四十里，跨七江溪。原系木梁，明弘治九年，知府安康易以石，名借虹。嘉靖四十三年，郡人罗应元重修。隆庆三年，知府蒋宏德重修。旧《云南通志》：康熙九年，通判王猷创铁索桥，未几圮，郡人李缵甲重修。

河生桥 《澂江府志》：在城东。明知府高廷绅建，今废。

三岔桥 《古今图书集成》：在河生桥西百步。

朝阳桥 《河阳县采访》：在城东南隅，嘉庆四年建。

中沟桥 旧《云南通志》：在城东南五里，锁劄溪之水口。

介营桥 旧《云南通志》：在城东南五里右所大小营间。

远达桥 旧《云南通志》：在城东南五里小营中。

广济桥 旧《云南通志》：在城东南五里右所大营西，明郡人杨济时建。

通津桥 旧《云南通志》：在广济桥西一里，明郡人华仲林建。

迎仙桥 旧《云南通志》：在城南门外。

锁水桥 《澂江府志》：在城南门外东隅。汇城内众水流经沙河村，折鲁溪营入海。《河阳县采访》：旧桥久圮，道光四年，训导李焘倡建。

永济桥 旧《云南通志》：在城南二里。明嘉靖间，郡民许俸建。

务耕桥 旧《云南通志》：在城南二里梨花村北，明生员李杰建。

月津桥 旧《云南通志》：在城南十里大河口。《澂江府志》：旧名观澜桥，架木为梁。明嘉靖十七年，郡民陈绅易以石，旁置碑亭。

联玉桥 旧《云南通志》：在城西南十里。康熙四十四年，知县翟枚吉建。《澂江府志》：在城西南二十里玉笋山前。

涌拔桥 旧《云南通志》：在城西南三十里，明郡人杨国儒建。《澂江府志》：经江川通衢。

十八桥 《河阳县采访》：在城西南八十五里普定乡，为晋宁、江川通衢。

岗硐天生桥 《河阳县采访》：在城西南八十五里黄家庄南。涌泉流注河阳北，经晋宁流入滇池。

惠民桥 旧《云南通志》：在城西门内。明隆庆间，知府徐可久建。

四均桥 旧《云南通志》：在城西一里廖官营东。道路至此适均，故名。

太平桥 旧《云南通志》：有二，一在城西二里，旧名罗藏桥，明嘉靖间，知府王良佐建，通判徐子麟修；一在旧阳宗县东。

平政桥　旧《云南通志》：在城西二里。康熙间，郡绅赵士麟建。《澂江府志》：生员董可征等重修。《河阳县采访》：兵燹圮，郡人游击廖本惠重修。

清平桥　旧《云南通志》：在城西二里。

关庄桥　旧《云南通志》：在城西五里小关庄下。

西城桥　旧《云南通志》：在城西六里。《澂江府志》：在西街右。明成化间，举人郑玘建，后圮。嘉靖四年，主簿董钺、耆民陈祚重建。二十四年，郡民陈绅易以石。旧《志》：雍正六年，贡生侯昌重修。

东秩桥　旧《云南通志》：在城西六里。《澂江府志》：在西街左。年久倾圮，郡民张友松捐赀重建，置楼于上，后遭水患，楼废桥存。

俯波桥　旧《云南通志》：在城西二十五里，明郡人李文高建。《澂江府志》：在鹭栖村红坡。登桥俯瞰湖水，故名。

凤凰桥　《河阳县采访》：在城西六十里施家村。

普济桥　《河阳县采访》：在城西七十里河涧铺之北。

普渡桥　《河阳县采访》：在城西七十五里八家塘北。雍正间建，今圮。

引凤桥　旧《云南通志》：在城西北隅。康熙二十二年，郡人李缵甲建，引水入城内。《河阳县采访》：兵燹圮，阖郡重修。

接龙桥　《河阳县采访》：在城西北二里许，今阖郡捐赀重修。

得路桥　旧《云南通志》：在城西北四里，明郡民席允中、陈亨建。

月宫桥　《澂江府志》：在城东北里许凤翔寺前。明季宾兴饯士于此，故名。

大河桥　旧《云南通志》：在城东北四十里旧阳宗县东。

迎恩桥　旧《云南通志》：在旧阳宗县西门外。

通济桥　旧《云南通志》：在旧阳宗县西一里。

江川县

土主庙渡　旧《云南通志》：在城西南。《澂江府志》：在古城西南。

拱秀桥　《江川县采访》：在城内学宫右。乾隆五十九年，邑人黄德金倡建。

海门桥　《古今图书集成》：在城东南八里，为临安要路，星云、抚仙两湖交通处。明天顺五年建，中央有界鱼石，澂江、江川其鱼二种，以石为界，不敢越江，越则相斗，兆兵象。旧《云南通志》：在城南二十里。明景泰间，知县张俊建。《澂江府志》：在城东十里。

大　桥　《江川县采访》：在城东南桃园。

阜财桥　《江川县采访》：在城南濠上。里人徐湘重修，道光二年，监生黄尔泰增修。

星海桥　《江川县采访》：在城南门外。跨玉带河。道光十八年，知县吴河光建。

通衢桥　旧《云南通志》：在城南三里。明天顺间，知县张俊建。《澂江府志》：在古城东。

永济桥　旧《云南通志》：在城南五里。《澂江府志》：在古城西。

石　桥　旧《云南通志》：在城南十里。《澂江府志》：在古城东。

兴龙桥　《江川县采访》：在城南二十里。咸丰六年，武举唐国材等倡建。

积善桥　《江川县采访》：在城南二十里。咸丰六年，武举段云凤等倡建。

如意桥 旧《云南通志》：在城南三十里双龙乡中台山下。

普济桥 《江川县采访》：在城西四十里。光绪八年，贡生周培本等倡建。

碧溪桥 《江川县采访》：在城西四十里。光绪八年，文生郑存德等倡建。

锁溪桥 《江川县采访》：在城西四十里。光绪十年，文生龚崑等倡建。

迎恩桥 旧《云南通志》：在城北濠上。

丰乐桥 旧《云南通志》：在城北里许。康熙四十七年，知县祝兆鹏建。

玉锁桥 《江川县采访》：在城北五里。光绪九年，邑民王应元等倡建。

丰　桥 《江川县采访》：在城北五里。光绪十年，士民李怀亮、王嘉善等倡建。

双龙桥 《江川县采访》：在城北十里大石关前。嘉庆九年，武举蔡景清倡建。

新　桥 旧《云南通志》：在城北十二里关岭下。

张公桥 《江川县采访》：在城北二十里茨桐铺。

登瀛桥 《江川县采访》：在城东北隅，乾隆五十九年建。

广平桥 《江川县采访》：在城东北二十里明兴铺。嘉庆三年，庠生陈其才倡建。

明兴桥 旧《云南通志》：在城东北明兴铺。

狮象桥 《江川县采访》：在城东北尹祺村，澂江大路经此。乾隆五十五年重修。

新兴州

弘济桥 旧《云南通志》：在城南门外。明弘治间，知州邓骏建，俗名李桐桥。《一统志》：通嶍峨、新化等路。

丰乐桥 旧《云南通志》：在城南二里。康熙间，知州鲁国华建。《澂江府志》：在郑家屯。

普渡桥 旧《云南通志》：在城南十里大营屯，跨大溪河。《澂江府志》：在城西南十里。

盘安桥 旧《云南通志》：在城南二十四里石关哨。康熙三十年，土州判王凤建。

会通桥 旧《云南通志》：在城西门外，跨城壕，与弘济桥相望，俗名上石桥。

中板桥 旧《云南通志》：在城西关外，去会通桥三百余步。《新兴州志》：分大溪河为金汁中沟。

下石桥 旧《云南通志》：在城西关外，去中板桥四百余步。《新兴州志》：上建魁阁，分大溪河为金汁下沟。

彩虹桥 旧《云南通志》：在城西关外中卫屯。《新兴州志》：跨金汁沟。

桂家桥 旧《云南通志》：在城西五里桂家屯。《新兴州志》：跨大溪河。

济星桥 《新兴州采访》：在城西四十里大小洛河。道光五年，武举任广泽、生员杜培初、郡人王汝舟等捐建。

通年桥 旧《云南通志》：在城西北三里。康熙五十一年，知州任中宜建。《澂江府志》：在城西徐百户屯，西河、奇梨溪合流入大溪处。

普惠桥 《新兴州采访》：在城西北三里，久圮。嘉庆十二年，署知州洪其照率绅耆重建，易名永惠。

安流桥 旧《云南通志》：在城西北五里。康熙间，知州蔡琨重修，改为听莺桥。《澂江府志》：在左家屯，奇梨溪、西河合流处。

迎恩桥 旧《云南通志》：在城北门外，跨城壕。

龙门桥 《新兴州采访》：在城北龙门村，嘉庆初建。

玉溪桥 旧《云南通志》：在城北五里。旧建木梁，常致朽败。明崇祯十年，邑人尚书雷跃龙易石墩，置木履瓦，日久沙淤。《澂江府志》：康熙九年，知州耿文明重修。旧《志》：五十二年，水溢桥上，知州任中宜增高三尺，仍履瓦屋。《新兴州采访》：乾隆十四年，知州徐正恩倡修。嘉庆四年，知州刘嶙率绅士重建，增高四尺。

通州便桥 《新兴州采访》：在城北五里，跨罗木箐河。道光六年，生员冯文璋等建。

康阜桥 旧《云南通志》：在城北六里，往省要道。《新兴州志》：跨罗木箐河，俗名康家桥。《新兴州采访》：在玉溪桥北。乾隆五十六年，知州陆绍宗重修。

广济桥 旧《云南通志》：在城北十三里。《新兴州志》：在咸宁里，跨罗木箐分河。

普门寺桥 旧《云南通志》：在城北十八里普舍城西关外。《新兴州志》：在罗木箐下沟。

新德桥 旧《云南通志》：在城北二十里。康熙五十一年，知州任中宜建。《澂江府志》：在刘家屯西河。

云英桥 旧《云南通志》：在城北四十里刺桐关。

济美桥 《新兴州采访》：在城北四十二里刺桐关下，往省大路。康熙二十年建，雍正九年，郡人束乃成修。乾隆四十年，束为仁重修。

飞虹桥 旧《云南通志》：在城东北十五里。雍正十年，知州许廷佐捐俸率众修建。

观音阁大桥 旧《云南通志》：在城东北十七里，向系木桥，倾圮。雍正八年，知州许廷佐捐俸率众改建石桥。《澂江府志》：跨罗木箐河。

龙马桥 《新兴州采访》：在城东北十七里龙门桥之上。乾隆间，生员宋煜、武举袁绍武倡建。

永丰桥 旧《云南通志》：在城东北二十里。《澂江府志》：在白塔山下罗麽溪。

路南州

义 渡 《续路南州志》：距州城六十里民乡河头营。每岁立夏三日设船，立冬三日建木梁。

万寿桥 旧《云南通志》：在东城壕上。康熙四十九年，知州金廷献捐修。《澂江府志》：在城东北。

兴凝桥 旧《云南通志》：在城东一里。康熙三十五年，总督王继文建。

广通桥 《续路南州志》：在城东五里。康熙间，庠生李见龙建。雍正四年，其子衍祚重修。

双龙桥 《续路南州志》：在城东五里。雍正七年，知州杨化元建。

圣恩桥 《续路南州志》：在城南武庙前。

水月桥 旧《云南通志》：在城南关外。康熙五十一年，知州金廷献捐修。

弘济桥 旧《云南通志》：在城南二里。明弘治间，知州邓骏建。《路南州采访》：通嵋峨新化里。

三板桥 旧《云南通志》：在城南五里。明万历间，举人杨兴南兄弟捐修。《路南州采访》：乾隆三十七年，马兆垣重修，更名仁寿桥。

板 桥 旧《云南通志》：在城南二十里。明嘉靖间，州人席大宾易以石。《续路南州志》：乾隆二十年重修。

注砚桥　《续路南州志》：在城南二十里文笔山侧，土名滉桥。乾隆五十三年，施定邦倡捐易石，更名注砚桥。

金马桥　《路南州采访》：在城南二十五里，为邑要津。旧架木以济，夏秋雨集，常致倾圮。道光二十五年，署知州李凤翚捐廉倡建。易以石[①]，长三丈余，宽一丈余。

刘家桥　《续路南州志》：在城南[②]三十里大龙潭村，为宝源诸厂要道。乾隆四十二年，江西客民刘国英建。

心平桥　《续路南州志》：在城南江尾村，乾隆四十年建。《路南州采访》：今废。

锁龙桥　《续路南州志》：在城西南五里许。

青云桥　旧《云南通志》：在城西南十里。康熙四十五年，知州金廷献修。《续路南州志》：原桥倾圮，乾隆四年，阖州捐修。

三元桥　《续路南州志》：在城西南四十里。乾隆二十一年，知州史进爵倡建。

叠水桥　《续路南州志》：在城西南五十里，为阖州众水所归。乾隆五十九年，生员李昭、吏员段如柏建。

砥柱桥　《续路南州志》：在城西南八十余里老树田下。乾隆二十六年，署州吴际盛倡建，长十余丈，阔丈许，绾以铁索，贯以巨木，上铺木板，中建观音阁，左右设栏杆，两头设门启闭。嘉庆十一年重修。《路南州采访》：今圮。

会通桥　旧《云南通志》：在城西二里，与弘济桥相望。明万历间，知州汪良建。

永济桥　《续路南州志》：在城西三里许。

赛虹桥　《一统志》：在城西北，通云南府大路。旧《云南通志》：在城西一里。明万历间，知州汪良捐修。

拥津桥　《续路南州志》：在城西北一百里民和乡大河堤尾。乾隆二十一年，知州史进爵倡建。

永安桥　旧《云南通志》：在城北门外。康熙十一年，州民苏全、赵西应等募建。

迎恩桥　旧《云南通志》：在城北半里。康熙五十年，知州金廷献捐修。

天生桥　旧《云南通志》：有二，一在城北五十里，一在城东北十二里。二桥天成，不假人力。

普济桥　《续路南州志》：在城北七十里。乾隆间，监生李如桐、赵相璧等捐建。高十丈，宽二丈，长三十余丈。

联陞桥　《续路南州志》：在城东北三十里。乾隆[③]二十年，知州史进爵倡建。

广南府

宝宁县

新石桥　《宝宁县采访》：在城东二里。道光二十九年，知府李熙龄建。

普厅桥　《广南府志》：在城东南二百二十里普厅。原系竹桥，嘉庆二十二年，知府

---

① 石　原本缺，据文意及《新纂云南通志》补。

② 南　原本缺，据道光《云南通志稿》、道光《澂江府志》补。《新纂云南通志》作“西”。

③ 乾隆　原本作“康熙”，道光《云南通志稿》作“乾隆”。民国《路南县志》卷六《秩官志·知州》：“史进爵，兴安人，举人，乾隆十七年任。”作“乾隆”是，据改。

何愚易以石。

乐安桥　《广南府志》：在城南九十里西洋江。原设渡船，水涨时往来甚艰。乾隆十九年，知府蒋衡捐建石桥。

旧莫桥　《广南县志》：在城西南。康熙四十七年，知府茹仪凤建。

西安桥　旧《云南通志》：在城西三里。旧架木，明万历间，土舍依应祖易以石。

通津桥　旧《云南通志》：在城西四里，明万历间建。

顺宁府

顺宁县

黑惠江渡　旧《云南通志》：在城东北一百八十里赤龟山下。

泗水桥[①] 旧《云南通志》：在城东门外。康熙二十二年，知府刘芳声建。雍正二年，里人又别建石桥于此桥之西。

迎春桥　旧《云南通志》：在城东一里。康熙四年，知府米璁建，后知府董永艾、署知府陈之玮相继修。《顺宁县采访》：嘉庆二十年，被水冲毁，知县路华倡修。道光五年复毁，知县金澂捐赀重建。

祝嵩桥　《一统志》：在城东五里，跨顺宁河之中流。明土知府猛寅重修为石址，以酾水道，上有扶栏瓦屋。

宣德桥　旧《云南通志》：在城东南二里。康熙二十一年，知府刘芳声建。五十四年，知府殷邦翰重修。《顺宁县采访》：乾隆六十年，被水冲毁。嘉庆元年，知县崔凤三倡建。光绪六年复圮，知县邓瑶重修。

藤　桥　《一统志》：在城南阿铎河。河水东注，土人构藤为桥。

来顺桥　旧《云南通志》：在城南四里。康熙三十八年，知府董永艾建。《顺宁府志》：初名观音寺桥，在城南三官阁下，通云州路。

归化桥　旧《云南通志》：在城南十五里。《顺宁府志》：康熙三年，知府米璁建。七年，知府许宏勋重修。《顺宁县采访》：乾隆四十年，水泛冲毁，知县秦涛率士民重修。光绪五年，知县邓瑶复修。

麻腊寨桥　《顺宁府志》：在城南七十里。康熙三年，知府米璁建，今废。

顺济桥　旧《云南通志》：在城西南一百二十里阿度吾里。雍正三年，经历沈应俞建。

来远桥　旧《云南通志》：在城西南阿度吾里。康熙二十八年，知府徐欐建。《顺宁县采访》：光绪七年，被水冲圮，里人重修。

凤鸣桥　《顺宁府志》：在城西。康熙元年，米璁建。《顺宁县采访》：今圮。

济虹桥　《一统志》：在城西二百五十里，俗名枯柯桥。《顺宁府志》：在城西北二百里永顺分界处。明万历四十年，知府李忠臣建，挽以铁索，复圮。顺治十八年，知府米璁修。旧《云南通志》：康熙四十一年，知府董永艾重修。

李家桥　旧《云南通志》：在城西北五十里，明郡人李氏建。

锡铅后桥　《顺宁府志》：在城西北八十里，入锡腊路。

---

① 泗水桥　原本作“四水桥”，《新纂云南通志》同，据雍正《云南通志》、道光《云南通志稿》改。

济川大桥 《顺宁府志》：在城西北一百四十里，入永昌大路。知府刘芳声修，久废。旧《云南通志》：康熙四十一年，知府董永芠重建。《顺宁县采访》：一名劝善，光绪九年，被水冲决，知府周范、右甸经历韩铣重修。

衢亨桥 旧《云南通志》：在城北门外。明崇祯十七年，知府曾瑞来建。《顺宁县采访》：今圮。

掬春桥 《一统志》：在城北。水出交凤山，下流为河。《顺宁县采访》：今废。

小 桥 旧《云南通志》：在城北一百四十里。《顺宁府志》：旧名锡铅前桥，在城北八十里。明崇祯十七年，知府曾瑞来建，因水势冲激，屡修屡圮。今建小桥，以济行人。

兴善桥 旧名猛家桥。旧《云南通志》：在城北一百六十里，又名大桥。明崇祯间，知府曹巽之建。康熙六十年，知府赵承焘重修，易今名。《一统志》：路通蒙化。

瑞虹桥 旧《云南通志》：在城东北半里鼓山下。康熙二十六年，知府徐欐建。《顺宁县采访》：光绪九年，被水冲决，知县郑兰蔚重修。

迎恩桥 旧《云南通志》：在城东北二里。明崇祯六年，知府王政建。《顺宁府志》：后经火毁，康熙二十二年，知府刘芳声重修。雍正三年，知府范溥改建石桥。《顺宁县采访》：嘉庆十五年，被水冲圮，改道于北越新村，达昙拨营，因建通顺、巩固等桥。同治十三年复圮，知府陈秦琨修。光绪五年，知县邓瑶重修。

澜沧江浮桥 《一统志》：在城东北八十五里。编竹十五丈，广五丈。《顺宁县采访》：咸丰间毁于兵，同治十三年，知府陈泰琨复修。

青龙桥 旧《云南通志》：作澜沧江渡，在城东北八十五里。旧设小舟，雍正三年，知府范溥造大船，改渡下流，稍近十里。《顺宁县采访》：乾隆间，知府刘埥率士民建铁索木桥，长三十六丈，宽一丈二尺，复捐置田租百余石，以作岁修之费。嘉庆十九年火毁，知县麟瑞率士民重修。副榜李于阳《澜沧江渡》：“*横亘水中央，垂虹百丈长。铁絙飞碧落，石壁破青苍。浪急蛟鼍吼，山深猿狖藏。临流频眺望，天堑壮遐方。*”《顺宁县采访》：在城东北九十里。咸丰七年，毁于兵。同治十三年，知府陈泰琨捐廉重修，名曰青龙桥。

右甸大桥 旧《云南通志》：在城东北一百里。崇祯十五年，通判谢天禄建。康熙三十七年，知府董永芠重修。《顺宁府志》：通永昌路。

狮子桥 旧《云南通志》：在城东北一百二十里阿鲁司北。康熙五十八年，里人同建。

史力桥 旧《云南通志》：在城东北一百五十里阿鲁司北。康熙五十七年，里人同建。

来宣桥 《顺宁府志》：俗名小江桥，在城东北一百八十里。跨漾溪江，通蒙化路。初为藤桥，顺治七年，通判杨廷璧始易木梁，后因李忠武之乱焚毁。康熙元年，知府米璁重建，绾（絙）以铁索，上覆瓦屋二十余间。八年复毁，知府许宏勋捐建。二十八年，知府徐欐重修。五十二年，被水冲没。五十四年，知府殷邦翰倡修。《顺宁县采访》：嘉庆三年又毁，今设筏以济。

克马桥 旧《云南通志》：在城东北一百八十里。康熙二年，知府米璁建。

歪泥桥 旧《云南通志》：在城东北二百五十五里，通永平路。康熙二年，生员冯嘉训捐修。《顺宁府志》：在东木笼里。

靖边桥　《一统志》：在府城坪里村南。跨顺宁河下流，长七丈，阔二丈。

翁起桥　《顺宁府志》：在府境内，即飞虹桥。明万历十八年建，康熙三年，知府米璁修。

云　州

漫乃江渡　旧《云南通志》：在城东一百里阿轮山边，通景东要津。

神舟渡　旧《云南通志》：在城北一百二十里，路通蒙化。

富春桥　《顺宁府志》：一名东桥，在城东五里。康熙五十四年，署知州程之炜修。旧《云南通志》：雍正三年，知州吴元鏊捐修。

柳荫桥　《云州采访》：在城东邦谷村下。河畔有柳树垂荫，故名。

会龙桥　《云州采访》：在城东南四十里蛮亥山麓，庠生钟澧捐修。

回龙桥　《云州采访》：在城东南猛麻三家村下关。锁一猛风脉，因名回龙。

三道桥　《云州采访》：在猛麻漫岩村下。有三，石桥一，木桥二。

广德桥　旧《云南通志》：在城南十里，即锁水桥。康熙三年，知州刀飞龙捐建。雍正元年，知府范溥同贡生刘次薇等重修。《顺宁府志》：一名北桥，在旧城，系府境河水下流所经。庠生钟澧捐修。

新惠桥　旧《云南通志》：在城南十二里，即南桥，以铁索架梁。康熙间，邑人公建。

猛赖桥　旧《云南通志》：在城南一百二十里，即大藤桥，与小藤桥俱为往来要津。日久渐废，雍正二年，知州吴元鏊捐俸，易藤以木。

青云桥　旧《云南通志》：作邦洪桥，在城南一百三十里，交耿马界。旧传土人张氏建，雍正元年，知府范溥捐修。《云州采访》：道光四年，知州李端元①重修，易今名。

猛底桥　旧《云南通志》：在城南二百五十里，即小藤桥。《顺宁府志》：在城南八十里，结藤为梁。

康济桥　旧作永安桥。《顺宁府志》：在城北门外。《云州采访》：武生刘恬修，后圮。道光四年，知州李端元捐修，易今名。

石　桥　《一统志》：在城北，路通蒙化。

小板桥　《顺宁府志》：在城北十里盐井哨。

永镇桥　旧《云南通志》：在城北三十七里温崩。《顺宁府志》：在城北四十里。

长安桥　旧《云南通志》：在城北四十里。《顺宁府志》：在城北五十里猛郎河。

马四河石桥　旧《云南通志》：在城北四十八里。《顺宁府志》：在城北，去猛郎十里。署知州王坦捐修。

缅宁厅

澜沧江上渡　《缅宁厅采访》：在城东二百里。通景东要津，设船以济。

澜沧江下渡　《缅宁厅采访》：在城东南一百五十里，通威远要津。

栢木桥　《缅宁厅采访》：在城东里许。通景东路，土司时建。

---

① 李端元　原本作“李瑞元”，康熙《云南通志》作“李端元”。《新纂云南通志》卷十三《历代职官表·顺宁府·云州知州》：“嘉庆朝，李端元”。今据改。

南信桥　《缅宁厅采访》：在城南五里。乾隆五十九年倾圮，六十年，署通判张德基重修。

双　桥　《缅宁厅采访》：在城南十里，出猛猛路。乾隆五十七年，里人梅天泽等倡修。

茅草桥　《缅宁厅采访》：在城南四十里锡本。上有屋，覆以茅草，故名。今易以瓦。

铁锁桥　《缅宁厅采访》：在城西十五里，通耿马路。今改为石桥。

圈纳桥　《缅宁厅采访》：在城西北五里，跨蛮巩河。

腊丁桥　《缅宁厅采访》：在城北八十里，乾隆三十五年建。

凝远桥　《缅宁厅采访》：在城东北二里，通云州。乾隆二十八年，通判马文炳建。

卷五十　建置志六之三　津梁三

曲靖府

南宁县

驾虹桥　旧《云南通志》：在城内府学宫右。康熙五年，两学生员同建。

飞虹桥　旧《云南通志》：在学宫左。康熙五年，知县程封建。

胡家桥　旧《云南通志》：在城东门外。顺治七年，里人建。

七星桥　《南宁县采访》：在城东里许，旧名王家桥。乾隆五十一年，村民公建。道光二十年，绅耆杨增、伯廷佐、张星焕、王信重修。光绪六年，郡人赵抡元、夏天德、董汉章等捐建石桥，易今名。

万善桥　《南宁县采访》：在城东四里。乾隆五十年，贡生段泽远倡建。

三教寺桥　《南宁县志》：在城东八里史家闸下。

把家桥　旧《云南通志》：在城东十五里。《南宁县采访》：年久倾圮，邑人重修。

镇海寺桥　旧《云南通志》：在城东十五里，僧如缘募建。《南宁县采访》：水涨冲塌，郡人重修。

吴六桥　一名葫芦桥，在城东十五里。顺治六年，里人公建。

中和桥　一名中河桥。旧《云南通志》：在城东十五里。康熙五十九年，知县王枟重修。

箐口桥　《一统志》：一名魏家墩桥。旧《云南通志》：在城东十八里，明崇祯二年，知县项达建。《南宁县采访》：同治十一年，郡人重修。

李家桥　《南宁县志》：在城东十八里魏家墩。

夏家桥　《南宁县志》：在城东十八里夏家墩。

长　桥　《南宁县志》：有二，一在夏家墩，一在王家堡。明村人管邦宁重修。

红花海桥　旧《云南通志》：在城东二十里，僧普荷募建。

中所营桥　旧《云南通志》：在城东二十里。明弘治间，军人公建。

石喇桥　旧《云南通志》：在城东二十里朗目山下。康熙二年，僧一体建。

高　桥　旧《云南通志》：有二，一在城东二十里，一在城北二十里新桥前。《南宁县采访》：光绪八年，郡人叶凤仪、施相廷等重建。

新口桥 《南宁县志》：在城东新圩上。

彭家桥、回龙桥 《南宁县采访》：并在城东，江西张发祥捐建。

汤家桥 《南宁县采访》：在城东南十五里。光绪元年，郡人汤禄元等重建。

龚家桥 《南宁县采访》：在城东南三十里。

潇湘桥 旧《云南通志》：在城南门外。明景泰三年建，弘治间知府焦韶、同知胡元重修。《一统志》：跨潇湘江。《南宁县志》：雍正三年重建。

曲靖桥 《南宁县志》：在城南，久圮。

石墩子桥 旧《云南通志》：在城南十里。

石堡山桥 旧《云南通志》：在城南二十里，为往来官道。明崇祯二年，邑人公建。《一统志》：跨大河。《南宁县采访》：久圮，咸丰间，郡人夏天德等重建。

街头桥 《南宁县采访》：在城南二十里。乾隆五年，士民公建。

前街桥 《南宁县采访》：在城南二十里。嘉庆八年，士民公建。

精忠桥 《南宁县采访》：在城南二十里。同治间，郡人新建。

中州桥 旧《云南通志》：在城南五十里旧越州东门外，各所兵同建。

岳东营桥 《南宁县采访》：在旧越州南十里。乾隆五年，村民公建。

周家桥 旧《云南通志》：在旧越州西十五里。明天启二年，千户王贵建。

镇夷桥 旧《云南通志》：在旧越州北门外。明万历五年，卫守备李昭建。《南宁县采访》：道光十四年，知县陈步贤率士民董先荣、李自先、何嘉重修。

东岳桥 旧《云南通志》：在旧越州北门外。康熙元年，僧广元募建。

永安桥 《南宁县采访》：有二，一在旧越州北门外，道光二十二年重修，同治三年，郡人张应珍、李德芳、何庆梅重修；一在城北八里，嘉庆元年，里人公建。

大营桥 《南宁县采访》：在城西南十五里。乾隆十年，村民公建。

中正桥 旧《云南通志》：在城西南二十里。康熙六年，廪生沈鉴开同众建。《南宁县采访》：光绪五年，知县李应章率士民倡捐重建。

观音桥 《南宁县志》：在城西南三十里。

胜峰桥 旧《云南通志》：在城西门外，明西平侯沐英建。

圆通桥 《南宁县志》：在城西一里许，僧海广募建。

蒙家桥 旧《云南通志》：在城西二里。康熙二十九年，知县张为焕建。

澄清桥 旧《云南通志》有三，一名上桥，在城西九里；一名中桥，在城西北七里；一名下桥，在城西北十五里三岔关。俱明洪武间建。《南宁县采访》：弘治中，重修下桥，又名济众桥。旧《云南通志》：在城西十五里。康熙九年，驿盐道赵廷标暨合郡人建。俱年久倾圮，郡人重修。

普济桥 《南宁县志》：在城西十五里。明崇祯十三年，郡人缪思问建，僧寂浩重修。《南宁县采访》：在城西十六里。嘉庆十八年，村民张恒举倡郡人建。

永通桥 《南宁县采访》：在城西十九里。乾隆五十四年，总督福纲、知府常德、署县木通阿倡建。

鸣凤桥 旧《云南通志》：在城西二十五里。明万历三十年，知府陈政建。《南宁县采访》：在城西南三十里青岩坝上。光绪四年，郡人朱师、沈瀛洲、王策勋捐赀重建。

响水桥 旧《云南通志》：在城西三十里。顺治五年，邑人公建。

利众桥 旧《云南通志》：在城西北七里。康熙二十三年，知县桂天申建。

冯官桥 旧《云南通志》：在城西北七里。康熙四十三年，曲寻镇总兵禄进忠建。

迎恩桥 旧《云南通志》：在城北门外，一名康桥，亦名备兵桥。洪武间建，康熙二十三年，武定府同知王所善重建。《南宁县志》：在双沼之间，有闸。

麒麟桥 《南宁县采访》：在城北里许。

凤凰桥 《南宁县采访》：在城北麒麟桥下。同治二年，郡人崔本超、赵抡元倡建。

太平桥 《南宁县采访》：在城北五里。嘉庆三年，里人建。

一品桥 旧名白石江桥。旧《云南通志》：在城北五里。明洪武二十五年建，康熙十年，知府李率祖重修。《一统志》：跨白石江上。《南宁县采访》：光绪五年，郡人刘光宇、赵抡元等重建浮桥十五孔，易今名。

云龙桥 《南宁县采访》：在城北八里。同治十年倾圮，邑人张先智倡建。

邓官桥 旧《云南通志》：在城北十三里。《霑益州志》：在城南二十里。

新　桥 旧《云南通志》：在城北二十里。《霑益州采访》：在城南十里，道光四年重建。《南宁县采访》：咸丰二年，霑益知州邓墀、交水汛把总黄元筹款重修。光绪三年，南宁县人丁朝珍等复修。

倮㑩桥 旧《云南通志》：在城北三十里。顺治七年，邑人公建。《南宁县采访》：在旧越州东北八里。《霑益州志》：在城南十三里。

以上三桥，南宁、霑益志书两载，今并入此。

砥道连虹桥 《一统志》：在城北八十里，地名小路口。夏秋水涨，沙岸冲决。明万历中，经历李廷倡众筑堤四百丈，石桥三门泄水，行者称便。《南宁县志》：在城北二十里。

退水桥 《南宁县采访》：在城北苏家圩。光绪六年，郡人刘光宇、赵抡元倡建。

柳家坝桥 《一统志》：在城东北五里。旧《云南通志》：在城东北七里。明万历二十年，邑人公建。

朝阳桥 旧《云南通志》：在城东北二十里。明万历间，知府高荐建。《南宁县志》：俗名三孔桥，崇祯间，村民管邦宁重修。

刘家罾桥 《南宁县采访》：在村中。光绪五年，郡人丁朝珍等募建。

文兴桥 《南宁县采访》：在启文阁旁。光绪九年，郡人何秉道、何集清新建。

霑益州

太平桥 旧《云南通志》：在城东门外，明万历间重修。《霑益州志》：康熙间，邑人沈逢圣增修，建奎阁于上。《霑益州采访》：道光十七年，知州李杰筹赀重修，垒高丈余。后知州黄德濂改建阁于东山，今阁毁桥存。

庆丰桥 《霑益州采访》：俗名三硐桥，在太平桥左，入京要道。嘉庆八年，水涨冲圮，知州洪其照倡建，后复圮。《霑益州志》：光绪三年，州人改建浮桥。

东兴桥 《霑益州志》：在城东门外，俗名蜈蚣桥，架木为梁，上覆石板，计七孔。乾隆十九年，落脚塘村民捐建，咸丰间毁于兵。

石龙桥 《一统志》：在城东半里。《霑益州采访》：俗名钉子桥，久废。

高　桥 《霑益州志》：在城东十二里。

天生桥 《霑益州采访》：在城东二十里。

王把事桥 《霑益州志》：在城东南十里。

朝阳桥 《霑益州志》：在城东南三十里。

阿幢桥 《霑益州志》：在城南八里。《霑益州采访》：旧设土巡检于此，今裁，桥废。

沈家桥 《霑益州志》：在城南十里腊溪下河。

保安桥 《霑益州志》：在城西七里响水河下。

双河桥 《霑益州志》：在城西十里双河坝下。河中砌石墩五，上架巨木，覆以石板。

妥乐江桥 《霑益州志》：在城西九十里妥乐江上，为曲靖、东川通衢。计上、下二桥，架木为梁，咸丰六年，毁于兵，里人捐赀复建木桥，覆以瓦屋。

德泽江小桥 《霑益州志》：在城西一百二十里，为曲、东大路。水涨难行，光绪二年，郡武生赵有元、临安商人孔孝刚同州人捐赀新建。

刘公桥 《霑益州志》：一名车洪江桥。《霑益州采访》：在城西北一百二十里，界接东川府。旧设渡，乾隆三十二年，州人建木桥。六十年，东川刘汉鼎易以石。

山塘桥 《一统志》：在城南一百七十里，自塘溪山水经其下。旧《云南通志》：一名黑桥，在城北三里。《霑益州志》：唐武德七年，检校南宁都督韦仁寿建。《霑益州志》：后因水涨难行，咸丰间，添建浮桥于上。光绪六年，知州江宝善率州人蒋自万倡捐重修。

过河山桥 《霑益州志》：在城北十余里。《霑益州采访》：原系木桥，雍正间，邑人彭翩远改建石桥。

松林大桥 《霑益州志》：在城北二十里松林西北。

水西桥 《一统志》：在城北三十里。《霑益州志》：今其址无考。

陈枋桥 旧《云南通志》：在城北四十里。明万历间建，康熙五十一年，邑人公修。

松韶关石桥 《霑益州志》：在城北七十五里松韶关。旧系木桥，光绪三年，州人蒋自万劝捐，改建石桥。

陆凉州

东垌桥 即土桥。《陆凉州采访》：在城东二里。旧《云南通志》：在城东一里余。

望海桥 《陆凉州志》：在城东十五里，又名滥泥桥。明隆庆间，邑人焦纶高建。

永凝桥 旧《云南通志》：在城南二里许。《陆凉州志》：在城南关外，原名城南桥，又名会泽桥。明洪武二十三年建，以木为梁。万历间，官民捐建石桥，工未竣，遂为洪涛所摧。崇祯九年，郡民重建木梁，今易以石。

会津桥 《陆凉州采访》：一名大桥，在城南里许。接永凝桥，架木为梁，八景中“板桥春水”即此。

阎芳桥 《陆凉州志》：在城南古城之东。旧系木桥，明隆庆间，州民王朝阳易以石。

旧云南桥 《陆凉州志》：在城南五里，州民朱琼建。

新哨桥 《陆凉州志》：在城南三十里，近凤雏山。明天启间，州人文盛建。

老马桥 《陆凉州志》：在城南四十里，近阿油铺。昔为马姓所建，故名。

晃　桥 《陆凉州志》：在城西南。

新云南桥 《陆凉州志》：在城西南七里，乾隆七年建。《陆凉州采访》：州人知府俞卿重修。

弘济桥 《陆凉州志》：在城西西华寺左，原名城西桥，架木为梁。明嘉靖间，州民王璋易以石。万历四十五年，州民张灼复修，易今名。

串　桥 旧《云南通志》：在城西南五里。《陆凉州志》：在城西北数武。

新板桥 《陆凉州志》：在城西北三十里，乾隆七年建。《陆凉州采访》：今废。

城北桥 旧《云南通志》：在城西北芳华乡，跨南涧。明初建。

板　桥 旧《云南通志》：在城北三十里。《陆凉州志》：明洪武十年建，万历间州人王锡极砌以石墩。崇祯九年，马良誉复修。

马龙州

锁金桥 《马龙州志》：在城东十五里。

松溪桥 《马龙州志》：在城东四十里。

瀑津桥 旧《云南通志》：在城东四十五里。康熙四十六年，军人关育基重修。

三板桥 旧《云南通志》：在城东南二十里，明末州人高智等修建。《马龙州采访》：今圮。

永兴桥 《马龙州志》：在城东南六十里湾子之左。

西河桥 旧《云南通志》：在城南十五里，明末州绅董朝宪等建。

昌隆桥 旧《云南通志》：在城南十五里。雍正十一年，知州周铨修建。

朱黄桥 旧《云南通志》：在城南五十里。康熙六年，州民朱怀妻黄氏建，因名。

镇西桥 《马龙州志》：在城南五十里竹园村，明万历十七年建。旧《云南通志》：康熙十年，州民林朝栋修建。

观音桥 旧《云南通志》：在城西南半里。明成化明间，僧明朗募建。

张经桥 旧《云南通志》：在城西南十二里。明嘉靖间，马隆所千户张经[①]建。《马龙州采访》：在城西南二十里，张经建。

卧龙桥 《马龙州采访》：在城西南十二里。《马龙州志》：在城西南二十里，明嘉靖间建。

关东桥 旧《云南通志》：在城西南二十五里。明洪武间建，雍正十年，知州周铨重修。《马龙州志》：在鲁伽婆岭。

关西桥 《一统志》：在州西南二十五里。旧《云南通志》：在城西南三十五里鲁伽婆岭西。明嘉靖间，州民林国珍等建。

仁济桥 《马龙州志》：在城西南四十里。

南安桥 旧《云南通志》：在城西南五十里。明弘治八年建，康熙三十年，州民鄷际等重修。

青石桥 旧《云南通志》：在城西南七十里。康熙四十年，州士民金太和等修建。

高　桥 旧《云南通志》：在城西一里。明嘉靖间，州民高应登建。

白蟒桥 《马龙州志》：在城西白蟒河。

教场桥 《马龙州志》：在城北二里。

---

① 张经　原本作“张金”，《新纂云南通志》同，据道光《云南通志稿》及本条“张经桥”改。下同，迳改。

双　桥　旧《云南通志》：在城北三里。康熙二十年，州民金国奇建。《马龙州采访》：光绪七年，署知州邓炳尧率绅耆李谦、张显福、杨士奇、范连元、桂树椿等捐建。

响水桥　《马龙州志》：在城东北二十五里。

罗平州

以则渡　旧《云南通志》：在城东七十里。

鲁布革义渡　《罗平州采访》：在城东九十里，系滇黔要道。嘉庆二十四年，州民唐普轩等倡首，造船作义渡，并捐置田亩，以作水手工食。光绪八年，民人彭起凤及其子彭襄，更置产为添修费。

大　渡　旧《云南通志》：在城东一百里。

新江底渡　《罗平州采访》：原名七革渡，又名栖革江底渡，在城东一百一十里，为滇黔要道。旧拨官租银作水手工食、岁修船只之费。《案册》：光绪四年，知州葛静远捐廉，添造渡船二只，仍拨官租银为岁修费。

老江底渡　《罗平州采访》：原名得胜河义渡，在城东百二十里，为滇黔要道。嘉庆十一年，江西众商置义田，作水手工食、岁修船只之费。

连步桥　旧《云南通志》：在城内学宫前，明万历间建。

沙湾桥　旧《云南通志》：在城东四十里。明万历间，州同黄宇建。《罗平州志》：通黄草坝路。《罗平州采访》：同治三年，举人孙清臣重修。

永平桥　旧《云南通志》：在城东四十里。康熙三十八年，州民张洪学捐建。

东平桥　《罗平州采访》：在城东四十里洒马邑。石皆未经锤钻，俗传有神暗助。

三板桥　旧《云南通志》：在城东五十里。明天启间，州同张哲建。《罗平州志》：在州东板桥村，系黄草坝路。

清水河桥　旧《云南通志》：在城东七十里。明天启间，州同慕庸建。

两界桥　旧《云南通志》：在城东百余里栖革江底。旧以舟渡，康熙六十年，州民陈万言捐建石桥。雍正三年，其子九如、九锡重修，上覆瓦屋，总督鄂尔泰额于上，曰“山水画图”。

南关桥　《罗平州志》：在城南，系上省要路。明时建。

水碓桥　《罗平州采访》：在南关桥上，相隔半里。

官菜园桥　《罗平州采访》：在南关桥下。

鲁折河桥　《一统志》：在城西二里，明万历七年建。旧《云南通志》：在城南一里，明万历间，州同王寰建。

大石桥　《罗平州采访》：有二，一在城南二十里康诺村，一在城南五里乾河，通粤西孔道。

庆丰桥　《罗平州采访》：在城南三十里打磨石汛下，通粤西孔道。

平乐桥　旧《云南通志》：在城南四十里。康熙五十八年，州民王连举倡修。

南塘桥　《罗平州志》：在城西南孔道。

汇河桥　《罗平州志》：在城西门外。

永济桥　《罗平州采访》：在城西八里以西戛。

九龙桥　旧《云南通志》：在城北十里。康熙五十四年，知州王永禩建。《罗平州志》：因沙洲建桥，甃为九孔，江面虽阔八十余丈，今已安稳无虞。知州王永禩《新建九龙桥记》：

罗雄钀山，挺秀高插云霄，千峰环列似儿孙，矗矗插天彩笔。三峡江自北来，蜿蜒而东折，依稀玉带，滇南奇观也。往时土酋窃据，采风之车辙不至，探幽之屐齿罕及，仅仅诸蛮聚于斯。万历时，改土设流，筑城建学，人烟渐集，文教始兴。欣逢圣天子御极，德绥威服[①]，海晏河清。己丑春，余来牧是邦，劝农课士之暇，历览江山，距城十里许，有牂牁古渡，适当曲靖、霑益、陆凉[②]之冲，徒以扁舟一叶，济彼行人。余隐虑遐迩人民，临流却步，视为畏途，筹画者久。会有明经茂才暨诸处士，慨然以建桥来请。余幸获同心，亟疏短引，募诸同城诸公并绅士军民随力捐助，择吉鸠工。因其分流，架为九梁，名曰九龙桥，取龙能吐雾兴云升腾之义也。经始于癸巳八月，告成于乙未暮春[③]，千百载之阙陷，至此乃得补救。噫！宇宙之丰功伟烈，必待其人而后成，类若斯耶。且江势若游龙，有桥为中流砥柱，俨然玉锁重关，收住山川清淑之气，毓秀钟灵。居兹土者，务耕桑，守法纪，处为俊乂，出为循良，地灵人杰，亦如龙之变化升腾焉。是余所厚望于罗雄人士者也，奚止作一慈航普渡往来行人已哉！是为记。

龙见桥 旧《云南通志》：在城北二十里。明万历间，州同黄宇建。

块泽桥 《一统志》：在城北，跨块泽江上，两山壁立。《罗平州采访》：在城北百二十里阜淅厂。嘉庆十一年，知州张应垣率绅士厂民建。高十余丈，长三十余丈，宽丈余。

天生桥 《罗平州采访》：在块泽桥上，相隔十五六里。河中有巨石，高七八丈，长三丈余，中自成孔。

安平桥 《罗平州志》：在城北三十里，喜旧溪东流至此分派。往来甚艰，州民刘大成架木为梁。康熙五十六年，知州黄德巽易以石。

六龙桥 《罗平州采访》：在城北三十五里鲁特村，邑庠生孔传道、孔继富[④]倡修。

高　桥 《罗平州采访》：在城北四十里把洪村。

大　桥 《罗平州采访》：在城北五十里龙硐村旁。

新　桥 《罗平州采访》：在城北六十里以孔村。

龙安桥 《罗平州志》：在州北之乾河。明万历间，署州黄宇建。

寻甸州

独树双桥 旧《云南通志》：在城东半里。明嘉靖二十三年，知府林斌重修。

兔儿河桥 《寻甸州采访》：在城东一里许。乾隆六十年，知州李焜重修。

洗马桥 旧《云南通志》：在城东四里。初系木桥，明嘉靖二十三年，知府林斌易以石。

---

① 威服 道光《云南通志稿》作“咸服”。

② 霑益陆凉 道光《云南通志稿》作“陆凉霑益”。

③ 暮春 道光《云南通志稿》作“莫春”。莫为“暮”的本字。

④ 孔继富 《新纂云南通志》同，道光《云南通志稿》作“孔继宗”。

七星桥　旧《云南通志》：在城东二十里。明嘉靖间，郡民刘聪建。《寻甸州采访》：在城东十五里。乾隆元年，州民白大成倡修。《寻甸州采访》：同治间，兵燹倾圮未修。

通靖桥　《一统志》：在城东二十里。长三丈，阔五尺，跨阿交合溪。

广善桥　《寻甸州志》：在城东三十里周高村，康熙四十一年建。

太平桥　《寻甸州采访》：在城东南三十里集贤村。嘉庆二年，村人夏云峰建。

崇善桥　《寻甸州采访》：在城东南三十五里小坝者村。乾隆十八年，秦镕建。

下板桥　《寻甸州志》：在城东南七十里。

虎渡桥　《寻甸州志》：在城东南甸头里河边村。乾隆十年，村民王相宽建石桥。

月甲桥　旧《云南通志》：在城南二里。旧架以木，明嘉靖间，知府王尚用易以石。

望峰桥　《寻甸州志》：在城南二里。明知府李祥建，以泄堤水。《寻甸州采访》：在城[①]南关外。康熙四十七年，州人彭起凤建。乾隆二十二年，水泛倾圮，州民彭贤、杨芳声、吴英等捐修。嘉庆十七年，水涨又圮，州民彭源捐修。

三板桥　旧《云南通志》：在城南五里。明成化间，知府李祥建木桥。嘉靖间，知府王尚用易以石。《寻甸州志》：在城南七里。

阿义桥　《寻甸州志》：在城南七里余洗里村，明万历间建。

蔡济桥　旧《云南通志》：在城南十五里。明嘉靖间，军人蔡永建。《寻甸州志》：在王家村。

小河桥　《寻甸州志》：在城南二十五里。

蒋所桥　《寻甸州志》：在城南三十里。

连云桥　《寻甸州志》：在城南三十二里，康熙三十九年建。

引凤桥　《寻甸州志》：在城南三十五里。康熙四十九年，塘子屯士民建。

温泉桥　旧《云南通志》：在城南三十五里，今名塘子大桥。明嘉靖初建，后圮。雍正二年，知州崔乃镛率士民重修。

羊子街桥　《寻甸州志》：在城南四十五里。

代砖桥　旧《云南通志》：在城南五十里木密所城东十五里。

南安桥　旧《云南通志》：在木密所东二十里，一名青石桥。成化间，商人刘璿道建。弘治间，所军卫腾霄等募修。

牛子街桥　《寻甸州志》：有二，俱在城西百余里，左右跨列。

甸尾桥　《寻甸州志》：在城西一百里甸尾村。

可郎高桥　《寻甸州志》：在城西百里可郎村。

新石桥　《寻甸州采访》：在城西亦郎里。乾隆二十年，州人马全建。

栖龙桥　《寻甸州采访》：在城西亦郎里朵丹村。嘉庆十六年，州民杨文发捐建。

迎恩桥　旧《云南通志》：在城北门外，一名阳桥。初系木梁，明成化间，知府谢绍易以石。

靖远桥　《一统志》：一名靖边远桥。旧《云南通志》：在城北三里余。明成化间，知府谢绍建。嘉靖间，知府林斌重修。

太平桥　旧《云南通志》：在城东北三里。明弘治间，知府谢绍建。

---

① 城　原本缺，据道光《云南通志稿》补。

段宗桥　《寻甸州志》：明总兵段乔生建，今圮。

平彝县

永安义渡　《平彝县采访》：在城东南二百四十里热水塘下江底上游。旧设私渡，行者苦之。光绪十年，监生李春茂、李春和暨士民李文标、黄一清、黄应郎等倡捐制船，并置田亩以作水手工食，永为义渡。

晓　桥　《平彝县采访》：在城东门外，俗名马夫桥。乾隆元年，士民建，道光三十年重修。

豫顺仙桥　旧《云南通志》：在城东门外。明万历间，军人张大云建。《平彝县采访》：今圮。

永安桥　《平彝县采访》有三，一在城东七里东堡河；一在城东南二百里亦佐地，康熙三十六年建；一在城北三十里，同治十三年，村人萧纯建。

祈嗣桥　旧《云南通志》：在城东七里。明万历五年，指挥李厚建。

天生桥　《平彝县采访》：在城东南一百二十里亦佐地块泽江上流，天然自就。

块泽桥　《平彝县采访》：在城东南一百二十里亦佐地。两山壁立，流水甚疾，旧设舟以渡。乾隆五十八年，知县熊兆荣暨两厂士民捐建石桥。嘉庆间，两厂士民重修。

培元桥　《平彝县采访》：在城东南二百里黄泥河东。咸丰五年，邑人张养贵、王见龙、陈祖凤暨普安陇姓新建。

兴隆桥　《平彝县采访》：在城东南二百里亦佐地。康熙三十六年，知县赵宗武建。

亦阳桥　《平彝县采访》：在城东南二百里亦佐地。

抹角桥　《平彝县采访》：原名龙凤桥，在城东南二百三十里。嘉庆四年，五乐村黄好仁建，被水冲圮。光绪八年，村民徐家鹏重建。

起凤桥　《平彝县采访》：在城南门外。乾隆元年，绅民建，今废。

红崖嶂河桥　旧《云南通志》：在城南三里。明万历间，军人叶汝贵建。

子谅桥　《平彝县采访》：在城南三十里转湾。嘉庆二十二年，邑人陈子谅建。

硐滩桥　《平彝县采访》：在城南五十里，明时建。乾隆四十年，士民刘廷诚、李文灿等重建。道光三十年，张国顺、吴尚明等复修。光绪七年，水涨冲圮，知县宋宝槭率士民顾天职、胡文沛等重修。

鲁基营桥　《平彝县采访》：在城南六十里。道光十八年，耆民耿凤岗等新建。

龙锁桥　《平彝县采访》：在城南七十里四学庄。清光绪七年，乡饮李朝文暨大坪子阖村建。

迎凤桥　《平彝县采访》：在城西南里许古城山下，俗名胡马桥。咸丰四年，知县王赓华率士民新建。

西　桥　《平彝县采访》：在城西半里。乾隆元年，士民建。

霖雨桥　《平彝县采访》：在城西二里，顺治间建。

古　桥　《平彝县采访》：在城西二里。旧为通衢，今路改，桥圮。

乾　桥　旧《云南通志》：在城西十三里，明万历二十四年建。

石岑铺桥　旧《云南通志》：在城西十五里。明万历间，千户田嘉禾建。

界牌桥　旧《云南通志》：在城西北八里。明万历二十四年，分巡道高荐檄经历汤廷良建。《平彝县采访》：今圮。

界牌铺桥　旧《云南通志》：在城北十五里。明万历五年，指挥李厚、千户田嘉禾建。

河口桥　《平彝县采访》：在城北二十七里。咸丰二年，文生刘仲达、萧凤建。

锡福桥　《平彝县采访》：在城北三十里。道光十一年，乡饮萧彦建。咸丰二年，文生萧蕤、吴锡禄增修。

宣威州

水西桥渡　《宣威州采访》：在城北三十里夏屯，亦名大屯桥。旧有桥，今设舟以渡。

谨案：旧《通志》水西、大屯二桥并载，今依《采访》更正。

石龙桥　旧《云南通志》：在城东一里，明州人李国标建。

衍嗣桥　《宣威州采访》：在城南二里许，俗名山桥。明嘉靖间，御史缪文龙以祈嗣建，故名。后水涨倾圮，乾隆四十一年，贡生侯御远砌以石，改名麒麟桥。嘉庆十九年，知州张槐倡捐重修，改名太和桥。

谨案：旧《通志》误为三，访今依《采访》更正。

马龙桥　旧《云南通志》：在城南五里。

王家桥　旧《云南通志》：在城南十五里。《宣威州志》：在城南洪桥铺。

乾河桥　旧《云南通志》：在城南二十五里。

洑犀桥　《宣威州采访》：在城南四十里。两岸砌石，布以木板，建亭于上。光绪五年，樊姓合族建。

小江桥　《宣威州采访》：在城西南八十里，为东昭通衢。旧系木梁，乾隆三十七年重修，易以石。

五福桥　《宣威州采访》：在城西下堡。明嘉靖间，御史缪文龙建，名御史桥。昔有桥廊，北额曰“南通六诏”，南额曰“北达三巴”。后圮，乾隆间，知州饶梦铭砌以石，水洞三，改名朝阳桥。嘉庆十九年，知州张槐倡捐重修，易今名。同治四年，大水冲决。十二年，客民刘兴顺倡捐重修。

扯卓桥　《宣威州采访》：在城西五十里，今废。

大有桥　《宣威州采访》：在城西六十里，跨仙人洞河。乾隆十六年建，上覆瓦屋，郡人吴承伯题其额曰“近瞩宣城，遥接巴江”。咸丰间，水涨倾圮。

如意桥　《宣威州采访》：在大有桥上游，相距里许，跨石城河。乾隆二十七年重建，郡人吴承伯题其额曰“云间玉柱，步上天台”。

乐善桥　《宣威州采访》：在城北五里。同治十一年，州人谭显廷等劝捐新建。

江溪桥　旧《云南通志》：在城北二十里。

来宾桥　旧《云南通志》：在城北三十五里。

傥塘桥　旧《云南通志》：在城北八十里。《宣威州志》：架木为之，今圮。

可渡桥　旧《云南通志》：在城北一百三十里。旧系木桥，在可渡关下。康熙二十八年，总督范承勋建石桥于下游里许。总督范承勋《新建可渡石桥记》：

徒杠舆梁，王政之大经，所为广利济、免病涉也。然在安流通津，则其为力也易，若乃绝崖断壑，出其途者，势难飞渡，有望洋兴叹耳。尝见吴梅村之诗，有曰“盘江西绕七星关，可渡桥边万仞山”，其险可想而知矣。余自辛酉年由蜀东督师恢滇，过其境，知为滇黔蜀三省驿使往来之孔道也。崇冈峻岭，岌嶪相向，一水中断，抱石而行，湍激迅悍，声若轰雷，势若奔马。于时横槊危梁，见跕跕飞鸢，惊心骇目，行旅皆为震撼。切然念之，恐兹桥之未能久济也。迨承乏滇黔，追维羁途，尤为系念。已而仲夏，霑益州州牧以桥梁朽烂来告，复触余怀。闻此桥修而复坏者数矣，因其所请，思为一劳永逸之计，乃谋诸司郡，度非石桥不可。遣员估计费金，物力维艰，众缘莫给，佥称桥属滇黔要津，费须滇六黔四，公捐为当。随与抚军石公商咨黔抚军田公，欣然乐从。于是遴员齐赴，择日兴工，酌旧桥之下流宽平处而建造焉。创于己巳之夏，成于庚午之冬。桥栏横广二丈八尺，圻埒相望，十有六丈，三洞通流，铜关铁键，俱称缮致，谓俨然石虹鳌背矣。来乞余文以记之，备述桥畔摩崖旧迹，曰积翠流丹，曰山高水长，且并以其奇胜荟萃陈词，欲得不朽之文，以垂不朽之功也。嘻！向虑民病涉，合二省之钱为之，以桥梁实关大政也。今幸告成矣，桥曰可渡，诚可渡矣。兹滇黔各有所捐，不劳民矣，无阻邮矣，余亦欣然乐为之记矣。虽愧不朽之文，用记不朽之桥，亦云可矣。

三十三年倾圮，威宁镇总兵唐希顺复建木桥于旧处。五十四年，总督郭瑮重修。雍正八年，毁于火，重建木桥，复圮。《宣威州采访》：同治间，盐法道沈寿榕捐资，设舟以渡。

天生桥　《宣威州采访》：在城北一百六十里。

高　桥　旧《云南通志》：在城东北八里。

八仙桥　《宣威州采访》：在城东北八里许。

丽江府

丽江县

晟剌古岸　《丽江府志》：在城西六十里海罗塘。康熙六十年征西藏，于此搭浮桥渡江。《丽江县采访》：今其址无存。

澜沧江渡　《丽江府志》：在城西四百里，地名木瓜音，渡用双木槽。又一在日件，即剑川协吉尾汛前。

金沙江渡　旧《云南通志》：在城北四十五里阿喜汛，出中甸要路，设有渡船。《丽江府志》：在城北五十五里。

俸可渡　《丽江府志》：在城东北四百五十里，渡用木槽。

梓里铁索桥　旧名井里渡，在城东一百三十里。冬春用双木槽，夏秋用溜筒。《丽江县采访》：光绪五年，副将蒋宗汉捐建铁索桥，长二十八丈，广丈余。

东员桥　旧《云南通志》：在城东南五里。跨清溪、雪山二水。《丽江府志》：明时土知府木氏建。《丽江县采访》：光绪四年，郡人重建。

万钧桥　《一统志》：在府城南三里。旧《云南通志》：在城南门外。康熙六十年，通判程廷伟建。《丽江县采访》：后水泛倾圮，乾隆五十二年，职员杨文灿、陈玉峰等倡建。

修文桥 《丽江府志》：在万钧桥之东，系木梁。通判陈廷伟建，上覆以亭，额曰“中流砥柱”。

迎恩桥 《丽江县采访》：在城南十里，往鹤庆通衢。毁于兵，光绪八年重修。

七河桥 《丽江府志》：在城南四十里七河村。

来鹤桥 《丽江府志》：在七河桥南。原桥久圮，乾隆八年，鹤庆府耆民洪伟烈捐修，知府管学宣旌以匾曰“石虹来鹤”。

白地坪桥 《丽江府志》：在城南三百八十里，距下井二十里，系运盐要路。雍正八年，知府靳治岐建。乾隆三年圮，知府管学宣重建。《丽江县采访》：同治十二年，提督杨玉科，都司王武烈，盐大使刘克让、徐有书改修盐路。先是，井路由九十九台坡而行，山势险峻，行旅维艰。是年，玉科委武烈改由坡脚南涧而行，湾曲平坦，较前近二十里。克让、有书相继重修，砌以石，计六十里，一律完竣。

长水桥 《丽江府志》：在城西南十五里剌沙里，明土知府木氏建。

清江桥 《丽江府志》：在城西南九十里九河里，跨清江。

长川桥、应鼎桥 《丽江府志》：二桥俱在城西南二百余里旧兰州界，跨白石溪上。康熙间，土舍罗维馨建。

万子桥 旧《云南通志》：在城西门外半里，跨玉河。雍正六年，教授万咸燕重建。

大研桥 《丽江府志》：在城西门外，明土知府木氏建。

介福桥 《丽江府志》：在城西七里剌沙里。乾隆三年，里民和日介建。

普济桥 《丽江府志》：在城西十三里普七瓦村，明土知府木氏建。

青龙河桥 旧《云南通志》：在城西十五里束河里。《丽江县采访》：道光六年，贡生和国钧、生员郭墉等倡建。

次美桥 《丽江府志》：在城西十八里剌沙里，明土知府木氏建。

跨白玉溪石桥 《丽江府志》：有六，一在剌沙里，二在具略瓦，三在寨后，俱系通衢。明土知府木氏建。

吉祥桥 旧《云南通志》：在城西二十里白沙里，北跨青溪。《丽江府志》：明土知府木氏建。

葛陂桥 《丽江府志》：在白沙里。两岸缘崖，条石为梁。

具可桥 《丽江府志》：在白沙里。以上二桥，俱明土知府木氏建。

木别桥 《丽江府志》：在城西二十里剌是里。

来远桥 《丽江府志》：又名吊桥、关桥，在城西七十里石鼓，跨冲江河。乾隆四年，知府管学宣奉文建。

阿那湾木桥 《丽江府志》：在城西一百三十二里。乾隆七年，知府管学宣建。

平政桥 《丽江府志》：在城西一百五十里。乾隆元年，署府江峤孙建。五年毁于火，七年知府管学宣重修。

通甸桥 《丽江府志》：在城西二百七十里。架木为梁，长十余丈，跨通甸河。乾隆七年圮，知府管学宣重修。

河西木桥 《丽江府志》：在城西三百余里。乾隆七年，知府管学宣建。

甸平桥、新井木桥 《丽江府志》：二桥俱在城西四百里。乾隆元年，大使苗道建。

弩弓坪木桥 《丽江府志》：在城西。乾隆七年，管学宣建。

双石桥 旧《云南通志》：在城西北一里。《丽江府志》：在城西北二里，玉河于此分派。

永安桥 《丽江县采访》：在城西山后坝首。东西峻岭，中隔溪河，系喇井通衢，浪沧江往来要路。架木为梁，光绪二年，军功李庆光暨白地坪居民等倡捐重建板桥，上覆瓦屋，两头建牌坊。

金鸡桥 《丽江县采访》：在城西山后坝尾，路通云龙。相传其旁山顶一石巉岩，乾隆四年，忽现金鸡像，行人时闻鸡鸣声，故名。

铁 桥 樊绰《蛮书》：唐贞元十年，南诏异牟寻用军，斩断铁桥。《明史·地理志》：巨津州北有金沙江入州界，有铁桥跨其上。旧《云南通志》：在城西北三百里。考建桥时，或云吐蕃，或云史万岁及苏荣，或云南诏阁罗凤与吐蕃结好时建。吐蕃尝置铁桥节度，后异牟寻归唐，与韦皋合兵破吐蕃，所断铁桥即此。所跨处穴石锢铁为之，今冬月水清，俯视犹见铁环。

北岳桥 《丽江府志》：在城北二十六里北岳庙东。

箐底桥 《丽江县采访》：在盐路山下。两涧合流，水势汹涌。旧系木桥，光绪四年，石平村军功张文寿、温庄、李兴邦倡捐，改建石桥。

广文桥 《丽江县采访》：在九河里甸尾。旧系石桥，毁于兵。同治十三年，郡绅张宣、杨翰青等重建，东西配一塔一阁。

鹤庆州

金沙江渡 旧《云南通志》：在城东一百三十里。

跨鳌桥 旧《云南通志》：在城内龙溪书院前，旧有跨鳌坊。明隆庆间，知府周集建。

东山桥 旧《云南通志》：在城东五里，跨漾弓江。以木为之，明时乡民公建。

火龙潭桥 《一统志》：在城东十里。

迎贵桥 旧《云南通志》：在城南门外半里，一名迎恩桥。明知府王昂建。

济川桥 《一统志》：在城南。

新生桥 旧《云南通志》：在城南门外一里，明时军人孙犟建。

落钟桥 旧《云南通志》：在城南门外五里。《鹤庆府志》：郡人孙昂甃以石。《鹤庆州采访》：今圮。

接引桥 《鹤庆州采访》：在城南六里落钟桥南。架木为之，上覆瓦屋，额其南曰“红映朝霞”，北曰“鼍擎夜月”。嘉庆间，知州庆瑞建。道光十六年，知州吴靖衷、举人周作丰修。光绪三年，署知州李鸣谦重修。

鹤川桥 旧《云南通志》：在城南十里，明知府刘珏建。

永济桥、石固桥 旧《云南通志》：并在城南十五里，明举人孙翰建。

利川桥 旧《云南通志》：在城南十八里，明知州周集建。

通济桥 旧《云南通志》：在城南十八里，一名通津桥。明知府周集建。

金登桥 旧《云南通志》：在城南二十里，跨漾弓江。明乡民公建。《鹤庆府志》：长十余丈，架木为之。

三庄桥 旧《云南通志》：在城南三十里。原系木桥，康熙五十年，土通判高泫易以石。

天生桥　旧《云南通志》：在城西南一百二十里，明知府刘珏建。

观音山桥　旧《云南通志》：在城西南一百二十五里，明知府刘珏建。《鹤庆州采访》：跨梅茨河，沿河石桥有七：第一桥，石碑村李义扬建，光绪八年，村人冯八眉两次重修；第二桥，明进士李大受建；第三桥，系木梁，光绪九年，村民赵永寿募捐改建石桥；第四桥、第五桥，咸丰间兵燹倾圮；第六桥，尚存；第七桥，在鹤浪交界，道光十二年，乡饮李馨建，又捐田五亩作岁修费。

镇远桥　旧《云南通志》：在城西门外。明知府周集建，顺治间，郡民吴琨重修。

逢密桥　《一统志》：在府城西三十里。旧《云南通志》：在城北三十五里。

清水江桥　在城西四十里。

周官屯桥　旧《云南通志》：在城北门外七里，明郡民吕文聪建。

五十三孔桥　《鹤庆州采访》：在城北十里，跨湖塘。廪生王鸣谦募建。

象跪石桥　旧《云南通志》：在城北十里，一名大板桥。明知府林遵节建。

小板桥　《鹤庆府志》：在城北。

大龙溪桥　旧《云南通志》：在城北十五里，一名大龙潭桥，跨漾弓江。明时乡民公建。《鹤庆府志》：长八余丈，架木为之。

利济桥　《鹤庆州采访》：在松桂南。乾河源出马耳山，为众流所归，夏秋水涨，行人病涉。嘉庆十五年，举人阮复旦倡建，并于两头续修二桥。光绪七年，大水冲坍桥墩及北岸百余丈，廪生阮学诗、李丽中倡捐重修。

剑川州

伽蓝桥　旧《云南通志》：在城内北街伽蓝祠前。明崇祯间，郡绅杨廷幹建。《剑川州采访》：在武侯祠前。

四门濠池桥　《剑川州志》：在城外。

劝农桥　旧《云南通志》：在城东一里，跨岩场江水。顺治十三年，士民公建。

下登桥　《剑川州采访》：在城东一里。道光十三年，下登村民募建。

小马桥　《鹤庆府志》：在城东里许庄登沟上。

上大桥　旧《云南通志》：在城东三里，跨合惠江，为鹤庆路所经。明洪武间，士民公建。

下大桥　旧《云南通志》：在城东三里，一名金龙桥。康熙二十九年，耆民李三材募建。《剑川州采访》：康熙五十六年重建，乾隆间地震倾圮，生员杨朝元捐建。咸丰间复圮。光绪五年，耆民卢晙、廪生张翊重募建。

江口桥　《剑川州采访》：在城东十里。道光十三年，江口村民公建。

邵家桥　旧《云南通志》：在城东三十五里清水江。康熙五十年，州人邵辉建。

合龙桥　《剑川州采访》：在城南三十五里末坪村。光绪八年，郡增生张翥募建。

通湖桥　《鹤庆府志》：在城南四十里[①]，明生员段斌建。《剑川州采访》：道光五年，署知州刘铭勋捐修。

永渡桥　旧《云南通志》：在城南十里。明万历间，郡庠生杨悰兄弟同建。《剑川州采访》：在城南五里。

---

① 四十里　道光《云南通志稿》引《鹤庆府志》作“四里”，《新纂云南通志》引《采访》作“三里”。

海虹桥 旧《云南通志》：在城南十五里，跨海尾河。明天启间，耆民王国柱、寸受根募建。《鹤庆府志》：旧名罗城桥，在面尾[1]。《鹤庆州采访》：后毁于兵，同治十年重募建。

回龙桥 旧《云南通志》：在城南三十里，跨回龙溪。康熙八年，知州刘启复建。《剑川州采访》：今圮。

玉律桥[2] 《剑川州采访》：在城南七十里沙溪黑惠江。乾隆间修建，光绪七年，郡廪生尹锡晋等募修。

上板桥、子午桥 《剑川州采访》：并在城南，跨乔后河。浪穹盐路所经。光绪八年，乔后井灶户公建。

下板桥 《剑川州采访》：在城南一百三十里，跨乔后河。倚岸架木，上构一楼，额曰“中流砥柱”。道光十八年，乔后街民公建。

藤　桥 《剑川州采访》：在城南一百三十里，跨黑惠江，为西山通道。夏秋水涨，行旅维艰。架木为梁，络以古藤，中铺木板，长十余丈，附近居民公建。

西　桥 《剑川州采访》：在城南一百三十五里，为永平路所经。道光二十年，岩曲观音登村民公建。

狮子桥 旧《云南通志》：在[3]下羊层，为兰州所经。康熙十一年建，雍正二年重建。《剑川州采访》：在城西三十里，跨茨坪河。嘉庆中倾圮，光绪三年，村民重建。

桃羌桥 旧《云南通志》：在城西南三十五里，跨老君山河。明万历间，郡庠生杨悰兄弟同建。

下羊层桥 《剑川州采访》：在城西南三十七里，跨茨坪河，为丽江盐路所经。嘉庆中，因狮子桥废募建。

通津桥 《剑川州采访》：在下羊层西三里许，跨茨坪河。明嘉靖中建。

奠定桥 《剑川州采访》：在城西南四十里下羊层，康熙十二年建。

永建桥 《剑川州采访》：在城西南四十五里。道光十年，羊层村民建。

寺登桥 旧《云南通志》：在城西南七十里。旧系木桥，雍正四年，郡庠生罗天爵、尹启昌，耆民段佩衮、王映虬等易以石。

加平桥 旧《云南通志》：在城西南九十里。《鹤庆府志》：距沙溪二十里。

玉石桥 《剑川州采访》：在城西南百十五里，跨玉石河，为丽江盐路所经。咸丰四年，石岩村民募建。

岩曲桥 《剑川州采访》：在城西南一百一十里，跨玉石河。架木为梁，覆以瓦屋。光绪元年，郡庠生高以敬倡建。

八里桥 《剑川州采访》：在城西南一百二十里。桥南界弥沙井八里许，故名。光绪二年，耆民杨铨募建。

弥沙桥 《剑川州采访》：在城西南一百三十里弥沙井。架木为梁，覆以瓦屋。乾隆间建，光绪四年重修。

柳龙桥 《剑川州采访》：在城西门外，道光二十年重修。

---

① 面尾　道光《云南通志稿》作“甸尾”。

② 玉律桥　道光《云南通志稿》作“玉津桥”。

③ 在　原本缺，据雍正《云南通志》、道光《云南通志稿》补。

永庆桥　《剑川州采访》：在城西三十三里，跨老君山河。嘉庆中建，同治八年重修，易以木，上覆瓦屋。

上羊层桥　旧《云南通志》：在城西三十五里，跨老君山河。雍正二年，耆民尹联甲等募修。《剑川州采访》：光绪七年，村民重修。

阜财桥　《剑川州采访》：在上羊层村南。

回流桥　《剑川州采访》：在城西八十里，旧《通志》作一百二十里。跨回流河。

万受桥　《剑川州采访》：在城西一百里江尾塘，跨白石江，为盐路所经。旧系木桥，康熙六十年，耆民李万畴等募建，易以石。

谨案：此桥旧《通志》未经辑入，事迹误载回流桥下，今更正。

盘龙桥、控鹤桥　《剑川州采访》：并在城南一百二十里马蹬街，跨街左右两溪。光绪八年，乡饮张灿垣募建。

水云桥　《剑川州采访》：在城西水云庵门外，跨崖场河。同治十三年，河涨冲毁。光绪四年重建。

小虹桥　《剑川州采访》：在下北门，嘉庆十七年建。

岩江桥　旧《云南通志》：在城北半里，跨岩江河，为丽江、中甸所经。康熙四十七年，耆民赵应绵等修。

柳邑桥　《鹤庆府志》：在城北一里。《剑川州采访》：跨中科涧，光绪元年重建。

小石桥　旧《云南通志》：在城北二里，跨班洞河，为丽江、中甸所经。明举人罗为黼建。

广济桥　旧《云南通志》：在城北八里。明洪武间，士民建。

平济桥　旧《云南通志》：在城北十二里，跨石菜渠[①]，一名巅场桥。康熙四十七年，耆民赵邦宪建。

利济桥　旧《云南通志》：在城北十二里河头江上。顺治十八年，士民公建。

金龙桥　《剑川州采访》：在城北十五里。亘十余丈，计五硐，跨石菜江，为丽江、中甸、维西要路。乾隆四十六年，郡人李向荣倡建。道光二年，水涨倾圮。三年，署知州刘铭勋捐修。二十二年复圮，知州何焕经重修。

金鸡桥　《剑川州采访》：在城北十五里，跨石菜江。道光元年建，咸丰间，水涨冲决。光绪四年，州人副将段瑞梅妻重建。

金凤桥　《剑川州采访》：在城北十六里，跨九河江，为丽江路所经。乾隆三十六年建。

永济桥　旧《云南通志》：在城北二十五里，跨乾木河，为丽江、中甸所经。康熙四十七年，士民公建。

中甸厅

阿喜汛渡　《中甸厅采访》：在木撇湾，距城四百二十里。丽江府知府设渡船一只。

天生桥　《中甸厅采访》：距城三十里东山外毕怒坝。大河水由东南而流于西，其泄水处两峰壁立，一穴中开，若城门然，故名。

头道桥　在城北二里上寺大路。

---

① 跨石菜渠　跨，原本缺，《新纂云南通志》同，据雍正《云南通志》、道光《云南通志稿》补。石菜渠，疑同下文“石菜江”。

二道桥 在城北五里。

三道桥 《中甸厅采访》：在城北十里。三桥均里人捐修。

克吐桥 《中甸厅采访》：距城一百五十里，里人捐建木梁。

桥头塘木桥 《中甸厅采访》：距城一百八十里，为入藏大路。士民捐建。

布住通木桥 《中甸厅采访》：距城一百九十里。

大河桥 《中甸厅采访》：在距城三百一十里江边拉咱古大河，为进省要路。架木为梁，长四丈，高三丈，阔八尺。里人捐建。

翁水上村木桥 《中甸厅采访》：在距城三百二十里，系里塘大路。居民捐赀修建。

路诺木桥、佈庸木桥 《中甸厅采访》：俱距城三百二十里，里人捐建。

札卑塘木桥 《中甸厅采访》：在距城三百六十里东旺下村，系巴塘大路。里人捐修。

泽玉丹左木桥 《中甸厅采访》：在距城五百里，系里塘大路。里人捐修。

维西厅

其宗渡 旧《云南通志》：在治东北二百里金沙江。雍正十年，通判孙光禄造渡船一只，置水手五名。

奔子栏渡 旧《云南通志》：在治东北六百里，旧设渡船。

溜筒江渡 旧《云南通志》：在治西北五百余里浪沧江。春冬设船，夏秋以篾索悬夹岸，用溜筒系人以渡。

合江桥 旧《云南通志》：在治西一百二十里。

姑拉崖桥 旧《云南通志》：在治西北二百二十里。二桥俱雍正十年通判孙光禄、参将刘瑛同建木桥。

其宗河桥 《维西厅采访》：在治东北。旧系木桥，后重修，易以石。

永安桥 《中甸厅采访》：在境内。旧系石桥，蛟泛冲圮。道光十二年，重修木桥，复圮。同治八年，署都司黄河洲捐赀重修如故。

永春桥 《中甸厅采访》：在境内。旧系木桥，道光十四年，厅民赵明妻梁氏捐赀改建石桥。

普洱府

宁洱县

高桥、连家桥 《宁洱县采访》：并在城东一里。

永安桥 《宁洱县采访》：在城东六里。同治元年，毁于兵。光绪元年，江西监生李永保重建。

杨柳桥 旧《云南通志》：在城东七十里。

钟石桥 《宁洱县采访》：在城东南六里。

天赐桥 《宁洱县采访》：因河中巨石造桥其上，故名。

麒麟桥 《宁洱县采访》：在城东南二十五里，为石膏井要路。

追栗桥 《普洱府采访》：在城东南四十里，系普洱、思茅要道。旧设木桥，屡被冲毁。嘉庆二十一年，职员包际泰倡建石桥。

普安桥 《普洱府采访》：在城东南五十里，俗名头道河，为普洱、思茅要道，旧无桥梁，嘉庆二十三年，乡饮张任寿倡士民捐建石桥。

普济桥　旧《云南通志》：在城南门外。《宁洱县采访》：在城东南一里。

新　桥　旧《云南通志》：在城南四里。《宁洱县采访》：在城东南五里。

平安桥　《宁洱县采访》：在城西南一里，旧名普惠。同治元年，兵燹毁。光绪五年，普洱镇总兵左启龙重建，易今名。

文星桥　《宁洱县采访》：在城西南二里。

西河桥　旧《云南通志》：在城西一里。

迎仙桥　《宁洱县采访》：在城西一里。

凤凰桥　《宁洱县采访》：在城北一里。

永胜桥　旧《云南通志》：在城北二里。

通济桥　旧《云南通志》：在城北三里。

姑嫂桥　《宁洱县采访》：在城北三里。

接封桥、惠远桥　旧《云南通志》：并在城北十五里。

联陞桥　《宁洱县采访》：在城东北四里。

弥陀桥　《宁洱县采访》：在城东北十五里，邑人杨士奇建。

把边铁锁桥　《宁洱县采访》：在城东北一百五十里。光绪八年，迤南道沈寿榕、陈廷珍，普洱镇左营游击孙世恒率绅民倡捐新建。

磨黑大桥　《宁洱县采访》：同治元年，兵燹毁。四年，士民捐赀重建。光绪九年，蛟泛复圮。

思茅厅

漫达河渡　《思茅厅采访》：在城西南三百五十里。旧《云南通志》：在攸乐东北一百八十里，通车里路。

象和桥　《思茅厅采访》：在城东二里。

平政桥、太平桥、通商桥　《思茅厅采访》：并在城南二里。

南关桥　《思茅厅采访》：在城南三里。

石　桥　旧《云南通志》：在城南十里。康熙三十年，土目刀猛品率夷民同建。

车　桥　旧《云南通志》：在城南十五里，系车里孔道，因以为名。明崇祯间建。《思茅厅采访》：在城十里。

永靖桥　《思茅厅采访》：在城南二十五里永靖关下。

晏公桥　旧《云南通志》：在城西南里许。康熙四十八年，江西客民建晏公祠于溪之岸，因建此桥，故名。

宿底桥　《思茅厅采访》：在城西南五十五里。旧《云南通志》：在攸乐东北四百八十里。

整板桥　《思茅厅采访》：在城西南二百四十五里。旧《云南通志》：在攸乐东北二百九十里。

架龙桥　《思茅厅采访》：在城西二里。

观音桥　旧《云南通志》：在城西八里。康熙三十六年，土目刀猛品率夷民同建。

玉屏桥　《思茅厅采访》：在城西八里玉屏山下。

环翠桥　《思茅厅采访》：在城北五里。

他郎厅

里仙江渡　《他郎厅采访》：在城南六十里。

猛野江渡　《他郎厅采访》：在城南八十里。

漫丢江渡　《他郎厅采访》：在城南九十里。

布固江渡　《他郎厅采访》：在城南一百里。

鲁马江渡　《他郎厅采访》：在城西南六十里。

挖野江渡　《他郎厅采访》：在城西九十里。

普西江渡　《他郎厅采访》：在城西九十里。

谷麻江渡　旧《云南通志》：在城西一百三十五里，通镇威、景东要路。《他郎厅志》：以上八渡，各设渡夫二名，渡船二只。

水癸河石桥　《他郎厅采访》：在城东十三里水癸村。乾隆四十年，士民捐赀修建。同治十年，水涨冲决，署守备李应元率士民张树宇、蒋春秀、杨恒兴捐赀垈高重建。

南门桥、椿溪桥　《他郎厅采访》：并在城南门外。

涟漪桥　《他郎厅志》：在城南门外。道光二年冲坍，四年通判李恒谦倡捐重修。《他郎厅采访》：同治九年复圮，署游击孙世恒、守备李应元率绅士杨恒兴等捐赀重修，建魁阁于上。

昌阜桥　《他郎厅采访》：在城南门外。道光二年倾圮，通判赵秉煌率绅士捐修，易名天溪桥。

观音桥　《他郎厅采访》：在城南里许。乾隆二年建，六年被水冲毁，通判张子玉领项修。光绪七年复圮，通判尹元亮、游击谢敬彪率绅士熊廷美、杨恒兴、张铨、赵为樑等倡捐重修。

南渡桥　《他郎厅采访》：在城南十五里赖蚌村。

步仙桥　《他郎厅采访》：在城南六十里瞻鲁坪。年久倾圮，重修，改建木桥。道光五年，通判龚正谦率绅士张端、高元襄，由瞻鲁坪开辟新路，以通普思，行旅称便。

铁锁桥　在布固江上。《他郎厅志》作阿墨江渡，一名永安江渡。旧设渡船二只，人夫二名。旧《云南通志》：在城南九十里。两山壁立，道路险峻，系入思普要路。《他郎厅采访》：同治十二年，游击孙世恒、龙文藻，守备李应元率商民倡捐改建。两岸甃石，拽以铁索，索上布板，长三十八丈，宽丈余，两头建立牌坊，并禀准移阿墨汛驻桥盘查。

西门桥、青云桥　《他郎厅采访》：并在城西门外。

布竜桥　《他郎厅采访》：在城西六十里布竜村。道光间，水涨倾圮。

白华石桥　《他郎厅采访》：在城西北一里。乾隆五十二年，士民捐赀公建。道光元年冲坍，通判李恒谦重修。

那肺桥　《他郎厅志》：在城北门外。

章差桥　《他郎厅志》：在城北章差村。

碧朔桥　《他郎厅志》：在城东北碧朔村。

九道河桥　《他郎厅采访》：在厅境内，系木梁。乾隆六年，通判张子玉领项修建。

威远厅

威远渡　《威远厅采访》：在城外。

蛮洒渡　《威远厅采访》：在城南二十里。通顺宁、云州、缅宁等处，为香盐井行盐要路。

猛乃渡 《威远厅采访》：在城南八十里。

香盐井渡 旧《云南通志》：在城南一百五十里。

习本渡 旧《云南通志》：在城南四百里。

猛萨渡 旧《云南通志》：在城西南五百里。

猛戛渡 旧《云南通志》：在城西二百三十里。

青庄河渡 旧《云南通志》：在城北二十里。

蛮拱渡 《威远厅采访》：在城北一百一十里。

景谷塘渡 《威远厅采访》：在城东北三十里。

迎龙桥、月弓桥 《威远厅采访》：并在城内大街。

南京河桥 《威远厅采访》：在城东十五里。

木龙桥 《威远厅采访》：在城东一百一十里抱母厅署西北，为运盐要路。嘉庆元年，水涨冲决，士民捐赀改建于照壁右。

马跳桥 《威远厅采访》：在城南五里。

香盐桥 《威远厅采访》：在城南二十里香盐井。

石龙桥 《威远厅采访》：在城南六十里。道光十六年，署同知谢体仁率士民捐建。

那赖桥 旧《云南通志》：在城南一百里。康熙间，土州刀国栋建。《威远厅采访》：久废。

上南安桥、下南安桥 旧《云南通志》：并在城南一百二十里，久废。

姑孃桥 《威远厅采访》：在城西七里。

蛮别桥 《威远厅采访》：在城西百余里。道光十年，士民建，后圮。

南泥河石桥 《威远厅采访》：在城北一百二十里抱母厅署东南十五里。

梁家箐石桥 《威远厅采访》：在城北一百二十里梁家箐下。

济远桥 《威远厅采访》：在城北一百三十五里。

古井石桥 《威远厅采访》：在城东北一百二十里抱母厅署古井旁。

草　桥 《威远厅采访》：在城东北一百三十里抱母厅署东十里。

永定桥 《威远厅采访》：在抱母井，为商民往来要路。道光十七年，署同知谢体仁率士民捐建。

太平桥 《威远厅采访》：距城四百八十里猛班。

清水河桥 《威远厅采访》：距城八十里猛乃蛮谷界。

永昌府

谨案：樊绰《蛮书》开南、银生、永昌、寻传四处，皆有铁桥，今其址无考。

保山县

双　桥 旧《云南通志》：在城内东街。南北分衢，两桥相对，因以得名。《永昌府志》：今废。

永安桥 《永昌府志》：在城内法明寺前，今废。

昇平桥 《永昌府志》：在城内地官坊北。

土　桥 《永昌府志》：在城内彭指挥街，今圮。

新　桥　《永昌府志》：在城内钟楼巷口。

石　桥　《永昌府志》：在城内南园巷。

春晖桥　《永昌府志》：在城东昇阳门内。

昇阳桥　旧《云南通志》：在城东门外。

镇南桥　旧《云南通志》：在城东南门外。《永昌府志》：道光元年，知府刘彰宽捐修。

枯柯铁索桥　旧《云南通志》：在城东南一百二十里。明天启间建，康熙四十七年，知县金铨重修。六十一年，知县李芳华建亭七间于上。《永昌府志》：在城东南一百三十里大鹿山脚，今废。

保场桥　《永昌府志》：在城东南一百五十里镇姚所保场驿前，明万历间建。

清河桥　《永昌府志》：在镇南门内。

龙池桥　《永昌府志》：在城南易罗池南。

众安桥　《永昌府志》：在城南七里，跨沙河下流，为永腾通衢。明洪武二十三年，指挥胡渊建，正德间参将沐崧、嘉靖间副使郭春震相继重修。康熙二十九年，总兵偏图重修。

水打桥　《永昌府志》：在城南一百里，距潞江二十五里，往腾越、龙陵要路。夏秋水涨，行人病涉。光绪八年，知府郭怀礼率商民重建。

大石桥　《永昌府志》：在城南一百一十里施甸街下。

仁和桥　《永昌府志》：在城南一百二十里施甸街下。

惠人桥　旧《云南通志》：作潞江渡，在城南一百里。明嘉靖间，兵备道潘润造巨舟，可渡百人，两岸建官厅憩息。《永昌府志》：道光十九年，知府周澍就江心巨石砌立墩台，两岸絙以铁索，中铺木板，左右翼以扶阑，建二亭于南北岸。光绪二年，土匪李潮焚其南岸，知府朱百梅补修。七年，知府朱鸿重修。十年，北岸铁索复圮。

神济桥　《永昌府志》：在城南诸葛营北。明永乐间，指挥车琳建。嘉靖间，义民吴贵甃以石。

龙泉桥　旧《云南通志》：在城西南门外。

饮马桥　《永昌府志》：在城西南龙池内。

仁寿桥　旧《云南通志》：在城西门外。

双虹桥　《永昌府志》：在城西一百四十里，跨潞江上游，路通腾越。乾隆五十四年，知府陈孝昇就江中石岩建立铁索桥。咸丰九年，毁于兵。

西山桥　《永昌府志》：在城西石册寨，土舍莽承绪建。

拱北桥　旧《云南通志》：在城北门外。

通华桥　《永昌府志》：在城北通华门外。

济安桥　旧《云南通志》：在城北五里，即五里桥。《永昌府志》：闸[①]潴西河水，明洪武十五年，指挥李观建。

东津桥　旧《云南通志》：在城北二十里。《永昌府志》：明洪武间，指挥李观建，今名小板桥。

---

① 闸　原本作“闒”，据道光《云南通志稿》、康熙《永昌府志》、乾隆《永昌府志》改。

北津桥　旧《云南通志》：在城北二十里。《永昌府志》：明洪武十五年，指挥李观建。道光元年，知府刘彰宽捐修。同治间，兵燹圮。光绪元年，绅民重修。七年，知县刘云章率绅民万有宗、张凤书倡捐重修，建阁楼于上。

霁虹桥　樊绰《蛮书》：龙尾城西第七驿有桥，即永昌也。两岸高险，横亘大竹索为梁，上布箦，箦上实板，仍以竹屋盖桥。其穿索石孔，孔明所凿也。旧《云南通志》：在城北八十里，跨兰沧江。蜀汉武侯南征，始架木桥以济师。元元贞间，也先不花西征，易以巨木，后圮，用舟渡。明洪武中，镇抚华岳铸二铁柱于石以维舟。成化中，僧了然募建，以铁索系两岸，上盖以板，为亭二十三楹，副使吴鹏题石壁曰“西南第一桥”。《永昌府志》：岁以民兵三十人更番戍守，日久铁缆损蚀，兵备道王槐倡修，参将沐崧继修，兵备道郭春震复修。后为顺宁猛酋所焚，兵备道郭以仁、杜华先，分巡道张尧臣相继重修，明季复毁。顺治间，督抚司道各捐金，檄金腾道纪尧典督建，两端系铁缆十六，覆板于上。为屋三十二楹，长三百六十丈，南北为关楼四，宏敞坚致，视昔有加，后毁于兵。康熙十二年，总兵张国柱重建，吴逆时又毁。二十年，知县蒋嘉谟重建。二十七年，总兵偏图增修两亭于南北岸，桥旁翼以栏杆，日久损蚀。三十八年，总兵周化凤、知府罗伦、知县程奕修。乾隆十五年，水泛冲毁，知府曹梦龙、知县顿权重修。《永昌府志》：道光二十六年，兵燹毁，知府李恒谦重修。

凤鸣桥　旧《云南通志》：在城东北一百二十里，跨杉木河①。《永昌府志》：相传桥下多瘴，人马饮之即病。

腾越厅

东门桥　《腾越州志》：在城东门外，明指挥陈效建。

迎恩桥　旧《云南通志》：在城东门外。《腾越州志》：在饮马桥②下流。

中　桥　旧《云南通志》：在城东三里。《腾越厅采访》：在饮马河前。

满金邑桥　《腾越州志》：在城东雷起，郡人陈志建。

跃鳞桥　《腾越州志》：在城东东山寺，系木梁，今圮。

普济桥　《永昌府志》：在城东六十里龙江左。光绪五年，同知陈宗海捐建。

龙川江桥　旧《云南通志》：在城东七十里。《永昌府志》：在龙川驿，跨凤溪江，旧编藤为桥，铺以木板。明弘治间，兵备副使赵炯建桥于上流，寻废。嘉靖间，兵备副使潘润效霁虹桥制重建。康熙三十七年毁，三十八年副将张友凤、知州唐翰弼重建于壶瓶口。旧《志》：雍正元年，知府林世俊、副将孙宏本、知州杨之盛同建。《腾越厅志》：乾隆三十三年，发帑重修。《腾越厅采访》：光绪五年，同知陈宗海重修。

血战桥　《一统志》：在城东一百二十里全胜关外。《永昌府志》：明万历间，参将邓子龙建。因破缅酋于此，故名。

团山桥、凤山桥　《腾越州志》：并在城东南团山村。

新　桥　《腾越州志》：在城西南里许。《腾越厅采访》：兵燹毁，光绪八年，里人重修。

济南桥　《永昌府志》：在城南六十里囊宋河上流。光绪六年，同知陈宗海倡建。

---

① 杉木河　康熙《云南通志》、道光《云南通志稿》皆作“沙木河”，当以“杉（音 shā）木”为是。

② 饮马桥　道光《云南通志稿》作“饮马河”，乾隆《腾越州志》卷二作“迎恩桥，一名饮马水河桥”。

龙洞桥 旧《云南通志》：在城西南五里。《腾越州志》：一名叠水河桥，明指挥陈仪建。《腾越厅采访》：光绪七年，同知陈宗海倡修，易名大盈江桥。

镇彝关桥、蔺家桥 《腾越州志》：并在城西南明朗蔺家寨。

河西桥 《腾越州志》：有二，俱在城西南河西练。

曩转桥 《腾越州志》：一名铁索桥，在城西南七十里南甸西南十余里，通干崖道。干崖土司建。《腾越厅采访》：光绪五年，同知陈宗海倡捐重修。

普天桥 《腾越州志》：在南甸黄果树塘，下通曩宋道。

曩烟桥 《腾越州志》：在南甸夷寨南。

凌云桥 《腾越州志》：一名大桥。旧《云南通志》：在城西二里。《永昌府志》：跨大盈江，指挥陈福甃以砖石。

通津桥 旧《云南通志》：在城西二里。明嘉靖八年，百户郝昇增修。《腾越州志》：乾隆三十九年重修。

三合桥 旧《云南通志》：在城西十里。《永昌府志》：叠水河、芭蕉溪、来凤滩合流于此，故名。《腾越州志》：在和顺乡，明寸玉建。

顺江桥 《腾越州志》：在城西大西练。

固东桥 《腾越州志》：在城西阿白屯。有田，为岁修之费。

乌索桥 《腾越州志》：在阿白屯西。

厢子桥 《腾越州志》：在城西明光罗香甸。

回龙桥 《腾越州志》：在城西界头之马面关。

界明桥 《永昌府志》：在界头明光界。光绪五年，同知陈宗海倡修，并捐廉置田，为岁修费。

小新街桥 《永昌府志》：在城西九十里明光下单河口。光绪六年，同知陈宗海捐建，并拨大西练逆田一段，以为岁修之费。

郑家桥、冉家桥 《腾越州志》：并在城西北江苴。

北门桥 《腾越州志》：在城北门外。

筒车河桥 《腾越州志》：在城北门外田心。明指挥杨继武建，乾隆四十年重建。

迎凤桥 《腾越州志》：在城北，明绅士郑文运建。

大板桥 旧《云南通志》：在城北五里。

天生桥 旧《云南通志》：有三，一在城北二十五里打苴，一在城北四十里清水河，一在城北六十里灰窑。

永济桥 旧《云南通志》：在城北五十里。康熙四十年，知府罗纶、同知李文渊、副将张友凤、知州唐翰弼捐建。《永昌府志》：在城北九十里。《腾越州志》：系铁索桥，在曲石界尾地。《腾越厅采访》：旧《志》载有界尾桥，即此。乾隆四十年，里人重建，兵燹毁。光绪五年，同知陈宗海倡捐重修，巡抚杜瑞联题以额曰“普渡通津”。

成德桥 《腾越州志》：在曲石野猪箐，络以铁索。《腾越厅采访》：光绪八年，同知陈宗海倡修。

天济桥 《腾越州志》：在曲石，跨潞江，络以铁索。乾隆三十年，生员董棫等建，系上江、云龙、永昌要道。三十一年，永顺镇总兵乌尔登额、知府陈大吕因边事拆毁。

灰窑桥 《永昌府志》：在城北六十里。两山壁立，峡深二十丈，陡险难行，下流即曲石江。

镇龙桥　《腾越州志》：在城北六十里，旧名向阳桥。明时建，乾隆三十五年，里人重修，络以铁索。《腾越厅采访》：兵燹毁，光绪六年，同知陈宗海率六练士民捐修，易名镇龙，上覆瓦屋，桥左建龙神庙，巡抚杜瑞联题以额曰“攻占利涉”。

瓦甸桥　旧《云南通志》：在城北七十里。《永昌府志》：在城北二十里。

夹象石桥　《腾越州志》：在瓦甸，一名铁索桥。《腾越厅采访》：又名永胜桥，里人建。毁于兵，光绪七年，同知陈宗海率三练士民捐修。

藤　桥　《明史・地理志》：腾越州东北有龙川江，有藤桥在其上。《永昌府志》：有二，一在瓦甸，一在曲石。水流湍急，以藤系于两岸树上，行者扳援以渡。《腾越州志》：有三，一在龙川，一在甸尾，一在曲石，皆跨龙川江。

双虹桥　《腾越厅采访》：在城东北蒲缥站西，系永腾孔道。乾隆五十四年，知府陈孝昇捐修。

永平县

九渡桥　旧《云南通志》：在城东六里。《永昌府志》：在城东北五十里，跨九渡河上。《永平县采访》：在城东六十里。

保场桥　旧《云南通志》：在城东九里。《永平县采访》：二桥均废。

胜备桥　旧《云南通志》：在城东一百二十里。康熙二十九年，知县薛采建。雍正七年，知县胡正笏重修。《永昌府志》：在城东北，为永顺、龙陵、腾越要路。引铁索为梁，上覆板屋。道光六年三月，毁于火，知府陈廷焴重建。《腾越厅采访》：光绪二年，署腾越镇总兵蒋宗汉重修。

云龙桥　旧《云南通志》：在城东南一百九十里，蒙化、永平交界之所。漾水、濞水、雒马水汇流于此，旧例永七蒙三修理。康熙三十年，提督诺穆图建，引铁索为梁，上覆瓦屋。《永平县采访》：光绪七年，蒋宗汉重建。

漾濞桥　《永平县采访》：在蒙化、大理、永平交界之所。康熙间，提督诺穆图新建，引铁索为梁，上覆瓦屋，其制颇坚丽。

太平桥　《一统志》：一名昌平桥。旧《云南通志》：在城南门外半里许。康熙五十七年，知县冯庆长建。雍正九年，知县胡正笏捐修。《永昌府志》：一名银江桥，在城东南，跨银龙江①，长四十丈，高二丈五尺，广二丈。嗣因水泛倾圮，知县姚孔鍠修，后又倾圮，知县宣世涛重修。《永平县采访》：又圮，知县赵燮元重修。

通津桥　旧《云南通志》：在城南门外半里许。

西山桥　旧《云南通志》：在城西半里。

安定桥　旧《云南通志》：在城西十五里。《永昌府志》：在城北八里木里场村，跨银龙江上。

广济桥　旧《云南通志》：在城西三十里。

花　桥　旧《云南通志》：在城西四十里。

双　桥　旧《云南通志》：在城北十里，即双汇桥。《永昌府志》：在城东南八十里，一河二桥，故名。

---

① 银龙江　原本作“云龙江”，据康熙《永昌府志》、雍正《云南通志》、道光《云南通志》改。

案:《采访》以上五桥，均久废。

龙陵厅

镇安桥 《永昌府志》：在土城外。《龙陵厅采访》：光绪间，水涨冲决。

迎恩桥 即猛淋桥。《永昌府志》：在厅北三里许。《龙陵厅采访》：一名花桥，在厅东五里。道光二十五年建，被水倾圮。光绪八年，同知刘赐龄率绅民倡捐，重建三孔行水。

放马厂桥 《永昌府志》：在厅南大关外二十里。《龙陵厅采访》：光绪十年，同知刘赐龄率绅民重修。

永康桥 《永昌府志》：在厅南芒市，去大关五十里。《龙陵厅采访》：光绪九年，汉夷绅民重修。

得胜桥 《永昌府志》：在芒市蛮波五里。

坝免桥 《永昌府志》：在厅南三十里道水箐口。《龙陵厅采访》：同治四年，阖邑士民捐修。

滩冷桥 《永昌府志》：在厅南遮放。道光五年，土司建，搭竹桥，被水冲坍。《龙陵厅采访》：光绪十年，督同夷民重修。

盘龙桥 《永昌府志》：在厅西三里鳌山下。

镇南桥 《龙陵厅采访》：在厅西三里，倾圮。光绪七年，同知刘赐龄率绅民重修。

香柏桥 《永昌府志》：在厅西北三十里，通腾越大路。

铁河桥 《永昌府志》：在厅北十里。

头道桥、二道桥 《永昌府志》：并在厅北潞江。

谨案:《采访》以上四桥，均兵燹被毁。

开化府

文山县

和尚庄桥 《开化府志》：在城东八里。康熙十一年，士民公建。

益后桥、平坝桥 《开化府志》：并在城东十里，郡人公建。

锡板桥 《开化府志》：在城东八十里，里民胡应泰捐修。《文山县采访》：光绪间，水涨倾圮。

牛羊太平桥 《开化府志》：在城东百余里。乾隆十八年，胡应泰捐建。

平寨桥 《开化府志》：在城东百里许，郡人李国柱捐建。

达戛桥 《开化府志》：在城东百三十里，寨民公建。

磨山桥 《开化府志》：在城东百四十里，寨民公建。

炭喜桥 《开化府志》：在城东二百里许，系木梁。

兴宝桥 《开化府志》：在城东二百里许，路通者囊厂。郡人李荣普倡建。

者崩桥 《开化府志》：在城东二百四十里，里民捐建。

永济桥 有二，旧《云南通志》：一在城南里许，康熙九年，知府刘䜣、通判赖玮同建。《文山县采访》：系木桥，亦名南桥，道光二十六年，知府刘禧祖、知县陆葆改建石桥，并于河之曲处添建一桥，二桥相联，兵燹倾圮，咸丰九年，郡人重修。一在城南锡板冷水硐，旧名冷水桥，康熙五十年，里人建木桥，光绪九年，郡人改建石桥，易今名。

石洞桥 《开化府志》：在城南五里许，里人公建。

老虎沟桥 《开化府志》：在城南六里，郡人杨景汉建。

双元桥 《开化府志》：在城南六里。乾隆七年，里人公建。

沟交桥 旧《云南通志》：在城南十五里。康熙十八年，阖邑公建。

佴可桥 《开化府志》：在城西南百三十里，监生萧俊建。

大栗树桥 《开化府志》：在城西南百四十里，监生萧俊捐建。

箐口桥 《开化府志》：在城西南百八十里。

望松桥 《开化府志》：在城西濠上，郡人向得先捐建。

镇西桥 旧《云南通志》：在城西门外。康熙十一年，总兵高启隆、知府刘䜣、通判赖玮同建。

太安桥 《开化府志》：在城西。

小天生桥 旧《云南通志》：在城西二十五里。规制天成，不假人力。

二博桥 《开化府志》：在城西四十里，里人公建。

所里城桥 旧《云南通志》：在城西五十里。康熙二十二年，郡民公建。

路梯桥 《开化府志》：在城西六十里，士民捐建。

洒戛竜桥 旧《云南通志》：在城西九十五里。《开化府志》：在城西百里许。康熙七年，郡民公建。

普明桥 《开化府志》：在城西百二十里，里人捐建。

八寨大石桥 《开化府志》：有二，俱在城西百三十里。

藤　桥 《开化府志》：在城西三百余里。冬春水减乘筏，夏秋水泛，土人取藤系两岸巨树，编而为桥，高出水面数丈，桥上复系长条手引以渡，长丈余。

天生桥 旧《云南通志》：在城西北二十五里。古桥原系天造，不事人力。《开化府志》：在城西北三十里。飞石陡崖，两山相接，盘龙流其中。后因崎岖难行，康熙四十一年，郡人别建木桥。年久倾圮，知府汤大宾、知县谢千子复开旧道于桥上，宽敞坦平，徒舆便焉。

依人河桥 旧《云南通志》：在城西北四十里。《开化府志》：在城西北五十里，即盘龙河经道处。康熙十五年，僧心明募建。《文山县采访》：兵燹毁，同治七年重修。

弥勒河桥 旧《云南通志》：在城西北六十里。《开化府志》：在城西北八十里。康熙二十年，士民公建。

天仙桥 《开化府志》：在城西北九十里，贡生贾荣冕建。

双河桥 《开化府志》：在城西北百里许，黑末六寨公建。

泰安桥 《开化府志》：一名北桥。旧《云南通志》：在城北门外。旧有桥，倾圮。雍正四年，总兵冯允中、知府佟世佑倡建。

朱家桥 《开化府志》：在城北二里许钟灵寺后，楚人朱王芳捐建。

一字桥 《开化府志》：在城北五十里。康熙三十年，里民公建。

探南桥 《开化府志》：在城北五十五里，开广通衢。原系木梁，今易以石，里民公建。

汤坝桥 《开化府志》：有二，一在城北八十里，康熙十三年，士民同建；一在城西百五十里，木桥石墩，上盖瓦屋，里人公建。

三板桥　旧《云南通志》：在城北九十里。《开化府志》：在城北百二十里。康熙五十二年，土经历周应龙倡建。

安平厅

牛羊天生桥　《开化府志》：在府城南百五十里，由府城大河通交趾。每逢水涨，喷高数丈，声震十余里，系中外交界。

卷五十一　建置志六之四　津梁四

东川府

会泽县

洒海渡　《东川府志》：在城西南百余里待补集义乡，通汤丹、落雪等厂。

以里河渡　《东川府志》：在城西门外以里村。夏秋设渡，春冬用舆梁。

小江渡　《续东川府志》：在城西北，系运铜要路。乾隆二十年，知县执谦建踏雪桥于此。六十年火毁，知府屠述濂修。嘉庆七年冲毁，知府鸣铎重修。十七年复冲，署府福宁理详请设渡，并置田亩，作岁修工食之费。

小石桥　旧《云南通志》：在城东门外。康熙四十五年，经历张玺建。

太平桥　《东川府志》：在城东门外半里许。

坤利桥　《东川府志》：在城东九十七里者海东。旧系木桥，乾隆间，临武、桂阳客民易以石，故又名临桂桥。

车洪江藤桥　旧《云南通志》：在城东一百二十里。《续东川府志》：乾隆五十年，职员刘汉鼎建。

丈美桥　《东川府志》：在城东百八十里输诚里法纳村，系木梁，长阔各一丈二尺。乾隆十九年，知府义宁建。

永安桥　《续东川府志》：在城东杓窝江，嘉庆元年建。

且中桥　《东川府志》：在城东南九十里忠顺里。

叶西桥　《东川府志》：在城东南尚德乡龙潭河。

盘桂桥　《东川府志》：在尚德乡五龙募村后。

欢有桥　《东川府志》：在尚德乡五龙募。

敏蚕桥　《东川府志》：在尚德乡赵家村后。

春影桥　《东川府志》：在尚德乡，跨以濯河。《会泽县采访》：在闟洞，通四川会理州大路，年久倾圮。光绪五年，郡人陈保泰、施恩昌、徐致君等捐赀重建。

以濯河桥　旧《云南通志》：在城南四十五里。雍正八年，叛夷拆毁，知府崔乃镛重修。

如州桥　《东川府志》：在城南凝靖里，跨以濯河。

眉守桥　《东川府志》：在凝靖里待补。

可月桥　《东川府志》：在城西南待补集义乡，跨阿汪溪，系木梁。

隐是桥　《东川府志》：在集义乡，跨深沟，系木梁。

天镜桥　《东川府志》：在集义乡，跨深沟。

过翠桥　《东川府志》：在集义乡橄榄坡。

通隐桥 《东川府志》：在城西南清凝里，跨黑水河，木梁。

七星桥 《续东川府志》：在城西门外。乾隆三十一年，知府李豫建。

锁翠桥、飞云桥 《东川府志》：俱在城西门外三里许，跨义通河，系木梁。知府义宁建，上覆以亭。

日者桥 《东川府志》：在城西门外三里许折柳亭前。

龙潭桥 旧《云南通志》：在城西五里。

福海桥 《续东川府志》：在城西十里马鞍山旁，系运铜要路。郡人何映璧捐建石桥，高阔各三丈，长十余丈，三空行水。《会泽县采访》：咸丰间，大水倾圮二空。

小江桥 旧《云南通志》：在城西七十里。雍正五年，知府黄士杰建。

卑冲藤桥 旧《云南通志》：在城西一百二十里。

卑却桥 旧《云南通志》：在城西一百五十里。

壁谷江桥 旧《云南通志》：在城西一百五十里。雍正十年，知县祖承祐重修。

同善桥 《会泽县采访》：在城西北三十里银厂坡脚，通会理州大路。光绪六年，郡人郑兴东、陈丕昌、陆永春、柳载等捐赀新建。

津在桥 《东川府志》：在城西北崇礼乡鲁雾村。

长聚桥 《东川府志》：在崇礼乡黑河尾。

福寿桥 《会泽县采访》：在城北三里居蔓海之中，跨海子河上，通昭通大路。高二丈余，阔一丈五尺。光绪七年，郡人唐汉基新建。

左河桥 旧《云南通志》：在城北门外，一名新桥。

右河桥 旧《云南通志》：在城北五里，一名大桥。以上二桥，俱雍正六年，知府黄士杰建。

壬申桥 《东川府志》：在城东北牛栏江。乾隆十六年，知府夏昌建。

宾水桥 《东川府志》：在城东北敦仁乡瓦泥寨。

春前桥 《东川府志》：在敦仁乡梅子河。

湖天桥 《东川府志》：在敦仁乡以舍村。

武城桥 《会泽县采访》：距城百里鹧鸡梅香箐。光绪八年，夷人安克新建。

巧家厅

龙王庙渡 《巧家厅采访》：在城西南善长里蒙姑。《东川府志》：在府西北则补，北达建昌，乃金沙江之要津，旧设兵四名，每月发循环簿稽查往来。《巧家厅采访》：今裁。

象鼻岭渡 《续东川府志》：在巧家西南一百二十里善长旦小江入金沙江处，为运铜要路。《巧家厅采访》：二渡均设有船只、水手。

阿屋村渡 《续东川府志》：在巧家西五里鲁木得，系川滇交界。乾隆五十七年，职员刘汉鼎等捐田一百亩零，年收租谷六十石，以作岁修船只、水手工食之费。

鱼洒哨渡 《续东川府志》：在巧家西二十余里归治里。乾隆三十八年设，系川滇两营会哨之处。

嗣应桥 《续东川府志》：在城南门内。乾隆四十六年，粤省客民冯冬星建。《巧家厅采访》：在城东门内。

一家苗桥 《续东川府志》：在城西南八十里善长里。嘉庆十五年，岁贡刘城建。

《巧家厅采访》：咸丰二年，冲塌未修。

五里桥　《续东川府志》：在善长里蒙姑坡，距巧家一百里。嘉庆二十二年，刘城建。《巧家厅采访》：咸丰间，倾圮未修。

刘公桥　《续东川府志》：在善长里蒙姑，距巧家一百三十五里。乾隆五十二年，刘汉鼎捐建，通郡城要道。《巧家厅采访》：两岸石壁嶙峋，下有深沟百余丈，纳那姑、黑路二甲之流，水势汹涌，夏秋不可渡。乾隆六十年，刘汉鼎捐赀凿山开路，创建石桥，后蛟泛倾圮。光绪七年，江西商民王世泰、夏永顺等捐赀，另由峭壁中间凿石通穴约三里许，可容轿马。于悬崖绝处建铁索桥，行旅称便，增生郑兴东董其事。

安贞桥　《续东川府志》：在善长里蒙姑。嘉庆二十一年，节妇萧唐氏建，旋被大水冲塌，二十四年重修。《巧家厅采访》：复圮，改建木桥。

曲可桥　《巧家厅采访》：在城西五十里小河。《东川府志》：在归治里，距巧家营八十里，为巧家要道。乾隆四年，建木梁，长十五丈，高九丈，阔丈余，上覆以亭。后毁，经历陈辙倡修，复捐置田亩，以作岁修之费。道光十年夏，大水，桥圮，署同知陆葆倡修，并清厘地亩租谷，作岁修费。岁修田二分：一坐落小河桥，年收市斗租谷二十石；一坐落海溪坝葫芦口，年收市斗租谷一十三石。二共谷三十三石，除上纳条粮外，余俱存贮，以作岁修费。《巧家厅采访》：咸丰十年，水涨复圮，设溜筒以济。光绪六年，同知胡秀山率绅士钟光耀等捐赀改建铁索桥，巡抚杜瑞联题以额，曰“功资利济”。

臭水井桥　《续东川府志》：在棉沙湾，距巧家一百十里。嘉庆间，刘城建。《巧家厅采访》：道光十八年冲坍，改建木桥。

三道沟桥　《续东川府志》：在归治里。嘉庆间，刘城建。

玉虹桥　《续东川府志》：在木期吉。乾隆间，刘汉鼎建。《巧家厅采访》：在江外葫芦口，滇蜀毘连。乾隆间，士民刘、陈二姓创建木桥，历三十余载，大水冲决。咸丰间，蜀人张吉太捐修木桥，复圮。光绪十年，职员李芳勋等倡捐，改建铁索桥，巡抚张凯嵩题以额曰“为善最乐”。

昭通府

恩安县

洒鱼河渡　旧《云南通志》：在城西四十里，通四川马湖、叙州大道。

太平桥　旧《云南通志》：在城东门外半里。雍正七年，知府陈克复建。

南薰桥　旧《云南通志》：在城东五里。雍正十年，知县金言建。

龙津桥　旧《云南通志》：在城东二十五里，知县金言建。

永丰桥　旧《云南通志》：在城南门外，知府陈克复建。

安阜桥　旧《云南通志》：在城南一里，知县金言建。

凤凰桥　旧《云南通志》：在城南十里。雍正十年，郡民李贤品、赵登甲等建。

双虹桥　旧《云南通志》：在城南二十五里，知府陈克复建。

利济桥　旧《云南通志》：在城西门外，知县金言建。

天梯桥　旧《云南通志》：在城西十里，知府陈克复建。

高河桥　旧《云南通志》：在城西十五里，知县金言建。

砥柱桥　旧《云南通志》：在城西四十里，知县金言建。

三道桥　旧《云南通志》：在城西北十五里，知府陈克复建。

旧圃桥　旧《云南通志》：在城西北二十里，知府陈克复建。

通济桥　旧《云南通志》：在城西北四十里，知县金言捐建。

镇雄州

班（斑）鸠井渡　《镇雄州志》：在城南二百里，界接永凝，渡名陇赣。水势险急，偶遇泛涨，版舟难济，半用筒槽。

五眼硐渡　旧《云南通志》：在城西五十里，春夏秋舟渡。《镇雄州志》：在城西七十里。

波布河渡　《镇雄州志》：俗名哺哺河，在城西一百一十里。冬则可涉，春夏秋编筏以渡。

角魁河渡　《镇雄州志》：在城西四百六十里。旧《通志》作三百二十里。水险无舟，编筏以渡。

洛杭渡　《镇雄州志》：在城北一百七十里。刳木以济，乾隆三十五年，分防牛街千总刘惠倡置版舟，每岁令舟人量留渡钱，以新朽败。

溪口渡　《镇雄州志》：在城北一百八十里。水势迅速，版舟难济，仍用筒槽。

天生桥　旧《云南通志》：在城东二十里。《镇雄州志》：一在城东洛浆，一在城南母享，一在城西五眼硐下。

泰凝桥　旧《云南通志》：在城东三十里，旧名版桥。《镇雄州志》：乾隆元年，知州徐柄易以石。

镇东桥　《镇雄州志》：在城东二百七十里两河口。乾隆四十一年，知州饶梦铭、州判郝允杰重建。

镇南桥　《镇雄州志》：在城南十五里。乾隆三十二年，监生何可赞捐建，额曰“万年桥”。

太平桥　《镇雄州志》：在城南三十里翟底河，里人捐建。

云路桥　《镇雄州志》：在城南四十里，里人捐建。

镇西桥　《镇雄州志》：在城西二十里。乾隆三十九年，知州饶梦铭、吏目顾嘉颖重修。

高　桥　旧《云南通志》：在城西一百里。

西河口桥　旧《云南通志》：在城西二百里。

凌霄桥　《镇雄州志》：在城北六十里古芒部凌霄阁下。

网袋桥　旧《云南通志》：在城北一百里，以藤系版。

镇北桥　旧《云南通志》：在城北一百二十里。《镇雄州志》：旧名吊桥，在城北二百七十里水田寨。两岸巉岩壁立，中为大流，夏秋水涨，行者阻滞，动经数日。乾隆三十五年，分防牛街千总刘惠率众捐修，旋被冲坍。三十九年，知州饶梦铭重建。

无讼桥　《镇雄州志》：距彝良城十余里，乃戈魁、伐乌往来孔道。每遇水涨，辙阻累日，公私苦之。乾隆四十九年，里民捐修，致讼，州同文斗息之，额曰“无讼桥”。

永善县

黄草坪渡　旧《云南通志》：在城西六十里。

观音渡　旧《云南通志》：在城北四百二十里太乙山下。

副官村渡 旧《云南通志》：在城北七百五十里。

头道桥 《永善县采访》：在城西二十里。旧系木桥，年久倾圮。光绪九年，知县安宝宸捐廉重修。

沙河桥 《永善县采访》：在城西北一百里，久圮。光绪间，知县吕伟钰、安宝宸捐修。

大关厅

新　桥 旧《云南通志》：在雄魁城东四十里。宽八尺，长五丈余。日久倾圮，同知张坦详估重修。《大关厅采访》：在城南五里，今名广福桥。

利济桥 《大关厅采访》：在城南五里，旧名吊桥。〔道〕光间，士民捐建木桥，被水冲塌。光绪间，邑绅李培荣捐赀改建石桥，易今名。

联珠桥、双璧桥 《大关厅采访》：并在城南十里栅子门。光绪九年，署同知谢光焘、守备游辅廷率士民捐修。

镇关桥 《大关厅采访》：在城南四十五里出水硐。光绪九年，署同知谢光焘、守备游辅廷率士民捐修。

高　桥 《大关厅采访》：在城西北二十五里，旧名石阁河桥。系木梁，嘉庆六年，耆民林延芳倡捐，改建石桥，易今名。

乌鸦桥 《大关厅采访》：在城北十里，系木梁。光绪九年，署四川提督松潘镇总兵邑人李培荣捐修。

乾溪沟桥 《大关厅采访》：在城北十五里。道光元年，职员李建中捐建。同治十年，职员唐大有重修，水涨冲决。

平政桥 即老李渡。旧《云南通志》：在雄魁城西南十五里。冬春水涸，架木往来，夏秋水涨，土人拽藤为桥，以渡行人。《大关厅采访》：在城北四十五里黄果溪。道光十八年，同知姚延之率绅民捐修铁索，名永安桥，年久坍塌。同治七年，署同知陈廷珍重修，两岸新建桥亭，易今名。

大关河桥 《大关厅采访》：在城北八十五里。原建木桥，年久倾圮。嘉庆二十一年，生员吴瑞麟倡众捐建石桥，后复圮。道光十八年，同知姚延之率绅民重修。

永寿桥 《大关厅采访》：在城北一百八十里，距豆沙关十里。原建石桥，名响水洞，被水冲坍。道光元年，生员吴祥麟弟兄倡建木桥，年久倾圮。光绪四年，职员陈大春、施怀藻率商民倡捐，改建石桥，易今名。

豔东桥 即盐井渡。旧《云南通志》：在雄魁城西南七百七十里，去豆沙关四十里。渡口设巡检一员，稽查奸宄。《大关厅采访》：嘉庆二十二年，巡检王厚坤率绅士造铁连环十二，面幔木板，上有扶手，路分三条，直长二十四丈，横宽八尺，更名易渡桥。同治七年，被水冲决，署同知陈廷珍筹款重修，絙以铁索，易名豔东桥。光绪三年，候补道周守诚、署同知王焘培修。七年，水涨复圮，候补道翁寿钱、同知周瑞璧请款续修。

小河口铁索桥 《大关厅采访》：在城北四百一十里。光绪八年，士商捐赀新建。

鲁甸厅

牛栏江渡、野牛塘渡、曹家渡、龙塘渡、韦家渡 《鲁甸厅采访》：并在东、鲁交界处。设有船只，利济行人。

天生桥 《鲁甸厅采访》：距厅城八十里，系东川、巧家界。旧建石桥，咸丰八年，毁于兵，今设舟以渡。

江底河桥 《鲁甸厅采访》：距厅城八十里，毗连会泽。旧建老桥，年久倾圮。道光十三年，官民择于桥之东首，相间十数里，重建新桥，后毁于兵。同治五年，署昭通镇总兵杨盛宗设舟以渡，并捐赀置业，作水手工食之费。光绪元年，署总兵吴永安筹款重建铁锁桥。

景东直隶厅

者后渡 《景东厅采访》：在城东南一百二十里。

船口渡 旧《云南通志》：在城南。《景东厅志》：在治南清凉桥下，今移蛮仓渡。

中所渡 《景东厅志》：在城南四十里。

蛮井渡 《景东厅采访》：在城南六十里。

戛里江渡 《景东厅志》：在城西四站。

那允渡 《景东厅采访》：在城南六十里。

都喇渡 《景东厅采访》：在城南八十里。

石 桥 《景东厅志》：在城东门外。相传郑姓建，里人重修。

大河桥 《一统志》：在府城东二里，跨大河。上覆瓦屋四十九楹，今水溢倾圮。

青云桥 《景东厅志》：在城南门外。

溯澜桥 旧《云南通志》：在城东一里。长二百尺，宽十尺余，上覆以瓦。旧桥倾圮，康熙五十七年，同知黄叔琪率众修建。《景东厅志》：在城南一里。银江至此，水势浩大，长桥如虹，覆瓦屋六十四间，上有铺面，下有沙坝，郡人于此赶街，久圮。嘉庆十八年，绅耆募建未成，贡生赵绂等筹送租谷三十二石，又郡绅罗含章送租谷二十八石、银四百两，设船济渡，共作每年渡夫工食之费。凡往来行人，不准收钱，以便行旅。

景明桥 《景东厅志》：在城南六里。

向明桥 旧《云南通志》：在城南六里。

平川桥 《一统志》：在府城南十里。

孔雀山石桥 旧《云南通志》：在城南十五里。《景东厅志》：在城南二十里。嘉庆二十四年圮，绅士罗承休捐建。

清凉桥 旧《云南通志》：在城南二十里。《景东厅志》：在城南三十里。

开南桥 旧《云南通志》：在城南四十里。《景东厅志》：在城南六十里。绅士李继春、苏子秀倡建，嘉庆十八年倾圮，众士庶重修。《景东厅采访》：今废。

蛮仓桥 旧《云南通志》：在城南三十里。《景东厅采访》：在城南四十里。

者吉桥 旧《云南通志》：在城南七十里。《景东厅志》：在城南八十里。《景东厅采访》：今废。

者干桥 旧《云南通志》：在城南九十里。额曰“万世永赖”，又曰“霁虹饮渡”。《景东厅采访》：长百六十尺，上覆以瓦，横跨如虹，最为巨观。至同治元年毁于火，士庶罗之棠、田瀛洲、罗德昌等倡捐重修。

那赖桥、蛮费桥、圈快桥 《景东厅志》：三桥并在城南者干。

瀛洲桥 《景东厅志》：在者干上营。

会麟桥 《景东厅志》：在者干五里。

兰津桥 《一统志》：在城西南，跨澜沧江。旧《云南通志》：在城西南一百里。两岸峭壁插汉，江流飞急，以铁索扣南北岸为桥。相传汉明帝建，明永乐间重修。《景东厅志》：久废，今目为兰津箐。

味雅大桥　《景东厅采访》：在城南，为景镇往来要津。兵燹圮，拔贡戴朝辅、职员罗士恩、武举杨如瑶等倡捐重修。

通津桥　《景东厅志》：古名中桥，在城西五里。据菊河中，通达村寨。

虹　桥　《景东厅志》：在城西北。

通华桥　《一统志》：在府城北，跨通华河。旧《云南通志》：名通化，在城北一里，明洪武二十三年建。《景东厅志》：在城北二里。《景东厅采访》：绅士程承式捐修，水圮。光绪七年，同知梁恩浩率职员李大体等倡捐重修。

新　桥　旧《云南通志》：在城北六里。《景东厅志》：在城北八里。《一统志》：在府北八十里。水泛冲没，往来病涉，康熙九年重修。

右所桥　《景东厅志》：在城北十里，久圮。嘉庆二十四年，绅士罗承休等倡建。

水寨桥　旧《云南通志》：在城北十六里。

大坝桥　旧《云南通志》：在城北十八里。《景东厅志》：在城北二十里。《景东厅采访》：职员李大体、李春阳等倡捐重修。

蛮垂桥　《景东厅志》：在城北三十里。

排沙桥　《景东厅采访》：在城北三十里，绅士程承式建。

板　桥　《景东厅志》：在城北六十里。

小龙街桥　《景东厅采访》：在城北六十里。绅士程承式倡建，职员李大体、李春阳等倡捐重修。

新站桥　旧《云南通志》：在城北八十里。康熙九年，同知胡向极捐修。《景东厅志》：后圮，嘉庆十六年重建。

景恩桥　《景东厅志》：距城百四十里，周艾、曹丰等倡建。

石麟桥　《景东厅志》：俗名蛮冈桥，绅士罗遵缨捐建。

花鱼箐桥　《景东厅采访》：绅士程承式捐修。

南涧桥　《景东厅采访》：绅士程承式捐修。

中和桥　《景东厅志》：绅士罗遵缨、罗曰伯倡建。

谨案：《采访》尚有马官桥、石桥、王家屯石桥、文仓瓦桥、禾木树瓦，亦在厅境内。

蒙化直隶厅

衍洋桥　旧《云南通志》：在城东三里，旧名嵯峨桥。康熙间，郡人张锦重修。

登龙桥　《蒙化厅志》：在城东三里龙王庙前。

聚仙桥　旧《云南通志》：在城东五里，一名元珠桥。明郡人王德清建，后圮。康熙六十年，僧维智募修。《蒙化厅志》：郡人王绪重修。

佛波桥　《蒙化厅志》：在城东四十里石佛哨。

锦溪桥　《一统志》：名卫中桥。旧《云南通志》：在城东南一里。明初郡人魏忠建，万历间郡人朱鸣时修。《蒙化厅志》[①]：上覆瓦屋七楹，长七丈，高三丈，势若长虹。昔日沿溪花柳，望之若锦，故名。《蒙化厅采访》：郡人同僧密湛捐修。

---

① 《蒙化厅志》　原本缺，据道光《云南通志稿》补。

济南桥　《一统志》：在城南半里。

崇化桥　《蒙化厅志》：在城南一里，俗名菜园河桥。后圮，大理杨国用重建。

南薰桥　《蒙化厅志》：在城南三里白塔河，郡人孙钊建。

封川桥　旧《云南通志》：在城南十五里，阳江所经。一川之水，汇流于此，为南路要津。《蒙化府志》：大理杨国用建，长十丈，广二丈。后水泛冲决，郡人重修。

通云桥　《蒙化厅志》：在城南三十里。耆民戴时遇建，梁朝柄重修。

兴隆桥　旧《云南通志》：在城南七十里罗求场下。顺治间，蜀人周士昂重修。

永安桥　《蒙化厅采访》：在城南八十里的罗求场。庠生林应鹤倡修，水涨冲没。道光十八年，士民范韶、林恩雨、钱淮等移建瓦屋村下。

平彝桥　旧《云南通志》：在城南一百里旧定边县治前。

阳江河桥　旧《云南通志》：在旧定边县境内。康熙间，知县邱峤新建。

普利桥　《楚雄府志》：在旧定边县治内。

德胜桥　《楚雄府志》：在旧定边县北。

永春桥　旧《云南通志》：在城西二里，横跨阳江，为西路要津，架木为梁。嘉靖间，郡绅张文烈建。雍正七年，同知顾朝俊重修。《蒙化厅志》：后水泛冲决，监生梁朝柄倡众重修，复圮。《蒙化厅采访》：一名西河桥，道光十一年，监生林智改建砖桥。长十五尺，宽一丈六尺，三孔行水，两头建牌坊，增筑河堤一百五十余丈。

宏济桥　《蒙化厅志》：在城西鼠街下。同知卞廷松、监生梁朝柄等建，今圮。

四十里桥　《一统志》：在城西北龙尾关。旧《云南通志》：在城西北一百里，接赵州界。架木为梁，覆以瓦屋，又名天威迳。旧例蒙七赵三，不时修理。《蒙化厅采访》：同治间冲塌，光绪八年，蒙赵两邑重修。

润泽桥　《蒙化厅志》：在城北门外。

靖武桥　《蒙化厅志》：在城北里许。

饮虹桥　《蒙化厅志》：在城北三里系马桩下。

永济桥　旧《云南通志》：有二，一在城北七十里，明万历间，通判薛希周建；一在旧定边县南，明成化间建。

云龙桥　旧《云南通志》：在城北一百八十里。《蒙化厅志》：为蒙、永交界，漾、濞、雒马三江汇流于此，奔湍雪浪，触石吞崖，舟楫难施，诚为天险。旧例蒙三永七修理。后因倾圮，康熙三十一年，提督诺穆图捐赀改建，就崖架木，缭以铁链，横楞厚枋，上覆以屋。

和会桥　旧《云南通志》：在城东北大小禾里村。康熙四十年，郡人冯光前建。

永镇桥　《蒙化厅采访》：在大楼房南二里许。乾隆五十八年，郡人张登瀛、杨珍朝、黄开益等新建。

康济桥　《蒙化厅志》：在瓦葫芦下，今圮。

永北直隶厅

金沙江渡　旧《云南通志》：有三，上渡在城西北一百五里紫里，接丽江界；中渡在城西南一百八十里旧顺州板桥，接鹤庆界；下渡在城南一百二十五里金沙江口。雍正十三年，署府江峤孙详请置买田亩，永为官渡，商贾称便。

碧溪桥　旧《云南通志》：在城东三里观音箐。《永北厅采访》：道光二十八年，蛟泛冲圮，士民重修石桥，复圮。同治十年，署同知刘昌笏率士民改修木桥，上覆瓦屋。

永济桥 旧《云南通志》：在城东南五十里。《永北府志》：系东南要路，旧有木桥，倾圮，河陡水深，行者病焉。雍正二年，吏员杨大衡同土司高豗勋修建石桥。

来薰桥 旧《云南通志》：在城南门外。

长安桥 《永北府志》：在城南，俗呼为小桥。

太平桥 《永北府志》：在城南二里。明庠生李科建，复圮，监生田永登重建。

观澜桥 《永北府志》：有二，一在城南十里，一在观音阁。

海河桥 旧《云南通志》：在城南八十里。

起文桥 旧《云南通志》：在城南八十里清水驿。

回澜桥 《永北府志》：在清水驿西。

宏大桥 《永北府志》：在清水驿北。

累功桥 旧《云南通志》：在城南一百里满龙伍。

三渡河桥 旧《云南通志》：在城南一百三十里。

济江桥 旧《云南通志》：在城南一百三十里陶营。

通江桥 旧《云南通志》：在城南一百五十里金沙江。

龙门桥 旧《云南通志》：在城南二百里金沙江外，旧名龙门桥，久圮。雍正八年，知府石去浮捐建，易名民功。《永北府志》：嗣因蛟泛冲倒，乾隆二十一年，知府袁德达同绅士捐建，仍名龙门。《永北厅采访》：后复冲圮，光绪十年，同知姜瑞鸿、参将常荣率士民倡捐重修。

江海联桥 《永北府志》：在城南远屯。

桑园桥 《一统志》：在城西南，跨桑园河。

延寿桥 《一统志》：在城西，跨四城乡之小溪。

关坪桥 《永北府志》：在城西三里。

明月桥 《永北府志》：在城西十五里西山关小坡下，原名永安桥。郡人杨之樑建，年久倾圮。乾隆二十一年，知府袁德达重修，改名明月桥。《永北厅采访》：道光二十一年，蛟泛冲塌，绅民捐赀重建铁索桥，上覆瓦屋。

梁官桥 旧《云南通志》：在城西二十里。《永北府志》：屡建屡圮，乾隆二十二年，太和严尚礼同生员何朝纲、刘怀远重建。

马武桥 旧《云南通志》：在城西三十里。《永北府志》：又名马伍桥，在近屯西山下。

沈官石桥 旧《云南通志》：在城西三十里。《永北府志》：又名九眼桥，明嘉靖间，百户沈高建。

永清桥 旧《云南通志》：在城西三十五里。《永北府志》：近屯沙河。

前所桥 旧《云南通志》：在城西四十里。

星马桥 旧《云南通志》：在城西四十里。《永北府志》：在近屯马军。

陈广桥 旧《云南通志》：在城西四十里。

观会桥 《永北府志》：在城西近屯。

杨百户桥 《永北府志》：在近屯金官。

晓　桥 《永北府志》：在近屯河西，郡人杨珊倡建。

饮虹桥 《永北府志》：在城西北隅。

城内石桥 《永北府志》：在城内北街真庆观。

拱极桥 旧《云南通志》：在城北门外。

三步两座桥 《永北府志》：在城北一里。

通川桥 旧《云南通志》：在城北五里。《一统志》：通四川路。

天生桥 旧《云南通志》：在城东北三里。

宝善桥 《永北厅采访》：在城东北三百二十里，交云川界，跨乌木河。夏秋间水深河阔，舟楫难行。同治四年，土州同章龄高捐赀，就盘石处修建木桥，上覆瓦屋五楹，两头建立牌坊，行人称便。

黑坞桥 《永北府志》：在黑坞。久圮，郡人李尔芳建木梁。

开基桥 《一统志》：在永宁府城南。

海门桥 《一统志》：在永宁府城西。鲁窟海子之水流经北，入四川打冲河。

镇沅直隶厅

大桥渡 《镇沅厅采访》：在厅治。原建木桥，长三十丈有奇，宽三丈余。咸丰七年，蛟泛冲倒，改设渡船。

者东江渡 《镇沅厅采访》：在厅治九十里，即谷麻江，设有渡船。

戛赛江渡 《镇沅厅采访》：在厅治东一百九十里哀牢山下。东岸交新平界，即礼社江，源远流长。其水湍激而有毒，刳木为舟，以济行旅。以上三渡，水手工食均由公费发给。

三家坡渡 旧《云南通志》：在旧恩乐县城东八十五里。

新　桥 《镇沅厅采访》：在厅治一百三十里旧州城外，路通威远。旧桥久圮，光绪八年，恩乐经历岑熙、土千总刀焕彩重建。

广恩桥 旧《云南通志》：在城西。长五十七丈，系石墩架木，上盖房五十余间，者乐土司先世建。康熙三十二年，土官刀佩璋同客民游士毅重建。《恩乐县志》：在旧县治西。雍正五年六月，大水泛滥冲圮，八年署县梅予抟倡修。乾隆二十三年，知县张大森复修，三十四年知县萧思濬拆修，五十一年摄县事张大本增修，五十二年知县刘浔额曰“广恩桥”。道光三年，知县谭纶复修，六年知县余炳虎率典史张钊捐修。

殷春桥 旧《云南通志》：在旧州城东半里。康熙四十年，土知府刀长庚建。

朵河桥 旧《云南通志》：在旧州城东二百里。

恩耕桥 在旧州城南七十里。

聚义桥 在旧州城西半里。

观音桥 在旧州城北五里。以上四桥，俱康熙年间，土官刀瀚建。

蛮况桥 在旧州城北二十里。康熙二十年，土知府刀长庚建。

广西直隶州

邱矣桥 旧《云南通志》：在城东六十里，即飞途渡。《广西府志》：旧名邱矣渡，在城东八十里，渡盘江。

盘江渡 旧《云南通志》：在城东北九十里。

普济渡 《广西州采访》：在五嘈。彭姓夫妇置田数百亩，以资渡费。

东寺桥 旧《云南通志》：在城东二里。明万历三年，僧真裕建，筑堤二十余丈。

来东桥 旧《云南通志》：在城东三里。康熙四十四年，尼僧海藏建，筑堤六十丈。《广西府志》：一名龙甸石桥。

吉双桥 旧《云南通志》：在城东四里。明万历二十年，吉双、阿勒、武甸、阿平四村汉夷同建木桥。

江头桥 旧《云南通志》：在城东五里。康熙四十四年，郡人周遇奇募建。

天生桥 《广西州采访》：在城东七十里得冲哨。两岸跨石相对，宽丈余，可通车马，天然生成。

部得竜桥 旧《云南通志》：在城东南八十里，通旧维摩州。《广西府志》：旧名部得竜渡，往邱北小道。

晏清桥 旧《云南通志》：在城南门外。明万历年间，知府张光宇、萧以裕先后修建。《广西府志》：上有大士阁。

石硐村桥 旧《云南通志》：在城南五里。康熙五十年，郡庠生汪浤建。

高　桥 旧《云南通志》：在城南十里。明崇祯十年，郡人蓟辽[①]太史杨绳武建。《广西州采访》：梅朝阳重修。

通济桥 《广西府志》：在城南十五里固白村。旧《云南通志》：康熙元年，郡民张文著建。

正南桥 旧《云南通志》：在城南二十五里。康熙六十一年，郡民胡其敏建。

撒普桥 旧《云南通志》：在城南三十里。康熙三年，知府万裕祚建，郡绅董治、郡民梅朝阳重募建。

永镇桥 《广西州采访》：在城南四十里。乾隆五十二年，廪生李瑞芝建。

乐善桥 《广西州采访》：在城西南五十里阿摆村。嘉庆二十年，杨先春妻黄氏新修。

望仙桥 旧《云南通志》：在城西门口。明万历二十一年，知府陈忠建。

隍祠桥 《广西府志》：在城西城隍祠前，通判毕一谦建。

环翠桥 《一统志》：在城西一里，一名大石桥。旧《云南通志》：在城西门外。明弘治间，知府朱继祖建。万历间，知府张光宇重修。

玉阁桥 《广西府志》：在城西里许。有二，一在正街，一在朝天门外。

烟光桥 旧《云南通志》：在城西五里。康熙五十一年，郡绅董治、赵日畯重修。

三见坡桥 《广西府志》：在城西十二里。

金马桥 旧《云南通志》：在城西十五里。康熙元年，知府万裕祚修。五十六年，郡人张大为易石重修，筑石堤二十余丈。《广西州采访》：光绪七年，提学卢鋈、知州王凤池捐廉重修。

所普桥 《一统志》：在城西三十里。

嶍竜桥 《广西府志》：在城西四十里，生员杨开建。

矣马桥 旧《云南通志》：在城西四十里。康熙四十年，郡民赵远建。

路溪桥、绿里桥 《广西府志》：并在城西四十里。

---

① 蓟辽 原本误作“蘇辽”，据雍正《云南通志》改。

老鸦桥 《广西府志》：在城西五十里，往省大路。

九拱桥 《案册》：在西乡。光绪七年，知州王凤池倡捐重修。

普则勒桥 《广西府志》：在城西五十里，生员刘世昌建。

矣戈河桥 《广西府志》：在城北二十里。

柯家桥 《广西府志》：在城北五十里。旧《云南通志》：在城北三十里。康熙三十年，郡人柯朝举建。

师宗县

禄丰里渡 旧《云南通志》：在城东八十里。

旧泗渡 旧《云南通志》：在城东一百二十里。

盘江渡 《一统志》：在城东一百六十里马者笼乡。

扼罗渡 旧《云南通志》：在城东二百五十里。

禄生桥 旧《云南通志》：在城东一里。明万历间，州绅赵尚文重修。

永昌桥 旧《云南通志》：在城东三里。

新 桥 旧《云南通志》：在城东五里瓦窑村。

普济桥 旧《云南通志》：在城东十里大河口。康熙十二年，知州韩惟一建。

石凤桥 旧《云南通志》：在城东十五里宁相村。《广西府志》：在小河口。康熙十二年，知州韩惟一重修。

五洛河石桥 《师宗县采访》：在城东一百二十里。

布工渡木桥 《师宗县采访》：在城东二百八十里，跨清水江，通广南路。道光十八年，师宗、邱北、广南三邑绅民捐修木桥，上覆瓦屋十二间。咸丰八年，毁于兵。光绪四年，知县黄毓荃率绅士王春和重修。

平政桥 旧《云南通志》：在城南门外。

漾月桥 旧《云南通志》：在城南门外。康熙初，知州陈檀改建。

恺泽桥 《一统志》：在城南五十里。旧《云南通志》：在城南四十里[①]。《广西府志》：在槟榔洞，一名蚁泽桥。

五马桥 旧《云南通志》：在城西三里。

赵公桥 《广西府志》：在城西十里。《广西州采访》：在城西四十里，州绅赵尚文修。

双凤桥 旧《云南通志》：在城北三里。《广西府志》：在双凤村。

大渡桥 旧《云南通志》：在城北二十里。《师宗州志》：在大阿堵村。

洪济桥 旧《云南通志》：在城北三十里。《广西府志》：州绅赵尚文修。

弥勒县

巴盘渡 《一统志》：在城南一百里。两山夹流，为一方之险要。

大百户渡 旧《云南通志》：在城南一百二十里。

莫涉足渡 旧《云南通志》：在城西一百七十里。

弥东桥 旧《云南通志》：在城东一里。康熙六年，邑民程国修。雍正九年，知州张景澍重修。《弥勒县采访》：乾隆元年，监生杨永芳改建石桥。

---

① 在城南四十里 原本缺，据道光《云南通志稿》补。

小板桥　《弥勒县采访》：在城东三里。

新石桥　《弥勒县采访》：在城东四里。二桥均道光十年，监生韩煦建。

白马桥　《弥勒州志》：在城东北五里，又名平政桥。《广西府志》：监生杨永芳捐修。《弥勒县采访》：后倾圮，道光四年，谨案：《采访》作十三年。监生韩煦改建石桥。

三星桥　《一统志》：在城南，跨八甸溪上流。《广西府志》：在城东五里许弥东哨，即玉津桥，上建水月楼。

龙潭桥　《广西府志》：在城东三十里。

长熏桥　《弥勒州志》：在城南三里。乾隆元年，知州徐光请帑修建。《弥勒县采访》：在城南一里，一名南桥。乾隆三十八年，知县赵椿龄造石墩木桥。嘉庆十四年，署知县温之诚、知县张椿龄改造石桥。

弥南桥　旧《云南通志》：在城南三里。康熙三十年，邑人刘尔成修。雍正九年，知府张景澍重修。

部龙桥　《广西府志》：在城南五里弥南哨。久圮，知州王希圣重修。

萼辉桥　《弥勒县采访》：在城南十五里，一名花萼桥。乾隆三十八年，州同唐训建木桥。嘉庆十四年，通判唐有柏、州同严均武、武贡生舒瑾、监生舒恂弟兄同改建石桥。后圮，贡生杨树煊同邑人重修。

庆春桥　《弥勒县采访》：在城南二十五里。道光四年，乡饮黄世龙新建。

富春桥　《广西府志》：在城南五十里，州民喻时通建。

龙潭哨桥　《广西府志》：在城南五十五里，庠生耿勷捐赀重建。

双济桥　《弥勒州志》：在城南七十里竹园村。

龙母桥　《弥勒县采访》：在竹园村。距城八十里许，贡生杨瑞建。

石坝头桥　《弥勒县采访》：在竹园村。距城八十五里，职员海汝洋建。

湾沟大桥　《弥勒县采访》：在竹园村。距城八十五里，庠生耿勷建。

石牛坡桥　《弥勒县采访》：在竹园村。距城九十五里，武生洪恩诏建。

双龙桥　《弥勒县采访》：在城南八十里。向系渡船，每遇水涨，必致淹没。道光三年，职员海汝洋改建石桥。

永顺桥　旧《云南通志》：在城南八十里。

长命桥　旧《云南通志》：在城南一百里。《弥勒州志》：在城南一百二十里。康熙四十八年，僧学总建，又名七星桥。《广西府志》：广一丈，长十余丈，筑堤三十余丈。

十月渡桥　《广西府志》：在州西二里古城。

弥西桥　旧《云南通志》：在城西三里。

李母桥　旧《云南通志》：在城西五里。

高　桥　旧《云南通志》：在城西四十里。

凤颈桥　《弥勒州志》：在城西四十里，路通十八寨。

弥北桥　旧《云南通志》：在城北五里。

太平桥　《弥勒州志》：在城北十五里。知州秦仁修，雍正十一年，吏目赵良辅重修。

观音桥、平安桥　《弥勒县采访》：并在城北二十里，邑人郭有皋建。

邱北县

拐村渡 旧《云南通志》：在城东一百八十里，通师宗州。《邱北县采访》：在师宗东南一百二十里。

便柳渡 旧《云南通志》：在城东二十里，通西隆州。《邱北县采访》：在师宗东一百五十里。

八达江渡 旧《云南通志》：在城东二百五十里，通粤西要津。

飞土江渡 旧《云南通志》：在城西一百八十里，通本府。

大江边渡 旧《云南通志》：在城西北一百九十里，通粤西、开化、广南要津。

东 桥 旧《云南通志》：在城东门外。康熙四十年建，雍正十年，里民重修。《邱北县采访》：道光二十九年，邑绅陈得嗣倡修。

水寨桥 旧《云南通志》：在城西十里，为众水汇归之所。康熙六年，里民白玉连建。雍正十年，州同王纬倡捐重修。

老虎冲桥 《邱北县采访》：在城西十里。旧系木桥，年久倾圮。光绪十年，训导王永靖率增生唐声闻改建石桥，计三空。

桥碑水石桥 《邱北县采访》：在城西十里，长桥如虹。乾隆四十九年，邑人王越、王瑶倡建。

新城桥 旧《云南通志》：在城西十三里旧三乡城前。康熙六年，里民王得时建。

高枧槽桥 旧《云南通志》：在城西十三里。雍正八年，里民殷世远募建。《邱北县采访》：今废。

三道箐桥 旧《云南通志》：在城西北三十里。雍正九年，客民胡发元捐建。

北 桥 《邱北县采访》：在城北门外里许。乾隆二十三年，分州钮名失考率阖邑建。光绪九年，邑人伍启恩倡修桥路。

旧城桥 旧《云南通志》：在城北十五里龙潭前。康熙三十年，里民张廷汉、李六经捐修。

八达桥 旧《云南通志》：在城北三十里八达哨前。康熙二十五年，里民樊簪、李林生捐修。

武定直隶州

金沙江渡 旧《云南通志》：在城西北二百五十里。

鹧鸪河渡 旧《云南通志》：在城东北一百六十五里撒甸南一百一十里。

通会桥 《一统志》：在和曲州东大路。明天启中迁于东城之左，以镇水口。旧又名迎祥桥。

恩惠桥 旧《云南通志》：在城东一里福田寺前。康熙二十六年，知府王清贤建，今圮。谨案：旧《府志》作思惠桥。

清风桥 旧《云南通志》：在城东三里。《武定府志》：在木果甸，旧名龙桥。

明月桥 旧《云南通志》：在城东五里然灯寺右。

大营桥 旧《云南通志》：在城东南一里，明弘治间建。

建新桥 旧《云南通志》：在城东南三里。

太平桥 旧《云南通志》：在城东南二十里。

济美桥 旧《云南通志》：在城东南三十里冷水村，明天顺间建。《一统志》：一名济溪桥，在城东南四十里。

天星桥 旧《云南通志》：在城西一百三十里。

通远桥 《一统志》：在和曲州西北，路通元谋县。《武定府志》：明弘治十二年建。

惠民桥 《一统志》：在和曲州西北一里，有涧，极深。旧《云南通志》：在城北一里。明万历间，知府刘懋武重修。

高　桥 旧《云南通志》：在城西北六十里。明正统间建，《武定府志》作正统十年阿宁建。雍正七年重修，旋被水冲坏，知府朱源淳、知州徐修仁捐修。

兴文桥 旧《云南通志》：在城北门外。

便民桥 旧《云南通志》：在城北二里。《一统志》：万历中建。《武定府志》：在西村，今圮。

龙门桥 《武定州采访》：在城北乌龙硐，距通远桥十五里，为元马通衢。光绪十年，庠生傅大智同郡人李秉龙等倡建。

虎市桥 旧《云南通志》：在城东北一里，明弘治间建。《武定州采访》：今毁。

龙潭桥 《一统志》：在城东北二里。两岸崖壁峭立，跨以木桥，下有龙潭。旧《云南通志》：在虎市桥东，明知府刘懋武建。

聚宝桥 旧《云南通志》：在州境内，明弘治九年建。

久罗桥、镇武桥 旧《武定府志》：俱在州境内。

元谋县

阿郎渡 旧《云南通志》：在城西北六十里西溪河，通大姚路。《元谋县志》：通定远路。

高君渡 在高子岩村。

班宰渡 在摩诃村外。

奇柳渡 在苴宁村。

多克渡 在湾保村。

那化渡 在那化村。《元谋县志》：以上五渡，俱通姚安。

大板桥 《元谋县志》：在城西一里。土县丞吾起建，后圮。《一统志》：明万历间重修。《元谋县采访》：今废。

便民桥 《元谋县志》：在城西北六十里阿郎渡，知县莫舜鼐建。

崇义桥 旧《云南通志》：在城北二里，耆民赵邦贵募建。

永福桥 《元谋县志》：一名花桥。旧《云南通志》：在城北十五里，耆民赵邦贵募建。《元谋县采访》：在雷打树前。

万民桥 《元谋县志》：在城北马街北。

天生桥 《元谋县采访》：在马街北五里。同治间，水圮。光绪四年，军功吴际泰倡修，易名新桥。

永定桥 《元谋县采访》：在马街北十五里石灰村箐。光绪五年，军功左大方、仲嘉源，武生杨联魁等募修。

禄劝县

龙王庙渡 旧《云南通志》：在城东三里，近通六块、茂龙、撒马邑一带，远通河外、三马兼达寻甸州之要津。康熙三十六年，贡生麋世英捐田，作造船济渡之费。

永平渡 《禄劝县采访》：在城东南五里余，路通河东。乾隆三年，士民施其聪、杨国辅等同捐田，作造船之费。

念多渡 旧《云南通志》：在城东南十里，通河东念多、的多。州绅钱熙贞、董百揆各捐田，作造船济渡之费。

大河口渡 旧《云南通志》：在城东南十八里，通大缉麻、的多村一带往来。

盘龙河渡 《禄劝县采访》：在城南一里，通富民、省会要路。乾隆三十年，士民捐设。

普渡河渡 《禄劝县采访》：在城东北巡检司地，为东川、寻甸孔道。

厂江、河门厂二渡 《禄劝县采访》：厂江渡，渡金沙江，通狮子尾厂。河门厂渡，旧设于土色江边，岩峻岸险，水势湍急，往往覆舟。乾隆四十三年，因开河门厂，遂引而上之。两岸具有回流，今安渡无虞，往来行人称便焉。

小江桥 《案册》：在城东门外里许，通省大路。水圮，光绪七年，官民重修，计三空，长十丈余，宽一丈八尺。

缉麻桥 《禄劝县采访》：在城南二十里，通省会、富民。乾隆五十年，贡生朵云等捐建。

西蟠龙桥 旧《云南通志》：在城西三里。明嘉靖间建，任水冲突，无倾圮之患。人传有仙迹，又呼为仙人桥。《禄劝县采访》：在县西木果甸，本和曲地。嘉靖间，知州郭鋐重修，今倾圮。

鲁虚桥 《一统志》：在城西北十里，明弘治中建。旧《云南通志》：在城北八里。

挖梯桥 旧《云南通志》：在城西北十五里。《武定府志》：康熙十八年，僧学显建。

永定桥 《禄劝县采访》：在城北四十里，通撒甸十五马沿江一带。嘉庆十四年，生员李捷先倡建。

五马桥 旧《云南通志》：在城北一百里。《武定府志》：在鹧鸪河，今废。

双龙桥 《禄劝县采访》：距城三十里鸠河上流。道光三十年，庠生杨春阳等倡建石桥，计六空，长十丈，宽丈余。咸丰十年，水涨冲决。同治十二年，职员杨人杰重修。

元江直隶州

浮　桥 旧《云南通志》：在城东门外，跨礼社江。雍正八年，知府祝宏、经历张子玉捐建。《元江州采访》：咸丰间毁于兵，光绪间重修。

清溪桥 旧《云南通志》：在城南门外。康熙五十一年，守备赵国柄重修。

万寿桥 旧《云南通志》：在城南门外里许。康熙三十年，郡人厉士龙建。《元江州志》：后圮，知府单世重修。《元江州采访》：光绪元年，大水倾圮，四年官民捐修。

清水河石桥 《案册》：在城南门外半里，系迤南通衢。乾隆间建，被水冲决。光绪八年，知州傅凤飏倡捐重修。

广德桥 旧《云南通志》：在城南十里。康熙九年，知府潘士秀、副将王起龙同建。五十年，知府章履成重修。

三板桥 旧《云南通志》：在城南六十里。康熙四十九年，知府章履成、副将林国贤、守备赵国柄同建。《元江州志》：嘉庆十七年，郡人邵辉等改建石桥。《元江州采访》：光绪元年冲决，商民捐修。

太平桥 旧《云南通志》：在城南一百二十里。明崇祯五年，土舍那仑建。康熙三十年，知府单世重修。

迎恩桥 旧《云南通志》：在城南一百三十里。明万历三十年，郡人胥尚禄建。康熙四十四年，知府罗鋐重修。

他郎桥 旧《云南通志》：在城南三百里。康熙五十年，知府章履成修。

石　桥 旧《云南通志》：在城西南百余里德化乡。

西域桥 旧《云南通志》：在城西十五里。

混龙桥 《一统志》：在府城西二十五里。长三丈，阔丈余。旧《云南通志》：在城西四十里阿南村，跨峩崀河。

藤　桥 旧《云南通志》：在城西百余里。

永镇桥 《元江州志》：在城西北三十里老乌，士民重建。

安乐桥 旧《云南通志》：在城西北四十里。康熙五十年，教授张凤鸣、训导陈冏伯、经历刘捷武同建。

漫利桥 旧《云南通志》：在城西北五十里。康熙四十五年，经历钟吕武、进士萧勃同建。

义兴桥 《一统志》：在府城北，康熙十年建。

康济桥 旧《云南通志》：在城北门外。

大南麻桥 旧《云南通志》：在城北一百三十里。康熙四十九年，知府章履成、副将林国贤、守备赵国柄同建。

甘庄河桥 《元江州志》：在城东北三十里。乾隆三十年，士民同建，嘉庆十七年重修。《元江州采访》：水涨冲没，光绪初，官捐修。

新平县

大开门义渡 《新平县志》：在城东南一百二十五里平甸河，由罗吕至扬武要津。光绪六年，巡道沈寿榕捐设，并置田以作水手工食之费。

树布拉渡 《新平县志》：一名南渡，在城西南百五十里。渡磨沙江，走谷麻、蛮仑等处，达他郎、思普要津，由磨沙三甲民人捐谷，给水手工食。

东磨渡 《新平县志》：在城西北六十里。渡戛赛江，走戛赛，越哀牢至恩乐，为西路要津。《新平县采访》：向系私渡，行旅苦之。同治十二年知县左维琦、光绪三年知县秦述先率士民王卿普，承运周凤弟、周凤英等，先后捐赀改设义渡，并置田租百余石，以作水手工食、岁修船只之费。

三家渡 《新平县志》：在城西北百八十里三家村。渡麻哈江，上斗门乡至界牌，走南安州。

回龙桥 旧《云南通志》：在城东门外。康熙四十一年，阖邑士民建。《新平县志》：今在东关厢街中心。

鸣凤桥 《新平县志》：在土城小东门外。康熙五十五年，邑人公建。

联陞桥 《新平县志》：俗名魏家桥，在城东二里。邑人公建，后圮。嘉庆十九年，知县黄会中、游击杨沛重修。

永定桥 旧《云南通志》：一名太平桥，在城东五里。《新平县志》：跨襟带河，雍正六年，阖邑士民公建。乾隆四十五年，知州陈松率士民重修。《新平县采访》：道光初年倾圮，二十年，官民重建，甃石礅四，上覆以屋，桥头建观音寺，可为行人憩息之所。

锁水桥　《新平县志》：在城东五里马密，乾隆五十一年公建。

镇风桥　《新平县志》：在城东八里，乾隆五十一年公建。

麻栗树桥　旧《云南通志》：在城东二十里。雍正九年，知县曾应兆同士民捐修。《新平县志》：在城东十五里，跨平甸河。旧为通衢，今改由太平桥至大观塘，此路成僻壤，桥久圮。

亚尼河桥　旧《云南通志》：在城东四十五里，久圮。《新平县志》：一名双龙桥，跨亚尼河。康熙五十一年，参将冯西生捐建，后圮。雍正[1]九年，曾应兆同士民捐修。乾隆四十七年，知县庞兆懋、教谕郝英复率士民重修。《新平县采访》：年久倾圮，咸丰五年，教谕宋河图同阖邑捐修，复圮。光绪四年，知县彭祖诒率士民续修。

叠戛桥　《新平县志》：有二，俱在城东南十里，邑人公建。

丁苴桥　《新平县志》：在城东南五十里。同治十年，邑人公建。

篙梁冲桥　《新平县志》：在城东南七十里，通扬武大路。山水暴涨，行人阻滞。道光三十年，邑人普旸鼎建石桥，冲决。光绪五年，阖邑捐赀重建。

团山脚桥　《新平县志》：在城南十里，跨清水河。咸丰间，阖邑公建。

阿白作桥　《新平县志》：在城南十里，跨他拉河。同治元年，里人建。

乐和冲桥　《新平县志》：在城南十七里。同治二年，邑人公建。三桥均两岸甃石，中铺木板。

永济桥　《新平县志》：有二，一在城西南一里，俗名小河桥，乾隆五十年，邑人公建；一在城西五里地龙上，道光二年，邑人公建。

广济桥　《新平县志》：在城西南四十里三道箐，通思普路。道光二十六年，知县郭兆玙率邑人公建。

庆丰桥　《新平县志》：在城西一里，俗名大木桥，上覆瓦屋。

永顺桥　《新平县志》：在城城西五里方达村。乾隆间，村人捐建木桥。道光四年，里人捐赀重修，易以石。

维新桥　《新平县志》：旧名广济桥，在城西五里，跨襟带河。康熙初年，邑人公建，久圮，改架木桥以利涉。《新平县采访》：道光二十七年，知县郭兆玙率绅民重建。两岸各甃以石，上架巨木，中铺木板，覆以瓦屋，并建阁于上，与永定桥东西对峙，洵为邑中巨观。同治十年，水涨倾圮，重修者去其阁。

妥甸桥　《新平县志》：在县西三十里，久圮。

新化河桥　旧《云南通志》：在城西三十五里。雍正八年，知县曾应兆同士民捐修。《新平县志》：跨七曲河，久圮，今改建木桥。

飞凤桥　旧《云南通志》：在城西北一里三台坡脚。康熙六十年，阖邑士民捐修。《新平县志》：年久倾圮，今架木为梁。

中和桥　《新平县志》：在城北十五里野牛冲河，通南安路。道光二十年，永平乡耆民马履修、李辉等倡建石桥。

---

① 雍正　原本误作“光绪”。民国《新平县志》卷四《知州·清》：“曾应兆，贵州铜仁县举人，雍正七年任，详《名宦》。”作“雍正”是，据改，下“新化河桥”条亦可参。

永丰桥　《新平县志》：在城北十八里长岭冈，河通新化、漫干、太和路。道光二十七年，民人王樽、王相等倡建石桥。

接仙桥　《新平县志》：在城东北一里，乾隆十二年公建。

漫干街桥　《新平县志》：在街子下，上建瓦屋。

锁龙桥　《新平县志》：在漫干老铁厂前，距城百二十里。道光十一年，知县牛暹倡修。

普济桥　《新平县志》：在老铁厂街左。道光三十年，邑人公建，上覆瓦屋。

大湾子河桥　《新平县志》：在太和。

上花桥　《新平县志》：在戞赛坝南木竜河。道光元年，里人公建，系木桥，上覆瓦屋。后圮，光绪五年重修。

下花桥　《新平县志》：在磨沙坝。道光十年，邑人捐建，架木为梁，上覆瓦屋。

黑盐井直隶提举司

可渡桥　旧《云南通志》：在治东四十里。康熙六十一年，本井候选州同李恪建。

小石桥　旧《云南通志》：在治东南五十里羊尾关下。康熙三十九年，商人祝明建。《黑盐井志》：系运盐大路。

永盛桥　旧《云南通志》：在治东南七十五里沙矣旧。康熙四十五年，提举沈懋价建木桥，后倾圮。六十一年，本井监生梁翊材修造石桥，改名永寿桥。《黑盐井志》：在司治南山庙外，今圮。

宝泉桥　《黑盐井志》：在司治东南，为禄丰发泥河运盐要路。明井人公建。《黑盐井采访》：后圮，光绪四年，提举崔焕章、刘仲怀率井绅修。

惠远桥　旧《云南通志》：在沙矣旧。《黑盐井志》：在司治东南，为赴省大路。康熙四十年，提举沈懋价建，后圮。雍正间，监生梁翊材重修，更名仁寿桥。乾隆三十年冲没，提举张珑率灶户重建。四十五年又冲毁，提举徐统潘率灶户重修，旋圮。乾隆五十八年，井生梁之权倡建。

马施桥　旧《云南通志》：在治西南半里。明天启元年，提举马良德建。《黑盐井志》：今圮。

桃园桥　《黑盐井志》：在司治西南五里。康熙间建，通琅井、定远要道，今圮。

永济桥　旧《云南通志》：在治西。《黑盐井志》：跨龙川江，旧名五马桥，为运盐孔道。元大德五年建，明万历间毁后建石墩，架木为梁。顺治间，提举林启杰重修。康熙六年，提举朱濠重修，三十年水涨基圮，提举王策重建，四十三年，水涨复圮，提举沈懋价重修。雍正四年又圮，十年提举安鼎和、定远县知县唐世梁详请动帑重建，改名永济桥。乾隆三年，西硐冲坍，提举王勃、定远县知县沈堂详请动帑兴修。十年，提举孙必荣、定远县知县李堂补修。十三年，炮岸冲坏，孙必荣复详请动帑补修。十八年冲坍，提举邱兆熊捐修。二十八年，又冲坍，提举高其人、广通县知县宣世涛详请兴修。三十七年八月，水涨冲没，奉檄勘办，提举张珑以需费不资，且屡修屡坏，不能永久，议请令各灶户于夏秋设船济渡，冬春造浮桥，于是岁多耗费，而行旅挽运益艰，往往有覆溺者。乾隆五十二年，提举吴公璘倡建石墩五座、东炮岸十余丈仍架木为梁，由是往来称便，无烦舟楫，亦无病涉矣。嘉庆二年，提举叶道治增高石墩数层，铺石易木，六年，西岸墩倾，提举张度重修。

八龙桥　《黑盐井志》：在司治北，跨龙沟河口，今圮。

琅盐井直隶提举司谨案：提举司今移石膏井。

琅溪渡　《琅盐井采访》：在琅井旁，为入省要津。前井生杨藻德同广通绅耆高姓捐设渡船，并置田为水手工食之费。

永正桥　旧《云南通志》：在治东中街。明嘉靖间，井耆景正等倡修。雍正二年，提举汪士进率士民重修。《琅盐井志》：开井时建，架木为梁，上覆以屋，为运盐要路。《琅盐井采访》：光绪八年，被水冲没。

玉带桥　旧《云南通志》：在东门内。明万历间，井耆杨永濂倡建。《琅盐井志》：康熙八年，井生施溥、张仲斌等重修，后焚毁。三十一年，井生景贵春重建。四十九年，被水冲没，提举沈鼐率众捐赀重建。《琅盐井采访》：俗名新桥，河阔桥长，形如玉带，故名。水涨倾圮，未修。

鹿鸣桥　旧《云南通志》：在治东三里许，康熙十七年建。《黑盐井志》：后圮，五十年，提举沈鼐捐赀重建。雍正四年，提举汪士进率众灶重建。《琅盐井采访》：水涨倾圮，未修。

永济桥　旧《云南通志》：在治东南四里。雍正十年，提举李国义建。《琅盐井志》：在鹿鸣桥下。

永康桥　旧《云南通志》：在治西里许。《琅盐井志》：康熙五十年，提举沈鼐捐建。乾隆十四年，提举孙元相捐修，为薪柴要路。《琅盐井采访》：久圮。

河道木桥　《琅盐井志》：井地两山相逼，一水中流，民居两岸之上。每遇雨泽过多，河水泛涨，易遭水患。雍正十年，提举李国义审度水势，捐赀开挖河道，修筑堤塍，民获安堵。并建木桥一座，以济往来。《琅盐井采访》：在治西六里。道光间，昆明河西布商董际昌、苏应昌等捐赀重建，易以石。光绪八年，水涨冲坍。九年，定远知县万邦治请款续修，绅灶李荣清、施辅德董其役。

西石桥　旧《云南通志》：在治西北五里。《琅盐井志》：通定远路，今废。

玉成桥　旧《云南通志》：在治北三里。《琅盐井志》：通黑井路。《琅盐井采访》：道光间，绅灶张毓鹏、刘遇泰等重建石桥，今圮。

通文桥　《琅盐井志》：在司治东北文昌街。

白盐井直隶提举司

行春桥　旧《云南通志》：在治东一里，旧名神喜桥，又名荣春桥。康熙四十八年，提举郑山捐建。雍正六年，提举刘邦瑞重修。《白盐井志》：在司治东北，属乔井。乾隆十二年，提举何恺重建。

迎峰桥　《白盐井志》：在治南关内王阁前。乾隆十九年，监生甘旨倡建。《白盐井采访》：后水圮，重修易名彩虹。

五马桥　旧《云南通志》：在治南，一名利盐桥。《白盐井志》：明崇祯间，提举沈昌祐建。康熙十三年，提举郑山修。雍正六年，提举刘邦瑞修。乾隆二十年，提举郭存庄重修。《白盐井采访》：嘉庆六年，提举周礼重修。

新　桥　旧《云南通志》：在治南一里。康熙三十八年，灶民王神武建。《白盐井志》：在观音井，又名涌泉桥。

环龙桥 旧《云南通志》：在治南一里。雍正七年，提举刘邦瑞重修。《白盐井志》：在观音井。

宝泉桥 旧《云南通志》：在治西一里，旧名慈润桥。康熙五十二年，提举郑山修。

万安桥 旧《云南通志》：在治北一里。康熙二十七年，提举夏宗尧建。《白盐井志》：属尾井，乾隆十二年，提举何愷重修。

清水桥 旧《云南通志》：在万安桥西。《白盐井志》：即圣泉桥，乾隆十二年，提举何愷重修。《白盐井采访》：后圮，重修，易名佛惠。

锁镇桥 旧《云南通志》：在治北二里。《白盐井志》：属尾井，乾隆十二年，提举何愷重修。《白盐井采访》：道光五年，提举曹锡爵重修。

孔仙桥 旧《云南通志》：在治北四十里。《白盐井志》：距井五十里，两山峻峭，中流巨波，系运盐要路。旧为孔姓所建，因名孔仙桥。后道人袁见空重建，易木为石。旧《云南通志》：雍正七年，提举刘邦瑞重修。《白盐井采访》：乾隆十六年，提举高锦动项再修。嘉庆九年，署提举李辑玉、提举周礼重修。《白盐井采访》：光绪元年，被水冲决，提举刘赐龄、玉璋续修。

霁虹桥 《白盐井采访》：在司治内。乾隆二十二年，提举郭存庄重修。

采香桥 《白盐井采访》：在司治内。乾隆四十二年，提举郎嘉卿重修。道光元年，提举王汝琛重修。

镇川桥 《白盐井采访》：在司治内。嘉庆二十年，提举张槐率士民新建。

以上各桥，除孔仙桥外，均道光二十六年大水冲圮，提举李承基请帑重建。

石膏井直隶提举司阙

〔据岑毓英等修，陈灿等纂光绪《云南通志》（清光绪二十年刻本）卷四十八至卷五十一《建置志·津梁》辑录。该志沿袭道光《云南通志稿》，增补道光、同治、咸丰、光绪间之事。光绪《续云南通志稿》卷三十一至卷三十三《地理志·津梁》皆多沿引，但来源书目删略，文字叙述简略，不赘录。〕

（民国）新纂云南通志·地理考·津梁

卷三十六　地理考十六　津梁一

济河越川，舟楫之外，津梁为要。滇居大江上游，地方之间，有一水之隔，而几如老死不相往来者。边区则度笮悬绳，今犹存其迹。文化发达之区，有熔铁作练，凿岩成孔，以驾洪涛而利行旅者，其为工程亦至坚巨。兹本光绪《志》及《续志》，益以册报，分府列举如次。

云南府

古桥渡 昆池源从金马山东北来，拓东城北数十余里官路有桥渡。池流为河，过安宁城下，亘水东西，有桥三十一，阔长三百余步。樊绰《蛮书》。道光《志》按：今其址无考。

昆明县

嵩山古渡 在城东一里嵩山寺前。雍正《志》。知府许宏勋额曰“登彼岸”。雍正《志》。

高峣渡 在城西三十里，舟达本城版坝河。雍正《志》。

县　桥 在城大东门内布政使署东首，明黔国公沐氏建。雍正《志》。

永清桥 在城内菜海子边，清康熙二十年重建。旧《志》。一在城东北敷泽门外，旧永清门。《云南府志》。

焦三桥 在城大东门外半里，明时修建。雍正《志》。在城东一里重关外。《云南府志》。

广惠桥 在城大东门外半里。清康熙四十九年，副将周士元重修，易名福德桥。雍正《志》。

地藏桥 在城东二里许地藏寺后，跨金汁河上。雍正《志》。

桂林桥 在城东二里许，跨金汁河上，一名相公堤。清康熙间重修，建奎楼于上，今楼毁桥存。道光《志》。

打鱼桥 在城东三里许，兵燹圮。清光绪十年，士民李德义、张应辰等重修。光绪《志》。

溥润桥 在城东十里，旧名至正桥。清康熙三十五年重修，易今名。雍正《志》。

丰乐桥 在城东三十里，为往来驿道。清雍正元年，郡人王应龙重修。雍正《志》。光绪六年，绅耆李旺请由善后局筹款重修，新建石坝一道。光绪《志》。

云津桥 在城东南二里许，一名得胜桥。水出盘龙江，流经商山下，过郡城，入滇池。旧名大德桥，毁于兵。明洪武二十六年，西平侯沐春重修，以其当云南之要津，易今名。雍正《志》。清道光八年，总督阮元重修，上覆瓦屋，彻夜灯烛辉煌，俗名"云津夜市"。道光《志》。

云津小桥 在云津桥旁。清康熙间修，系卸水孔道，年久淤塞。道光《志》。

通济桥 在云津桥西，一名奏功桥。水即盘龙江支流，明成化间建。雍正《志》。源由盘龙江达濠水，流入于市而不可渡，因建是桥。元梁王格杀段平章于此。今水涸而桥存。《云南府志》。

太平桥 在城东南二里，古名剩砖桥。蜀汉诸葛武侯建，清康熙四十五年重修。雍正《志》。

小　桥 在太平桥西二百武。雍正《志》。

老崔桥 在城东南三十里。明成化间建，清雍正元年，郡人王应奎①重修。雍正《志》。在城东十五里。《云南府志》。

珠市桥 在城南门外。道光《志》。

凤凰桥 在城南门外，通濠水，以达盘龙江。蜀汉诸葛武侯建。雍正《志》。

吴西桥 在城南小泽口水德萧祠前，江西客民建。光绪《志》。

土　桥 在城南二里东寺街。今改名东西石桥，又名桂香桥。明总兵邓子龙建。雍正《志》。

版坝河桥 在城南二里西寺街，一名望安桥。明万历间建。雍正《志》。

明月桥 在城南二里东寺街，跨玉带河，俗名三板桥。清光绪五年，粮储道崔尊彝、水利同知觉罗明图筹款重修。光绪《志》。

引凤桥 在城南二里螺蛳湾。旧名新桥，明万历间建。雍正《志》。清光绪五年，官绅朱兆文等重修。光绪《志》。

---

① 王应奎　雍正《云南通志》、道光《云南通志稿》、光绪《云南通志》皆作"王应魁"。

银安桥 在城南三里马家营，俗名圆匡桥，跨杨家河。清光绪六年重修。光绪《志》。

吴井桥 在城南三里，以井得名。或云建于吴氏，明黔国公沐氏重修。雍正《志》。在城南五里。《云南府志》。

前卫营桥 在城南三里许明通河上。兵燹圮，清光绪间，粮储道崔尊彝、代理水利同知骆钫筹款重修。光绪《志》。

解家桥 在城南五里。清光绪四年，士民潘国元等重修。光绪《志》。

迎仙桥 在城南五里盘龙江上。清同治间毁，光绪六年，粮储道崔尊彝、代理水利同知骆钫筹款重修。光绪《志》。

秧鸡桥 在城南十里。清光绪五年，朱兆文重修。光绪《志》。

永胜桥 在城南十里永畅河上。兵燹圮，清光绪七年，由善后局筹款重修。光绪《志》。

翰林桥 在城南十里南坝。清康熙二十二年，巡抚王继文重修。雍正《志》。

永丰桥 在城南十里许盘龙江上。清康熙六十年，郡人张文杰、洪国才等捐建。乾隆五年，郡人杨懋、张伦等捐修。同治七年，兵燹倾圮。光绪七年，绅耆杨增、马有功等由善后局筹款重修。光绪《志》。

马房桥 在城南雄川堡。清同治间，毁于兵。光绪《志》。

新济桥 在城南十五里春登里。兵燹倾圮，清光绪五年，署布政使崔尊彝、署粮储道胡允林筹款重修。光绪《志》。

万宝桥 在城南二十里旧门里宝象河上。被水冲溃，清光绪七年，粮储道崇缮、水利同知贵端重修，并修石岸十余丈。光绪《志》。

严家桥 在城南严家堡下五甲。清光绪七年，乡民杨萃等捐修木桥。光绪《志》。

鸣远桥 在城西南半里顺城街，一名烧猪桥。明黔国公沐氏建。雍正《志》。

小泽口桥 在城西南一里，一名鸡鸣桥。明天顺间建。雍正《志》。

望仙桥 在城西南五里南坝。明天顺间建，后毁于兵。雍正《志》。清光绪四年重修。光绪《志》。

马洒营桥 在望仙桥下，清光绪四年重修。光绪《志》。

假溪桥 在城小西门外半里，通迤西大道。清康熙二十年重修。雍正《志》。

石　桥 在城小西门外三里许，一名月明桥。雍正《志》。

梁家桥 在城西五里许海源河上。清光绪六年，粮储道崔尊彝新建石桥二座。光绪《志》。

新石桥 在城西五里近栗家洼。兵燹倾圮，清光绪四年，乡耆栗正纯、张应辰重修。光绪《志》。

枋　桥 在城西五里赵家堆后。旧系木梁，清光绪八年，官绅重建，易以石。光绪《志》。

土堆石桥 在城西五里。毁于兵，清光绪八年，官绅重建。光绪《志》。

西板桥 在城西七里许，近黑林铺，一名牛心桥。明万历间建。雍正《志》。

明家桥 在城西十里鱼翅河上。兵燹倾圮，清光绪十年，官绅重修。光绪《志》。

潘家湾桥 在城西。清同治十年，粮储道韩锦云、水利同知朱百梅筹款重修。光绪《志》。

金锁桥 在城西四十里高峣小村，相传蜀汉诸葛武侯建。雍正《志》。

济川桥 在城西六里。光绪《志》。

左龙须河桥 有四，距城六里者三，距城七里者一。光绪《志》。

红 桥 在城西七里许。光绪《志》。

永安桥 在城西九里许。光绪《志》。

兴隆桥 在城西九里。以上八桥，均清同治十一年分省补用道岑毓宝倡修，又率官绅盐商等捐修西关外至碧关大路，计三十里。光绪《志》。

霖雨桥 在城北十里罗丈村。清康熙四十九年，郡人熊武兆等重修。雍正《志》。嘉庆四年，巡抚初彭龄重修。光绪《志》。初彭龄《复修霖雨桥记》：

会城东北十里许，跨盘龙江有桥曰霖雨。滇故多高原，山农以恒旸为虑。前贤之莅是邦者，遇旱辄祀于龙泉观，路必经此，意者祷雨立应，兹桥所以名与，而志仅存重修岁月，盖其从来者远矣。江发源寻甸之木龙马，经嵩明邵甸里，黑龙潭水入焉，西南至昆明松华坝，流七十余里入昆池。自兹桥以上，左受竹园、莲峰诸箐之水，右受银棱河、白龙潭诸水，曲折回旋，或沸而流，或激而波。桥以南达敷泽门外，夹岸皆民居市肆，河身始直。《考工记》曰：沟必因水势，防必因地势。善沟者水漱之，善防者水淫之。然则兹桥也，匪直行李之亨衢，盖亦曲流之保障尔。夫流曲，则多游湍水激之，桥故多毁。《管子》云：导水源，通郁闭，脊津梁，此谓遗之以利。又云：岁高其堤，所以不没也。春冬取土于中，秋夏取土于外，浊水入之，不能为败。谅哉斯言，深有当于亩浍堤防之利哉！嘉庆四年秋，桥为急涨冲溃，司事会议请修。余适于是冬衔命来滇，其时正合《管子》取土高堤之法。于以占攸往，于以浚游湍，殆一举而兼有其利。亟以入告，发帑兴工，委官偕绅士董其事。经始是年十一月，明年春三月报蒇。斯役费帑金千八百两有奇，方伯观察首郡县又捐钱千缗，除桥下之壅积而深之，俾迅流至此少潴，以免杜塞之虞，所谓脊津梁者非欤！绅士以落成，请为文以记之。余惟一介之士，苟存心利物于人，必有所济，矧徒杠舆梁之成，政体攸系，兹桥之完善如初，宜也。因是以思举锸为云，决渠为雨，一河之利诚溥，而其患亦孔亟也。备患于未然，则省费以获安，古者堨流之法，备水之器，它洵浚治之功，岂尝取办临时哉？然则疏川导滞，钟水丰物，令斯民均得饶流膏之庆，所厚望于良有司者，如此桥矣。遂允所请而为文，以记其事云。

马村桥 在城北十里盘龙江上。兵燹倾圮，清光绪七年，由善后局筹款重修，改建木桥，计六空（孔）。光绪《志》。

大波村桥 在城北二十里。被水冲决，清光绪四年，粮储道崔尊彝筹款重修。光绪《志》。

白沙河桥 在城北二十里沙靠村。清光绪八年，署粮储道崇缮、水利同知魏锡经筹款重修。光绪《志》。

小河石桥 在城北四十里邵甸盘龙江上。兵燹倾圮，清光绪四年，粮储道崔尊彝筹款重修。光绪《志》。

永安桥 在城北陈家营，清光绪七年重修。光绪《志》。

迎仙桥 在城东北二十里鸣凤山麓。明万历二十七年，巡抚陈用宾建。雍正《志》。

永济桥 在城东北三十里松花山，锁盘龙江之上流。清康熙间重修。雍正《志》。

富民县

高 桥 在城东二里。《富民县志》。

大营桥 有二，在城东三五里许。《富民县志》。

永定桥 在城南门外，旧名天河桥，水出昆海。明万历四十六年，知县许成德建。雍正《志》。舆梁跨河，高可数丈，上覆瓦屋二十楹，旁有窗壁，远望如空中楼阁，日中为市。《云南府志》。清乾隆十三年，被水冲坍，士民重修。嘉庆二年火毁，知县虞衡倡修。咸丰间，兵燹倾圮。光绪七年，知县志秀倡修。光绪《志》。

乐济桥 在城南十里黄土坡，入省大路。清康熙十九年，邑人刘在田建。雍正十一年，知县杨体乾重修。道光二十六年，被水冲圮。咸丰五年，士民重修，易以石。光绪《志》。

观音桥 在城西四里土主庙村旁。《富民县志》。

永平桥 在城西八里清水河村前。《富民县志》。

永固桥 在城西十五里，通罗次路。清康熙四十年，知县梁衍祚建。雍正《志》。在城西十里大石头内。《富民县志》。

登仙桥 在城北门外。《富民县志》。明知县韩位甫《登仙桥记》：

> 县西有龙潭渠水，并西北清水渠至土主祠山下合流，东入河直县之北。旧楮木以渡，夏秋雨潦漂没，民苦揭厉，乃谋为桥，耆氏[1]李万春愿捐赀助焉。会明旨以开路，檄县议上，遂鸠工营造，逾月桥成。由是冠盖星轺，商旅负贩，摩肩接踵，不啻袂帷汗雨。登桥而望，南入滇池，想碧鸡金马之胜，则王褒之所祷祀而求也；北顾泸水，怀纶巾羽扇之风，则诸葛之所经略而定也。况复四山苍翠，平畴衍迤，其流清驶，其途坦夷，雨晴利涉，寒暑弗病。行者讴，倦者息。万目欣欣，王路平平，车马雍雍，旟旗翩翩。乃顾小史，书其名曰“登仙”。

太平桥 在城北十里，通武定路。清康熙十九年，邑人刘在田建。雍正《志》。咸丰六年，山水冲决，士民刘复旦、寸明珠倡修。同治六年，复决，知县志秀率县民王庚乐倡修。光绪《志》。

者北桥 有二，俱在城北四十里，通武定路。清康熙十九年，邑人刘在田建。雍正《志》。光绪七年，秋涨冲决，附贡杨时昌倡修。光绪《志》。

宜良县

狗街渡 在城东南三十里。雍正《志》。旧桥朽坏，今倡建新桥，添设渡船。《宜良县志》。知县李淳《新建狗街渡桥记》：

> 既倡士庶建陈所渡桥，复倡建狗街渡桥，非喜事也，政非虚文，要于实事，

---

① 氏 道光《云南通志稿》、光绪《云南通志》皆作“民”。

事非一节，归于便民。便民者在去其所病而期于有济，夫民之所病而期于有济者，莫渡若也。狗街距宜城三十里，承大池江、大赤江之流，汇明湖诸水之灌注而出铁池河，入路南界。其水较诸渡口为大，其病涉尤甚。旧设有船渡，便夏秋之往来，至冬春水势稍杀，则宜于板桥[①]，惜兴举无人，行者苦之。余乃捐赀二十，士庶乐义，争先购材鸠工，不日竣事，并升高旧桥房为拆卸之所，经画田租为久远之计，而桥事备矣。今圣人在上，轸恤民艰饥溺廑念，而司牧者仰承德意，循分而尽所得，为邑宰职也。谨书其事，以期后之莅斯土者共勉焉。

石家渡 在城东南二十里。清康熙间置有田地，为造船济渡之费。《宜良县志》。按：为本县南部东西交通要隘。

高古渡 在城东南三十五里。有公田，为济渡之费。《宜良县志》。

高峣村渡 在城北三里。雍正《志》。一名高桥村渡，有公田，作渡船工役之费。《宜良县志》。

长安村渡 在城北五里。雍正《志》。有公田，作渡船工役之费。《宜良县志》。

三道水渡 在城北十里。有公田，为修船工役之费。《宜良县志》。按：为县城至北古城之要道。

陈家渡 在城东三里。雍正《志》。在城北十五里。邑士民捐设，并捐置田亩，作修补船只之费。《宜良县志》。

小渡口 距城五里。夏秋两季，由大小木槎公田项下制船四只，陆良、师宗一带人马，均由此往来。冬春两季，大渡口人建造木桥，行人称便，近日公路大桥拟建设于此。《采访》。

河头营渡 在北古城北，距县城十六里。夏秋渡船，冬春驾桥，为县境南北交通要隘。《采访》。

红石崖铁桥 在黄古马南端。长二十余丈，筑于南盘江上，为法国铁路公司所建。《采访》。

车渡桥 在城东三里，耆民芮洪建。《宜良县志》。

长生桥 在城东南郊外。雍正《志》。

陈所渡桥 在城东七里。桥旧朽坏，今倡建新桥，并建阁楼三间。《宜良县志》。知县李淳《重建陈所渡桥记》：

陈所渡者，迤东通粤之要道也。江水泛溢，舟楫二三。询之绅耆，始知前之桥木朽败，舟人狡黠者视为利薮，行者难焉。余假百金，捐赀二十，俾新建板桥，绅士耆庶义其举，慨然捐输，不数月而桥成。又思夏初拆卸桥木，无所覆庇，非久远计。村人士请建阁于通道，庇行人之风雨，桥木无遗失之忧。搜渡田于隐没，舟人无分外之索，桥之事备矣。后之君子，其谨守之。是为记。

通济桥 在城南门外。雍正《志》。第一铺，通路南州。《云南府志》。在城东六铺，俗名土桥，刘嘉祥建。《宜良县志》。

---

① 宜于板桥 光绪《云南通志》作“于版桥宜”。

青云桥 在城西门外。雍正《志》。通旧阳宗县。明万历二年，贡生黄鹤建。《宜良县志》。

云衢桥 在邑川市之南面四里。建于清嘉庆二十年，桥上建有楼房，避雨乘凉，本县通邑川之要道。《采访》。

文星桥 在云衢桥南面，跨于武陵河上。桥上建有楼房，建造年月不可考。据碑文载，清乾隆辛未年重修，甲辰年又重修，后被大水冲坏，至道光十三年重修。《采访》。

芮家桥 在青云桥左。雍正《志》。

广济桥 在城西一里。雍正《志》。在城北七铺小闸，俞应临建。《宜良县志》。

萧官桥 在城西四里。雍正《志》。在城北三里，通汤池。在西五里。《宜良县志》。

双龙桥 在城西五里，于宗周建。《宜良县志》。

永济桥 在城西三十五里汤池北关内。雍正《志》。建于清嘉庆十五年，为宜良入嵩明之要道。《采访》。

新石桥 在汤池北关外。雍正《志》。

海门桥 在汤池街西面，距阳宗海即明湖出水之口，驾于汤池渠上面。《采访》。

三合桥 在阿色村东南。高五丈，宽二丈，长六丈余尺。《采访》。

轿子桥 在邑川市东南半里，跨平河上面。桥上有凉亭，形如轿，因而得名。为邑川通路南之要道。《采访》。

宏济桥 在清远桥左，耆民芮洪建。《宜良县志》。

安政桥 一名安正桥，在城北一里大闸水口。《云南府志》。

赛公桥 在城北三里，一名幌桥。雍正《志》。

马家桥 在城北九铺。雍正《志》。

石版桥 在城北十五里江头村。《宜良县志》。

普济桥 在城北三十五里，贡生李节民，监生苏士瑶、李如桐、赵相璧倡修。《宜良县志》。徐文明《普济桥记》：

宜邑大赤江，发源霑益之花鱼潭，浸淫于曲靖，渐渍于陆凉，经路南北界，盘折数百余里，始西达宜良，厥名大河口。自是东折而南，蜿蜒于宜坝几百余里，竟红石岩而出河阳界，会仙湖水以去。其江之在宜者，冬春以桥济，夏秋以舟济，所在皆然。惟河口较他渡难甚，盖其地两山壁峙，水甫出峡，急流陡下，且界居三邑之交，众流奔汇，冬春稍杀，而中间怪石硌砑，仿佛瞿塘滟滪。至夏秋雨积，势益张大，砐蹴洪涛，訇訇声彻数里许，险渡也。旧设舟楫以济行人，而临危蹈险，戕生殒命者多有。至乾隆癸巳，水势混流，舟师不戒，同船覆没者三十余人，尸横江岸，枕藉沙碛，闻者恻焉。路南太学李如桐、陆凉太学赵相璧、宜良太学苏士瑶、岁荐李节民者，均善士也。目击神伤，誓建石桥，易彼舟渡，慨捐重赀，共襄厥成。相形度势，鸠工庀材，身亲董役，甃以巨石，贯以铁柱，造为长桥。中分七空（孔），高三五丈，长三十丈，宽二丈许。计工约费数万，计赀约费数千。始于甲午冬初，落成于乙未春暮，再修补于丙申之夏，今阅九春秋矣。凡往来者莫不感四善士之德焉，而四方仁人君子颇有捐赀，如不寿诸贞珉，何以劝善而垂久远？明不敏，深嘉四善士不忍人之美意，而乐其相与有成，名曰普济桥，并记颠末如此。

池江大石桥 为本县入陆良之要隘。《采访》。

凌云桥 距邑川市南面十里。原名龙锁桥，后以其附近凌云阁更名凌云，概用大石建筑，桥基颇固。《采访》。

兴隆桥 在邑川西南，为邑川通杨林之大道。建于清乾隆四十七年，咸丰壬子年被水冲坏，至乙卯年重新建造，迄今尚称稳固。《采访》。

通化桥 在城东北二里。雍正《志》。俗名土桥，在城东六铺。《云南府志》。

太平桥 在城东北五里。雍正《志》。在城东五里。《云南府志》。在城东北四里，清康熙七年重修。《宜良县志》。

新 桥 在城南三里谭官营。清光绪九年，村民倡建。《宜良县志》。

罗次县

顺定桥 在城内。《罗次县志》。

翼文桥 在城外碧城河。清乾隆二十一年，知县严庆云倡建，石桥五孔，并建观音阁三楹于桥头，额曰“镇静冯夷”。道光《志》。兵燹毁，同治三年，士民重修。光绪《志》。教谕罗元琦《重建翼文桥引》：

盖闻除道成梁，纪星期于《夏令》，合方视野，辟轨涂于周行。是以道茀不修，单襄公讥其蔑制，乘舆以济，公孙侨见而恤民。罗次翼文桥者，附依近郭，广接中逵。河绕碧城，夙号流沙古渡，山环玉带，尚缺跨水飞虹。酌以堪舆之言，宜建穹窿之圯。盖以黉宫遥映，标砥柱于文澜；还拟宝塔高浮，竖霄峥于笔阵。实关风会，乃锡嘉名。忆昔年创建，曾协众以鸠工，溯曩日观成，颇利行而称便。不期流多泛滥，以致岸忽骞崩。断续斜梁，无滹沱之坚冰可渡；萧条灌莽，恐阴陵之陷泽堪惊。遂至徙倚津涯，沿堤涨桃花之水；踯躅道左，临流歌匏叶之诗。行人过而褰裳，闺中望而却步。缘是共襄义举，广集同人，思完多年未竟之功，务为一劳永逸之计。纵横十丈，比复道之凌空；首尾双楹，若重檐之耸翠。譬之断鳌立极，知非一篑成功；曾闻熔铁为牛，务使千秋永固。形胜于斯增丽，风气由是宏开，但工费不赀，土木甚钜，虽群情踊跃，咸皆指囷乐输。而褊邑弹丸，未克铺金满地，乏远公之幻术，安能掷杖即成？等精卫之辛劬，窃忧填海无力。将经始于一旦，尚借资于十方。用募善缘，恭疏短引，还须舍财无量，当思种福有基，尽无算数之布施，扩不思议之功德。伫看役众云集，荷锸星驰，运五丁开凿之威；瀹疏沙碛，做八柱纲维之势。筑建堤防，人悦忘劳，何烦鼛鼓，子来趋事，立竣津梁，消水势以归流，控山形而耸峻[1]。从此轮蹄络绎，一任驰骋螭龙；屐屟连翩，咸见徘徊雁齿。鹿角村畔，惊半月之横波；狮马墟间，睹飞霞之映水。倘若天孙欲渡，不消鹊影分填；伫俟司马留题，群羡鹏程直上。如游富平津际，重看杜预之经营；恍在洛阳桥边，再见蔡襄之结构。沿堤环翠柳阴翳，遮四面云山；过客仰[2]雕栏碧砌，笼一溪烟月。若非萃亿姓之善果，何以壮三城之保障哉！

---

① 峻 光绪《云南通志》、道光《云南通志稿》俱作“崚”。

② 仰 光绪《云南通志》同，道光《云南通志稿》作“俯”。

镇北桥 在城东三十二里鸣鸡寨。道光《志》。

双贵桥 在城东三十五里响地哨。外邑人王嘉宾修，通富民大道。《罗次县志》。

小板桥 在城东四十五里九岳坪。《罗次县志》。

攀桂桥 在九岳桂树下。《罗次县志》。

金虹桥 在城东六十里泽润里南。清雍正元年建，通易门、安宁大路。道光《志》。

永安桥 在泽润里北。清雍正三年建，通武定、元谋大路。道光《志》。

昆石桥 在城东六十二里河尾村。《罗次县志》。

小石桥 在城东六十五里沙竜，通安宁路。《罗次县志》。

板　桥 在城东南五里，通省城大道。《云南府志》。

映文桥 在城南三里。清雍正三年邑人杨仪、杨德广等建。雍正《志》。

凤凰桥 在城南五里落凹营。《云南府志》。先系木质，已坏，后改为石桥。《采访》。

新　桥 在城南七里。清康熙十年署知县何清建，甃石架木，上覆屋三楹。雍正《志》。

大石桥 有二，一在城南二十里，一在城北十五里。邑人刘一清、何应爵等建。雍正《志》。

永丰桥 在城南二十里，通安宁大道。《云南府志》。在川心营。《罗次县志》。清光绪十八年重修。《采访》。

普济桥 在城南三十二里黄坡。邑民王嘉宾募修，通禄丰大道。《罗次县志》。清同治十三年士民吕元音、胡尔荣等重修。光绪《志》。

迎仙桥 在城南七十里。明万历十六年，邑人张廷炎建。雍正《志》。

衍庆桥 在城西南一百二十里炼象关城西门。明万历间，邑人白朝斗同众捐建。雍正《志》。清嘉庆二十三年，被水冲决，士民重修石桥，为迤西通衢。道光《志》。

昌裔桥 在炼象关西五里。明天启间，邑人宋郊同众捐建。雍正《志》。

镇安桥 在炼象关西十里。明天启间，邑人朱腾雨同众捐建。雍正《志》。

华明桥 在炼象关西四里。明崇祯间，邑人蒲华妻张氏同众捐建。雍正《志》。

鹿鸣桥 在城西十里鹿角村。知县何清架木梁，覆以瓦屋，后圮。清康熙三十六年，士民杨仪、王辅弼等捐修石桥。明时，弟子员赴公车饮饯于此，故名。《罗次县志》。

广德桥 在城西北十里温泉北，杨广德修。《罗次县志》。

济川桥 在城北落摩伍，通武定大道。《罗次县志》。

喜雨桥 在城北二十里北厂村。清康熙三十七年，邑人杨广德、李如松等建。雍正《志》。在城北三里。《云南府志》。

永顺桥 在城北二十五里，通武定大道。《云南府志》。

永凝桥 在张至坡下。《罗次县志》。

平政桥 在县境内，黄一清修。《罗次县志》。

龙翔桥 在县治西北白沙之东。《采访》。

凤翥桥 在县治西北十七里白沙之东。《采访》。

保安桥 在县治西二十里。《采访》。

观音桥 在县治东七十里。《采访》。

清河桥 在县治东八十里。《采访》。

永定桥 在县西南六十里，清光绪十八年创建。《采访》。

晋宁州

野鸡龙潭渡　在城西七里诰轴山下。《晋宁州志》。

河泊所渡　在城西十里村后。《晋宁州志》。

小官渡　在城西十里河泊所右。《晋宁州志》。

东山凹渡　在城西十里梁王山后。《晋宁州志》。

老江沟渡　在城西北十三里白龙寺下。《晋宁州志》。

团山渡　在城西北十五里团山村后。《晋宁州志》。

海溪桥　在城东三里盘龙山下。雍正《志》。

望仙桥　在城东三里许万松山下。《晋宁州志》。

仙姑桥　在城东四里盘龙山下。《晋宁州志》。

双龙桥　在县属东乡永和村，跨柴河流域。旧为石平枋桥，因被河水冲没，清光绪二十七年重建。《采访》。

惠利桥　在城南一里许。明弘治十四年，王让建。雍正《志》。水出盘龙坝，会大坝河，入滇池。旧名惠利，清乾隆九年，本州士庶重修，易名广济。《晋宁州志》。

种玉桥　在城南里许。清康熙四十八年，知州徐克祺修。《晋宁州志》。

长坡桥　在城南五里。明弘治十四年，王世泰建。万历四十五年，州绅刘汉东重修。《晋宁州志》。

五里桥　在城南五里，明州人刘世荣建。雍正《志》。

上登瀛桥　在城南五里石碑村前。清嘉庆十八年，陈于宁、陈于廷倡建。道光《志》。

接龙桥　在城南五里石碑村前，清康熙间建。道光《志》。

迎龙桥　在城南八里耿家营。清康熙间，士民公建。道光《志》。

天生桥　在城南九里小江头。清雍正间，士民公建。道光《志》。

广济桥　在城南十里铺前。清康熙间，士民建。道光《志》。

十里铺桥　在城南十五里。明州人赵宗周、赵世发同建。雍正《志》。

登瀛桥　在城西南三里小寨村前。《晋宁州志》。

学士桥　在城西南七里小朴树村前。水出大堡河，会大坝河，入滇池。《晋宁州志》。

迎仙桥　在城西南十里观音山前。水出大河，入滇池。《晋宁州志》。

凤凰桥　在城西门外半里。昔有凤凰止此，故名。雍正《志》。

四通桥　在城西三里许。明弘治三年，知州熊宏建。万历五年，知州赵时雍重修。《晋宁州志》。清嘉庆十二年，李鼎元、李德元、赵昇重修。道光《志》。路通新兴、元江等州。《古今图书集成》。

瀛洲桥　在城西三里康乐村。清道光八年，贡生任占甲倡建。道光《志》。

天女桥　在城西三里天女城山下。清乾隆三十五年，村人李芳昊、杨霖润、杨霖浩公建。道光《志》。

利涉桥　在城西五里天女桥下。明万历间，杨瑞廷建。清乾隆间，徐瀚倡修。道光《志》。

新　桥　在城西五里，明刘世荣建。《晋宁州志》。在石美村前，一名刘家桥。雍正《志》。

凤仪桥　有二，均在城西八里金砂、大西、左卫三交界处。古名过樑桥，清道光十七年，阖州士民公建。道光《志》。

青龙桥 在城西九里左卫新村界。巨石一块，宽平阔大，经过者皆以为异。道光《志》。

庆丰桥 在城西北一里忠烈祠后。《晋宁州志》。

太平桥 在庆丰桥后，清乾隆十年重修。《晋宁州志》。

凝静桥 在城西北三里王家坝下。明州人徐天应建，清雍正四年，士民重修。雍正《志》。在新江坝下。《晋宁州志》。

普济桥 在城西北四里许大营。道光《志》。

世济桥 在城西北五里。明州人李茂修建，其孙重修，故名。雍正《志》。

拱秀桥 在城西北五里大西村。《晋宁州志》。

官惠桥 在大西村。

二桥俱明万历间建。《晋宁州志》。

永丰桥 在城西北五里梁家营，明万历四十四年建。《晋宁州志》。

义修桥 在城西北七里中大河界。清嘉庆二十四年，节妇王杨氏新建。道光《志》。

永顺桥 在城西北七里马家村，士民公建。道光《志》。

永福桥 在城西北八里吕家坝，士民公建。道光《志》。

安澜桥 在城西北十七里，本州士民公建。雍正《志》。在城西北四里中大河界。清道光六年，村民公建。道光《志》。又名永安桥。《晋宁州志》。

民力桥 在县治西城外。为汽车公路所经，县属东五保、上下东一保负担修筑。《采访》。

民生桥 在县城外大破沟。为汽车公路所经，由县派夫修筑。《采访》。

迎恩桥 在城东北三里迎恩铺外撒马沟，清乾隆十八年重修。《晋宁州志》。

民治桥 在县治城外长冲洞。为汽车公路所经，县属福安保负担修理。《采访》。

善济桥 在城东北四里象鼻岭下，清乾隆二十年重修。《晋宁州志》。

呈贡县

通济桥 一在城内中街。明洪武间，知县揭官保建。雍正《志》。一在城西，明天顺间，典史易有高建；一在城南二十五里，清道光二十年，旧归化城内士民捐赀新建。道光《志》。

永济桥 在城东新册村。《呈贡县志》。

便民桥 在城东三十里惮泥山下。明嘉靖间，知县范宏建。雍正《志》。

青龙桥 在城东三十里松子园外，接河阳界。清乾隆间建。道光《志》。

凤鸣桥 在城东南郎家营。《呈贡县志》。

姑娘桥 在茈庄南五里。清光绪十年，绅民陆应芳等倡捐重修，通河阳路。光绪《志》。

利济桥 在城东南三十里茈庄村外，为澂江孔道。清光绪十年，知县李明鋆率士民杨苏、华炳文等倡捐新建。光绪《志》。按：民国二十年，县绅华晋三捐款重修。

大　桥 在城南门外，清乾隆二十六年建。道光《志》。

大通桥 在城南。明弘治间，典史沈福建，今圮。《云南府志》。

龙市桥 在城南一里。明成化间建，万历八年，知县黄宇重修。雍正《志》。原名济远桥。《云南府志》。

新虹桥 在城南兴隆营。清光绪十一年，村民建。光绪《志》。

运转桥 在兴隆营。年久倾圮，沙壅横流，行人病涉。清光绪十一年，知县李明鋆率士民华炳文、陈标等倡捐重建。光绪《志》。

老旺桥　在城南三里。光绪间，士民杨钟南等倡建。光绪《志》。

舆济桥　在城南十五里大渔村。明万历八年，邑人汪朝阳建。清康熙四十五年，邑人姚茂德重修。雍正《志》。在城南二十里。《云南府志》。

三板桥　在城南十五里捞鱼河，澂江孔道。清嘉庆二年建。道光《志》。

太平桥　在城南十五里太平关。明成化间，邑人吴应选建。清雍正四年，阖邑重修。雍正《志》。

普济桥　在城南三十五里。明嘉靖间，邑人李经建。雍正《志》。在城北五里。《云南府志》。

利涉桥　在城南四十里富有村。明嘉靖间，邑人蒋春建。雍正《志》。在城东一里。《云南府志》。在城南二十里。《呈贡县志》。

仁寿桥　在城南丰乐村南，清乾隆六年建。道光《志》。

龙门桥　在城西南里许大古城。清同治十三年，知县史致准準士民杨珍等重建。光绪《志》。

吴笼桥　在城西南四十里安江村。明弘治间，邑人李洪建。雍正《志》。在城西南七里。《云南府志》。

永丰桥　在城西五里可乐村南。清道光间，士民捐建。道光《志》。

安江桥　在安江村。明万历间，知州许亨魁建。清顺治间，邑人保姓建。《云南府志》。

新　桥　在安江村。《呈贡县志》。

通利桥　在城北五里。明弘治间，知县何崇有建，陈表重修。《云南府志》。

望云桥　在前卫营。清道光二十二年，村民建。道光《志》。

锁龙桥　在倪家营。清道光二十六年，村民建。道光《志》。

安宁州

黄塘渡　在城南十五里。设有渡夫。雍正《志》。在城南五十里。《云南府志》。

白塘渡　在城北七里。《云南府志》。一名白塔渡。《安宁州志》。

温泉渡　在城北十五里。雍正《志》。

青龙城渡　在城北五十五里。道光《志》。

李百户村渡　在城北六十里。《云南府志》。

矣龙甸渡　在城北六十五里。道光《志》。

通清桥　在城内州署前大街。《云南府志》。

永安桥　名东桥。《清一统志》。在城东门外，螳螂川经其下，为迤西要路。明弘治七年，巡抚张诰重修。清康熙四十五年，总督贝和诺、巡抚郭瑮捐俸，委知州高珍督修。雍正《志》。乾隆元年，布政使陈宏谋捐修。二十七年，知州卞怀诏重修。道光《志》。

醉春桥　在城东门外岑楼北。明崇祯间，州人募修。雍正《志》。在旧遥岑楼外，俗名三桥。《云南府志》。

指挥桥　在遥岑楼东。《安宁州志》。

迎恩桥　在指挥楼东。《安宁州志》。

永定桥　在城东门外。明弘治七年建，迤西通衢。《云南府志》。

昌应桥　在城东二十里。《清一统志》。在城东三十里，入省大路。明万历间，州人杨彦魁建。清康熙八年，知州张在泽重修。十一年，州人祁凤翔募众再修。雍正《志》。在城东二十五里。嘉庆十九年，署知州郭辉翰同绅士段泰吉等捐修。《安宁州志》。

天津桥 旧名涉河桥。《清一统志》。在城东南一里。明万历间，郡人朱化孚建。清康熙二十三年，知州朱承命重修，改名天津。雍正七年，粮道黄士杰、盐道冯光裕同捐修。《安宁州志》。咸丰八年，兵燹毁。光绪九年，士民捐修。光绪《志》。

崇文桥 在城南二十里。明万历间，旧三泊县知县彭悌建。雍正《志》。在礼义村。《安宁州志》。

长虹桥 在城南二十五里旧三泊县南。《安宁州志》。

资利桥 在旧三泊县资利河。《云南府志》。

博济桥 在城南三十里，通迤西大路。清雍正二年，士民募建。雍正《志》。

鸣矣河桥 在城南四十里，旧系木桥。《安宁州志》。清道光十四年，士民捐赀改建石桥，更名凤鸣。道光《志》。

回龙桥 在城南四十里双村。清道光十八年，士民新建。道光《志》。

普济桥 在城南五十里。《安宁州志》。

永济桥 在城南七十五里前所。清道光二十八年，士民捐建。道光《志》。

冯母桥 在城南八十里。清雍正元年，州人冯加懿母李氏建。雍正《志》。在城南七十五里。《安宁州志》。

惠济桥 在城南八十里石坝。清咸丰元年，士民捐建。光绪《志》。

王家桥 在城南九十里石岩村。清道光二十五年，士民捐建。道光《志》。

潆川桥 在城南九十里吴李坝。清道光二十七年，士民捐建。道光《志》。

普安桥 在城南九十里小营。清道光三十年，士民重建。道光《志》。

保善桥 在城南九十里七街子。清同治十一年，村民建。光绪《志》。

安澜桥 在城南筒车坝，州人祁凤翮、杨同春募建。《安宁州志》。

西归村桥 在城南西归村，士民修建。雍正《志》。

通仙桥 在城南。清乾隆五十九年，耆民董大生等捐建。道光《志》。

老河坡桥 在城西南五里，通易门路。州民杨士毅建。雍正《志》。

盐课司桥 在城西门内旧盐课司署前。《云南府导》。

寿昌桥 在城西门外，郡人张希元建。雍正《志》。

游得高桥 在城西三十里。雍正《志》。

草铺前桥 在城西草铺前，阖街修建。道光《志》。

草铺后桥 在城西草铺后，庠生杨联陞建。道光《志》。

禄脿街桥 在城西禄脿街。士民建，一名清风桥。道光《志》。

光裕桥 在城北四里。明崇祯间，郡人杨凤建。雍正《志》。

近渡桥 在城北七里白塔渡前。《安宁州志》。

美济桥 在城北十五里温泉尾，州人吴蓁、吴芹捐建。《安宁州志》。

显济桥 在美济桥北，州人吴芹建。《安宁州志》。

登春桥 在宝兴庄前。清乾隆五十四年，绅士张云鹏、张灿坤、李球等捐建。道光《志》。

禄丰县

金锁桥 在城东二乡，高四丈余。清嘉庆四年，村人捐建。道光《志》。

启明桥 在城南十五里。明天启间，丽江土知府木增建。清乾隆四十九年冲塌，五十一年，知县戴士炎同绅士捐建。雍正《志》。

星宿桥 在城西门外。一名永丰桥，通迤西大路。雍正《志》。春夏之交，涨水暴发，行者怖畏，编竹驾舟，往往覆溺。明万历间，知县向兆麟详允建桥，长三十丈，阔四丈，计五硐，即名星宿桥。《云南府志》。清康熙三十九年倾圮，总督范承勋、巡抚王继文檄迤西各官捐修。四十六年，水涨复冲坏，布政使刘荫枢亲勘议修，不果。四十九年，知县刘自唐捐修，架以木板。雍正五年，水涨复行冲坏，仅存一硐，暂以船只济渡。雍正《志》。道光五年，士民等捐修，武生章云标、新平教谕刘霈玉、从九品欧声畅、贡生段钧董其役。道光《志》。训导赵容恭《星宿桥碑记》：

> 尝谓事无大小，欲其为之，竟成也。期于志之坚，尤期于力之足。志苟不坚，虽有力终属罔济；力果不足，虽有志亦莫如何。二者相需而功乃成，天下事其大较也，即修桥何独不然？姚陵为迤西通衢，西门外有河，古名星宿河，亦号绿衣江。其源西自武定，东导罗次，蜿蜒潆洄，各数百里，及城北里许，两水汇合，顺城直下，达元江、交趾，入于南海。每当夏秋之交，野水合流，茫无涯际，既为居民害，亦为过客忧。跨河有桥，以济不通，建自前明，由来旧矣。逮至我朝康熙间，此桥复坏，始经邑侯丁君、刘君先后筹款修复，旋复倾圮，历今百有余年。冬春则驾以浮梁，夏秋则济以小船，时有阻滞沉溺之患。道光己酉，适有琅井杨安园先生致仕回籍，过而心伤，慨然捐银三千两为之倡，用是阖邑士民各倾己囊，共襄善举。又禀请大府按货收釐，慎选司事以筦出纳，阅六载而桥成。计桥之大，长三十六丈，宽三丈二尺，为洞七、礅六，盘石巩固，视前明修建，百倍其功。自兹已往，可以利济长久，永无壅滞倾废之虞矣。桥成，制军抚军各赐牓联，而以星宿桥名之。邑之首事，因东建坊桥，西载碑石，用垂不朽。余以道光丁亥赞铎于斯，属为文以记之，遂书其缘起如此。

飞虹桥 俗名罗次桥，在城北门里许，通黑、琅两井大路。明天启间，邑绅王锡衮建石桥，三硐。清康熙十一年倾圮，盐道郭廷弼捐修，易以木桥。四十六年，水泛冲断，盐道李苾捐俸，知县黄枢督修，后复坏。五十二年，黑井提举沈懋价重修。雍正《志》。俗名罗次桥，邑绅王咨翼重修。《云南府志》。雍正五年，被水冲坍，夏秋造船济渡，冬春建木为梁。道光《志》。咸丰初，盐井禄邑官绅重修，改名利济桥。同治初复修。光绪《志》。光绪十七年，黑井提举邹馨德等改为石桥，命名丰裕。《采访》。

康济桥 在城北十里。清康熙五十年建，乾隆间，屡修屡圮。道光三年，知县吉修孝同绅士杨时行捐赀改建，易为两孔，更名永济。道光《志》。同治十年，知县张钰率井绅同修。光绪《志》。

宝泉桥 在城北二十里翻泥河。明嘉靖初建，下有温泉，土人浴之。雍正《志》。

双济桥 在城北三十里，通武定路。雍正《志》。清康熙五十年，郡人唐瑜建。涧水骤发，商旅难行。唐瑜建石桥，既便利涉，又资灌溉，因名。《禄丰县志》。

昆阳州

海口渡 在城北二十里，为往来要津。雍正《志》。在州北四十里。《云南府志》。

鸣凤桥 在城东三里，清康熙五十六年建。雍正《志》。

巨 桥 在城东三里，元时建。《云南府志》。

龙泉桥 在城东十里。雍正《志》。

普济桥 在城南门外。明万历间，知州夏可渔建，改名济生桥。《云南府志》。

焕文桥 在城南门外。清康熙四十年，智坊士民同建。雍正《志》。

卢公桥 在城南三里。明万历间，署知州卢元恺建。雍正《志》。

新 桥 在城南二十里。明天启间建，清康熙三十二年，知州蒋廷铨重修。雍正《志》。为新兴通衢。《云南府志》。

石枧桥 在城西三十里甸头村，长五丈。明时楚人李正相度为枧，以溉田亩，里人德之。雍正《志》。

些溪桥 在城西三十五里。明万历间，州人李凌云建。雍正《志》。

响水桥 在城西三十里，清康熙五年建。《云南府志》。

天生桥 在城西四十里鲁黑庄右。《云南府志》。

石龙桥 在城西北三十里，为迤西通衢。清康熙七年建。雍正《志》。

迎恩桥 在北城外。明嘉靖间，知州张绮建。雍正《志》。

升龙桥 在城北五里仙卧山下，今改崖跌水。《云南府志》。

屡丰桥 在城北。跨海口，计三座十余空。清道光十六年，总督伊里布、巡抚颜伯焘率官绅捐修，并建龙王庙、白将军庙于中滩。光绪四年重修。道光《志》。

易门县

木奔渡 在城西南六十里木奔江。进士董良材捐田置船，以作义渡。《续易门县志》。

小江口渡 在城西小江口。《续易门县志》。

香树坡厂渡 在城西一百二十里香树坡厂。《续易门县志》。

九渡河渡 在城西北一百二十里九渡河。《续易门县志》。

杨梅庄渡 在城西北杨梅庄。《续易门县志》。

三岔河渡 在城北三十五里三岔河。《续易门县志》。

惠津桥 在城东二里，明末建木桥。雍正《志》。名惠津桥①，山西万全县教谕赵世显等捐建。《易门县志》。清康熙二年，阖邑士民捐建，易以石。雍正《志》。乾隆三十六年，署知县杨奋建亭于上，题曰“断岸流虹”。《易门县志》。

云龙桥 在城东五里大营。《易门县志》。

易川桥 在城东七里曾所营。明末建，清顺治间，邑人徐石匠重修。《易门县志》。

惠泽桥 在城东八里曾所营。《易门县志》。

永济桥 在城东下江渠，乾隆四十一年修。《易门县志》。

镇江桥 在下江渠。《续易门县志》。

飞虹桥 在城东十五里驾易江上，有“飞虹普渡”坊。明崇祯十七年，知县黄世臣建。雍正《志》。

迎龙桥 在城南门外。明洪武二十四年建，清顺治十八年，知县叶之馨重修。雍正《志》。

---

① 惠津桥 道光《云南通志稿》、光绪《云南通志》、康熙《易门县志》皆作“会津桥”。

小石桥　一在城南四会冈头小河上流，一在县东九会叶家房小河下流。《易门县志》。

普川桥　在城南十五里普贝屯。雍正《志》。

鸣凤桥　在城南二十里苗茂河，清乾隆四十年建。《易门县志》。

通济桥　在城西八十里甸末，系木梁，上覆瓦屋。《易门县志》。又名南山桥，今圮。道光《志》。

小河桥　在城西八十里新城，系木梁，上覆瓦屋。《易门县志》。今圮。道光《志》。

永镇桥　在城西沙衣旧，清乾隆三十九年建。《易门县志》。

利济桥　在城西沙丈，经历潘国弼捐修。《易门县志》。

见龙寺大桥　在城西北易门庄见龙寺。《续易门县志》。

望春桥　在城西北太和川，清乾隆四十年建。《易门县志》。

峡蒲桥　在城西北，系木梁，上覆瓦屋。《续易门县志》。

七星桥　在城北门外，旧名捷径桥。明洪武二十四年建，万历二十九年，邑人张仲美重修，改今名。雍正《志》。

永靖桥　在城北一里。雍正《志》。

文亨桥　在城北十五里刘家营。《易门县志》。

三汊河桥　在城北十五里葛根箐。《易门县志》。系木梁，上覆瓦屋。《续易门县志》。

新　桥　在城北十五里，生员吴恕建。《续易门县志》。

旧县门首石桥　在城北三十里旧县。《续易门县志》。

栢木桥　在城北四十五里，接禄丰县界。系木梁，覆以瓦屋。雍正《志》。在迤栖屯，清道光六年改建石桥。《续易门县志》。

绩麻村大桥　在城北绩麻村。《续易门县志》。

窝德村大桥　在城北窝德村。《续易门县志》。

永安桥　在城东北十里山后箐小河，故名小河桥。旧系木梁，清光绪九年，武生吴光鲁倡修，改建石桥，易今名。光绪《志》。

嵩明州

永清渡　在嘉丽泽边。道光《志》。今嘉丽泽水因疏浚而涸，已成陆地，除夏季水涨用船外，人马可行。《采访》。

段峻德桥　在城东门外。《嵩明州志》。

元和桥　在城东门外。道光《志》。

罗锦桥　在城东五里。清康熙四十八年，知州吴宝林建。《嵩明州志》。

飞虹桥　在城东五里。雍正《志》。

普济桥　在城东七里。清道光五年，小迤半村公建。道光《志》。

龙济桥　在城东十里。雍正《志》。

太平桥　在城东十里。清顺治间，太平龙阖村建。道光十五年，罗锦村重修。道光《志》。

竜纳桥　在城东二十里。雍正《志》。

永济桥　在城东二十五里。清道光十三年，地震倾圮。十九年，金下枝士庶重修。同治十三年复修。光绪《志》。

白龙桥　在城东三十五里。清道光间，士民新建。道光《志》。

嘉利桥　在城东四十里，即河口大桥。明万历间，知州熊克壮建。雍正《志》。

前卫石桥　在城东百里。明万历间，卫宗元倡建，被水冲坍，未修。道光《志》。

堡子屯河桥　在城东百里。明万历间，高天祥倡建，清咸丰三年重修。光绪《志》。

庆云桥　在城东百里。明万历间，罗元亮建。清光绪五年，士民重修。光绪《志》。

丁官桥　在城东南。《云南府志》。

杨高桥　在城东南。《云南府志》。

永济桥　在城东南。旧名兔街梁，今改永济桥。道光《志》。

普济桥　在城东南。旧名河祐梁，今改建石桥，名曰普济。道光《志》。

朝宗桥　在城南门外。道光《志》。

龙津桥　在城南十里。雍正《志》。

龙关桥　在城南十五里。雍正《志》。

凝和桥　在城南三十五里杨林驿东。雍正《志》。在杨林南五里。《云南府志》。在杨林东一里。《嵩明州志》。

青石桥　在城西南四十里。清康熙四十九年，知州吴宝林捐建。《嵩明州志》。

西来桥　在城西门外。道光《志》。

万里桥　在城西五里。明嘉靖间，知州狄应期建。道光《志》。

云津桥、通明桥　并城西十里。明万历间建，清道光十二年，李楷等重修。道光《志》。

大通桥　在城西二十里，即四版[①]桥。明知州狄应期建。雍正《志》。

对龙桥　在城西四十里。雍正《志》。在城南四十里。《云南府志》。

白邑桥　在城西四十里。《嵩明州志》。

甸尾桥　在城西四十五里。道光《志》。

庄科桥　在城西五十里。《嵩明州志》。

段麟桥　在城西五十里。《嵩明州志》。

者纳桥　在城西五十里。《嵩明州志》。

天生桥　在城西五十里，旁有仙人洞。道光《志》。

景星桥　在城西百里。明万历间，蒋文明倡建。清光绪五年，士民重修。光绪《志》。

太和桥　在城北门外。道光《志》。

丹凤桥　在城北一里。雍正《志》。

仁济桥　在城北十里。雍正《志》。在城南四十里。《云南府志》。

长安桥　在城北十里。清道光二十八年，长安冲村民建。光绪《志》[②]。

锁水桥　在城北百二十里。明万历四十一年，知州余化龙倡建。清咸丰六年，兵燹毁。光绪《志》。

矣纳桥　在城北二十里。雍正《志》。

---

① 版　原本缺，据雍正《云南通志》补。

② 光绪《志》　原本作“道光志”，查道光《云南通志稿》无“长安桥”条，光绪《云南通志》“长安桥”条作“《嵩明州采访》：在城北十里，道光二十八年，长安冲村民建”。今据改。

大理府

太和县

海虹桥　在城东海滨柴村，明御史李东建。清咸丰六年，知府唐惇培捐修。光绪《志》。

双鹤桥　在城南一里，跨绿玉溪之水。明万历间，知府莫天赋、同知冯大载建。雍正《志》。桥柱立二铜鹤。《明一统志》。

安固桥　在城南五里，跨龙溪。三孔行水，翼以石阑，长四丈，阔三丈，造浮图，桥南置金像镇之。明成化间，知府李逊建。弘治四年，知府马自然重建，后圮。万历五年，分巡道王希元重建。《大理府志》。清光绪七年，士民捐赀重修。光绪《志》。

杨和桥①　在城南八里，跨清碧溪。明万历间，分巡道王希元建，一名七里桥。雍正《志》。清道光四年，提督罗思举、迤西道谢崧、知府宋湘、知县宫思晋等捐赀重建。光绪八年，提督黄武贤、迤西道熊昭镜、知府王邦彦、知县吴申祐、参将黄河洲倡捐重修。光绪《志》。二十年大坍，提督蔡标捐修。《采访》。

十里桥　在城南十里，跨莫残溪。雍正《志》。清道光四年，提督罗思举、迤西道谢崧、知府宋湘、知县宫思晋捐修。光绪八年，士民重修。光绪《志》。二十年，蔡标捐修。《采访》。

鹤背桥　在城南十五里，跨葶蒖溪。雍正《志》。

阳南桥　在城南二十里，跨阳南溪。雍正《志》。清道光四年，提督罗思举、迤西道谢崧、知府宋湘、知县宫思晋重修。道光《志》。光绪九年，溪水暴决，二十八年，邑人周宗麟等捐修。《采访》。

清风桥　在城南三十里，跨海尾。明正统间，知府贾铨、指挥郑俊同建，分水五道，翼以阑墙，长一十五丈。郡治桥梁，此为第一。雍正《志》。一名黑龙桥，在下关城。《大理府志》。清光绪三年淫雨，水涨冲决，迤西道熊昭镜、知府毛庆麟、提督杨玉科等，率士民捐修。光绪《志》。迤西道熊昭镜《重修黑龙桥碑记》：

大理有上、下两关，下关名龙尾关，在郡治南三十里。太、赵、邓、浪、宾诸水汇入洱海，洱海之水自北而南，由关外分二道西流，天然重险。旧建石桥二座，在内者为黑龙桥，河阔而深，其长数倍外桥，行李之往来苍洱间者，舍此莫由达焉。且地处山海之冲，风力最劲，故又有两墙以为障蔽。丙子秋，久雨之后，地震桥圮，人皆病涉。余商诸芷卿大守、云阶提军，各捐廉以为之倡，附近绅民亦知叶榆之不可一日无此桥也，莫不共襄善举，遂嘱李绅光裕等董其事。先转巨石，运大木架板，以暂通车马，俾行人无阻，始得从事于桥。但水深三丈，桥根茫茫，畚锸无所施，则桥根不可得而成，欲去水则洱海朝汐逆行，既不能置闸断流，又不可开沟旁泄，虽工料俱备，而势几束手。不得已，博访周咨，乃近桥筑坝两层，多用水车，催丁壮，竭人力，以与水争尺寸，众诚所格，冥漠中若有默助者，水忽涸。一日而桥基遂成，阅两月而桥工告竣。共费银一千两有奇。是役也，人咸难之，乃不费一公帑，不役一民夫，而竟克成，可见天下无不可成之事也。太守来请记于余，余即其事以记之。

---

① 杨和桥　雍正《云南通志》、道光《云南通志稿》、光绪《云南通志》皆作“阳和桥”。

子河桥　在城南三十里，跨海尾新河。清康熙三十一年，僧正觉募建。雍正《志》。

竜关桥　在县城三十里。《古今图书集成》。跨海尾。雍正《志》。二孔行水，翼以扶阑。《大理府志》。

龙溪桥　在城西南郭外五里，跨龙溪上流。长四丈许，计三孔。明嘉靖间，郡人李元阳、杨怀哲建。清咸丰五年，溪涨决。六年，知府唐惇培、知县毛玉成率士民捐赀重修，移距旧址西上五丈许。光绪《志》。

中和桥　在城西门外，跨中溪上游，旧系平桥。清道光五年水决，知府宋湘、参将三音保、知县宫思晋以中溪水截流而北，有关风脉，率士民捐赀改建圆桥，形如弓背，俨乎卧虹。道光《志》。

中溪桥　在城西二里中溪口。明嘉靖间，郡人高對建。道光《志》。

凤凰桥　在城西北郭外，跨中溪次曲。明嘉靖间，郡人高葑建。道光《志》。

桃溪桥　在城西北里许，跨桃溪上流。长五丈许，三孔行水，翼以扶阑。明嘉靖间，郡人杨怀哲建，今阑圮桥存。道光《志》。

狮子桥　一名安民桥，在城北门外，跨城壕中溪下曲，一孔行水，翼以扶阑。《大理府志》。

宣化桥　在城北一里，跨桃溪。明弘治十年，通判刘杰建。雍正《志》。一孔行水，翼以扶阑，并建浮图镇之。《大理府志》。

四里桥　在城北四里，跨梅溪。雍正《志》。

五里桥　在城北五里，跨隐仙溪。雍正《志》。

白石桥　在城北七里，跨双鸳溪。雍正《志》。

屏风桥　在城北十里，跨白石溪。雍正《志》。

塝曲桥　在城北十八里，跨灵泉溪。雍正《志》。清同治七年，溪涨冲塌，士民捐赀重修。光绪《志》。

洛阳桥　在城北二十里，跨锦溪。雍正《志》。

湾　桥　在城北三十里，跨芒涌溪。雍正《志》。

凤鸣桥　在城北三十里，跨芒涌溪。明杨黼建，清道光十四年，郡人何浚重修。道光《志》。

作邑桥　在城北三十八里，跨阳溪。雍正《志》。酾水二十八道。《大理府志》。清道光二十五年，拔贡段环椝倡修。光绪《志》①。

牧牛桥　在城北四十里，跨万花溪。雍正《志》。酾水十道。《大理府志》。

院塝桥　在城北四十五里，跨霞移溪。清雍正五年，涧水泛涌，桥尽冲没，知县罗忻捐俸重修，提督郝玉麟助成之，修石为梁，长一十六丈。雍正《志》。

峩崀桥　在城北五十里，今圮。雍正《志》。

波罗桥　在城北七十里。雍正《志》。一名波罗江桥，今圮。《大理府志》。

明星桥　在城东北郭外。明弘治间，士民捐建，久圮。清同治十年，耆民赵恩厚等倡修。光绪《志》。

双凤桥　在城东北五里，跨桃溪尾。清道光间，武举杨开泰倡建。道光《志》。

① 段环椝　原本作“段怀椝”。光绪《志》　原本作“道光志”，查道光《云南通志稿》“作邑桥”条无“道光二十五年……倡修”，而光绪《云南通志》有“道光二十五年，拔贡段环椝倡修”。今据改。

镇西桥　在城东北二十里，跨灵泉溪尾。清道光间，郡人李时倡建。光绪三年，贡生李庚吉等重修。光绪《志》。

赵　州

凤仪桥　在城隍庙前。自西门外移此，今毁。《赵州志》。

通济桥　在城东街。明天顺间，百户胡玺、州人苏忠等建。雍正《志》。更名永济桥。《采访》。

见山桥　在城东门外，一名孝友桥。明万历间，州人翁秀建。雍正《志》。现名孝友桥。《采访》。

永安桥　在城东一里。明嘉靖间，州人李载阳建，邹廷文修。道光《志》。

彩云桥　在城东南六十二里。明万历间，云南县杨舟建。雍正《志》。在白崖东二里《赵州志》。清道光辛卯，邑人重修。《采访》。明太和李元阳《彩云桥》诗：

积雨村墟烟火消，马前沙涨迥齐腰。沟渠不治农人叹，禾稼常伤潦水漂。凿石苦为鞭挞急，褰裳愁杀路途遥。济川无策甘崖壑，且向人间理断桥。

天津桥　在城东南一百里弥渡市巡检司西。雍正《志》。明万历二年，通判潘大壮、黄若金建。《大理府志》。

二河桥　在城东南一百二十里。明生员杨本荣建，清顺治十六年，里民金殿相募修。雍正《志》。

东山桥　在城南门外。明弘治二年，楚雄府同知陈宝建。在城东一里，明嘉靖间，州绅李载阳建，邹廷文修。《赵州志》。

曹溪桥　一名汤巅石桥。《古今图书集成》。在城南一里。明弘治间，僧志觉建。雍正《志》。在城南十五里，州民赵永龄建。《赵州志》。

水硙桥　在城南二里。明嘉靖间，知州潘大武建。雍正《志》。清雍正十二年，水泛桥圮，知州程近仁重建。《赵州志》。同治十一年，绅民复修。光绪《志》。

北　桥　在城南七里。雍正《志》。明知州潘大武建，留有碑记。《赵州志》。

狮子桥　在城南十里北桥之南，明知州潘大武建。在城南七里，明知州张廷仪建。《赵州志》。

猢狲箐桥　在城南二十五里，跨波罗江，为迤西通衢。被水冲坍，清光绪九年，署知州史建中重修。光绪《志》。

迎风桥　在城南三十里，清雍正十一年建。《赵州志》。

镇龙桥　在城南五十里。清康熙五十一年，州民李正春建。雍正《志》。

嘉乐桥　在城南六十里白崖加买铺。明万历间，知州沈奎灿建。雍正《志》。在白崖东十五里。《赵州志》。

白马桥　在白崖南二里。《赵州志》。

甸中桥　在城南六十五里，跨赤水江。明万历间，州人杨文玉等建。雍正《志》。一名中江桥，在城南六十五里。清雍正二年，弥渡张举倡修。《赵州志》。

铁柱坪桥　在城南八十五里，亦赤水所经。明万历间建。雍正《志》。

永利桥　有二，一在铁柱坪南，一在弥渡北六里。《赵州志》。

二龙桥 在城南九十里弥渡东三里。《赵州志》。

通济桥 在弥渡南二里，清雍正九年建。《赵州志》。

天舟桥 在弥渡城南十五里，跨赤水江。清道光三十年添修。道光《志》。

天马关桥 在定西岭下。白崖人捐修，数有修理。《采访》。

水碓桥 在红崖街西，明嘉靖间知州王惠重修。《采访》。

驿马桥 在红崖市中。明嘉靖中建，数有修葺。《采访》。

四十里桥 在城西七十里。清光绪中建，赵州摊款三成，蒙化摊款七成，原系藤桥，改建铁索桥。《采访》。

底定桥 在弥渡城南百四十里。居弥、蒙下游，通景东要津。河水汹涌，舟楫难行，里人三次修建。初架木，次垒石，后用铁锁，俱冲没，至今未修。道光《志》。

天渡桥 在弥渡城西一里，跨赤水江。清康熙八年，巡司吴道亨建。同治元年，州人重修。光绪《志》。

永渡桥 在弥渡城西南三里，跨赤水江。清咸丰十一年，士民重修。光绪《志》。

云津桥 在弥渡城西南十七里。跨昆雌河，为景东通衢。清道光三十年重修。光绪《志》。

报恩寺桥 在弥渡北一里。《赵州志》。

大庄桥 在城南一百五里。明万历间，州民史青、高印玉建。雍正《志》。

锁云桥 在城南一百三十里，跨弥渡大河。清康熙六十一年，知州陈士昂建。雍正《志》。在城南苴力新村。《赵州志》。

二河桥 在城南一百五十里苴青、密底二水会处。清顺治十六年，金殿相重修，今圮。《赵州志》。

永济江桥 在密底江心中。《赵州志》。

尚义桥 在城西南六十里定西驿岭西。雍正《志》。明嘉靖八年，郡民盛钺建。《大理府志》。红崖义民盛翊建。《采访》。

双　桥 在城西南一百里。明万历间，里民翁德敬建。雍正《志》。在白崖。《赵州志》。

只羊桥 在城西北六里。《赵州志》。

元丰桥 在城西北十里许满江邑，跨波罗江。清咸丰元年，庠生段体信、李溪倡建石桥，建奎星阁于上，今阁毁桥存。光绪《志》。

海口桥 在满江邑，为海东至下关通衢。清光绪三年，居民重修。光绪《志》。

北湖桥 在城西北十里下庄村。清道光三十年，倾圮，未修。光绪《志》。

磨盘桥 在城西北三十里，明里民陈辅建。雍正《志》。

太平桥 在城北门外。明嘉靖间，千户时雍建。雍正《志》。弘治三年，同知陈宝建。《大理府志》。

四象桥 在青螺山下，跨城北天生河，为城中过峡。旧墩阻水滞脉，清雍正四年，锦江黎著明倡众改建。《赵州志》。

神庄桥 在城北二里。明万历间，知州庄诚建。雍正《志》。清光绪五年，红山孀妇许氏捐赀重修。《采访》。

红山桥 在城北五里，红山村民建。《赵州志》。

北塔桥 在城北十里北塔庙下，为海东入赵大路。旧有圆桥，清道光三十年，被水冲决，光绪八年，孀妇许氏捐赀重修。光绪《志》。许氏又建马鸿桥，撰有建桥碑文。《采访》。

邹官桥　在城东北一里，州民邹廷文建。雍正《志》。

澄城桥　在城东北七里。《赵州志》。

德胜桥　在距城三十里下关，为清风河分流。光绪《志》。

迎赦桥　在小赤佛门首大路。明知州潘大武建，被水冲决。清光绪九年，知州史建中重修。光绪《志》。

白鹤桥　在大赤佛村外，跨波罗江。清咸丰元年，村人建。光绪《志》。

起常箐桥　为宾川、大理孔道。箐长水陡，泛滥无常，原有石桥，为洪水所倾，小官村人周云科倡修。《采访》。

云南县

四门石桥　四桥俱跨城壕。清雍正四年，知县王璐修。《云南县志》。

三孔桥　在城东十里。《云南县志》。

孔仙桥　在城东二百里。明时邑民孔全建，因名孔全桥，后改今名。在你甸白盐井大路。雍正《志》。桥长十余丈，宽二丈。孔道人修炼于此，故又名孔仙。《云南县志》。

升恒桥　在城东你甸小里坡，通盐井大路。生员赵升恒建。《云南县志》。

青涧桥　在你甸，杨焕修建。《云南县志》。

双石桥　在县属北区一百二十里，为白井盐路所必经。清康熙间建，光绪二十六年坍塌，近始修复之。《采访》。

俄打喇石桥　在你甸。《云南县志》。清光绪十八年，里人张兆基等建。《采访》。

丰隆桥　有二，在城东和甸街东西。《云南县志》。

新册村石桥　在和甸。《云南县志》。距城五十里。清光绪间，川客捐建。《采访》。

火烧桥　在城东南二十五里青石湾。旧系木桥，邑人张汉忠易之以石。《云南县志》。清光绪九年，士民刘诏书、虞腾春等倡修。光绪《志》。

万花溪桥　清道光间，举人张党倡修，下以石墩，上以木梁。宣统二年，里人钱宝森等修为圆孔石桥。《采访》。

赤水桥　在城东南五十里，明时建。雍正《志》。在城东南二十五里。《大理府志》。

大板桥　在城南二十五里。明指挥赖镇建，清康熙十年，邑人赵争先、赵昌先捐修石桥。雍正《志》。去小板桥五里，在青海铺大路。青龙海水从此出段家坝，积有余田，为岁修赀。《云南县志》。又，青海铺大路下为青海水流泄处，昔设木桥，光绪十五年，村人集赀改建为五孔大石桥，连路长约百丈，宽丈余。《采访》。

小板桥　在云南驿，去大板桥五里。《大理府志》。

倚江桥　在城西南八里。明时建，清康熙五十六年，知县伍青莲捐修，又名万年桥。雍正《志》。在城西十里。《大理府志》。

五孔桥　在城西北。明隆庆间，兵备道朱奎建。《云南县志》。在县城北十里，为城区赴梁王山龙泉所经，三闸修成，此桥之水，渡入品甸、湾海暨红土坡、上下显子各村，均赖以灌溉，后村人改为圆孔石桥。《采访》。

九峰桥　在城西北二十里九峰山下，通大理路。《云南县志》。

回龙桥　在弥长村侧，距县城六十里，南通迤南，北达姚属云波三甸。《采访》。

利济桥　在城东北乔甸周派鲁，通白盐井路。清康熙二十三年，袁君龙倡建。《云南县志》。此桥为通宾川要路，道光间修之，颇称完固，迥异他桥。《采访》。

大河口桥　距城一百八十里之拉乌。清光绪十六年，文生吴德新倡建石桥，后屡加修葺。《采访》。

老马村桥　在波川，系城、云两川水注处，架木为梁。《云南县志》。

鱼进营桥　旧系木桥，清道光二十八年，邑人钱文印、吴联相倡捐重修，易以石，更名永定桥。道光《志》。

龙凤桥　距云南驿二里。清光绪九年，士民刘诏书、虞腾春倡捐重修。光绪《志》。

养鱼潭桥　在云南驿东十里。清光绪五年，邑人董云庆等重修。光绪《志》。

观音桥　在云邑沐滂铺，为入省通衢。光绪《志》。

邓川州

新　桥　在城东三里。明嘉靖间，上登里民杨自新建，知县阿国珍重修。《大理府志》。

银　桥　在城东六里，地名三江头，九孔行水。明弘治间，知州阿骥建木桥。嘉靖二十三年，左所军人[①]王经复建。万历间，举人杨韶易以石，并建小桥六处。《大理府志》。在县东七里腾龙村西，旧《志》名六桥，为通寅塘、永北之大路。《采访》。

僰王桥　在县南八里兆邑大营西。相传僰王所造，故名。为空三，高丈余，宽五尺，长二丈许，砌瓦砖，架以大理石版，古色苍然，数百年物也。《采访》。

版桥、沙桥　二桥俱在银桥南北。《邓川州志》。

井旁桥　在银桥南，跨瀰苴河，井旁士民建。《邓川州志》。

龙　桥　在城东九里。长五丈，广六尺。明弘治四年，同知程永亨修。嘉靖二年，上关军人沈经等易以石。《大理府志》。清雍正八年，知州施震捐修。雍正《志》。在城东一里，雍正间，贡生杨东昇重修。《邓川州志》。

元济桥　在城东六十里。明万历间，邑人王允昌建。雍正《志》。在羊塘河中。《大理府志》。在罗陋河中。《邓川州志》。

永镇桥　在城东六十里。明万历间，邑人王启后建。雍正《志》。在羊塘河尾。《大理府志》。在罗陋河尾。《邓川州志》。

青索鼻桥　在城东南十里。雍正《志》。在城东二十里，长五丈五尺。明成化二十三年，舍人胡全建。《大理府志》。一名天衢桥，在城东八里。清乾隆四十七年，署知州张士俊捐修，州人高上桂重修。《邓川州志》。

小街子桥　在天衢桥南，跨瀰苴河。小街士民建。《邓川州志》。

高笕桥　德新桥原名高笕桥，在县东南一百二十里小站后。《采访》。

江尾桥　在城东南，江尾村里人公建。《邓川州志》。

锁水阁桥　在城东南瀰苴河尾，里人建。《邓川州志》。清光绪间，江尾各村重修石桥，三空，如德源然，上建锁水阁。《采访》。

和光桥　在城东南大王庙塘。《邓川州志》。

松鹤桥　在和光桥下。《邓川州志》。

普渡桥　在城南十七里鱼潭坡。跨上洱池，以通东西道。知州陈鉴率士民赵美等建。《邓川州志》。按：民国十五年，以防匪拆卸。十九年，沙坪各村士民捐修，复扩大之。

---

① 人　康熙《大理府志》、道光《云南通志稿》、光绪《云南通志》皆无。

马甲邑桥 在城南天衢桥北，跨瀰苴河。明嘉靖间，州人杨自新建，知州阿国珍修。《邓川州志》。清道光二十六年，州人增修。道光《志》。

甲戌桥 在马甲邑桥东北里许。甃石成堤，形如曲尺，卧于波心间，以数桥分泄东湖之水。《邓川州志》。在城东二十里。《大理府志》。

杨家营桥 在城西北八里，跨西湖尾。杨家营各村捐建。《邓川州志》。按：民国十二年，附近居民改为圆形石桥。

西湖桥 在城西北旧州东三里西湖南岸。明嘉靖间，里民杨自新建，知州阿国珍修。《邓川州志》。

三道桥 在城北二里许。一堤亘摩迦泽中，以通南北孔道，复截堤为桥，以通东西泽水。明天顺间，邑人蒋庆建。弘治十六年，杜文忠重修。雍正《志》。道光二十五年，地震尽圮。二十九年，署知州汤师淇捐修。《邓川州志》。按：民国十九年，县长杨鸿琛拨款添修，沿堤植柳，渔村掩映，风景之胜，罕有其匹。

德源桥 在城北二十里，跨瀰苴河，三孔行水。明天顺间，州人王纲建，杨富重修。雍正《志》。在城北十里，长五丈。《大理府志》。清乾隆二十三年，僧定一同中所士民重修。《邓川州志》。长七丈，宽二丈，光绪三十年，中所士民重修。《采访》。

左所桥 在城北二十三里。明万历间，邑人王经捐建。清康熙五十二年重修。雍正《志》。

王铁桥 在城北十三里，左所军人王经建。《邓川州志》。按：匪乱毁，今改建石版。

右所桥 在右所，村人刘汝公倡建。《邓川州志》。按：今名聚奎桥，改为石桥。

前所桥 在中前所，士民建。《邓川州志》。昔为石版，今废，仅架木通过。《采访》。

永镇桥 在县东九十里。《志》称铁索桥，清道光二十九年，里人杨振烈等倡建，后附近居民重加修理。《采访》。

进宝桥、安渡桥、新桥 并在城北遵政乡，耆民苏鹏程等建。《大理府志》。

三善桥 在城东北十五里。明万历间，里人王懋和建，在羊塘河头。《大理府志》。在罗陋河头。《邓川州志》。

浪穹县

沂水桥 在城内南街。明弘治间，邑绅萧春建，子茂重修。雍正《志》。

蒲江桥 在城东一里。明万历间，邑民赵明昇建。雍正《志》。

分水桥 在城东四里。明万历间，知县张廷柏建，后乡民孙漠等重修。雍正《志》。

大营桥 在城东四里，明邑民张崇志建。雍正《志》。

通济桥 在城东八里，里民朱伦等重修。雍正《志》。

应山铺桥 在城东十五里。光绪《志》。

下新村桥 在城东十八里。光绪《志》。

高三营桥 在城东二十里。光绪《志》。

观音桥 在三营东。四桥均里人捐建。光绪《志》。

马营沟桥 在城东十五里。光绪《志》。

郑家庄桥 在城东二十里。二桥均系木梁，里人重修，易以石。光绪《志》。

广济桥 在城东三十里，明屯民李文华建。雍正《志》。

厚生桥 在城南二十里。清同治十年，村民重修。光绪《志》。

集凤桥　在城南风羽河上。架木为之，岁由官修。光绪《志》。

通灵桥　在城东南三里。明嘉靖间，耆民李敏、杨纶等建。雍正《志》。里民饶光泰重修。《大理府志》。

东汇桥　在城东南十五里。清康熙间，僧宗印建。雍正《志》。

南江桥　在城南四里，一名见龙桥。雍正《志》。明耆民杨纶建，子锐重修。万历二十九年邑人何邦渐复修。清康熙二十五年，僧裕量同王登科募建，覆屋五间，又名福寿桥。《大理府志》。旧系木桥，不时倾圮，后知县江海清率绅民捐修，易以石。光绪《志》。

汇川桥　在城南十五里，一名宁津桥。雍正《志》。明检校王渊、耆民杨廷柏建，清康熙二年，里民饶光泰重建。三十一年，通判黄元治易木以石，覆之以屋，改名宁津。《大理府志》。

猢狲桥　在城西南十五里，一名猿江桥。明嘉靖间，县丞鲜春建，后邑人李友兰修。清康熙二十九年，僧裕量重募修。雍正《志》。

上下铁锁桥　在城西，嘉庆八年重修。道光《志》。

江登桥、新生邑桥、波大邑桥、雪梨场桥　四桥并在村西，里人捐建。光绪《志》。

落凤桥　在城北五充路口。光绪《志》。

通惠桥　在巡检司。旧系木桥，捐赀改建石桥于上游。光绪《志》。

渡龙桥　在夹石渡西。光绪《志》。

泰丰桥　在小红山村后。光绪《志》。

赤洞壁桥　在石龙寺东。光绪《志》。

宾川州

南薰桥　在城南门外，一名南津桥。明嘉靖二十三年，知州朱官重建。《大理府志》。

步云桥　在城南五里，一名周营桥。《大理府志》。

大罗桥　在城西南二里。酾水三道，长二十丈，跨纳六河。清道光二十五年，州人杨向荣、褚凤翔等建。道光《志》。

天保桥　在城西南二十里。雍正《志》。

吴公桥　在城西三里。明嘉靖八年，知州吴仲善建。雍正《志》。二十三年，知州朱官重修。《大理府志》。

龙津桥　在城西六十里，跨横溪。雍正《志》。

雪阴桥　在城西九十里鸡足山麓，一名洗心桥。雍正《志》。

汴溪桥　在城西北二十里。雍正《志》。

搅溪桥　在城西北三十里，明人李翔云建。雍正《志》。

通南桥　在城北四里。雍正《志》。

知政桥　在城北五里。酾水五道，长四十丈，跨纳六溪。明万历间，知州王思珩建，后被水冲陷第二孔。雍正《志》。

通江桥　在城北四十里，通金沙江孔道。雍正《志》。

桑园桥　在城北七十里。雍正《志》。

龙门桥　在城北一百二十里松明村南。雍正《志》。

石门桥　在城北。《大理府志》。

五叶桥　在城东北九十里，一名百接桥。雍正《志》。

福申桥 在山冈铺南五里。《大理府志》。

云龙州

苏溪桥 在城西一百里澜沧江渡口。明万历间，知州周宪章置大船并修船费。雍正《志》。至九龙铁索桥成后，渡者寥落。《采访》。

小渡口 在城西北八十二里，船制如苏溪。雍正《志》。

表村渡 在城西北一百六十里表村，渡澜沧江，用溜筒。光绪《志》。

云龙桥 在署前，跨沘江，一名砥柱桥。宽一丈，长十五丈，絙以铁索，上覆瓦屋十六间。明万历末，知州周宪章修建。清康熙十二年，州生员赵宗鹏、董允升募修。雍正四年，知州陈希芳重修。雍正《志》。乾隆四十九年，知州许学范重修。嘉庆二十四年，知州雷文枚倡修，咸丰七年重修。光绪《志》。在旧治前，距新县治三十里。象岭环抱，沘水夹泄，急湍怒号，立石莫摧。光绪九年，知州江海清重修。宣统三年，知州黎民藩筹修。《采访》。

瓦草河桥 在城南四十里[①]。清康熙五十八年，知州李元英重修。雍正《志》。今圮。光绪《志》。

惠民桥 在城西南二十里，今圮未修。光绪《志》。

惠安桥 在旧城西南三十里，知州雷文枚倡建。光绪《志》。

利济桥 在城西四十五里。清康熙三十八年，知州顾芳宗重修，改名运石桥，久圮。雍正《志》。

沧江铁索桥 在城西七十里，横跨沧水。长二十八丈，系铁索十二，覆以木板，翼以扶阑，东西立桥门各一。石岸高二十余丈，西建望江楼，高入云表，气象万千，洵州西一大观也。清同治二年，浪穹庠生李树[②]倡建。光绪《志》。县属内地食米半多运自江西，而盐井销路，又必过江以达腾、永，乃济江以筏，倾覆可虞。时有李桂楼者，曾于芷冈地方造铁索桥一道，题曰"飞龙桥"，商旅便之。《采访》。

永清桥 在城西一百一十里[③]，里民公建。雍正《志》。

靖北桥 在城西一百一十三里[④]。雍正《志》。

古吉桥 在城西一百二十二里[⑤]。雍正《志》。

诺邓桥 在城北四十五里，跨诺江。清康熙五十四年，知州王符重建，上架以屋。雍正《志》。

果郎桥 在城北四十五里。清雍正十年，知州徐本仙重建。雍正《志》。乾隆二十七年知州孙和相、许学范，道光三年知州袁继先，各率绅士捐修一次。道光《志》。在新县治西北十里，跨沘江上，制如砥柱桥。明万历末，知州周宪章建，为厂盐课要路，故昔名西南第一桥。《采访》。

藤　桥 在城北一百一十里。雍正《志》。

板　桥 在城北一百八十里，跨沘江，覆以瓦屋。雍正《志》。

---

① 四十里　雍正《云南通志》、道光《云南通志稿》、光绪《云南通志》皆作"十五里"。
② 李树　光绪《云南通志》作"李玉树"。
③ 一百一十里　雍正《云南通志》、道光《云南通志稿》、光绪《云南通志》皆作"八十里"。
④ 一百一十三里　雍正《云南通志》、道光《云南通志稿》、光绪《云南通志》皆作"八十三里"。
⑤ 一百二十二里　雍正《云南通志》、道光《云南通志稿》、光绪《云南通志》皆作"九十二里"。

金鸡桥 距顺荡井三十里，为云龙与兰坪交界处。跨沘江，上覆以瓦屋。《采访》。

顺荡井藤桥 在城北二百里，明知州周宪章捐修。《大理府志》。

彩凤桥 在顺荡井，跨沘水，制如上。《采访》。

木瓜箐桥 在石门，监生王安、增生王定同建。光绪《志》。

梭罗河桥 在石门，监生王安建。光绪《志》。

秉礼桥 在诺邓山麓，跨箐水之上。光绪《志》。

通经桥 在关里大波浪村下，跨沘江。光绪《志》。

永济桥 旧名瓦工河桥，在县治西南二十五里。清康熙五十一年，摄州事大理府同知朱钧重建。雍正《志》。乾隆四十八年，知州许学范率绅士重修。嘉庆二十一年，贡生段清、庠生杨名大捐修。道光《志》。光绪八年，被水冲塌。光绪《志》。十六年，知州刘宇元率绅士复修。《采访》。

木瓜笼桥 在城东北二十五里。清雍正十一年，知州徐本仙重建。雍正《志》。在城东北二十里，生员王定、王安等改建石桥。光绪《志》。

青云桥 在城东北三十里石门井，邑人杨名飏建。光绪《志》。

青云铁索桥 在新县治西南里许，横跨沘江。制略如飞龙桥，惟宽、长、高仅有飞龙三分之一耳。道光甲申，陕西汉中府知府邑人杨名飏建，自清末至今，递年重修。《采访》。

普渡桥 在城东北四十里。清雍正六年，知州陈希芳重建。雍正《志》。

梯云桥 旧名青云桥，在城东北四十里。清乾隆间动帑建。光绪《志》。

公果铁索桥 在县治西一百五十里，横跨沘、沧两江合流之上。制如飞龙，惟桥身西岸多一重桥墩也。前保山县县长邑人董坊创建。《采访》。

关坪桥 在今城东四十里，跨胜备江[①]。雍正《志》。清康熙十五年，州人建。《大理府志》。雍正十二年，知州徐本仙重修。嘉庆五年，知州王拭修，更名世德桥。光绪十八年，知州张德霈重修。光绪《志》。

汤邓铁索桥 在城东北七十里汤邓。清道光五年，州人杨念中等捐建。道光《志》。

果苴郎河桥 在城东北一百三十里师井。道光《志》。制如砥柱桥。《大理府志》。

安澜桥 在十二关长春坡，距今治城一百里[②]。里人捐建。道光《志》。

三板渡大桥 在州境内。明知州周宪章建，今易以石。《大理府志》。

下江嘴铁索桥 跨漾濞河，明知州周宪章重建。《大理府志》。

太平桥 在汤涧东榜村。光绪《志》。

三道桥、彩虹桥 并在汤里。光绪《志》。

狮象桥 在归里老窝上。光绪《志》。

义风桥 在关里大览村下，跨沘江。光绪《志》。

---

① 在今城东四十里跨胜备江 雍正《云南通志》、道光《云南通志稿》、光绪《云南通志》皆作“在城东北七十里跨带河”。

② 距今治城一百里 道光《云南通志稿》作“距城八十五里”。

卷三十七　地理考十七　津梁二

临安府

建水县

沙坝渡　在城东北一百里曲江。雍正《志》。初设木桥，每夏秋水涨，漂没为患。邑人张国相制舟以济，并置田以充水手工食之费。《临安府志》。

张家渡　即今之长桥交通处，后因有桥无船，张家渡之名亦渐不闻。《采访》。

纳更三渡　在建水州。《清一统志》。纳更司撒果山下有陇敦渡，七宝山下有蛮板渡，纳剌山下有蛮江渡，所谓纳更三渡也。《滇纪》。

登龙桥　在城东迎晖门外。明万历二十年，郡人公建。雍正《志》。跨城濠上，砌以石。《古今图书集成》。在城东门马市，清嘉庆十五年重建。《建水县志》。

东安桥　在城外里许，清道光十九年建。道光《志》。

迎恩桥　在城东一里，即大石桥。明正统间建。雍正《志》。在城东三里，年久沙壅。清雍正九年，知州夏治源同绅士傅大美、邢世瞻重建，易今名。《临安府志》。

锁龙桥　一名汇源桥，在城东一里。《临安府志》。在城东十五里，城内外水皆由此出。雍正《志》。在城东门外，清嘉庆十五年，知府王善垲重建，改名通惠桥。《建水县志》。

汇泸桥　在城东一里，清嘉庆五年重建。《建水县志》。

福兴桥　在城东一里，清嘉庆十七年重建。《建水县志》。

达泸桥　在城东一里。清嘉庆十六年建，绅士张履泰、张本信重修。《建水县志》。

万安桥　在城东五里，清道光十六年建。道光《志》。

青云桥　在城东北十里。《临安府志》。在城东五里，明郡绅张象儒建。雍正《志》。在东山。《建水县志》。

同缘桥　在城东八里。《临安府志》。在城东九里。清乾隆五年，知州夏治源、郡人傅大美重建。《建水县志》。

联珠桥　在城东八里。《临安府志》。在城东十里。清乾隆间，郡人王厥清、傅为謇、孙启扬等建。《建水县志》。傅为詝《建联珠桥题名说》：

> 庄子曰“名者，实之宾也”，又曰“为善无近名”。今之题名为实乎，为名乎？为名而为善则善虚，善虚则心伪，心伪则人非，人非则鬼责，名无益也。诚于为善者不至底绩不止，匪求闻达，匪冀获报，是谓实至。实至者宜名，不近名之名，名乃久。行者、居者见之，曰：若者董事，若者募化，若者出纳，若者鸠工，同力协志，克襄厥成，不骞不崩，示我周行。子若孙见之，曰：某某吾之祖若父也。相与廑念太息，无即匪僻，嗣前人恭明德，则题名未始，非劝善之一端也。是桥也，成于三年，董事者王厥清、吾弟为謇、孙启扬，募化者刘应周等，出纳者萧联捷，鸠工者程、王二人。嗟呼！名者，鬼神所忌，实至名归，犹恐遭其所忌，况无实而名乎！诸君其顾名思义，益猎于善以质鬼神，则名重于无穷也。

玉虹桥　在城东十里，明宣德间建。雍正《志》。在城东南五里。《临安府志》。

三河桥　在玉虹桥南，三河分流，二桥相望。明正统间建。雍正《志》。

汇一桥　在城东十里。《建水县志》。

天缘桥　在城东十里。清雍正六年，郡人傅大美、王琨等倡建，上覆以亭。雍正《志》。在城东十一里。嘉庆四年，郡人傅为诜、曾平侯倡修。《建水县志》。天缘桥，广宽坚固，郡中一大观也。雍正《建水志》。

赛公桥　在城东十五里。《建水县志》。在城北二十里，明郡人余先觉建。雍正《志》。在城东北二十里。清乾隆二十三年，吴永清、王俊等重修。《临安府志》。

通贡桥　在城东三十里。明弘治间，指挥孙公昱建，后高辛、吴瑢等重修。雍正《志》。

永济桥　在城东三十里。清康熙五十八年，郡民李标枝等建。雍正《志》。

升云桥　在城东三十里。雍正《志》。

兴龙桥　在城东三十里，监生傅为謇倡修。《建水县志》。

北冈桥　在城东三十里，庠生佴煜倡修。《建水县志》。

永奠桥　在城东三十五里。雍正《志》。

永定桥　在城东四十里，庠生刘文瀚修。《临安府志》。

凝远桥　在城东七十里。雍正《志》。

香木桥　在城东一百二十里。雍正《志》。在城北九十里，一名太平桥，进士马景春倡建石桥。《临安府志》。在曲江东三里。《建水县志》。

三公桥　在城东一百二十里，今改名飞虹桥。雍正《志》。

坦然桥　在城东黄土坡。清嘉庆二十五年，马昱垣、杨朝阳等重建。《建水县志》。

转龙桥　在城东冷水沟。清道光二年，生员杨朝阳等新建。《建水县志》。

玉龙桥　在城东。清乾隆六十年，绅士傅为诜建。《建水县志》。

永安桥　有二，一在城东，清嘉庆十五年，绅士傅为诜建；一在曲屯，魏国宝等建。《建水县志》。

泸江桥　在城东南一里。明宣德间建，正德间郡民王镐等重修，万历间郡民沈崇儒甃以石。清雍正八年，总兵张应宗、知府张无咎、知州祝宏重修。雍正《志》。为五山入城孔道，车马辐凑，络绎不绝。近因临屏铁路由湖广村沿河心直穿斯桥而上，微嫌低矮，折半建高，稍病行旅。《采访》。

飞虹桥　在城东南五十里塔冲河，明正统间建。旧系木桥，清康熙三十七年，郡人陈光绪捐建石桥，上覆以阁。雍正《志》。跨中沟。《临安府志》。

天生桥　在城东南娑罗庄，有石跨流，自然成桥，亦名天然桥。雍正《志》。在城东二十里，庠生佴煜倡修。《建水县志》。

阜安大桥　前清初建，近倾圮。邑人募金万余，改建石桥。《采访》。

大井桥　在城东南屯。清道光四年，生员杨朝阳等重建。《建水县志》。

中济桥　在城南里许，清光绪七年建。光绪《志》。

齐巽桥　在城南里许，清光绪十一年建。光绪《志》。

双虹桥　有二，一在城南二里。《建水县志》。明正统间建，清乾隆四年，知州夏治源同郡人傅大美重修。一在曲江侯家箐口，道光二十五年建。《临安府志》。

浣衣桥　在城南五里，跨小河。明正统间建，成化间郡民叶丹重修。雍正《志》。

白花桥　在城南五里，一名白鹤桥。明景泰间建。雍正《志》。

相见沟桥　在城南六十里。清乾隆四十年，傅为謇倡修。《临安府志》。

乍甸桥　在城南一百里。《建水县志》。在城西南九十里。清乾隆六十年，乍甸绅士重修。《临安府志》。

登瀛桥　在城西南，明成化间建。雍正《志》。

永安大桥　在城西里许。清嘉庆十九年，合郡绅士建石桥。《建水县志》。

西安桥　在城西二里。清嘉庆五年，合郡绅士同建。《建水县志》。道光十年，绅士陈光辉重建。光绪《志》。

石架桥　在城西四里，明景泰间建。雍正《志》。

天宝桥　在城西四里。清乾隆五十八年，绅士同道。《建水县志》。

九司桥　在城西五里。《临安府志》。清乾隆四十二年，知县孟廷对率绅士建。《建水县志》。

复兴桥　在城西五里。《建水县志》。

双龙桥　有二，一在城西八里，清道光十九年建。光绪《志》。一在曲江，距城九十里。嘉庆二十年，曲江绅士倡修。《建水县志》。

永安桥　在城西十里，跨白龙渠。明弘治间建。雍正《志》。今名见龙桥，明成化间建，后圮。清乾隆六十年，郡人张绍武重建。《临安府志》。城西十里，为见龙桥，跨白龙渠。雍正《建水志》。

乡会桥　在城西十里。清嘉庆十九年重建，上覆以阁。《建水县志》。

板　桥　在城西北十里。明弘治间，郡人钱锐建。雍正《志》。在城西南十里。《临安府志》。

万里桥　在城西北三十里，贡生廖为栋修。《临安府志》。在城北三十里。《建水县志》。

会安桥　在城西北黑冲山下。先系木桥，明弘治间，郡人徐宣易以石。雍正《志》。

清流桥　在城北二里，明天顺间建。雍正《志》。

锁龙桥　在城北九十里东山。《建水县志》。

泗水桥、跃龙桥　并在东山。《建水县志》。

永新桥　在城北九十五里。清乾隆三十六年，生员朱藩建，后被水冲毁，藩子贡生朱正儒，生员冯瑜、倪登甲倡修。《临安府志》。距曲江十五里。《建水县志》。

野马川石桥　在城东北七十里。《建水县志》。

曲江桥　在城东北一百里。雍正《志》。系木桥，长三十丈，明天顺间建。《古今图书集成》。万历二十二年，僧如净同张国相倡募董工，巡按沈正隆、兵备龚云致、郡绅张国相、王恩民等捐建石桥。旧《志》。旧名大新桥，在城北一百里。《临安府志》。明巡按沈正隆《新建曲江桥记》：

昔杜元凯启建河桥于富平之津，论者谓“周所都经，圣贤莫作”，众口纷角如聚讼，乃卒排群议而梁之。桥成，帝从百官临会其上，举杯属预曰：“非君，桥不立也。”乃知非常之原，黎民惧焉，非一世矣。国家方舆延袤，原隰阜壤，沈沛沮洳，错焉如绣，而水居其七，山陵溪谷之地百不当一也，川泽陂池之地十不当一也。江淮吴越，三江五湖，表里襟带，民生其间，揭厉便习，长年娴于刺舟，牙樯锦缆，绿鷁葱艂，驶若鸷鸟，乃雁齿龟浮，虹垂星应，壤接而鳞比焉，岂顾高高下下，以罢其民夫？亦河厉溴梁之是赖，以免于褰裳濡轨。不然阳侯怒而天吴震，飞乌危而帆樯绝，民安得不胥而鱼耶？西南之国，滇为大，滇固非泽国也，度索寻橦，不讲于刳木航苇之利。乃昆明池水，藩屏身毒，汉武写之以习水战，思蚕食焉，固非拂埃扬壒，安得废达沮而不梁也。畇町之阳有曲江，去郡九十里而遥，其源出青岭、弄栋，由嵋倪而入盘江，汇为巨浸。夏秋雨集，山泉会之，腾涌彭湃，浵浵浩浩，淏涨无端。白鹭寒飞，雪涛山立，行者辄假艒艑以济，榜人不戒于水，中流而胶之，而波之，而迅之，风伯鼓飚，孟婆搧雪，民随波流，葬于鱼腹，死者以国量乎泽，若蕉川中之骨可掬也。余奉命来滇，莅其境，问民所疾苦，父老以告曰："苦垫河之为厉，民其无如矣。"坐视怀襄，莫救如吏何？余是以有沈石之想。会乡大夫王公恩民、包公见捷怂恿之，捐橐以助，固非若群喙之纷角也。余亦捐庚廪之半，鸠工纪材，伐石敛土，畚锸齐兴，焱举云集。经始于大荒落之岁，阏敦牂而告成。凡为星者几，为柱者几，傍琢石为斜阑，曲曲十二，望之若渴虹下饮玉池，固不敢比于玉棵金柱，然得醳嶛漯而从平燥，或可拯民于鱼鳖耳。桥阳祠汉寿亭侯以镇，侯于滇固未涉也，其子兴从武侯济师泸之役，死者以万，河为不流，武侯裒其骨而祀之，则垫溺之患，固侯所戚矣。戚之，其不拯之乎？兰津之滨有铁桥焉，悬梯织铁，势若飞虹，其上祠武侯以镇，著侯绩也。关于武侯，心契神合，阴相往来，安知其钟鼓不式灵之？余固昉兰津而祠侯，从民志也。轮宇炳奕，枌橑复结，物物而为之备，令民岁得以牲醴祈福，庶几傜歌乌拜，侯之灵其默相之，俾海若不惊，冯夷安堵，苍蛟白獭归于其穴，牵牛饮马于万斯年矣。夫沈玉瘗牲，波臣助顺，铸牛燃铁，元冥效灵，以侯之精忠贯日而永奠之，其不比于鞭石竖梁哉。庙貌鼎新，设醴张乐，乃为歌以侑之。其辞曰：

河汤汤兮激潺湲，瀰浩浩兮怀陵山。冯夷怒兮洪涛翻，野渡迂兮溯流难。溯流难兮薄白日，舟如刀兮冲波出。泛中流兮榜人溺，沈重渊兮蛟龙窟。川无梁兮波无人，民之垫兮丁此晨。乃驾梁兮河之滨，通波陵兮车辚辚。鼋龟浮兮断航续，祠灵神兮梁之麓。神之灵兮亶覆育，长虹堵兮螭龙宿。庙貌肃兮燕乐康，振金交鼓兮酬兰浆。神之来兮缤纷扬，拥长剑兮珮锵锵。云冯冯兮阴肃肃，神之鉴兮朱颜顑。哀下土兮殚为戮，庇吾民兮祭受福，千秋万岁兮奠陵陆。

小新桥　距大新桥半里，跨清水河。清康熙间郡人公建，两岸各甃以石，上架巨木，覆以瓦屋。同治间毁于兵，郡人重修。光绪《志》。光绪十六年，绅首重修，易板为石。《采访》。

张家桥　在城东北曲江沙坝，为入省孔道。郡绅张国相建木桥，并置腴田数亩，永作桥费，数百年行人利之。雍正《志》。名长桥，夏秋水涨则易以船，行旅不便。清嘉庆十三年，王恺等倡建木梁，长里许，行人便之。《建水县志》。

联陞桥　在曲江阎家坡后。旧系木桥，被水冲决。清道光二十三年，士民许国彦、杨朝阳、温如松等倡捐，改建石桥，易名双虹。道光《志》。

清水河桥　在曲江东四里，进士张凤书、金岱、邱国柱等倡建。《建水县志》。

大坡头桥　在城北五里，为入省要道。其地不蕃草木，雨后多圮，行者苦之。清咸丰四年，绅耆周文英、王汝霖、高仰之、杨树蕙倡捐，改由赛公桥另开新路，并添建二桥，较前平坦。光绪《志》。

石屏州

小河底渡　在城西一百二十里。雍正《志》。

顾公桥　在城东门外。明天启间，署知州顾庆恩建。雍正《志》。清乾隆四十五年，绅士重修。《临安府志》。

傅公桥　在城东二里。《石屏州志》。在化龙桥前，为北河入海之道。清乾隆五十七年，知州傅应奎浚河建亭，州人赖之，故名。《临安府志》。

化龙桥　在城东五里。明嘉靖间，州绅杨廷相建。雍正《志》。在城东二里。清乾隆四十三年，绅士捐修，五十七年，知州傅应奎重修。《临安府志》。嘉庆十六年，署知州李培英复修。道光《志》。

修冲桥　在城东四十里，交建水州界，往临安要路。《古今图书集成》。

回澜桥　在城东四十里。《石屏州采访》。在海东湖口。知州管学宣建，清乾隆三十八年，署知州蒋振阅重修。《临安府志》。在城东四十里异龙湖口，为湖水流出处，原有古桥，名洞滨桥。清光绪季年，邑绅王镇东倡建斯桥，规模宏大，长五丈，高三丈。建阁其上，高五仞，长如之，有孙松森孝廉撰序，知州陈先沅撰记，均刊于阁上。《采访》。

渡沙桥　在城东四十里。道光《志》。在异龙湖口。向系木桥，知州傅应奎率绅士易以石。《临安府志》。

锁龙桥　在城东异龙湖尾，全湖泄水处。《石屏州志》。

郭家桥、南薰桥　并在城南。《石屏州志》。

阳景桥　在城西门外。州人杨琼建，清乾隆五十年，阖州重修。《临安府志》。

福森桥　在城西十五里。明崇祯间，州人杨名学进。雍正《志》。

通贡桥　在城西十五里。清顺治间，州人杨琼建。雍正《志》。

许家桥　在城西十五里。清顺治间，州绅许子言建。雍正《志》。

矣落桥　在城西三十里。雍正《志》。在城西八十里，跨矣落河。《古今图书集成》。明天顺间建。《清一统志》。在宝秀西湖之口，明弘治间建。《临安府志》。清顺治间，州人公建。旧《志》。

通远桥　在城西三十里，明弘治间建。雍正《志》。在矣落桥东五里。《临安府志》。

庆安桥　原名大桥，在城西六十里磨古寨。河水奔流，沙石冲激，屡修屡圮。清乾隆四十五年，知州吕缵先率绅士重建。五十七年，阖州重修。《临安府志》。道光五年，阖州绅士改建于上流河狭处，去旧址二里许，易今名。光绪三年，被水冲圮，绅士张钊紘、祖瑞昆弟及袁景夔倡捐改建石桥，行旅称便，今名磨古河大桥。参光绪《志》《石屏县志》及《采访》。

西山桥　在城西。耆民张进建，今名长引桥。《石屏州志》。

小河底铁锁桥　清光绪间，邑绅陈鹤亭倡首捐建。旧《志》。在城西一百二十里，昔为小河底渡。《采访》。

瑞溪桥　在城西十余里赤瑞湖东。旧有三眼桥，陈鹤亭倡建，扩而大之，鹤亭并撰序刊其上。《采访》。

拱辰桥　在城北。《石屏州志》。

杨家桥、惠民桥、会通桥　俱在州境内。《石屏州志》。

阿迷州

盘江渡 在城北三十里布沼，过江即弥勒界，入广西要隘。《临安府志》。清乾隆三十九年，江西众商捐赀，置渡。嘉庆二十五年，铅商马煜坦等复捐赀，添设渡船。道光《志》。

佴落江渡 在城北九十里盘江迤盘冲下。《临安府志》。

永安桥 在城东二里，明天顺间建。雍正《志》。

东 桥 一名会灵桥，在城东。州人伍明德建木桥，后圮。清雍正十二年，知州陈权甃以石。《临安府志》。

通济桥、永兴桥 并在城东，明弘治间建。《临安府志》。

奏凯桥 在城南门外，州人杨北捐建。《临安府志》。

香木桥 在城南一里，一名古城桥。雍正《志》。相传有水怪藏山岩中，遇雷雨水涨，桥辄倾。乃于桥梁空处为龙头二尺许，下衔巨铃，风摇声铮铮然，以镇之。兵乱时，铃为窃去。《古今图书集成》。元阿宁府旧地。《临安府志》。

南 桥 在城南五里，即冰泉桥。清顺治十一年，知州方逢圣建。康熙五十三年，贡生杨于陛重修。雍正《志》。上木下石，乾隆四年，贡生杨天与同兄天成捐立二石墩。三十八年，天与及贡生廖为柱捐修右岸。五十八年，天与子纬文倡州绅士易以石，名曰同人桥。《临安府志》。

小 桥 在城西门内，明成化间建。雍正《志》。

西 桥 在城门外。《临安府志》。

泰安桥 在城西三十里。雍正《志》。

永济桥 在城西九十里。伍氏义桥，在城西八十里。雍正《志》。永济桥，在城西八十里。原系木梁，建于赵应文妻伍氏，谓之伍氏义桥，后圮。清康熙五十六年，郡绅傅大美等甃以石，易名永济。《临安府志》。道光六年，州人徐玱等捐修。道光《志》。

道光《志》案：旧《志》伍氏义桥、永济桥并载，《府志》以为伍氏义桥更名永济，未知孰是，今姑并存，以俟考。

通安桥 在城西。明弘治间，王晟建。《临安府志》。

太平桥 在城北十五里他泥白寨，出盘江路。旧系石桥，兵燹倾圮。清光绪五年，个旧厂李光荣捐赀复建，广一丈六尺，长四丈余，易名太平。光绪《志》。

新 桥 在城东北五里。清康熙十年，土知州李阿侧建。雍正《志》。广二丈，长十余丈，以济东河之险，今圮。《临安府志》。

傍甸桥 在傍甸乡。清道光六年，州人徐玱等捐建。《阿迷州志》。

宁 州

惠济桥 在城东三里，清康熙二十五年建。雍正《志》。

迎春桥 在城东五里，为往来通婆兮要道。清咸丰二年，州绅刘家逵同弟家运、李廷杰、李会元、蔡昇等捐建。以地当东郊，州大夫每岁迎春于此，故名。光绪《志》。

广济桥 在城东七里。《古今图书集成》。

梯云桥 在城东五十里。雍正《志》。在婆兮大寨，清康熙五十八年建。《临安府志》。

铁锁桥 在城东六十里婆兮马街东。清乾隆七年建，三十五年重修。《临安府志》。或云乾隆六年，乡人士陈丕显等捐建。桥长二十丈，高亦如之，阔一丈五尺。其制仿盘江、澜沧旧式，以两石壁为根，而织铁絙于其中，纵横交错以板，首尾对峙以楼。光绪十九年，知州李馥履勘筹画，熔铁为扣，联扣为索，左右各六贯，复作瓦屋二间十覆其上，规模不减于前。《采访》。按：民国十年，婆兮县佐韩寿颐率绅士张庆春等重修。

昇平桥 在城东马街，清乾隆三十四年建。《临安府志》。

小江桥 在城东八十里。《古今图书集成》。

得渡桥 在城东，清乾隆七年建。《临安府志》。

双元桥 在城东南十五里马鞍山下。《临安府志》。

恩永桥 在城南三里，跨恩永河。原系木桥，明嘉靖三十三年，御史张凤翀改建石桥。《古今图书集成》。

卢公桥 在城南三里，跨元江，通甸苴关。明正德十六年建，崇祯十四年，乡耆王杰重修。《古今图书集成》。在浣江桥西。《临安府志》。

金锁桥 在城南二十里象鼻山旁，清乾隆十五年建。《临安府志》。

通济桥 原名霁虹[①]桥，在城西二里。明嘉靖八年建，后倾圮，今建木桥。雍正《志》。在斗姥阁前，今改建石桥，易名通济。《临安府志》。

飞虹桥 在城西三十五里。雍正《志》。在城西北四十里。《临安府志》。

广嗣桥 在城西北，张中建。《古今图书集成》。在城西北一里，今名双龙桥。《临安府志》。

浣江桥 在城西北五里。清康熙四十五年，知州梁衍祚率众修建。雍正《志》。道光初，州绅刘大绅修。咸丰间，绅士刘家逵等重修。光绪十年，知州陈文煌督修。光绪《志》。

青龙桥 在城西北十二里。《临安府志》。

黄澄桥 在城西北三十里。《清一统志》《临安府志》。在城西北二十五里。雍正《志》。路当通衢，涧狭水险。明隆庆七年，州人黄澄建。万历间，其子重修。《古今图书集成》。

观音桥 一名狮子桥。《临安府志》。在城北二十里，清雍正八年建。雍正《志》。在城东七里。《古今图书集成》。

联陞桥 在城北三十里路居先庄。《临安府志》。

赛公桥 在城北四十五里。雍正《志》。在城北五十里。《古今图书集成》。在城北三十里梅子哨，一名胥家桥。明崇祯间建。《临安府志》。

通惠桥 在城北六十里。雍正《志》。在城北七十里。《古今图书集成》。在城西北六十里。《临安府志》。

冷水桥 在城东南五里龙洞河下。《采访》。按：民国十七年，村人郭本信等同建。

通海县

救生船渡 县北杞麓湖上，通、宁、河三县要渡。冬春暴风起，常有覆没之虞。清宣统元年，县令胡思义见其惨苦，由他方同仁善堂增造大船二只，随时在湖面游弋，名曰救生船。《采访》。

溥利桥 在城东百步，明弘治间建。雍正《志》。

乾溪桥 在城东关外平甸山下。清雍正八年，僧诚建。《临安府志》。

彩虹桥 在城东半里。明嘉靖间，邑人贺琪山建。雍正《志》。

迎恩桥 俗名大桥。《古今图书集成》。又名太平桥。《临安府志》。在城东一里，清康熙二十九年，僧海澄募建。雍正《志》。大桥沟上游，于光绪二十五年，善男信女捐修石桥一座。

① 虹 原本缺，据雍正《云南通志》、道光《云南通志稿》补。

《采访》。

沈家桥 在城东六里。明天启七年，邑人沈泰建。雍正《志》。

永济桥 在城东八里。明万历二十年，邑人张楠建。雍正《志》。

乐善桥 在城东南三里南湖池东，为进府要路。原有桥二，俱被水冲塌，清嘉庆二十四年重修。道光《志》。

灵寿桥 在城东南白塔山下，曾巩重建。《临安府志》。

尼郎桥 在城南门外《临安府志》。跨城濠。《通海县志》。

登瀛桥 在城南一里。万历间，邑人陈其力建。雍正《志》。一名昇仙桥，在秀山之半。《临安府志》。

秀江桥 在城西南一里。明万历间，邑人赵汝谦建。雍正《志》。跨秀山涧水上。《临安府志》。清道光元年，阖邑绅士重修。道光《志》。

福寿桥 在城西半里。明万历元年，邑人邹仪建。雍正《志》。在高家桥西。《临安府志》。原名邹家桥，被水冲决。清同治六年，邑人李宪、解省身重建，易今名。光绪《志》。

高家桥 在城西半里。明万历三十年，邑人厉存礼建。雍正《志》。

碧溪桥 在城西二十里小街碧溪寺右。《临安府志》。

河西县

渔村渡 在城东二里渔村下。《临安府志》。

小白邑渡、急递铺渡、阿衣村渡、乐德旧渡 俱在城西碌碌河。《临安府志》。

文沙冲渡 在境内。知县周天任置田，以给水手工食。《河西县志》。

碌溪桥 在城东三里。雍正《志》。为桥三，宛如长虹。《临安府志》。明县令萧济筑堤范溪，始疏三渡，每溪各为梁以济。《采访》。

小街桥 在城东十五里。《临安府志》。旧跨窑冲河，今河西徙，桥制犹存。《河西县志》。

五桂桥 在城东十五里白石甸村下。《临安府志》。

指南桥 在城南二里，明弘治间建。雍正《志》。清乾隆五十一年，邑人王亮天重修。《临安府志》。

锁龙桥 在城南四里，明崇祯间建。雍正《志》。在城南一里，弘治间建。《临安府志》。

普济桥 在城西四十里。清乾隆二十四年，知县萧思濬建。《临安府志》。在城西五十里急递铺前。《河西县志》。

古城桥 在西乡古城山后。旧系义渡，清咸丰五年，邑人李庆槐、张为质、陈爋、柏兆先、施润等倡捐，改建石桥。光绪《志》。

猊练江桥 在西乡，跨猊、练二江。清同治九年，邑人李庆槐倡建石桥，计三硐，长十二丈，宽二丈。光绪《志》。

普乃桥 在城西北三十五里沙罗坡。清乾隆十年，耆民王孝建。《临安府志》。

永济桥 在城北关外。明弘治间，廪生苏惠然建。清康熙四十五年，贡生苏继洵①重修。雍正《志》。

康济桥 在永济桥北。清康熙四十九年，邑人杨运昌建。雍正《志》。

阳关桥 在城北三十五里，明万历八年建。雍正《志》。在城北二十五里。长河之源，

---

① 苏继洵 原作“苏继洎”，据雍正《云南通志》、道光《云南通志稿》、光绪《云南通志》改。

两山相对，邑人就岩[1]筑桥，宛若天成。《河西县志》。

金　桥　在城北。旧有桥，后圮。清嘉庆二十年，知县黄觐云重建。道光《志》。

嶍峨县

济川桥　在城东门外。知县吴懋英改建石桥，被练江水冲决。清乾隆四十七年，知县何昱率绅士刘伟等建石墩六座，工未完竣。五十八年，监生张志行、河西李成学等各捐赀，架木为桥。《临安府志》。道光、同治中，先后修补。光绪二十三年，知县晏端溶于木架左右设槛，缭以土垣，更建瓦阁，以资保护，为峨东八景之一，称"东桥夜月"焉。《采访》。

龙江桥　在城东半里。清康熙三十六年，公建石桥。后圮，知县薛祖顺率士民修建木桥。雍正《志》。在城东六十里。水小设桥，大则用舟楫。《临安府志》。久圮未修，今遗址已易为道路矣。光绪《志》。

猊江桥　在城东里许，猊、练二江汇流之所。向用船渡，清乾隆四十七年，建木桥，道光间重修，今圮。光绪《志》。

桂峰桥　在城南一里。《临安府志》。系木桥，陆续培修。光绪《志》[2]。

王家村大桥　在桂峰桥偏西半里，建筑年月无考。王家村、香柏祠各村居民赖以济渡，历年修补迄今。《采访》。

练江桥　在城西半里许。《临安府志》。系木桥，陆续培修。光绪《志》[3]。

通济桥　在城西北五里。清康熙三十六年，土目禄焦英修建。雍正《志》。在城西北十里。水涨冲决，光绪七年，改建木桥于上流大鱼塘，迄今犹存。道光《志》。

兴衣乡桥　在县西北一百二十里巡检司木城下侧，石建。盖兴衣乡勺突泉源流于下，乡人历年培修，迄今犹然。《采访》。

永世桥　在城西北一百三十里兴衣乡木舌特，石建。《临安府志》。

利济桥　在城西北一百二十里甸头乡，石建。《临安府志》。

康济桥　在城西北一百五十里甸尾乡。清乾隆六十年重修，今存。《临安府志》。

永定桥　在城西北一百六十里甸尾乡东北坡脚。《临安府志》。为入昆阳、易门两县之要津。《采访》。

蒙自县

箐口渡　在城西南一百八十里。《清一统志》。在城西八十里。雍正《志》。在城西北七十里。《临安府志》。在城西北八十里，今建会仙桥。《蒙自县志》。在城西南八十里，渡乍甸河，前明置县丞于此。《蒙自县志》。

矣波渡　在城西三十里，即迤波草海，置船以渡。雍正《志》。

红河渡　在县东一百二十里蛮耗河，为蒙自、靖边、金河三县往来要津。旧设小船二只济渡，遇水涨辄多覆没，现由绅团造大船一艘，过渡者始保无虞。《采访》。

纳楼三渡　一曰禄逢渡，在纳楼茶甸司南四十里。又司东南百里有乍甸渡，又百五十里有阿土渡。《清一统志》。

---

① 岩　道光《云南通志稿》、光绪《云南通志》皆作"崖"。

② 光绪《志》　原本作"道光志"，查道光《云南通志稿》"桂峰桥"无"系木桥，陆续培修"，光绪《云南通志》有。今据改。

③ 光绪《志》　原本作"道光志"，查道光《云南通志稿》"练江桥"无"系木桥，陆续培修"，光绪《云南通志》有。今据改。

槟榔桥 在亏容司西北五里。《清一统志》。

茶　渡 亏容司北四十里。《清一统志》。

三元桥 在城东三里。清乾隆五十九年，训导杨晟率绅士建。《临安府志》。

观音桥 在城东三里。清咸丰三年，邑人杨庆芳捐赀新建。《蒙自县采访》。

飞仙桥 在县东十里近龙古[1]塘，绅士公建。《临安府志》。

渡龙桥、锁龙桥、普渡桥 俱在城东南十里，新安所绅士公建。《临安府志》。

化鳞桥 在城东南七十里，清康熙二十三年，邑绅王汝亨[2]、李圣先等建。雍正《志》。在城东三里。《蒙自县新志》。在城东南七里。《蒙自县旧志》。

明远桥、通宝桥、迎宝桥 俱在城东南七十里个旧[3]厂，绅士建。《临安府志》。

永安桥 在城西门外。明万历间，巡抚邹应龙建。雍正《志》。桥上为市。《蒙自县志》。

太平桥 在城西三十里。清乾隆五十八年，绅士公建。《临安府志》。

长　桥 在城北二十里。《清一统志》。在城西北三十里镇远哨，长十余丈。明天顺间，土官禄刚建木桥，后圮，邑人魏之选易以石。雍正《志》。在城西北二十里。清乾隆三十七年，知县杨奞[4]率绅士重修，桥上建亭，水大仍溢过堤。五十一年，绅士刘策廷、陈锡辂等增筑石堤，始无病涉。《临安府志》。

宜民桥 在城西北二十五里矣波铺。明洪武间，县丞李复建木桥。雍正《志》。在城西三十里. 后圮，邑人周玺、朱用宾重修，连为三桥。清康熙十二年，邑人江濬易以石。《临安府志》。

新　桥 在城西北五十里。康熙二十五年，知府黄明、知县孙居湜建。雍正《志》。在城北五里。《蒙自县志》。

会仙桥 在城西北七十里箐口。清雍正十二年，邑绅尹文炽等建。《临安府志》。在倘甸。《蒙自县志》。

三星桥 在城北十里浆水地。清乾隆五十六年，训导杨晟率绅士建。《临安府志》。

艾家桥 在城北五十里鸡街。明天启三年，艾清溪妇饶氏建。《临安府志》。

万里桥 在城北七十里倘甸乡。明天顺间建，原系木桥，清康熙八年，邑人车万象、姚之高等易以石。雍正《志》。乾隆四十七年，武举袁国栋、梁天爵等重修。《临安府志》。

长生桥 在城北草坝，绅士公建。《临安府志》。

永凝桥 在城北白溪河。《临安府志》。桥上有亭。《蒙自县志》。

楚雄府

楚雄县

青龙桥 在城东五里。明万历间，客民徐应中建。清康熙五年，总兵马宁等捐修。二十四年，总兵牛凤翔等重修。五十四年，知县陆坦续修。雍正《志》。

延寿桥 在城东十里，知府牛奂重修。雍正《志》。

---

① 龙古　原本作“古龙”，据嘉庆《临安府志》、道光《云南通志稿》改。

② 王汝亨　雍正《云南通志》、道光《云南通志稿》、光绪《云南通志》、乾隆《蒙自县志》、宣统《续修蒙自县志》皆作“王玉汝”，嘉庆《临安府志》作“王汝享”。有异。

③ 旧　原本缺，据道光《云南通志稿》、光绪《云南通志》补。

④ 杨奞　原本作“杨鹤”，据道光《云南通志稿》、光绪《云南通志》改。乾隆《蒙自县志》卷三《职官·知县》：“杨奞，江苏阳湖人，乾隆三十六年，以县丞署县事。”作“杨奞”是，今据改。

石头河桥　在城东十五里。清康熙四十六年，邑人公建。雍正《志》。

凌虚桥　在城东三十里。明弘治间，知府邵敏建。万历二十九年，推官陈以曜重修。雍正《志》。在腰站。《楚雄府志》。其石壁立，桥顶有月晕痕迹。清乾隆间，水涨冲塌，知府史积容重修。《楚雄府志》。

济渡桥　在城东三十里凌虚街腰站。向无桥梁，以船济渡。清康熙五十六年，知府张嘉颖捐建石桥，土县丞杨世勋董成其事。雍正《志》。

济生桥　在城东四十里。清康熙四十九年，典史雒永禧重修。雍正《志》。

大坝桥　在城南二里。清康熙五十年，邑人公建。雍正《志》。

马家桥　在城南五里。清康熙四十八年，村民公建。雍正《志》。进士马兆羲建。《楚雄县志》。

霜　桥　在城西二里。一作双桥。清康熙二十五年，知府牛奂捐建。雍正《志》。

石　桥　在城西十里。清康熙四十七年，邑人公建。雍正《志》。

木兰村桥　在城西十五里。清康熙五十年，邑人杨毓和建。雍正《志》。

金家桥　在城西十五里。清康熙十年，邑人公建。雍正《志》。

彩云桥　在城西二十里。清雍正二年，提督郝玉麟建。雍正《志》。

清水桥　在城西三十里。清康熙三十五年，邑人公建。雍正《志》。在清水坝。《楚雄府志》。

济川桥　在城西四十里。雍正《志》。在吕合巡检司前。先是架木为桥，明成化二十二年，知府邵敏易以石，长十丈，广二丈，上有扶栏。《古今图书集成》。清康熙四十八年，邑人公建。雍正《志》。

吕仙桥　在城西五十里。雍正《志》。在吕合。《楚雄府志》。

永盛江桥　在城西三百余里。两岸各甃以石，上架巨木，覆以瓦屋，为景东、普洱、镇沅要路。清乾隆三十四年，厂民捐建。《楚雄县志》。

团山厂铁索桥　在城西三百余里。大江两岸，各甃石礅，拽以铁索，索上布板，宽四丈，长五丈。清嘉庆九年，厂民募建。《楚雄县志》。

石羊桥　在城西北后河哨，络以铁索。《楚雄县志》。

德胜桥　在城北门外。清雍正八年，知府储之盘捐赀，率耆民王作宾等建。雍正《志》。

定安桥　在城北门外。清道光十八年，绅士谢长清建。道光《志》。

中渡桥　在城北二里。清康熙五十年，耆民许志能募修。雍正《志》。

仁永桥　在城北五十里。清康熙二十五年，知府牛奂建。雍正《志》。

仙人桥　在城东北曲甸东老者庄。长丈余，其石森立方正，无斧凿痕。《楚雄县志》。

镇南州

天心桥　在城内北巷口，雍正《志》。通北门水径。《楚雄府志》。

擢秀桥　在城东门外。雍正《志》。知州尹为宪建。《楚雄府志》。

黑泥桥　在城东半里。明万历间，知州尹为宪建。雍正《志》。兵燹圮。光绪《志》。

长坡桥　在城东二十里。清康熙二十九年，监生李植建。雍正《志》。

应嗣桥　在城东南一里。明万历间，州民黄廷佐因祈嗣建，果应。雍正《志》。清光绪二十三年，邑人李发云等重修。《采访》。

镇川桥　在城东南二里。清康熙三十九年，土州同段光赞建。雍正《志》。光绪五年，州人重修。光绪《志》。工艺绝伦，历二百数十年，巩固如新。《采访》。按：民国十二年地震倾一角，知事敖英贤等筹款补修。

长寿桥　在城东南三十里。清康熙三十年，监生李植建。雍正《志》。

三元桥　在城南一里。清康熙二十五年，武举徐乾元建。雍正《志》。光绪三年，州人重修。光绪《志》。

石官桥　在城南十里。明崇祯间，土州同段明柱建。雍正《志》。

永安桥　原名羊草河桥，在城南六十里。清康熙间，州民王永清等建。雍正《志》。后倾圮，道光二十六年，孔从周倡修，易今名。《镇南州志》。

光绪《志》[①] 按：《采访》以上二桥皆毁于兵。

小箐河桥　在城南三十里。清嘉庆间，景东程含章修。《镇南州志》。

团山厂桥　在城南二百五十里石硐寺。江心石岩矗起，西界镇南，东界楚雄，古设藤桥。今岩西为木桥，岩东为铁索桥。清道光间建。《镇南州志》。

铁索桥　旧名鼠街桥，在城西南二百里。清康熙七年，客民赵英建。三十八年，客民金元勋、武方侯等重修。雍正《志》。

丰城桥　在城西门外。明天启间，知州卢伯寀建。雍正《志》。

光绪《志》[②] 按：《采访》以上二桥均久圮未修。

瑞应桥　在城西五里，即平彝桥。明万历间，知州周国庠建。雍正《志》。

苴力桥　在城西十四里。雍正《志》。

白塔桥　在城西三十里。明万历间，知州李茂魁建。雍正《志》。

芦湾桥　在城西四十里。清光绪四年，州人捐建。光绪《志》。

天神堂桥　在城西九十里。清道光二十年，西道马志夔捐修。《镇南州志》。兵燹圮。光绪《志》。

小　桥　在城西北五里。雍正《志》。

永凝桥　在城西北七里。雍正《志》。明万历二十九年，知州周国庠建。《镇南州志》。

南安州

天心桥　在城内正街。明洪武初，总兵山士杰建。雍正《志》。成化间重修。《南安州志》。

擢秀桥　在城东门外，明成化间建。《南安州志》。

永安桥　在城东南四十里，旧名妥梢，系木桥。清康熙四十六年，知府卢询、知州张伦至易以石，改今名。雍正《志》。在城西四里。《楚雄府志》。往法表、撒甸路。《南安州志》。

济川桥　在城西南五里。明万历间，知府邵敏建，推官陈以曜修。雍正《志》。往碍嘉路。《南安州志》。

弘济桥　在城西南二百里。清康熙四十六年，知府卢询、知州张伦至同建，联以铁索，上铺石板。雍正《志》。路通石羊厂。《楚雄府志》。久圮未修。光绪《志》。

迎恩桥　在城西门外。明洪武初，总兵山士杰建。雍正《志》。在城西半里。《楚雄府志》。成化间建，通府大路。《南安州志》。

新石桥　在城西半里，往表罗路。《南安州志》。

---

① 光绪《志》　原本作“道光志”，查道光《云南通志稿》无，光绪《云南通志》有。今据改。

② 光绪《志》　原本作“道光志”，查无，据光绪《云南通志》改。

小石桥 在城西二里。清雍正二年，州民苏元枝建。雍正《志》。在城西北二里，往府大路。《南安州志》。

三麻架桥 在碍嘉东八里哀牢山，上覆板屋。明景泰间，知县熊飞建。嘉靖间，知县杨江永重修。雍正《志》。

大江桥 在碍嘉东六十里石羊厂。雍正《志》。水流汹涌，舟楫多虞。清康熙四十四年，武生滕凯、昆明吴学周同厂民捐赀建。四十八年，知州张伦至捐修。《楚雄府志》。旧有铁索桥，被水冲没。雍正六年，知州张任详请布政使张允随发帑金，委接任知州孙必荣、管厂候补知县郭治重建。南北仍絙以铁索，上覆瓦屋，旁护风檐。旧《志》。道光五年，水涨冲塌，现议修理。道光《志》。

鱼装桥 在碍嘉东南二里。雍正《志》。

麻戛桥 在碍嘉东南十里。雍正《志》。

风翅桥 在碍嘉南八里。清雍正十一年，州判罗仰锜重修。雍正《志》。

小江河桥 在碍嘉南五十余里。清康熙三十九年，兵民公建。雍正《志》。

西龙桥 在碍嘉北十里。《楚雄府志》。

清冈桥 在风翅桥之上。清康熙三十年，易门县民苏尚文建。雍正《志》。

邦角桥 在碍嘉南五十里。清康熙五十三年，邑人黄光源建。雍正《志》。

麻纽河桥 在碍嘉西十五里。明弘治间知县虎臣建，嘉靖间知县杨江永修。雍正《志》。在碍嘉西四十五里。《楚雄府志》。

虹龙桥 在碍嘉北十里。清康熙四十年，楚雄县生员杨世正母黄氏倡建。雍正《志》。

光绪《志》[①] 案：《采访》以上四桥均久圮未修。

姚 州

飞虹桥 在府儒学前，明知府杨日赞建。雍正《志》。

迎晖桥 在城东门外，一名九龙桥。明万历间，知府杨芝彬建。雍正《志》。

道光《志》案：《州志》迎晖、九龙二桥并载，俱在城东。旧《志》谓迎晖桥一名九龙桥，未知孰是。姑存，以俟考。

骆家桥 在城东一里。明万历间，里民骆升建。雍正《志》。

镇远桥 在城东五里。清康熙六十年，乡民周曰秀重修。雍正《志》。

栋川桥[②] 在城南门外。明弘治间，知府王嘉庆重修，今圮。雍正《志》。

文明桥 在城南门外。清同治十年，州人公建。《姚州志》。

聚源桥 在城南二里。清光绪七年，州人徐联魁建。《姚州志》。

惠通桥 在城南五里大石淜，明知府马自然建。雍正《志》。

如逵桥 在城南十里，明知府马自然建。雍正《志》。在城南二十五里。明嘉靖三十年，知府杨慥修。清道光十二年，官绅重修。《姚州志》。

仁和桥 在城南十里。清顺治十七年，里人黄玉倡建。雍正《志》。

广济桥 在城南十二里。明嘉靖间，里人刘福倡建。雍正《志》。

石泉桥 在城南十五里。明崇祯间，僧普利募建。雍正《志》。

---

① 光绪《志》 原本作“道光志”，查无，据光绪《云南通志》改。
② 栋川桥 原本无，内容紧随“镇远桥”条下，据道光《云南通志稿》补。

汇泉桥 在城南二十里，明洪武间建。雍正《志》。嘉靖三十年，知府杨馇修。《姚州志》。

宝成桥 在城西门外。《姚州志》。

连场桥 在城西三十里，明万历间，知府李赞建。雍正《志》。

蜻蛉桥 在城西北一里。明弘治间，知府王嘉庆重修。雍正《志》。在大南门外，跨蜻蛉河。《姚州志》。清光绪五年，州人张星聚重修。光绪《志》。

拱辰桥 在城北门外。明万历间，署知府李敬可建。雍正《志》。

望川桥 在城北二十里。明万历间建。雍正《志》。

普利桥 在城东北二里，一名朱家桥。顺治八年，州人公建。康熙五十四年，护府任中宜重修。雍正《志》。

济川桥 在城东北十五里。雍正《志》。

聚奎桥 在三元阁左金家坝南，知府罗良信建。清道光二十七年，知州吴嘉思修。同治十一年，州人重修。《姚州志》。

大姚县

广运桥 在城东三里。雍正《志》。在城东五里。《大姚县志》。

利济桥 在城东五里。《古今图书集成》。在城北五里。雍正《志》。

新坝桥 在城东五里，为西、南两河总汇之区，上有奎星阁。道光《志》。

承恩桥 在城东十里。雍正《志》。在城南一里，跨大姚河，上覆以屋。明永乐间，千户施宥建。《古今图书集成》。在城东三里。《大姚县志》。

龙街桥 在城东八十八里。《大姚县志》。

春溪桥 在城南门外。雍正《志》。

南大桥 在城南一里。道光《志》。

老羊桥 在城南七里。《采访》。

迎恩桥 在城南八里。雍正《志》。在城西南八里，跨大姚河，一名八里桥。《古今图书集成》。

土　桥 在城南十里。道光《志》。

新桥、蒋家桥 并在城南十五里。《大姚县志》。

维新桥 在城南十八里。《采访》。

永茂桥 在城南二十一里。《采访》。

宝珠桥 在城南二十三里见龙寺。《大姚县志》。

安澜桥 在城南三十里七街，为姚州白盐井通衢。清同治十一年，候补道杨凤仪建。光绪《志》。

天申桥 在城西半里。《采访》。

小砖桥 在城西五里。《采访》。

广济桥 在城西五里。道光《志》。

长春桥 在城西十五里。《采访》。

永宁桥 在城西二十里。《采访》。

西安桥 在城西三十五里。《采访》。

碧云桥 在城西七十里。《采访》。

龙吟桥 在城西八十里。《采访》。

回龙桥 在苴却锁水阁下，距城一百八十里。《大姚县志》。

铁索桥 在城北九十里苴䟶江，为金沙江各渡要路。左甃石岸，右就石壁凿孔，拽以铁索，索上布板，宽丈余，长十余丈。清道光二十八年，邑人捐赀修建。光绪《志》①。

广通县

清风桥 在城东三里。雍正《志》。明洪武十六年，知县王正建。嘉靖间，陆芳重修。《广通县志》。清同治九年，绅耆李思恩、杨秀倡捐重修。光绪《志》。

蒙七桥 在城东二十里。明嘉靖间，堡军徐昂建。雍正《志》。

黑苴桥 在城东二十五里。明成化间，黑苴军民公建。雍正《志》。

安乐桥 在城东四十里舍资界。明嘉靖间，堡军潘惠建。雍正《志》。

广济桥 在城东七十里。明洪武间，县民陆芳建。雍正《志》。在新铺，清康熙二十八年重修。《楚雄府志》。

响水桥 在城东七十五里响水箐底。明成化间，土巡检苏文昇建。雍正《志》。在城东九十②里，系木桥。清嘉庆九年，士民改建石桥。道光《志》。

普济桥 在城南六十里罗川。清同治六年，士民杨正鸿、李时中、曾泰宗等倡建。光绪《志》。

乐善桥 在罗川文笔山下。清道光十九年，文生高礼义、杨开第、张景辉等捐建。光绪《志》。

濯缨桥 在城西门外。明弘治间，知县蒋哲建。雍正《志》。县民陆芳重修。《古今图书集成》。系木桥，清嘉庆九年，士民改建石桥。同治十年，绅耆李思恩、李科等捐建。光绪《志》。

明月桥 在城西半里。明成化间，土官段镒妻梅氏建。雍正《志》。系木桥，清嘉庆十四年，士民捐建石桥。道光《志》。

桃溪桥 嘉靖间，堡军周宪重修。《广通县志》。

通济桥 在城西五里。明成化间，知县邵杰建。雍正《志》。嘉靖间，堡军周宪重修。《古今图书集成》。

关山桥 在城西二十五里回蹬关下。明弘治间，堡军向荣建。雍正《志》。清嘉庆二十年，被水冲毁，士民捐修。道光《志》。

定远县

东门桥 在城东门外。《定远县采访》。

利济桥 在城东十五里。清雍正元年，知县孙尔振率绅士建。雍正《志》。

济通桥 在城东二十里。明万历二十八年，军民同建。雍正《志》。

南门桥 在城南门外。《定远县采访》。

观音桥 在城南三里。清雍正四年，邑士民公建。雍正《志》。

迎恩桥 在城南三里。清康熙四十一年，知县张彦绅建。雍正《志》。兵燹倾圮，光绪八年，邑人唐昌典重修，易名镇定。光绪《志》。高四丈有奇，宽亦如之，在距城五里之镇水阁。《采访》。

---

① 光绪《志》 原本作“道光志”，道光《云南通志稿》无“铁索桥”条，据光绪《云南通志》改。

② 九十 光绪《云南通志》同，道光《云南通志稿》作“九十五”。

玉润桥 在城南十五里，邑士民捐建。《采访》。

永定桥 在城南二十里。清康熙四十一年，知县张彦绅建。雍正《志》。俗名大石桥，光绪八年，贡生何钟吉重修。光绪《志》。跨龙川河，高宽与迎恩桥等，亦名龙川河桥，为由广通达省要道。《采访》。按：民国五年，由省会牟定同乡与盐兴、广通绅耆捐修，工程为县属诸桥之冠。

会基桥 在城南二十里。清雍正五年，邑人王天祥建。雍正《志》。

石河桥 在城南二十里。明万历三年，阖邑捐建。雍正《志》。永定桥跨石头河，为通楚雄、广通要道。《采访》。按：民国十三年，由牟定旅粤人士捐修，工程次于永定铁索桥。

仓河新桥 在城南二十里。清道光十六年，举人唐毓俊、唐昌锡倡捐新建。《定远县采访》。

西门桥 在县西门外。

龙川桥 在城西里许。清乾隆元年建，嘉庆二十五年，知县许应元率士民捐修。同治中重修。光绪《志》。龙川桥出水三空，为通镇南要津。《采访》。

北门桥 有二，一在城北门外，清康熙四十一年，知县张彦绅捐建。雍正《志》。一在土主庙前。《采访》。

双　桥 在城北三里。清康熙五十六年，阖邑捐建。雍正《志》。

下马台石桥 清光绪三十四年，县绅刘荣音建，工程与龙川桥等。《采访》。

拱极桥 在城北三里。清康熙五十六年，知县孙尔振率众捐修。雍正《志》。在城北三里唧。《定远县志》。

土河桥 在城北十五里。明万历三十年，绅士军民捐建。雍正《志》。

天神桥 在城北四十里。清康熙五十四年，阖邑捐建。雍正《志》。

澂江府

河阳县

庄镜桥 在城内东街。雍正《志》。

龙津桥 在城东门外。雍正《志》。

延龄桥 在城东一里。清康熙间，郡绅李发甲建。雍正《志》。

高涧桥 在城东一里。清康熙四十一年，生员李文炳修。雍正《志》。光绪间，郡人重修。光绪《志》。

飞虹桥 在城东里许。清乾隆十四年，知府夏昌建。道光《志》。

七星桥 在城东里许，清嘉庆二十一年建。道光《志》。

青云桥 在城东三里，跨玗劄溪，旧名普济。明正统间，知府王彦建。雍正《志》。相传饮饯于此，群鹭从桥上飞入青云，故名。清同治十二年，旧城士民重修。光绪《志》。

南津桥 在城东三里。明嘉靖间，路南州民葛万钟建。雍正《志》。在城东街。《澂江府志》。

潄玉桥 在城东五里土主庙前。雍正《志》。

海晏桥 在城东二十五里海口泄水处。清康熙三十六年，知府崔维衡重修。雍正九年，知府王铎再修。雍正《志》。

铁池江桥 在城东三十里，清乾隆初建。道光《志》。

长虹桥　在城东四十里，跨七江溪。原系木桥，明弘治九年，知府安康易以石，名借虹。嘉靖四十三年，郡人罗应元重修。隆庆三年，知府蒋宏德重修。《澂江府志》。清康熙九年，通判王猷创铁索桥，未几圮，郡人李缵甲重修。雍正《志》。

东作上下桥　在维西镇上村之东，澂江至晋宁必经之道。《采访》。

河生桥　在城东。明知府高廷绅建，今废。《澂江府志》。

三岔桥　在河生桥西百步。《古今图书集成》。

朝阳桥　在城东南隅，清嘉庆四年建。雍正《志》。

中沟桥　在城东南五里，锁劄溪之水口。雍正《志》。

介营桥　在城东南五里右所大小营间。雍正《志》。

远达桥　在城东南五里小营中。雍正《志》。

广济桥　在城东南五里右所大营西，明郡人杨济时建。雍正《志》。

通津桥　在广济桥西一里，明郡人华仲林建。雍正《志》。

迎仙桥　在城南门外。雍正《志》。

风虎桥、云龙桥　在阜民乡村中，澂江至省要道。《采访》。

锁水桥　在城南门外东隅。汇城内众水流经沙河村，折鲁溪营入海。《澂江府志》。旧桥久圮，清道光四年，训导李泰倡建。道光《志》。

永济桥　在城南二里。明嘉靖间，郡人许俸建。雍正《志》。

务耕桥　在城南二里梨花村北，明生员李杰建。雍正《志》。

月津桥　在城南十里大河口。雍正《志》。旧名观澜桥，架木为梁。明嘉靖十七年，郡民陈绅易以石，旁置碑亭。《澂江府志》。

联玉桥　在城西南十里。清康熙四十四年，知县翟枚吉建。雍正《志》。在城西南二十里玉笋山前。《澂江府志》。

涌拔桥　在城西南三十里，明郡人杨国儒建。雍正《志》。经江川通衢。《澂江府志》。

十八桥　在城西南八十五里普定乡，为晋宁、江川通衢。光绪《志》①。

岗硐天生桥　在城西南八十五里黄家庄南。涌泉流注河阳，北经晋宁，流入滇池。光绪《志》②。

惠民桥　在城西门内。明隆庆间，知府徐可久建。雍正《志》。

四均桥　在城西一里廖官营东。道路至此适均，故名。雍正《志》。

普济桥　在海沿乡大河埂东首，为澂江、江川间要道。清光绪十六年建。《采访》。

太平桥　有二，一在城西二里，旧名罗藏桥，明嘉靖间，知府王良佐建，通判徐子麟修；一在旧阳宗县东。雍正《志》。至省往来之要道。《采访》。

平政桥　在城西二里。清康熙间，郡绅赵士麟建。雍正《志》。生员董可徵③等重修。《澂江府志》。兵燹圮，郡人游击廖本惠重修。光绪《志》。西至晋宁，西南至江川所经。《采访》。

西龙上下桥　在西磬乡董家院，由澂江至呈贡之归化所必经。《采访》。

清平桥　在城西二里。雍正《志》。

关庄桥　在城西五里小关庄下。雍正《志》。

---

① 光绪《志》　原本作“道光志”，查无，据光绪《云南通志》改。

② 光绪《志》　原本作“道光志”，查无，据光绪《云南通志》改。

③ 徵　原本作“澂”，据道光《云南通志稿》、光绪《云南通志》改。

西城桥 在城西六里。雍正《志》。在西街右。明成化间，举人郑玘建，后圮。嘉靖四年，主簿董钺、耆民陈祚重建。二十四年，郡人陈绅易以石。《澂江府志》。清雍正六年，贡生侯昌重修，至晋宁必经之要道。《采访》。

东秩桥 在城西六里。雍正《志》。在西街左。年久倾圮，郡民张友松捐赀重建，置楼于上，后遭水患，楼废桥存。《澂江府志》。

俯波桥 在城西二十五里。明郡人李文高建，澂江至江川要道。雍正《志》。在鹭栖村红坡。登桥俯瞰湖水，故名。《澂江府志》。

凤凰桥 在城西六十里施家村，江川、晋宁往来必经之道。道光《志》。

普济桥 在城西七十里河涧铺之北。道光《志》。

普渡桥 在城西七十五里八家塘北。清雍正间建，今圮。道光《志》。

引凤桥 在城西北隅。清康熙二十二年，郡人李缵甲建，引水入城内。雍正《志》。兵燹圮，阖郡重修。光绪《志》。

青龙桥 在苍麓乡上左所东北，通归化大路。清光绪十五年建。《采访》。

西济桥 在澂江西区树柏乡，为至晋宁通道。《采访》。

接龙桥 在城西北二里许，今阖郡捐赀重修。《河阳县采访》。

得路桥 在城西北四里。明郡民席允中、陈亨建。雍正《志》。

月宫桥 在城东北里许凤翔寺前。明季宾兴饯士于此，故名。《澂江府志》。

大河桥 在城东北四十里旧阳宗县东。雍正《志》。

迎恩桥 在旧阳宗县西门外。雍正《志》。

通济桥 在旧阳宗县西一里。雍正《志》。

江川县

土主庙渡 在城西南。雍正《志》。在古城西南。《澂江府志》。

拱秀桥 在城内学宫右。清乾隆五十九年，邑人黄德金倡建。道光《志》。

海门桥 在城东南八里，为临安要路，星云、抚仙两湖交通处。明天顺五年建。中央有界鱼石，澂江、江川其鱼二种，以石为界，不敢越江。《古今图书集成》。在城南二十里，明景泰间，知县张俊建。雍正《志》。在城东十里。《澂江府志》。秦光第《疏浚两湖碑记》：

星云、抚仙两湖，潴水相通，潆洄于江、黎、澂三县间，下流绕入南盘江。两湖间有隔河，长约三里，西接星云，东泻抚仙，两岸崇山对峙，巉崖峭壁，一水中流，俗所谓两海相交，鱼不往来者是已。河之西端有桥，名曰海门，距江川县城十里强，南通临、蒙、开、广，北达省垣，曩昔往来两粤者，恒取道于此，滇越铁路成，乃趋捷径，而通、河、玉溪商旅，仍不绝于道。虽曰两湖门户，洵江城锁钥，迤南要津也。桥初系横木为梁，水涨则没。有明天顺庚辰邑侯张君俊捐款改造石桥，工虽简陋，面量狭隘，然往来利赖，垂四百六十余载矣。惟代远年湮，流水冲激，风雨剥蚀，已朽坏不堪。光第于民国十二年，疏浚两湖时，桥基鳞露，瞬见坍圮，因保存前人遗意，饬工补砌。不意仅越三年，桥仍倾毁，行人至此，望洋兴叹。倡言重修，工程浩大，际兹民穷财尽，筹措巨款，殊非易易。虽然，同人办理两湖工程，举凡有益于三县者，莫不竭力为之，矧大道中断，交通梗塞，百业停顿，影响所及，关系匪轻，忍听其长此倾圮乎？爰议决由两湖公田租款拨支。十六年春，仅砌桥墩。十八年冬，继续工作。本年夏，桥工始竣。先后役土石工五千五百有奇，开支款项共四万三千有余。工料之坚实，远胜于昔，其局势之矞皇，技术之精致，特余事耳。落成之日，数县绅民咸相庆幸。然余以为此桥之极可庆幸者，不在落成之日，而在兴工之时也。回忆兴工时，两经改变，江、黎一带，沦为战区。当时桥基甫经理，挖深二丈余，土壁陡立，原议的款因地方多故，田租滞纳，一切用款已难接济，且有重重障碍，阻力横生，倘小有意见，稍事停顿，立见土壁坍塌，非但前工尽弃，而海水一决，江、宁等处必成泽国，是所以利民者，转以害民，又岂同人等惨澹经营之初意哉？乃罄所私以垫公用，激励员工并日而图，赶砌石基。嗣桥墩将竣，战事逼迫，始行停工，延至今日，赓续告成，足征此桥之差堪庆幸者在此不在彼。且利属人民，未向人民捐一钱，究其所以，端赖督役催租诸员绅不辞劳瘁，不避艰险，始有如是之成功也。欣赏之余，用志崖略，并将在事员工另名勒石，庶与此桥同不朽云。

大　桥　在城东南桃园。道光《志》。

阜财桥　在城南濠上。里人徐湘重修，清道光二年，监生黄尔泰增修。道光《志》。

星海桥　在城南门外，跨玉带河。清道光十八年，知县吴河光建。光绪《志》①。

通衢桥　在城南三里。明天顺间，知县张俊建。雍正《志》。在古城东。《澂江府志》。

永济桥　在城南五里。雍正《志》。在古城北。《澂江府志》。

海渡桥　又名七孔桥，在海西周得营中渔村西方，距县城南八里。原为大龙潭河水必经之道，后河以改道，桥存，为河西、玉溪往来要道。《采访》。

石　桥　在城南十里。雍正《志》。在古城东。《澂江府志》。

龙兴桥②　在城南二十里。清咸丰六年，武举唐国材等倡建。光绪《志》。在远区渔村北首大河上，距城二十里，为出入往来要道。后人建阁其上，尤壮观瞻。《采访》。

龙江桥　在远区前卫营外河流间，距城二十余里，该营民新建。《采访》。

积善桥　在城南二十里。清咸丰六年，武举段云凤等倡建。《采访》。

如意桥　在城南三十里双龙乡中台山下。雍正《志》。明万历间，邑人杨懋良所建。《采访》。

普济桥　在城西四十里。清光绪八年，贡生周培本等倡建。光绪《志》。

碧溪桥　在城西四十里。清光绪八年，文生郑存德等倡建。光绪《志》。

锁溪桥　在城西四十里。清光绪十年，文生龚崑等倡建。光绪《志》。

迎恩桥　在城北濠上。雍正《志》。

丰乐桥　在城北里许。清康熙四十七年，知县祝兆鹏建。雍正《志》。

玉锁桥　在城北五里。清光绪九年，邑民王应元等倡建。光绪《志》。

丰　桥　在城北五里。清光绪十年，士民李怀亮、王嘉善等倡建。光绪《志》。

双龙桥　在城北十里大石关前。清嘉庆九年，武举蔡景清倡建。道光《志》。

普渡桥　俗呼新桥，在远区小街河流间，距城三十里，为邻封各县及本邑往来要道。

---

① 光绪《志》　原本作“道光志”，道光《云南通志稿》无“星海桥”条，据光绪《云南通志》改。

② 龙兴桥　光绪《云南通志》作“兴龙桥”。

清光绪年间，小街善男信女捐造。《采访》。

新　桥　在城北二十里关岭下。雍正《志》。

张公桥　在城北二十里刺桐铺[①]。道光《志》。

登瀛桥　在城东北隅，清乾隆五十九年建。道光《志》。

广平桥　在城东北二十里明兴铺。清嘉庆三年，庠生陈其才倡建。道光《志》。

明兴桥　在城东北明兴铺。雍正《志》。

狮象桥　在城东北三里尹祺村，澂江大路经此。清乾隆五十五年重修。道光《志》。

新兴州

弘济桥　在城南门外。明弘治间，知州邓骏建，俗名李桐桥。雍正《志》。通嶍峨、新化等路。《清一统志》。

丰乐桥　在城南二里。清康熙间，知州鲁国华建。雍正《志》。在郑家屯。《澂江府志》。

汇溪桥　在县西南十里。旧建木桥，后重修捲洞石桥，三孔，高约十五丈，宽一丈五尺。以溪水总汇于此，故名。《采访》。

普渡桥　在城南十里大营屯，跨大溪河。雍正《志》。在城西南十里。《澂江府志》。

盘安桥　在城南二十四里石关哨。清康熙三十年，土州判王凤建。雍正《志》。

会通桥　在城西门外。跨城壕，与弘济桥相望，俗名上石桥。雍正《志》。

中板桥　在城西关外，去会通桥三百余步。雍正《志》。分大溪河为金汁中沟。《新兴州志》。

下石桥　在城西关外，去中板桥四百余步。雍正《志》。上建奎阁，分大溪河为金汁下沟。《新兴州志》。

彩虹桥　在城西关外中卫屯。雍正《志》。跨金汁沟。《新兴州志》。

桂家桥　在城西五里桂家屯。雍正《志》。跨大溪河。《新兴州志》。又名永济桥，在县西五里。清州牧高锦所建，甃石八礅，门七孔，中列桴木，铺以梨板，上覆瓦屋二十九楹。《采访》。

济星桥　在城西四十里大小洛河。清道光五年，武举任广泽、生员杜培初、郡人王汝舟等捐建。道光《志》。

通年桥　在城西北三里。清康熙五十一年，知州任中宜建。雍正《志》。在城西徐百户屯，西河、奇梨溪合流入大溪处。《澂江府志》。

普惠桥　在城西北三里，久圮。清嘉庆十二年，署知州洪其照率绅耆重修，易名永惠。道光《志》。在县西北五里。知州张泓初建，植桥柱二十七孔，联以铁环，约长三十余丈，宽七尺，上铺梨板，旁列短栏，桥头各砌石岸，长四丈，高丈六，历时二年，费千余金。后屡有增修，今已改为石礅木桥，与玉溪桥相并矣。《采访》。

安流桥　在城西北五里。清康熙间，知州蔡琨重修，改为听莺桥。雍正《志》。在左家屯奇梨溪、西河合流处。《澂江府志》。

迎恩桥　在城北门外，跨城壕。雍正《志》。

龙门桥　在城北龙门村，清嘉庆初建。道光《志》。在县东北十七里。旧设木桥，雍正中，州牧许公易以石礅木板，上覆瓦屋二十楹。至戊辰，州牧徐重修，仍前旧礅各增一

---

① 刺桐铺　道光《云南通志稿》、光绪《云南通志》皆作“茨桐铺”。

丈二尺，下开五门，上铺石，面宽丈二左右，护以短栏。《采访》。

玉溪桥　在城北五里。旧建木梁，常致朽败。明崇祯十年，邑人尚书雷跃龙易石礅，置木覆瓦，日久沙淤。雍正《志》。清康熙九年，知州耿文明重修。《澂江府志》。五十二年，水溢桥上，知州任中宜增高石墩三尺，仍覆瓦屋。旧《志》。乾隆十四年，知州徐正恩倡修。嘉庆四年，知州刘嶙率绅士重建，增高四尺。道光《志》。徐方惠重修，每礅增高五尺，桥西迎水马头增添八丈，又添樗木加扣承上瓦屋二十间，两岸建碑坊二座。以后数十年一修，今则汽车路由上经过。《采访》。

通州便桥　在城北五里，跨罗木箐河。清道光六年，生员冯文璋等建。道光《志》。

康阜桥　在城北六里，往省要道。雍正《志》。跨罗木箐河，俗名康家桥。《新兴州志》。在玉溪桥北。清乾隆五十六年，知州陆绍宗重修。道光《志》。按：民国十三年拆卸，另行改建石基木桥，公路经过其上。

广济桥　在城北十三里咸宁里。雍正《志》。跨罗木箐分河。《新兴州志》。

普门寺桥　在城北十八里普舍城西关外。雍正《志》。在罗木箐下沟。《新兴州志》。

新德桥　在城北二十里。清康熙五十一年，知州任中宜建。雍正《志》。在刘家屯西河。《澂江府志》。

云英桥　在城北四十里刺桐关。雍正《志》。

济美桥　在城北四十二里刺桐关下，往省大路。清康熙二十年建，雍正九年郡人束乃成修。乾隆四十年，束为仁重修。道光《志》。

飞虹桥　在城东北十五里。清雍正十年，知州许廷佐[①]捐俸率众修。雍正《志》。

观音阁大桥　在城东北十七里。向系木桥，倾圮。清雍正八年，知州许廷佐捐俸，率众改建石桥。雍正《志》。跨罗木箐河。《澂江府志》。

龙马桥　在城东北十七里龙门桥之上。清乾隆间，生员宋昆[②]、武举袁绍武倡建。道光《志》。

永丰桥　在城东北二十里。雍正《志》。在白塔山下罗麽溪。《澂江府志》。

路南州

义　渡　距州城六十里民乡河头营。每岁立夏三日设船，立冬三日建木梁。《续路南州志》。

万寿桥　在城东壕上。清康熙四十九年，知州金廷献捐修。雍正《志》。在城东北。《澂江府志》。

兴凝桥　在城东一里。清康熙三十五年，总督王继文建。雍正《志》。

广通桥　在城东五里。清康熙间，庠生李见龙建。雍正四年，其子衍祚重修。《续路南州志》。

双龙桥　在城东五里。清雍正七年，知州杨化元建。《续路南州志》。

圣恩桥　在城南武庙前。《续路南州志》。

水月桥　在城南关外。清康熙五十一年，知州金廷献捐修。雍正《志》。

弘济桥　在城南二里。明弘治间，知州邓骏建。雍正《志》。通嵋峨新化里。

三板桥　在城南五里。明万历间，举人杨兴南兄弟捐修。雍正《志》。清乾隆三十七年，

---

① 许廷佐　原本误作“许廷佑”，据雍正《云南通志》、道光《云南通志稿》、光绪《云南通志》改。

② 宋昆　道光《云南通志稿》、光绪《云南通志》皆作“宋焜”

马兆垣重修，更名仁寿桥。道光《志》。

板　桥　在城南二十里。明嘉靖间，州人席大宾易以石。雍正《志》。清乾隆二十年重修。《续路南州志》。

注砚桥　在城南二十里文笔山侧，土名滉桥。清乾隆五十三年，施定邦倡捐易石，更名注砚桥。《续路南州志》。

金马桥　在城南二十五里，为邑要津。旧架木以济，夏秋雨集，常致倾圮。清道光二十五年，署知州李凤翚捐廉倡建，易以石，长三丈余，宽一丈余。光绪《志》①。

刘家桥　在城西三十里大龙潭村，为宝源诸厂要道。清乾隆四十一年，江西客民刘国英建。《续路南州志》。

心平桥　在江尾村。清乾隆四十年建，今废。《路南州采访》。

锁龙桥　在城西南五里许。《续路南州志》。

青云桥　在城西南十里。清康熙四十五年，知州金廷献修。雍正《志》。原桥倾圮，乾隆四年阖州捐修。《续路南州志》。

三元桥　在城西南四十里。清乾隆二十一年，知州史进爵倡建。《续路南州志》。

叠水桥　在城西南五十里，为阖州众水所归。清乾隆五十九年，生员李昭、吏员段如柏建。《续路南州志》。

砥柱桥　在城西南八十余里老树田下。清乾隆二十六年，署州吴际盛倡建。长十余丈，阔丈许，绾以铁索，贯以巨木，上铺木板，中建观音阁，左右设栏杆，两头设门启闭。嘉庆十一年重修，今圮。《续路南州志》。

会通桥　在城西二里，与弘济桥相望。明万历间，知州汪良建。雍正《志》。

永济桥　在城西三里许。《续路南州志》。

赛虹桥　在城西北，通云南府大路。《清一统志》。在城西一里。明万历间，知州汪良捐修。雍正《志》。

拥津桥　在城西北一百里民和乡大河堤尾。清乾隆二十一年，知州史进爵倡建。《续路南州志》。

永安桥　在城北门外。清康熙十一年，州民苏全、赵西应等募建。雍正《志》。

迎恩桥　在城北半里。清康熙五十年，知州金廷献捐修。雍正《志》。

天生桥　有二，一在城北五十里，一在城东北十二里。二桥天成，不假人力。雍正《志》。

普济桥　在城北七十里。清乾隆间，监生李如桐、赵相璧等捐建。高十丈，宽二丈，长三十余丈。《续路南州志》。

联陞桥　在城东北三十里。清乾隆②二十年，知州史进爵倡建。《续路南州志》。

广南府

宝宁县

新石桥　在城东二里。清道光二十九年，知府李熙龄建。光绪《志》。

普厅桥　在城东南二百二十里普厅。原系竹桥，清嘉庆二十二年，知府何愚易以石。

---

①　光绪《志》　原本作“道光志”，道光《云南通志稿》无“金马桥”条，据光绪《云南通志》改。

②　乾隆　原本作“康熙”，光绪《云南通志》同，校改见前。

《广南府志》。

乐安桥　在城南九十里西洋江。原设渡船，水涨时往来甚艰。清乾隆十九年，知府蒋衡捐建石桥。《广南府志》。桥已坍塌，正筹款修理。《采访》。

旧莫桥　在城西南。清康熙四十七年，知府茹仪凤建。《广南府志》。

西安桥　在城西三里。旧架木，明万历间，土舍侬应祖易以石。雍正《志》。

通津桥　在城西四里，明万历间建。雍正《志》。

光绪《志》[①] 案：《采访》尚有杉木桥。在城东五十里，董堡桥在城南四十五里，西济桥在城西法白塘，平岭桥在普厅平岭塘，俱久圮未修。

顺宁府

顺宁县

黑惠江渡　在城东北一百八十里赤龟山下。雍正《志》。

泗水桥[②]　在城东门外。清康熙二十二年，知府刘芳声建。雍正二年，里人又别建石桥于此桥之西。雍正《志》。

迎春桥　在城东一里。清康熙四年，知府米璁建，后知府董永芰、署知府陈之玮继修。雍正《志》。嘉庆二十年，被水冲毁，知县路华倡修。道光五年复毁，知县金澂捐赀重建。道光《志》。

祝嵩桥　在城东五里，跨顺宁河之中流。明土知府猛寅重修为石址，以醧水道，上有扶栏瓦屋。《清一统志》。

宣德桥　在城东南二里。清康熙二十一年，知府刘芳声建。五十四年，知府殷邦翰重修。雍正《志》。乾隆六十年，被水冲毁，嘉庆元年，知县崔凤三倡建，光绪六年复圮，知县邓瑶重修。光绪《志》。

藤　桥　在城南阿铎河。河水东注，土人构藤为桥。《清一统志》。

来顺桥　在城南四里。清康熙三十八年，知府董永芰建。雍正《志》。初名观音寺桥，在城南三官阁下，通云州路。《顺宁府志》。

归化桥　在城南十五里。雍正《志》。清康熙三年，知府米璁建。七年，知府许宏勋重修。《顺宁府志》。乾隆四十年，水泛冲毁，知县秦涛率士民重修。光绪五年，知县邓瑶复修。光绪《志》。

麻腊寨桥　在城南七十里。清康熙三年，知府米璁建，今废。《顺宁府志》。

顺济桥　在城西南一百二十里阿度吾里。清雍正三年，经历沈应俞建。雍正《志》。

来远桥　在城西南阿度吾里。清康熙二十八年，知府徐欐建。雍正《志》。光绪七年，被水冲圮，里人重修。光绪《志》。

凤鸣桥　在城西。清康熙元年，米璁建。《顺宁府志》。今圮。《顺宁县采访》。

济虹桥　在城西二百五十里，俗名枯柯桥。《清一统志》。在城西北二百里永、顺分界处。明万历四十年，知府李忠臣建，挽以铁索，复圮。清顺治十八年，知府米璁修。《顺宁府志》。康熙四十一年，知府董永芰重修。雍正《志》。

李家桥　在城西北五十里，明郡人李氏建。雍正《志》。

---

① 光绪《志》　原本作“道光志”，查道光《云南通志稿》无此按语，据光绪《云南通志》改。

② 泗水桥　原本作“四水桥”，据雍正《云南通志》、道光《云南通志稿》改。

锡铅后桥 在城西北八十里，入锡腊路。《顺宁府志》。

济川大桥 在城西北一百四十里，入永昌大路。知府刘芳声修，久废。《顺宁府志》。清康熙四十一年，知府董永芠重建。雍正《志》。一名劝善，光绪九年，被水冲决，知府周范、右甸经历韩铣重修。光绪《志》。

衢亨桥 在城北门外。明崇祯十七年，知府曾瑞来建。雍正《志》。今圮。《顺宁县采访》。

掬春桥 在城北。水出交凤山，下流为河。《清一统志》。今废。《顺宁县采访》。

小　桥 在城北一百四十里。雍正《志》。旧名锡铅前桥，在城北八十里。明崇祯十七年知府曾瑞来建，因水势冲激，屡修屡圮。今建小桥，以济行人。《顺宁府志》。

兴善桥 旧名猛家桥，在城北一百六十里，又名大桥。明崇祯间，知府曹巽之建。清康熙六十年，知府赵承焘重修，易今名。雍正《志》。路通蒙化。《清一统志》。

瑞虹桥 在城东北半里鼓山下。清康熙二十六年，知府徐欐建。雍正《志》。光绪九年，被水冲决，知县邓兰蔚重修。光绪《志》。

迎恩桥 在城东北二里。明崇祯六年，知府王政建。雍正《志》。后经火毁，清康熙二十二年，知府刘芳声重修。雍正三年，知府范溥改建石桥。《顺宁府志》。嘉庆十五年，被水冲圮，改道于北越新村，达旲拨营，因建通顺、巩固等桥。同治十三年复圮，知府陈泰琨修。光绪五年，知县邓瑶重修。光绪《志》。

澜沧江浮桥 在城东北八十五里。编竹十五丈，广五丈。《清一统志》。清咸丰间毁于兵，同治十三年，知府陈泰琨复修。光绪《志》。

青龙桥 作澜沧江渡，在城东北八十五里。旧设小舟，清雍正三年，知府范溥造大船，改渡下流，稍近十里。雍正《志》。乾隆间，知府刘埥[①]率士民建铁索木桥，长三十六丈，宽一丈二尺，捐置田租百余石，以作岁修之费。嘉庆十九年火毁，知县麟瑞率士民重修。光绪《志》。在城东北九十里，咸丰七年毁于兵。同治十三年，知府陈泰琨捐廉重修，名曰青龙桥。光绪《志》。副榜李于阳《澜沧江渡》：

> 横亘水中央，垂虹百丈长。铁絙飞碧落，石壁破青苍。浪急蛟鼍吼，山深猿狖藏。临流频眺望，天堑壮遐方。

右甸大桥 在城东北一百里。明崇祯十五年，通判谢天禄建。清康熙三十七年，知府董永芠重修。雍正《志》。通永昌路。《顺宁府志》。

狮子桥 在城东北一百二十里阿鲁司北。清康熙五十八年，里人同建。雍正《志》。

史力桥 在城东北一百五十里阿鲁司北。清康熙五十七年，里人同建。雍正《志》。

来宣桥 俗名小江桥，在城东北一百八十里。跨濞溪江，通蒙化路。初为藤桥，清顺治七年，通判杨廷璧始易木梁，后因李忠武之乱焚毁。康熙元年，知府米璁重建，绾以铁索，上覆瓦屋二十余间。八年复毁，知府许宏勋捐建。二十八年，知府徐欐重修。五十二年，被水冲没。五十四年，知府殷邦翰倡修。《顺宁府志》。嘉庆三年又毁，今设筏以济。道光《志》。

---

① 刘埥　原本作“刘靖”，光绪《云南通志》作“刘埥”。又，光绪《续修顺宁府志》卷二十《秩官志·知府》：“刘埥，新郑人，副榜，二十四年任，详《循良》。”作“刘埥”是，今据改。

克马桥　在城东北一百八十里。清康熙二年，知府米璁建。雍正《志》。

歪泥桥　在城东北二百五十五里，通永平路。清康熙二年，生员冯嘉训捐修。雍正《志》。在东木笼里。《顺宁府志》。

靖边桥　在府城坪里村南。跨顺宁河下流，长七丈，阔二丈。《清一统志》。

翁起桥　在府境内，即飞虹桥。明万历十八年建，清康熙三年，知府米璁修。《顺宁府志》。

云　州

漫乃江桥　在城东一百里阿轮山边，通景东要津。雍正《志》。

神舟渡　在城北一百二十里，路通蒙化。雍正《志》。陈荣昌《创修云景桥记》：

> 澜沧为滇西巨浸，在云县北百五十里有神舟渡，凡往来于顺、云、缅、蒙者，咸问津焉。夏秋之交，水盛涨，行人苦留滞，冒险争渡，覆舟灭顶，往往有之。欲建桥梁，则江深浪阔，不能施木石，往来要津，竟成畏途，沦胥之患，长此安穷。民国八年，张侯来宰是邦，乃建铁锁桥之议，亲率耆老履勘，见羊街渡两崖石壁对峙若削成，遂定基于此。捐廉倡修，并提罚锾三千五百元，犹不足，则请于大府。大府为饬蒙化、大理、景东、凤仪、祥云、弥渡、顺宁、缅宁各县及耿马土司，并捐赀相助。于是鸠群工，构众材，与其弟锦雯栫沐其间，躬为规画。以是年季秋经始，督工三百人，昕夕从事，七阅月而告成，费万九千元。桥长二十余丈，道尹由公锡其名曰云景桥云。昔程子有言：一命之士，苟存心于爱物，于人必有所济。张侯殆其人欤！前之官斯土者，不知几何人？澜沧之险皆见之，独无一能化险为夷者，非其力不足，特心不足耳。抑天地之间，一事一物之小者，其成毁皆有数存，况旅人病涉，其害大，利涉者其功亦大。天之设是险，必有待其人而后平者。则张侯之成此大功，岂偶然哉！盖亦有定命矣。张侯名锦春，光绪间进士，贵州贵阳人。予督学黔中时所得士也。桥既成，丐文纪其事，于是乎书。

富春桥　一名东桥，在城东五里。清康熙五十四年，署知州程之炜修。《顺宁府志》。雍正三年，知州吴元鳌捐修。雍正《志》。

柳荫桥　在城东邦谷村下河畔。有柳树垂荫，故名。《云州采访》。

会龙桥　在城东南四十里蛮亥山麓，庠生钟沣捐修。《云州采访》。

回龙桥　在城东南猛麻三家村下关。锁一猛风脉，因名回龙。《云州采访》。

三道桥　在麻漫岩村下。石桥一，木桥二。

广德桥　在城南十里，即锁水清桥。康熙三年，知州刀飞龙捐建。雍正元年，知府范溥同贡生刘次薇等重修。雍正《志》。一名北桥，在旧城，系府境河水下流所经。庠生钟沣捐修。《顺宁府志》。

新惠桥　在城南十二里，跨孟祐河上，即南桥。以铁索架梁，清康熙间，邑人公建。雍正《志》。

按：民国三四年间，知事张肇兴于此修建南河铁索桥。工程伟丽，冠于西南，既成，题曰庆云桥，作有碑记。记中略称：自新惠铁桥既毁，二百余年，皆编竹作浮桥，无重修者。民国四年，竹桥漂没，商旅不行，乃集赀万余元，聘永昌工程师设计绘图，于十二月兴工。指河心巨石为标，开掘基盘，入水一丈，阔五丈，长六丈。引长方石入，纵横排砌，扣以云钉，每层需石三百丈，至高出水，始用石灰凝缝，后方体积渐减成梯形。五年六月，东西墩成，式如石室，四周留间道，设重壁，壁留户牖。六年三月牵练，全桥成，计长三十丈，架空二十丈，盘礅斜行练各长五丈，底练十二条，提重斜行练四，穿底兜练八，边栏二，需径寸长尺环五千余扣，挂杆百二十，岸礅上台出水二丈，广四丈六尺，袤下半二丈，上半一丈六尺。桥之两端建西式石阁。都料匠费约二万元。悬空铁练重一万五千斤，附件称是。诚滇西最大之桥梁也。

猛赖桥 在城南一百二十里，即大藤桥，与小藤桥俱为往来要津。日久渐废，清雍正二年，知州吴元鳌捐俸，易藤以木。雍正《志》。

青云桥 作邦洪桥，在城南一百三十里，交耿马界。旧传士人张氏建，清雍正元年，知府范溥捐修。雍正《志》。道光四年，知州李端元重修，易今名。光绪《志》。

猛底桥 在城南二百五十里，即小藤桥。雍正《志》。在城南八十里，结藤为梁。《顺宁府志》。

康济桥 旧作永安桥，在城北门外。《顺宁府志》。武生刘恬修，后圮。清道光四年，知州李端元捐修，易今名。光绪《志》。

石　桥 在城北，路通蒙化。《清一统志》。

小板桥 在城北十里盐井哨。《顺宁府志》。

永镇桥 在城北三十七里温崩。雍正《志》。在城北四十里。《顺宁府志》。

长安桥 在城北四十里。雍正《志》。在城北五十里猛郎河。《顺宁府志》。

马四河石桥 在城北四十八里。雍正《志》。在城北，去猛郎十里。署知州王坦捐修。《顺宁府志》。

缅宁厅

澜沧江上渡 在城东二百里。通景东要津，设船以济。道光《志》。作戛里渡。《采访》。

澜沧江下渡 在城东南一百五十里，通威远要津。道光《志》。作马台渡。《采访》。

恒通渡 在城南一百二十里。《采访》。按：民国十九年，邑绅王家铭等合赀开辟，在马台江下四十里。

栢木桥 在城东里许。通景东路，土司时建。道光《志》。光绪二十四年，通判李鸿楷与官绅改建石桥。《采访》。按：民国十四年倾圮，县知事张泮香修复，改名永胜桥。

南信桥 在城南五里。清乾隆五十九年倾圮，六十年，署通判张德基重修。道光《志》。光绪十二年，邑绅改建瓦桥，后圮，里人修复。《采访》。

双　桥 在城南十里，出猛猛路。清乾隆五十七年，里人梅天泽等倡修。道光《志》。

热水塘桥 在城南二十余里茅草桥下。《采访》。

茅草桥 在城南四十里锡本。上有屋，覆以茅草，故名。今易以瓦。道光《志》。

小铺子桥 在城南三十里，通双江大路。《采访》。

铁锁桥 在城西十五里，通耿马路。今改为石桥。清光绪二十年，士民重修。《采访》。

圈纳桥 在城西北五里，跨蛮巩河。道光《志》。

腊丁桥 在城北八十里，清乾隆三十五年建。道光《志》。

凝远桥 在城东北二里，通云州路。清乾隆二十八年，通判马文炳建。道光《志》。

迎春桥 在城北二里许，系瓦盖，通云县大路。清康熙乙酉年，土司俸廷征建。咸丰七年毁，光绪九年，通判何进贤倡修。《采访》。按：民国七年，官绅捐赀重修，改建石桥。

平南桥　在城南四十里许，通双江大路，又名大石房桥。清道光年间建。《采访》。

太恒桥　在城南六十里许，通双江路。《采访》。

卷三十八　地理考十八　津梁三

曲靖府

南宁县

架虹桥　在城内府学宫右。清康熙五年，两学生员同建。雍正《志》。

飞虹桥　在学宫左。清康熙五年，知县程封建。雍正《志》。

胡家桥　在城东门外。清顺治七年，里人建。雍正《志》。

七星桥　在城东里许，旧名王家桥。清乾隆五十一年，村民公建。道光二十年，绅耆杨、增伯廷佐、张星焕、王信等重修。光绪六年，郡人赵抡元、夏天德、董汉章等捐建石桥，易今名。光绪《志》。

万善桥　在城东四里。清乾隆五十年，贡生段泽远倡建。道光《志》。

三教寺桥　在城东八里史家闸下。《南宁县志》。

把家桥　在城东十五里。雍正《志》。年久倾圮，邑人重修。光绪《志》。

镇海寺桥　在城东十五里，僧如缘募建。雍正《志》。水涨冲塌，郡人重修。光绪《志》。

吴六桥　一名葫芦桥，在城东十五里。清顺治六年，里人公建。雍正《志》。

中河桥　在城东十五里。清康熙五十九年，知县王枟重修。雍正《志》。

箐口桥　在城东十八里。明崇祯二年，知县项达建。雍正《志》。清同治十一年，郡人重修。光绪《志》。

李家桥　在城东十八里魏家墩。《南宁县志》。

夏家桥　在城东十八里夏家墩。《南宁县志》。

红花海桥　在城东二十里，僧普荷募建。雍正《志》。

石喇桥　在城东二十里朗目山下。清康熙二年，僧一体建。雍正《志》。

高　桥　有二，一在城东二十里，一在城北二十里新桥前。雍正《志》。清光绪八年，郡人叶凤仪、施相廷等重建。光绪《志》。

汤家桥　在城东南十五里。清光绪元年，郡人汤禄元等重建。光绪《志》。

潇湘桥　在城南门外。明景泰三年建，弘治间知府焦韶、同知胡元重修。雍正《志》。跨潇湘江。《清一统志》。清雍正三年重建。《南宁县志》。

石堡山桥　在城南二十里，为往来官道。明崇祯二年，邑人公建。雍正《志》。跨大河。《清一统志》。久圮，清咸丰间，郡人夏天德等重修。光绪《志》。

街头桥　在城南二十里。清乾隆五年，士民公建。道光《志》。

前街桥　在城南二十里。清嘉庆八年，士民公建。道光《志》。

精忠桥　在城南二十里。清同治间，郡人新建。光绪《志》。

中州桥　在城南五十里旧越州城东门外，各所兵同建。雍正《志》。

岳家营桥[①] 在旧越州南十里。清乾隆五年，村民公建。道光《志》。

周家桥 在旧越州西十五里。明天启二年，千户王贵建。雍正《志》。

镇夷桥 在旧越州北门外。明万历五年，卫守备李昭建。雍正《志》。清道光十四年，知县陈步贤率士民重修。光绪《志》[②]。

东岳桥 在旧越州北门外。清康熙元年，僧广元募建。雍正《志》。

永安桥 有二，一在旧越州北门外，清道光二十二年重修，同治三年，郡人张应珍、李德芳、何庆梅等重修；一在城北八里，嘉庆元年，里人公建。光绪《志》。

大营桥 在城西南十五里。清乾隆十年，村民公建。道光《志》。

中正桥 在城西南二十里。清康熙六年，廪生沈鉴开同众建。雍正《志》。光绪五年，知县李应章率士民倡捐重建。光绪《志》。

观音桥 在城西南三十里。《南宁县志》。

胜峰桥 在城西门外，明西平侯沐英建。雍正《志》。

圆通桥 在城西一里许，僧海广募建。《南宁县志》。

蒙家桥 在城西二里。清康熙二十九年，知县张为焕建。雍正《志》。

澄清桥 有三，一名上桥，在城西九里；一名中桥，在城西北七里；一名下桥，在城西北十五里。俱明洪武间建。雍正《志》。弘治中，重修下桥，又名济众桥。光绪《志》。在城西十五里，清康熙九年，驿盐道赵廷标暨合郡人建。俱年久倾圮，郡人重修。雍正《志》。

普济桥 在城西十五里。明崇祯十三年，郡人缪思问建，僧寂浩重修。《南宁县志》。在城西十六里。清嘉庆十八年，村民张恒举倡郡人建。道光《志》。

永通桥 在城西十九里。清乾隆五十四年，总督富纲、知府常德、署县木通阿倡建。道光《志》。

鸣凤桥 在城西二十五里。明万历三十年，知府陈政建。雍正《志》。在城西南三十里溪青岩坝上。清光绪四年，郡人朱师、沈瀛洲、王策勋捐赀重建。光绪《志》。

响水桥 在城西三十里。清顺治五年，邑人公建。雍正《志》。

利众桥 在城西北七里。清康熙二十三年，知县桂天申建。雍正《志》。

冯官桥 在城西北七里。清康熙四十三年，曲寻镇总兵禄进忠建。雍正《志》。

迎恩桥 在城北门外，一名康桥，亦名备兵桥。明洪武间建，清康熙二十三年，武定同知王所善重建。雍正《志》。在双沼之间，有闸。《南宁县志》。

麒麟桥 在城北里许。道光《志》。

凤凰桥 在城北麒麟桥下。清同治二年，郡人崔本超、赵抡元倡建。光绪《志》。

太平桥 在城北五里。清嘉庆三年，里人建。道光《志》。

一品桥 旧名白石江桥，在城北五里。明洪武二十五年建，清康熙十年，知府李率祖重修。雍正《志》。跨白石江上。《清一统志》。光绪五年，郡人刘光宇、赵抡元等重建浮桥十五孔，易今名。光绪《志》。

云龙桥 在城北八里。清同治十年倾圮，邑人张先智倡建。光绪《志》。

邓官桥 在城北十三里。雍正《志》。在城南二十里。《霑益州志》。

新　桥 在城北二十里。雍正《志》。在城南十里，清道光四年重建。道光《志》。咸丰二

---

① 岳家营桥　道光《云南通志稿》作“岳东营桥”。

② 光绪《志》　原本作“道光志”，查无，据光绪《云南通志》改。

年霑益知州邓墀、交水汛把总黄元筹款重修。光绪三年，南宁县人丁朝珍等复修。光绪《志》。

倮㑩桥　在城北三十里。清顺治七年，邑人公建。雍正《志》。在旧越州东北八里。道光《志》。在城南三十里。《霑益州志》。以上三桥，南宁、霑益志书两载，今并入此。

砥道连虹桥　在城北八十里，地名小路口。夏秋水涨，沙岸冲决。明万历中，经历李廷倡众筑堤四百丈，石桥三门泄水，行者称便。《清一统志》。在城北二十里。《南宁县志》。

退水桥　在城北苏家圩。清光绪六年，郡人刘光宇、赵抡元倡建。光绪《志》。

柳家坝桥　在城东北五里。《清一统志》。在城东北七里。明万历二十年，邑人公建。雍正《志》。

朝阳桥　在城东北二十里。明万历间，知府高荐建。雍正《志》。俗名三孔桥，崇祯间，村民管邦宁重修。《南宁县志》。

刘家晋桥　在村中。清光绪五年，郡人丁朝珍等募建。光绪《志》。

文兴桥　在启文阁旁。清光绪九年，郡人何秉道、何集清新建。光绪《志》。

霑益州

太平桥　在城东门外。明万历间重修。至清康熙间，邑人沈逢圣增修，建奎阁于上。道光十七年，知州李杰筹赀重修，耸高丈余。后知州黄德濂改建阁于东山，今阁毁桥存。光绪《志》①。

庆丰桥　俗名三硐桥，在太平桥左。入京要道。清嘉庆八年，水涨冲圮，知州洪其照倡建，后复圮。道光《志》。光绪三年，州人改建浮桥。《霑益州志》。

东兴桥　在城东门外，俗名蜈蚣桥。架木为梁，上覆石板，计七孔。清乾隆十九年，落脚塘村民捐建。咸丰间，毁于兵。《霑益州志》。

高　桥　在城东十二里。《霑益州志》。

天生桥　在城东二十里。道光《志》。

王把事桥　在城东南十里。《霑益州志》。

朝阳桥　在城东南三十里。《霑益州志》。

沈家桥　在城南十里腊溪下河。《霑益州志》。

保安桥　在城西七里响水河下。《霑益州志》。

双河桥　在城西十里双河坝下。河中砌石墩五，上架巨木，覆以石板。《霑益州志》。

妥乐江桥　在城西九十里妥乐江上，为曲靖、东川通衢。计上、下二桥，架木为梁，清咸丰六年，毁于兵，里人捐赀复建木桥，覆以瓦屋。《霑益州志》。

德泽江②小桥　在城西一百二十里，为曲、东大路。水涨难行，清光绪二年，郡武生赵有元、临安商人孔孝刚同州人捐赀新建。《霑益州志》。

刘公桥　一名车洪江桥。《霑益州志》。在城西北一百二十里，界接东川府。旧设渡，清乾隆三十二年，州人建木桥。六十年，东川刘汉鼎易以石。道光《志》。

山塘桥　在城南一百七十里，自塘溪山水经其下。《清一统志》。一名黑桥，在城北三里。雍正《志》。唐武德七年，检校南宁都督韦仁寿建。后因水涨难行，清咸丰间，添建浮桥于上。光绪六年，知州江宝善率州人蒋自万倡捐重修。《霑益州志》。

---

① 光绪《志》　原本作“道光志”，道光《云南通志稿》无“太平桥”条，据光绪《云南通志》改。

② 德泽江　原本作“德泽潭江”，据光绪《云南通志》改。

过河山桥　在城北十余里。原系木桥，清雍正间，邑人彭翩远改建石桥。《霑益州志》。

松林大桥　在城北二十里松林西北。《霑益州志》。

羊肠河铁锁桥　在城东南一百五十里。《采访》。按：民国十九年，团绅赵文华筹款五千元建铁索桥，长十余丈，往来称便。

大新桥　在城南十里旧新桥上边。《采访》。按：民国二十一年，因汽车所经，县长张伟赶建木桥。

松韶关石桥　在城北七十五里松韶关。旧系木桥，清光绪三年，州人蒋自万劝捐，改建石桥。《霑益州志》。

陆凉州

东垌桥　即土桥，在城东二里。光绪《志》①。

望海桥　在城东十五里，又名滥泥桥。明隆庆间，邑人焦纶高建。《陆凉州志》。

永凝桥　在城南二里许。雍正《志》。在城南关外，原名城南桥，又名会津桥，明洪武二十三年建，以木为梁。万历间，官民捐建石桥，工未竣，遂为洪涛所摧。崇祯九年，郡民重建木梁。今易以石。《陆凉州志》。

会津桥　一名大桥，在城南里许。接永凝桥，架木为梁，八景中“板桥春水”即此。光绪《志》②。桥长二十五丈，明洪武二十三年建。《采访》。

阎芳桥　在城南古城之东。旧系木桥，明隆庆间，州民王朝阳易以石。《陆凉州志》。

旧云南桥　在城南五里，州民朱琼建。《陆凉州志》。

新哨桥　在城南三十里近凤雏山。明天启间，州人文盛建。《陆凉州志》。

老马桥　在城南四十里近阿油铺。昔为马姓所建，故名。《陆凉州志》。

晃　桥　在城西南。《陆凉州志》。

新云南桥　在城西南七里，清乾隆七年建。《陆凉州志》。州人知府俞卿重修。光绪《志》。按：民国十九年，县长熊从周兴水利，见桥矶太大，阻滞海水，倡议改建，缩小矶头以泻海水。正修理间，适政府兴筑汽车路，昇公帑票洋五万元，加宽为七尺。继任县长张尧续竣其工，命名曰福陆桥。

弘济桥　在城西西华寺左。原名城西桥，架木为梁。明嘉靖间，州民王璋易以石。万历四十五年，州民张灼复修，易今名。《陆凉州志》。

串　桥　在城西北数武。《陆凉州志》。

板　桥　在城北三十里。雍正《志》。明洪武十年建。万历间，州人王锡极砌以石墩。崇祯九年，马良誉复修。《陆凉州志》。

马龙州

锁金桥　在城东十五里。《马龙州志》。

松溪桥　在城东四十里。《马龙州志》。

瀑津桥　在城东四十五里。清康熙四十六年，军人关育基重修。雍正《志》。

三板桥　在城东南二十里。明末，州人高智等重修。雍正《志》。今圮。光绪《志》③。

永兴桥　在城东南六十里湾子之左。《马龙州志》。

---

① 光绪《志》　原本作“道光志”，道光《云南通志稿》无“东垌桥”条，据光绪《云南通志》改。

② 光绪《志》　原本作“道光志”，道光《云南通志稿》无“会津桥”条，据光绪《云南通志》改。

③ 光绪《志》　原本作“道光志”，道光《云南通志稿》“三板桥”条无“今圮”，光绪《云南通志》有。今据改。

西河桥 在城南十五里。明末，州绅董朝宪等建。雍正《志》。

昌隆桥 在城南十五里。清雍正十一年，知州周铨修建。雍正《志》。

朱黄桥 在城南五十里。清康熙六年，州民朱怀妻黄氏建，因名。雍正《志》。

镇西桥 在城南五十里竹园村，明万历十七年建。雍正《志》。

观音桥 在城西南半里。明成化间，僧明朗募建。雍正《志》。

张经桥 在城西南十二里。明嘉靖间，马隆所千户张经建。雍正《志》。在城西南二十里，张经建。光绪《志》①。

卧龙桥 在城西南十二里。光绪《志》②。在城西南二十里，明嘉靖间建。《马龙州志》。

关东桥 在城西南二十五里。明洪武间建。清雍正十年，知州周铨重修。雍正《志》。在鲁伽婆岭。《马龙州志》。

关西桥 在州西南二十五里。《清一统志》。在城西南三十五里鲁伽婆岭③西。明嘉靖间，州民林国珍等建。雍正《志》。

仁济桥 在城西南四十里。《马龙州志》。

南安桥 在城西南五十里。明弘治八年建，清康熙三十年，州民酆际等重修。雍正《志》。

青石桥 在城西南七十里。清康熙四十年，州士民金太和等修建。雍正《志》。

高　桥 在城西一里。明嘉靖间，州民高应登建。雍正《志》。

白蟒桥 在城西白蟒河。《马龙州志》。

教场桥 在城北二里。《马龙州志》。

双　桥 在城北三里。清康熙二十年，州民金国奇建。雍正《志》。光绪七年，署知州邓炳尧率绅耆李谦、张显福、杨士奇、范连元、桂树椿等捐建。光绪《志》。

响水桥 在城东北二十五里。《马龙州志》。

罗平州

以则渡 在城东七十里。雍正《志》。

鲁布革义渡 在城东九十里，系滇黔要道。清嘉庆二十四年，州民唐普轩等倡首，造船作义渡，并捐置田亩，以作水手工食。光绪八年，民人彭起凤及其子彭襄，更置田产为添修费。光绪《志》。

大　渡 在城东一百里。雍正《志》。

新江底渡 原名七革渡，又名栖革江底渡，在城东一百一十里，为滇黔要道。旧拨官租银作水手工食、岁修船只之费。清光绪四年，知州葛静远捐廉，添造渡船二只，仍拨官租银为岁修费。光绪《志》。

老江底渡 原名得胜河义渡，在城东百二十里，为滇黔要道。清嘉庆十一年，江西众商置义田，作水手工食、岁修船只之费。光绪《志》④。

连步桥 在城内学宫前，明万历间建。雍正《志》。

---

① 光绪《志》 原本作“道光志”，道光《云南通志稿》“张经桥”条无“在城西南三十里，张经建”，光绪《云南通志》有。今据改。

② 光绪《志》 原本作“道光志”，道光《云南通志稿》“卧龙桥”条无“在城西南十二里”，光绪《云南通志》有。今据改。

③ 鲁伽婆岭 原本作“伽婆岭”，据雍正《云南通志》、道光《云南通志稿》补。

④ 光绪《志》 原本作“道光志”，道光《云南通志稿》无“老江底渡”条，据光绪《云南通志》改。

沙湾桥 在城东四十里。明万历间，州同黄宇建。雍正《志》。通黄草坝路。《罗平州志》。清同治三年，举人孙清臣重修。光绪《志》。

永平桥 在城东四十里。清康熙三十八年，州人张洪学捐建。雍正《志》。

东平桥 在城东四十里洒马邑。石皆未经锤钻。通兴义县路。道光《志》。

三板桥 在城东五十里。明天启间，州同张哲建。《罗平州志》。在州东板桥村，系通黄草坝路。《罗平州志》。

清水河桥 在城东七十里。明天启间，州同慕庯建。雍正《志》。

两界桥 在城东百余里栖革江底。旧以舟渡，清康熙六十年，州民陈万言捐建石桥。雍正三年，其子九如、九锡重修，上覆瓦屋，总督鄂尔泰额于上，曰“山水画图”。雍正《志》。

南关桥 在城南，系上省要路。明时建。《罗平州志》。

双璧桥 在县南门外东偏。清光绪三十一年，知州陶大浚疏城壕水，凿两圆池，中砌一桥，蓄水澄清，题曰“双璧”。《采访》。

水碓桥 在关桥上，相隔半里。道光《志》。

官菜园桥 在南关桥下。道光《志》。

鲁折河桥 在城西二里，明万历七年建。《清一统志》。在城南一里。万历间，州同王寰建。雍正《志》。

大石桥 有二，一在城南二十里康诺村，一在城南五里乾河，通粤西孔道。道光《志》。

庆丰桥 在城南三十里打磨石汛下，通粤西孔道。道光《志》。

平乐桥 在城南四十里。清康熙五十八年，州民王连举倡修。雍正《志》。

南塘桥 在城西南孔道。《罗平州志》。

汇河桥 在城西门外。《罗平州志》。桥甃二孔，一孔水下灌民田，一孔乃汇河旧水道。《采访》。

永济桥 在城西八里以西戛。道光《志》。

九龙桥 在城北十里。清康熙五十四年，知州王永禨建。雍正《志》。因沙洲建桥，甃为九孔，江面虽阔八十余丈，今已安稳无虞。《罗平州志》。知州王永禨《新建九龙桥记》：

> 罗雄钀山，挺秀高插云霄，千峰环列似儿孙，矗矗插天彩笔。三峡江自北来，蜿蜒而东折，依稀玉带，滇南奇观也。往时土酋窃据，采风之车辙不至，探幽之屐齿罕及，仅仅诸蛮聚于斯。万历时，改土设流，筑城建学，人烟渐集，文教始兴。欣逢圣天子御极，德绥威服，海晏河清。己丑春，余来牧是邦，劝农课士之暇，历览江山，距城十里许，有牂牁古渡，适当曲靖、霑益、陆凉之冲，徒以扁舟一叶，济彼行人。余隐虞遐迩人民，临流却步，视为畏途，筹画者久。会有明经茂才暨诸处士，慨然以建桥来请。余幸获同心，亟疏短引，募诸同城诸公并绅士军民随力捐助，择吉鸠工。因其分流架，为九梁，名曰九龙桥，取龙能吐雾兴云升腾之义也。经始于癸巳八月，告成于乙未暮春。千百载之阙陷，至此乃得补救。噫！宇宙之丰功伟烈，必待其人而后成，类若斯耶。且江势若游龙，有桥为中流砥柱，俨然玉锁重关，收住山川清淑之气，毓秀钟灵。居兹土者，务耕桑，守法纪，处为俊乂，出为循良，地灵人杰，亦如龙之

变化升腾焉，是余所厚望于罗雄人士者也，奚止作一慈航普渡往来行人已哉！是为记。

龙见桥　在城北二十里。明万历间，州同黄宇建。雍正《志》。

块泽桥　在城北，跨块泽江上[①]，两山壁立。《清一统志》。在城北百二十里卑浙厂。清嘉庆十一年，知州张应坦率绅士厂民建。高十余丈，长三十余丈，宽丈余。道光《志》。

天生桥　在块泽桥上，相隔十五六里。河中有巨石，高七八丈，长三丈余，中自成孔。道光《志》。

安平桥　在城北三十里，喜旧溪东流至此分派。往来甚艰，州民刘大成架木为梁。清康熙五十六年，知州黄德巽易以石。《罗平州志》。

六龙桥　在城北三十五里鲁特村。邑庠生孔传道、孔继富[②]倡修。道光《志》。

高　桥　在城北四十里把洪村。道光《志》。

大　桥　在城北五十里龙硐村旁。道光《志》。

新　桥　在城北六十里以孔村。道光《志》。

龙安桥　在州北之乾河。明万历间，署知州黄宇建。《罗平州志》。

寻甸州

独树双桥　在城东半里。明嘉靖二十三年，知府林斌重修。雍正《志》。

兔儿河桥　在城东一里许。清乾隆六十年，知州李焜重修。道光《志》。

洗马桥　在城东四里。初系木桥，明嘉靖二十三年，知府林斌易以石。雍正《志》。

七星桥　在城东二十里。明嘉靖间，郡民刘聪建。雍正《志》。在城东十五里。清乾隆元年，州人白大成倡修。道光《志》。七星桥为迤东各属交通要道，嵩明、马龙之水俱会于此，长十四丈，宽二丈二尺。《采访》。

按：民国十年，知事张楷荫添建桥洞二孔，更名九星桥，被水冲没，次年修复。六一四政变，政府令将此桥中孔拆断，军事肃清，又于二十一年修复。

通靖桥　在城东二十里。长三丈，阔五丈，跨阿交合溪。《清一统志》。

广善桥　在城东三十里周高村。清康熙四十一年建。《寻甸州志》。

太平桥　在城东南三十里集贤村，清嘉庆二年，村人夏云峰建。道光《志》。

崇善桥　在城东南三十五里小坝者村。清乾隆十八年，秦镕建。道光《志》。

虎渡桥　在城东南甸头里河边村。清乾隆十年，村民王相宽建石桥。《寻甸州志》。

月甲桥　在城南二里。旧架以木，明嘉靖间，知府王尚用易以石。雍正《志》。

望峰桥　在城南二里。明知府李祥建，以泄堤水。《寻甸州志》。在城[③]南关外。清康熙四十七年，州人彭起凤建。乾隆二十二年，水泛倾圮，州民彭贤、杨芳声、吴英等捐修。嘉庆十七年，水涨又圮，州民彭源捐修。道光《志》。

三板桥　在城南五里。明成化间，知府李祥建木桥。嘉靖间，知府王尚用易以石。雍正《志》。在城南七里。《寻甸州志》。

蒋所桥　在城南三十里。《寻甸州志》。

---

① 上　原本作“山”，据《清一统志》、道光《云南通志稿》、光绪《云南通志》改。又，跨，《清一统志》作“在”。

② 孔继富　光绪《云南通志》同，道光《云南通志稿》作“孔继宗”。

③ 城　原本缺，据道光《云南通志稿》补。

连云桥 在城南三十二里，清康熙三十九年建。《寻甸州志》。

引凤桥 在城南三十五里。清康熙四十九年，塘子屯士民建。《寻甸州志》。

温泉桥 在城南三十五里，今名塘子大桥。明嘉靖初建，后圮。清雍正二年，知州崔乃镛率士民重修。雍正《志》。

羊街子桥 在城南四十五里。《寻甸州志》。

代砖桥 在城南五十里木密所城东十五里。雍正《志》。

南安桥 在木密所东二十里，一名青石桥。明成化间，商人刘璿道建。弘治间，所军卫腾霄等募修。雍正《志》。

牛街子桥 有二，俱在城西百余里。《寻甸州志》。

新石桥 在城西亦郎里。清乾隆二十年，州人马全建。《寻甸州志》。

栖龙桥 在城西亦郎里朵丹村。清嘉庆十六年，州民杨文发捐建。道光《志》。

迎恩桥 在城北门外，一名阳桥。初系木梁，明成化间，知府谢绍易以石。雍正《志》。

靖远桥 在城北三里余。明成化间，知府谢绍建。嘉靖间，知府林斌重修。雍正《志》。

太平桥 在城东北三里。明弘治间，知府谢绍建。雍正《志》。

平彝县

永安义渡 在城东南二百四十里热水塘下江底上游。旧设私渡，行者苦之。清光绪十年，监生李春茂、李春和暨士民李文标、黄一清、黄应郎等倡捐制船，并置田亩以作水手工食，永为义渡。光绪《志》。

晓　桥 在城东门外，俗名马夫桥。清乾隆元年，士民建，道光三十年重修。道光《志》。

永安桥 有三，一在城东七里东堡河；一在城东南二百里亦佐地，清康熙三十六年建；一在城北三十里，同治十三年，村人萧纯建。光绪《志》。

祈嗣桥 在城东七里。明万历五年，指挥李厚建。雍正《志》。

天生桥 在城东南一百二十里亦佐地块泽江上流，天然自就。光绪《志》①。

块泽桥 在城东南一百二十里亦佐地。两山壁立，流水甚疾，旧设舟以渡。清乾隆五十八年，知县熊兆荣暨两厂士民捐建石桥。嘉庆间，两厂士民重修。光绪《志》②。

培元桥 在城东南二百里黄泥河东。清咸丰五年，邑人张养贵、王见龙、陈祖凤暨普安陇姓新建。光绪《志》。

兴隆桥 在城东南二百里亦佐地。清康熙三十六年，知县赵宗武建。道光《志》。

亦阳桥 在城东南二百里亦佐地。道光《志》。

抹角桥 原名龙凤桥，在城东南二百三十里。清嘉庆四年，五乐村黄好仁建，被水冲圮。光绪八年，村民徐家鹏重建。光绪《志》。

子谅桥 在城南三十里转湾。清嘉庆二十二年，邑人陈子谅建。光绪《志》③。

硐滩桥 在城南五十里，明时建。清乾隆四十年，士民刘廷诚、李文灿等重建。道光三十年，张国顺、吴尚明等复修。光绪七年，水涨冲圮，知县宋宝械率士民顾天职、胡文沛等重修。光绪《志》。

---

① 光绪《志》 原本作“道光志”，查无，据光绪《云南通志》改。
② 光绪《志》 原本作“道光志”，查无，据光绪《云南通志》改。
③ 光绪《志》 原本作“道光志”，查无，据光绪《云南通志》改。

鲁基营桥　在城南六十里。清道光十八年，耆民耿凤岗等新建。光绪《志》。

龙锁桥　在城南七十里四学庄。清光绪七年，乡饮李朝文暨大坪子阖村建。光绪《志》。

迎凤桥　在城西南里许古城山下，俗名胡马桥。清咸丰四年，知县王赓华率士民新建。光绪《志》。

石岑铺桥　在城西十五里。明万历间，千户田嘉禾建。雍正《志》。

界牌铺桥　在城北十五里。明万历五年，指挥李厚、千户田嘉禾建。雍正《志》。

河口桥　在城北二十七里。清咸丰二年，文生刘仲达、萧凤建。光绪《志》。

锡福桥　在城北三十里。清道光十一年，乡饮萧彦建。咸丰二年，文生萧蕤、吴锡禄增修。光绪《志》。

宣威州

水西桥渡　在城北三十里夏屯，亦名大屯桥。旧有桥，今设舟以渡。光绪《志》①。

光绪《志》按：旧志水西、大屯二桥并载，今依《采访》更正。

石龙桥　在城东一里，明州人李国标建，为石龙山人入城要道。雍正《志》。

衍嗣桥　在城南二里许，俗名山桥。明嘉靖间，御史缪文龙以祈嗣建，故名。后水涨倾圮，清乾隆四十一年，贡生侯御远砌以石，改名麒麟桥。嘉庆十九年，知州张槐倡捐重修，改名太和桥。光绪《志》②。

马龙桥　在城南五里，为钱屯人入城要道。雍正《志》。

王家桥　在城南十五里。雍正《志》。在城南洪桥铺。《宣威州志》。

乾河桥　在城南二十五里。雍正《志》。为板桥人进城及邑人赴省要道。《采访》。

洑犀桥　在城南四十里。两岸砌石，布以木板，建亭于上。清光绪五年，樊姓合族建，今废。光绪《志》。

小江桥　在城西南八十里，距入牛栏江之小江，为东昭通衢。旧系木梁，清乾隆三十七年重修，易以石。道光《志》。

五福桥　在城西下堡。明嘉靖间，御史缪文龙建，名御史桥。昔有桥廊，北额曰“南通六诏”，南额曰“北达三巴”。后圮，清乾隆间，知州饶梦铭砌以石，水洞三，改名朝阳桥。嘉庆十九年，知州张槐倡捐重修，易今名。同治四年，大水冲决。十二年，客民刘兴顺倡捐重修。光绪《志》。

四里崖大桥　革香河下游与清水河合流之地，号曰黄河。两岸高山，中夹巨浸，水深而湍，其色赭黄，宣、盘两县之交通，此为最要。清同治中，架木为梁，上施栋宇，名聚文桥。光绪间倾圮，后毁于兵，邑人范氏修之，名范家大桥。《采访》。

扯卓桥　在城西五十里，今废。光绪《志》。

大有桥　在城西六十里，跨仙人洞河。清乾隆十六年建，上覆瓦屋，郡人吴承伯题其额曰“近瞩宣城，遥接巴江”。咸丰间，水涨倾圮。光绪《志》。光绪末，已没入土，后团绅符廷镛捐资重建，比淘海底，则桥固在，距平地三尺，因就其面石下墩焉。《采访》。

如意桥　在大有桥上游，相距里许，跨石城河。清乾隆二十七年重建，郡人吴承伯题其额曰“云间玉柱，步上天台”。道光《志》。

---

① 光绪《志》　原本作“道光志”，查无，据光绪《云南通志》改。

② 光绪《志》　原本作“道光志”，查无，据光绪《云南通志》改。

乐善桥 在城北五里。清同治十一年，州人谭显廷等劝捐新建。光绪《志》。

江溪桥 在城北二十里。雍正《志》。

来宾桥 在城北二十五里，清光绪二十七年重修。《采访》。

傥塘桥 在城北八十里。雍正《志》。架木为之，今圮。《宣威州志》。

可渡桥 在城北一百三十里。旧系木桥，在可渡关下。清康熙二十八年，总督范承勋建石桥于下游里许。三十三年倾圮，威宁镇总兵唐希顺复建木桥于旧处。五十四年，总督郭瑮重修。雍正八年，毁于火，重建木桥，复圮。雍正《志》。同治间，盐法道沈寿榕捐资，设舟以渡。光绪《志》。总督范承勋《新建可渡石桥记》：

徒杠舆梁，王政之大经，所为广利济，免病涉也。然在安流通津，则其为力也易，若乃绝崖断壑，出其途者，势难飞渡，有望洋兴叹耳。尝见吴梅村之诗，有曰“盘江西绕七星关，可渡桥边万仞山”，其险可想而知矣。余自辛酉年由蜀东督师恢滇，过其境，知为滇黔蜀三省驿使往来之孔道也。崇冈峻岭，岌嶪相向，一水中断，抱石而行，湍激迅悍，声若轰雷，势若奔马。于时横槊危梁，见跕跕飞鸢，惊心骇目，行旅皆为震撼。切然念之，恐兹桥之未能久济也。迨承乏滇黔，追维羁途，尤为系念。已而仲夏，霑益州州牧以桥梁朽烂来告，复触余怀。闻此桥修而复坏者数矣，因其所请，思为一劳永逸之计，乃谋诸司郡，度非石桥不可。遣员估计费金，物力维艰，众缘莫给，佥称桥属滇黔要津，费须滇六黔四，公捐为当。随与抚军石公商咨黔抚军田公，欣然乐从。于是遴员齐赴，择日兴工，酌旧桥之下流宽平处而建造焉。创于己巳之夏，成于庚午之冬。桥栏横广二丈八尺，圻埒相望，十有六丈，三洞通流，铜关铁键，俱称缮致，谓俨然石虹鳌背矣。来乞余文，以记之，备述桥畔摩崖旧迹，曰积翠流丹，曰山高水长，且并以其奇胜荟萃陈词，欲得不朽之文，以垂不朽之功也。嘻！向虑民病涉，合二省之钱为之，以桥梁实关大政也。今幸告成矣，桥曰可渡，诚可渡矣。兹滇黔各有所捐，不劳民矣，无阻邮矣，余亦欣然乐为之记矣。虽愧不朽之文，用记不朽之桥，亦云可矣。

天生桥 在城北一百六十里。道光《志》。为宣威、威宁往来要道。《采访》。

溜索桥 在城东北一百五十里，地名杆倮倮，木冬河流所经。地限滇黔，邑人与水城人结绳两岸，互为俯仰，而贯竹筒于绳中，筒下系布作兜，人坐其上，两手抱筒，绳一起落，则可溜至彼岸也。《采访》。

丽江府

丽江县

晟剌古岸 在城西六十里海罗塘。清康熙六十年征西藏，于此搭浮桥渡江。《丽江府志》。今其址无存。光绪《志》①。

澜沧江渡 在城西四百里，地名木瓜音，渡用双木槽。又一在日件，即剑川协吉尾

① 光绪《志》 原本作“道光志”，查无，据光绪《云南通志》改。

汛前。《丽江府志》。

金沙江渡　在城北四十五里阿喜汛，出中甸要路，设有渡船。雍正《志》。在城北五十五里。《丽江府志》。

俸可渡　在城东北四百五十五里，渡用木槽。《丽江府志》。

梓里铁索桥　旧名井里渡，在城东一百三十里。冬春用双木槽，夏秋用溜筒。《丽江府志》。清光绪五年，副将蒋宗汉捐建铁索桥，长二十八丈，广丈余。光绪《志》。

金龙桥　在城东八十里古井里渡，跨金沙江，用铁索十六条悬系两岸，宽八尺五寸，长二十六丈，上铺木板，旁护长栏，两头覆以瓦屋，共费银一万四千五百二十七两，又捐银二百两贷石鼓居民，岁收利余二十两，为修补之费。为交通永北大路。《采访》。

东员桥　在城东南五里，跨清溪、雪山二水。雍正《志》。明土知府木氏建。《丽江府志》。清光绪四年，郡人重建。光绪《志》。

锁脉桥　在城南五里，跨玉河。系石桥，宽一丈三尺，长二丈，出鹤庆县大路。《采访》。

万钧桥　在城南门外，跨玉河。系石桥，宽一丈五尺，长二丈八尺。清康熙六十年，通判程廷伟建。雍正《志》。后水泛倾圮，乾隆中倡建。道光《志》。

修文桥　在万钧桥之东，系木梁。通判程廷伟建，上覆以亭，额曰“中流砥柱”。《丽江府志》。清光绪二十年，里人曹嘉言等重修。《采访》。

迎恩桥　在城南十里，往鹤庆通衢。毁于兵，清光绪八年重修。光绪《志》。

七河桥　在城南四十里七河村。《丽江府志》。跨漾共江，系石桥，宽一丈，长二丈。《采访》。

来鹤桥　在七河桥南。原桥久圮，清乾隆八年，鹤庆府耆民洪伟烈捐修，知府管学宣旌以匾曰“石虹来鹤”。《丽江府志》。桥跨漾共江，宽一丈五尺，长三丈，交通鹤庆。《采访》。

铁虹桥　在石鼓里，跨冲江河。架木为梁，上覆以瓦，两旁穿以铁索，宽一丈，长五丈。清光绪十三年，举人周暐等建，出中甸、维西路。《采访》。

白地坪桥　在城南三百八十里，距下井二十里，系运盐要路。清雍正八年，知府靳治岐建。乾隆三年圮，知府管学宣重建。《丽江府志》。同治十二年，提督杨玉科，都司王武烈，盐大使刘克让、徐有书改修盐路。先是，井路由九十九台坡而行，山势险峻，行旅维艰。是年，玉科委武烈改由坡脚南涧而行，湾曲平坦，较前近二十里。克让、有书相继重修，砌以石，计六十里，一律完竣。光绪《志》。

长水桥　在城西南十五里剌沙里，明土知府木氏建。《丽江府志》。跨青龙水，系石桥，宽一丈，长二丈五尺。《采访》。

清江桥　在城西南九十里九河里，跨清江。《丽江府志》。系石桥，宽一丈，长二丈五尺，交通剑川。《采访》。

长川桥、应鼎桥　二桥俱在城西南二百余里旧兰州界，跨白石溪上。清康熙间，土舍罗维馨建。《丽江府志》。

万子桥　在城西饮玉门外半里，跨玉河。清雍正六年，教授万咸燕[①]重建。雍正《志》。

---

① 万咸燕　原本误作“万咸熙”，据雍正《云南通志》、道光《云南通志稿》、光绪《云南通志》改。万咸燕，云南石屏人，康熙辛丑进士，雍正二年任丽江府儒学教授。

系石桥，宽一丈五尺，长二丈五尺。《采访》。

大石桥 一名映雪桥，在城西一里许，跨玉河。系石桥，宽一丈五尺，长二丈八尺。明时木土司建。《采访》。

介福桥 在城西七里剌沙里，跨白玉溪。系石桥，宽一丈二尺，长三丈。清乾隆三年，里人和日介建。《丽江府志》。

普济桥 在城西十里普七瓦村，跨青龙水。系石桥，宽八尺，长一丈五尺。明土知府木氏建。《采访》。

青龙河桥 在城西十里剌沙里，跨青龙河。昔系木桥，后造为石桥，宽一丈，长二丈。《采访》。

次美桥 在城西十八里剌沙里，明土知府木氏建。《丽江府志》。跨青龙水，长一丈五尺，宽八尺。《采访》。

跨白玉溪石桥 有六①，一在剌沙里，二在具略瓦，三在寨后，俱系通衢。明土知府木氏建。《丽江府志》。

吉祥桥 在城西②二十里白沙里，北跨青溪。雍正《志》。明土知府木氏建。《丽江府志》。宽一丈，长一丈五尺，系石桥。《采访》。

葛陂桥 在白沙里。两岸缘崖，条石为梁。《丽江府志》。

具可桥 在白沙里。以上二桥，俱明土知府木氏建。《丽江府志》。

木别桥 在城西二十里剌是里。《丽江府志》。桥跨木别水，宽一丈，长二丈五尺，系石桥，出阿喜里路。《采访》。

来远桥 又名吊桥，系木桥，宽一丈，长三丈。在城西七十里石鼓，跨冲江河。清乾隆四年，知府管学宣奉文建。《丽江府志》。

阿那湾木桥 在城西一百三十二里。清乾隆七年，知府管学宣建。《丽江府志》。

平政桥 在城西一百五十里桥头里，跨冲江河。清乾隆元年，署知府江峤孙建。五年毁于火，七年知府管学宣重修。《丽江府志》。原系木桥，又毁于火，士民等重修。架木为梁，上覆以瓦，两旁穿以铁索二条，宽一丈，长三丈五尺，出维西大路。《采访》。

通甸桥 在城西二百七十里。架木为梁，长十余丈，跨通甸河。清乾隆七年圮，知府管学宣重修。《丽江府志》。

双石桥 在城西北二里，跨玉河。系石桥，宽一丈五尺，长三丈。《丽江府志》。

永安桥 在城西山后坝首。东西峻岭，中隔溪河，系喇井通衢，浪沧江往来要路。架木为梁，清光绪二年，军功李庆光暨白地坪居民等倡捐重建板桥，上覆瓦屋，两头建牌坊。光绪《志》。

金鸡桥 在城西山后坝尾，路通云龙。相传其旁山顶一石巉岩，清乾隆四年，忽现金鸡像，行人时闻鸡鸣声，故名。光绪《志》。

铁　桥 唐贞元十年，南诏异牟寻用军，斩断铁桥。樊绰《蛮书》。巨津州北有金沙江流入州界，有铁桥跨其上。《明史・地理志》。在城西北三百里。考建桥时，或云吐蕃，或云史万岁及苏荣，或云南诏阁罗凤与吐蕃结好时建。吐蕃尝置铁桥节度，后异牟寻归唐，

① 六　原本作“三”，据道光《云南通志稿》、光绪《云南通志》改。

② “城西”字下，原本衍“北”字，据雍正《云南通志》删。

与韦皋合兵破吐蕃，所断铁桥即此。所跨处穴石锢铁为之，今冬月水清，俯视犹见铁环。雍正《志》。

钟秀桥 在巨甸里，跨冲江河。系石桥，宽一丈，长三丈。《采访》。

涧虹桥 在桥头里格子村，跨涧虹水。架木为梁，上覆以瓦，宽一丈，长三丈。清乾隆中建，道光时修，出维西路。《采访》。

箐底桥 在盐路山下。两涧合流，水势汹涌。旧系木桥，清光绪四年，石平村军功张文寿、温庄李兴邦倡捐，改建石桥。光绪《志》。

广文桥 在九河里甸尾坪。旧系石桥，毁于兵，清同治十三年，郡绅张宣、杨翰青等重建，东西配一塔一阁。出剑川路。光绪《志》。

鹤庆州

金沙江渡 在城东一百三十里。雍正《志》。

跨鳌桥 在城内龙溪书院前，旧有跨鳌坊。明隆庆间，知府周集建。雍正《志》。

东山桥 在城东五里，跨漾弓江。以木为之，明时乡民公建。雍正《志》。

火龙潭桥 在城东十里。《清一统志》。

迎贵桥 在城南门外半里，一名迎恩桥。明知府王昂建。雍正《志》。

接引桥 在城南六里落钟桥南。架木为之，上覆瓦屋，额其南曰“红映朝霞”，北曰“鼍擎夜月”。清嘉庆间，知州庆瑞建。道光十六年，知州吴靖衷、举人周作丰修。光绪三年，署知州李鸣谦重修。光绪《志》。

鹤川桥 在城南十里，明知府刘珏建。雍正《志》。

永济桥、石固桥 并在城南十五里，明举人孙翰建。雍正《志》。

利川桥 在城南十八里，明知府周集建。雍正《志》。

通济桥 在城南十八里，一名通津桥。明知府周集建。雍正《志》。

金登桥 在城南二十里，跨漾弓江。明乡民公建。雍正《志》。长十余丈，架木为之。《鹤庆府志》。

三庄桥 在城南三十里。本木桥，清康熙五十年，土通判高泫易以石。雍正《志》。

观音山桥 在城西南一百二十五里，明知府刘珏建。雍正《志》。跨海茨河，沿河石桥有七：第一桥，石碑村李义扬建，清光绪八年，村人冯八眉两次重修；第二桥，明进士李大受建；第三桥，系木梁，光绪九年，村民赵永寿募捐改建石桥；第四桥、第五桥，咸丰间兵燹倾圮；第六桥，尚存；第七桥，在鹤浪交界，道光十二年，乡饮李馨建，又捐田五亩作岁修费。光绪《志》。

镇远桥 在城西门外。明知府周集建，清顺治间，郡民吴琨重修。雍正《志》。

逢密桥 在城北三十五里。雍正《志》。

清水江桥 在城西四十里。《清一统志》。

周官屯桥 在城北门外七里，明郡民吕文聪建。雍正《志》。

五十三孔桥 在城北十里，跨湖塘。廪生王鸣谦募建。光绪《志》。

象跪石桥 在城北十里，一名大板桥。明知府林遵节建。雍正《志》。

大龙溪桥 在城北十五里，一名大龙潭桥，跨漾弓江。明时乡民公建。雍正《志》。长八丈余，架木为之。《鹤庆府志》。

利济桥 在松桂南。乾河源出马耳山，为众流所归，夏秋水涨，行人病涉。清嘉庆十五年，举人阮复旦倡建，并于两头续修二桥。光绪七年，大水冲坍桥墩及北岸百余丈，廪生阮学诗、李丽中倡捐重修。光绪《志》。

剑川州

伽蓝桥　在城内北街伽蓝祠前。明崇祯间，郡绅杨廷幹建。雍正《志》。在武侯祠前。光绪《志》。

四门濠池桥　在城外古楼前。《剑川州志》。

劝农桥　在城东一里，跨岩场江水。清顺治十三年，士民公建。雍正《志》。

下登桥　在城东南一里，又名大马桥。跨永丰河，通鹤庆甸南路。清道光十三年，下登村民募建。《采访》。

小马桥　在城东南里许。跨永丰河，通鹤庆治城。《采访》。

上大桥　在城东三里。跨金龙河，为鹤庆路所经。明洪武间，士民公建。清宣统间倾圮，大桥村民募捐修复。《采访》。

下大桥　在城东三里，一名金龙桥，为通鹤庆路线。清康熙二十九年，耆民李三材募建。雍正《志》。五十六年重建。乾隆间，地震倾圮，生员杨朝元捐建。咸丰间复圮。光绪《志》。宣统庚戌，为大水冲激将圮，邑绅赵藩等重修。《采访》。

江口桥　在城东十里。清道光十三年，江口村民公建。光绪《志》[①]。

邵家桥　在城东三十五里清水江。清康熙五十年，州人邵辉建。雍正《志》。

合龙桥　在城南三十五里末坪村。清光绪八年，郡增生张翥募建。光绪《志》。

通湖桥　在城南三里，又名得胜桥，跨西湖渠。《采访》。明生员段斌建。清道光五年，署知州刘铭勋捐修。道光《志》。

永渡桥　在城南十里，跨山溪渠。明万历间，郡庠生杨悰兄弟同建。《采访》。

海虹桥　在城南十五里，跨海尾河。明天启间，耆民王国柱、寸受根募建。雍正《志》。旧名罗城桥，在海尾。《鹤庆府志》。后毁于兵，清同治十年重募建。光绪《志》。光绪二十八年，地震倾圮，重修，后久雨崩裂，工程浩大，邑绅又募捐重修。《采访》。邑人赵式铭《重修海虹桥歌赠陈圣书》：

> 螳螂河汇金龙河，潴为巨浸多风波。尾闾一泄执万里，帝遣巨灵驱元鼍。废兴成毁数前定，造化有时还退听。惟有仁人不死心，力能与数强争胜。岁在龙蛇苦淫雨，悍流腐石相吞吐。砉然一声桥怒开，居者行者面如土。陈君素抱饥溺心，食宿桥侧春野阴。麻鞋踏破泥滑滑，竹笠戴穿雨淋淋。初时口语交相閧，一身孑立困嘲弄。从来感激生胆勇，相轻未必非相重。锥凿南山山石开，万牛回首声如雷。长楗深入地脉裂，一柱高标天象回。东坊西刹森相向，百丈中悬飞虹壮。海道平通虎踞关，山城直抵乌斯藏。行人到此不能去，白鸟苍波风日暮。借问功成谁最多？大名终古感行路。

回龙桥　在城南三十里，跨回龙溪。清康熙八年，知州刘启复建。雍正《志》。后圮。光绪《志》。

---

① 光绪《志》　原本作“道光志”，查无，据光绪《云南通志》改。

玉律桥　在城南七十里沙溪黑惠江。清乾隆间修建，光绪七年，郡廪生尹锡晋等募修。光绪《志》。

上板桥、子午桥　并在城南，跨乔后河，浪穹盐路所经。清光绪八年，乔后井灶户公建。光绪《志》。

下板桥　在城南一百三十里，跨乔后河。倚岸架木，上构一楼，额曰“中流砥柱”。清道光十八年，乔后街民公[①]建。光绪《志》[②]。

藤　桥　在城南一百三十里，跨黑惠江，为西山通道。夏秋水涨，行旅维艰。架木为梁，络以古藤，中铺木板，长十余丈，附近居民公建。光绪《志》[③]。

西　桥　在城南一百三十五里，为永平路所经。清道光二十年，岩曲观音登村民[④]公建。光绪《志》[⑤]。

狮子桥　在[⑥]下羊层，为兰州所经。清康熙十一年建，雍正二年重建。雍正《志》。在城西三十里，跨茨坪河，嘉庆中倾圮，光绪三年村民重建。光绪《志》。

桃羌桥　在城西南三十五里，跨老君山河。明万历间，郡庠生杨悰兄弟同建。雍正《志》。在城西南二十五里，跨上、下羊层河下游。《采访》。

下羊层河桥　在城西南三十七里，跨茨坪河，为丽江盐路所经。清嘉庆中，因狮子桥废，募建。光绪《志》。

通津桥　在下羊层西三里许，跨茨坪河。明嘉靖中建。光绪《志》[⑦]。

奠定桥　在城西南四十里下羊层，清康熙十二年建。光绪《志》[⑧]。

永建桥　在城西南四十五里。清道光十年，羊层村民建。光绪《志》[⑨]。

寺登桥　在城西南七十里。旧系木桥，清雍正四年，郡庠生罗天爵、尹启昌，耆民段佩衮、王映虬等易以石。道光《志》。

加平桥　在城西南九十里。道光《志》。距沙溪二十里。《鹤庆府志》。石鳌桥、加平木桥，跨黑惠江上，二桥通乔后。《采访》。

玉石桥　在城西南百五十里，跨玉石河，为丽江盐路所经。清咸丰四年，石岩村民募建。光绪《志》。

岩曲桥　在城西南一百一十里，跨玉石河。架木为梁，覆以瓦屋。清光绪元年，郡庠生高以敬倡建。光绪《志》。

八里桥　在城西南一百二十里。桥南界弥沙井八里许，故名。清光绪二年，耆民杨铨募建。光绪《志》。

弥沙桥　在城西南一百三十里弥沙井。跨兰州河下游，兰、乔交通要路。架木为梁，覆以瓦屋。清乾隆间建，光绪四年重修。光绪《志》。

---

① 街民公建　原本作“街公民建”，据光绪《云南通志》乙正。

② 光绪《志》　原本作“道光志”，查无，据光绪《云南通志》改。

③ 光绪《志》　原本作“道光志”，查无，据光绪《云南通志》改。

④ 民　原本缺，据光绪《云南通志》补。

⑤ 光绪《志》　原本作“道光志”，查无，据光绪《云南通志》改。

⑥ 在　原本缺，据雍正《云南通志》补。

⑦ 光绪《志》　原本作“道光志”，查无，据光绪《云南通志》改。

⑧ 光绪《志》　原本作“道光志”，查无，据光绪《云南通志》改。

⑨ 光绪《志》　原本作“道光志”，查无，据光绪《云南通志》改。

柳龙桥 在城西门外，清道光二十年重修。光绪《志》[①]。

永庆桥 在城西三十三里，跨老君山河。清嘉庆中建，同治八年重修，易以木，上覆瓦屋。光绪《志》。

上羊层桥 在城西三十五里，跨老君山河。清雍正二年，耆民尹联甲等募修。雍正《志》。光绪七年，村民重修。光绪《志》。

阜财桥 在上羊层村南。光绪《志》[②]。

回流桥 在城西八十里，旧《志》作一百二十里。跨回流河。光绪《志》[③]。

万寿桥 在城西一百里求仁甸，跨兰州河，通兰坪要路。清雍正八年，耆民李万寿募建，即《通志》所载回流桥。《采访》。

万受桥 在城西一百里江尾塘，跨白石江，为盐路所经。旧系木桥，清康熙六十年，耆民李万寿等募建，易以石。光绪《志》。

光绪《志》按：此桥旧《通志》未经辑入，事迹误载回流桥下，今更正。

盘龙桥、控鹤桥 并在城南一百二十里马蹬街，跨街左、右两溪。清光绪八年，乡饮张灿垣募建。光绪《志》。

水云桥 在城西水云庵门外，跨崖场河。清同治十三年，河涨冲毁。光绪四年重建。光绪《志》。

小虹桥 在下北门，清嘉庆十七年建。道光《志》。

岩江桥 在城北半里，跨岩江河，为丽江、中甸所经。清康熙四十七年，耆民赵应绵[④]等修。雍正《志》。

柳邑桥 在城北一里。《鹤庆府志》。跨中科涧，清光绪元年重建。光绪《志》。

小石桥 在城北二里，跨班洞河，为丽江、中甸所经。明举人罗为黼建。雍正《志》。

广济桥 在城北八里。明洪武间，士民建。雍正《志》。

平济桥 在城北十二里，跨[⑤]石菜渠，一名巅场桥。清康熙四十七年，耆民赵邦献建。雍正《志》。

利济桥 在城北十二里河头江上。清顺治十八年，士民公建。雍正《志》。

金龙桥 在城北十五里，原名平济桥。亘十余丈，计五硐，跨石菜江，为丽江、中甸、维西要路。清乾隆四十六年，郡人李向荣倡建。道光二年，水涨倾圮。三年，署知州刘铭勋捐修。二十二年复圮，知州何焕经重修。光绪《志》[⑥]。按：金龙桥有二，一在城东三里，为通鹤庆路；一在城北十五里，为通丽江路。其北者原名平济桥，盖一河而有东、北桥之分耳。

金鸡桥 在城北十五里，跨石菜江。清道光元年建，咸丰间，水涨冲决。光绪四年，州人副将段瑞梅妻重建。光绪《志》。

金凤桥 在城北十六里，跨九河江，为丽江路所经。清乾隆三十六年建。道光《志》。

永济桥 在城北二十五里，跨乾木河，为丽江、中甸所经。清康熙四十七年，士民公建。雍正《志》。案：此桥为剑川、丽江分界处。

---

① 光绪《志》 原本作“道光志”，查无，据光绪《云南通志》改。
② 光绪《志》 原本作“道光志”，查无，据光绪《云南通志》改。
③ 光绪《志》 原本作“道光志”，查无，据光绪《云南通志》改。
④ 赵应绵 原本作“赵应锦”，据雍正《云南通志》改。
⑤ 跨 原本缺，据雍正《云南通志》补。
⑥ 光绪《志》 原本作“道光志”，查无，据光绪《云南通志》改。

中甸厅

阿喜汛渡 在木撇湾，距城四百二十里。丽江府知府设渡船一只。光绪《志》。

天生桥 距城三十里东山外毕怒坝。大河水由东南而流于西，其泄水处两峰壁立，一穴中开，若城门然，故名。光绪《志》。

头道桥 在城北二里上寺大路。光绪《志》①。

二道桥 在城北五里。光绪《志》②。

三道桥 在城北十里。三桥均里人捐修。光绪《志》③。

克吐桥 距城一百五十里，里人捐建，木梁。光绪《志》④。

桥头塘木桥 距城一百八十里，为入藏大路。士民捐建。光绪《志》⑤。

布住通木桥 距城一百九十里。光绪《志》⑥。

大河桥 在距城三百一十里江边拉咱古大河，为进省要路。架木为梁，长四丈，高三丈，阔八尺。里人捐建。光绪《志》⑦。

翁水上村木桥 在距城三百二十里，系里塘大路。居民捐赀修建。光绪《志》⑧。

路诺木桥、布庸木桥 俱距城三百二十里，里人捐建。光绪《志》⑨。

札卑塘木桥 在距城三百六十里东旺下村，系巴塘大路。里人捐修。光绪《志》⑩。

泽玉丹左木桥 在距城五百里，系里塘大路。里人捐修。光绪《志》⑪。

维西厅

其宗渡 在治东北二百里金沙江。清雍正十年，通判孙光禄造渡船一只，置水手五名。雍正《志》。

奔子栏渡 在治东北六百里，旧设渡船。雍正《志》。

溜筒江渡 在治西北五百余里浪沧江。春冬设船，夏秋以篾索悬夹岸，用溜筒系人以渡。雍正《志》。

合江桥 在治西一百二十里。雍正《志》。

姑拉崖桥 在治西北二百二十里。二桥俱清雍正十年，通判孙光禄、参将刘瑛同建，木桥。雍正《志》。

其宗河桥 在治东北。旧系木桥，后重修，易以石。光绪《志》⑫。

永安桥 在境内。旧系石桥，蛟泛冲圮。清道光十二年，重修木桥，复圮。同治八年，署都司黄河洲捐赀重修如故。光绪《志》。

---

① 光绪《志》 原本作“道光志”，查无，据光绪《云南通志》改。
② 光绪《志》 原本作“道光志”，查无，据光绪《云南通志》改。
③ 光绪《志》 原本作“道光志”，查无，据光绪《云南通志》改。
④ 光绪《志》 原本作“道光志”，查无，据光绪《云南通志》改。
⑤ 光绪《志》 原本作“道光志”，查无，据光绪《云南通志》改。
⑥ 光绪《志》 原本作“道光志”，查无，据光绪《云南通志》改。
⑦ 光绪《志》 原本作“道光志”，查无，据光绪《云南通志》改。
⑧ 光绪《志》 原本作“道光志”，查无，据光绪《云南通志》改。
⑨ 光绪《志》 原本作“道光志”，查无，据光绪《云南通志》改。
⑩ 光绪《志》 原本作“道光志”，查无，据光绪《云南通志》改。
⑪ 光绪《志》 原本作“道光志”，查无，据光绪《云南通志》改。
⑫ 光绪《志》 原本作“道光志”，查无，据光绪《云南通志》改。

永春桥 在境内。旧系木桥，清道光十四年，厅民赵明妻梁氏捐赀改建石桥。光绪《志》①。

普洱府

宁洱县

高桥、连家桥 并在城东一里。光绪《志》②。

永安桥 在城东六里。清同治元年，毁于兵。光绪元年，江西监生李永保重建。光绪《志》。

杨柳桥 在城东七十里。雍正《志》。

钟石桥 在城东南六里。光绪《志》③。

天赐桥 因河中巨石造桥其上，故名。光绪《志》④。

麒麟桥 在城东南二十五里，为石膏井要路。光绪《志》⑤。

追栗桥 在城东南四十里，系普洱、思茅要道。旧设木桥，屡被冲毁，清嘉庆二十一年，职员包际泰倡建石桥。道光《志》。

普安桥 在城东南五十里，俗名头道河，为普洱、思茅要道。旧无桥梁，清嘉庆二十三年，乡饮张任寿倡士民捐建石桥。道光《志》。

普济桥 在城南门外。雍正《志》。在城东南一里。光绪《志》⑥。

新　桥 在城南四里。雍正《志》。在城东南五里。光绪《志》⑦。

平安桥 在城西南一里，旧名普惠。清同治元年，兵燹毁。光绪五年，普洱镇总兵左启龙重建，易今名。光绪《志》。

文星桥 在城西南二里。光绪《志》⑧。

西河桥 在城西一里。雍正《志》。

迎仙桥 在城西一里。光绪《志》⑨。

凤凰桥 在城北一里。光绪《志》⑩。

永胜桥 在城北二里。雍正《志》。

通济桥 在城北三里。雍正《志》。

姑嫂桥 在城北三里。光绪《志》⑪。

接封桥、惠远桥 并在城北十五里。雍正《志》。

联陞桥 在城东北四里。光绪《志》⑫。

---

① 光绪《志》 原本作“道光志”，查无，据光绪《云南通志》改。
② 光绪《志》 原本作“道光志”，查无，据光绪《云南通志》改。
③ 光绪《志》 原本作“道光志”，查无，据光绪《云南通志》改。
④ 光绪《志》 原本作“道光志”，查无，据光绪《云南通志》改。
⑤ 光绪《志》 原本作“道光志”，查无，据光绪《云南通志》改。
⑥ 光绪《志》 原本作“道光志”，查无，据光绪《云南通志》改。
⑦ 光绪《志》 原本作“道光志”，查无，据光绪《云南通志》改。
⑧ 光绪《志》 原本作“道光志”，查无，据光绪《云南通志》改。
⑨ 光绪《志》 原本作“道光志”，查无，据光绪《云南通志》改。
⑩ 光绪《志》 原本作“道光志”，查无，据光绪《云南通志》改。
⑪ 光绪《志》 原本作“道光志”，查无，据光绪《云南通志》改。
⑫ 光绪《志》 原本作“道光志”，查无，据光绪《云南通志》改。

弥陀桥 在城东北十五里，邑人杨士奇建。光绪《志》①。

把边铁锁桥 在城东北一百五十里。清光绪八年，迤南道沈寿榕、陈廷珍，普洱镇左营游击孙世恒率绅民倡捐新建。光绪《志》。

磨黑大桥 清同治元年，兵燹毁。四年，士民捐赀重建。光绪九年，蛟泛复圮。光绪《志》。

思茅厅

漫达河渡 在城西南三百五十五里。道光《志》。在攸乐东北一百八十里，通车里路。雍正《志》。

象和桥 在城东二里。光绪《志》②。

平政桥、太平桥、通商桥 并在城南二里。光绪《志》③。

南关桥 在城南三里。光绪《志》④。

石 桥 在城南十里。清康熙三十年，土目刀猛品率夷民同建。雍正《志》。

车 桥 在城南十五里，系车里孔道，因以为名。明崇祯间建。雍正《志》。在城南十里。光绪《志》⑤。

永靖桥 在城南二十五里永靖关下。光绪《志》⑥。

晏公桥 在城西南里许。清康熙四十八年，江西客民建晏公祠于溪之岸，因建此桥，故名。雍正《志》。

宿底桥 在城西南五十五里。道光《志》。在攸乐东北四百八十里。雍正《志》。

整板桥 在城西南二百四十五里。道光《志》。在攸乐东北二百九十里。雍正《志》。

架龙桥 在城西二里。光绪《志》⑦。

观音桥 在城西八里。清康熙三十六年，土目刀猛品率夷民同建。雍正《志》。

玉屏桥 在城西八里玉屏山下。光绪《志》⑧。

环翠桥 在城北五里。光绪《志》⑨。

他郎厅

里仙江渡 在城南六十里。设船夫四名，大船二只。《采访》。

猛野江渡 在城南八十里。设船夫二名，渡船一只。《采访》。

漫丢江渡 在城南九十里。设船夫四名，大船二只，今划归江城。《采访》。

布固江渡 在城南一百里。设船夫四名，渡船一只，以木刳成，形如猪槽。《采访》。

鲁马江渡 在城西南六十里。设船夫二名，渡船一只。《采访》。

挖野江渡 在城西九十里。设船夫二名，渡船一只。《采访》。

普西江渡 在城西九十里。设船夫二名，竹筏一只。《采访》。

---

① 光绪《志》 原本作“道光志”，查无，据光绪《云南通志》改。
② 光绪《志》 原本作“道光志”，查无，据光绪《云南通志》改。
③ 光绪《志》 原本作“道光志”，查无，据光绪《云南通志》改。
④ 光绪《志》 原本作“道光志”，查无，据光绪《云南通志》改。
⑤ 光绪《志》 原本作“道光志”，查无，据光绪《云南通志》改。
⑥ 光绪《志》 原本作“道光志”，查无，据光绪《云南通志》改。
⑦ 光绪《志》 原本作“道光志”，查无，据光绪《云南通志》改。
⑧ 光绪《志》 原本作“道光志”，查无，据光绪《云南通志》改。
⑨ 光绪《志》 原本作“道光志”，查无，据光绪《云南通志》改。

谷麻江渡　在城西一百三十五里，通镇、威、景东要路。雍正《志》。

水癸河石桥　在城东十三里水癸村。清乾隆四十年，士民捐赀修建。同治十年，水涨冲决，署守备李应元率士民张树宇、蒋春秀、杨恒兴捐赀[illegible]高重修。光绪《志》。跨于金厂河之上，长一丈三尺，宽八尺，高一丈余，今尚完好。《采访》。

南门桥、椿溪桥　并在城南门外。光绪《志》①。在南城丽文门之前，系石桥，跨于护城河上。建于清雍正间，宽八尺，长一丈二尺，高一丈五尺。《采访》。按：民国十三年，护城河泛滥，段为铭捐赀重修。

涟漪桥　在城南门外。清道光二年冲坍，四年通判李恒谦倡捐重修。《他郎厅志》。同治九年复圮，署游击孙世恒、守备李应元率绅士杨恒兴等捐赀重修，建奎阁于上。光绪《志》。同治九年重修，光绪二年落成，共用经费二千五百八十两，直达普洱、思茅，为墨江境内木桥之最巨者。《采访》。

昌阜桥　在城南门外。清道光二年倾圮，通判赵秉煌率绅士捐修，易名天溪桥。光绪《志》②。

观音桥　在城南里许。清乾隆二年建，六年被水冲毁，通判张子玉领项修。光绪七年复圮，通判尹元亮、游击谢敬彪率绅士熊廷美、杨恒兴、张铨、赵为樑等倡捐重修。光绪《志》。按：民国四年，护城河水涨，复圮，邑绅段为铭捐赀重修。系木桥，跨他郎河上，长二丈六尺，宽一丈二尺，高三丈八尺以上，竹柳垂堤，风景清幽。

清溪桥　在南门外五里许象头山之麓，跨于清溪河上。长一丈三尺，宽六尺，高一丈二尺。清乾隆中建。《采访》。

步仙桥　在城南六十里瞻鲁坪。年久倾圮，重修，改建木桥。清道光五年，通判龚正谦率绅士张端、高元襄，由瞻鲁坪开辟新路，以通普思，行旅称便。光绪《志》③。光绪十年倾圮，邑绅段为铭等改建石桥。《采访》。

铁锁桥　在布固江上。作阿墨江渡，一名永安江渡。旧设渡船二只，人夫二名。《他郎厅志》。在城南九十里。两山壁立，道路险峻，系入思普要路。雍正《志》。同治十二年，游击孙世恒、龙文藻，守备李应元率商民倡捐改建。两岸甃石，拽以铁索，索上布板，长三十八丈，宽丈余，两头建立牌坊，并禀准移阿墨汛驻桥盘查。光绪《志》。颜其坊曰“忠爱桥”，桥上木板年必一易，而铁索数年亦必修。《采访》。

须立桥　在须立村旁。系石桥，长二丈五尺，宽八尺，高二丈二尺，跨于他郎河上，为坤勇金厂大道。清咸丰时建，光绪中重修，今仍完好。《采访》。

白华石桥　在城西北一里。清乾隆五十二年，士民捐赀公建。道光元年冲坍，通判李恒谦重修。光绪《志》④。亦名长庚桥，距城西三里许，在蜈蚣山之麓，为通镇沅、景东通渠。光绪二十七年七月，邑人杨春华等重修。上建瓦房，长二丈五尺，宽一丈，高二丈余。《采访》。

那肺桥　在城北门外。道光《志》。

章差桥　在城北章差村。道光《志》。

---

① 光绪《志》　原本作“道光志”，查无，据光绪《云南通志》改。
② 光绪《志》　原本作“道光志”，查无，据光绪《云南通志》改。
③ 光绪《志》　原本作“道光志”，查无，据光绪《云南通志》改。
④ 光绪《志》　原本作“道光志”，查无，据光绪《云南通志》改。

碧朔桥 在城东北碧朔村。道光《志》。

九道河桥 在厅境内，系木梁。清乾隆六年，通判张子玉领项修建。道光《志》。

双龙桥 在赖蚌村之旁，跨于他郎河之上。长五丈五尺，高四丈余，宽一丈二尺，为本境中石桥之最巨者，其工程亦最坚固。《采访》。

威远厅

威远渡 在城外。光绪《志》①。

蛮洒渡 在城南二十里。通顺宁、云州、缅宁等处，为香盐井行盐要路。光绪《志》②。

猛乃渡 在城南八十里。光绪《志》③。

香盐井渡 在城南一百五十里。雍正《志》。

刁本渡 在城南四百里。雍正《志》。

猛萨渡 在城西南五百里。雍正《志》。

猛戛渡 在城西二百三十里。雍正《志》。

青庄河渡 在城北二十里。雍正《志》。

蛮拱渡 在城北一百一十里。光绪《志》④。

景谷塘渡 在城东北三十里。光绪《志》⑤。

迎龙桥、月弓桥 并在城内大街。光绪《志》⑥。

南京河桥 在城东十五里。光绪《志》⑦。

木龙桥 在城东一百一十里抱母厅署西北，为运盐要路。清嘉庆元年，水涨冲决，士民捐赀改建于照壁右。光绪《志》⑧。

马跳桥 在城南五里。光绪《志》⑨。

香盐桥 在城南二十里香盐井。光绪《志》⑩。

石龙桥 在城南六十里。清道光十六年，署同知谢体仁率士民捐建。光绪《志》⑪。

那赖桥 在城南一百里。清康熙间，土州刀国栋建。雍正《志》。久废。光绪《志》⑫。

上南安桥、下南安桥 并在城南一百二十里，久废。雍正《志》。

姑娘桥 在城西七里。光绪《志》⑬。

蛮别桥 在城西百余里。清道光十年，士民建，后圮。光绪《志》⑭。

南泥河石桥 在城北一百二十里抱母厅署东南十五里。光绪《志》⑮。

---

① 光绪《志》 原本作“道光志”，查无，据光绪《云南通志》改。
② 光绪《志》 原本作“道光志”，查无，据光绪《云南通志》改。
③ 光绪《志》 原本作“道光志”，查无，据光绪《云南通志》改。
④ 光绪《志》 原本作“道光志”，查无，据光绪《云南通志》改。
⑤ 光绪《志》 原本作“道光志”，查无，据光绪《云南通志》改。
⑥ 光绪《志》 原本作“道光志”，查无，据光绪《云南通志》改。
⑦ 光绪《志》 原本作“道光志”，查无，据光绪《云南通志》改。
⑧ 光绪《志》 原本作“道光志”，查无，据光绪《云南通志》改。
⑨ 光绪《志》 原本作“道光志”，查无，据光绪《云南通志》改。
⑩ 光绪《志》 原本作“道光志”，查无，据光绪《云南通志》改。
⑪ 光绪《志》 原本作“道光志”，查无，据光绪《云南通志》改。
⑫ 光绪《志》 原本作“道光志”，查无，据光绪《云南通志》改。
⑬ 光绪《志》 原本作“道光志”，查无，据光绪《云南通志》改。
⑭ 光绪《志》 原本作“道光志”，查无，据光绪《云南通志》改。
⑮ 光绪《志》 原本作“道光志”，查无，据光绪《云南通志》改。

梁家箐石桥　在城北一百二十里梁家箐下。光绪《志》①。

济远桥　在城北一百三十五里。光绪《志》②。

古井石桥　在城东北一百二十里抱母厅署古井旁。光绪《志》③。

草　桥　在城东北一百三十里抱母厅署东十里。光绪《志》④。

永定桥　在抱母井，为商民往来要路。清道光十七年，署同知谢体仁率士民捐建。光绪《志》⑤。

太平桥　距城四百八十里猛班。光绪《志》⑥。

清水河桥　距城八十里猛乃蛮谷界。光绪《志》⑦。

永昌府

道光《志》按：樊绰《蛮书》开南、银生、永昌、寻传四处，皆有铁桥，今其址无考。

保山县

双　桥　在城内东街。南北分衢，两桥相对，因以得名。雍正《志》。今废。《永昌府志》。

永安桥　在城内法明寺前，今废。《永昌府志》。

昇平桥　在城内地官坊北。《永昌府志》。

新　桥　在城内钟楼巷口。《永昌府志》。

石　桥　在城内南园巷。《永昌府志》。

春晖桥　在城东昇阳门内。《永昌府志》。

昇阳桥　在城东门外。雍正《志》。

镇南桥　在城东南门外。雍正《志》。清道光元年，知府刘彰宽捐修。《永昌府志》。

枯柯铁索桥　在城东南一百二十里。明天启间建，清康熙四十七年，知县金铨重修。六十一年，知县李芳华建亭七间于上。雍正《志》。在城东南一百三十里大鹿山脚，今废。《永昌府志》。

保场桥　在城东南一百五十里镇姚所保场驿前，明万历间建。《永昌府志》。

清河桥　在镇南门内。《永昌府志》。

龙池桥　在城南易罗池南。《永昌府志》。

众安桥　在城南七里，跨沙河下流，为永腾通衢。明洪武二十三年，指挥胡渊建，正德间参将沐崧、嘉靖间副使郭春震相继重修。清康熙二十九年，总兵偏图重修。《永昌府志》。

水打桥　在城南一百里，距潞江二十五里，往腾越、龙陵要路。夏秋水涨，行人病涉。清光绪八年，知府郭怀礼私率商民重建。《永昌府志》。

大石桥　在城南一百一十里施甸街下。《永昌府志》。

仁和桥　在城南一百二十里施甸街下。《永昌府志》。

---

① 光绪《志》　原本作“道光志”，查无，据光绪《云南通志》改。
② 光绪《志》　原本作“道光志”，查无，据光绪《云南通志》改。
③ 光绪《志》　原本作“道光志”，查无，据光绪《云南通志》改。
④ 光绪《志》　原本作“道光志”，查无，据光绪《云南通志》改。
⑤ 光绪《志》　原本作“道光志”，查无，据光绪《云南通志》改。
⑥ 光绪《志》　原本作“道光志”，查无，据光绪《云南通志》改。
⑦ 光绪《志》　原本作“道光志”，查无，据光绪《云南通志》改。

惠人桥　作潞江渡，在城南一百里。明嘉靖间，兵备道潘润造巨舟，可渡百人，两岸建官厅憩息。清道光十九年，知府周澍就江心巨石砌立墩台，两岸絙以铁索，中铺木板，左右翼以扶阑，建二亭于南北岸。光绪二年，土匪李潮焚其南岸，知府朱百梅补修。七年，知府朱鸿重修。十年，北岸铁索复圮。《永昌府志》。

神济桥　在城南诸葛营北。明永乐间，指挥车琳建。嘉靖间，义民吴贵甃以石。《永昌府志》。

龙泉桥　在城西南门外。雍正《志》。

饮马桥　在城西南龙池内。《永昌府志》。

仁寿桥　在城西门外。雍正《志》。

双虹桥　在城西一百四十里，跨潞江上游，路通腾越。清乾隆五十四年，知府陈孝昇就江中石岩建立铁索桥。咸丰九年，毁于兵。《永昌府志》。

西山桥　在城西石册寨，土舍莽承绪建。《永昌府志》。

拱北桥　在城北门外。雍正《志》。

通华桥　在城北通华门外。《永昌府志》。

济安桥　在城北五里，即五里桥。雍正《志》。明洪武十五年，指挥李观建。《永昌府志》。

东津桥　在城北二十里。雍正《志》。明洪武间，指挥李观建，今名小板桥。《永昌府志》。

北津桥　在城北二十里。雍正《志》。明洪武十五年，指挥李观建。清道光元年，知府刘彰宽捐修。同治间，兵燹圮。光绪元年，绅民重修。七年，知县刘云章率绅民万有宗、张凤书倡捐重修，建阁楼于上。《永昌府志》。

霁虹桥　龙尾城西第七驿有桥，即永昌也。两岸高险，横亘大竹索为梁，上布箦，箦上实板，仍以竹屋盖桥。其穿索石孔，孔明所凿也。樊绰《蛮书》。在城北八十里，跨兰沧江。蜀汉武侯南征，始架木桥以济师。元元贞间，也先不花西征，易以巨木，后圮，用舟渡。明洪武中，镇抚华岳铸二铁柱于石以维舟。成化中，僧了然募建，以铁索系两岸，上盖以板，为亭二十三楹，副使吴鹏题石壁曰“西南第一桥”。雍正《志》。岁以民兵三十人更番戍守，日久铁缆损蚀，兵备道王槐倡修，参将沐崧继修，兵备道郭春震复修。后为顺宁猛酋所焚，兵备道郭以仁、杜华先，分巡道张尧臣相继重修，明季复毁。清顺治间，督抚司道各捐金，檄金腾道纪尧典督建，两端系铁缆十六，覆板于上。为屋三十二楹，长三百六十丈，南北为关楼四，宏敞坚致，视昔有加，后毁于兵。康熙十二年，总兵张国柱重建，吴逆时又毁。二十年，知县蒋嘉谟重建。二十七年，总兵偏图增修两亭于南北岸，桥旁翼以栏杆，日久损蚀。三十八年，总兵周化凤、知府罗伦、知县程奕修。乾隆十五年，水泛冲毁，知府曹梦龙、知县顿权重修。道光二十六年，兵燹毁，知府李恒谦重修。《永昌府志》。光绪十六年，知府邹馨兰重修。《采访》。

凤鸣桥　在城东北一百二十里，跨杉木河。雍正《志》。相传桥下水多瘴，人马饮之即病。《永昌府志》。

腾越厅

东门桥　在城东门外，明指挥陈效建。《腾越州志》。

迎恩桥　在城东门外。雍正《志》。在饮马桥下流。《腾越州志》。

中　桥　在城东三里。雍正《志》。在饮马河前。光绪《志》①。

满金邑桥　在城东雷起，郡人陈志建。《腾越州志》。

跃鳞桥　在城东东山寺，系木梁，今圮。《腾越州志》。

普济桥　在城东六十里龙江左。清光绪五年，同知陈宗海捐建。《永昌府志》。

龙川江桥　在城东七十里。雍正《志》。在龙江川驿，跨凤溪江，旧编藤为桥，铺以木板。明弘治间，兵备副使赵炯建桥于上流，寻废。嘉靖间，兵备副使潘润效霁虹桥制重建。清康熙三十七年毁，三十八年副将张友凤、知州唐翰弼重建于壶瓶口。《永昌府志》。雍正元年，知府林世俊、副将孙宏本、知州杨之盛同建。旧《志》。乾隆三十三年，发帑重修。《腾越州志》。光绪五年，同知陈宗海重建。光绪《志》。置有桥田三十三箩。《采访》。按：民国十五年，桥毁于匪，邑绅董友莲共捐款一万六千元修葺之。二十一年，复由商会倡议重修，改为铁索吊桥。

长庚铁索桥　在龙川江上游凤翔乡。创始于前明中叶，清乾隆、咸丰间重修。光绪十三年，同知陈宗海捐修，拨乌索田三箩作修补费。《采访》。

通济铁索桥　在龙川江上游凤堂村。清乾隆中建，咸丰十年圮，仅架以木，后道人孙秉乾捐修。《采访》。

永安铁索桥　在龙川江上游永安镇。初架木桥，后圮。清光绪十三年，同知陈宗海捐修。《采访》。按：民国八年，里人李其富等出赀改建铁索桥，长十四丈，广八尺有奇。

血战桥　在城东一百二十里全胜关外。《清一统志》。明万历间，参将邓子龙建。因破缅酋于此，故名。《永昌府志》。

向阳铁索桥　在顺江下游曲石上北练交界。创于明洪武间，清嘉庆中，里人改建于上游里许，名济渡桥，不数年复圮，改于下游三里，名双龙桥。咸同间毁于兵，光绪中同知陈宗海倡建，迄今屡有修补。《采访》。

济南桥　在城南六十里曩宋河上流。清光绪六年，同知陈宗海倡建。《永昌府志》。为往来南甸要道。其水春夏可涉，至秋水势百倍，桥为巨浪所毁，迄今旋修旋圮。《采访》。

龙洞桥　在城西南五里。雍正《志》。一名叠水河桥，明指挥陈仪建。《腾越州志》。清光绪七年，同知陈宗海倡修，易名大盈江桥。光绪《志》。

镇彝关桥、蔺家桥　并在城西南明朗蔺家寨。《腾越州志》。

河西桥　有二，俱在城西南河西练。《腾越州志》。

曩转桥　一名铁索桥，在城西南七十里，南甸西南十余里，通干崖道。干崖土司建。《腾越州志》。清光绪五年，同知陈宗海倡捐重修。光绪《志》。

普天桥　在南甸黄果树塘，下通曩宋道。《腾越州志》。

曩烟桥　在南甸夷寨南。《腾越州志》。

凌云桥　一名大桥。《腾越州志》。在城西二里。雍正《志》。跨大盈江，指挥陈福甃以砖石。《永昌府志》。

通津桥　在城西二里。明嘉靖八年，百户郝昇增修。雍正《志》。清乾隆三十九年重修。《腾越州志》。

三合桥　在城西十里。雍正《志》。叠水河、芭蕉溪、来凤滩合流于此，故名。《永昌府

① 光绪《志》　原本作“道光志”，查无，据光绪《云南通志》改。

志》。在和顺乡，明寸玉建。《腾越州志》。

顺江桥 在城西大西练。《腾越州志》。

固东桥 在城西阿白屯。有田，为岁修之费。《腾越州志》。

乌索桥 在乌索。清光绪十三年，同知陈宗海重修，拨有桥田，作岁修费。后邑人复葺之。系木桥。《采访》。

厢子桥 在城西明光罗香甸。《腾越州志》。

回龙桥 在凤腾乡滥坝河，为往来云龙、五井通道。建于清光绪二十四年，系石桥。《采访》。

界明桥 在龙川江上游，为凤鸣、明光界交通要道。其上铁索桥创于清初，光绪五年，同知陈宗海倡修，并捐廉置田，为岁修费。《采访》。

小新街桥 在城西九十里明光下单河口。清光绪六年，同知陈宗海捐建，并拨大西练逆田一段，以为岁修之费。《永昌府志》。

趁飞吊桥 旧名猴桥，在蛮旦江，为古永通止那隘之要道。夷人缘藤而渡，危险万状，后邑绅董友薰醵赀倡建，工程甚巨，用款三万余元，旋圮。《采访》。

郑家桥、冉家桥 并在城西北江苴。《腾越州志》。

北门桥 在城北门外。《腾越州志》。

筒车河桥 在城北门外田心。明指挥杨继武建，清乾隆四十年重修。《腾越州志》。

迎风桥 在州北，明绅士郑文运建。《腾越州志》。

大板桥 在城北五里。雍正《志》。

天生桥 有三，一在城北二十五里打苴，一在城北四十里清水河，一在城北六十里灰窑。雍正《志》。

永济桥 在城北五十里。清康熙四十年，知府罗纶、同知李文渊、副将张友凤、知州唐翰弼捐建。雍正《志》。在城北九十里。《永昌府志》。系铁索桥，在曲石界尾地。《腾越州志》。旧《志》载有界尾桥，即此。乾隆四十年，里人重建，兵燹毁。光绪五年，同知陈宗海倡捐重修，巡抚杜瑞联题以额曰“普渡通津”。光绪《志》。

成德桥 在曲石野猪箐，络以铁索。《腾越州志》。清光绪八年，同知陈宗海倡修。光绪《志》。

天济桥 在曲石，跨潞江，络以铁索。清乾隆三十年，生员董棫等建，系上江、云龙、永昌要道。三十一年，永顺镇总兵乌尔登额、知府陈大吕因边事拆毁。《腾越州志》。

灰窑桥 在城北六十里。两山壁立，峡深二十丈，陡险难行，下流即曲石江。《永昌府志》。

镇龙桥 在城北六十里，旧名向阳桥。明时建，清乾隆三十五年，里人重修，络以铁索。《腾越州志》。兵燹毁，光绪六年，同知陈宗海率六练士民捐修，易名镇龙，上覆瓦屋，桥左建龙神庙，巡抚杜瑞联题以额曰“功占利涉”。光绪《志》。

瓦甸桥 在城北七十里。雍正《志》。在城北二十里。《永昌府志》。

夹象石桥 在瓦甸，一名铁索桥。《腾越州志》。又名永胜桥，里人建。毁于兵，清光绪七年，同知陈宗海率三练士民捐修。光绪《志》。

藤　桥 腾越州东北有龙川江，有藤桥在其上。《明史·地理志》。有二，一在瓦甸，一在曲石。水流湍急，以藤系于两岸树上，行者扳援以渡。《永昌府志》。有三，一在龙川，一在甸尾，一在曲石，皆跨龙川江。《腾越州志》。

双虹桥 在城东北蒲缥站西，系永腾孔道。清乾隆五十四年，知府陈孝昇捐修。道光《志》。

永平县

九渡桥 在城东六里。雍正《志》。在城东北五十里，跨九渡河上。《永昌府志》。在城东六十里。光绪《志》①。

保场桥 在城东九里。雍正《志》。二桥均废。光绪《志》②。

胜备桥 在城东一百二十里。清康熙二十九年，知县薛采建。雍正七年，知县胡正笏重修。雍正《志》。在城东北，为永顺、龙陵、腾越要路。引铁索为梁，上覆板屋。道光六年三月毁于火，知府陈廷焴重建。《永昌府志》。光绪二年，署腾越镇总兵蒋宗汉重修。光绪《志》。

云龙桥 在城东南一百九十里，蒙化、永平交界之所。漾水、濞水、雒马水汇流于此，旧例永七蒙三修理。清康熙三十年，提督诺穆图建，引铁索为梁，上覆瓦屋。雍正《志》。光绪七年，蒋宗汉重建。光绪《志》。

漾濞桥 在蒙化、大理、永平交界之所。清康熙间，提督诺穆图新建，引铁索为梁，上覆瓦屋，其制颇坚丽。光绪《志》③。

太平桥 一名昌平桥。《清一统志》。在城南门外半里许。清康熙五十七年，知县冯庆长建。雍正九年，知县胡正笏捐修。雍正《志》。一名银江桥，在城东南，跨云龙江，长四十丈，高二丈五尺，广二丈。嗣因水泛倾圮，知县姚孔鍹修，后又倾圮，知县宣世涛复修。《永昌府志》。又圮，知县赵爕元重修。光绪《志》④。

通津桥 在城南门外半里许。雍正《志》。

西山桥 在城西半里。雍正《志》。

安定桥 在城西十五里。雍正《志》。在城北八里木里场村，跨银龙江上。《永昌府志》。

广济桥 在城西三十里。雍正《志》。

花　桥 在城西四十里。雍正《志》。

双　桥 在城北十里，即双汇桥。雍正《志》。在城东南八十里，一河二桥，故名。《永昌府志》。

光绪《志》案：以上五桥均久废。

龙陵厅

镇安桥 在土城外。《永昌府志》。清光绪间，水涨冲决。光绪《志》。

迎恩桥 即猛淋桥，在厅北三里许。《永昌府志》。一名花桥，在厅东五里。清道光二十五年建，被水倾圮。光绪八年，同知刘赐龄率绅民倡捐重建，三孔行水。光绪《志》。

放马厂桥 在厅南大关外二十里。《永昌府志》。清光绪十年，同知刘赐龄率绅民重修。光绪《志》。

永康桥 在厅南芒市，去大关五十里。《永昌府志》。清光绪九年，汉夷绅民重修。光绪

① 光绪《志》 原本作“道光志”，查无，据光绪《云南通志》改。
② 光绪《志》 原本作“道光志”，查无，据光绪《云南通志》改。
③ 光绪《志》 原本作“道光志”，查无，据光绪《云南通志》改。
④ 光绪《志》 原本作“道光志”，查无，据光绪《云南通志》改。

《志》。

得胜桥 在芒市蛮波五里。《永昌府志》。

坝兔桥 在厅南三十里道水箐口。《永昌府志》。清同治四年，阖邑士民捐修。光绪《志》。

滩冷桥 在厅南遮放。清道光五年，土司建搭竹桥，被水冲坍。《永昌府志》。光绪十年，督同夷民重修。光绪《志》。

盘龙桥 在厅西三里鳌山下。《永昌府志》。

镇南桥 在厅西三里，倾圮。清光绪七年，同知刘赐龄率绅民重修。光绪《志》。

香柏桥 在厅西北三十里，通腾越大路。《永昌府志》。

铁河桥 在厅北十里。《永昌府志》。

头道桥、二道桥 并在厅北潞江。《永昌府志》。

光绪《志》① 案：以上四桥，均兵燹被毁。

开化府

文山县

和尚庄桥 在城东八里。清康熙十一年，士民公建。《开化府志》。

益后桥、平坝桥 并在城东十里，郡人公建。《开化府志》。

锡板桥 在城东八十里，里民胡应泰捐修。《开化府志》。清光绪间水涨倾圮。光绪《志》。

牛羊太平桥 在城东百余里。清乾隆十八年，胡应泰捐建。《开化府志》。

乾河石桥 东区干河，距城一百一十里，通广南大路。《采访》。

阿猛镇龙石桥 东区阿猛海中，距城一百七十里，通广南大路。《采访》。

坝达石桥 东区坝达寨，距城一百五十里，由江那通西畴大路。《采访》。

平寨桥 在城东百里许，郡人李国柱捐建。《开化府志》。

达戞桥 在城东百三十里，寨民公建。《开化府志》。

磨山桥 在城东百四十里，寨民公建。《开化府志》。

炭喜桥 在城东二百里许，系木梁。《开化府志》。

兴宝桥 在城东二百里许。路通者囊厂，郡人李荣普倡建。《开化府志》。

者崩桥 在城东二百四十里，里民捐建。《开化府志》。

永济桥 有二，一在城南里许，清康熙九年，知府刘䜣、通判赖玮同建。雍正《志》。系木桥，亦名南桥，清道光二十六年，知府刘禧祖、知县陆葆改建石桥，并于河之曲处添建一桥，二桥相联，兵燹倾圮，咸丰九年，郡人重修。一在城南锡板冷水硐，旧名冷水桥，康熙五十年，里人建木桥，光绪九年，郡人改建石桥，易今名。光绪《志》。

石洞桥 在城南五里许，里人公建。《开化府志》。

老虎沟桥 在城南六里，郡人杨景汉建。《开化府志》。

双元桥 在城南六里。清乾隆七年，里人公建。《开化府志》。

沟交桥 在城南十五里。清康熙十八年，阖邑公建。雍正《志》。

佴可桥 在城西南百三十里，监生萧俊建。《开化府志》。

大栗树桥 在城西南百四十里，监生萧俊捐建。《开化府志》。

---

① 光绪《志》 原本作“道光志”，查无，据光绪《云南通志》改。

箐口桥 在城西南百八十里。《开化府志》。

望松桥 在城西壕上，郡人向得先捐建。《开化府志》。

镇西桥 在城西门外。清康熙十一年，总兵高启隆、知府刘圻、通判赖玮同建。雍正《志》。

勾绞河上流石桥 西区，距城五里。《采访》。

者白石桥 西区，距城十五里，由城通平坝大路。《采访》。

榆树可石桥 西区，通火车大路，距城七十里。《采访》。

他布撇石桥 西区，他布撇下寨，距城七十里。《采访》。

太安桥 在城西。《开化府志》。

小天生桥 在城西二十五里，规制天成，不假人力。雍正《志》。

二博桥 在城西四十里，里人公建。《开化府志》。

所里城桥 在城西五十里。清康熙二十二年，郡民公建。雍正《志》。

路梯桥 在城西六十里，士民捐建。《开化府志》。

洒戛奄桥 在城西九十五里。雍正《志》。在城西百里许。清康熙七年，郡民公建。《开化府志》。

普明桥 在城西百二十里，里人捐建。《开化府志》。

八寨大石桥 有二，俱在城西四百三十里。《开化府志》。

猛拉石桥 在西区猛拉寨，距城一百八十里。通蒙自迷拉甸大路。《采访》。

鸣鹫石桥 在西区鸣鹫街头，距城一百七十里，通蒙自迷拉甸大路。《采访》。

藤　桥 在城西三百余里。冬春水减乘筏，夏秋水泛，土人取藤系两岸巨树，编而为桥，高出水面数丈，桥上复系长条手引以渡，长丈余。《开化府志》。

天生桥 在城西北三十里。飞石陡崖，两山相接，盘龙流其中。后因崎岖难行，清康熙四十一年，郡人别建木桥。年久倾圮，知府汤大宾、知县谢千子复开旧道于桥上，宽敞坦平，徒舆便焉。《开化府志》。

侬人河桥 在城西北四十里。雍正《志》。在城西北五十里，即盘龙河经道处。清康熙十五年，僧心明募建。《开化府志》。兵燹毁，同治七年重修。光绪《志》。

弥勒河桥 在城西北六十里。雍正《志》。或云在城西北八十里。清康熙二十年，士民公建。《开化府志》。

蚂蝗塘石桥 在北区，距城二十里，由城通蒙自道。《采访》。

新黄龙潭石桥 在北区，距城一百里，通省、蒙大道。《采访》。

光复石桥 在西区洒茂龙，距城一百一十五里，通省、蒙大道。《采访》。

泰安桥 一名北桥。《开化府志》。在城北门外。旧有桥，倾圮。清雍正四年，总兵冯允中、知府佟世佑倡建。雍正《志》。

朱家桥 在城北二里许钟灵寺后，楚人朱正芳捐建。《开化府志》。通江那大道，名朱店坡石桥。《采访》。

一字桥 在城北五十里。清康熙三十年，里民公建。《开化府志》。

头塘石桥 距城十五里，通江那大路。《采访》。

探南桥 在城北五十五里，开广道衢。原系木梁，今易以石，里民公建。《开化府志》。

王凤石桥 在东区探南寨，距城六十里，通江那大路。《采访》。

汤坝桥　有二，一在城北八十里，清康熙十三年，士民同建；一在城西百五十里，木桥石墩，上盖瓦屋，里人公建。《开化府志》。

三板桥　在城北九十里。雍正《志》。在城北百二十里。清康熙五十二年，土经历周应龙倡建。《开化府志》。

安平厅

牛羊天生桥　在府城南百五十里，由府城大河通交趾。每逢水涨，喷高数丈，声震十余里，系中外交界。《开化府志》。

南滚天生桥　距县六十里。《采访》。

小赌咒河石桥　距县三里。《采访》。

同车河石桥　距县十一里。《采访》。

阿拉河天生桥　距县五十里。《采访》。

南温河渡口　距县一百里。《采访》。

卷三十九　地理考十九　津梁四

东川府

会泽县

洒海渡　在城西南百余里待补集义乡，通汤丹、落雪等厂。《东川府志》。

以里河渡　在城西门外五里之以里村。夏秋设渡，春冬用舆梁。《东川府志》。

按：清季建有石桥，自东而西跨以里河上，长约十丈，宽三丈余，高二丈五六。夏秋洪涛奔腾，自七孔夺门出，响声若雷，亦壮观也。由此西行，为赴汤丹、巧家、落雪等处大路。

小江渡　在城西北，系运铜要路。清乾隆二十年，知县执谦建踏雪桥于此。六十年火毁，知府屠述濂重修。嘉庆七年冲毁，知府鸣铎重修。十七年复冲，署府福宁理详请设渡，并置田亩，作岁修工食之费。《续东川府志》。

小石桥　在城东门外。清康熙四十五年，经历张玺建。雍正《志》。

太平桥　在城东门外半里许。《东川府志》。

坤利桥　在城东九十七里者海东。旧系木桥，清乾隆间，临武、桂阳客民易以石，故又名临桂桥。《东川府志》。

车洪江藤桥　在城东一百二十里。雍正《志》。清乾隆五十年，职员刘汉鼎建。《续东川府志》。

丈美桥　在城东百八十里输诚里法纳村，系木梁，长阔各一丈二尺。清乾隆十九年，知府义宁建。《东川府志》。

永安桥　在城东杓窝江，清嘉庆元年建。《续东川府志》。

且中桥　在城东南九十里忠顺里。《东川府志》。

叶西桥　在城东南尚德乡龙潭河。《东川府志》。

盘桂桥　在尚德乡五龙募村后。《东川府志》。

欢有桥　在尚德乡五龙募。《东川府志》。

敏蚕桥　在尚德乡赵家村后。《东川府志》。

春影桥　在尚德乡，跨以濯河。《东川府志》。在闟洞，通四川会理州大路，年久倾圮。

清光绪五年，郡人陈保泰、施恩昌、徐致君等捐赀重建。光绪《志》。

以濯河桥 在城南四十五里。清雍正八年，叛夷拆毁，知府崔乃镛重修。雍正《志》。

如州桥 在城南凝靖里，跨以濯河。《东川府志》。

眉守桥 在凝靖里待补。《东川府志》。

可月桥 在城西南待补集义乡，跨阿汪溪，系木梁。《东川府志》。

隐是桥 在集义乡，跨深沟，系木梁。《东川府志》。

天镜桥 在集义乡，跨深沟。《东川府志》。

过翠桥 在集义乡橄榄坡。《东川府志》。

通隐桥 在城西南清凝里，跨黑水河，木梁。《东川府志》。

七星桥 在城西门外。清乾隆三十一年，知府李豫建。《续东川府志》。

锁翠桥、飞云桥 俱在城西门外三里许，跨义通河，系木梁。知府义宁建，上覆以亭。《东川府志》。

日者桥 在城西门外三里许折柳亭前。《东川府志》。

龙潭桥 在城西五里。雍正《志》。

福海桥 在城西十里马鞍山旁，系运铜要路。郡人何映璧捐建石桥，高、阔各三丈，长十余丈，三空行水。《续东川府志》。清咸丰间，大水倾圮二空。光绪《志》。

小江桥 在城西七十里。清雍正五年，知府黄士杰建。雍正《志》。

卑冲藤桥 在城西一百二十里。雍正《志》。

卑却桥 在城西一百五十里。雍正《志》。

壁谷江桥 在城西一百五十里。清雍正十年，知县祖承祐重修。雍正《志》。

同善桥 在城西北三十里银厂坡脚，通会理州大路。清光绪六年，郡人郑兴东、陈丕昌、陆永春、柳载等捐赀新建。光绪《志》。

津在桥 在城西北崇礼乡鲁雾村。《东川府志》。

长聚桥 在崇礼乡黑河尾。《东川府志》。

福寿桥 在城北三里居蔓海之中，跨海子河上，通昭通大路。高二丈余，阔一丈五尺。清光绪七年，郡人唐汉基新建。光绪《志》。

左河桥 在城北门外，一名新桥。雍正《志》。

右河桥 在城北五里，一名大桥。以上二桥，俱清雍正六年，知府黄士杰建。雍正《志》。

壬申桥 在城东北牛栏江。清乾隆十六年，知府夏昌建。《东川府志》。

宾水桥 在城东北敦仁乡瓦泥寨。《东川府志》。

春前桥 在敦仁乡梅子河。《东川府志》。

湖天桥 在敦仁乡以舍村。《东川府志》。

武城桥 距城百里鹧鸡梅香箐。清光绪八年，夷人安克新建。光绪《志》。

巧家厅

龙王庙渡 在城西南善长里蒙姑。道光《志》。在府西北则补，北达建昌，乃金沙江之要津，旧设兵四名，每月发循环簿，稽查往来。《东川府志》。今裁。光绪《志》。

象鼻岭渡 在巧家西南一百二十里善长里小江入金沙江处，为运铜要路。《续东川府志》。二渡均设有船只、水手。光绪《志》。

阿屋村渡　在巧家西五里鲁木得，系川滇交界。清乾隆五十七年，职员刘汉鼎等捐田一百亩零，年收租谷六十石，以作岁修船只、水手工食之费。《续东川府志》。

鱼洒哨渡　在巧家西二十余里归治里。清乾隆三十八年设，系川、滇两营会哨之处。《续东川府志》。

嗣应桥　在城南门内。清乾隆四十六年，粤省客民冯冬星建。《续东川府志》。在城东门内。光绪《志》。

一家苗桥　在城西南八十里善长里。清嘉庆十五年，岁贡刘城建。《续东川府志》。咸丰二年，冲塌未修。光绪《志》。

五里桥　在长里蒙姑坡，距巧家一百里。清嘉庆二十二年，刘城建。《续东川府志》。咸丰间，倾圮未修。光绪《志》。

刘公桥　在善长里蒙姑，距巧家一百三十五里。清乾隆五十二年，刘汉鼎捐建，通郡城要道。《续东川府志》。两岸石壁嶙峋，下有深沟百余丈，纳那姑、黑路二甲之流，水势汹涌，夏秋不可渡。乾隆六十年，刘汉鼎捐赀，凿山开路，创建石桥，后蛟泛倾圮。光绪七年，江西商民王世泰、夏星槎等捐赀，另由峭壁中间凿石通穴约三里许，可容轿马。于悬崖绝处建铁索桥，行旅称便，增生郑兴东董其事。光绪《志》。按：此为东川、巧家途中险要，所谓石匠房是也。

安贞桥　在善长里蒙姑。清嘉庆二十一年，节妇萧唐氏建，旋被大水冲塌。二十四年重修。《续东川府志》。复圮，改建木桥。光绪《志》。

曲可桥　在城西五十里小河。道光《志》。在归治里，距巧家营八十里，为巧家要道。清乾隆四年建木梁，长十五丈，高九丈，阔丈余，上覆以亭。后毁，经历陈辙倡修，复捐置田亩以作岁修之费。道光十年夏，大水，桥圮，署同知陆葆倡修，并清釐地亩租谷，作岁修费。岁修田二分：一坐落小河桥，年收市斗租谷二十石；一坐落海溪坝葫芦口，年收市斗租谷一十三石。二共谷三十三石，除上纳条粮外，余俱存贮，以作岁修费。《东川府志》。咸丰十年，水涨复圮，设溜筒以济。光绪六年，同知胡秀山率绅士钟光耀等捐赀改建铁索桥，巡抚杜瑞联题以额，曰“功资利济”。光绪《志》。按：民国十三年秋，暴流冲断，至二十年始由县长孟文安等修复。

臭水井桥　在棉沙湾，距巧家一百十里。清嘉庆间，刘城建。《续东川府志》。道光十八年冲坍，改建木桥。光绪《志》。

三道沟桥　在归治里。清嘉庆间，刘城建。《续东川府志》。

玉虹桥　在江外葫芦口，滇蜀毗连。清乾隆间，士民刘、陈二姓创建木桥，历三十余载，大水冲决。咸丰间，蜀人张吉太捐修木桥，复圮。光绪十年，职员李芳勋等倡捐改建铁索桥。光绪《志》。在西北二十里葫芦口，白水河下流金江西畔约里许。乾隆五十年，邑人刘汉鼎私建铁桥，后圮。光绪十一年，同知胡琇珊倡建铁桥，用铁一万二千斤，条石三百余丈，木板十丈，值银一千三百两。至今高架河头，为八景之“玉虹锁翠”。《采访》。

昭通府

恩安县

洒鱼河渡　在城西四十里，通四川马湖、叙州大道。雍正《志》。

太平桥　在城东门外半里。清雍正七年，知府陈克复建。雍正《志》。

南薰桥 在城东五里。清雍正十年，知县金言建。雍正《志》。

龙津桥 在城东二十五里，知县金言建。雍正《志》。

永丰桥 在城南门外，知府陈克复建。雍正《志》。

安阜桥 在城南一里，知县金言建。雍正《志》。

凤凰桥 在城南十里。清雍正十年，郡民李贤品、赵登甲等建。雍正《志》。

双虹桥 在城南二十五里，知府陈克复建。雍正《志》。

利济桥 在城西门外，知县金言建。雍正《志》。

天梯桥 在城西十里，知府陈克复建。雍正《志》。

高河桥 在城西十五里，知县金言建。雍正《志》。

砥柱桥 在城西四十里，知县金言建。雍正《志》。

三道桥 在城西北十五里，知府陈克复建。雍正《志》。

旧圃桥 在城西北二十里，知府陈克复建。雍正《志》。

通济桥 在城西北四十里，知县金言捐建。雍正《志》。

镇雄州

斑鸠井渡 在城南二百里，界接永凝，渡名陇赣。水势险急，偶遇泛涨，版舟难济，半用筒槽。《镇雄州志》。

五眼硐渡 在城西五十里，春夏秋舟渡。雍正《志》。在城西七十里。《镇雄州志》。

波布河渡 俗名哺哺河，在城西一百一十里。冬则可涉，春夏秋编筏以渡。《镇雄州志》。

角魁河渡 在城西四百六十里。旧《通志》作三百二十里。水险无舟，编筏以渡。《镇雄州志》。

洛杭渡 在城北一百七十里。刳木以济，清乾隆三十五年，分防牛街千总刘惠倡置版舟，每岁令舟人量留渡钱，以新朽败。《镇雄州志》。

溪口渡 在城北一百八十里。水势迅速，版舟难济，仍用筒槽。《镇雄州志》。

天生桥 在城东二十里。雍正《志》。一在城东洛浆，一在城南母亨，一在城西五眼硐下。《镇雄州志》。

泰凝桥 在城东三十里，旧名版桥。雍正《志》。清乾隆元年，知州徐柄易以石。《镇雄州志》。

镇东桥 在城东二百七十里两河口。清乾隆四十一年，知州饶梦铭、州判郝允杰重建。《镇雄州志》。

镇南桥 在城南十五里。清乾隆三十二年，监生何可赞捐建，额曰“万年桥”。《镇雄州志》。

太平桥 在城南三十里翟底河，里人捐建。《镇雄州志》。

云路桥 在城南四十里，里人捐建。《镇雄州志》。

镇西桥 在城西二十里。清乾隆三十九年，知州饶梦铭、吏目顾嘉颖重修。《镇雄州志》。

高　桥 在城西一百里。雍正《志》。

西河口桥 在城西二百里。雍正《志》。

凌霄桥 在城北六十里古芒部凌霄阁下。《镇雄州志》。

网袋桥 在城北一百里，以藤系版。雍正《志》。

镇北桥 在城北一百二十里。雍正《志》。旧名吊桥，在城北二百七十里水田寨。两岸巉岩壁立，中为大流，夏秋水涨，行者阻滞，动经数日。清乾隆三十五年，分防牛街千总刘惠率众捐修，旋被冲坍。三十九年，知州饶梦铭重建。《镇雄州志》。

无讼桥 距彝良城十余里，乃戈魁、伐乌往来孔道。每遇水涨，辄阻累日，公私苦之。清乾隆四十九年，里民捐修，致讼，州同文斗息之，额曰“无讼桥”。《镇雄州志》。

永善县

黄草坪渡 在城西六十里清江防营，设驻防外委一名守此，有战船一只。巴蛮、沙妈部过江交易，即此以为渡。《采访》。

新厂沟渡 清时设军功一名守此，有战船一只。巴蛮、阿大部、阿律部过江交易渡此。《采访》。

大井坝渡 清江防设外委一员守此，有战船一只。沙妈部、妈黑部、巴蛮过江交易渡此。现改其名为大兴渡，添设紫油树、上乾田坝二渡，以便交通。《采访》。

观音渡 在城北四百二十里太乙山下。雍正《志》。

副官村渡 在城北七百五十里。雍正《志》。

头道桥 在城西二十里。旧系木桥，年久倾圮。清光绪九年，知县安宝宸捐廉重修。光绪《志》。

沙河桥 在城西北一百里，久圮。清光绪间，知县吕伟钰、安宝宸捐修。《采访》。

大关厅

新　桥 在雄魁城东四十里。宽八尺，长五丈余。日久倾圮，同知张坦详估重修。雍正《志》。在城南五里，今名广福桥。光绪《志》。

按：民国九年，县长周筠符重修。

利济桥 在城南五里，旧名吊桥。清道光间，士民捐建木桥，被水冲塌。光绪间，邑绅李培荣捐赀改建石桥，易今名。光绪《志》。

联珠桥、双璧桥 并在城南十里栅子门。清光绪九年，署同知谢光焘、守备游辅廷率士民捐修。光绪《志》。

镇关桥 在城南四十五里出水硐。清光绪九年，署同知谢光焘、守备游辅廷率士民捐修。光绪《志》。

高　桥 在城西北二十五里，旧名石阁河桥。系木梁，嘉庆六年，耆民林延芳倡捐改建石桥，易今名。光绪《志》。

乌鸦桥 在城北十里，系木梁。清光绪九年，署四川提督松潘镇总兵邑人李培荣捐修。光绪《志》。光绪三十二年，署大关同知钟鼎铭改修石桥。《采访》。

乾溪沟桥 在城北十五里。清道光元年，职员李建中捐建。同治十年，职员唐大有重修，水涨冲决。光绪《志》。

平政桥 即老李渡，在雄魁城西南十五里。冬春水涸，架木往来，夏秋水涨，土人拽藤为桥，以渡行人。雍正《志》。在城北四十五里黄果溪，清道光十八年，同知姚延之率绅民捐修铁索，名永安桥，年久坍塌。同治七年，署同知陈廷珍重修，两岸新建桥亭，易今名。光绪《志》。光绪二十二年，经江川滇商董彭子文复修。《采访》。

大关河桥 在城北八十五里。原建木桥，年久倾圮。清嘉庆二十一年，生员吴瑞麟倡众捐建石桥，后复圮。道光十八年，同知姚延之率绅民重修。光绪《志》。

永寿桥 在城北一百八十里，距豆沙关十里。原建石桥，名响水洞，被水冲坍。清道光元年，生员吴祥麟弟兄倡建木桥，年久倾圮。光绪四年，职员陈大春、施怀藻率商民倡捐，改建石桥，易今名。光绪《志》。

鳌东桥 即盐井渡，在雄魁城西南七百七十里，去豆沙关四十里。渡口设巡检一员，稽查奸宄。清嘉庆二十二年，巡检王厚坤率绅士造铁连环十二，面幔木板，上有扶手，路分三条，直长二十四丈，横宽八尺，更名易渡桥。同治七年，被水冲决，署同知陈廷珍筹款重修，絙以铁索，易名鳌东桥。光绪三年，候补道周守诚、署同知王焘培修。七年，水涨复圮，候补道翁寿籛、同知周瑞璧请款续修。光绪《志》。光绪末桥复折，宣统元年另修。《采访》。

小河口铁索桥 在城北四百一十里。清光绪八年，士商捐赀新建。光绪《志》。

鲁甸厅

牛栏江渡、野牛塘渡、曹家渡、龙塘渡、韦家渡 并在东、鲁交界处。设有船只，利济行人。光绪《志》。

天生桥 距厅城八十里，系东川、巧家界。旧建石桥，清咸丰八年，毁于兵，今设舟以渡。光绪《志》。

铁索桥 与天生桥相近，巧家、鲁甸两县交界，跨牛栏江上。先系石桥，工颇坚固，清咸丰时毁于兵。光绪十九年，昭通商人募建铁索桥，约长六丈。《采访》。

江底河桥 距厅城八十里，毗连会泽。旧建老桥，年久倾圮。清道光十三年，官民择于桥之东首，相间十数里，重建新桥，后毁于兵。同治五年，署昭通镇总兵杨盛宗设舟以渡，并捐赀置业，作水手工食之费。光绪元年，署总兵吴永安筹款重建铁锁桥。光绪《志》。

景东直隶厅

者后渡 在城东南一百二十里。道光《志》。

船口渡 在城南。雍正《志》。在治南清凉桥下，今移蛮仓渡。《景东厅志》。

中所渡 在城南四十里。《景东厅志》。

蛮井渡 在城南六十里。《景东厅志》。

戛里江渡 在城西四站。《景东厅志》。

那允渡 在城南六十里。道光《志》。

都喇渡 在城南八十里。道光《志》。

石　桥 在城东门外。相传郑姓建，里人重修。《景东厅志》。

大河桥 在府城东二里，跨大河。上覆瓦屋四十九楹，今水溢倾圮。《清一统志》。

青云桥 在城南门外。《景东厅志》。

溯澜桥 在城东一里。长二百尺，宽十尺余，上覆以瓦。旧桥倾圮，清康熙五十七年，同知黄叔琪率众修建。雍正《志》。在城南一里。银江至此，水势浩大，长桥如虹，覆瓦屋六十四间，上有铺面，下有沙坝，郡人于此赶街，久圮。嘉庆十八年，绅士募建未成，贡生赵绂等筹送租谷三十二石，又郡绅程含章送租谷二十八石、银四百两，设船济渡，共作每年渡夫工食之费。凡往来行人，不准收钱，以便行旅。《景东厅志》。

景明桥 在城南六里。《景东厅志》。

向明桥 在城南六里。雍正《志》。

平川桥 在府城南十里。《清一统志》。

孔雀山石桥 在城南十五里。雍正《志》。在城南二十里。清嘉庆二十四年圮，绅士罗承休捐建。《景东厅志》。

清凉桥 在城南二十里。雍正《志》。一说在城南三十里。《景东厅志》。

窖口孜嵌桥 位于响水塘之西南，横跨景谷大河，水流湍急。《采访》。按：民国十四年，纪星南倡首捐修，高约五丈余，长四丈，宽一丈余尺。为上太和，下景谷必经之路。

开南桥 在城南四十里。雍正《志》。在城南六十里。绅士李继春、苏子秀倡建。清嘉庆十八年倾圮，众士庶重修。《景东厅志》。今废。《采访》。

蛮仓桥 在城南三十里。雍正《志》。或云在城南四十里。《采访》。

者吉桥 在城南七十里。雍正《志》。在城南八十里。《景东厅志》。今废。《采访》。

等黑桥 在南区等黑地方，为往来景谷必经之桥梁。《采访》。按：民国二十一年，艾秀昌等倡建，以石砌嵌为虹形，高达五丈余，宽约一丈，长五丈，上铺石板，工坚料实，平坦便行。

者干桥 在城南九十里。额曰“万世永赖”，又曰“霁虹饮渡”。《景东厅志》。长百六十尺，上覆以瓦，横跨如虹，最为巨观。至清同治元年毁于火，士庶罗之棠、田瀛洲、罗德昌等倡捐重修。光绪《志》。

那赖桥、蛮费桥、圈快桥 三桥并在城南者干。《景东厅志》。

瀛洲桥 在者干上营。《景东厅志》。

会麟桥 距者干五里。《景东厅志》。

难搭桥 此桥建于两崖峭壁间，就崖砌墩，嵌为弓形。石桥工程浩大，高约九丈余，宽一丈，长三丈，前有瓦屋一间，为近代以来之大建筑。《采访》。

兰津桥 在城西南，跨澜沧江。《一统志》。在城西南一百里。两岸峭壁插汉，江流飞急，以铁索扣南北岸为桥。相传汉明帝时建，明永乐间重修。雍正《志》。久废，今目为兰津箐。《景东厅志》。

味雅大桥 在城南，为景、镇往来要津。兵燹圮，拔贡戴朝辅、职员罗士恩、武举杨如瑶等倡捐重修。光绪《志》。

通津桥 古名中桥，在城西五里。据菊河中，通达村寨。《景东厅志》。

虹　桥 在城西北。《景东厅志》。

通华桥 在府城北，跨通华河。《一统志》。名通化，在城北一里，明洪武二十三年建。雍正《志》。在城北二里。《景东厅志》。绅士程承式捐修，水圮。清光绪七年，同知梁恩浩率职员李大体等倡捐重修。光绪《志》。

新　桥 在城北六里。雍正《志》。在城北八里。《景东厅志》。在府北八十里。水泛冲没，往来病涉，清康熙九年重修。《清一统志》。

右所桥 在城北十里，久圮。清嘉庆二十四年，绅士程承休等倡建。《景东厅志》。

水寨桥 在城北十六里。雍正《志》。

大坝桥 在城北十八里。雍正《志》。在城北二十里。《景东厅志》。职员李大体、李春阳等倡捐重修。光绪《志》。

蛮垂桥 在城北三十里。《景东厅志》。

排沙桥 在城北三十里，绅士程承式建。道光《志》。

板　桥　在城北六十里。《景东厅志》。

小龙街桥　在城北六十里。绅士程承式倡建，职员李大体、李春阳等倡捐重修。光绪《志》。

新站桥　在城北八十里。清康熙九年，同知胡向极捐修。雍正《志》。后圮，嘉庆十六年重建。《景东厅志》。

景恩桥　距城百四十里，周艾、曹丰等倡建。《景东厅志》。

石麟桥　俗名蛮冈桥，绅士罗遵缨捐建。《景东厅志》。

花鱼箐桥　绅士程承式捐修。道光《志》。

南涧桥　绅士程承式捐修。道光《志》。

中和桥　绅士罗遵缨、罗曰伯倡建。《景东厅志》。

光绪《志》按：尚有马官桥、石桥、王官屯石桥、文仓瓦桥、禾木树瓦桥，亦在厅境内。

蒙化直隶厅

衍洋桥　在城东三里，旧名嵯峨桥。清康熙间，郡人张锦重修。雍正《志》。

登龙桥　在城东三里龙王庙前。《蒙化厅志》。清光绪二十年，河水暴涨，桥梁冲毁。翌年，郡绅士庶捐赀重建。《采访》。

聚仙桥　在城东五里，一名元珠桥。明郡人王德清建，后圮。清康熙六十年，僧维智募修。雍正《志》。郡人王绪重修。《蒙化厅志》。

佛波桥　在城东四十里石佛哨。《蒙化厅志》。

锦溪桥　名卫中桥。《一统志》。在城东南一里。明初郡人魏忠建，万历间郡人朱鸣时修。上覆瓦屋七楹，长七丈，高三丈，势若长虹。昔日沿溪花柳，望之若锦，故名。雍正《志》。郡人同僧密湛重修。《采访》。

济南桥　在城南半里。《清一统志》。

崇化桥　在城南一里，俗名菜园河桥。后圮，大理杨国用重建。《蒙化厅志》。清宣统二年，改用铁练，上覆以板。《采访》。

南薰桥　在城三里白塔河，郡人孙钊建。《蒙化厅志》。

封川桥　在城南十五里，阳江所经。一川之水，汇流于此，为南路要津。雍正《志》。大理杨国用建，长十丈，广二丈。后水泛冲决，郡人重修。《蒙化厅志》。

通云桥　在城南三十里。耆民戴时遇建，梁朝柄重修。《蒙化厅志》。

兴隆桥　在城南七十里罗求场下。清顺治间，蜀人周士昂重修。雍正《志》。

永安桥　在城南八十里罗求场。庠生林应鹤倡修，水涨冲没。清道光十八年，士民范韶、林恩雨、钱淮等，移建瓦屋村下。光绪《志》。

永清桥　前清巡司吴景曾率众同建，年久渐圮。近年修理南路，与南涧分县合工监修，三孔行水，上盖木屋。《采访》。

平彝桥　在城南一百里旧定边县治前。雍正《志》。

阳江河桥　在旧定边县境内。清康熙间，知县邱峤新建。雍正《志》。

普利桥　在旧定边县治内。《蒙化厅志》。

德胜桥　在旧定边县北。《蒙化厅志》。

永春桥　在城西二里，横跨阳江，为西路要津，架木为梁。明嘉靖间，郡绅张文烈建。清雍正七年，同知顾朝俊重修。雍正《志》。后水泛冲决，监生梁朝柄倡众重修，复圮。

一名西河桥，道光十一年，监生林智改建砖桥。长十余丈，宽一丈六尺，三孔行水，两头建牌坊，增筑河堤一百五十余丈。光绪《志》。

宏济桥 在城西鼠街下。同知卡廷松、监生梁朝柄等建，今圮。《蒙化厅志》。

四十里桥 在城西北龙尾关。《清一统志》。在城西北一百里，接赵州界。架木为梁，覆以瓦屋，又名天威迳。旧例蒙七赵三，不时修理。清同治间冲塌，光绪八年蒙、赵两邑重修。光绪《志》。

润泽桥 在城北门外。雍正《志》。

靖武桥 在城北里许。雍正《志》。

饮虹桥 在城北三里系马桩下。雍正《志》。

永济桥 有二，一在城北七十里，明万历间，通判薛希周建；一在旧定边县南，成化间建。雍正《志》。

云龙桥 在城北一百八十里。雍正《志》。为蒙、永交界，漾、濞、雒马三江汇流于此，奔湍雪浪，触石吞崖，舟楫难施，诚为天险。旧例蒙三永七修理。后因倾圮，清康熙三十一年，提督诺穆图捐赀改建，就崖架木，缭以铁链，横楞厚坊，上覆以屋。《蒙化厅志》。

和会桥 在城东北大小禾里村。清康熙四十年，郡人冯光前建。雍正《志》。

永镇桥 在大楼房南二里许。清乾隆五十八年，郡人张登瀛、杨珍朝、黄开益等新建。道光《志》。其新建工程业经完成者，在北曰白龙桥、曰南庄桥、曰仁寿桥、曰瑞丰桥；在西者曰利济桥；在南者曰五方坡桥。至若西北，与云县、顺宁、漾濞三县以江为界，与云县交界之神州渡、孔雀渡，与顺宁交界之六甲渡、牛街渡，与漾濞交界之鸡街渡、蛇街渡。夏秋水涨，商旅不能过涉，附近土民用竹筏以资运送。《采访》。

康济桥 在瓦葫芦下，今圮。《蒙化厅志》。

永北直隶厅

金沙江渡 有三，上渡在城西北一百五里紫里，接丽江界；中渡在城西南一百八十里旧顺州板桥，接鹤庆界；下渡在城南一百二十五里金沙江口。清雍正十三年，署府江峤孙详请置买田亩，永为官渡，商贾称便。雍正《志》。

碧溪桥 在城东三里观音箐。雍正《志》。清道光二十八年，蛟泛冲圮，士民重修石桥，复圮。同治十年，署同知刘昌笏率士民改修木桥，上覆瓦屋。光绪《志》。

永济桥 在城东南五十里。雍正《志》。系东南要路，旧有木桥，倾圮，河陡水深，行者病焉。清雍正二年，吏员杨大衡等修建石桥。《永北府志》。

来薰桥 在城南门外。雍正《志》。

长安桥 在城南，俗呼为小桥。雍正《志》。

太平桥 在城南二里。明庠生李科建，复圮，监生田永登重建。《永北府志》。

观澜桥 有二，一在城南十里，一在观音阁。《永北府志》。

海河桥 在城南八十里。雍正《志》。

起文桥 在城南八十里清水驿。雍正《志》。

回澜桥 在清水驿西。《永北府志》。

宏大桥 在清水驿北。《永北府志》。

累功桥 在城南一百里满龙伍。《永北府志》。

三渡河桥 在城南一百三十里。雍正《志》。

济江桥 在城南一百三十里陶营。雍正《志》。

通江桥 在城南一百五十里金沙江。雍正《志》。

龙门桥 在城南二百里金沙江外，旧名龙门桥，久圮。清雍正八年，知府石去浮捐建，易名民功。雍正《志》。嗣因蛟泛冲倒，乾隆二十一年，知府袁德达同绅士捐建，仍名龙门。《永北府志》。后复冲圮，光绪十年，同知姜瑞鸿、参将常荣率士民倡捐重修。光绪《志》。

江海联桥 在城南远屯。《永北府志》。

桑园桥 在城西南，跨桑园河。《清一统志》。

延寿桥 在城西，跨四城乡之小溪。《清一统志》。

关坪桥 在城西三里。《永北府志》。

明月桥 在城西十五里西山关小坡下，原名永安桥。郡人杨之樑建，年久倾圮。清乾隆二十一年，知府袁德达重修，改名明月桥。《永北府志》。道光二十一年，蛟泛冲塌，绅民捐赀重建铁索桥，上覆瓦屋。光绪《志》。

梁官桥 在城西二十里。雍正《志》。屡建屡圮，清乾隆二十二年，太和严尚礼同生员何朝纲、刘怀远重建。《永北府志》。

马武桥 在城西三十里。雍正《志》。又名马伍桥，在近屯西山下。《永北府志》。

沈官石桥 在城西三十里。雍正《志》。又名九眼桥。明嘉靖间，百户沈高建。《永北府志》。

永清桥 在城西三十五里。雍正《志》。近屯沙河。《永北府志》。

前所桥 在城西四十里。雍正《志》。

星马桥 在城西四十里。雍正《志》。在近屯马军。《永北府志》。

陈广桥 在城西四十里。雍正《志》。

观会桥 在城西近屯。《永北府志》。

杨百户桥 在近屯金官。《永北府志》。

晓　桥 在近屯河西，郡人杨珊倡建。《永北府志》。

饮虹桥 在城西北隅。《永北府志》。

城内石桥 在城内北街真庆观。《永北府志》。

拱极桥 在城北门外。雍正《志》。

三步两座桥 在城北一里。《永北府志》。

通川桥 在城北五里。雍正《志》。通四川路。《清一统志》。

天生桥 在城东北三里。雍正《志》。

宝善桥 在城东北三百二十里，交云川界，跨乌木河。夏秋间水深河阔，舟楫难行。清同治四年，土州同章龄高捐赀，就盘石处修建木桥，上覆瓦屋五楹，两头建立牌坊，行人称便。光绪《志》。

黑坞桥 有黑坞。久圮，郡人李尔芳建木梁。《永北府志》。

开基桥 在永宁府城南。《清一统志》。

海门桥 在永宁府城西。鲁窟海子之水流经此，入四川打冲河。《清一统志》。

镇沅直隶厅

大桥渡 在厅治。原建木桥，长三十丈有奇，宽三丈余。清咸丰七年，蛟泛冲倒，改设渡船。光绪《志》。

者东江渡　在厅治九十里，即谷麻江，设有渡船。光绪《志》。

戛赛江渡　在厅治东一百九十里哀牢山下。东岸交新平界，即礼社江，源远流长。其水湍激而有毒，刳木为舟，以济行旅。以上三渡，水手工食均由公费发给。光绪《志》。

三家坡渡　在旧恩乐县东八十五里。雍正《志》。

新　桥　在厅治一百三十里旧州城外，路通威远。旧桥久圮，清光绪八年恩乐经历岑熙、土千总刀焕彩重建。光绪《志》。

广恩桥　在城西。长五十七丈，系石墩架木，上盖房五十余间，者乐土司先世建。清康熙三十二年，土官刀佩璋同客民游士毅重建。雍正《志》。在旧县治西。雍正五年六月，大水泛滥冲圮，八年署县梅予抟倡修。乾隆二十三年，知县张大森复修，三十四年知县萧思濬捐修，五十一年摄县事张大本增修，五十二年知县刘浔额曰“广恩桥”。道光三年，知县谭纶复修，六年知县余炳虎率典史张钊捐修。《恩乐县志》。

殷春桥　在旧州城东半里。清康熙四十年，土知府刀长庚建。雍正《志》。

朵河桥　在旧州城东二百里。雍正《志》。

恩耕桥　在旧州城南七十里。雍正《志》。

聚义桥　在旧州城西半里。雍正《志》。

观音桥　在旧州城北五里。以上四桥，俱清康熙年间，土官刀瀚建。雍正《志》。

蛮况桥　在旧州城北二十里。清康熙二十年，土知府刀长庚建。雍正《志》。

广西直隶州

邱矣桥　在城东六十里，即飞途渡。雍正《志》。旧名邱矣渡，在城东八十里，渡盘江。《广西府志》。

盘江渡　在城东北九十里。雍正《志》。

普济渡　在五嘈。彭姓夫妇置田数百亩，以资渡费。光绪《志》。

东寺桥　在城东二里。明万历三年，僧真裕建，筑堤二十余丈。雍正《志》。

按：在福照村旁。

来东桥　在城东三里。清康熙四十四年，尼僧海藏建，筑堤六十丈。雍正《志》。一名龙甸石桥。《广西府志》。

吉双桥　在城东四里。明万历二十年，吉双、阿勒、武甸、阿平四村汉夷同建木桥。雍正《志》。

江头桥　在城东五里。清康熙四十四年，郡人周遇奇募建。雍正《志》。

天生桥　在城东七十里得冲哨。两岸跨石相对，宽丈余，可通车马，天然生成。道光《志》。

部得竜桥　在城东南八十里，通旧维摩州。雍正《志》。旧名部得竜渡，往邱北小道。《广西府志》。

晏清桥　在城南门外。明万历年间，知府张光宇、萧以裕先后修建。雍正《志》。上有大士阁。《广西府志》。

挽澜桥　在城南二里石洞村。前清光绪末年，以阖县公款建，通弥勒大道。《采访》。

石硐村桥　在城南五里。清康熙五十年，郡庠生汪浤建。雍正《志》。

高　桥　在城南十里。明崇祯十年，郡人蓟辽太史杨绳武建。雍正《志》。梅朝阳重修。

光绪《志》。

通济桥 在城南十五里固白村。《广西府志》。清康熙元年，郡民张文著建。雍正《志》。

正南桥 在城南二十五里之正南哨。清康熙六十一年，郡民胡其敏建。雍正《志》。

撒普桥 在城南三十里。清康熙三年，知府万裕祚建，郡绅董治、郡民梅朝阳重募修。雍正《志》。

永镇桥 在城南四十里。清乾隆五十二年，廪生李瑞芝建。道光《志》。

乐善桥 在城西南五十里阿摆村。清嘉庆二十年，杨先春妻黄氏新修。道光《志》。

望仙桥 在城西门口。明万历二十一年，知府陈忠建。雍正《志》。

隍祠桥 在城西城隍祠前，通判毕一谦建。《广西府志》。

彩虹桥 在城西四里问竹村旁。清道光间建，通省大道。《采访》。

环翠桥 在城西一里，一名大石桥。《清一统志》。在城西门外。明弘治间，知府朱继祖建。万历间，知府张光宇重修。雍正《志》。通弥勒大道。《采访》。

玉阁桥 在城西里许。有二，一在正街，一在朝天门外。《广西府志》。

烟光桥 在城西五里。清康熙五十一年，郡绅董治、赵日晙重修。雍正《志》。

三见坡桥 在城西十二里。《广西府志》。

金马桥 在城西十五里。清康熙元年，知府万裕祚修。五十六年，郡人张大为易石重修，筑石堤二十余丈。雍正《志》。光绪七年，提学卢崟、知州王凤池捐廉重修。光绪《志》。即九空桥，又名下金马桥，在城西十五里之甲腊村，通西乡道。《采访》。

所普桥 在城西三十里。《清一统志》。

嶍竜桥 在城西四十里，生员杨开建。《广西府志》。

矣马桥 在城西四十里。清康熙四十年，郡人赵远建。雍正《志》。

路溪桥、绿里桥 并在城西四十里。《广西府志》。

老鸦桥 在城西五十里，往省大路。《广西府志》。

九拱桥 在西乡。清光绪七年，知州王凤池倡捐重修。《广西府志》。

上金马桥 在城北四十里新坝雨龙村，通师宗、罗平、陆良、路南等县。《采访》。

普则勒桥 在城西五十里，生员刘世昌建。《广西府志》。

矣戈河桥 在城北二十里。《广西府志》。通上、下北乡道。《采访》。

柯家桥 在城北五十里。《广西府志》。在城北三十里。清康熙三十年，郡人柯朝举建。雍正《志》。

师宗县

禄丰里渡 在城东八十里。雍正《志》。

旧泗渡 在城东一百二十里。雍正《志》。

盘江渡 在城东一百六十里马者笼乡。《清一统志》。

扼罗渡 在城东二百五十里。雍正《志》。

禄生桥 在城东一里。明万历间，州绅赵尚文重修。雍正《志》。

永昌桥 在城东三里。雍正《志》。

新　桥 在城东五里瓦窑村。雍正《志》。

普济桥 在城东十里大河口。清康熙十二年，知州韩惟一建。雍正《志》。

石凤桥 城东十五里宁相村。雍正《志》。在小河口。清康熙十二年，知州韩惟一重修。

《广西府志》。

五洛河石桥　在城东一百二十里。光绪《志》。

布工渡木桥　在城东二百八十里，跨清水江，通广南路。清道光十八年，师宗、丘北、广南三邑绅民捐修木桥，上覆瓦屋十二间。咸丰八年，毁于兵。光绪四年，知县黄毓荃率绅士王春和重修。光绪《志》。

平政桥　在城南门外。雍正《志》。

漾月桥　在城南门外。清康熙初，知州陈檀改建。雍正《志》。

恺泽桥　在城南五十里。《清一统志》。在槟榔洞，一名蚁泽桥。《广西府志》。

五马桥　在城西三里。雍正《志》。

赵公桥　在城西十里。《广西府志》。在城西四十里，州绅赵尚文修。光绪《志》。

双凤桥　在城北三里。雍正《志》。在双凤村。《广西府志》。

大渡桥　在城北二十里。雍正《志》。在大阿堵村。《师宗州志》。

洪济桥　在城北三十里。雍正《志》。州绅赵尚文修。《广西府志》。

按：师宗境内渡口，尚有南盘江之拐村、八达、便柳三处，各有小船一二只。

弥勒县

巴盘渡　在城南一百里。两山夹流，为一方之险要。《清一统志》。

大百户渡　在城南一百二十里。雍正《志》。

莫涉足渡　在城西一百七十里。雍正《志》。

弥东桥　在城东一里。清康熙六年，邑民程国修。雍正九年，知州张景澍重修。雍正《志》。乾隆元年，监生杨永芳改建石桥。道光《志》。

小板桥　在城东三里。光绪《志》。

新石桥　在城东四里。二桥，均道光十年，监生韩煦建。光绪《志》。

白马桥　在城东北五里，又名平政桥。《弥勒州志》。监生杨永芳捐修。《广西府志》。后倾圮。清道光四年，监生韩煦改建石桥。道光《志》。

光绪《志》按：《采访》作十三年。

三星桥　在城南，跨八甸溪上流。《清一统志》。在城东五里许弥东哨，即玉津桥，上建水月楼。《广西府志》。

龙潭桥　在城东三十里。《广西府志》。

长熏桥　在城南三里。清乾隆元年，知州徐光请帑修建。《弥勒州志》。在城南一里，一名南桥。乾隆三十八年，知县赵椿龄造石墩木桥。嘉庆十四年，署知县温之诚、知县张椿龄改造石桥。道光《志》。

弥南桥　在城南三里。清康熙三十年，邑人刘尔成修。雍正九年，知州张景澍重修。雍正《志》。

部龙桥　在城南五里弥南哨。久圮，知州王希圣重修。《广西府志》。

萼辉桥　在城南十五里，一名花萼桥。清乾隆三十八年，州同唐训建木桥。嘉庆十四年，通判唐有柏、州同严均武、贡生舒瑾、监生舒恂弟兄同改建石桥。后圮，贡生杨树煊同邑人重修。光绪《志》。

庆春桥　在城南二十五里。清道光四年，乡饮黄世龙新建。道光《志》。

富春桥　在城南五十里，州民喻时通建。《广西府志》。

龙潭哨桥 在城南五十五里，庠生耿勷捐赀重建。《广西府志》。

双济桥 在城南七十里竹园村。《弥勒州志》。

龙母桥 在竹园村。距城八十里许，贡生杨瑞建。道光《志》。

石坝头桥 在竹园村。距城八十五里，职员海汝洋建。道光《志》。

湾沟大桥 在竹园村。距城八十五里，庠生耿勷建。道光《志》。

石牛坡桥 在竹园村。距城九十五里，武生洪恩诏建。道光《志》。

双龙桥 在城南八十里。向系渡船，每遇水涨，必致淹没。清道光三年，职员海汝洋改建石桥。道光《志》。

永顺桥 在城南八十里。雍正《志》。

长命桥 在城南一百里。雍正《志》。在城南一百二十里。清康熙四十八年，僧学总建，又名七星桥。《弥勒州志》。广一丈，长十余丈，筑堤三十余丈。《广西府志》。

十月渡桥 在州西二里古城。《广西府志》。

弥西桥 在城西三里。雍正《志》。

李母桥 在城西五里。雍正《志》。

高　桥 在城西四十里。雍正《志》。

凤颈桥 在城西四十里，路通十八寨。《弥勒州志》。

弥北桥 在城北五里。雍正《志》。

太平桥 在城北十五里。知州秦仁修，清雍正十一年，吏目赵良辅重修。《弥勒州志》。

观音桥、平安桥 并在城北二十里，邑人郭有皋建。道光《志》。

邱北县

拐村渡 在城东一百八十里，通师宗州。雍正《志》。在师宗东南一百二十里。光绪《志》。

便柳渡 在城东二十里，通西隆州。雍正《志》。在师宗东一百五十里。光绪《志》。

八达江渡 在城东二百五十里，通粤西要津。雍正《志》。

飞土江渡 在城西一百八十里，通本府。雍正《志》。

大江边渡 在城西北一百九十里，通粤西、开化、广南要津。雍正《志》。

东　桥 在城东门外。清康熙四十年建，雍正十年，里民重修。雍正《志》。道光二十九年，邑绅陈得嗣倡修。光绪《志》。

水寨桥 在城西十里，为众水汇归之所。清康熙六年，里民白玉连建。雍正十年，州同王纬倡捐重修。雍正《志》。

老虎冲桥 在城西十里。旧系木桥，年久倾圮。清光绪十年，训导王永靖率增生唐声闻改建石桥，计三空。光绪《志》。

桥碑水石桥 在城西十里，桥长如虹。清乾隆四十九年，邑人王越、王瑶倡建。光绪《志》。

新城桥 在城西十三里旧三乡城前。清康熙六年，里民王得时建。雍正《志》。

高枧槽桥 在城西十三里。清雍正八年，里民殷世远募建。雍正《志》。今废。光绪《志》。

三道箐桥 在城西北三十里。清雍正九年，客民胡发元捐建。雍正《志》。

北　桥 在城北门外里许。清乾隆二十三年，分州钮名失考率阖邑建。光绪九年，邑人伍启恩倡修桥路。光绪《志》。

旧城桥 在城北十五里龙潭前。清康熙三十年，里民张廷汉、李六经捐修。雍正《志》。

八达桥 在城北三十里八达哨前。清康熙二十五年，里民樊簪、李林生捐修。雍正《志》。

武定直隶州

金沙江渡 在城西北二百五十里。雍正《志》。

鹧鸪河渡 在城东北一百六十五里撒甸南一百一十里。雍正《志》。

香水桥 在城东一里。清乾隆中，附近居民建石桥，工料简单，常被水冲，后邑绅宋宣等捐修。《采访》。

恩惠桥 在城东一里福田寺前。清康熙二十六年，知府王清贤建，今圮。雍正《志》。道光《志》按：旧《府志》作思惠桥。

清风桥 在城东三里。雍正《志》。在木果甸，旧名龙桥。《武定府志》。

明月桥 在城东五里然灯寺右。雍正《志》。数百年来未修。《采访》。

大营桥 在城东南一里，明弘治间建。雍正《志》。

建新桥 在城东南三里。雍正《志》。

联凤桥 在城南五里喜鹊窝村前，邑绅宋宣倡建。《采访》。

济美桥 在城东南三十里冷水村，明天顺间建。雍正《志》。一名济溪桥，在城东南四十里。《清一统志》。

天生桥 在第四区汤郎地方，距城八十里。《采访》。

通远桥 在和曲州西北，路通元谋县。《清一统志》。明弘治十二年建，在城西北五里永吉村前。《采访》。

惠民桥 在和曲州西北一里，有涧，极深。《清一统志》。在城北一里。明万历间，知府刘懋武重修。雍正《志》。

高　桥 在城西六十里。明正统间建，《武定府志》作正统十年阿宁建。清雍正七年重修，旋被水冲坏，知府朱源淳、知州徐修仁捐修。雍正《志》。

兴文桥 在城北门外。雍正《志》。

便民桥 在城北二里。雍正《志》。万历中建，清咸丰八年，为贼所毁。《采访》。按：民国十一年，武定县知事葛延春及邑绅宋宣等倡建，改名振兴桥。

龙门桥 在城北乌龙硐，距通远桥十五里，为元马通衢。清光绪十年，庠生傅大智同郡人李秉龙等倡建。光绪《志》。

虎市桥 在城东北一里，明弘治间建。雍正《志》。俗名三洞桥，工料坚固，数百年未闻重修。《采访》。

凌云桥 在城东北里许。创建年代无可考，清道光中为水冲毁，邑人徐钟英捐修，数月复为水所毁，两岸田地冲没，邑人张尹勤捐成之。《采访》。

龙潭桥 在城东北二里。两岸崖壁峭立，跨以木桥，下有龙潭。《清一统志》。在虎市桥东，明知府刘懋武建。雍正《志》。

聚宝桥 在州境内，明弘治九年建。雍正《志》。

久罗桥、镇武桥 俱在州境内。《武定府志》。

元谋县

阿郎渡 在城西北六十里西溪河，通大姚路。雍正《志》。通定远路。《元谋县志》。

高君渡　在高子岩村。

班宰渡　在摩诃村外。

奇柳渡　在苴宁村。

多克渡　在湾保村。

那化渡　在那化村。以上五渡，俱通姚安。《元谋县志》。缠流县境之龙川江，两岸沙洲，难于造桥，皆系水涨用舟，水落涉渡。渡口有七，即丙令哨、法纳木、摩诃、河西、淇柳、苴林、黄瓜园是也。《采访》。

大板桥　在城西一里。土县丞吾起建，后圮。《元谋县志》。明万历间重修。《清一统志》。今废。光绪《志》。

便民桥　在城西北六十里阿郎渡，知县莫舜鼐建。《元谋县志》。

崇义桥　在城北二里，耆民赵邦贵募建。雍正《志》。

永福桥　一名花桥。《元谋县志》。在城北十五里，耆民赵邦贵建。雍正《志》。在雷打树前。光绪《志》。

万民桥　在城北马街北。《元谋县志》。

天生桥　在马街北五里。清同治间，水圮。光绪四年，军功吴际泰倡修，易名新桥。光绪《志》。

永定桥　在马街北十五里石灰村箐。清光绪五年，军功左大方、仲嘉源，武生杨联魁等募修。光绪《志》。

禄劝县

龙王庙渡　在城东三里，近通六块、茂龙、撒马邑一带，远通河外三马，兼达寻甸州之要津。清康熙三十六年，贡生糜世英捐田作造船济渡之费。雍正《志》。

永平渡　在城东南五里余，路通河东。清乾隆三年，士民施其聪、杨国辅等同捐田，作造船之费。道光《志》。

念多渡　在城东南十里，通河东念多、的多。州绅钱熙贞、董百揆各捐田，作造船济渡之费。雍正《志》。

大河口渡　在城东南十八里，通大缉麻、的多村一带往来。雍正《志》。

盘龙河渡　在城南一里，通富民、省会要路。清乾隆三十年，士民捐设。道光《志》。

普渡河渡　在城东北巡检司地，为东川、寻甸孔道。道光《志》。

按：民国十六年，李少侯等提倡修建铁索桥，十七年告成。在城东六十里，滇川往来之要道也。

厂江、河门厂二渡　厂江渡，渡金沙江，通狮子尾厂。河门厂渡，旧设于土色江边，岩峻岸险，水势湍急，往往覆舟。清乾隆四十三年，因开河门厂，遂引而上之。两岸俱有回流，今安渡无虞，往来行人称便焉。道光《志》。

小江桥　在城东门外里许，通省大路。水圮，清光绪七年，官民重修，计三空，长十丈余，宽一丈八尺。光绪《志》。

缉麻桥　在城南二十里，通省会、富民。清乾隆五十年，贡生朵云等捐建。道光《志》。在县南二里。《采访》。

西蟠龙桥　在城西三里。明嘉靖间建，任水冲突，无倾圮之患。雍正《志》。在县西木果甸，本和曲地。嘉靖间，知州郭鋐重修，今倾圮。道光《志》。

鲁虚桥　在城西北十里，明弘治中建。《清一统志》。在城北八里。雍正《志》。

挖梯桥 在城西北十五里。雍正《志》。清康熙十八年，僧学显建。《武定府志》。在县北四十里，通十五马沿江一带。嘉庆十四年，邑庠李捷先修。《采访》。

永定桥 在城北四十里，通撒甸十五马沿江一带。清嘉庆十四年，生员李捷先倡建。《采访》。

五马桥 在城北一百里。雍正《志》。在鹧鸪河，今废。《武定府志》。

双龙桥 距城三十里鸠河上流。清道光三十年，庠生杨春阳等倡建石桥，计六空，长十丈，宽丈余。咸丰十年，水涨冲决。同治十二年，职员杨人杰重修。光绪《志》。

普济桥 在县东三里明油村小河，一名盘龙河，为禄劝晋省及川、滇往来要道。清同治、光绪中，邑人屡修石桥，被水冲没。《采访》。按：民国十三年，由县议事会倡建石墩木桥，二洞，上盖瓦屋，可卜不朽矣。

元江直隶州

浮　桥 在城东门外，跨礼社江。清雍正八年，知府祝宏、经历张子玉捐建。雍正《志》。咸丰间毁于兵，光绪间重修。光绪《志》。

清溪桥 在城南门外。清康熙五十一年，守备赵国柄重修。雍正《志》。

万寿桥 在城南门外里许。清康熙三十年，郡人厉士龙建。雍正《志》。后圮，知府单世重修。《元江州志》。光绪元年，大水倾圮，四年官民捐修。光绪《志》。

清水河石桥 在城南门外半里，系迤南通衢。清乾隆间建，被水冲决。光绪八年，知州傅凤飏倡捐重修。光绪《志》。

广德桥 在城南十里。清康熙九年，知府潘士秀、副将三起龙同建。五十年，知府章履成重修。雍正《志》。

三板桥 在城南六十里。清康熙四十九年，知府章履成、副将林国贤、守备赵国柄同建。雍正《志》。嘉庆十七年，郡人邵辉等改建石桥。《元江州志》。光绪元年冲决，商民捐修。光绪《志》。

太平桥 在城南一百二十里。明崇祯五年，土舍那仑建。清康熙三十年，知府单世重修。雍正《志》。

迎恩桥 在城南一百三十里。明万历三十年，郡人胥尚禄建。清康熙四十四年，知府罗鋐重修。雍正《志》。

他郎桥 在城南三百里。清康熙五十年，知府章履成修。雍正《志》。

石　桥 在城西南百余里德化乡。雍正《志》。

西域桥 在城西十五里。雍正《志》。

混龙桥 在府城西二十五里。长三丈，阔丈余。《清一统志》。在城西四十里阿南村，跨峩崀河。雍正《志》。

鹰扬桥 在县属西乡龙塘河上。《采访》。按：民国十一年，道尹萧瑞麟、知事岳国屏筹建此桥，盖因莫浪坡、三板桥一带鸟道崎岖，改良由元至墨新路，由元江城西出，经龙洞小庙河，过此桥，以达三板桥者也。

藤　桥 在城西百余里。雍正《志》。

永镇桥 在城西北三十里老乌，士民重建。《元江州志》。

安乐桥 在城西北四十里。清康熙五十年，教授张风（凤）鸣、训导陈冏伯、经历刘捷武同建。雍正《志》。

漫利桥 在城西北五十里。清康熙四十五年，经历钟吕、武进士萧勃同建。雍正《志》。

义兴桥 在府城北，清康熙十年建。《清一统志》。

康济桥 在城北门外。雍正《志》。

大南麻桥 在城北一百三十里。清康熙四十九年，知府章履成、副将林国贤、守备赵国柄同建。雍正《志》。

甘庄河桥 在城东北三十里。清乾隆三十年，士民同建，嘉庆十七年重修。《元江州志》。水涨冲没，光绪初，官捐修。光绪《志》。

新平县

大开门义渡 在城东南一百二十五里平甸河，由罗昌吕至扬武要津。清光绪六年，巡道沈寿榕捐设，并置田以作水手工食之费。《新平县志》。大开门铁桥，在城东南九十里。光绪二十一年，巡道陈灿等率绅商捐建，此渡遂停。《采访》。

甘棠河铁桥 在城东南九十五里，建造年月与大开门铁桥同。《采访》。

树布拉渡 一名南渡，在城西南百五十里。渡磨沙江，走谷麻、蛮仑等处，达他郎、思普要津。由磨沙三甲民人捐谷，给水手工食。《新平县志》。

东磨渡 在城西北六十里。渡戛赛江，走戛赛，越哀牢至恩乐，为西路要津。《新平县志》。向系私渡，行旅苦之。清同治十二年知县左维琦、光绪三年知县秦述先率士民王卿、普承运、周凤弟、周凤英等，先后捐赀改设义渡，并置田租百余石，以作水手工食、岁修船只之费。光绪《志》。

三家渡 在城西北百八十里三家村。渡麻哈江，上斗门乡至界牌，走南安州。《新平县志》。

回龙桥 在城东门外。清康熙四十一年，阖邑士民建。雍正《志》。今在东关厢街中心。《新平县志》。

鸣凤桥 在土城小东门外。清康熙五十五年，邑人公建。《新平县志》。

联陞桥 俗名魏家桥，在城东二里。邑人公建，后圮。清嘉庆十九年，知县黄会中、游击杨沛重修。《新平县志》。宣统三年，知县范修明率士民改建石桥。《采访》。

永定桥 一名太平桥，在城东五里。雍正《志》。跨襟带河，清雍正六年，阖邑士民公建。乾隆四十五年，知州陈松率士民重修。《新平县志》。道光初年倾圮，二十年，官民重建，甃石墩四，上覆以屋，桥头建观音寺，可为行人憩息之所。光绪《志》。

锁水桥 在城东五里马密，清乾隆五十一年公建。《新平县志》。

镇风桥 在城东八里，清乾隆五十一年公建。《新平县志》。

麻栗树桥 在城东二十里。清雍正九年，知县曾应兆同士民捐修。雍正《志》。在城东十五里，跨平甸河。旧为通衢，今改由太平桥至大观塘，此路成僻壤，桥久圮。《新平县志》。

亚泥河桥 在城东四十五里，久圮。雍正《志》。一名双龙桥，跨亚泥河。清康熙五十一年，参将冯西生捐建，后圮。雍正九年，曾应兆同士民捐修。乾隆四十七年，知县庞兆懋、教谕郝英复率士民重修。《新平县志》。年久倾圮，咸丰五年，教谕宋河图同阖邑捐修，复圮。光绪四年，知县彭祖诒率士民继修。光绪《志》。三十二年，石墩冲陷，知县詹坦修复。《采访》。

叠戛桥 在城东南十里，邑人公建。《新平县志》。

丁苴桥 在城东南五十里。清同治十年，邑人公建。《新平县志》。

膏梁冲桥 在城东南七十里，通扬武大路。山水暴发，行人阻滞。清道光三十年，邑人普旸鼎建石桥，冲决。光绪五年，阖邑捐赀重建。《新平县志》。

团山脚桥 在城南十里，跨清水河。清咸丰间，阖邑公建。《新平县志》。

阿白作桥 在城南十里，跨他拉河。清同治元年，里人建。《新平县志》。

乐和冲桥 在城南十七里。清同治二年，邑人公建。两岸甃石，中铺木板。《新平县志》。

永济桥 有二，一在城西南一里，俗名小河桥，清乾隆五十年，邑人公建；一在城西五里地龙上，道光二年，邑人公建。《新平县志》。

广济桥 在城西南四十里三道箐，通思普路。清道光二十六年，知县郭兆玙率邑人公建。《采访》。

庆丰桥 在城西一里，俗名大木桥，上覆瓦屋。《新平县志》。清宣统三年，知县范修明率士民改建石桥。《采访》。

挖窖河桥 在城西南挖窖村下。清光绪间，普瀛倡建。《采访》。

永顺桥 在城西五里方达村。清乾隆间，村人捐建木桥。道光四年，里人捐赀重修，易以石。《新平县志》。

维新桥 旧名广济桥，在城西五里，跨襟带河。清康熙初年，邑人公建，久圮，改架木桥。《新平县志》。道光二十七年，知县郭兆玙率绅民重建。两岸各甃以石，上架巨木，中铺木板，覆以瓦屋，并建阁于上，与永定桥东西对峙，洵为邑中巨观。同治十年，水涨倾圮，重修者去其阁。光绪《志》。

妥甸桥 在县西三十里，久圮。《新平县志》。

新化河桥 在城西三十五里。清雍正八年，知县曾应兆同士民捐修。雍正《志》。跨七曲河，久圮，今改建木桥。《新平县志》。

奕科河石桥 在斗门乡。清宣统元年建，双龙石桥，跨大麻卡河。三年，尉迟宴宾倡建。《采访》。

套哈河石桥 旧名动干河，清宣统三年建。《采访》。

窝铺河桥 清宣统三年建。《采访》。

飞凤桥 在城西北一里三台坡脚。清康熙六十年，阖邑士民捐修。雍正《志》。年久倾圮，今架木为梁。《新平县志》。

中和桥 在城北十五里野牛冲河，通南安路。清道光二十年，永平乡耆民马履修，李辉等倡建石桥。《新平县志》。

永丰桥 在城北十八里长岭冈河，通新化、漫干、太和路。清道光二十七年，民人王樽、王相等倡建石桥。《新平县志》。

接仙桥 在城东北一里，清乾隆十二年公建。《新平县志》。

漫干街桥 在街子下，上建瓦屋。《新平县志》。

锁龙桥 在漫干老铁厂前，距城百二十里。清道光十一年，知县牛暹倡修。《新平县志》。

普济桥 在老铁厂街左。清道光三十年，邑人公建，上覆瓦屋。《新平县志》。

大湾子河桥 在太和。《新平县志》。

上花桥　在戛赛坝南木竜河。清道光元年，里人公建，系木桥，上覆瓦屋。后圮，光绪五年重修。《新平县志》。

下花桥　在磨沙坝。清道光十年，邑人捐建，架木为梁，上覆瓦屋。《新平县志》。

黑盐井直隶提举司

可渡桥　在治东四十里。清康熙六十一年，本井候选州同李恪建。雍正《志》。

小石桥　在治东南五十里羊尾关下。清康熙三十九年，商人祝明建。雍正《志》。系运盐大路。《黑盐井志》。

永盛桥　在治东南七十五里沙矣旧。清康熙四十五年，提举沈懋价建木桥，后倾圮。六十一年，本井监生梁翊材修造石桥，改名永寿桥。雍正《志》。在司治南山庙外，今圮。《黑盐井志》。

宝泉桥　在司治东南，为禄丰发泥河运盐要路。明井人公建。《黑盐井志》。后圮，清光绪四年，提举崔焕章、刘仲怀率井绅修。光绪《志》。

惠远桥　在沙矣旧。雍正《志》。在司治东南，为赴省大路。清康熙四十年，提举沈懋价建，后圮。雍正间，监生梁翊材重修，更名仁寿桥。乾隆三十年冲没，提举张珑率灶户重建。四十五年又冲毁，提举徐统藩率灶户重修，旋圮。五十八年，井生梁之权倡建。《黑盐井志》。

马施桥　在治西南半里。明天启元年，提举马良德建。雍正《志》。今圮。《黑盐井志》。

桃园桥　在司治西南五里。清康熙间建，通琅井、定远要路，今圮。《黑盐井志》。

永济桥　在治西。雍正《志》。跨龙川江，旧名五马桥，为运盐孔道。元大德五年建，明万历间冲毁后建石礅，架木为梁。清顺治间，提举林启杰重修。康熙六年，提举朱濠重修，三十年水涨基圮，提举王策重建，四十三年水涨复圮，提举沈懋价重修。雍正四年又圮，十年提举安鼎和、定远县知县唐世梁详请动帑重建，改名永济桥。乾隆三年，西硐冲坍，提举王敦、定远县知县沈堂详请动帑兴修。十年，提举孙必荣、定远县知县李堂补修。十三年，炮岸冲坏，孙必荣复详请动帑补修。十八年，冲坍，提举邱兆熊捐修。二十八年，又冲坍，提举高其人、广通县知县宣世涛详请兴修。三十七年八月，水涨冲没，奉檄勘办，提举张珑以需费不赀，且屡修屡坏，不能永久，议请令各灶户于夏秋设船济渡，冬春造浮桥，于是岁多耗费而行旅挽运益艰，往往有覆溺者。五十二年，提举吴公璘倡建石礅五座，东炮岸十余丈，仍架木为梁，由是往来称便，无烦舟楫，亦无病涉矣。嘉庆二年，提举叶道治增高石礅数层，铺石易木。六年，西岸礅倾，提举张度重修。《黑盐井志》。

八龙桥　在司治北，跨龙沟河口。今圮。《黑盐井志》。

琅盐井直隶提举司

光绪《志》按：提举司今移石膏井。

琅溪渡　在琅井旁，为入省要津。前井生杨藻德同广通绅耆高姓捐设渡船，并置田为水手工食之费。光绪《志》。

永正桥　在治东中街。明嘉靖间井耆景正等倡修。清雍正二年，提举汪士进率士民重修。雍正《志》。开井时建，架木为梁，上覆以屋，为运盐要路。《琅盐井志》。光绪八年，被水冲没。光绪《志》。

玉带桥 在东门内。明万历间，井耆杨永濂倡建。雍正《志》。清康熙八年，井生施溥、张仲斌等重修，后焚毁。三十一年，井生景贵春重建。四十九年，被水冲没，提举沈鼐率众捐赀重建。《琅盐井志》。俗名新桥，河阔桥长，形如玉带，故名。水涨倾圮，未修。光绪《志》。按：民国十三年，灶绅杨开荣等重修。

鹿鸣桥 在治东三里许，清康熙十七年建。雍正《志》。后圮，五十年，提举沈鼐捐赀重建。雍正四年，提举汪士进率众灶重建。《琅盐井志》。水涨倾圮，未修。光绪《志》。按：民国十三年，灶绅温立斋等重修。

永济桥 在治东南四里。清雍正十年，提举李国义建。雍正《志》。在鹿鸣桥下。《琅盐井志》。

永康桥 在治西里许。雍正《志》。清康熙五十年，提举沈鼐捐建。乾隆十四年，提举孙元相捐修，为薪柴要路。《琅盐井志》。久圮。《采访》。

河道木桥 井地两山相逼，一水中流，民居两岸之上。每遇雨泽过多，河水泛涨，易遭水患。清雍正十年，提举李国义审度水势，捐赀开挖河道，修筑堤塍，民获安堵。并建木桥一座，以济往来。《琅盐井志》。在治西六里。道光间，昆明、河西布商董际昌、苏应昌等捐赀重建，易以石。光绪八年，水涨冲坍。九年，定远知县万邦治请款续修，灶绅李荣清、施辅德董其役。光绪《志》。

西石桥 在治西北五里。雍正《志》。通定远路。今废。《琅盐井志》。

玉成桥 在治北三里。雍正《志》。通黑井路。《琅盐井志》。清道光间，灶绅张毓鹏、刘遇泰等重建石桥，今圮。光绪《志》。按：民国十三年，灶绅杨开荣等重修。又按：黑盐井属有岳家渡、妥安乡渡，井绅捐赀造船置田以充工食，名曰义渡。

通文桥 在司治东北文昌街。《琅盐井志》。

白盐井直隶提举司

行春桥 在治东一里，旧名神喜桥，又名荣春桥。清康熙四十八年，提举郑山捐建。雍正六年，提举刘邦瑞重修。雍正《志》。在司治东北，属乔井。乾隆十二年，提举何恺重建。《白盐井志》。

迎峰桥 在治南关内王阁前。清乾隆十九年，监生甘旨倡建。《白盐井志》。后水圮，重修，易名彩虹。光绪《志》。

五马桥 在治南，一名利盐桥。雍正《志》。明崇祯间，提举沈昌祐建。清康熙十三年，提举郑山修。雍正六年，提举刘邦瑞修。乾隆二十年，提举郭存庄重修。《白盐井志》。嘉庆六年，提举周礼重修。道光《志》。

新　桥 在治南一里。清康熙三十八年，灶民王神武建。雍正《志》。在观音井，又名涌泉桥。《白盐井志》。

环龙桥 在治南一里。清雍正七年，提举刘邦瑞重修。雍正《志》。在观音井。《白盐井志》。

宝泉桥 在治西一里，旧名慈润桥。清康熙五十二年，提举郑山修。雍正《志》。

万安桥 在治北一里。清康熙二十七年，提举夏宗尧建。属尾井，乾隆十二年，提举何恺重修。《白盐井志》。

清水桥 在万安桥西。雍正《志》。即圣泉桥，清乾隆十二年，提举何恺重修。《白盐井志》。后圮，重修，易名佛惠。光绪《志》。

锁镇桥　在治北二里。雍正《志》。属尾井，清乾隆十二年，提举何恺重修。《白盐井志》。道光五年，提举曹锡爵重修。道光《志》。

孔仙桥　在治北四十里。雍正《志》。距井五十里，两山峻峭，中流巨波，系运盐要路。旧为孔姓所建，因名孔仙桥。后道人袁见空重建，易木为石。《白盐井志》。清雍正七年，提举刘邦瑞重修。乾隆十六年，提举高锦动项再修。嘉庆九年，署提举李辑玉、提举周礼重修。光绪元年，被水冲决，提举刘赐龄、玉璋先后续修。光绪《志》。按：民国十八年，被水冲圮。十九年，地方官绅募捐重修，移桥于上游，距旧址约六里许。砌筑石礅，构木于上，年余告竣。

霁虹桥　在司治内。清乾隆二十二年，提举郭存庄重修。道光《志》。按：民国初，场长袁嘉猷改为三民桥。

采香桥　在司治内。清乾隆四十二年，提举郎嘉卿重修。道光元年，提举王汝琛重修。道光《志》。

镇川桥　在司治内。清嘉庆二十年，提举张槐率士民新建。以上各桥，除孔仙桥外，均道光二十六年大水冲圮，提举李承基请帑重建。光绪《志》。

〔据龙云等修，周锺嶽等纂民国《新纂云南通志》（民国三十八年排印本）卷三十六至卷三十九《地理考·津梁》辑录。〕

府州县志

昆明市

（康熙）云南府志·建设志·津梁

卷四　建设志四　津梁

云南府昆明县附郭

高峣渡　在府西三十里。

县　桥　在城大东门内。

石　桥　在城小西门内。

凤凰桥　在崇正门外。通濠水，以达盘龙江。

溥润桥　在咸和门外，旧名至正桥。

焦三桥　在府治东一里重关外。

通济桥　在云津桥西。源由盘龙江达濠水，流入于市而不可渡，因建是桥。元梁王格杀段平章于此。今水涸而桥存。

云津桥　在府治东二里许。水出盘龙江，流经商山下，过郡城，入滇池，所谓萦城银稜也。桥旧名大德，毁于兵，明洪武癸酉，西平侯沐春重修。

太平桥　在小桥东二百武。

小　桥　在太平桥西。

地藏桥　在治东，跨金汁河上。

吴井桥　在治南五里，以井得名，或云建于吴氏。

老崔桥　在治东南十五里。

望仙桥　在治南五里许南坝。

土　桥　在治南东寺街。

新　桥　在治南螺蛳湾。

板坝河桥　在城南西寺街。

小泽口桥　在城西南。

顺城街桥　在城西南小泽口桥之上。

假溪桥　在城西洪润门外。

西板桥　在城西七里许，近黑林铺。

永清桥　在治东北永清门外。

迎仙桥　在治东鸣凤山麓。明万历二十七年，巡抚陈用宾建。

永济桥　在松华山，锁盘龙江之上流。

翰林桥　在南坝，为逆拆毁。本朝康熙二十二年，巡抚王继文重修。

富民县

永定桥　在县南门外。舆梁跨河，高可数丈，上覆瓦屋二十楹，旁有窗壁，远望如空中楼阁。日中为市，旧称天河桥。

宜良县

通化桥　俗名土桥，在县治东第六铺内。

通衢桥　在县治东门外。

通济桥　在县治南第一铺，通路南州。

清远桥　在县治北第五铺，上有铺。

太平桥　在县治东五里，通陆凉州。

萧官桥　在县治北三里，通汤池。

广济桥　在县治北。

安正桥　在县治北一里大闸水口。

青云桥　在县治西门外，通阳宗县。

芮家桥　在青云桥左。

永济桥　在汤池北。

新石桥　在汤池北门外。

罗次县

凤凰桥　在县南五里落凹营。

喜雨桥　在县北三里。

大石桥　凡二，一在县南二十五里，一在县北二十五里。

永丰桥　在县南二十里，通安宁大道。

永顺桥　在县北，距县二十五里，通武定大道。

板　桥　在县东南五里，通省城大道。

新　桥　在县南七里。本朝康熙十年，署知县何清建，甃石架木，上覆以屋三楹。

晋宁州

凤凰桥　在州西北二里，昔有凤凰集其地，故名。

惠利桥　在州南城外一里。

长坡桥　在州南五里。

四通桥　在州城西三里，郡人黄明良有记。

新　桥　在州西十里山麓。

十里桥　在州南十里铺前。

大　桥　在十里铺长坡下。

呈贡县

太平桥　在太平关南。

龙市桥　在县南一里。明成化间建，原名济远桥。

通济桥　在县西小街子。明天顺间，典史易有高建。

舆济桥　在县南二十里大鱼村北。

通利桥 在县北五里。明弘治间，知县何崇有建，陈表重修。

便民桥 在旧归化东惮泥山下。明嘉靖间，知县范宏建。

利涉桥 在县东一里。明嘉靖间，乡民蒋春建。

吴笼桥 在县西南七里。明弘治间，李洪重建。

普济桥 在县北五里。明嘉靖间，乡民李经建。

大通桥 在县南。明弘治间，典史沈福建，后为山水冲决，碑记尚存。

安江桥 在安江村。明万历间，知州许亨魁建。

安宁州

河尾渡 在州城北。

黄塘渡 在州城南五十里。

白塘渡 在州北七里。

温泉渡 在州北十五里。

李百户村渡 在州北六十里。

永安桥 旧名东桥，在州东门外。螳川经其下，为迤西要路。明弘治七年，巡抚张诰重修。

通清桥 在州前大街。

盐课司桥 在西门盐课司前。

永定桥 在东门外。明弘治七年建，迤西通衢。

醉春桥 在旧遥岑楼外，俗名三桥。明崇祯年建，其东为指挥桥。

光裕桥 在浴德门外四里。明崇祯间，郡人杨凤建。

迎恩桥 在指挥桥东。

昌应桥 在州东二十里始甸。明万历间，杨彦魁建。本朝康熙八年，知州张在泽重修。

寿昌桥 在洪源门外，郡人张希元建。

沙河桥 在州东南，明朱化孚建，后因岁久倾颓。本朝知州朱承命重建，改名天津桥。

老何坡桥 在州西南五里许，三泊县民杨士毅建。

禄丰县

启明桥 在县南十五里。明天启间，丽江土知府木增建。

星宿桥 一名永丰，在县西门外。渊深莫测，众石磊落，状如列星，故称星宿江。长流汹涌，春夏之交，涨水暴发，其声如雷，行者怖畏，编竹驾舟为渡，往往覆溺。明万历间，知县向兆麟详允建，桥长三十丈，阔四丈，计五硐，即名星宿桥。本朝康熙二十九年，秋水冲塌二硐，知县丁宗闵详请修葺，总督范承勋、巡抚王继文檄行迤西文武捐修，完固如初，实为通衢之利。

飞虹桥 俗名罗次桥，在县北三里许，为黑琅五井要津。明天启间，吏部侍郎王锡衮建石桥三硐，年久倾圮，邑绅王咨翼重修。本朝康熙十一年，水复冲塌，盐道郭廷弼捐金并合各井协助，易建木桥，上覆以屋。

宝泉桥 在县治十里，明嘉靖间建。下有汤泉，土人相传浴之可疗风疾，其上常有云雾盘旋，光腾五色。

昆阳州

海口渡 在州北四十里。
普济桥 在州南门外。明万历间，知州夏可渔建，改名济生桥。
卢公桥 在州南三里。明万历间，署知州卢元恺建。
迎恩桥 在州北门外。明嘉靖间，知州张绮鼎建。
升龙桥 在州北五里仙卧山下，今改崖跌水。
新　桥 在州南二十里宝泉寺左。明天启间建，本朝康熙元年修，为新兴通衢。
石龙桥 在州西北三十五里，为迤西通衢。本朝康熙七年建。
龙泉桥 在州东十里龙泉寺前。
响水桥 在州西三十五里，康熙五年建。
些溪桥 在州西些溪渡前。
天生桥 在州西四十里鲁黑庄右。
石枧桥 在州西甸头村，楚人李祯建。
长虹桥 在旧三泊南门外。
巨　桥 在州东三里，元时建。
崇文桥 在旧三泊礼义村。明万历间，知县彭悌建。
资利桥 在旧三泊县资利河。

易门县

南门大桥 在县南门外，建有“锦云平步”坊，今圮。
捷近桥 在县城东北隅，因洪水倾圮，更建易名七星桥。
易江桥 在县东十五里，地名江渠，上有“飞虹普渡”坊。
惠津桥 在城东三里，以木架桥，今改建石桥。
易川桥 在城东八里曹所营。
栢木桥 在县北四十里矣栖屯，桥以木成。
济南桥 在县南，今圮，以木为之。
普川桥 在县南十五里普倍。
永靖桥 在县北。

嵩明州

飞虹桥 在州城东五里。
龙济桥 在州城东十里。
龙纳桥 在州城东二十里。
嘉利桥 在州城东四十里。
龙津桥 在州城南十里。
龙关桥 在州城南十五里。
大通桥 在州城西二十里。
万里桥 在州城西五里。
矣纳桥 在州城东北二十里。
对龙桥 在州城南四十里。

丹凤桥 在州城北一里。

仁济桥 在州城北一里。

凝和桥 在州辖杨林南门外五里。

兔街梁 在州城东南。

杨高梁 在州城东南。

丁官梁 在州城东南。

〔据张毓碧修，谢俨纂康熙《云南府志》（清康熙三十五年刻本）卷四《建设志四·津梁》第1－12页辑录。〕

（道光）昆明县志·建置志

卷三 建置志第五

其津梁，则当城内布政使署东者曰县桥，明黔国公沐氏建。九龙池畔者曰永清桥，康熙二十年重建。出南门外通壕水以达盘龙江者曰凤凰桥。

又南及水德萧公祠前，曰吴西桥，江西客民建。

又南二里东寺街曰土桥，今改名为东西石桥，又名桂香桥，明总兵邓子龙建。西寺街曰板坝河桥，又曰望安桥，明万历中建。

又城南二里螺蛳湾曰新桥，今易名引凤桥，明万历中建。

又城南三里曰吴井桥，以井得名，或曰建于吴氏，明黔国公沐氏重修。《府志》在城南五里。

又城南十里南坝曰翰林桥，康熙二十二年，巡抚王继文亘修。城东南曰通济桥，一名奏功桥，水即盘龙江支流，今水涸而桥存，明成化中建。案：《府志》源由盘龙江达壕水，流入于市而不可渡，因建是桥。元梁王格杀段平章于此。

又东南二里许曰云津桥，水由盘龙江，流经商山下，过郡城，入滇池，旧名大德桥，毁于兵。明洪武二十六年，西平侯沐春重修，以其当云南之要津，易今名。道光八年，总督阮元重修。

又东南二里曰太平桥，古名剩砖桥，康熙四十五年重修。小桥，在太平桥西二百武。

又东南三十里曰老崔桥，明成化中建，雍正元年，郡人王应魁重修。《府志》在城东南十五里。城东一里曰嵩山古渡，当嵩山寺前，知府许宏勋额曰“登彼岸”。

又东一里重关外曰焦三桥。《旧通志》在大东门外半里。出大东门外半里曰广惠桥，康熙四十九年，副将周士元重修。

又东二里跨金汁河上曰地藏桥。

又东十里曰溥润桥，旧名至正桥，康熙三十五年重修。

又东三十里曰丰乐桥，为往来驿道，郡人王应龙重修。城东北出敷泽门外，旧永清门也，曰永清桥。

又东北二十里鸣凤山麓曰迎仙桥，明万历二十七年，巡抚陈用宾建。

又东北三十里松花山锁盘龙江之上流曰永济桥，康熙间重修。城北十里罗丈村曰霖雨桥，康熙四十九年，郡人熊武兆等重修，嘉庆四年，巡抚初彭龄重修。初彭龄有记。城西出威远门外半里曰假溪桥，通迤西大道，康熙二十年重修。

又西三里许曰石桥，一曰月明桥。

又西七里许近黑林铺曰西版桥，一名牛心桥，明万历中建。

又西三十里舟达城之版坝河为高峣渡。

又四十里高峣小村曰金锁桥。城西南半里曰顺城街桥，又名烧猪桥，明黔国公沐氏建。遥对顺城街桥，出丽正门而东曰珠市桥。

又西南一里曰小泽口桥，又名鸡鸣桥，明天顺中建。

又西南五里曰望仙桥，明天顺中建。《府志》在南坝。

考旧《志》，若凤皇、太平、金锁诸桥，皆云汉诸葛武侯建，无征不信，故削之。

〔据戴絅孙纂修道光《昆明县志》（清道光二十七年刻本）卷三《建置志第五》第10－12页辑录。〕

（雍正）呈贡县志·兵防志·桥

卷一　兵防志　桥十二

龙市桥　在县南一里。

通济桥　在县治小街子。

舆济桥　在县南十五里大鱼村北。

通利桥　在县北五里。

永济桥　在新册村。

便民桥　在县治南惮泥山下。

利涉桥　在县治南二十里。

吴笼桥　在县治西南四十里。

普济桥　在县治南三十五里。

大通桥　在县治南，今毁。

新　桥　在安江村。

凤鸣桥　在郎家营。

〔据朱若功纂雍正《呈贡县志》（清雍正三年刻本）卷一《兵防志·桥》第33页辑录。〕

（光绪）呈贡县志·兵防志附桥梁

卷四　兵防志附桥梁

龙市桥　在县南一里。

通济桥　在县治小街子。

舆济桥　在县南十五里大渔村[①]北。

通利桥　在县北五里。

永济桥　在新册村。

便民桥　在县治南惮泥山下。

利涉桥　在县治南二十里。

吴笼桥　在县治西南四十里。

普济桥　在县治南三十五里。

大通桥　在县治南，今毁。

新虹桥　在县南兴隆营。光绪十一年，村民建。

凤鸣桥　在郎家营。

利济桥　在县东南三十里茁庄村外，为澂江孔道。光绪十年二月，知县李明鋆率绅民杨苏、华炳文、杨钟南、陆应芳等倡捐新建。

姑娘桥　在茁庄村南五里。光绪十年八月，绅民陆应芳等倡捐重修，往来河阳，乃不病涉。

龙门桥　在县西南里许大古城。同治十三年，知县史致準率绅民杨珍等重建。

老旺桥　在县南三里，为沿山要路。光绪十年，绅民杨钟南倡众重建。

望云桥　在前卫营。道光二十二年，乡人公建。

锁龙桥　在倪家营。道光二十六年，乡人公建。

运转桥　在兴隆营，年久倾圮，沙壅横流，行人病涉。光绪十一年，知县李明鋆率士民华炳文、陈标、杨时煦、杨友梧、杨永林等募捐重建，升高一丈。

永丰桥　在城西五里可乐村南，接来龙锁去水，有关一村风脉。道光年间，士民捐资建。

大　桥　在县治南门外。

三板桥　在城南十五里捞鱼河，澂江孔道。嘉庆二年建。

太平桥　在城南十四里太平关。明成化间，邑人吴应选建。雍正四年，阖邑重修。

安江桥　在安江村。明万历间，知州许亨建。顺治间，邑人保姓重建。即盘龙河，界南晋宁。

新　桥　在安江村，旧《志》即清水河。

通济桥　在县南二十五里。道光二十年，旧归化县城内士民捐资新建。

青龙桥　在县东三十里松子园外，与河阳界接。乾隆间建。

考旧《志》桥十二，今又增十四，共二十六。

续　修

谨案《通志》：一龙市桥，明成化间建，万历八年知县黄宇修，原名济远桥。一通济桥，在县内中街，明宏武间知县揭官保建，天顺间典史易有高重建。一舆济桥，明万历八年邑人汪朝阳建，康熙四十五年邑人姚茂德重修。一通利桥，明弘治间知县何崇有建，陈表重修。一便民桥，在城东三十里惮泥山下，明嘉靖间知县范宏建。一利涉桥，在县南四十里富有村，明嘉靖间邑人蒋春建。一吴笼桥，在安江村，明弘治间邑人李洪建，俗呼接龙桥。一普济桥，明嘉靖间邑人李经建。一大通桥，明弘治间典史沈

① 大渔村　雍正《呈贡县志》卷一《兵防》作“大鱼村”。

宏建。

〔据朱若功原本，李明鋆续修光绪《呈贡县志》（清光绪十一年刻本）卷四《兵防志附桥梁》第41－43页辑录。〕

（康熙）晋宁州志·关梁志

卷二　关梁志

长坡桥　在州南五里许。弘治十四年，义官王世泰修。万历四十五年，乡绅刘汉东等重修。

惠利桥　在州南二十里。弘治三年，知州熊弘建。万历五年，知州赵时雍重修。

四通桥　在州西二里。弘治三年，知州熊弘建。

利涉桥　在州北五里，贵溪典史杨训修。

宁静桥　在州西三里王家坝，州人徐天胤①建。

凤凰桥　在州治西北忠烈祠后，因有凤集此，故名。

〔据杜绍先纂修康熙《晋宁州志》（云南民族社会历史调查组1960年钞本）卷二《关梁志》第49页辑录。〕

（乾隆）晋宁州志·城池志津梁附

卷六　城池志津梁附

老江沟渡　在城西北十三里白龙寺下。

团山渡　在城西北十五里团山村后。

车山凹渡　在城西十里梁王山后。

河泊所渡　在城西十里村后。

小官渡　在城西十里河泊所右。

金砂渡　在城西七里村后，今淤废。

野鸡龙潭渡　在城西七里诰轴山下。以上渡口，舟由滇池达省城、昆阳、安宁、呈贡等处。

海溪桥　在城东三里先农祠下。

望仙桥　在城东三里许万松山下。

仙姑桥　在城东四里盘龙山下。

德盛桥　在城南半里，今废，其迹尚存。

种玉桥　在城南一里许。本朝康熙四十八年，知州徐克祺修。

---

① 徐天胤　乾隆《晋宁州志》、道光《晋宁州志》、道光《云南通志稿》均作“徐天应”，避世宗胤禛讳。

广济桥　在城南二里，水出盘龙坝，会大坝河，入滇池。旧名惠利桥，弘治十四年，义官王让修。本朝乾隆九年，州士庶捐募重修，更今名。

五里桥　在城南五里长坡下，省祭刘世荣修。

长坡桥　在城南五里许。弘治十四年，义官王世泰建。万历四十五年，州乡绅刘汉东重修。

十里桥　在十里铺村前。

学士桥　在城西南七里小朴树村前。水出大堡河，会大坝河，入滇池。

登瀛桥　在城西南三里小寨村前。

四通桥　在城西三里许。明弘治三年，知州熊弘建，州人黄明良有记。万历五年，知州赵时雍重修。

新　桥　在城西五里石美村前，一名刘家桥。省祭刘世荣修。

凤凰桥　在城西北半里忠烈祠右。昔有凤凰止于此，故名。

庆丰桥　在城西北一里忠烈祠后。

太平桥　在庆丰桥后，乾隆十年重修。

宁静桥　在城西北三里许新江坝下。州人徐天应建，雍正四年，水涨桥圮，州人复修，较前阔大坚固，僧正通闻监修。

世济桥　在城西北五里大营下。州人李茂捐建，孙曾重修，人称李家世济桥。

拱秀桥　在城西北五里大西村首，万历年建。

官惠桥　在大西村中，万历年建。

永定桥　在城西北十里新街。州士民公建，一名安澜桥。

永丰桥　在城西北五里梁家营，明万历丙辰年建。

善济桥　在城东北四里象鼻岭下，乾隆二十年重修。

迎恩桥　在城东北三里迎恩铺外撒马沟，乾隆十八年重修。

迎仙桥　在城西南十里观音山前，水出大河，入滇池。

〔据毛嶅纂修乾隆《晋宁州志》（故宫博物院编《故宫珍本丛刊》第226册《云南府州县志》第1册，海南出版社2001年据清乾隆二十七年刻本影印）卷六《城池志津梁附》第38－40页辑录。〕

（道光）晋宁州志·建置志·津梁渡口附

卷四　建置志　津梁渡口附

金砂渡　在城西七里村后，今淤废。

野鸡龙潭渡　在州西七里诰轴山下。

河泊所渡　在城西十里村后。

小官渡　在城西十里河泊所右。

东山凹渡　在城西十里梁王山后。

老江沟渡　在城西北十三里白龙寺下。

团山渡　在城西北十五里团山村后。

海溪桥 在城东三里盘龙山下。

望仙桥 在城东三里许万松山下。

仙姑桥 在城东四里盘龙山下。

德盛桥 在城南半里，今废，其迹尚存。

惠利桥 在城南二里。水出盘龙坝，会大坝河，入滇池。明弘治十四年，王让建。乾隆九年，本州士庶重修，易名广济。

种玉桥 在城南里许。康熙四十八年，知州徐克祺修。

长坡桥 在城南五里。明弘治十四年，王世泰建。万历四十五年，州绅刘汉东重修。

五里桥 在城南五里，明州人刘世荣修。

上登瀛桥 在城南五里石碑村前。嘉庆十八年，陈于宁、陈于延倡建。

大　桥 在城南十里铺长坡下。

十里铺桥 在城南十五里。明州人赵宗周、赵世发同建。

登瀛桥 在城西南三里小寨村前。

学士桥 在城西南七里小朴树村前。水出大堡河，会大坝河，入滇池。

迎仙桥 在城西南十里观音山前。水出大堡河，入滇池。

凤凰桥 在城西北半里忠烈祠右。昔有凤凰止于此，故名。

四通桥 在城西三里许，路通新兴、元江等州。明弘治三年，知州熊宏建。万历五年，知州赵时雍重修。嘉庆十二年，李鼎元、李德元、赵昇重修。

天女桥 在城西三里天女城山下。乾隆三十五年，村人李芳吴、杨霖润、杨霖浩公建。

利涉桥 在城西五里天女桥下。明万历间，杨瑞廷建。乾隆间，徐瀚倡修。

新　桥 在城西五里石美村前，一名刘家桥。明刘世荣建。

庆丰桥 在城西北一里忠烈祠后。

太平桥 在庆丰桥后，乾隆十年重修。

宁静桥 在城西北三里许新江坝下。明州人徐天应建，雍正四年，水涨桥圮，士民重修，较前阔大。

世济桥 在城西北五里。明州人李茂修建，其孙重修，故名。

拱秀桥 在城西北五里大西村。

官惠桥 在大西村。二桥俱明万历间建。

永丰桥 城西北五里梁家营，明万历四十四年建。

义修桥 在城西北七里中大河界。嘉庆二十四年，节妇王杨氏新建。

安澜桥 在城西北十里新街。州士民公建，道光六年，村民重建，又名永定桥。

迎恩桥 在城东北三里迎恩铺外撒马沟，乾隆十八年重修。

善济桥 在城东北四里象鼻岭下，乾隆二十年重修。

普济桥 在城西北四里许大营。

瀛洲桥 在城西三里康乐村。道光八年，贡生任占甲倡建。

龙门桥 在城西南三十五里龙王塘。

堡洲桥 在城西南三十五里中营。

芦沟桥 在城西南四十五里三应村。

映华桥　在城西南四十五里六街。

云峰桥　在城西南五十里者腻村下。

永福桥　在城西北八里吕家坝，士民公建。

永顺桥　在城西北七里马家村，士民公建。

东瀛桥　在城西北四里许大营，士民公建。

核桃桥　在城西十里下海埂。旧本核木为桥，雍正间改建石桥。道光十四年，李上培倡捐重修，较前阔大。

凤仪桥　在城西八里金砂、大西、左卫三交会处，计二座，古名过梁桥。道光十七年，阖州士民公建。

青龙桥　在城西九里左卫、新村界，巨石一块，宽平阔大，经过者皆以为异。

接龙桥　在城南五里石碑村前，康熙间建。

广济桥　在城南十里铺前，康熙间里民建。

普济桥　在城十里铺前，雍正间里民建。

天生桥　在城南九里小江头，雍正间村民公建。

迎龙桥　在城南八里耿家营，康熙间里民公建。

〔据朱庆椿纂修道光《晋宁州志》（民国十五年排印本）卷四《建置志·津梁》第16－19页辑录。〕

（道光）昆阳州志·建设志·城池桥梁附

卷七　建设志　城池桥梁附

普济桥　在宝山门外。万历间，知州夏可渔更名济生桥。

巨　桥　跨巨滥川，长亘数里。宋高氏建，久废。

卢公桥　在州南三里。万历间，署知州卢元恺建。

迎恩桥　在州东观澜门外。康熙五十三年，州民施贵先捐赀倡建。

渠东桥　在迎恩桥前。康熙五十一年，渠东里士民同建。

化龙桥　在渠东桥前。康熙五十年，贡生徐维谦、生员朱元勋、耆民王显荣捐赀倡建。

中济桥　在化龙桥前，旧名中所桥。康熙五十一年，贡生宋琪建。五十六年三月，琪复同弟增生宋瑄合耆民景维彦捐赀改建，易今名。

鸣凤桥　在中济桥前。康熙五十一年，廪生杨安国同弟监生杨相国、乡耆张居广、杨时翠捐赀倡建。

复古桥　在堡子屯东。康熙四十九年，贡生王来宾、贡生徐维谦、耆民束伟、王显荣、张居广、施贵先捐赀倡建。

来凤桥　在渠川中。康熙五十年，贡生王来宾、廪生杨安国、监生杨相国、耆民束伟、王显荣、张居广捐赀倡建。五十九年，居广复采石增修。

余庆桥　在凤踪村前。康熙五十五年，监生杨相国同叔杨进德、侄杨阔、廪生徐维谦、乡耆张居广、杨时翠捐赀改建。

安澜桥　在州北铜车坝。康熙三十五年，武进士党仲印请于总督王公继文捐建。

衍西桥　在海口河铺湾闸。

宁湍桥　在海口河清水闸。

远济桥　在海口河新村大闸。

三桥俱康熙三十八年，武举王运乾、庠生马灿、乡耆刘蕙吁请各上宪捐建，抚军石公文晟、知州罗守疆俱有碑记。

近月桥　在州西北珊蒙果山下，距月山咫尺。雍正元年，州人李从靖捐赀倡建，今圮。

响水桥　在州西三十五里。康熙五年建，郡人李从邕建。

些溪桥　在州西些溪渡前。

石枧桥　在州西甸头村南。田亩高旱，楚人李祯力为枧槽渡水，田亩俱得灌溉，里人德之。

普达桥　在普达村前。康熙四十一年，村民安世捷、李世哲等捐赀倡建。

官庄桥　在州南官庄左，明时建。

小　桥　在官庄村傍。康熙四十一年，州民陈景云倡建。

焕文桥　在州南宝山门外。康熙四十年，大智坊士民同建。

迎恩桥　在州北拱极门外。嘉靖间，知州张绮建，今废。

升龙桥　在州北五里仙卧山下，今改崖跌水。

新　桥　在州南二十里宝泉寺左。天启年建，康熙三十二年，知州蒋廷铨重修。

石龙桥　在州西北三十里。隔海岸，淤泥不入于河，为迤西通衢。康熙七年建。

龙泉桥　在州东十五里龙泉寺前。

〔据朱庆椿修道光《昆阳州志》（《中国地方志集成·云南府县志辑3》，凤凰出版社2009年据清道光十九年刻本影印）卷七《建设志·城池》第4页辑录。〕

（雍正）安宁州志·疆域志津梁附

卷五　疆域志津梁附

河尾渡　州城北。

黄塘渡　州城南十五里。

白塔渡　州北七里。

温泉渡　州北十五里。

李百户村渡　州北六十里。

通济渡　州前大街。

盐课司桥　西门盐课司前。

永安桥　东门外。弘治七年，巡抚张诰建，后倾圮过半。康熙四十五年，总督和诺贝公、巡抚璟郭公同捐俸银，州守珍高公督修，后复倾圮。乾隆元年，布政弘谋陈公捐银八百四十两重修。

醉春桥　遥岑楼北。明崇祯年建，俗呼为三桥。

指挥桥　遥岑楼东。

迎恩桥　指挥桥东。

昌应桥　州东二十五里始甸村。万历年间，杨彦魁建，被水冲塌。康熙八年，州守张在泽重修，后复倾圮，州人祁凤翮募金修。

寿昌桥　在洪源门外，郡人张希元建。

沙河桥　州城东南。明神宗年间，郡人朱化孚重建。康熙二十三年，知州朱承命重修，改名天津桥，后水泛淹没。雍正七年，粮宪黄公、盐宪冯公同捐修。

光裕桥　裕德门外四里。明崇祯年，郡绅杨凤建。

老何坡桥　州西南五里，善士杨士毅重建。

长虹桥　州南二十五里。

崇文桥　州南二十里，在礼义村。

普济桥　州南五十里。

安澜桥　在州南筒车坝，州人祁凤翮、杨同春募建。

鸣矣河桥　州南四十里，搭木七空。

冯母桥　州南七十五里。生员冯加懿母李氏捐赀建，有御史段曦碑记。

近渡桥　州北七里，在白塔渡前。

美济桥　温泉尾，州人吴蓁、吴芹捐赀建。

显济桥　美济桥北，州人吴芹捐赀建。

〔据杨若椿修，段昕纂雍正《安宁州志》（清乾隆四年刻本）卷五《疆域志津梁附》第16页辑录。〕

（康熙）宜良县志·舆图志·津梁

卷一　舆图志　津梁

通化桥　治东六铺，邑人刘嘉祥建。

通衢桥　城东门外，上有楼，今圮。

通济桥　城东头铺。

清远桥　治北五铺，上有楼，今圮。

太平桥　治北四里。康熙五年圮，康熙七年重修。

芮家桥　在清远桥左。

车渡桥　治东三里。

马家桥　治北九铺。

长生桥　城东南郭外。

赛公桥　治北三里，俗名[illegible]桥。

永济桥　汤池北关外。

新石桥　汤池北关外。

青云桥　治西门外。

〔据黄澍纂康熙《宜良县志》（郑祖荣点校，云南民族出版社2011年版）卷一《舆图志·津梁》第20页辑录。〕

（乾隆）宜良县志·建置志·桥梁

卷一　建置志　桥梁附义渡

通济桥　在城东六铺，俗名土桥。刘嘉祥建。

通衢桥　在城东门外，上有楼，今圮。

通化桥　在城东头铺。

清远桥　在城北五里铺，一名花桥。耆民芮洪建。

弘济桥　在清远桥左，耆民芮洪建。

太平桥　在城北四里，康熙七年重修。

车渡桥　在城东三里，耆民芮洪建。

马家桥　在城北九铺。

长生桥　在城南郭外。

赛公桥　在城北三里，一名涀桥。

萧官桥　在城西五里。

青云桥　在城西门外。明万历甲戌年，贡生黄鹤建。

永济桥　在汤池北关内。

新石桥　在汤池北关外。

广济桥　在城北七铺小闸，俞应临建。

附义渡

小渡口　在城东北五里。渡船一只，该处人民捐渡。

陈所渡　在城东五里。渡船一只，有公田。

时家渡　在城东南二十五里。渡船一只，有公田麦地。

马房渡　在城东南二十五里。渡船一只，有公地。

狗街渡　在城东南三十里。渡船二支，有公田。

高古渡　在城东南三十五里。渡船一只，有公田。

大渡口　在城东五里。渡船一只，该处人民捐渡。

陈家渡　在城北十五里。有赤江一道，设大船一只，有公田地。

三道水渡　在城北十里。设大船一只，有公田。

苏羊村渡　在城北五里。设船一只，有公田。

段官村渡　在城北十里。设船一只，系该村人民捐渡。

高桥村渡　在城北十里，有公田。

〔据王诵芬修乾隆《宜良县志》（《中国地方志集成·云南府县志辑22》，凤凰出版社2009年据清乾隆三十二年刻本影印）卷一《建置志·桥梁》第43页辑录。〕

（乾隆）重修宜良县志·桥梁志

卷一　桥梁志

普济桥　在城北三十五里。桥七孔，贡生李节民、监生苏士瑶、李如桐、赵相璧倡建。

通济桥　在城东六铺，俗名土桥。刘嘉祥建。

通衢桥　在城东门外，上有楼，今圮。

通化桥　在城东头铺。

清远桥　在城北五铺，一名花桥。耆民芮洪建。

宏济桥　在清远桥左，耆民芮洪建。

太平桥　在城北四里，康熙七年重修。

车渡桥　在城东三里，耆民芮洪建。

马家桥　在城北九铺。

长生桥　在城南郭外。

赛公桥　在城北三里，一名滉桥。

萧官桥　在城西五里。

青云桥　在城西门外。明万历甲戌年，贡生黄鹤建。

永济桥　在汤池北关内。

新石桥　在汤池北关外。

广济桥　在城北七铺小闸，俞应临建。

石板桥　在城北十五里江头村。

石　桥　在城北三十余里贾龙。

附义渡

小渡口　在城东北五里。渡船二只，渡上楼房三间，有合村公田三工，系典得大木乂村杨士方田价银六十两，年收租谷一石六斗，又公银二十两，借与张连陞，年收利谷一石四斗二，共收谷三石，以为造船济渡之费。

石家渡①　在城东南二十里。渡船一只，瓦房三间，有公田六坵，坐落丁家门首，系康熙四十八年墩子村人刘福德等施入，纳富六甲十户刁二册名税粮三升，年收租谷四石。又麦地一块，系康熙四十二年毛家营毛逵山嘴李登高等施入，并无合勺钱粮。

马房渡　在城东南二十五里。渡船一只，有公地。

高古渡　在城东南三十五里。渡船一只，有公田四分，一坐落梅子凹，一坐落观音寺下首，一坐落窑厂，一坐落水赶村门首，年收租谷四石三斗，纳富十甲二户李宾册名，秋四斗五合。

---

① 石家渡　道光《云南通志稿》、光绪《云南通志》、《新纂云南通志》引《宜良县志》同。王诵芬修乾隆《宜良县志》、民国《宜良县志》皆作“时家渡”。

大渡口　在城东五里。渡船一只，该处人民捐渡。

陈家渡　在城北十五里。设大船一只，村人捐买得史起忠等田五工，年纳普一甲秋粮六升，收谷三石。又买得路南州民和乡水田二十六工，年纳路南州户口秋粮一斗二升，收谷十五石六斗。又唐家营唐文焕、本村杨应登施麦地一块，纳路南州税粮五升，收谷三石，作撑船工伙修补之费。又公山二领种树添补桥船桩木。

三道水渡　在城北十里。设大船一只，有公田八亩。又地改田，年纳税粮，收谷三十九石，作修造添补摆渡人工之费。

长安村渡　在城北五里。设船一只，有公田五工，除纳粮，余为撑船之费。

段官村渡　在城北十里。设船一只，系该村人民捐渡。

高桥村渡　在城北十里。渡船一只，有公田二十一工，坐落水月庵后，收谷十二石六斗，作纳粮撑船之费。

陈所渡　在城东七里。渡船一只，桥旧朽坏，今倡建新桥，并建阁楼三间，收积桥板，另有碑记。又查有普万锦施山田十五坵，坐落化鱼村，纳粮一斗，年收谷二石二斗。又苏昇施田五工，一坐落永济塘，一坐落小凹子，纳粮四升，年收米二斗、谷一石。又徐发甲施田五工，坐落龙树，纳粮四升，年收谷二石。

狗街渡板桥　旧朽坏，今倡建新桥，添设渡船，另有碑记。

〔据李淳重修乾隆《宜良县志》（云南官印局民国年间排印本）卷一《桥梁志》第37页辑录。〕

（民国）宜良县志·建置志·津梁

卷三　建置志　津梁

新石桥　凡七，一在汤池北关外；一在城南四十里白莲寺西南，清光绪年间建；一在城西北七里文公河北首；一在城西五里石牛箐；一在城南三里谭官营，光绪九年建；一在城西南三十里虎峰村，高约六七丈；一在城外唐家闸，民国九年建。

永济桥　凡三，一在汤池北关内；一距禾登村里许，为摆夷河下游，清光绪三十一年岁贡生李正芳倡建；一在城北二十里瓦仓东首。

永定桥　凡二，一在汤池街中；一在城东北二十里北前所南。

通济桥　凡三，一在城东六铺，刘嘉祥建；一在城南十三里哈喇村外，清乾隆四十七年何蔚然、何裴然重修；一在皂角村里许，嘉庆间进士保先烈建。

锁水桥　凡二，一在城南二里谭官营村首，清光绪十一年廖永年、许林倡建；一在北古城西首。

三星桥　凡二，一在城北三十五里北羊街南首，清乾隆四十七年建；一在城北三十五里贾龙。

双龙桥　凡二，一在城西五里老大坡脚，达省要津，于宗周建；一在城北三十里北墩子。

普济桥　凡二，一在城北三十五里，桥七孔，清贡生李节民、监生苏士瑶、李如桐、赵相璧倡建；一在城南三十六里南古城外，清光绪二十五年岁贡生阮增善等倡建。

可保村石桥　凡四。

木希村石桥　凡五。

大新村石桥　凡三，在文公堤上。

沈伍营锁水桥　凡三，一在村东栅外，一在村南栅外，一在村西栅外。

黑羊村平桥　凡二，一在村北首，一在村东首。

北羊街平桥　凡二，一在三江口，清乾隆四十七年建；一在街之南。

李毛营石桥　凡二，在文公堤上。

通衢桥　在城东门外，上有楼，今圮。

通化桥　在东城外头铺。

清远桥　在城外五铺，一名花桥，耆民芮洪建。

宏济桥　在清远桥左，耆民芮洪建。

太平桥　在城北四里，清康熙七年重修。

车渡桥　在城东三里，耆民芮洪建。

马家桥　在城北九铺。

长生桥　在城南郭外。

鱼龙桥　在城外北炮台，清乾隆二十一年建。

赛公桥　在城北三里，一名涀桥。

萧官桥　在城西五里。

青云桥　在城西门外。明万历二年，贡生黄鹤建。

芮家桥　在青云桥左。

广济桥　在城外七铺小闸，俞应临建。

安政桥　一名安正桥，在城北一里大闸水口。

永固桥　在城东十里唐家湾。

长　桥　在城东十五里七星村西首。

马龙桥　在城东二十里七星村东首。

现龙桥　在城东二十里七星村北首，有碑记。

如准桥　在城南三十六里南古城南首。

海门桥　在明湖口。

永逸桥　在城西二十七里永丰营南首，清光绪三十三年建。

永盛桥　在城西三十里梨花村东首，清宣统二年建。

三龙桥　在城西北三十五里下达村，与大龙潭、二龙潭、三龙潭毗连，故名。清光绪十五年建。

三合桥　在城西北四十五里阿色村外。高约五丈，宽约二丈，长约五丈。左右旧有平桥二，故名三合桥，民国八年新建。

大德桥　在城南十三里西毛营门前，明万历四十三年建。

狮鸣桥　在城南三十里葡萄村北首。

龙头桥　在城南十三里西毛营门前马王庙后。清乾隆十三年建，与大德桥、通济桥相距百余步，谚云“半里三座桥”即此处也。

既济桥　在城南七里黑羊村南首。清光绪十六年，岁贡生涂家仁倡建。

金锁桥 在城南四十里白莲寺，清道光十三年建。

青龙桥 在城南四十五里孙家营北首，清道光十四年建。

通便桥 在城东南二十里玉龙村外。

利济桥 在城外六十铺通济桥下。年久倾圮，清宣统元年，增生句炳等重建。

迎恩桥 在城外六十铺龙王庙前。清乾隆二十一年，知县张大森倡建，光绪三十年重建。

聚风桥 在城南五十里王家营北首，清乾隆三十年建。

罗莲桥 在城南四十里吴家营北首。清乾隆三十年建，嘉庆丁巳洪水冲圮，民国七年，改建木桥。

五龙桥 在城西南八里中黄堡村西首。

治安桥 在城西三里西山村北首。

涉济桥 在城西北三里极乐村西首。

蜂窝桥 在城西北五里娄桃营南首，清光绪二十六年建。

龙门桥 在西北十里江头村东首。

永津桥 在城东北十五里北古城北首。

王家桥 在城东北十五里北古城西北。

东安桥 在城外七铺。民国元年，清恩贡生洪开贵等倡建。

西安桥 在东安桥左。民国三年，清恩贡生洪开贵等倡建。

双凤桥 在城东北三里五百户营。两桥左右对峙，故名双凤。

云龙桥 在城西南三十里打卦村南首。民国八年，何天佑建修。

新石桥 在城外唐家闸，民国九年倡建。

河头营渡 在城北十七里。设渡船二只，清乾隆间，武举梁高选添置义船一只，又置田三十三工，以作撑船之费，并遗言云后世子孙，永不得典卖此产。至今世守弗替，仍归梁氏经理之。

陈家渡 在城北十五里。设渡船一只，村人捐买得史起忠等田五工，年纳普一甲秋粮六升，收谷三石。又买得路南民和乡水田二十六工，年纳路南户口秋粮一斗二升，收谷十五石六斗。又唐家营唐文焕、本村杨应登施麦地一块，纳路南税粮五升，收谷三石，作撑船修补之费。又公山二岭种树添补桥船桩木。见旧《县志》。

三道水渡 在城北十里。设渡船二只，有公田八亩。又改地作田，年纳税粮，收谷三十九石，作修造添补摆渡人工之费。

大渡口 在城东北五里，设渡船一只。

城北村渡 在城东北六里，设渡船一只。

小渡口 在城东七里，为通泸西、陆良之路。设渡船四只，有义田岁收租数石，以为渡船人工之用。

陈所渡 在城东七里，路南、两粤行者尤多。原设陈所渡渡船一只，上下任营、梅子村、许骆营渡船一只。各村于冬春季建板桥，例以立冬三日建桥，立夏三日拆桥，有义田以资津贴。又南东区三、四、五保，各捐船一只。又先年路南属小对冲李姓施田地一分，归陈所渡经管，收租常造船一只，常年共船六只，每船均各雇工划运。

化鱼村渡 在城南十五里，设渡船一只。

时家渡　在城东南二十里。设渡船一只，瓦房三间，有公田六坵，坐落丁家门首，系清康熙四十八年南墩子人刘福德等施入，纳富六甲十户刁二册名税粮三升，年收租谷四石。又麦地一块，系康熙四十二年毛家营毛逵山嘴李登高等施入，并无合勺钱粮。载旧《志》。

马房渡　在城南二十五里，设渡船一只。

狗街渡　在城南三十里，为赴路南、泸西通衢。设渡船二只，夏秋用船渡，冬春建板桥，有义田收租数十石，以资经费。又有吉利村松林一岭，以备桥板桥桩之用，至于造船木料，由云台寺楸木取用。民国五年，又于铁路车站前新设渡船二只。

高古马渡①　在城东南三十五里。设渡船一只，有公田四分。一坐落梅子凹，一坐落观音寺下首，一坐落窑厂，一坐落水赶村门首，年收租谷四石三斗，纳富十甲二户李宾册名，秋四斗五合。载旧《志》。

长安村渡　在城北五里。向设渡船一只，有公田五工，除纳粮，余为撑船之费。今渡船未设，仅建木桥一座。

段官村渡　在城北五里。向设渡船一只，今渡船未设，仅建木桥一座。

高桥村渡　在城北七里。向设渡船一只，有公田二十一工，坐落水月庵后，年收租谷十二石六斗，作纳粮撑船之费。今渡船未设，仅建木桥一座。

〔据许实编纂民国《宜良县志》（民国十年排印本）卷三《建置志·津梁》第31－37页辑录。〕

（康熙）嵩明州志·地理志·桥梁

卷二　地理志　桥梁

飞虹桥　城东五里。

龙济桥　州东十里。

龙纳桥　州东二十里。

段峻德桥　州东城外。

嘉丽桥　州东四十里，即河口大桥。明刺史熊克壮建，郡郎中杨松年有记。

罗锦桥　州东五里。康熙四十八年，刺史吴宝林建。

龙津桥　州南十里。

龙关桥　州南十五里。

大通桥　城西二十里，即四板桥。明刺史狄应期建。

万里桥　州西五里，明刺史狄应期建。

对龙桥　州西四十里。

白邑桥　州西四十里。

庄科桥　州西五十里。

矣纳桥　城东北二十里。

丹凤桥　州北一里。

---

① 高古马渡　乾隆《宜良县志》作“高古渡”。

青石桥 州西南四十里。康熙四十九年，刺史吴宝林建。
仁济桥 城北十里。
凝和桥 杨林东一里。
段麟桥 州西五十里。
者纳桥 州西五十里。
丁官梁
杨高梁
兔街梁
河祐梁

〔据汪熙修，任洵等纂康熙《嵩明州志》（民国二十二年钞本）卷二《地理志·桥梁》第13页辑录。〕

（光绪）续修嵩明州志·地理志·桥梁

卷二 地理志 桥梁

飞虹桥 城东五里。
龙济桥 州东十里。
龙纳桥 州东二十里。
段峻德桥 州东城外。
嘉丽桥 州东四十里，即河口大桥。明刺史熊克壮建，郡郎中杨松年有记。
罗锦桥 州东五里。康熙四十八年，刺史吴宝林建。
龙津桥 州南十里。
龙关桥 州南十五里。
大通桥 城西二十里，即四板桥，明刺史狄应期建。
万里桥 州西五里，明刺史狄应期建。
对龙桥 州西四十里。
白邑桥 州西四十里。
庄科桥 州西五十里。
矣纳桥 城东北二十里。
青石桥 州西南四十里。康熙四十九年，刺史吴宝林捐建。
仁济桥 城北十里。
凝和桥 杨林东一里。
段麟桥 州西五十里。
者纳桥 州西五十里。
永济桥 在城东南，即旧《志》兔街梁改名。
普济桥 在城东南，即旧《志》河祐梁改名。
永清渡 在嘉丽泽边。

朝宗桥 在城南门外。

甸尾桥 在城西四十五里。

天生桥 在城西四十五里。

太和桥 在城北门外。

锁子桥 在城东一里。明万历四十一年，知州余化龙倡建。今仍存，桥上之阁倾圮，待修。

杨高梁 在城东南。

景星桥 在州西百里。万历中，蒋文明建。光绪五年，村中士庶重修。

庆云桥 在州东百里。万历中，罗元亮建。光绪五年，村中士庶重修。

堡子屯河梁 在城东百里。万历中，高天祥建。咸丰间被水冲坏，阖村公修。

前卫石桥 在州东百里。万历中，卫宗元建。咸丰七年，大水冲坏，待修。

太平桥 在城南十五里。顺治间建，道光十五年，罗锦村士庶重修。

长安桥 在州北十里。道光二十八年，士庶重修。

丁官梁 在城东南。

云津桥 在城西十里。万历中建，道光十二年，弥良里大村士民重修。

通明桥 在州西十里。万历中建，道光十二年，李楷等重修。

白龙桥 在州东三十五里。道光二十九年，村中士民新建。

中霖桥 在高仓村。道光十八年，吴岫等建。咸丰五年，蟠龙江水涨倾圮，待修。

〔据胡绪昌等修，王沂渊等纂光绪《续修嵩明州志》（清光绪十三年刻本）卷二《地理志·桥梁》第14－16页辑录。〕

（康熙）路南州志·山川志津梁附

卷一 山川志津梁附

弘济桥 在州南，通嵋峨、新化路。明弘治间，知州邓骏建。

会通桥 在州西，与弘济桥相望。

永安桥 在州北。

板　桥 在州南。明嘉靖间，郡人席大宾易以石。

赛虹桥 在州西。明万历间，知州汪良修。

三板桥 在州南。明万历间，举贡杨兴南弟兄捐修。

兴宁桥 在州东通衢。康熙三十五年，总督王继文建。

万寿桥 在州东北通衢。康熙四十九年，知州金廷献捐修。

迎恩桥 在州北通衢。康熙五十年，知州金廷献捐修。

青云桥 在州西南，通府治路。康熙四十五年，知州金廷献捐修。

水月桥 在州南关外。康熙五十一年，知州金廷献捐修。

〔据金廷献修，李汝相等纂康熙《路南州志》（民国十七年李秉钧据清康熙五十一年刻本补钞重校石印本）卷一《山川志津梁附》第25页辑录。〕

（乾隆）路南州志·山川志津梁附

卷一　山川志津梁附

弘济桥　在州南，通嵋峨、新化路。明弘治间，知州邓骏建。
会通桥　在州西，与弘济桥相望。
永安桥　在州北。
板　桥　在州南。明嘉靖间，郡人席大宾易以石。
赛虹桥　在州西。明万历间，知州汪良修。
三板桥　在州南。明万历间，举贡杨兴南弟兄捐修。
兴宁桥　在州东通衢。康熙三十五年，总督王继文建。
万寿桥　在州东北通衢。康熙四十九年，知州金廷献捐修。
迎恩桥　在州北通衢。康熙五十年，知州金廷献捐修。
青云桥　在州西南，通府治路。康熙四十五年，知州金廷献捐修。
水月桥　在州南关外。康熙五十一年，知州金廷献捐修。

续编津梁志

联陞桥　在州东北三十里。乾隆二十年，知州史进爵倡建。
三元桥　在州西南四十里。乾隆二十一年，知州史进爵倡建。
双龙桥　在州东五里。雍正七年，知州杨化元建。
圣恩桥　在州南武庙前。
广通桥　在州东五里通衢。康熙年间，庠生李见龙建。雍正四年，次子衍祚重修。
万寿桥　在州东城壕上通衢。
青云桥　原桥倾圮，乾隆四年，阖州捐修。
板　桥　西孔微倾，乾隆二十年重修。
拥津桥　在民和乡大河堤尾。乾隆二十一年，知州史进爵倡建。

〔据史进爵修，郭廷选等纂乾隆《路南州志》（清乾隆二十二年刻本）卷一《山川志津梁附》第27页辑录。〕

（光绪）路南州乡土志·桥梁

第六编　桥梁

万寿桥　在城东壕上。康熙四十九年，知州金廷献修。
兴宁桥　即大河桥，在城东一里。康熙三十五年，总督王继文建。
广通桥　在州东五里。康熙间，庠生李见龙修。
圣恩桥　在城南关外武庙前。

水月桥　在城南关外。康熙五十一年，知州金廷献修。

心平桥　在城南江尾村中。乾隆四十年建，同治间改沟，桥废。

宏济桥　在城南二里。明弘治间，知州邓骏建。

会通桥　在城西二里，与宏济桥相望。明万历间，知州汪良建。

东山桥　在城东一里。乾隆五十一年建，咸丰五年，知州冯祖绳重修。

双龙桥　在城东五里。雍正七年，知州杨化元建。

云南桥　在城东北十里堡子街。

联陞桥　在城东北三十里。乾隆二十年，知州史进爵建。

永安桥　在城北门外。康熙十一年，州人苏全、赵西应等建。

迎恩桥　在城北半里。康熙五十年，知州金廷献修。

赛虹桥　在城西。明万历间，知州汪良修。

锁龙桥　在城西五里许。

三板桥　在城南五里。明万历举人杨兴南弟兄修，乾隆三十七年，马兆垣重修，又名仁寿桥。

广通桥　在城南八里大屯后。

注砚桥　在城南二十里文笔山侧，又名湜桥。乾隆五十年，施定邦建。

板　桥　在城二十里。明嘉靖间，州人席大宾易以石建，乾隆二十年又重修。

刘家桥　在城南三十里大龙潭村，为宝源厂要道。乾隆四十二年，江西刘国英、刘国恩建。

永安桥　在城南三十五里月牙山河。光绪二十年，州人李万高建。

永清桥　在城西三里许。

青云桥　在城西南十里鸡湾河。康熙四十五年，知州金廷献建，乾隆四年重修。

叠水桥　在城西南三十五里大叠水。乾隆五十九年，州人李昭、段如柏同建。

砥柱桥　在城西南八十五里老树田。乾隆二十五年，署州吴际盛建，长十余丈，绾以铁索，亦名铁锁桥。嘉庆十一年重修，光绪二十八年又重修。

三元桥　在城西南四十里。乾隆二十一年，知州史进爵建。

义　渡　在城北六十里河头营。立夏三日设船，立冬三日设木桥。

普济桥　在城北七十里大河口。乾隆间，州人李如桐、赵相璧等建，高十丈，宽二丈，长三十余丈，七孔。

拥津桥　在城西北一百里大河堤尾。乾隆二十一年，知州史进爵建。

〔据光绪《路南州乡土志》（石林彝族自治县史志办公室编《云南石林旧志集成》，云南民族出版社2009年版）第六编《桥梁》第664页辑录。〕

（民国）路南县志·建置志·津梁

卷二　建置志　津梁

近城乡

万寿桥　在城东壕上。康熙四十九年，知州金廷献捐修。

迎恩桥 在州北里许。
兴凝桥 在城东一里。康熙三十五年，总督王继文建。
水月桥 在城南关外。康熙五十一年，知州金廷献捐修。
宏济桥 城南二里。明弘治间，知州邓骏建。
心平桥 在城南江尾村，乾隆间建。
会通桥 在城二里。明万历间，知州汪良建。
东山桥 在城东一里东山寺旁。乾隆间建，咸丰五年，知州冯祖绳重修。
赛虹桥 在城西里许。光绪八年，士民捐资重修。

富安乡

双龙桥 在城东五里。雍正七年，知州杨化元建。
云南桥 在城东北十里。乾隆间，知州史进爵倡建。
锁龙桥 在城西五里。

宝山乡

三板桥 在城南五里，明万历举人杨兴南兄弟捐修。
广通桥 在城南八里大屯后。
注砚桥 在城南二十里文笔山侧，土名滉桥。
板 桥 在城南二十里板桥街。明嘉靖间，邑人席大宾建。
刘家桥 在城南三十里龙潭村，乾隆时建。
永安桥 在城南四十里大可村。光绪二十五年，邑副将李万高倡建。
金马桥 在城南三十余里。道光二十五年，知州李凤翚建。

仁德乡

永清桥 在城西三里许。
青云桥 在城西南十里。
叠水桥 在城西南三十五里。乾隆间，生员李昭、吏员段如柏仝建。
砥柱桥 在城西南八十里老树田下。乾隆二十五年，知州吴际盛倡建，亦名铁锁桥。
三元桥 在城西南四十里。

民和乡

义 渡 在城〔北〕六十里河头营。每岁立夏三日设船，立冬三日建设木桥。
普济桥 在城北七十里大河口。乾隆间，邑人李如桐、赵相璧等捐建。
拥津桥 在城西北十里[①]大河堤尾。乾隆间，知州史进爵创修。
大普济桥 在大河口东半里许。
小普济桥 在耿家营西半里许，民国五年新建。

〔据马标修，杨中润纂辑民国《路南县志》（民国六年排印本）卷二《建置志·津梁》第4－6页辑录。〕

① 十里 光绪《路南州乡土志》、民国《路南县乡土志草本》皆作“一百里”。

（民国）路南县乡土志草本·地理志·桥梁

地理志　桥梁

中　区

万寿桥　城东壕上。
兴凝桥　城东一里。
广东桥　城东五里。
水月桥　城南关外。
宏济桥　城南二里。
心平桥　城南江尾村。
会通桥　城西二里。
东山桥　城东一里。
迎恩桥、乙安桥　均北关外。
赛虹桥　西关外。

东　区

双龙桥　城东五里。
云南桥　城东北十里。
联陞桥　城东北三十里。

南　区

三板桥　城东南五里。
广通桥　城东南八里。
注砚桥　城东南二十五里。
板　桥　城东南二十里。
刘家桥　城东南三十里。
永安桥　城东南四十里。

西　区

青云桥　城西十里。
叠水桥　城西三十五里。
三元桥　城西四十里。
砥柱桥　城西南八十五里。

北　区

义　渡　城北七十里河头营，铁赤河上流。每岁立夏三日设船，立冬三日设木桥。
普济桥　城北七十里大河口。

拥津桥　城北一百里大河堤尾。

〔据民国《路南县乡土志草本·地理志·桥梁》（石林彝族自治县史志办公室编《云南石林旧志集成》，云南民族出版社2009年版）第711页辑录。〕

（乾隆）东川府志·城池志附桥梁

卷五　城池志附桥梁

以里河渡　在丰昌门外以里村。夏秋水涨，撤去木桥，设船渡往来铜斤人马，春冬为舆梁。

洒海渡　在待补集义乡。通汤丹、落雪二厂，往来用渡船。

阿屋村渡　在巧家。系川滇交界，设船摆渡。

龙王庙渡　在则补善长里。北达建昌，乃金沙江要隅。设船一只，兵四名，月发循环簿稽查往来。

太平桥　在府城绥宁门外半里许，石制。

锁翠桥、飞云桥　在府城丰昌门外三里许。两桥翼饮虹潭，左右覆义通河济往来。知府义宁建木架，覆以亭。

日者桥　在丰昌门外三里许折柳亭前，石制。

壬申桥　在治东北牛栏江。乾隆十六年，知府夏昌建。

可月桥　在待补集义乡阿汪河，木制。

隐是桥　在集义乡深沟，木制。

如洲桥　在宁靖里以濯河。

天镜桥　在集义乡深沟，石制。

过翠桥　在集义乡橄榄坡。

看守桥　在宁靖里待补。

通隐桥　在清宁里黑水河，木制。

津在桥　在崇礼乡鲁雾村。

长聚桥　在崇礼乡黑河尾。

春影桥　在尚德乡以濯河。

叶西桥　在尚德乡龙潭河。

盘桂桥　在尚德乡五竜募村后。

欢有桥　在尚德乡五竜募。

敏蚕桥　在尚德乡赵家村后。

宾水桥　在敦仁乡瓦泥寨。

春前桥　在敦仁乡梅子河。

湖天桥　在敦仁乡以舍村。

且中桥　在忠顺里。

丈美桥　在输诚里法纳村，长阔各一丈二尺，木制。乾隆十九年，知府义宁建。

曲可桥 在归治里小河，距巧家营八十里。木制，长十五丈，高九丈，阔丈一，上为亭，瓦覆之，为巧家出入要路。乾隆四年建，被火，经历陈辙、乡约陈士通捐修。又捐买李云美葫芦口荒地，开垦成田十二亩，年收市石租谷三石。又买小河荞地二十亩，年收租钱二三千文，为看司工食，并每岁修补之费。

坤利桥 在者海东二里，系往来要道。旧架木为梁，难通车马，铅厂桂阳临武客民易木以石，距落水洞里许，常苦淹没，绕路甚远。旧名临桂桥。

踏雪桥 在小江。长十二丈，阔一丈，木制，以石为礅，上覆板屋。乾隆二十年，知县执谦建。

〔据方桂修，胡蔚辑乾隆《东川府志》（清光绪三十四年重印本）卷五《城池志》第 12 – 14 页辑录。〕

（光绪）东川府续志·津梁志

卷一 津梁志

福海桥 在城西十里马鞍山旁。郡人何映璧捐建，咸丰十一年，大水冲决二空，今尚存一空，无力重修。

春影桥 旧在尚德乡闉洞，跨以濯河，通四川会理州大路，年久倾圮。光绪五年，经郡人陈保泰、施恩昌、徐致君等捐赀六百余金重建。

福寿桥 在城北三里，居蔓海之中，跨梅子河，上通昭通大路，高二丈零，阔一丈五尺。光绪七年，郡人唐鼎盛新建。

同善桥 距城西北三十里，在银厂坡脚，通会理州大路。光绪六年，郡人士陈丕昌、郑兴东、柳载等捐赀二千余金新建。

铁索桥 距郡城一百一十里，在巧家善长里，系会泽入巧大路。两岸石壁嶙峋，下有深溪百余丈，纳那姑、黑露二甲之流，水势汹涌，夏秋不可渡。乾隆间，职员刘汉鼎独出赀财，凿山开路，创建石桥，经八年始成，因石工久宿其地，土人遂呼为石匠房。后蛟泛桥圮，仅于沟底危支以木，行人不时倾没。光绪七年，江西商人王世泰、夏永顺各号捐金数千，另由峭壁中间凿石通穴，约二里许，可容轿马，又于悬崖绝处炼铁锁桥，往来官商，咸嘉赖之。董其事者，惟乡饮增生郑兴东独任其劳，现已告成。

武城桥 距城百里，在鹧鸡梅香箐。光绪八年，夷人安克新建。

〔据余泽春修，茅紫芳纂，冯誉骢续修光绪《东川府续志》（清光绪二十三年刻本）卷一《津梁志》第 4 页辑录。〕

（嘉靖）寻甸府志·惠政·桥梁

卷上 惠政 桥梁

靖远桥 在府北三里。嘉靖二十三年，知府林斌重修。

迎恩桥 在旧府南。初架木为桥，溪时泛溢，修废不常。景泰二年，通判陈溥彻而新之，构架坚密，上覆以屋，俾民交易其间。成化丁未，知府谢绍易之以石，民甚便之。今在新府城北门外百步许。

通靖桥 在府东二十里，长三十丈，阔五尺，跨阿交合溪之水。当四达之冲，今废，济之以船。

温泉桥 在府南四十里，长十五丈，阔八尺，亦跨阿交合溪之水。嘉靖二十七年冬，被水冲圮，知府王尚用重修之，行者便焉。

洗马桥 在府东四里。初木桥，嘉靖二十三年，知府林斌易之以石，长七丈，阔一丈，三空，坚致可通车舆。

兔河桥 在府东二里。初木桥，嘉靖二十三年，知府林斌易之以石，长二丈，阔一丈。

独树双桥 在府东半里。初木桥，相去三步，嘉靖二十四年，知府林斌易之以石，俗呼三步两座桥。

蔡济桥 在府南十五里。初以木为之，深浚难过。嘉靖二十六年，军人蔡永捐财易石修之，知府林斌赐名蔡济桥。

三板桥 在府南五里。旧桥圮坏，嘉靖二十八年，知府王尚用新之以板，又恐其久而复圮也。二十九年，易之以石，长二丈六尺，阔一丈五尺。

日甲桥 在府南二里。旧以木为之，嘉靖二十九年，知府王尚用易之石，长一丈五尺，阔一丈，行者便焉。

太平桥 在府治东北三里。弘治三年间，知府谢绍建。

南安桥 在木密所东去二十里。成化十九年，江右安福商人刘璿道倡金一百两，未完。弘治八年，军人卫腾霄等募缘，俱以青石砌完，俗呼为青石桥。

〔据王尚用纂修嘉靖《寻甸府志》（上海古籍书店1963年据宁波天一阁藏明嘉靖刻本影印）卷上《惠政 · 桥梁》第63－66页辑录。〕

（民国）禄劝县志 · 建置志 · 津梁

卷四　建置志　津梁

盘龙河渡 在县南一里，通富民省会要路。清乾隆三十年，士民捐设。

龙王庙渡 一名南村大河渡，在县东三里。近通六块、茂龙、撒马邑一带，远通河外三马，兼达寻甸之要津。清康熙三十六年，贡生糜世英捐田作造船济渡之费。

永平渡 一名练甸村渡，在县东南六里河通河东。清乾隆三年，士民施其聪、杨国辅等同捐田作造船济渡之费。

念多村渡 在县南十五里。

大河口渡 一名第多村渡，在县东南二十里。通大绢麻的多村一带往来，亦有田租作渡费。

罗革渡 在县北二十里。

阿纳甸渡 在县北五十里。

鹧鸪河渡 在县北六十里，《滇志》作撒甸南一百一十里。通撒甸一带往来。

普渡河渡口列后：

上渡口渡 在县东八十里。

下渡口渡 在县东七十里旧巡检司地，为东川、寻甸孔道。

鲁期迷渡 在县东八十里。

祖格村渡 在县东北八十里，设船一只。

达基渡 在县东九十里。

三江口渡 在县东北一百二十里黑勒白村。清光绪十年，参将李正起置船一只，并捐田十三亩，作水手撑船之费，载在碑记。

以木得渡 在县东一百一十五里，在三江口上。

大渣渡 在县东一百三十里三江口下。

金沙江渡口列后：

治立渡

鲁车渡

拉戛厂渡 即绞平渡。

马英山渡

洪门渡

白滩渡

施期渡

小傍左渡

黄草平渡

厂江渡 在金沙江南。直达江外，通狮子尾厂，故名厂江。

河门厂渡 清乾隆三十七年，知县张岳崧设于土色江边，岩峻岸险，水势湍激，往往覆舟。四十三年，知县檀萃因开河门厂渡，遂引而上之，两岸俱有回流，安渡无虞，往来行人称便。以上各渡口，皆在县北二百五十里以外，沿江之渡船也。

按：普渡河、金沙江多有藤索渡，岩壑峻极，水势险恶，既不可施舟楫，乃以藤绠一大索缚于两岸树上，所谓渡索也。绳上缚一小木筒，所谓橦也。欲渡者以小绳缚一小〔筒〕以人自手缘大藤而进行，达彼岸复自解之，所谓溜橦也。

小江桥 在县城东门外。水圮，清光绪七年重修，长十丈余，宽一丈八尺。

缉麻桥 在县南二里，通省会、富民。清乾隆五十年，贡生朵云等捐建。

西蟠龙桥 在县南十里木果甸，本旧和曲州地。古桥久圮，明嘉靖时知州郭鋐重建，邑绅杨春震为之记。人传有仙迹，又呼为仙人桥。清康熙间桥尚存，今圮。

鲁虚桥 在县北八里。明弘治间建，见《一统志》。清光绪三十年，知县陈灼倡首捐廉，委绅杨国柱筹款重修。

拖梯桥 在县西北十五里。清康熙十八年，僧学显建。

永定桥 在县北四十里，通撒甸十五马沿江一带。清嘉庆十四年，邑庠李捷先倡建。

五马桥 在县北一百里鹧鸪河，今废。

双龙桥 在县北三十里。清道光三十年，邑庠生杨春阳等倡建，石桥，长十丈余，宽丈余。咸丰十年，水涨冲决。同治十二年，邑人杨人杰、潘景福、戴锡三、李春阳、潘景泰等重修。

利济桥　在县北六十里团街前。清光绪二十八年，庠生李占元捐资创造。

普济桥　在县城东三里棚油村，小河一名盘龙河，为禄劝晋省及川滇往来要道。清同治间，段姓修石桥一次。光绪中及民国初，简姓、蒋姓、田姓先后修石桥三次，均被水冲决。民国十三年，县议事会议长姚桢、梅朝荣等提倡修建石墩木桥，二洞，上盖瓦房，以蔽风雨。今已三年，河水暴涨多次，此桥无恙，可卜永垂不朽矣。

普渡河铁桥　亦名普济桥，在城东六十里，通东、昭，达寻、巧，且为滇川往来要道。民国十六年，陆军中校李君少侯等提倡修建铁索桥，十七年告成，修桥碑记载在《艺文》。

〔据许实纂修民国《禄劝县志》（民国十七年排印本）卷四《建置志·津梁》第21－24页辑录。〕

玉溪市

（乾隆）新兴州志·建设志·桥梁

卷四　建设志　桥梁

玉溪桥　在州北五里。跨大溪，北通会城，南达新平、嶍峨、元江。旧建木梁，常致朽败。崇祯十年，尚书雷跃龙易石墩，植木覆瓦。康熙九年，知州耿文明重修，日久沙淤，五十二年，水溢桥上，知州任中宜增高三尺，仍覆瓦屋。

弘济桥　在州南门外。明弘治间，知州邓骏建，俗名李桐桥。

会通桥　在州西门外。跨城壕，与弘济桥相望，俗名上石桥。

中板桥　在州西关，去会通桥三百余步，分大溪河为金汁中沟。

下石桥　在州西关外，去中板桥四百余步，上建魁阁，分大溪河为金汁下沟。

迎恩桥　在州北门外，跨城壕。

彩虹桥　在州西关外中卫屯，跨金汁沟。

康阜桥　在州北六里，跨罗木箐河，讹名康家桥。

广济桥　在州北十三里咸宁里，罗木箐分河。

普门寺桥　在州北十七里普舍城西关外，罗木箐下沟。

观音阁大桥　在州东北十七里。罗木箐河洪涛惊波，与山石相激，民架木梁以济。

永丰桥　在州东北二十里白塔山下罗麽溪。

丰乐桥　在州南二里郑家屯，知州鲁国华建。

磐安桥　在州南二十三里石关哨。康熙三十年，土州判王凤建。

通年桥　在州西北三里徐百户屯，西河、奇梨溪合流入大溪处。康熙五十一年，知州任中宜建。

云英桥　在州北四十二里刺桐关。

安流桥　在州西北五里左家屯，奇梨溪、西河合流过此。知州蔡琨重修，改名听莺桥。

新德桥 在州北二十里刘家屯西河。康熙五十一年，知州任中宜建。

桂家桥 在州西五里桂家屯，跨大溪河。

普渡桥 在州西南十里大营屯，跨大溪河。

续

玉溪桥 距州城五里许。明太史雷跃龙易木梁为石墩，上覆瓦屋。康熙九年，知州耿文明重修，五十二年，知州任中宜增高石墩三尺。乾隆十二年，沙淤桥圮，知州徐正恩加石墩五尺，覆瓦屋二十一间，桥之东西，各建以坊。

普惠桥 在州西北三里。架木为桥，横跨大溪河，乾隆六年，知州张泓建。

永济桥 在州西五里，原名桂家桥，架木梁以济。雍正十三年，知州芮时行易以石墩，覆以瓦屋。越二载，水倾二墩，知州高锦重修。

龙门桥 在州东北十七里。原系木桥，知州许廷佐易以石礅，上仍木板，覆以瓦屋。乾隆十三年，知州徐正恩尽易以石，高一丈六尺，下开五门。

鸣凤桥 在州南十三里。乾隆十五年，知州徐正恩建。

〔据任中宜纂修乾隆《新兴州志》（清乾隆十五年刻本）卷四《建设志·桥梁》第5－16页辑录。〕

（康熙）通海县志·地理志·桥梁

卷三 地理志 桥梁

迎恩桥 在县东，俗呼大桥。此沟受白马溪之水，其桥半圮。康熙二十九年，僧海澄募〔建〕，藩臬各宪重修。

秀江桥 在县西南，秀山溪之水潺湲流出。

尼郎桥 在郭外，驾城壕。

沈家桥 在县东六里。此沟受新村一带潭水。

永济桥 在县东八里。此沟〔受〕江家冲潭水。

高家桥 在西郭外。

登瀛桥 在秀山之半。

〔据魏荩臣修，阚祯兆纂康熙《通海县志》（《中国地方志集成·云南府县志辑27》，凤凰出版社2009年影印本）卷三《地理志·桥梁》第12页辑录。〕

（道光）续修通海县志·城池志桥梁附

卷二 城池志桥梁附

旧《志》：南湖池之东为进府要路，原有桥二座，以山水冲塌，行旅苦之。邑之棉花皆自蒙阳搬运，骡马之过尤难，运棉花者各愿捐赀另建桥一座，名曰“乐善”，改路半里许，在嘉庆二十四年。城西南旧有桥曰“秀江”，日久倾圮，道光元年，阖邑绅士捐赀重修。

溥利桥 在城东百步，明弘治间建。

乾溪桥 在城东关外平甸山下。雍正八年，僧诚建。

彩虹桥 在城东半里。明嘉靖间，邑人贺琪山建。

迎恩桥 俗名大桥，又名太平，在城东一里。康熙二十九年，僧海澄募建。

沈家桥 在城东六里。明天启七年，邑人沈泰建。

永济桥 在城东八里。明万历二十年，邑人张南建。

乐善桥 在城东南三里南湖池东，为进府要路。原有桥二，俱被水冲塌，嘉庆二十四年重建。

灵寿桥 在城东南白塔山下，曾巩重建。

福寿桥 在城西门外，跨秀溪。同治丁卯，邑人李宪建。

尼郎桥 在城南门外，跨城壕。

登瀛桥 在城南一里。明万历间，邑人陈其力建。

秀江桥 在城西南一里。明万历间，邑人赵汝谦建，跨秀山涧。道光元年，阖邑绅士重修。

邹家桥 在城西半里。明万历元年，邑人邹仪建。

高家桥 在城西半里。明万历三十年，邑人厉存礼建。

碧溪桥 在城西二十里小街碧溪寺右。

〔据赵自中纂修道光《续修通海县志》（民国九年石印本）卷二《城池志桥梁附》第6页辑录。〕

（康熙）河西县志·山川志附津梁

卷二 山川志附津梁

永济桥 在治北关〔外〕康济桥上。明弘治间，廪生苏惠然建。康熙四十五年，其族贡生苏继洵重修。

康济桥 在治北关外永济桥下。康熙四十九年，县人杨运昌建。

阳关桥 在治北二十五里长河之源，明万历八年建。两山相对，邑人就崖筑桥，宛若天成，不见桥迹。

碌溪桥 在治东二里。碌溪三渡，旧闻三窍泄碌溪，各建桥以济，每夏秋烟水苍茫，往来利涉，为邑八景之一，今存二。

指南桥 在治南二里，明弘治间建。

锁龙桥 在治南四里，明崇祯间建。

小街子桥 在治东十五里小街子西。桥甚长，河为窑冲河，故今西徙，犹存故实。

〔据周天任纂修康熙《河西县志》（云南省社会科学院图书馆藏钞本）卷二《山川志附津梁》第56页辑录。〕

（乾隆）续修河西县志·地理志·关津

卷一 地理志 关津

永济桥 在治北关外康济桥上。明弘治间，廪生苏惠然建。康熙四十五年，其族贡生苏继洵重修。

康济桥 在治北关外永济桥下。康熙四十九年，县人杨运昌建。

阳关桥 在治北二十五里长河之源，明万历八年建。两山相对，邑人就崖筑桥，宛若天成，不见桥迹。

碌溪桥 在治东二里。碌溪三渡，旧闻三窍泄碌溪，各建桥以济，每夏秋烟水苍茫，往来利涉，为邑八景之一，今存二。

指南桥 在治南二里。明弘治间建，乾隆五十一年，乡饮王亮天重修。

锁龙桥 在治南十里，明崇祯间建。

小街子桥 在治东十五里小街子。桥甚巨，向为窑冲河设，今西徙犹存其制。

五桂桥 在治东十四里白石甸下。

普乃桥 在治西北三十五里沙罗坡下。乾隆十年，老人王孝建，坡上复置租济渴。

普济桥 在治西五十里急递铺前。乾隆二十三年，邑侯萧思濬建。

文沙冲渡 邑侯周天任置，有田以备使用。

小白邑渡

急递铺渡

阿衣村渡

落得旧渡 以上五渡俱在碌碌河。

〔据董枢修，罗云禧等纂乾隆《续修河西县志》（清乾隆五十三年刻本）卷一《地理志·关津》第21页辑录。〕

（康熙）宁州郡志·山川志·桥梁

山川志 桥梁

李泛河〔桥〕 治西八十里。

广胤桥 治北下村门首，乡官张亮建。

浣江桥 治北四里。

卢公桥 治西北四里。

霁虹桥 治西三里。

黄澄桥 治西北三十五里。

观音桥 治东七里，今圮。

惠济桥 治东三里。

赛宫桥 治北五十里。

通惠桥 治东七十里。

小江桥 治东八十里。

广济桥 治东七里。

〔据严敬原纂，马世俊增订康熙《宁州郡志》（梁耀武主编《玉溪地区旧志丛刊·康熙玉溪地区地方志五种》，云南人民出版社1993年版）第10页辑录。〕

（康熙）易门县志·桥梁

桥　梁

迎龙桥 在县南门外，前有“锦云平步”坊，今圮。

捷近桥 在县东北隅，易名七星桥。

易江桥 在县东十五里，地名江渠，上有“飞虹普渡”坊。

惠津桥 在县东三里，以木架桥，今易以石。

易川桥 在城东八里曹所营。

栢木桥 在城北十五里矣栖（屯），以栢木成之。

济南桥 在城南。

普川桥 在县南十五里普具[①]。

永靖桥 在县北。

〔据康熙《易门县志》（国家图书馆藏清钞本）第16页辑录。〕

（道光）续修易门县志·建置志·津梁

卷三　建置志　津梁

木奔渡 在城西南六十里木奔江。进士董良材捐田置船，以作义渡。旧《县续志》。

小江口渡 在城西小江口。旧《县续志》。

香树坡厂渡 在城西一百二十里香树坡厂。旧《县续志》。

九渡河渡 在城西北一百二十里九渡河。旧《县续志》。

杨梅庄渡 在城西北杨梅庄。旧《县续志》。

三岔河渡 在城北三十五里三岔河。旧《县续志》。

惠津桥 在城东二里。明末建木桥，名会津桥，系明山西万全县教谕赵世显等捐建。康熙二年，合邑士民捐修，易今名。乾隆三十六年，署县杨奋建亭于上，题曰“断岸流

---

① 普具　康熙《云南通志》、康熙《云南府志》作“普倍”，雍正《云南通志》、道光《云南通志稿》、道光《续修易门县志》皆作“普贝屯”。

虹”。参旧《通志》、旧《县志》。

云龙桥 在城东五里大营。旧《县志》。

易川桥 在城东七里曾所营。明末建，顺治间，邑人徐石丘重修。旧《通志》。

易江桥 在易川桥东七里，地名下江渠。《一统志》。

惠泽桥 在城东八里曾所营①。旧《县志》。

永济桥 在城东下江渠，乾隆四十一年修。旧《县志》。

镇江桥 在城东下江渠。旧《县续志》。

飞虹桥 在城东十五里下江渠。上有石坊，额曰“飞虹普渡”。崇祯十七年，知县黄世臣建。嘉庆十四年，合邑绅士捐资重修，列为八景之一。参旧《通志》、旧《县志》。

癞石桥 在县东海子营下。旧《县志》。

箐沟河桥 在县东乌龙潭后。旧《县志》。

摆衣坡桥 在县东摆衣坡下。旧《县志》。

迎龙桥 在县南门外。明洪武二十四年建，顺治十八年，知县叶之馨重修。旧《通志》。

南门大桥 在城南门外。建有“锦云平步”坊，今圮。《云南府志》。

济南桥 在城南，系木梁，今圮。《云南府志》。

小石桥 一在城南四会冈头小河上流，一在县东九会叶家房小河下流。旧《县志》。

普川桥 在城南十五里普贝屯。旧《通志》。

鸣凤桥 在城二十里苗茂河，乾隆四十年建。旧《县志》。

徐家箐大桥 在城南徐家箐。旧《县续志》。

苗末大桥 在城南苗末，乾隆四十一年建。旧《县志》。

仁里桥 在城南大五会梅花营。旧《县志》。

湾子桥 在南教场后。旧《县志》。

青龙桥 在城南四会小河普明寺前。旧《县志》。

兴贤桥 在城南四会花园前。旧《县志》。

通济桥 在县西八十里甸末。石礅木梁，上覆瓦屋。旧《县志》。

小河桥 在县西八里新城。石礅木梁，上覆瓦屋。旧《县志》。

驿马坡大桥 在西乡驿马坡村前，乾隆五十二年建。旧《县志》。

永镇桥 在城西沙衣旧村，乾隆三十九年建。旧《县志》。

利济桥 在城西沙丈，经历潘国弼捐修。旧《县志》。

乐利桥 在城西大龙泉。旧《县志》。

普济桥 在西乡甸末南山村前。旧《县志》。

继济桥 在西乡甸末新城。旧《县志》。

普里桥 一在城西南上普贝村前，一在下普贝村前。旧《县志》。

回龙桥 在城西北小米苴，道光十九年建。旧《县志》。

望春桥 在城西北太和川，乾隆四十年建。旧《县志》。

峡蒲桥 在县西北。系木梁，上覆瓦屋。旧《县续志》。

七星桥 在城北门外，旧名捷近桥。明洪武二十四年建，万历二十九年，邑人张仲

---

① 曾所营 雍正《云南通志》同，康熙《易门县志》、康熙《云南通志》皆作“曹所营”。

美重修，改今名。旧《通志》。

永靖桥 在城北一里。旧《县志》。

文享桥 在城北十五里刘家营。旧《县志》。

三渡河桥 在县北十五里葛根箐。系木梁，上覆瓦屋，后改建白衣阁。参旧《县志》《续志》。

新 桥 在城北十五里螃蟖村前，通省大路。乾隆十二年，生员吴恕建。参旧《县志》《续志》。

旧县门石首桥 在城北三十里。旧《县续志》。

柏木桥 在县北四十五里迤栖（屯）。以柏木为之，上覆瓦屋，左右迴栏，两桥相望，约三里许。道光六年，改建石桥。参旧《通志》、旧《县续志》。

七贤桥 在城北定乡辑麻村，雍正年建。旧《县志》。

窝德村大桥 在城北窝德村。旧《县续志》。

见龙寺大桥 在城北定乡易门庄见龙寺前小街下，康熙年建。旧《县志》。

聚春桥 在城北定乡习蹊岭哨城下沙衣旧村前。旧《县志》。

永庆桥 在林桥村外。旧《县志》。

西安桥 在西街下窑上。旧《县志》。

城河桥 在狗头山前。旧《县志》。

小坝河桥 在小坝河。旧《县志》。

〔据严廷珏修，严仲泽纂道光《续修易门县志》（梁耀武主编《玉溪地区旧志丛刊》，云南人民出版社1997年版）卷三《建置志·津梁》第58－61页辑录。〕

（嘉庆）江川县志·城池志津梁附

卷六 城池志津梁附

没福桥 在城东门外，城内居民汲水取道于此。

阜财桥 在城南门外。跨城濠，里人徐湘重修。

支公桥 在城西门外。康熙甲戌年，典史支枫造。

丰乐桥 在城北门。康熙四十七年，知县祝兆鹏造。

登瀛桥 在城东北隅。乾隆五十九年，因旧大路低陷，行旅最苦，于东北高处改大路一条，故造。

迎恩桥 在城北，跨城濠。

拱秀桥 在文庙右。乾隆五十九年，邑人黄德金倡造。桥北分路二条，过澂江府左上云南省。

狮象桥 在尹棋村门首，澂江府大道经。黄德金重修。

海门桥 在县东南十里，临元要道，星云、抚仙交通处。明景泰年间，知县张俊造。

石 桥 在县东南桃园。

新 桥 在县北关索岭下茨桐铺塘前，一名双龙桥。邑人叶文杰造。

通衢桥 在古城东。明天顺年间，知县张俊造。

永济桥 在古城西。

大　桥 在县东南桃园。

明兴桥 在县东北明兴铺。

饮虹桥 在抚仙湖中。旧有大小两孤山，好事者治铁[①]为桥，跨两山之间，如饮虹然，故名。一夕风雨交作，桥与小孤山失所在，大孤山犹存。邑令刘携诗云："饮虹桥跨两渔矶，一夕风雷丰已飞。太息孤山成小憩，朱甍铜塔事全飞。"

如意桥 在中台山下。

土主庙渡 在城西南。

遇仙桥 在城东门外二里许，跨东河岸。

白　桥 在城南十里，跨西河岸。

培风桥 在禄充铺笔架山下。

大石桥 距县北十里大石关回龙山南，古大路经此。

张公桥 在县北二十里茨桐铺塘上关岭下。有碑题云张公桥，今碑断铁（缺）。

得胜桥 在城南上左卫关圣殿前，有石狮两个付于桥头。

七空桥 在县西南八里许。

接封桥 在县东北四十里禄充铺。

广平桥 在明兴铺。嘉庆三年，庠生陈其才倡捐重修。

飞鹦桥 在鹦哥岩，距城十五里。嘉庆十二年，乡饮张元度新修。

永兴桥 在城南五里许，嘉庆八年新修。

双龙桥 在大石关前。嘉庆八年，武学蔡景清倡捐新造。

玉锁桥 在城北六里大石关前。光绪丁酉年，武学张玉堂倡捐新造。

〔据张维翰修，葛炜纂嘉庆《江川县志》（清光绪三十三年崔荣达校订本）卷六《城池志津梁附》第21－23页辑录。〕

（道光）澂江府志·城池志桥梁附

卷六　城池志桥梁附

河阳县附郭

青云桥 在城东街，跨玗札溪。先是，骈木为之，明正统间，知府王彦易以石。旧《志》载谓曾饯科举士子于此桥，群鹭从桥上飞入青云，故名。

南津桥 在城东街。明嘉靖间，路南州民葛万钟建。

太平桥 在城西二里，旧名罗藏桥。明嘉靖间，知府王良臣建，通判徐子麟重修。

四均桥 在城西一里廖官营东，境内道路至此适均，故名。

永济桥 在城南二里。嘉靖己未，耆民许俸建。

---

① 治铁　道光《澂江府志》作"冶铁"。

河生桥 在城东，明知府高廷绅建，今废。

得路桥 在城西北四里，义民席允中、陈亭建。

务耕桥 在城南梨花村，庠生李杰建。

通津桥 在广济桥西一里，郡民华仲林建。

锁水桥 在南门外东隅。汇城内众水，流经沙河村，折鲁溪营，入海。旧有桥，圮，道光四年，训导李焘捐建。

月宫桥 在凤翔寺山门内，明季宾兴饯士于此，故名。

中沟桥 在城内西门街。

关庄桥 在城西五里小关庄[①]下。

平政桥 在城西二里许。郡人赵少宰公捐建，生员董可征等重修。

延龄桥 在城东一里，郡人李中丞公捐建。

介营桥 在右所大、小二营间，故名。

广济桥 在右所大营西路口，村民杨时济建。

庄镜桥 在城东街，自庄镜泉流绕金莲山左麓。

漱玉桥 在城东街，自漱玉泉流绕金莲山右麓。

西成桥 在西街之右。明成化间，举人郑玘建，后圮。嘉靖乙酉，主簿董钺、耆民陈祚重建。丙申，义民陈绅尽易以石。本朝雍正六年，贡生侯昌重修。

东秩桥 在西街之左。年久倾圮，郡民张友松捐赀重修，置楼于上，后遭水患，楼废桥存。

月津桥 旧名观澜桥，在大河口。原骈木为梁，明嘉靖戊戌，义民陈绅易石，旁置碑亭。

长虹桥 在城东四十里，跨七江溪，经路南、宜良路。昔构木桥，明弘治丙辰，知府安康易以石，名“借虹”。嘉靖甲子，郡人罗应元重葺。隆庆己巳，知府蒋宏德重修。本朝康熙九年，通判王猷创铁索桥，旋圮，郡人李缵甲重修。

引凤桥 在城东北隅接凤山脉。康熙二十二年，耆民李缵甲募建石桥，引河水渡入城内溉田灌圃，咸称便利。

俯波桥 在城西二十五里鹭栖村红坡，登桥俯瞰抚仙湖，故名。邑民李文高建。

涌拔桥 在城西南三十里，经江川通衢。邑人杨国儒建。

迎仙桥 在城南门外。

惠民桥 在城西门外，明知府徐可久建。

龙津桥 在城东门外。

高涧桥 在城东一里。凡东河水道由此引灌，年久渐圮，康熙四十二年，生员李文炳偕众重修，田亩利赖。

海晏桥 在城东二十五里海口泄水之处。旧建木桥，年久倾圮。康熙三十六年，知府崔维衡捐金，士民洪於天、黄佑[②]等募建石桥，引载《艺文》。雍正九年，知府王铎再修。

---

① 小关庄 原本作“小关在”，雍正《云南通志》作“小关庄”，是，据改。

② 黄佑 道光《澂江府志》卷十五《艺文志·引》载《募建海晏桥小引》作“黄祖佑”。

联玉桥　在城西南十五里玉笋峰下。村民原建木桥，不能坚久。康熙四十四年，知县翟枚吉捐金，村民等募建石桥，记载《艺文》。

铁池江桥　在城东三十里，乾隆初年建。

朝阳桥　在城东南隅，嘉庆四年建。

远达桥　在城东南五里小营中。

七星桥　在城东一里许，嘉庆二十一年修建。

三岔桥　在河生桥西百步。

飞虹渡　在城东一里许。乾隆十四年，知府夏昌建。

都市桥　在城内西门街。

迎恩桥　在阳宗西门外。

大河桥　在阳宗东二里。

太平桥　在阳宗城东。

通济桥　在阳宗西一里。

江川县

饮虹桥　在抚仙湖中。旧有大小两孤山，好事者冶铁为桥，跨两山之间，如饮虹然，故名。明末，一夕风雨交作，桥与小孤失所在，大孤独存。

海门桥　在城东十里，为临安要路，星云、抚仙两湖交通处。明天顺五年建，中央有界鱼石，澂江、江川其鱼二种以石为界，不敢越，越则相斗，兆兵象。

丰乐桥　在城北里许。康熙四十七年，知县祝兆鹏建。

通衢桥　在古城东首。

迎恩桥　在城北濠上。

如意桥　在城南三十里双龙乡中台山下。

张公桥　在城北二十里茨桐乡。

大　桥　在城东南桃园。

永济桥　在古城西首。

石　桥　在古城东。

新　桥　在城北十二里关岭下。

登瀛桥　在城东北隅，乾隆五十九年建。

狮象桥　在城东北尹棋村，澂江大路经此。乾隆五十五年重修。

拱秀桥　在城内学宫右。乾隆五十九年，邑人黄德金倡建。

双龙桥　在城北十里大石关前。嘉庆九年，武举蔡景清倡建。

广平桥　在城东北二十里明兴铺。嘉庆三年，庠生陈其才倡修。

阜财桥　在城南濠上。里人徐湘重修，道光二年，监生黄尔泰增修。

土主庙渡　在古城西南。

新兴州

玉溪桥　在州北五里，跨大溪，北通会城，南达新平、嶍峨、元江。旧建木梁，明崇祯十年，尚书雷跃龙易石墩植木覆瓦。本朝康熙九年，知州耿文明重修，日久沙淤，五十二年，水溢桥上，知州任中宜增高三尺，仍覆瓦屋。乾隆十四年，知州徐正恩倡修。

嘉庆四年，知州刘嶙率绅士重建，增高四尺。

迎恩桥　在州北门外，跨城濠。

彩虹桥　在州西关外中卫屯，跨金汁沟。

观音阁大桥　在州东北十七里。罗木箐河洪涛与山石相激，旧架木梁。雍正八年，知州许廷佐捐建石桥。

永丰桥　在州东北二十里白塔山下罗麽溪。

丰乐桥　在州南二里郑家屯，知州鲁国华建。

磐安桥　在州南二十三里石关哨。康熙二十年，土州判王凤建。

通年桥　在州西北三里徐百户屯，西河、奇犁溪合流入大溪处。康熙五十一年，知州任中宜建。

云英桥　在州北四十二里刺桐关。

安流桥　在州西北五里左家屯，奇犁溪、西河合流过此。知州蔡琨重修，改名听莺桥。

新德桥　在州北二十里刘家屯西河。康熙五十一年，知州任中宜建。

普渡桥　在州西南十里大营屯，跨大溪河。

弘济桥　在城南门外。明弘治间知州邓骏建，俗名李桐桥。

会通桥　在州西门外，跨城壕，与弘济桥相望，俗名上石桥。

中板桥　在州西关，去会通桥三百余步，分大溪河为金汁中沟。

下石桥　在州西关外，去中板桥四百余步。上建魁阁，分大溪河为金汁下沟。

康阜桥　在州北六里，跨罗木箐河，讹名康家桥，在玉溪桥北。乾隆五十六年，知州陆绍宗重修。

广济桥　在州北十三里咸宁里罗木箐分河。

普门寺桥　在州北十七里普舍城西关外罗木箐下沟。

永济桥　在州西五里，原名桂家桥。架木梁以济，雍正十三年，知州芮时行易以石墩，旋被水冲。乾隆年知州高重修，易名永济。

济美桥　在城北四十二里刺桐关下。康熙二十年建，雍正九年，郡人束乃成修，乾隆四十年，束为仁重修。

龙马桥　在城东北十七里龙门桥之上。乾隆间，生员宋煜、武举袁绍武倡修。

龙门桥　在州东北十七里。原系木桥，雍正九年，知州许廷佐易以石墩。乾隆十三年，知州徐正恩建石桥，嘉庆年重修。

普惠桥　在城西北三里。乾隆六年，知州张泓建，久圮。嘉庆十二年，署知州洪其照率绅耆重建，易名永惠。

鸣凤桥　在州南十三里。乾隆十五年，知州徐正恩建。

济星桥　在州西四十里大小洛河。道光五年，武举任广泽、生员杜培初、郡人王汝舟等捐建。

通州便桥　在城北五里，跨罗木箐河。道光六年，生员冯文璋等建。

路南州

弘济桥　在州南，通嶍峨县新化路。明弘治间，知州邓骏建。

会通桥　在州西，与弘济桥相望。明万历间，汪良建。

版　桥　在州南。明嘉靖间，郡人席大宾易以石。本朝乾隆二十年重修。

赛虹桥　在州西。明万历间，知州汪良修。

三版桥　在州南。明万历间，举贡杨兴南弟兄捐修。本朝乾隆三十七年，马兆垣重修，更名仁寿桥。

兴凝桥　在州东通衢。康熙三十五年，总督云贵部院王继文建。

万寿桥　在州东北通衢。康熙四十九年，知州金廷献捐修。

迎恩桥　在州北通衢。康熙五十年，知州金廷献捐修。

青云桥　在州西南，通府治路。康熙四十五年，知州金廷献捐修。乾隆四年，阖邑重修。

水月桥　在州南关外。康熙五十一年，知州金廷献捐修。

天生桥　有二，一在城北五十里，一在城东北十二里。二桥天生，不假人力。

永济桥　在城西三里许。

广通桥　在城东五里。康熙间，庠生李见龙建。雍正四年，其子衍祚重修。

圣恩桥　在城南武庙前。

永安桥　在城北门外。康熙十一年，州民苏全、赵西应等募建。

双龙桥　在城东五里。雍正七年，知州杨化元建。

三元桥　在城西南四十里。乾隆二十一年，知州史进爵倡建。

砥柱桥　在城西南八十余里老树田下。乾隆二十六年，署州吴际盛倡建。长十余丈，阔丈许，绾以铁索，贯以巨木，上铺木板，中建观音阁，左右设栏杆，两头设门启闭。嘉庆十一年重修。

心平桥　在城南江尾村，乾隆四十年建。

刘家桥　在城南三十里大龙潭村，为宝源诸厂要道。乾隆四十二年，江西客民刘国英建。

注砚桥　在城南二十里文笔山侧，土名滉桥。乾隆五十三年，施定邦倡捐易石，更名注砚桥。

拥津桥　在城西北一百里民和乡大河堤尾。乾隆二十一年，知州史进爵倡建。

联陞桥　在城东北三十里。乾隆二十年，知州史进爵倡建。

叠水桥　在城西南五十里，为阖州众水所归。乾隆五十九年，生员李昭、吏员段如柏建。

普济桥　在城北七十里。乾隆间，监生李如桐、赵相璧等捐建。高十丈，宽二丈，长三十余丈。

锁龙桥　在城西南五里许。

义　渡　距州城六十里民和乡河头营。每岁立夏三日设船，立冬三日建木梁。

金马桥　在州南二十五里，邑之要津也。旧架木以济，当夏秋雨集，常至倾圮，行人苦之。道光二十五年，署州李凤翚捐廉及邑之乐善者易以石，长三丈余，广丈余。

〔据李熙龄纂修道光《澂江府志》（清道光二十七年刻本）卷六《城池志桥梁附》第9－17页辑录。〕

（咸丰）嵋峨县志·山川志附关梁

卷二　山川志附关梁

济川桥　在县东门外。旧系木桥，年久倾圮，知县吴懋英捐金，鼓劝众助，改造石桥。按：济川桥屡造屡圮，至乾隆时重建石墩，架木梁，随时补葺，至今便焉。

桂峰桥　县城南一里。

练江桥　县城西半里。

通济桥　县城西北十里。

兴衣乡桥　石桥，巡检司东一里。

节录《临安府志·桥梁》

利济桥　在甸头乡。

康济桥　在甸尾，乾隆六十年重修。

永定桥　在甸尾乡东北坡脚。

永世桥　在兴衣乡木舌特。按：兴衣桥二，其一已载入县旧《志》。

龙江渡　在县东六十步，即猊江也。水小设桥，水大则用舟楫。按：龙江渡在东门外，知县吴懋英原建有石桥，后被水冲决，已失旧观。乾隆四十七年，知县何昱率绅士刘伟等建墩六座，工未完竣。五十八年，监生张志行及河西大白邑李成学等各捐工料为木桥，即济川桥是也。今则不须舟楫。

〔据陆绍闳修，彭学曾纂，薛祖顺增纂，思槐堂主人续纂咸丰《嵋峨县志》（清咸丰十年钞本）卷二《山川志附关梁》第4－7页辑录。〕

（康熙）新平县志·山川志附桥梁

卷二　山川志附桥梁

太平桥　在县东三里，今圮。

广济桥　在县西南三里，今圮。

永定桥　在县东三十里，易为水圮，现在兴修。

回龙桥　在县东关外。

飞凤桥　在县西北一里。

新华桥梁

七西桥　在城东五里，今圮。

妥甸桥　在城西三十里，今圮。

〔据张云翮修，舒鹏翮纂康熙《新平县志》卷二《山川志附桥梁》（云南省图书馆藏传钞本）第3页辑录。〕

（道光）新平县志·城池志津梁附

卷二 城池志津梁附

三家渡 在县西北百八十里三家村。渡麻哈江，上斗门乡，至界牌，走南安州。

东磨渡 在县西百六十里。渡戛赛江，走戛赛，越哀牢至恩乐。

树布拉渡 在县西南百五十里。渡磨沙江，走磨沙、蛮仑等处。

回龙桥 在城大东门外。康熙四十一年，阖邑士民建，今在东关厢街中心。

鸣凤桥 在土城小东门外，康熙五十五年公建。

联陞桥 俗名魏家桥，在城东二里，邑人公建，后圮。嘉庆十九年，知县黄会中、游击杨沛创捐重修。

接仙桥 在城东北一里，乾隆十二年公建。

永定桥 一名太平桥，在城东五里，跨襟带河。雍正六年，阖邑士民建。乾隆四十五年，知县陈松率士民重修。

镇风桥 在城东八里，乾隆五十一年公建。

锁水桥 在城东五里马密，乾隆五十一年公建。

叠戛桥 在城东南十里，邑人公建，今圮。

双龙桥 一名亚泥河桥，在城东四十五里，跨亚泥河。康熙五十一年，参将冯西生捐建，后圮。雍正九年，知县曾应兆同士民捐修。乾隆四十七年，知县庞兆懋、教谕郝英复率士民重修。

飞凤桥 在城西北一里。康熙六十年，阖邑士民捐修。

庆丰桥 在城西一里。

永济桥 在城西南一里。乾隆五十年，邑人公建。

广济桥 在城西五里，跨襟带河。康熙初年，邑人公建，王佐为记。久圮，今架木桥以利涉。

麻栗树桥 在城东十五里，跨平甸河。旧为往来通衢，今改由太平桥至大观塘，此路成僻壤，桥久圮。

妥甸桥 旧《志》：在县西八十里，久圮。

新化河桥 在县西三十五里，跨七曲河。雍正八年，知县曾应兆同士民捐修，今圮。

〔据李诚纂修道光《新平县志》（民国三年排印本）卷二《城池志津梁附》第37－39页辑录。〕

（民国）新平县志·交通·津渡桥梁

第十　交通

津　渡

树布拉渡　在县西南百五十里。磨沙三甲人民捐款，以给水手佣值。《通志》。

三家渡　在县西北百八十里三家村。

东磨义渡　在城西北一百六十里。向系私渡，行旅苦之。清同治十二年知县左维琦、光绪三年知县秦述先，率士民王卿、普承运、周凤第、周凤英等先后捐资改设义渡，并置田租百余石，以作工食、岁修船只之费。《通志》。

大开门义渡　在城东南一百二十五里平甸河。清光绪六年，巡道沈寿榕捐资置田，以作水手工食之费。《通志》。今由铁桥过此渡，遂停。

桥　梁

回龙桥　在县城大东门外。清康熙四十一年，阖邑士民公建。

鸣凤桥　在土城小东门外。清康熙五十五年，邑人公建。

联陞桥　俗名魏家桥，在城东二里，邑人公建，后圮。清嘉庆十九年，知县黄会中、游击杨沛倡捐重修。宣统三年倾圮，知县范修明率士民改建石桥。

接仙桥　在城东北一里，乾隆十二年公建。

永定桥　一名太平桥，在城东五里，跨襟带河。清雍正六年，阖邑士民公建。乾隆四十五年，知县陈松率士民重修。道光初年倾圮，二十年士民重建，上覆以屋。《通志》。

镇风桥　在城东八里，清乾隆五十一年公建。

锁水桥　在城东五里马密，清乾隆五十一年公建。

叠戛桥　在城东南十里，邑人公建。

双龙桥　一名亚泥河桥，在城东四十二里，跨亚泥河。清康熙五十一年，参将冯西生捐建，后圮。雍正九年，知县曾应兆同士民捐修。乾隆四十七年，知县庞兆懋、教谕郝英率士民重修，年久倾圮。咸丰五年，教谕宋河图同邑人捐修，复圮。光绪四年，知县彭祖诒率士民继修。《通志》。光绪三十二年，石墩冲陷，知县詹坦复修。

飞凤桥　在城西北三台坡脚。清康熙六十年，阖邑捐修，年久倾圮，今搭以横木。

庆丰桥　在城西一里。清宣统三年倾圮，知县范修明率士民改建石桥。

永济桥　在城西南四十里三道箐，通思普路。清道光二十六年，知县郭兆玙率邑人公建。《通志》。

维新桥　旧名广济桥，在城西五里，跨襟带河。清康熙初年，邑人公建，久圮，改架木桥。道光二十七年，知县郭兆玙率绅民重建，两岸各甃以石，上架巨木，中铺以板，覆以瓦屋，并建阁于上。同治十年，水涨倾圮，重修。《通志》。后桥梁损坏，民国八年，知县符廷铨率南门绅首倡捐重修。

麻栗树桥　在城东十五里，跨平甸河。清雍正九年，知县曾应兆同士民捐修，久圮。

妥甸桥　在县西八十里，久圮。

新化河桥　在城西三十五里，跨七曲河。清雍正八年，知县曾应兆同士民捐修，久圮，今改置木桥。

中和桥　在城北十五里野牛冲河。清道光二十年，永平乡耆民马履修、李辉等倡建。

永丰桥　在城北十八里长岭冈河，通新化大路。清道光二十七年，王樽、王相等倡建。

慢干街桥　在街子下，上建瓦屋。

锁龙桥　在慢干老铁厂前，距城百二十里。清道光十一年，知县牛暹倡修。

永安桥　在新化东三里许。清康熙乙未，邑士杨昌禄建。雍正己酉，普杨春重修。乾隆丙子复圮，二十五年，饶文淋等重建。

普济桥　在老铁厂街左。清道光三十年，邑人公建，上覆瓦屋。

上花桥　在戛洒坝南茂竜河。清道光元年，里人公建，上覆瓦屋，后圮，光绪五年重建。

下花桥　在磨沙坝。清道光十年，邑人捐建，架木为梁，上覆瓦屋。

奕科河石桥　清宣统元年建。

大麻卡河石桥　清宣统三年建。

套哈河石桥　清宣统三年建。

小窝铺河桥　清宣统三年建。

竹箐河石桥　清宣统三年建。

丁苴桥　在城东南五十里。清同治十年，邑人公建，后倾圮。民国十九年，邑人捐资重建。

膏梁冲桥　在城东南七十里。清道光三十年，邑人普旸鼎建，年久倾圮。光绪五年，阖邑捐资重建，复圮。旧《志》。民国十一年，县长熊从周踏勘地点，率绅民捐资重建，工未竣卸任，继任县长李绍汉、李应谦赓续筹资添建，甫竣全功。

团山脚桥　在城南十里，跨清水河。清咸丰间，阖邑公建。民国五年，被水冲坏南门，保董陈继虞倡捐重修。

阿白左桥　在城南十里，跨他拉河。同治元年，里人公建，今圮。

乐和冲桥　在城南十七里。清同治二年，邑人公建。

永顺桥　在城西五里许方达。清乾隆间，村人捐建。道光四年，里人捐资重建。

大开门铁桥　在城东南九十五里。清光绪二十一年，巡道陈灿、普洱镇屈鸿泰、都司孙世泰率绅商捐建。

甘棠河铁桥　在城东南九十五里。建造年月、倡首官绅与大开门铁桥同。

挖窖河石桥　在城西南挖窖村下。清光绪间，普瀛倡捐公建。

中和街桥　在城北四十里。清光绪十九年，里人公建。

大地河桥　在城西坝多村下。邑人公建，久圮，民国十三年重建。

大池河桥　在城西南大池村下。清光绪间，普瀛倡捐公建。

双兴桥　在城东北十三里。清光绪十五年，阖邑士庶捐建，今圮。以上旧《志》。

永安桥　在城西二里，民国十六年公建。

永济桥　在城西三里，民国十六年公建。

文星桥　在扬武，民国十七年公建。

锁水桥　在瑞莺塘。民国十九年，里人公建。

永新桥　在峨山县界化念乡，为新平晋省要道。民国八年，县长符廷铨倡捐，借地公建。《采访》。

〔据王志高修，马太元纂民国《新平县志》（民国二十二年石印本）第十《交通》第5－10页辑录。〕

曲靖市

（康熙）南宁县志·地舆志·津梁

卷二　地舆志　津梁

迎恩桥　在城北门外，一名康桥，又名避兵桥。明洪武初建，为往来必由之路。康熙二十三年，武定同知署府事王所善捐资重修。

潇湘桥　在城南门外。明景泰三年建，弘治间曲靖知府焦韶、同知胡光重修，为往来官道。今水泛，渐欲圮矣。

白石江桥　在城北五里许，即明初西平侯沐英战达里麻处。洪武二十五年建，康熙十年，曲靖知府李率祖重修。郡中诸桥，惟此最为坚致。

圆通桥　在城西一里许关圣庙之北，圆通寺僧海广募众修建。

澄清桥　在府治西，九里余上桥，七里余中桥，三岔驿下桥。俱明洪武年中建，为往来要路。

鸣凤桥　在府城西二十五里观音洞下。明万历三十年，陈政建。

石堡山桥　在府城南二十里，为往来官道之所。

新　桥　在城北二十里，明屯田道募工修建。

飞虹桥　在学宫之左。

驾虹桥　在学宫之右。

蒙家桥　在城西二里。

胜峰桥　在城西门外。

响水桥　在城西二十里，一里坡下。

中所营桥　在城东三十里。

红花海桥　在城东二十二里。

高　桥　有二，一在城东二十里，一在新铺前一里。

石喇桥　在城东二十里朗目山下。

中河桥　在城东十五里。

镇海寺桥　在城东十五里。

箐口桥　在城东十八里，一名魏家墩子桥。

吴六桥　在城东十五里。

朝阳桥　在府城东北。一去城二十里，一去城二十五里，同一连三座，长十余丈。

明万历中，知府高公荐委卫经历黄子敬督修，为当日官道要路。

把家桥　在城东十五里。

倮罗桥　在城北三十里。

邓官桥　在城北十三里。

柳家坝桥　在城东北七里许，乃白石江下流。其下有闸，资灌溉之利。

济众桥　在城西十五里三岔关下。康熙九年，闽中行僧德贵募缘修建，是年，吴三桂捐银，令驿道赵廷标督理助修，至今利济。

中政石桥　在城西南二十里，水会潇湘江。康熙六年，廪生沈鉴开募众修建。

冯官桥　在城西北七里，为往来要路。旧架木为之，日久朽圮，行人多阻。康熙四十三年，曲寻镇总兵官陆进忠捐赀砌石。

利众桥　在城西北八里许尹家小屯。康熙三十三年，南宁知县桂天申捐赀修建。

砥道连虹桥　在城北二十里，地名小路口。夏秋水泛河决，则淹没田庐，阻滞道路，居民行旅皆苦之。明万历庚子，经历李廷捐赀，督众筑堤修路四百余丈，建石桥三座，以泄水势，今渐淤塞成坦途矣。

普济桥　城西十五里。崇祯十三年，缪思问建，后僧寂浩募修。

〔据王穳纂修康熙《南宁县志》（吴乔贵、林文勋、周琼校注，冯绍贤主编《清代南宁县方志校注》，云南人民出版社2014年版）卷二《地舆志·津梁》第38页辑录。〕

（咸丰）南宁县志·建置志·津梁

卷二　建置志　津梁

驾虹桥　在城内学宫之右。本朝康熙五年，两学生员同建。

飞虹桥　在学宫之左。本朝康熙五年，知县程封建。

潇湘桥　在城南门外。明景泰三年建，弘治间，知府焦韶、同知胡元旧《志》作光重修。本朝雍正三年重建。

迎恩桥　在城北门外双沼之间，一名康桥，一名备兵桥，有闸。明洪武初建，本朝康熙二十三年，武定同知署府事王所善重建。

胡家桥　在城东门外。本朝顺治七年，里人公建。

王家桥　在城东里许。本朝乾隆五十一年，村民公建。道光二十年，绅耆杨增、伯廷佐、张星焕、王信重修。

把家桥　在城东十五里。

镇海寺桥　在城东十五里，僧如缘募建。

箐口桥　在城东十八里魏家墩。明崇祯二年，知县项达建。

澄清桥　有三，一名上桥，在城西九里；一名中桥，在城西北七里；一名下桥，在城西北十五里三岔关。俱明洪武间建，弘治中重修。本朝康熙九年，重建下桥，又名济众桥。

石堡山桥　在城南二十里，为往来官道。明崇祯二年，邑人募建。

中正桥 在城西南二十里，水通潇湘江源。本朝康熙六年，廪生沈鉴开同众建。

白石江桥 在城北八里，跨白石江上。明洪武二十五年建，本朝康熙十年，知府李率祖修。

新　桥 在城北二十里，驿道所经。

砥道连虹桥 在城北二十里，地名小路口。夏秋水涨，沙岸冲决。明万历庚子，经历李廷倡众筑堤四百丈，建石桥三门泄水，行者称便。

柳家坝桥 在城东北七里。明万历二十年，邑人公建。

吴六桥 一名葫芦桥，在城东十五里。本朝顺治六年，邑人募建。

中和桥 在〔城〕东十五里。本朝康熙五十九年，知县王檉重修。

红花海桥 在城东二十里，僧普荷募建。

高　桥 有二，一在城东二十里，一在城北二十里新桥之前。

石喇桥 在城东二十里朗目山下。本朝康熙二年，僧一休建。

中所营桥 在城东二十里。明弘治间，军人公建。

石墩子桥 在城南十里。

中州桥 在城南五十里旧越州东门外，各所兵同建。

周家桥 在旧越州西十五里。明天启二年，千户王贵建。

澄清桥 在旧越州西门外。元宪宗时建，明洪武十八年，黔国公沐英改建，更名镇夷。万历五年，卫守备李昭修。本朝乾隆戊戌、道光辛卯，两次重修。

东岳桥 在旧越州北门外。本朝康熙元年，僧广元募建。

胜峰桥 在西门外，明西平侯沐英建。

蒙家桥 在西。本朝康熙二十九年，知县张为焕建。

济众桥 在城西十五里。本朝康熙九年，驿盐道赵廷标暨阖郡人建。

鸣凤桥 在城西二十五里。明万历三十年，知府陈政建。

响水桥 在城西三十里。本朝顺治五年，邑人公建。

利众桥 在城西北七里。本朝康熙二十三年，知县桂天申建。

冯官桥 在城西北七里。本朝康熙四十三年，曲寻镇总兵陆进忠建。

邓官桥 在城北十三里。

倮㑩桥 在城北三十里。本朝顺治七年，邑人公建。

朝阳桥 在城东北二十里。明万历间，知府高荐建。崇祯末，村民管邦宁修，俗名三孔桥。

圆通桥 在城西一里许，僧海广募建。

普济桥 在城西十五里。明崇祯十三年，邑人缪思问建，僧寂浩重修。

万善桥 在城东四里许。本朝乾隆五十年，贡生段泽远倡建。

永通桥 在城西十九里。本朝乾隆五十四年，总督富纲、知府常德建。

永安桥 在城北八里。本朝嘉庆元年，村民建。

太平巷桥 在城北五里姜家巷。本朝嘉庆三年，村民建。

前街桥 在南城。本朝嘉庆元年，村民建。

街头桥 在南城。本朝乾隆五年，士民建。

曲靖桥 在南城，久圮。

大营桥 在城西南十五里。本朝乾隆十年，村民建。

岳东营桥 在旧越州城南十里。本朝乾隆五年，村民建。

观音桥 在城西南三十里。

龚家桥 在城东南三十里。

三教寺桥 在城东八里史家闸下。

夏家桥 在城东十八里夏家墩。

长 桥 在夏家墩。

李家桥、文家桥 在城东十七里魏家墩。

汤家桥 在城东南十五里。

刘家罾桥 在村中。

新口桥 在城东新圩上。

长 桥 在王家堡。明末，村人管邦宁修。

〔据毛玉成修，张翊辰、喻怀信纂咸丰《南宁县志》（《中国地方志集成·云南府县志辑11》，凤凰出版社2009年据清咸丰二年刻本影印）卷二《建置志·津梁》第11–15页辑录。〕

（同治）古越州志·建置志·桥梁

卷三 建置志 桥梁

永安桥 在城北，建自明初。其时两岸大槐，周围数抱，每遇月明，倚桥下视，如明珠千颗，遍浮水面，故“永安夜月”为八景之一。

镇夷桥 在城西五里，俗名下桥，旧名潇湘，元宪宗年间建。明洪武十八年，沐公英廓其旧制，名澄清桥，仍以土木为之，不免随修随敝。嘉靖乙丑，操屯指挥张允恭请于上宪陆公，易以石，允恭首捐俸金，躬董力役，舆梁成焉。万历五年，卫守备李昭再建。大清道光庚寅，募化重修，功德不敷者多，邑人董先荣力任其不足之费，而功始成焉。

小河石桥 距城东十里，本朝邑人同募建。

茨园石桥 本朝道光二十六年，村人募建。

周家桥 在城西十五里。明天启二年，千户王贵建。

东岳桥 在大马房之北四里许。康熙五年，僧广元募建。

中洲桥即洲上木桥 前明各所兵建。

头寨桥 以木为之。

贾家营桥 以木为之。

江家营桥 以木为之。

宋家营桥 以木为之。

岳东营桥 以木为之。本朝乾隆五年，村民建。

潦浒石桥 以木为之。现修石桥，而功未成。

大窑湾桥 以木为之。

麦地冲桥　以木为之。
石嘴上桥　以木为之。
小马房桥　以木为之。
上坡石桥　本朝邑人建。
李家营小石桥　邑人建。
馒头山桥　以木为之。
南门桥
云龙桥　在杨官田村北首。
竹园小石桥

〔据何晅原纂，何杓朗增订，李家珍重订同治《古越州志》（吴乔贵、林文勋、周琼校注，冯绍贤主编《清代南宁县方志校注》，云南人民出版社2014年版）卷三《建置志·桥梁》第382页辑录。〕

（雍正）马龙州志·建设志·桥梁

卷四　建设志　桥梁

观音桥　州西南半里，明成化中建。
张经桥　州西南十二里，明马隆所千户张经建。
瀑津桥　州东四十五里迤泽村，因瀑布名。
双　桥　州北三里。
教场桥　州北二里。
卧龙桥　州西南二十五里，嘉靖中建。
关东桥　州西南二十五里。
关西桥　州西南三十五里。二桥在鲁婆伽岭东西，故以关名。
仁济桥　州西南四十里。
南安桥　州西南五十里。
青石桥　州西南七十里。
永兴桥　州东南六十里湾子之左。
高　桥　州西一里许。
白蟒桥　在白蟒河。
三板桥　州东南二十里。
锁金桥　州东十五里。
朱黄桥　州南五十里，窝郎村人朱姓妻黄氏建。
响水桥　州东北二十五里。
松溪桥　州东四十里。
西河桥　州南十五里。
镇西桥　州南五十里竹园村竹园村，万历十七年建。

〔据许日藻纂修雍正《马龙州志》（清雍正元年刻本）卷四《建设志·桥梁》第5页辑录。〕

（民国）续修马龙县志·建设志·桥梁

卷四 建设志 桥梁

观音桥 县西南半里，明成化中建。

张经桥 县西南十二里，明马隆所千户张经建。

瀑津桥 县东四十五里迤泽村，因瀑布名。

双 桥 民国十六年重建。

较场桥 县北二里。

卧龙桥 县西南二十五里，嘉靖中建。

关东桥 县西南二十五里。

关西桥 县西南三十五里。二桥在鲁婆伽岭，故以关名。

仁济桥 县西南四十里。

南安桥 县西南五十里。

青石桥 县西南七十里。

永兴桥 县东南六十里湾子村之左。

高 桥 县西一里许。

白蟒桥 县西五十里。在白蟒河，光绪三十一年重修。

三板桥 县东南二十里。

锁金桥 县东十五里。

朱黄桥 县南五十里。阿郎村人朱姓妻黄氏建，故名。

响水桥 县东北二十五里。

松溪桥 县东四十里。

西河桥 县南十五里。

镇西桥 县南五十里竹园村。万历十七年建，光绪三十一年重修。

保回桥 县西二十五里尹保村，光绪三十二年建。

五里箐小桥 县西三十五里，光绪三十一年建。

〔据王懋昭纂修民国《续修马龙县志》（《中国地方志集成·云南府县志辑25》，凤凰出版社2009年据钞本影印）卷四《建设志·桥梁》第6页辑录。〕

（乾隆）陆凉州志·建置志桥梁附

卷二 建置志桥梁附

望海桥 在城东十五里，又名滥泥桥。隆庆年间，义民焦纶高修。

土 桥 距城东二里，名东垌。

永宁桥 原名城南桥，又名会津，在南关外。洪武二十三年建，以木为梁，遇朽坏，动官银搀修。至万历间官民捐资伐石，于今桥之下首橥址建筑，未竣，屡为洪涛所摧。至崇祯九年，众姓复出资徙于今之旧处，仍架木为梁。今易石。

阎芳桥 治南古城之东。隆庆年间，义民王朝阳易修以石。

晃　桥 在城西南。

旧云南桥 在治南五里，义民朱琼修。

新哨桥 治南三十里近凤雏山。天启年间，寿官文盛[①]修。

老马桥 治南四十里近阿油铺。昔为马姓所造，故名。

新云南桥 治西南七里，乾隆七年建。

弘济桥[②] 治西，原名城西桥，在西华寺左。原架木，嘉靖年间，义民王璋易之以石。万历四十五年，义民张灼复修，易今名。

串　桥 在城西北数武。

新板桥 治西北三十里，乾隆七年建。

板　桥 治北三十里。洪武十五年建。万历间，寿官王锡极砌以石墩。崇祯九年，马良誉复修。

〔据沈生遴纂修乾隆《陆凉州志》（传钞清乾隆十七年刊本）卷二《建置志桥梁附》第6页辑录。〕

（民国）陆良县志稿·地舆志·桥梁

卷一　地舆志九　桥梁

木　桥

会津桥 俗名大桥，在南关外里许，接永宁石桥。架木为梁，当临阳、曲靖往来要冲。自洪武二十三年建，遇朽坏动官帑修补，清官款无着，由众姓出赀修理，颇形困难。数百年来，均以财政不足，未得易石为憾，名胜“板桥春水”即此。

杨家桥 在治南五里，地名杨家河头。

舟东桥 在治东十五里，桥以地得名。

石　桥

永宁桥 在南关外，又名南桥。万历间，众姓出赀，易木以石。

望海桥 在城东十五里，又名滥泥桥。明隆庆间，焦纶高修。

土　桥 在城三里，名东垌。

阎芳桥 在城东南。永乐时阎芳倡修，至隆庆间义民王朝阳补修。

晃　桥 在城西南。

旧云南桥 在治南五里，义民朱琼修。

---

① 文盛　道光《陆凉州志》同，民国《陆良县志稿》作“文武”。

② 弘济桥　原本“济桥”前缺一字，道光《陆凉州志》作“洪济桥”，道光《云南通志稿》作“弘济桥”，民国《陆良县志稿》作“宏济桥”，互通，避讳。今据补。

迎凤桥 旧名新哨桥，在治南三十里迎凤雏山。天启间，寿官文武修。

老马桥 在治南四十里近阿油铺。昔为马姓所造，故名。

新云南桥 俗名西桥，在城西南七里。乾隆七年，乡官孙英之祖建，英续修，太守俞卿重修。

宏济桥 在西寺前，旧名城西桥。原架木，嘉靖间，义民王璋易之以石。万历四十五年，义民张灼重修，易今名。

北坛桥 旧名串桥，在城西北里许。

北涧桥 俗名新板桥，在城东北三十里，跨于北涧河上。乾隆六年建。

映蓉桥 俗名板桥，近木蓉山，在城北三十里。洪武十五年建，万历间寿官王锡极砌以石，崇祯间马良誉重修。

丁亥桥 在城南二十里尹旗堡，光绪丁亥年建。

凤喙桥 在城南四十里，邑人王之屏于民国二年倡修。

钟灵桥 在城东南三十里，光绪五年修。

高　桥 在城东南三十里，光绪三十年修。

盘铭桥 在治南三十里贞元堡磨盘山下。

蛇场河桥 在治东一百三十里。清嘉庆间，曲靖知府邓公建。

方家桥 在治东一百三十里。相传方氏弟兄析爨存千余金，互让不受，父以此建修，又名冒水硐桥。

新　桥 在治东一百三十里蛇场河下游，通广西竹园道，有革市两岸贸易。

独木桥 在治东一百三十里独木村，蛇场河上源也，当曲靖孔道。

〔据刘润畴修，俞赓唐纂民国《陆良县志稿》（民国四年石印本）卷一《地舆志九·桥梁》第1页辑录。〕

（道光）宣威州志·津梁志

卷二　津梁志

石龙桥 在城东一里。明李国标建，水洞三。

堡子桥 在城西街头。

王家桥 在城南洪桥铺，去城十五里。

乾河桥 在城南二十五里。

马龙桥 在城南五里。

水西桥 在大屯城北三十里。

江溪桥 在城北二十里。

衍嗣桥 在城南半里，明御史缪文龙建。

山　桥 在城南里许，架木为之，今易以石。

倘塘桥 在城北八十里，架木为之。

八仙桥 在城东北八里许。

大屯桥 在城北，桥上即是夏屯。

来宾桥 在城北二十五里。

天生桥 在城东北一百六十里。

可渡桥 在城北一百三十里，跨可渡河，甚险。明傅友德败乌蛮于此，今炮台营盘山遗址尚存。原系木板，在可渡关下。康熙二十八年，总督范承勋建石桥于下游里许，三十三年圮，威宁镇总兵唐希顺复建木桥于旧处。康熙五十四年朽，总督葛璟建，题其额曰“卧波”。雍正八年三月内毁于火，九月内重建木桥。

大有桥 在城西六十里，跨仙人洞河，乾隆十六年建。桥上有栋宇高廊，往来行人可避风雨。郡人吴承伯题其额曰“近瞩宣城，遥接巴江”。

如意桥 在大有桥上游，相距半里许。跨石城河，紧逼三台洞山脚。栋宇规模与大有桥相仿，桥西门楼即接三台洞门楼。乾隆二十七年重建，郡人吴承伯题其额曰“云间玉宇，步上天台”。

扯卓桥 在城西五十里。

小江桥 在城西南八十里。江水汹涌，两岸悬崖，路甚崎岖。原架木为之，至乾隆三十年重修以石，为曲、昭、东通衢要路。桥边置有曲靖府税务所。

阿龙坝 在城南三里，灌河东诸田。

小　坝 在城西五里。

宁家坝 在城西一里。

双　坝 在城南二十五里。

官　坝 在城西三里。

缪家坝 在城西三里。

梁家坝 在城西五里。

张家坝 在城西半里。

盘龙坝 在城西南一里。

天生坝 在城西南二里许。生成石闸，左右俱开沟引水灌田。

仙人坝 在城西南六十里。

〔据刘沛霖修，朱光鼎纂道光《宣威州志》（清道光二十四年刻本）卷二《津梁志》第17－20页辑录。〕

（民国）宣威县志稿·政治志·桥梁交通

卷七　政治志　桥梁交通

关于省内外之交通者

五福桥 在城西下堡。明嘉靖间，架木为梁，结椽其上，御史缪文龙题其额曰“南通六诏，北达三巴”，以是名御史桥。明末杨游戎珮玉兴其颓废，易名普滋桥。旧《志》承作堡子桥，不久复废。清康熙间，邑人易木以石，大水骤至，漂荡无遗。五十八年，土司安于蕃鸠工伐石，作为卷硐三，纵丈余，长十余丈，邑绅孙衍庆为易其名曰福胤。

乾隆间复圮，知州饶梦铭踵其旧而成之，号曰朝阳。嘉庆十六年四月，山水暴涨，漂坏人民庐舍并及桥，知州张槐倡率士民捐修石硐五，易今名。同治四年，大水冲决，十二年，客民刘兴顺倡捐重修。

保安桥 在城南半里许。民国八年，邑人浦钟杰、宁学麟、华逢春等捐金建，为南区人入城要道，且当驿路。此桥既成，行旅出南门即循河堤东岸度桥，而南五福桥南官路，废为民田矣。

可渡桥 在城北一百三十里，跨可渡河。吴梅村诗“盘江西绕七星关，可渡桥边万仞山”，其险可想而知也。旧系木桥，清康熙中，总督范承勋以其为滇黔蜀驿使往来孔道，建石桥于下游里许，旋圮。三十三年，威宁镇总兵唐希顺复建木桥于旧处。五十四年朽，总督葛瑮重建，题其额曰“卧波”。雍正八年三月毁于火，九月内重建，木桥复圮。同治间，盐法道沈寿榕捐赀，设舟以渡。民国八年，广东虎门要塞司令官曲靖赵越绍述乃考遗志，派员鸠工，登山伐石，费所自出，独力担任，桥成，秦太史树声撰文书丹，俾勒于石，且名其桥曰“义夫渡”，越父勋丞封翁在袁政府时曾蒙褒为义夫，奉建石坊于曲阳者也。

木冬河桥 在城东北一百三十里，跨木冬河，为县境及水城往来要道。民国十五年，水城人石君石君名字，访员漏报，故从阙。等倡建。

溜索桥 在城东北一百五十里，地名杵棵倮。木冬河流经其地，势限滇黔，邑人与水城人结绳两岸，而贯竹筒于绳中，筒下系布作兜，人坐其上，两手抱筒，溜至中，权彼岸人以绳曳筒而进，故曰溜索，即《汉书》所谓“筰”也。势甚险，胆怯者望而止步。传有夫妇二人，挟子过渡，妇先登，以襟裹儿衔口中，至中流，夫问曰：“儿安在?”答曰：“在。”此口一松，襟坠子落，妇痛极随之下，夫亦跃入河中以身殉，惨已！宣中建设，此不当亟求改进者欤！沿河一带过溜者，凡六七处。

天生桥 一在北城东一百六十里北所大山之东，为宣威、威宁往来之道；一在正东一百四十里鸡冠山，与黔境犹着岩相交于清水河上，为宣、水、盘三县往来之道；一在城东南猴街子，为猴街子、阿宗歹等村交通之道；一在正东区双水井梁子，与东北区老偏岩相交处，距柏香河村子不远。

惠泽桥 清水河上游为拖长江，流至永安里改斯称，至伐柯泥势愈大，过河即盘县境。双方人士之交通为之间阻，清光绪二十六年，背阴田人孙照倡建石桥，工未竣，毁于水。民国六年，七甲人前清贵州试用知县包维斗、邑庠浦云鹏等纠合两属人士捐金重建，要路始通。

四里座大桥 革香河下游与清水河将次合流之地，号曰黄河，两岸高山，中夹巨浸，水深而湍激，其色黄。宣、盘两县之交通，此为重要关隘。清同治间，村人包金荣等架木为梁，上施栋宇，覆以瓦，计共九间，桥头建魁星阁，名聚文桥。光绪间，木桥倾圮，改建石桥。民国十年，毁于兵，邑绅包维斗倡率范姓集资重建。地方人因前后桥功多出范氏，率名之曰“范家大桥”。

茨营桥 茨营河上有三源，合流后势颇大，宣、盘两县人，自东南区之小马场、兔场互通来往者，至此亦多却步。清嘉庆间，村人瞿耀倡建石桥一硐，年久沙淤水溢，往往泛滥。兔场人魏金阶于民国八年接建石硐二于桥东，两县之往来始畅。

关于邻县之交通者

小江桥 小江之水自西泽流入德泽江，下游即牛栏江，将入德泽而未至。相距七八里之地有村，即以小江为名，曲、昭、会三县往来要路也。江水汹涌，两岸悬崖，路甚崎岖，先经架木为桥，乾隆三十年重修以石。

德泽桥 德泽江俗呼为大江，界于宣威、会泽之交，由省赴东、昭或由东、昭入省，皆以此为要道。上建石桥，上下数十里亦有民船过渡，而人率畏其险，绕由桥过者多。桥头旧有曲靖府商税局。

鲁东河桥 鲁东河水，系由霑益之卡郎流入。上建石桥，通两属往来。

关于境内之交通者

石龙桥 石龙桥在城东一里许，跨盘龙河。明州人李国标建小水硐三，清光绪二十八年，邑人浦钟杰、张守一、孙恒侊、华逢春、宁尚元等筹资改建为大硐，即而徐占恒复于桥东接建小水硐一，为石龙山附近居人入城要道。

衍嗣桥 在城南二里许，跨庙山河。明嘉靖间，御史缪文龙建之以祈嗣，后水涨倾圮。清乾隆四十一年，贡生侯御远砌以石，易名麒麟。嘉庆十六年，知州张槐倡捐重修，改名太和桥，今废。

大屯桥 在城北三十里，亦名水西桥，跨盘龙河，为由县城往东北区要道。清光绪二十五年，何应拔倡修，后废，设舟以渡。光绪三十二年，邑人浦钟杰、孙恒侊、宁尚元等倡捐重修。今复倾圮，仍设舟以渡。

大有桥 在城西六十里，跨仙人硐河。乾隆十六年建，桥上栋宇高廓，往来行人可避风雨，郡人吴承伯题其额曰“近瞩宣城，遥接巴江”，岁久淤塞，光绪末已没入。土民一二区团道符廷鏞捐赀重建，比淘海底，则桥固在，惟距地平三尺，因就其面石下墩焉，陵谷之变若是。

如意桥 在大有桥上游，相距半里许，跨石城河，紧逼三台硐山脚，栋宇规模，与大有桥相仿，桥四门楼，即接三台硐门楼。乾隆二十七年重建，郡人吴承伯题其额曰“云间玉宇，步上天台”。

其不甚显著，而关系境内交通远之，亦（抑）或及于省内外者，表如下：

桥　别	叙　略
马龙桥	在城南五里，为钱屯人入城要道
山河桥	在城南里许，为阎屯等处人入城要道，今废
土官桥	在城南，顾名思义，当为安司所建，为坝上人要道
乐善桥	在城北五里许，通称五里桥。清同治间，举人谭显廷等捐建
王家桥	在城南虹桥铺
来宾桥	在城北二十五里。清光绪二十七年，村人李本焕等重修
江溪桥	在城北二十里，地名雁塘。民国初，邑人钟杰、孙恒侊等改建
夏屯桥	在水西桥西南。清光绪三十三年，村人马晋朗等倡建
左松坡桥	在城北二十五里。民国六年，村人王学曾等倡建

续　表

桥　别	叙　略
永顺桥	在城东北三里小圩、浦山两村间
西河桥	在城西里许。清光绪间，知州陈鸿勋等建
高　桥	在城东北八里许，杨屯、苏家湾两村之交通最为切要
八仙桥	在城东北八里许。清光绪中，浦姓阖族公建
革香河桥	在法倮桥东北，彼踞上游，此跨中游
法倮桥	在城东六十里，跨革香河，中区与东北区往来要道
回龙寺桥	在城东一百二十里
文阁桥	在城东一百二十里文阁高小之东
腾龙桥	在城南十五里，村即以桥名，耕东山之麓，必经此桥
母屯桥	跨盘龙河，为进城要道，外有朱屯木桥一座
龙井桥	跨盘龙河，外有小空山木桥，并大屯船渡
塘房桥	在十里铺外，当北路通衢，虽系山沟小桥，关系亦重
左所桥	跨盘龙河，系木桥，与对河各村交通。下左所及陆家湾均有木桥一座
上营桥	在城北二十五里，跨观音塘河，与对河各村交通
卡基桥	在城东四十里，跨村前小河
羊场桥	与文阁桥同跨一河，为东南、正东南两区往来要道
兔场桥	在城东南百余里兔场、猴街子两村间
西星夕桥	在城东南百余里
雪法着桥	在城东南六十里，跨马场河
渤溪桥	在城东南六十里，共二座，跨渤溪河
乾河桥	在城南二十五里，为板桥人进城及邑人赴省要道
双坝桥	在城南二十五里，为双坝与板桥人往来要道
鸭子塘桥	在城南三十里，跨东河，与板桥交通，村人徐振海倡修
洑犀桥	在城南四十里，上有亭，今废，为入省要道
箐门前桥	在城南三十里，村人樊集麟、吴文增等倡建石桥，旋毁于水
双柳桥	在箐门前，两岸旧有柳树，村人伐之，使连而不断，树合作桥其上
东屯桥	在城南四十里，村人周凤图倡建石桥，大者三座，小者四座，交通甚便
罗家营桥	在城南五十里
五灵桥	在城西南六十五里，地名柏木口
绿水河桥	在城西南七十五里
兴隆桥	在城西南三十五里之雷家营。清光绪中，村人公建
二道河桥	在城西南九十里
花鱼硐桥	在城西南八十里，计共三座，皆甃以石
扯卓桥	在城西五十里，为西泽人进城要道，清光绪间废
西泽桥	在城西七十里，跨西泽河，为该区交通要道，邑人符廷镰倡修
务德桥	在城西一百一十里。清光绪中，村内三元宫住持倡修

续　表

桥　别	叙　略
张家村桥	在城西一百一十里，跨观音山小河。光绪中，娘娘庙住持倡修
井田坝桥	在城西一百里。清光绪十二年，村人缪思开等重修
倘塘桥	在城北八十里，架木为之，清光绪间倾圮
老铜店桥	在城东北一百四十里，计三座，皆砌以石
兴文桥	在城北一百里，跨宝山小河
姐着营桥	在东北一百三十五里
华家桥	在城南三里许，民七八间，华氏阖族公建
星聚桥	在城西老堡冲，经费来源实出于陈晓鳌村人，缪果章资其余利，倡众为此，前后两县长陈毅、杨自珍助成之
色官屯桥	在城北八十里，村人吴文康、禄大昌倡修

此外，边远之地山沟小水建有石桥者，例得附著，俾讲交通与有事其地者，得以览焉：

高家堡桥　陈家堡桥　河东营桥　龙潭桥　歌乐营桥　母官屯桥　小石缸桥　色格多桥　色卡桥　海戛多桥　火谷冲桥　龙姑河桥　箐口桥　阿衣冲桥　塞歪座桥　阿洒戛桥　新店子桥　大松树桥　迤拖村桥　冯家台子桥　跌麦村桥　海树夸桥　大硕德桥　木宗桥　崖脚桥　小硐桥　品迭桥　石板河桥　着赊麦桥　跌格戛小桥　细米者桥　篦子凹桥　响水河桥　官寨桥　得马田桥

航业交通

宣本山国，无航路，航业何有？然边境数大水，除有桥梁处可与邻县通往来外，余亦恃有舟楫，以资利济，则亦航业之类也。能施巨工，开德泽江，泛舟牛栏，以达于金沙江，则又踞扬子江上游矣。因以说明德泽可开，概况如左：

宣威县航业状况表

水名	渡　口	对河界址	两岸距离	船只数	载重量及容积	每人每担需用代价	备　考
革香河	革香河村	贵州水城	五丈至六七丈	村各一二只	每只载重约七八百斤，容积仅敷七八人乘坐	每人少至五仙，多至四角，每担货物需银如之	即盘龙河下游黄河上游
	磨　戛						
	陈家船						
	阿基卡						
	毛家船						
小江	小龙溪	本县属地	十丈至十四丈	同前	可载二三十人，载重约三千余斤	需费与革香河船同	西泽、扯卓、歌平三水汇为小江，入德泽江
	萧家船						
	密腊的						
	黄梨树						

续　表

<table>
<tr><th>水名</th><th>渡　口</th><th>对河界址</th><th>两岸距离</th><th>船只数</th><th>载重量及容积</th><th>每人每担需用代价</th><th>备　考</th></tr>
<tr><td rowspan="5">底那河</td><td>阿　都</td><td rowspan="5">贵州威宁</td><td rowspan="5">约七八丈</td><td rowspan="5">同前</td><td rowspan="5">载人及载重数量均与革香河船同</td><td rowspan="5">同前</td><td rowspan="5">即可渡河下游、木冬河上游</td></tr>
<tr><td>小马场</td></tr>
<tr><td>陈家渡口</td></tr>
<tr><td>王家渡口</td></tr>
<tr><td>色里块</td></tr>
<tr><td rowspan="5">德泽大江</td><td>红果树</td><td rowspan="5">会泽边界</td><td rowspan="5">十五至二十余丈</td><td rowspan="5">同前</td><td rowspan="5">同前</td><td rowspan="5">同前</td><td rowspan="5">即车洪江下游、牛栏江上游</td></tr>
<tr><td>索租卡</td></tr>
<tr><td>官　寨</td></tr>
<tr><td>至　札</td></tr>
<tr><td>三家村</td></tr>
</table>

右表就渡口言之，其航行之远可资长途输送者，在德泽上游直通杨林，为昔时运铜之路。其水自嘉利泽导源而下，至打乌哨西，又北流为车洪江，至德泽为德泽江，又北流经仙鹅抱蛋西，折西北流为牛栏江，至巧家入金沙江。水所经由皆在万山之中，怪石嵯岈，本难通过，然昔之铜运既曾于兹放棹，而在前清末年，邑绅陈祖基祖绳之父开办怡昌隆商号，又尝由杨林城外西村放船，经菓子园古城等处顺流直下，至德泽登陆，另换牛车运货入城，省费实多，后因两岸石崖坍阻，路线始废。然在当时需费仅二三百元即可修复，今则无确切之调查矣。又德泽下游航行较便，若由老鸦硐放棹顺流而下，可至会泽属之三道拐，再将三道拐之险阻开通，则一直可达江底，再将下游开通达于金沙，运载之利兴而航业可望发达矣。昔明太祖尝谓关索岭非适滇正途，正途当在西北，意盖指金沙江而言也。太和杨士云亦谓开金沙江则不必北至永宁，东至镇远，困其马而乏其人，扬航顺流直合江汉而朝宗矣。二者皆以幹路言之。德泽之航路开，则寻甸、马龙、霑益、会泽、宣威、巧家及贵州属之威宁，皆藉一水之便，浮金沙而踞扬子上游，何快如之！是在当局运以精心，矢以果力，成兹不世之功耳。

〔据缪果章编辑民国《宣威县志稿》（民国二十三年排印本）卷七《政治志·桥梁交通》第 48－54 页辑录。〕

（乾隆）霑益州志·城池志津梁附

卷一　城池志津梁附

太平桥　在城东门外，达京师大道。万历中重修，康熙年间，邑人沈逢圣补修。

山塘桥　俗名黑桥，离城北三里许，通四川大道。唐武德七年冬十二月，检校南宁都督韦仁寿建。

新　桥　城南十里。

阿幢桥　城南八里。久淤塞，故道无存，桥脊尚在。旧于此设土巡检，久裁。

高　桥　离城东十二里。多冲激，时需修筑。

陈坊桥　城北四十里。

朝阳桥　城东南三十里。

倮㑩桥　城南十三里。

邓官桥　城南二十里。

王把事桥　城东南十里。

〔据王秉韬纂修乾隆《霑益州志》（故宫博物院编《故宫珍本丛刊》第227册《云南府州县志》第2册，海南出版社2001年据清乾隆三十五年刻本影印）卷一《城池志津梁附》第28页辑录。〕

（民国）霑益县志稿·乡镇志·桥梁

霑益县凤翔镇志料·桥梁

兴龙桥　在白水村东半里，长、高丈许，县佐杨辅臣建立。

马隆桥　在白水城东门外数百步，长、高丈许。

大石桥　在白水村南半里，长、高二丈许。民国十七年，团总许大文捐资倡建，耗现洋百余元。

干河桥　在白水村西百余步，长、高八尺。

干　桥　在白水城北门外二里许，长、高丈余。

抗日桥　在凤翔村西北，长、高二丈许。

大石桥　在凤翔村东，长、高二丈许。民国二年，张保董正权以香会款建筑。

张家石桥　在老马场西北，三孔，高阔丈许，长二丈许。

天生桥　在凤翔村东，长、高丈许。

唐家石桥　在老马场村南，三孔，高一丈五尺，阔丈许，长二丈许。

石板桥　在凤翔村西二里，长三丈余，高二丈余。

石坝大桥　在石坝村东半里，长四丈余，高三丈余。

霑益县志炎方镇志料·城池附桥梁

杨起桥　在炎方西五里，河西村南一里，高一丈，阔八尺，长三丈许，三硐，以石板平铺。邑人杨春满于民国初捐建。

大渡桥　在新屯街北，高阔丈许，长二丈许。

大兴桥　在新屯村前，高二丈，阔一丈，长五丈。光绪十五年，岁贡邹少鲁倡建。

大石桥　在石头地村前，高阔丈许。原系土桥，咸丰年改建为石桥。

孙家石桥　在河口村南三里许，泥沙淤塞，高仅三尺许。

阿起桥　在海渡河村前，高阔丈许。

偏　桥　在村西北里许，高阔一丈，长三丈。

炎方村北大石桥　高阔丈许，长三丈许。

炎方铁路大花桥　高三丈，阔二丈，民国二十八年建。

炎方公路有石桥二座，高阔丈许。

霑益县松韶乡志料·桥梁

松韶关石桥 又名太平第一桥，在村北。长高二丈，阔八尺。光绪三年，蒋自万劝资改建。见《州志》。

太古石桥 在大树屯村南，传闻建自万历年间。以年久被泥沙淤塞，土外仅遗尺许，不便行走。该村文庠傅嘉谟劝资率众重建石桥。三硐。叠于太古桥上。计自光绪二十二年丙申动工，至二十三年完成，长五丈，阔一丈五尺，高二丈。

龙凤村石桥 在村东，系大、小兴所及龙凤村三村共建。三硐，高三丈，长七丈，阔一丈二尺。

大石桥 在来远铺村北，长一丈五尺，宽八尺。民国初年建。

松韶关村东南、北西，各有大石桥一座，长高约二丈。南北铁路、公路亦各有新式石桥一座，共四座。高均约二丈，阔二丈。

中白浪、上白浪、芹菜沟村东，各有古石桥一座。

芹菜沟石桥 民国二十七年建。高各一丈四尺，长二丈三尺，阔一丈，三硐。

霑益县方城乡志料·桥梁

城方桥 在县城北四十华里。相传于道光年间，白珠龙潭村，柳贡生倡建。桥有三硐，长十一丈，高三丈，宽二丈。见《州志》。

新大桥 在城方桥村东，仿前座式样大小建造。宣统元年，村人卢灼经、卢开栋倡卖城隍庙内柏树三株，获价叁佰陆拾两，作建此桥资金。

大木桥 在新大桥上流半里，以大木搭成，城方桥因此得名。相传此桥在马连升反叛前即有，历年修葺，今存旧观。

城方桥村北，西河交盘江处，有石桥一硐，高二丈许。

胡家屯村西，盘江上有大土桥一座，甚古。车马可行，为交通要冲。

青麦地村南，有石桥一硐，建于嘉靖年，高一丈三尺。马连升重修于道光年间。

三民桥 在青麦地村北的白河上，一硐，高一丈九尺。民国二十八年，邑人戴守一、钱国英、尹登榜、田玉禄、杨士荣等劝资倡建。

霑益县德威乡志料·城池附桥梁

安乐江桥（永乐桥） 上下二座，在县城西九十里安乐江上，当曲、会要道。咸丰六年回叛毁，遗石礅，后经该地居民捐募建木桥，盖造瓦屋覆桥。上座八洞，木房十六间，无修葺，已圮十间，以木横架，仅容一人行。下座木房十三间，村人复次修葺，存旧观。

清顺桥 在黄龙洞村前，长五丈余，高三丈余。

新石桥 在德威村东二里石碑弯子，长三丈余，高二丈余。光绪十九年，德威阿法氏建。

长坡右桥 在长坡村后山脚，距村二里，长三丈余，高二丈余。以上三座石桥，均系德威阿法氏于光绪末年先后资建，裨益交通、农耕，阿法氏实难得者也。

格勺石桥 在村西一里，长二丈余，高丈余，商贩要道。

章溪村西小石桥 高丈余，长三丈余。安绍钦妻自氏夫人独立建，耗银约三百两。

中石桥 在章溪村北一里，高丈余，长二丈余。

霑益县乐泽乡志料·桥梁

德泽石桥 七空，长三十一丈，跨车洪江，若长虹。乾隆四十年，巧家刘汉鼎出资建立。民国十六年，吴营长俱民拆毁西端。二十一年，得邑人陶光佩修葺，复旧观。桥上原有税房四间，二十七年建十一间，三十年孙春林建硐一所于西端，附乡公所存焉。

小石桥 在德泽南二里，一空，长二丈。乾隆时，刘汉鼎使女资建，霑、会要道。

新　桥 在德泽西一里，一空，长三丈。同治年，曲人武生赵有元资建。

小石桥 在德泽西北二里，一空，长二丈。乾隆时，刘汉鼎之女资建。

卡郎南五里小家宽村前有石桥，一空，高二丈。民国元年，家宽人赵连成捐资倡建。

卡郎南四里大家宽有石桥，一空。

卡郎西半里有石桥，一空，长三丈，高二丈。

卡郎北二里上大桥村前有石桥，一空，高二丈。

本乡山多地少，道路崎岖，卡郎车马可行，德泽仅容人马，农民耕种，商旅往返，颇感艰难。

霑益县亮泉乡志料·山川附桥梁

响哚村北三里许有石桥一座，一洞，高二丈五尺，长三丈余，洞三丈许，系霑、会要道。

小河村前有大石桥，一洞，高二丈五尺，阔一丈二尺。光绪初年，小河禀生李明庚捐资倡建。

三道桥 在田盆村前，高一丈五尺，长三丈，阔一丈二尺，三洞相连，故名。系清乾隆年建。

威格村北里许有古桥，建年无考，高二丈许，长一丈六尺。咸丰重修，名曰普渡桥。

清水河有石桥一座，高一丈五尺，长二丈余，阔丈余。

霑益县仁和乡志料·桥梁附道路

岔河桥 在蛤蚂洞西北五里，鲁东河村西南，高二丈，长三丈五尺，三空。光绪年建，霑、会商贩要道。

新石桥 在哈蚂洞村南一里，高二丈，长二丈五尺，一空。光绪年，蛤蚂洞村内张鹏九、柯士文捐资率二姓居民建筑。

小石桥 在大赤章村南，一空。

块启桥 在块启村前，一空，高七尺，长一丈二尺。

新　桥 在清水沟东，一空，高二丈五尺，长三丈余。民国二十九年，董继舒率众捐资建筑，为霑、会商贩要道。

本乡道路平坦，车马可行，清水沟、块启、色格等村，为霑、会商贩必经要冲，若加以修理，交通可谓便利。

〔据霑益县文献委员会编纂，民国《霑益县志稿·乡镇志》（昆明市五华区教委印刷厂2012年内部印刷）第285－388页辑录。〕

文山州

（道光）开化府志·山川志·津梁

卷三　山川志　津梁

南　桥　在城南里许。康熙九年，知府刘䜣、通判赖玮同建。上有凉亭，夏秋间清爽可人。

北　桥　在城北门外。旧桥倾圮，雍正四年，总兵冯允中、知府佟世佑同兵民建。

天生桥　城西北三十里。飞石陡崖，两山相接，盘龙流其中，人艰于行。康熙四十一年，郡人别建木桥，年久倾圮，里民呈请修凿古路，知府汤大宾、知县谢千子从之，复开旧道于桥上，宽厰坦平，徒舆便焉。

镇西桥　在西门外半里。康熙十一年，知府刘䜣、通判赖玮建。

沟绞桥　在城南十五里。康熙十八年，阖郡公建。

小天生桥　在城西二十里。规制天成，不假人力。

侬人河桥　在城西北五十里，即盘龙河经道处。康熙十五年，僧心明募建。

弥勒河桥　在城西北八十里。康熙四十年，士民公建。

汤坝河桥　在城北八十里。康熙十三年，士民公建。

三板桥　在城北百二十里。康熙五十二年，土经历周应龙倡居民同建。

洒戛竜桥　城西百里许。康熙七年，郡士民公建。

路梯桥　在城西六十里，士民捐建。

望松桥　在西门城脚濠沟。雨发水涨，往来艰难，郡人向得先等公建。

老虎沟桥　在城南六里，郡人杨景汉建。

和尚庄桥　在城东八里。康熙十一年，各寨士民公建。

益后桥

平坝桥　城东十里，居民公建。

锡板桥　距城东八十里，里民胡应泰捐修。

牛羊太平桥　城东百余里。乾隆十八年，胡应泰捐建。

牛羊天生桥　距城南百五十里，由府城大河通交阯。其桥长七丈，宽十五丈，每逢水涨，喷高二十余丈，声震十余里，系中外交界。

兴宝桥　距城东二百里，路通者囊厂。李荣普倡建。

藤　桥　城西三百余里。三岔河中流，南渡无舟楫，冬春水减乘筏，夏秋水涨，夷人取藤之大者系两岸巨树，编而为桥，高出水面数丈，桥上复系长条，手引以渡，广十余丈。

磨山桥　距城东百四十里，路通桂皮树。寨民公建。

达戛桥　距城东百三十里，通蝴蝶普元。寨民公建。

炭喜桥　距城东二百里许，通蝴蝶普元，木桥。

者崩桥　距城东二百四十里，里民修建。

平寨桥　距城东百里许，李国柱捐建。

探南桥　距城北五十五里，开广通衢，众水交会。原构木为梁，今易以石，里民公建。

一字桥　距城北五十里。康熙三十年，里民公建。

朱家桥　城北二里许钟灵寺后，楚人朱正芳捐建。

汤坝桥　距城西百五十里。木桥石墩，上盖瓦屋，王弄、乐竜二里人公建。

双河桥　距城西北百里许，黑末六寨公建。

二博桥　城西四十里，里人公建。

八寨大石桥　二座，距城西百三十里。

大栗树桥　距城西南百四十里，监生萧俊捐建。

佴可桥　距城西南百三十里，监生萧俊捐建。

箐口桥　距城西南百八十里。

普明桥　距城西百二十里，里人捐建。

双元桥　城南六里许。乾隆七年，里人公建。

天仙桥　距城西北九十里，贡生贾荣冕捐建。

石洞桥　距城南五里余，里人公建。

〔据何怀道修，万重筼纂道光《开化府志》（清道光九年刻本）卷三《山川志·津梁》第13－15页辑录。〕

（道光）广南府志·山川志关梁附

卷一　山川志关梁附

西安桥　在城西三里。旧本架木以渡，明时土舍侬应祖易以石。《志略》。

通津桥　在城西四里，明时建。

旧莫桥　在府城西南。康熙四十七年，知府茹仪凤建。

乐安桥　在西洋江。昔设渡船，但水涨之时，汹涌澎湃，往来维艰。乾隆十九年，知府蒋衡捐修石桥。以上见《志略》。

普厅桥　在普厅。先有竹桥，嘉庆二十二年，郡守何愚[①]劝捐修造，民情踊跃，捐银壹千两有余，因改建石桥，为一劳永逸之计。

〔据何愚纂修道光《广南府志》（清道光五年刻本）卷一《山川志关梁附》第20页辑录。〕

---

① 何愚　原本作“何”，李熙龄续修道光《广南府志》作“何愚”。又，道光《广南府志》卷三《秩官志·知府》：“何愚，广西平乐府平乐县进士，嘉庆十八年任。”作“何愚”是，今据补。

（道光）广南府志·山川志关梁附

卷一　山川志关梁附

西安桥　在城西三里。旧本架木以渡，明时土舍侬应祖易以石。见《志略》。

通津桥　在城西四里，明时建。

旧莫桥　在城西南。康熙四十七年，知府茹仪凤①建。

乐安桥　在西洋江。昔设渡船，但水涨之时，汹涌澎湃，往来维艰。乾隆十九年，知府蒋衡捐修石桥。以上见《志略》。

普厅桥　在普厅。先有竹桥，嘉庆二十二年，郡守何愚劝捐修造，易以石。

望龙桥　在城西十里。嘉庆四年，知府翁元圻倡建。

广利桥　在城西二十五里。乾隆五十九年，知府傅应奎捐建。

西济桥　在城西法白塘。道光七年，知府萧炳椿倡捐建。

南　桥　嘉庆十三年建。

官园桥　在城南二里。

拿播桥　在城西南三里。

五里桥　在城南五里。

永贞桥　在城北一里，乾隆十七年建。

者马桥　在城西十五里。

杉木桥　在城东五十里。

相见桥　在城东六十里。

董堡桥　在城东南四十五里，今圮。

法茂桥　在城西四十里。

红石崖桥　在城西七十里。

广惠桥　在阿记得。康熙间建，嘉庆十五年重修。

安排桥　在城西二百一十里。

杨武桥　在城西杨武塘。

弥勒湾桥　在弥勒湾汛。

阿莫桥　在城西南一百二十里，嘉庆十四年建。

八播桥　在城东南八播寨。

八劳桥　在城东南八劳寨。

西松桥　在城北九十里。

村戛桥　在城北四十里村戛塘，嘉庆十四年建。

会溪桥　在城北五十里多叠寨，道光四年建。

---

① 茹仪凤　原本作“茹凤仪”，民国《广南县志》同，道光《广南府志》卷一《山川志》作“茹仪凤”。又，卷三《秩官志·知府》：“茹仪凤，宛平人，监生，康熙四十三年任。”作“茹仪凤”是，今乙正。

天生桥 在响水，注详《胜景》。

接龙桥 在剥隘。郡贡生王鹏同族人建，道光三年，客民重修。

平岭桥 在富州平岭塘，今圮。

〔据李熙龄纂修道光《广南府志》（清光绪三十一年补刻本）卷一《山川志关梁附》第 10 – 12 页辑录。〕

（民国）广南县志·交通志·津渡桥梁

卷七 交通志

津 渡

广南遍境皆山，无大江大河之阻隔，西洋江虽为江西上游，而水涸时仍可徒涉。夏秋水涨，浩淼湃湃，使人生畏，故广南各渡口，夏秋则渡，冬春则否。

西洋渡 在西洋河边寨，为滇桂交通要道。西洋江自拖派受革列河水，水势骤增，至西洋水流益大。在昔有石桥横跨江，清光绪末年圮。水涨时于河边寨渡江，冬春水涸，于浅处徒涉，只及马腹。

板蚌渡 西洋江自西洋东流至板蚌，水势较西洋略增，然此地不当大道，行客绝少，往来多附近村农，故此渡只关板蚌与附近乡村之交通而已。

南利河渡 广南与安南、河阳交通须自那洒、者核，越南利河即普梅河，经西畴县境。此渡虽不欲西洋渡行客之多，然关于国外交通要道，不可忽视也。

按：广南各河道，虽不甚大，然当水涨时，山溪水亦可以溺人。北乡滨河居民素习水性，河道既无桥梁之建筑，又无渡船之待渡。每越过河面，概泅泳以行，遇行客之不习水性者，则使客裸其全体，背负之以渡，观之殊危险，而从来未闻其发生溺毙事也。

桥 梁

广南各河道桥梁甚少，山水暴涨，往往阻碍交通甚，且溺毙人畜。若欲商旅畅行，道途无阻，则四乡之桥梁，尚有待于多数之建筑也。

西安桥 在县城西三里。旧本架木以渡，明时土舍侬应祖易以石。

通津桥 在县城西四里，明时建。

旧莫桥 在县城西南。清康熙四十七年，知府茹凤仪建。

乐安桥 在西洋江。昔设渡船，但水涨之时，汹涌澎湃，往来维艰。清乾隆十九年，知府蒋衡捐修石桥。光绪三十年五月初五日大雨，日夜不止，上流冲一大树而下，树为桥阻，水自后冲荡之，桥之环洞遂圮。是年冬，知府方宏纶、知县廖鸿宾派人重修补于木，未几又圮。三十四年，知府桂福委王海清等监修，仍架以木。桥长十余丈，为环三，环洞虽圮，桥基尚存，每洞宽三丈余，架为木桥，须长三丈余之大木三根，当时寻觅此木，颇觉费力。此后十余年间，随滥随补，勉强尚可支持。民国十四年，范军入滇，县知事李宗諲派人至西洋，会同地方人民撤桥，以阻敌军。此后虽欲架木桥而不能，因难觅最长之木料故也。继后屡议修筑，以无款不果行。此桥之兴修，议论不一，或欲仍旧桥基增筑环洞，或欲改修于河边寨下之天生桥，或又如改修于上流龙楼河改道以就之。十六年，县知事韩国相主张修铁练桥，已筹得相当款项，托人至香港购买铁练，价法银七百元，将铁练运至西洋，惟以无此项工匠，虽有铁练，无法进行，后遂因循搁置，铁练寄存西洋河边寨。此桥关系滇桂交通，不容忽视，惟以工程浩大，估计需银二万元，全县官绅虽急于修筑，而款无从出，尚有待于将来之努力也。

望龙桥　在县城西十里。清嘉庆四年，知府翁元圻倡建。

广利桥　在县城西二十五里。清乾隆五十九年，知府傅应奎捐建，今圮。

西济桥　在县城西法白寨。清道光七年，知府萧炳椿倡捐建。咸丰六年，寨民虑为晋省孔道，充任夫役，难免扰累，乃尽行撤坏以阻交通。

南　桥　在县城南外，跨八大河。清嘉庆十三年建。

官园桥　在县城南二里官菜园。日久坍塌，民国十八年，政府取缔同善社，内有存款数百元，全数修建此桥。

扮播桥　在县城西南二里。

五里桥　在县城南五里。

永贞桥　在县城北一里，清乾隆十七年建。

者马桥　在县城西十五里。

杉木桥　在县城东五十里。

相见桥　在县城东六十里。

董堡桥　在县城东南四十五里，今圮。

法茂桥　在县城西四十里。

红石岩桥　在县城西七十里。

广惠桥　在阿记得。清康熙间建，嘉庆十五年重修。

阿记得桥　在阿记得西一里。

白泥塘桥　在县城西一百三十里白泥塘寨。

法茂第二桥　在县城西四十里法茂寨。此桥与法茂桥相距不远，一在法茂寨之东，一在法茂寨之西。自法茂至城，经法茂桥，自法茂至板郎，经第二桥。二桥俱跨西洋江上游。

土库房桥　在县城西五十里土库房。

安排桥　在县城西二百一十里。

杨五桥　在县城西杨五塘。

弥勒湾桥　在县城西弥勒湾寨。

维摩桥　在县城西小维摩。

鸡那革桥　在县城西二百一十里鸡那革寨，跨马别河上流。民国八年建。

阿莫桥　在县城西南一百二十里，清嘉庆十四年建。

八播桥　在县城东南八播寨。

坝隆桥　在县城东南坝隆寨。此桥与八播桥相距甚近，八播与坝隆、里安二寨成品字形，一桥通里安，一桥通坝隆，响水河流经其间。今八播桥，通谓之里安桥。

坡线桥　在县城东南坡线寨，距八播、坝隆二桥不甚远。

对河桥　在县城东南对河寨，距坡线桥不甚远。

罗贡桥　在县城东罗贡寨。

罗贡老寨桥 在县城东罗贡老寨。

天生桥 在县城响水寨。

坝劳桥 在县城东南坝劳寨。

西松桥 在县城北九十里。

十里桥 在县城北十里。

打戛桥 在县城北四十里，清嘉庆十四年建。

会溪桥 在县城北五十里多叠寨，清道光四年建。

新 桥 在县城东一里。

广济桥 在县城西土锅寨。清道光中，刘恭敏、王懋修等倡捐重修。三十年五月五日，大雨坍塌，三十二年，知府冯誉骢、知县汪本源捐廉重修，未固，后易以木。宣统三年，知府桂福、知县李经权先后捐廉倡修，邑绅王国宾总其事，是年四月工竣，不数月圮。

母路桥 在县城南四十里母路寨。就两岸大树建为木桥，虽不如石桥之坚，亦可支持十余年而不坏也。

穿龙山桥 在县城南四十五里。旧为木桥，屡建屡圮，民国二十二年重修，仍架以木。

新民桥 在县城西土锅寨。自广济桥圮，革列河水涨，往往阻隔交通，即在平时，旅苦亦苦徒涉，而此路为晋省要道，商旅往来不绝。夏秋之际，行者苦之。民国二十一年，县长杨杼捐廉倡建，一时捐者云集，不数月而获银数千元。是年春初兴工，夏末工竣。桥广三丈余，高亦如之，阔一丈余，建筑费七千余元。

〔据佚名纂民国《广南县志》(《中国地方志集成·云南府县志辑44》，凤凰出版社2009年据民国二十三年稿本影印）卷七《交通志·津渡桥梁》第21－26页辑录。〕

（民国）马关县志·地理志·桥梁

卷一 地理志 桥梁

沟绞桥 康熙十八年，阖郡公建。

八寨大石桥 里民公建。

大栗树桥 萧俊捐建。

腻科桥 萧俊建。

箐口桥 公建。

老者桥 里民公建。

大汛桥 里民公建。

南山石桥 里民公建。

落却桥 人民公建。

大坝桥 人民公建。

同车河桥 人民公建。

花枝格石桥　人民公建。

沙尾冲桥　人民公建。

西布甸桥　人民公建。

永宁桥　人民公建。

桥头大石桥　人民公建。

清水河桥　人民公建。

米湖梁桥　老卡汛贺镜潭倡建。

戛吉桥　民国九年，人民公建。

共益新桥　民国四年，知事景浚倡建。

火烧桥　人民公建。

赌咒河石桥　人民公建。

赌咒河木桥　王凤朝建。

马主桥　公建。

田尾桥　公建。

滥泥寨桥　民国二年，谢建学建。

纸厂梁桥　人民公建。

母猪底桥　公建。

下木腊桥　嘉庆初年，公建。

天然津梁

革岔天生桥　在县北约百里。极高峻，跨盘龙江，上通三车，进文山大路。

漏河坎天生桥　在治北八十里。石山跨河，沿岩凿路，宽仅尺余，甚觉险隘。

高石洞天生桥　为仁和通夹寒箐之路。

都竜天生桥　为通县城要道。

小麻栗坡天生桥　为通大平落水硐路。

开仙洞天生桥　通黄家坡路。

猫猫跳天生桥　在那滔寨山脚。

董思竜天生桥　在马尾冲、清水河交界。

〔据张自明修，王富臣等纂民国《马关县志》（民国二十一年石印本）卷一《地理志·桥梁》第1－3页辑录。〕

（民国）邱北县志·建置部·交通·津梁

第二册　建置部　交通　津梁

拐村渡　在治东一百八十里。

便柳渡　在治东三百里，通西隆州。

八达江渡　在治东二百五十里，亦通粤要津。

飞土渡　在治西，通本府。

大江边渡　在治西北，通开化、广南要津。

东　桥　在治东门外。

三鼎桥　在治西十里。

新城桥　在治西旧三乡城。

高枧嘈桥　在治西十三里。

三道箐　在治西北三十里。

旧城桥　在治西龙潭前。

八达桥　在治西三十里。以上诸桥，俱载《府志》。

寿生桥　南门外。

石羊桥　曰者乡窑门前。

同善桥　曰者乡武庙前西。

普济桥　曰者乡东。

小石桥　曰者乡。

白驹桥　同上。

茶花桥

赶猪桥

摆落桥

塘房桥

丁家桥

复兴桥

汪家桥

阿宜寨桥

铁锁桥　距县治二百里，名曰广惠桥。光绪二十七年，十八寨宦绅王炽建。济人利物，工程浩大，地连邱界，志彰善举。

大板桥　小江口大寨。

兰木桥　洒文公庄。

天生桥　在小江口半山。高数十丈，下面水势奔腾，过桥数武有石硐，相传杨六郎驻军于此。

大石桥　半边寺。

马寨桥　腰背二里，通架衣大路。

龙津桥　马者龙西。

迎仙桥　飞来寺山下。

迎羊桥

庶足桥

莫落黑桥　松毛地南。

龙窝大桥

南　桥　普者黑。

同仁桥　双龙营，通五嘈大道。

寿庆桥　在小桂华寨右约三里，系乾隆乙卯年公造。

同缘桥　城东十五里，一名花桂桥。乾隆五十八年造。

通济桥　城北二里许。乾隆二十三年公造，原有亭，今圮。

〔据徐孝喆修，缪云章纂民国《邱北县志》（民国十五年石印本）第二册《建置部·交通·津梁》第23页辑录。〕

（民国）富州县志·交通·津渡桥梁

第十一　交通

津　渡

富县境内山脉连贯，岗峦重叠，河流固少，溪涧亦稀，附城只有小河一道，然已建桥，无须过渡。其次下至皈朝，河面稍宽，冬春之季可以步涉，复至夏秋水涨，必须船渡人，惟船身甚小，可容四五人。下至剥隘，百川会聚，遂成大河，河面稍宽，流量亦广，无论四季，均用舟楫。对岸往来，以及下达广西百色，利用渡船，有扁舟泛湖之风致焉。

桥　梁

桥梁一项为交通之便利，富属地瘠民贫，建造寥寥，现有附城南北两桥及那平桥、沙漠桥、者郎桥、达孟桥，其余皈朝前清时亦建有一桥，因工程潦草，为水所冲，现亦无力兴修，已成过去，遗迹故址荒凉之，过此者能无临渊履薄之概耶？兹将附城桥名列如次。

南桥名富通桥。

北桥名仁寿桥。

那平名永安桥、延生桥。

达　孟　普济桥。

者　郎　义和桥。

〔据甘汝棠纂修民国《富州县志》（《中国方志丛书·华南地方第二七二号》，台湾成文出版社1974年据民国二十一年油印本影印）第十一《交通·津渡桥梁》第71页辑录。〕

昭通市

（宣统）恩安县志·城池志附津梁

卷三　城池志附津梁

太平桥　在东城外二里。

永丰桥　在南门外，乾隆七年建。

石桩桥　在北门五里，乾隆十一年建。

迎饯桥　在西门外。乾隆三十七年，李文龙之母唐氏因夫死子故，仅遗孙名琦，捐资特建。

乐善桥 在城西三里，乾隆十四年建。

容津桥 在城西四十里，石制。乾隆四十年建，宽十丈，高一丈五尺之硐。

永安桥 在城西南二十里，即海口桥。乾隆十六年建。

利涉桥 在城南二十里，乾隆二十年建。

永济桥 在洒渔河，乾隆二十二年建。

利济桥 在洒渔河，乾隆十五年建。

凤凰桥 在城南十里。旧木桥，朽敝阻隘行商。乾隆三十四年，乡民李鸿相典田一百余金，挺身增建。

双水桥 在城东南三里。

红灯桥 在城东三里。

新泽桥 在城西二里。乾隆三十八年，乡民李祁月捐建。

〔据汪炳谦纂修宣统《恩安县志》（《中国地方志集成·云南府县志辑5》，凤凰出版社2009年据清宣统三年钞本影印）卷三《城池志附津梁》第155页辑录。〕

（民国）昭通志稿·方舆志·交通附桥梁

卷一 方舆志 交通附桥梁

太平桥 东门外里许二坪寨，石制。雍正七年，知府陈克复建。宣统二年，乡人重修。

迎凤桥 原名永丰桥，南门三楚会馆门外。前面有双眼井，石制，知府陈克复建。

迎饯桥 西门外。乾隆三十七年，李文龙之母唐氏因夫死子亡，仅遗一孙，捐资特建，石制。

乐善桥 城西二里，石制。

容津桥 城西十五里，石制，即高鲁桥。

利涉桥 城南十里。

永安桥 城西南二十里，即今之海口桥。

利济桥 城西洒渔河。

永济桥 城西洒渔河。

红灯桥 城东三里。

凤凰桥 城南十里。前木桥，系郡民李贤品、赵登甲建于雍正十年，后朽坏，阻隘行人。乾隆三十四年，乡民李鸿相典田一百余金，独力修建。

双水桥 城东三里。

恩永桥 城西二十里。乾隆三十七年，乡人陈俊英捐资建。

新泽桥 城西二里。

钟山村桥 城西洒渔河。

石庄桥 城北五里。以上石桥十六道，均载旧《志》。

蜡鸡寨桥 城西五里。

铁锅汛桥 城西三十五里洒渔河。

二道岩桥 城西三十里老鸦岩。以上木桥三道，俱载旧《志》。

善庆桥 在东门外里许上瓦窑。道光二十一年，乡人王尚勋、王有富等募款建，石桥，一硐。

利济桥 在城东五里先农祠前。宣统二年，乡人王建阖捐资建，石桥，一硐。知府陈先沅题曰“心存利济”。

利津桥 在城东七里水塘坝。道光二十四年，乡民捐资公建，石制，俗呼大石桥。

乐善桥 在水塘坝大闸。民国八年，乡民王建阖建。原系闸口，因闸废倒塌阻隘行人，故修石桥，以利交通。

黄家桥 在城东二十五里广东河，乡民黄启三等建。

段家桥 在城东二十里花鹿圈，原名龙津桥。雍正十年，知县金言建。光绪五年，乡民段姓重修。

南薰桥 在城东二里。知县金言建，俗称断桥。

利济桥 在城东南三里下瓦窑。嘉庆十八年，乡民金、张两姓公建。

虹 桥 在城东南三里元宝山前面。石制，与元宝山牌坊同时建。

双院子桥 在南门外三里许下院村。石制，平桥二硐。光绪二十三年，乡民公建。

龙凤桥 在城西南七里母鹿寨。石制，高二丈四尺，长五丈六尺。乾隆四十五年，郡人姜世荣建。道光二十五年，其孙朝珩重修。民国四年，六世孙思孝暨族人等续修复，加磡石筋墙，并于两岸栽植槐柳数百株，盖堤埂增高而河可永固也。

双虹桥 即上下虹桥，一在红山口，一在浦坞。相距五里，小龙硐河水下流。雍正七年，知府陈克复建。《采访》。

乐善桥 在城西南二十五里自发村。光绪末年，团总崔朝安募款修建，石制，三硐，高二丈余尺，长五丈余尺。

受禄桥 即旧《志》之容津桥，在城西南十五里，俗称高鲁桥。道光十四年重修，石制，二硐，为中下段河工分界处，旁有昭通府吴、恩安县荣谕饬禁开荒山碑文，光绪五年立。

积善桥 在城西二里，往三善塘大道。嘉庆四年，昭通镇标前营游击王禄捐资倡建。

乐善桥 即下石桥，在城西二里许利济河中段。前恩安县顾修，有建桥碑文。

如意桥 在城西里许土围八柏土地庙右。先建有木桥，一硐，原名板板桥，朽坏。光绪二十年，城乡士民捐资改建石桥，三硐。

三硐桥 在城西北里许。石制拱桥，三硐，原名利济桥。雍正十年，知县金言建。光绪二十一年，知府龙文重修。

普济桥 在城西十五里三善塘，通西二、三区要道。初系木桥，车马不能过。民国五年，团绅刘茂然、陈家瑞等募款修建。石桥，三硐，高二丈五尺，长六丈。落成时，旅长刘法坤赞曰：“永奠天险，自西徂东。五族共济，五丁同功。”

高家桥 在城西二十里高家营。光绪甲午年，乡民高献之等建。石制平桥，七硐，系明桥暗闸。上中段农民以该坝阻碍河流，屡讼不已，至八年始由工赈局派员履勘，拨款将该坝海底取低二尺，河流舒畅，控案始息。

普陀桥 在城西二十里旧圃街。原建有石桥，二硐，年久被水所冲。光绪二十年，孝廉杨应鸿募款重修，工未竣，又被水冲，至二十三年，镇军何雄辉募各营官兵出资修好，至三十年复坏，城乡绅农集资续修，至三十二年完工。

二龙桥 在旧圃高台子。乾隆四十八年，乡人陈俊英建，后道光二年，陈尔太、金寅章等募资重修，石拱，一硐。

都济桥 在城西二十里杨家湾。光绪中，该乡杨姓募款修建。系石墩木梁，计三硐，长五丈六尺。

二道桥 即前载之二道岩木桥，年久损坏。咸丰六年，乡人陈思鼎兄弟出资改建石礅，木桥，五硐。同治五年，陈思广、李起亮等捐资改造，石桥，二硐。越七年，王毓夔之祖父添一硐。光绪中，知府龙文又添二硐，被水所坏。至光绪丙申，城乡绅粮复募款重修，培补坚固。

大　桥 在城西三十里洒渔河。原系木桥，光绪二十年，镇军何雄辉倡募巨款改建。石桥，十一硐，计长十五丈，阔八尺，高一丈二尺。为昭桥第一巨工，经两次始修成，原名通济桥。

冷水河桥 在西北六十里冷水河。光绪三十三年，乡人吴效忠建。

乐居寨桥 在城西四十里洒渔河，乡人公建。

普安桥 在城北四里利济桥河上，即拦水入城之坝。原系木桥，日久朽坏。光绪二十年，城乡士民捐资公建，石桥，三硐，俗名官坝桥。

五硐桥 在城北七里柏坡塘。光绪二十年，城乡绅民公建。

喜歌寨桥 在城北二十里。光绪三十年，三帮商号捐资公建，石桥，二硐。

二到桥 在城北七十里小堡子。光绪二十八年，三帮商号捐资建。

永济桥 在城西里许，即小石桥。道光十七年，乡人公建。

迎春桥 在城东半里春厂。道光末年，乡人王尚勋建。

省耕桥 在城东半里许火神庙前。咸丰三年，乡人公建，后光绪三十二年，宣道学校重修。以上石桥三十四道。

〔据符廷铨、蒋应澍总纂，杨履乾编辑民国《昭通志稿》（民国十三年排印本）卷一《方舆志·交通附桥梁》第72－75页辑录。〕

（民国）昭通县志稿·交通志·桥梁

卷四　交通志　桥梁

昭城各处，水系萦绕全境，历年急公好义之士，捐资建桥梁于交通断绝处，以利行人。石建、木造，名目甚夥，详载旧《志》，兹将其修建工程关系重要者分列于后。

太平桥 在东门外里许二坪寨，石制。雍正七年，知府陈克复建。宣统二年，乡人重修。

迎凤桥 原名永丰桥，在南门三楚会馆门外。前面有双眼井，石制，知府陈克复建。廿年修改，较前阔大坚实。

迎饯桥 在西门外。乾隆三十七年，李文龙之母唐氏因夫死子亡，仅遗一孙，捐资特建，石制。

凤凰桥 在城南十里。前系木桥，郡民李贤品、赵登甲建于雍正十年，后因朽坏，阻隘行人。乾隆三十四年，乡民李鸿相典田一百余金，独力修建。

永安桥 在城西南二十里，即今之海口桥。

恩永桥 在城西二十里。乾隆三十七年，乡人陈俊英捐资建立。

善庆桥 在东门外里许上瓦窑。道光二十一年，乡人王尚勋、王有富等募款，石制，一洞。

利济桥 在城东五里先农祠前。宣统二年，乡人王建阖捐资，石制，一洞。知府陈先沅题曰“心存利济”。

利津桥 在城东七里水塘坝。道光二十四年，乡民捐资公建，石制，俗呼大石桥。

乐善桥 在水塘坝大闸。民国八年，乡人王建阖建。原系闸口，后因倒塌阻隘行人，故以石修，以利交通。

黄家桥 在城东二十五里广东河，乡民黄启三等建。

段家桥 在城东二十里花鹿圈，原名龙津桥。雍正十年，知县金言建。光绪五年，乡民段姓重修。

南薰桥 在城东二里。知县金言建，俗称断桥。

利济桥 在城东南三里下瓦窑。嘉庆十八年，乡民金、张两姓公建。

虹　桥 在城东南三里元宝山前面。石制，与元宝山牌坊同时建，因洞窄狭，经安恩溥提倡重修。

双院子桥 在南门三里许下院村，石制，二洞。光绪二十三年，乡民公建。

龙凤桥 在西南七里母鹿寨。石制，高二丈四尺，长五丈六尺。乾隆四十五年，郡人姜世荣建。道光二十五年，其孙朝珩重修。民国四年，六世孙思孝、思敏等续修，复加磩石筋墙，并于两岸栽植槐柳数百株，盖堤埂增高而河可永固也。

双虹桥 即上下虹桥，一在红山口，一在浦坞。相距五里，小龙河下流。雍正七年，知府陈克复建。

乐善桥 在西南二十五里自发村。光绪末年，团总崔朝安募款修建。石制，三洞，高二丈余尺，长五丈余尺。

受禄桥 即旧《志》之容津，在城西南十五里，俗称高鲁桥。道光十四年重修，石制，二洞，为中下段河工分界处，旁有昭通府吴、恩安县荣谕饬禁开荒山碑文，光绪五年立。

积善桥 在城西二里，往三善塘大道。嘉庆四年，昭通镇标前游击王禄捐资倡建。

乐善桥 在城西二里许利济河中段，前恩安县顾题有建桥碑文。

如意桥 在城西里许土围八柏土城庙右。先有木造，一洞，原名板板桥，朽坏。光绪二十年，城乡士民捐资改建，石造，三洞。

三硐桥 在西北里许。石制，三洞，原名利济桥。雍正十年，知县金言建。光绪廿一年，知府龙文重修。

普济桥 在城西四十五里三善塘，通西二、三区要道。初系木桥，车马不能过。民国五年，团绅刘茂然、陈家瑞等募款修建。石桥，三洞，高二丈五尺，长六丈。落成石时，旅长刘法坤赞曰：“永奠天险，自西徂东。五族共济，五丁同功。”

高家桥 在城西二十里高家营。光绪甲午年，乡民高献之等〔建〕。石制，七洞，系明桥暗闸。上中段农民以该坝阻碍河流，屡讼不已，至八年始由工赈局派员履勘，拨款将该坝海底取低二尺，河流舒畅，控案始息。

普陀桥 在城西二十里旧圃街。原建有石桥，二洞，年久被水所冲。光绪二十三年①，杨应鸿孝廉募款重修，工未竣，又被水冲。至二十三年，镇军何雄辉募各营官兵资修好，至三十年复坏，城乡绅农集资续修，至三十二年完工。

二龙桥 在旧圃高台子。乾隆四十八年，乡人陈俊英建。道光二年，陈尔太、金寅章等募资重修，石拱，一洞。

都济桥 在城西二十里杨家湾。光绪中，该乡杨姓募款修建。系石墩木梁，计三洞，长五丈六尺。

二道桥 即前载之二道岩木桥，年久损坏。咸丰六年，乡人陈思鼎兄弟出资改建石礅，木桥，五洞。同治五年，陈思广、李起亮等捐资改造，石制，二洞。越七年，王毓夔之祖父添一洞。光绪中，知府龙文又添二洞，被水所坏。至光绪丙申，城乡绅粮复募款重修，培补坚固。

大　桥 在城西三十里洒渔河。原系木制，光绪二十年，镇军何雄辉倡募巨款改建。石制，十一洞，计长十五丈，阔八尺，高一丈二尺。为昭桥第一巨工，经两次始修成，原名通济桥。

冷水河桥 在西北六十里冷水河。光绪三十三年，乡人吴效忠建。

乐居寨桥 在城西四十里中洒渔河，乡人公建。

普安桥 在城北四里利济河上，即拦水入城之坝。原系木制，日久朽杯。光绪二十年，城乡士民捐资公建，石制，三洞，俗名官坝桥。民国二十年，经大水冲坏，二十五年，邑绅李禹禄、萧让泉集赀重修。

五硐桥 在城北七里柏坡塘。光绪二十年，城乡绅民公建。

喜歌寨桥 在城北二十里。光绪三十年，三帮商号捐资公建，石制，二洞。

二到桥 在城北七十里小堡子。光绪二十八年，三帮商号捐资建。

永济桥 在城西里许，即小石桥。道光十七年，乡人公建。

大过桥 北一区小米寨，石制。二十八年八月十四，被山水暴发冲坏。二十三年，由田亩水分抽捐暨建设委员会补助，共镍洋一万四千元，已告成功。

〔据卢金锡总纂，杨履乾、包鸣泉编辑民国《昭通县志稿》（民国二十七年排印本）卷四《交通志·桥梁》第37－39页辑录。〕

昭通等八县图说·交通·水道桥梁

七　交通

水　道

全境河流虽多，皆从山峡而下。冬季水浅，块石磷磷，褰裳可涉。夏季淫潦，波涛

① 二十三年　民国《昭通志稿》作“二十年”。

汹涌，沿岸人畜，常被淹没，仅顺河可浮木筏，难通舟楫。惟金沙江水深浩瀚，惜为两岸高山紧束，水势奔腾，上段石险滩高，行舟不利；下段航路由宜宾溯流而上，只能及井底雷波间而止，设有疏通之术，其利何可胜言？次则盐津河，从盐津县起，可达四川之磨刀溪，虽诸滩鳞次，然少遇险失事。至磨刀溪则有滩，名九龙，袤长十余里，河中乱石纵横，林立水面，舟行至此，须起载陆行十余里至张窝，然后通航达叙州。惟夏季水涨满峡，此滩始可无碍。余则擦拉河，由桃源至土硐，硐三十余里，水盛时可行小舟。

桥　梁

全境原有铁索桥四，在盐津、滩头、黄葛溪、江底。惟盐津铁桥最长，光绪乙未桥断，死伤人民千余，现为马行便利计改为木拱之桥。余则石桥甚多，间有以一绳系河两岸，人悬绳下，用他绳牵引而渡，名曰过溜，大关、角奎诸河俱有用者，然危险极矣。

〔据陈秉仁编纂《昭通等八县图说》（民国八年排印本）第11页辑录。〕

（嘉庆）永善县志略·渡口桥梁

上　卷

渡　口

黄草坪渡　在县西六十里。

溜筒江渡　在县西南二百一十里。

观音渡　在县西北四百三十里。

涩水坝渡　在县西北五百二十里。崖半出水，瀑布而下，其味微咸且涩，故名。俗呼“撒水坝”，盖音之讹也。

副官村渡　在县西北九百二十里。

石角营渡

南岸渡

滥滩渡

冒水孔渡

悔泥溪渡

福延溪渡

新滩溪渡

楼东渡

桥　梁

头道木桥　在县西二十里，旧名向坪桥。

二道木桥　在县西三十五里，旧名向坪桥。嘉庆六年，改建石桥。

三道木桥　在县西三十五里，旧名近坪桥。以上三桥，皆铜运要路。

砂河石桥　在县西北一百里。乾隆二十二年，监生胡定南倡道捐修，闽民卢槐三、贡生胡仲明复倡修两岸石路百余丈。

雾露沟石桥　在县西一百六十里，乾隆三十一年建修。

彩虹桥　在黑铁关下。嘉庆八年，知县查枢倡捐补修续。又光绪九年，知县安宝宸倡首捐修。

永定桥　在米贴汛。乾隆二十二年，彭士选、徐登先等倡首捐修。

店子沟石桥　在米贴汛。乾隆二十九年，黄运弼、萧圣宇倡首捐修。

垂虹桥　在吞都汛东南二十里，曾子文、刘文著各捐银一百两倡修。

前溪石桥　在吞都汛西北三十里。

凤凰桥　在副官村西南十五里，其后山名凤岭。

黄龙溪桥　在副官村西八里。

关口桥

三河坝桥

小文溪桥

木杆河桥

〔据查枢等纂，邹勗旃校订嘉庆《永善县志略》（《中国地方志集成·云南府县志辑25》，凤凰出版社2009年据清嘉庆八年稿本影印）上卷《渡口桥梁》第569－579页辑录。〕

（光绪）镇雄州志·城池志津梁附

卷一　城池志津梁附

五眼硐　在城西七十里。夏秋水涨，济用舟楫。《省志》：五十里。

戈魁河　在城西四百六十里。水险无舟，编筏渡。《省志》为角魁河，三百二十里。

波布河　俗名哺哺河，在城西一百一十里。冬日可涉，春夏秋居民编筏以渡，不用舟楫。

洛　杭　在城北一百七十里。旧用刳木以济民，简槽容人无几，行者病之。乾隆三十五年，分防牛街千总刘惠倡众捐置板舟，每岁责令舟人量留渡钱，以新朽败。

斑鸠井　在城南二百里，界接永宁，渡名陇赣。水势险急，偶遇泛涨，板舟难继，半用筒槽。

溪　口　在城北一百八十里。水势迅速，板舟难济，仍用筒槽。

天生桥　一在城东洛浆，一在城南母亯，一在城西五眼硐下。

泰宁桥　一名板桥，在城北三十里，土府建。乾隆元年，因铜运经过，州牧徐柄改建石桥。

太平桥　在城南三十里，即翟底河。里人捐建。

云路桥　在城南四十里，二龙抢宝。里人捐建。

镇南桥　在城南十五里。乾隆三十二年，监生何可赞捐建，额曰万年桥。

镇西桥　在城西二十里。乾隆三十九年，州牧饶梦铭、吏目顾嘉颖重修。

镇东桥 在城东二百七十里两河口。乾隆四十一年，州牧饶梦铭、州判郝永杰[①]建。

镇北桥 旧名钓桥，在城北二百七十里水田寨。两岸巉岩壁立，中为大溪，奔流激湍，出会大江。春秋水涨，势益险急，行者阻滞，动经数日。乾隆三十五年，分防牛街千总刘惠率众捐修，以形势低隘，旋被冲塌。三十九年，州牧饶梦铭使牛街管税家人熊成募赀重建，视旧高宽，往来利之。

凌霄桥 在城北六十里古芒郡凌霄阁下。

无讼桥 彝良城十余里有小河，发源索戛，直达毛坪大河。水势湍急，乃戈魁、发乌、大关往来孔道。每大雨时行，山水泛涨，辄阻隔经日，公私苦之。乾隆四十九年，附近居民好义者共聚钱二百数十千，与石工议价定约包作，工受钱方四十千，而功已过半。工复索钱，讵中有不肖人阳为首事，阴以肥橐远飏，工辈需食，索钱日益力，遂具控陈。司马文斗曰"无庸讼，当为若成之"，遂出俸资数十金，并为劝捐，并资付工人，具领。勒限照前议，毕功，上建亭宇，颜以联额，众感其德，因名曰无讼桥，镌石为记。

沙拉林石路 沙拉林距彝良五十里，为昭、镇通衢。泥淋险阻，莫此为甚。向皆募民以木楞平铺其径，不数月，仍断烂难行，补葺几无宁岁。司马王目击情形，谓用石始可经久，倡捐劝募，命匠分段承领修砌，不数月，变沮洳为坦途，汉夷靡不称便。

右二条，彝良开送。

高　桥 《省志》：在城西百里。

西河口桥 《省志》：城西二百里。

网袋桥 《省志》：城北一百里，以藤系板。

续　修

燕子桥 在中东二甲厂丈，距城一百五十里。系里人吴清明捐修，已告成。

大河桥 在中东二甲大河潭，距城一百七十里。系里人捐建。

太平桥 在中东二甲黄毛草，距城一百八十里。系里人捐建。

坛子口桥 在上北二甲，距城七十里。里人捐建。

长寿桥 在上北二甲将军坝，又名姜家坝，距城八十里。里人捐建。

老　桥 在下北四甲牛街。未知建自何时，故名老桥，又名古桥。

乌撒溪桥、大荡桥、亢家溪桥、鱼井沟桥、扠口桥、烧火桥 以上六桥，俱在下北四里，监生文浩然捐修。

头道水桥 在下北一甲，里人捐建。

小河沟桥 在下北三甲，里人捐建。

大　桥 在下北二甲，里人捐建。

乾河沟桥 在下北二甲，里人捐修。以上四桥，牛街知事开送。

银厂沟河 在中东三甲，系里人郑启任捐置义渡。

乾沟河桥 在中东三甲，系里人郑世熹捐建。以上二件，系母享巡检开送。

〔据吴光汉修，宋成基等纂光绪《镇雄州志》（清光绪十三年刻本）卷一《城池志津梁附》第55－58页辑录。〕

---

① 郝永杰　道光《云南通志稿》卷五十《建置志六之三·津梁三》"镇东桥"下引《镇雄州志》作"郝允杰"。

（民国）大关县志稿·交通志·桥梁

卷一　交通志

桥　梁

锁关桥　在城南四十五里，石制。光绪九年，同知谢光綦、左营守备游辅廷率绅民等建修。至十八年，署同知龙文应是朱敏嵩重修。

双凤桥　在城南三十里，石制。光绪十八年，同知龙文、应是朱敏嵩。厅丞端木鸿钧率邑绅周之丰、周璧光监修。

利济桥　城南三十里之图乐乡今玉碗乡境内，木制。同治十三年公建。

双星桥　城外图乐乡，石制。光绪二十六年，邑绅周应镕、刘应芬合建。因是年入泮，故名双星。

高　桥　城外七十里，木制。同治二年，乡人共建。光绪二年，夷目禄维藩重建。民国十九年，此桥已废，尚未修理。

观音桥　南城外十五里，原系石桥，建筑年月不可考。宣统二年，旧桥毁，有团总曹玉廷商同新桥沟小团陈、蔡诸人，改建木桥。

彩虹桥　南城外十里，石制。光绪九年，同知谢光綦、左营守备游辅廷率绅民等建修。

广福桥　原名新桥，距城南五里，石制。雍正十三年，同知张坦建修。光绪初年倾圮，有郡人马耀廷捐资重修，改名一（益）善桥。又至三十四年，复被水坏，有团保总局周之丰、曹玉廷募资重建。迨至民国九年，署县长应为知事周筠符筹资，督绅龙廷弼重修，改换木桥。

乌鸦桥　城北十里，木制。光绪九年，前署四川提督李培荣建修。光绪三十二年，署大关同知钟鼎铭应为涂建章或彭汝鼐改修石桥。

凸　桥　南城外，石制，原建历史无可考查。至民国十六年，被水冲坏，署大关县长应为县知事李承祖筹资，督绅张维扬培修。

高　桥　城西北三十五里，石制。嘉庆八年，礼义乡耆民林启、林元芳等建修。

利济桥　原名吊桥，在城南五里，木制。道光年间，阖郡人士建修，后被水冲坏，邑绅前署四川提督李培荣于光绪九年改修石桥，仍以吊桥名。为十景之一。

化龙桥　原名安顺〔桥〕，在城北西五里，石制。道光年间，阖郡人民捐资建修，日久倾圮。光绪二十八年，应为三十一年。署大关同知彭汝鼐率绅民重建，仍改名安顺桥。

乾溪沟桥　城北十五里。道光九年，职员李建中捐修。同治十年，唐大有重修。迄今被水冲塌，尚未修理。

平政桥　城北四十五里，即黄葛溪铁索桥。道光十八年，同知姚廷之建修。同治七年，陈廷珍培修，两岸新建桥亭。光绪二十二年，经江川滇商董彭子文复修。其碑文另录于金石类。陈廷珍题有联云："一水抱关流，问何年黄果成溪，长留桥影虹飞滩声雷吼；两峰排岸起，洎今〔日〕乌蒙览胜，喜见客来云外人在镜中。"

小河桥 城北三十里，木制。民国十一年，署大关县知事周筠符筹建修，被水冲塌。十二年，知事杨国珍、督绅龙廷弼重修。

余庆桥 城北四十五里，木制。光绪二十三年，江川滇商董彭子文、郡人甘大章捐修。三十年，被水冲塌，郡人甘大章等捐资重修。

永寿桥 城北一百八十里，石制，原建历史不可考查。因年久失修，被水冲坏。道光元年。吴祥麟弟兄倡建木桥，迭经修补。光绪四年，陈大春、施怀藻募捐重修石桥，易今名。

厘东桥 即老鸦滩铁索桥，在城北二百五十里。向以舟为渡，嘉庆二十年，巡检王厚坤率绅民等建修铁索桥，以便行人，名曰义渡桥。同治七年，署大关同知陈廷珍重修，易曰厘东桥，日久冲塌。光绪七年，办盐津厘金候补道翁寿金、署大关同知周瑞璧请款重修。光绪末端午佳节，航舟竞渡，观者如市，拥挤难堪，以致桥折。宣统元年另修，民国十一年被水冲坏，由江川滇各商捐资重修。

鱼来河桥 城北二十五里，木制。嘉庆六年，市民林启建修。

观音桥 在城东四十里，〔距〕双河场里许。乾隆年间建修，代远年湮，被水冲坏。光绪二十一年，有任姓于河流之上建木桥，以便行人而利商贾。

新　桥 在礼义乡尾甲，木制。民国五年，士民等捐资建修。

交让桥 即大关河〔桥〕，城北一百一十里。嘉庆二十一年，昭通府行户张景发、惠玉济、胡玉成、姜辅文等建修，便运京铜。

上　桥 在大关乡八甲，木制。光绪十二年，士民等捐资建修。宣统二年，被水冲坏，迄今未修。

下　桥 在大关乡八甲，木制。光绪十二年，士民等捐资建修。民国五年，士民等重修。

乾河沟桥 在大关〔乡〕六甲，木制。同治二年，绅耆等建修。稍有朽坏，随时修补。

双河口桥 在大关乡六甲，木制。光绪十五年，蒋恒太、杨辉之等捐资建修。宣统元年，被水冲坏，现尚未修。

新　桥 在大关乡六甲，木制。道光九年，杨友兰建修。宣统元年，士民等捐资重修。

如夷桥 又名天然桥。民国七年，周佐权、周克昌等捐资，由苏华彬督工培修。告竣之余，题联云："驷马高车堪稳过，横流洪水保无虞。"此硚有天然生成之态，较之人工建筑大相径庭矣，故名曰天然。

体仁桥 南城外不及里，石制。光绪九年间，署大关同知胡秀山建修。

以上石桥共十二道，铁索桥三道，木制桥十五道，总共三十道。

〔据王心田等编辑民国《大关县志稿》（唐洁誉等点校，《昭通旧志汇编》第五册，云南人民出版社2006年版）卷一《交通志·桥梁》第1301－1303页辑录。〕

（民国）大关县志·交通志·桥梁

卷八　交通志

桥　梁

锁关桥　在城南四十五里出水洞街下段，石造。光绪九年，同知谢光綦、左营守备游辅廷率绅民等建修。至十八年，署同知龙文重修。

来凤桥　在城南三十里，石造。光绪十八年，同知龙文发起筹款兴建，派邑绅周之丰、周璧光等监修。现改名锁江桥，乡人周应镕等刻有碑记。

利济桥　城南三十里之图乐乡境内。同治十三年，公建在茅草坡对面，今改木质。

双星桥　城南图乐乡之龙井沟，石造。光绪二十六年，邑绅周应镕、刘应芬合建。因是年同入泮，故名双星。

高　桥　城外七十里，木造。同治二年，乡人共建。光绪二年，夷目禄维藩重建。民国十九年，此桥已废，尚未修理。

观音桥　南城外十五里之石灰窑，原系石桥，建筑年月不可考。宣统二年，旧桥毁，有团总曹玉廷商同新桥沟小团陈、蔡诸人，改建木桥。后经张祖年、李瑛两县长培修，现由本乡吴鼎勋筹款改建，正进行中。

彩虹桥　南城外十里，石制。光绪九年，同知谢光綦、左营守备游辅廷率绅民等建修。

广福桥　原名新桥，距城南五里，石造。雍正十三年，同知张坦建修。光绪初年倾圮，有乡人马耀廷捐资重修，改名一善桥。又至三十四年，复被水〔冲〕坏，有团保总局周之丰及南门团首曹玉廷募资重建。迨至民国九年，署县长周筠符筹资，督绅龙廷弼重修，改换木桥。经李瑛、夏运麟两县长培修。

乌鸦桥　又名凤凰桥，在城北十里，木造。光绪九年，前署四川提督李培荣建修。光绪三十二年，署大关同知彭汝翿改修石桥。

凸　桥　南城外，石造，原建历史无可考查。至民国十六年，被水冲坏，署县长李承祖筹资，督绅张维扬培修。

高　桥　城西北三十五里，石制。嘉庆八年，礼仪乡绅民林启、林之芳等建修。

利济桥　原名吊桥，在城南五里，木造。道光年间，合郡人士建修，后被水冲坏，邑绅前署四川提督李培荣于光绪九年改修石桥，仍以吊桥名，为八景之一。

化龙桥　原名安顺，在城北西五里，石制。道光年间，合郡人士捐资建修，日久倾圮。光绪三十一年，署大关同知彭汝翿率绅民重修，仍名安顺。

乾溪沟桥　城北十五里。道光九年，乡绅李建中捐修。同治十年，唐大有重修。迄今被水冲坏，尚未修理。

平政桥　城北四十五里，即黄葛溪铁索桥。道光十八年，同知姚延之建修。同治七年，同知陈廷珍培修，两岸新建桥亭。光绪二十二年，经江川滇商董彭子文复修，其碑文另录于金石类。陈廷珍题有联云："一水抱关流，问何年黄葛成溪，长留桥影虹飞滩声雷吼；两峰挑（排）岸起，洎今日乌蒙览胜，喜见客来云外人在镜中。”

小河桥 城北三十里，木造。民国十一年，署大关县知事周筠符筹款建修，被水冲塌。十二年，知事杨国珍、督绅龙廷弼重修。

余庆桥 城北四十五里，木造。光绪二十三年，江川滇商董彭子文、郡人甘大章捐修。三十年，被水冲坏，郡人甘大章等捐资重修。

永寿桥 城北一百八十里，石造，原建历史不可考查。因年久失修，被水冲坏。道光元年，吴祥麟弟兄倡建，迭经修补。光绪四年，陈大春、施怀藻募捐重修石桥，易今名。

观音桥 在城东四十里双河场里许。乾隆年间建修，代远年湮，被水冲坏。光绪二十一年，有任姓于河流之上建木桥，以便行人而利商贾。

鱼来河桥 城北二十五里，木制。嘉庆六年，耆民林启建修。

新　桥 在礼义乡尾甲，木造。民国五年，士民等捐资建修。

交让桥 在大关厅城北一百一十里。嘉庆二十一年，昭通府行户张景发、惠玉济、胡玉成、姜辅文等建修，便运京铜。

上　桥 在大关乡八甲，木造。光绪十二年，士民等捐资建修。宣统二年，被水冲坏，迄今未修。

下　桥 在大关乡八甲，木造。光绪十二年，士民等捐资建修。民国十年，士民等重修。

乾河沟桥 在大关乡六甲，木制。同治二年，绅耆等建修。稍有朽坏，随时修补。

双河口桥 在大关乡六甲，木造，光绪十五年，蒋恒太、杨辉之等捐资建修。宣统元年，被水冲坏，现尚未修。

新　桥 在大关乡六甲，木造。道光九年，杨友兰建修。宣统元年，士民等捐资重修。

如夷桥 又名天然桥。民国七年，周佐权、周克昌等捐资，由苏华彬督工培修。告竣之余，题联云：“驷马高车堪稳过，横流洪水保无虞。”此桥有天然生成之态，较之人工建筑大相悬殊矣，故名曰天然。

体仁桥 原名安利桥，与安顺桥同时建筑，在南城外不及里许，石造。光绪九年，署大关同知胡秀山建修。

合力桥 在玉碗水新街下首，原系木质。民国二十八年，街人郑维三出伙食、石工，唐青云任工作，改建石桥，题名为合力桥。

津　渡

墨石驿渡 离县城一百里，与永善通，用船或溜篮。

摘巴渡 离县八十里，通彝良，用船。

麻柳湾渡 离县城九十里，通寿山、河东，用船及溜筒。

柿子坝渡 离县城二百三十里，通彝良、盐津，用船。

天星场渡 离县城一百里，通河东、〔河〕西乡，用船。

〔据张维翰编纂民国《大关县志》（刘宗伯等点校，《昭通旧志汇编》第五册，云南人民出版社2006年版）卷八《交通志》第1454－1456页辑录。〕

（民国）巧家县志稿·交通志·津渡桥梁

卷六　交通志　津渡桥梁

巧家跨江设治，且背隔牛栏，接壤鲁甸，为出昭通要冲，故往来交通多有利用。津渡以金江两岸为多，牛栏江次之。更因山洪成渠，夹流山间，水势汹涌，距离甚宽，是以铁索桥之建造为数不少，若石造桥梁仅小河流之交通耳。兹依省、郡《志》所载者分志之，并将最近调查列表于后。

津　渡

龙王庙渡　《云南通志》：在城西南善长里。

蒙姑渡　《东川府志》：在则补，北达建昌，乃金沙江之要津。旧设兵四名，每月发循环簿稽查往来。

象鼻岭渡　《续东川府志》：在巧家西南一百二十里善长里，小江入金沙江处。为运铜要路，设有船只水手。

阿屋村渡　《续东川府志》：在巧家西五里鲁木得，系川滇交界。乾隆五十七年，职员刘汉鼎等捐田一百亩零，年收租谷六十石，以作岁修船只、水手工食之费。

鲁洒哨渡　《续东川府志》：在巧家西二十余里归治里。

巧家县津渡调查表

渡　名	所在地属区	距县城里数	船溜渡	公私管	收费与否
小牛栏	十区	二五〇里	船	私管	收
韦家渡	十区	二八〇里	溜	私管	收
麻　濠	十区	三〇〇里	溜	私管	收
蜂子岩	七区	二五〇里	溜	公管	收
陡滩口	七区	二二〇里	溜	公管	收
渭　姑	七区	二〇〇里	溜	私管	收
交脚河	十区	二〇〇里	船	公管	收
大田坝	十区	一〇〇里	船	公管	收
棉沙湾	九区	八〇里	船	公管	收
豆牙湾	九区	八〇里	船	公管	收
头道沟	九区	六〇里	船	公管	收
小河口	一区	一五里	船	公管	收
龙王庙	一区	五里	船	私管	不收
老渡口	一区	一〇里	船	私管	收
雀依渡	一区	一二里	船	公管	收
小　河	一区	四〇里	船	公管	收

续　表

渡　名	所在地属区	距县城里数	船溜渡	公私管	收费与否
鲁　基	一区	八〇里	船	公管	收
一家苗	一区	九五里	船	公管	收
蒙　姑	一区	一二〇里	船	私管	收
牛厂坪	二区	二四〇里	船	公管	收
汪家坪	二区	二五〇里	船	公管	收
拖布卡	二区	三〇〇里	船	公管	收

桥　梁

嗣应桥　《云南通志》《续东川府志》：在巧家城南门内。乾隆四十六年，粤省客民冯冬星建。《调查》系城内水碾以石凸洞，乃刘姓求嗣感应而修。

一家苗桥　《续东川府志》：在善长里。嘉庆十五年，岁贡刘城建。《云南通志》：咸丰二年冲塌，未修。

五里桥　《续东川府志》：在善长里蒙姑坡，距巧家一百里。嘉庆二十二年，刘城建。《云南通志》：咸丰年间倾圮，未修。

刘公桥　《续东川府志》：在善长里蒙姑，距巧家一百三十五里。乾隆五十二年，刘汉鼎建，通城郡要道。《云南通志》：两岸石壁嶙峋，下有深沟百余丈，纳那姑、黑路二甲之流，水势汹涌，夏秋不可渡。乾隆六十年，刘汉鼎捐资，凿山开路，创建石桥。后蛟泛倾圮，光绪七年，江西商民王世泰、夏永顺等捐资，另由峭壁中间凿石通穴约三里许，可容轿马，于悬岩绝处建铁索桥，行旅称便。增生郑兴东董其事。

安贞桥　《续东川府志》：在善长里蒙姑。嘉庆二十一年，节妇萧唐氏建，旋被大水冲塌，二十四年重修。《云南通志》：后复圮，改建木桥。

曲可桥　在城西五十里小河，为巧家要道。《东川府志》：乾隆四年，建木梁，长十五丈，高九丈，阔丈余，上覆以亭，后毁。经历陈辄倡修，复捐置田亩以作岁修之费。道光十年夏，大水，桥圮，署同知陆葆倡修，并清釐地亩租谷作岁修费。岁修田二分：一坐落小河桥，年收市斗租谷二十石；一坐落梅溪坝葫芦口，年收市斗租谷一十三石。二共谷三十三石，除上纳条粮外，余俱存贮，以作岁修费。《云南通志》：咸丰十年，水涨复圮，设溜筒以济。光绪六年，同知胡秀山率绅士钟光耀等捐资改建铁索桥，巡抚杜瑞联题以额曰“功资利济”。《采访》：民国十四年，复遭水患冲坍，桥北之礅及铁索均覆没。县长李稚馨、卢应祥先后往勘，择地下礅，未观厥成。十八年，县长孟绍尧复筹款促修，次年完成。

新桥沟桥　《采访》：在小河。民国初年，张朝裕建。

臭水井桥　《续东川府志》：在棉纱湾，距巧家一百十里。嘉庆间，刘城建。《云南通志》：道光十八年冲坍，改建木桥。

三道沟桥　《续东川府志》：在归治里。嘉庆间，刘城建。

玉虹桥　在江外白水河上。《续东川府志》：在木期古。乾隆间，刘汉鼎建。《云南通志》：在江外葫芦口，滇蜀毘连。乾隆间，士民刘、陈二姓创建木桥，历三十余载，大水冲决。咸丰间，蜀人张吉太捐修木桥，复圮。光绪十年，职员李芳勋等倡捐改建铁索桥，巡抚张凯嵩题以额曰“为善最乐”。

天生桥　《采访》：在县东北牛栏江上，属二甲苞谷脑与鲁甸交界，为通昭通要道。对岸悬岩峭壁，深四五十丈，水势汹涌。初系搭成木桥，然为日稍久，过者视为畏途。道光间改建凸洞石桥，咸同间太平军窜扰折毁。光绪十八年，地方绅士倡议募捐改建铁索桥，经同知易为霖委邑绅罗云集监修，次年完工。

毛家桥　《采访》：属四甲，系铁索。清光绪二十二年，城绅钟恒、四甲龙云霄二人同意捐助巨资，鸠工庀材，次年完成。

天生桥　《采访》：属六甲发泥窝。对岸岩石天然相连，成为康庄大道，水流其下，因名曰天生。

培元桥　《采访》：属七甲棉沙湾。民国十一年，巧家营陈学仁、陈责云等倡建。

大田坝桥　《采访》：属上八甲大田坝河沟，系石凸洞。民国十四年，八甲陆佩金倡建。

利济桥　《采访》：属善长里蒙姑新街下游，系铁索。

安顺桥　《采访》：属向化里乌竜，系铁索。

〔据陆崇仁修，汤祚等纂民国《巧家县志稿》（民国三十一年排印本）卷六《交通志·津渡桥梁》第30－35页辑录。〕

（民国）绥江县县志·交通志

卷二　交通志

河　道

本县滨江地带计二百八十余里，分长行、横渡两种。长行者上至川岸秉夷场，下至屏山、宜宾，横渡则沿岸皆有。兹将船只数量列表如下：

河道船只交通表

<table>
<tr><th rowspan="2">航线及渡口</th><th colspan="3">船舟只数</th><th rowspan="2">附　记</th></tr>
<tr><th>旺　时</th><th>平　时</th><th>每只载重</th></tr>
<tr><td>绥叙线</td><td>三十余</td><td>一十余</td><td>万斤</td><td>通叙船舟每年五月后洪水泛涨，大半停运，至八九月水落始能通行，所列旺、平指年度而言</td></tr>
<tr><td>绥屏线</td><td>四</td><td>四</td><td>四千斤</td><td>因叙船经屏，故单独通行者甚少</td></tr>
<tr><td>绥新线</td><td>三</td><td>三</td><td>三千斤</td><td>即新滩镇</td></tr>
<tr><td>绥秉线</td><td>一十</td><td>六</td><td>三千斤</td><td>三、六、九由绥上秉，二、五、八由秉下绥</td></tr>
<tr><td>绥渡平夷</td><td>二十</td><td>十</td><td rowspan="5">二千斤</td><td>以下皆横渡</td></tr>
<tr><td>桅杆嘴至石盘上</td><td>三</td><td>一</td><td rowspan="5"></td></tr>
<tr><td>杨家坝渡罗马岩</td><td>三</td><td rowspan="2">二</td></tr>
<tr><td>大窝渡浪滩坝</td><td>四</td></tr>
<tr><td>大鹿溪渡毛坝</td><td>三</td><td>一</td></tr>
<tr><td>南岸渡秉场</td><td>六</td><td>三</td><td>三千斤</td></tr>
</table>

续　表

<table>
<tr><th rowspan="2">航线及渡口</th><th colspan="3">船舟只数</th><th rowspan="2">附　记</th></tr>
<tr><th>旺时</th><th>平时</th><th>每只载重</th></tr>
<tr><td>小汶溪渡滩脑上</td><td>二</td><td rowspan="2">一</td><td rowspan="2">二千斤</td><td rowspan="7"></td></tr>
<tr><td>石溪渡冒水孔</td><td>二</td></tr>
<tr><td>新滩溪渡滩脑上</td><td>二</td><td>一</td><td>一千斤</td></tr>
<tr><td>大沙坝渡屏山</td><td>六</td><td>四</td><td>三千斤</td></tr>
<tr><td>石龙殿渡东关</td><td rowspan="3">二</td><td rowspan="3">一</td><td rowspan="3">二千斤</td></tr>
<tr><td>马桑湾渡福延溪</td></tr>
<tr><td>马耳嘴渡书楼坝</td></tr>
</table>

津　渡

沿江津渡名称，已列入本篇《河道船只交通表》。兹将各渡性质及经费来源分别列表如下：

津渡交通表

<table>
<tr><th colspan="2">渡　名</th><th>所在地</th><th colspan="2">方位及距城里数</th><th>义渡经费</th><th>附　记</th></tr>
<tr><td colspan="2">中碛坝</td><td rowspan="3">副官里</td><td>北</td><td>〇・五</td><td rowspan="20">大、小汶溪为义渡，其经费来源及管理如下：
一、大汶溪上下渡，清宣统三年由大兴、永兴、近林三里住民每年每户捐河粮一升，民五①加二升（上下段各一升），至民十八年止。由是上渡置租十三石三斗（鲁家冈苞谷八石，兆家坝谷子三石、苞谷四斗，观音岩苞谷四斗。民三十一年，杨军长柏城捐玛瑙沟谷子一石五斗，合如上数），由黄鹤轩经管下渡，置租九石（梁店窝苞谷四石，板栗坪苞谷二石，安子寺苞谷一石，余家岩谷子一石，杨军长捐玛瑙沟谷子一石，合如上数），由赵靖藩经管。
二、小汶溪，民二十九年，由盐款盈余项下交曾质心，置谷租八石，即由曾经管</td><td rowspan="20">查本表系民国三十五年采访，与本篇《河道船只交通表》及艺文志《大汶溪义渡序》载微有出入</td></tr>
<tr><td rowspan="2">大汶溪</td><td>上渡</td><td rowspan="2">西</td><td>〇・五</td></tr>
<tr><td>下渡</td><td>一里</td></tr>
<tr><td colspan="2">小汶溪</td><td rowspan="3">新滩里</td><td rowspan="17">东</td><td>一〇</td></tr>
<tr><td colspan="2">石　溪</td><td>四〇</td></tr>
<tr><td colspan="2">新滩溪</td><td>六〇</td></tr>
<tr><td colspan="2">苏家码头</td><td rowspan="4">大沙里</td><td>七〇</td></tr>
<tr><td colspan="2">鲢鱼溪</td><td>八〇</td></tr>
<tr><td colspan="2">砖堆石</td><td>八五</td></tr>
<tr><td colspan="2">石龙殿</td><td>九〇</td></tr>
<tr><td colspan="2">桧仪溪</td><td>马村里</td><td>一一〇</td></tr>
<tr><td colspan="2">德　化</td><td>德化里</td><td>一二〇</td></tr>
<tr><td colspan="2">大兴号</td><td>寿丰里</td><td>一五〇</td></tr>
<tr><td colspan="2">恒美号</td><td>梁村里</td><td>一〇</td></tr>
<tr><td colspan="2">大　口</td><td rowspan="2">大兴里</td><td>二〇</td></tr>
<tr><td colspan="2">南　岸</td><td>四〇</td></tr>
<tr><td colspan="2">石梁子</td><td rowspan="3">永兴里</td><td>五〇</td></tr>
<tr><td colspan="2">黄毛坝</td><td>六〇</td></tr>
<tr><td colspan="2">柑子坪</td><td>七〇</td></tr>
</table>

① 民五　即“民国五年”。下文“民”同。

桥　梁

本县桥梁，各区皆有。工程坚固浩大者，只有数处，余皆木梁短石，可通往来而已，兹分别序列如左表：

各区桥梁表

<table>
<tr><th>区别</th><th>桥　名</th><th>所在地</th><th>工　程</th><th>形　式</th><th>建筑时期</th><th>存</th><th>废</th><th>附　记</th></tr>
<tr><td rowspan="3"></td><td>天恩桥</td><td>铜古子</td><td>简易木条</td><td>平整</td><td>清咸丰五年</td><td rowspan="15">存</td><td rowspan="17"></td><td rowspan="2"></td></tr>
<tr><td>明远桥</td><td>烟村坝</td><td>大石条</td><td>平桥</td><td>清同治五年</td></tr>
<tr><td>大　桥</td><td>肖家坝</td><td>石工滚砌</td><td>长一丈五尺</td><td>同治</td><td>年代无考</td></tr>
<tr><td rowspan="2">第一区</td><td>黄龙桥</td><td>黄龙溪</td><td>大木二洞</td><td>平宽上瓦
房旁木栏</td><td>光绪元年</td><td>此桥工程巨大，现因溪流改道，无来往者，桥工甫成，遭水冲没</td></tr>
<tr><td>凤凰桥</td><td>凉浆坝</td><td>木料</td><td>平宽</td><td>光绪十一年</td><td></td></tr>
<tr><td rowspan="10">第二区</td><td>仁德桥</td><td>新滩溪</td><td>石滚，
工程巨大</td><td>平宽</td><td>民国三年</td><td>县长林嘉瑞创建，原名瑞星，经李县长仁圃重建更名今</td></tr>
<tr><td>寿星桥</td><td>小汶溪</td><td>木料</td><td>平狭</td><td>民国四年</td><td></td></tr>
<tr><td>仁寿桥</td><td>双河口</td><td>大木二洞</td><td>平宽上瓦，
房旁木栏</td><td>民廿六、
廿七年</td><td>县长李仁圃主建</td></tr>
<tr><td>月池桥</td><td>珍珠坝</td><td>木料</td><td>滚砌高峻</td><td>明末</td><td>马湖土府安鳌建</td></tr>
<tr><td>万寿桥</td><td>铜厂乡</td><td>石条滚砌</td><td>长二丈余，高五丈余</td><td>道光</td><td>年代无考</td></tr>
<tr><td>永兴桥</td><td>团岩鱼箭口</td><td>石工</td><td>滚砌，长一丈
余，宽八尺</td><td>同治元年</td><td rowspan="6"></td></tr>
<tr><td>亭子桥</td><td>中村桥湾</td><td>木料二洞</td><td>平上瓦房，旁木栏</td><td>同治二年</td></tr>
<tr><td>高　桥</td><td>中村吕家岩</td><td>木料二洞</td><td>平长五尺，高十丈</td><td>光绪八年</td></tr>
<tr><td>椏椏桥</td><td>凉浆镇白马坝</td><td>木料</td><td>平宽，长二丈余</td><td>光绪十二年</td></tr>
<tr><td>大　桥</td><td>南岸乡</td><td>石工</td><td>平坦，长二
丈，宽五尺</td><td>光绪十五年</td></tr>
<tr><td rowspan="9">第三区</td><td>高　桥</td><td>冷水溪</td><td>石工滚砌，
工程浩大</td><td>悬于两岩间，
高廿丈</td><td>乾隆初年</td><td></td><td>有称为仙人修建者，又名仙桥</td></tr>
<tr><td>大石桥</td><td>古楼坝</td><td>石条，长
三丈余</td><td>平宽五尺，
长三丈余</td><td>嘉庆十三年</td><td></td><td></td></tr>
<tr><td>永庆桥</td><td>清水溪</td><td>木工</td><td>高大</td><td>嘉庆</td><td></td><td>废</td><td>民十三年水冲</td></tr>
<tr><td>狮象桥</td><td>三道水河口</td><td>石工</td><td>平宽丈余</td><td>道光</td><td>存</td><td></td><td>该地两溪会合狮象水口，故名</td></tr>
<tr><td>长乐桥</td><td>盐井坝场口</td><td>木工</td><td>平桥上有瓦房</td><td>同治</td><td></td><td>废</td><td>民十六年水冲</td></tr>
<tr><td>万福桥</td><td>两河口</td><td>石工</td><td>平砌二洞
最高大</td><td>光绪十六年
重建</td><td>存</td><td></td><td></td></tr>
<tr><td>关口桥</td><td>下场口</td><td>石工</td><td>平长</td><td>年失考</td><td></td><td>废</td><td>宣统二年水冲</td></tr>
<tr><td>安宁桥</td><td>乌抛溪</td><td>木条</td><td>长大</td><td>年失考</td><td rowspan="2">存</td><td></td><td>现存朽木</td></tr>
<tr><td>竹　桥</td><td>板栗坪上河口</td><td>竹料</td><td>短简</td><td>年失考</td><td></td><td>水势湍急，时毁时修</td></tr>
<tr><td rowspan="3">第四区</td><td>写字桥</td><td>桧仪溪</td><td>大石板三洞</td><td>每洞长一丈，
宽五尺</td><td>乾隆
三十八年</td><td>存</td><td></td><td>原名万古桥</td></tr>
<tr><td>卧坡桥</td><td>新安乡
大河口</td><td>石条四洞</td><td>长四丈，宽五尺</td><td>同治三年</td><td>存</td><td></td><td>河口水平而宽，桥低近水，故名二十里出横江</td></tr>
<tr><td>福星桥</td><td>寿丰乡洪水溪</td><td>木条</td><td>平长丈余，宽三尺</td><td>光绪</td><td></td><td>废</td><td></td></tr>
</table>

按：右表列各桥，皆有永久性者，其余如大、小汶溪上、下渡之临时桥及油房沟、三河坝等地之小木桥，皆涨水时拆去，水落时又建，概不记载。

〔据刘承功修，钟灵纂民国《绥江县县志》（民国三十六年石印本）卷二《交通志》第19页“河道”、第22页“津渡”、第23页“桥梁”辑录。〕

（民国）盐津县志·交通·水道渡桥

卷五 交通

水 道

盐津境内诸水仅朱提江可通木船。以县治为航行起点，经普洱渡、滩头、新滩、庙口出四川，可达宜宾县之磨刀溪。前清京铜及内地物资咸由此江转运。抗战初期，国防物资之运输亦曾利用此道。唯滩险鳞次，往来船只稍一失慎即遭覆溺，自昔迄今无时不闻。且磨刀溪下有九龙横梁子等滩，长约十里，江中乱石纵横，林立水面，舟行至此，必须起载陆行十里至张窝，然后通航达宜宾。因地势高差甚大，故沿江滩险年有变更。每经洪水后，前滩稍平，后滩复起，为历来疏凿不尽之一症结。交通部曾于民国二十八年设立疏滩工程处，分段疏浚。惜以设计不臧，未奏成效。朱提江为金沙江支源，长江航路之一分起点，欲开发边疆国民经济，则此江之疏浚岂容忽视。兹将本县绅耆赵方山测绘盐井渡河滩险详图分注。开凿礁石应修牵路精密计划，附志以资参考。

盐津渡河滩险详图注：此图系赵贵仲（号方山）监绘，长四十八公分，阔四十五公分，陈氏家藏，吴良桐署检，陈葆仁序。

清吏（厘）平芒部，由盐井渡河运蜀米供军糈，设水陆转运局于盐井渡。遴富室董其事，先外王父赵公贵仲，时财雄一乡，人称赵二员外。司是役盐井渡河流急滩险几罹军法，虽幸免，然耗费不赀。因建开凿之议，绘斯图上诸滇督。清鼎革，督署图籍多散失，斯图亦流落省垣卖线街之贾肆中。民国八年秋，余归自北平，淮安董（童）仲华先生语以图之所在，即走访求，以重价得之。盖不仅吾乡文献所关，且先民之手泽也。谨志而珍藏之，以备异日辑乡乘浚河道之采择焉。盐津陈葆仁识于昆明寄庐。

原注：

查盐井渡一河，发源于昭通府属之鲁甸凉山各山箐。由洒鱼河大耆老入大关境内归老李渡，会漾子沟、黄水、小关溪、白水江诸河之水。查盐井渡以上河身窄狭，水急浪涌，且河心乱石交加，万难行船，毋庸置议。以下大河水势稍平，由滩头庙口入川境之横江安边，会金沙江以达叙州府。大江虽系大关，历年买运兵米，勉强挽运。然从来未经开凿，两岸悬岩峭壁，中流巨石纵横，亦难枚举。且岸无纤路，一遇滩水湍激，上下维艰，不无沉失之患。其岸上土石路径应宜开修，而河边密箐茨林，亦须尽伐。今将各滩应开工段、应修纤路逐一分晰开后。贵仲谨注。

第一图：拦水三滩、大圈滩、老鸦滩。

黎山塘至盐井渡老鸦滩塘二十五里，应修张家沟挨河陡窄石坎四十二丈。并于大河修造渡船一只，以便行商。

第二图：门坎三滩、米滩子、黄角（桷）槽滩、龙门石滩。

门坎三滩，此滩河身宽敞，应修南岸乱石土纤路一百八十丈。

米滩子，此滩河宽浪平，应修北岸偏坡乱石土纤路二百五十丈。

黄角（桷）槽滩，此滩曲折半里，水势汹涌，应开河边石砂碛一百九十丈，南岸偏岩石纤路一百五十丈，砍伐挨河林木竹茨一百五十丈。

龙门石滩，此滩长八十丈，水急浪险，应修南岸砂碛船路五十丈，乱石土纤路一百丈。

第三图：马跳坎滩、大石新滩、石宝滩、鱼孔滩。

马跳坎滩，此滩宽大水平，应修南岸陡岩石纤路二百五十丈，砍伐河边树木竹茨二百五十丈。

大石新滩，此滩曲折汹涌，应凿北岸拦水一大石，高一丈九尺；修偏岩石纤路一百四十丈，砍伐挨河林木竹茨一百八十丈。

石宝滩，此滩河宽浪平，应修南岸偏岩石纤路八十丈，伐河边树木竹茨一百八十丈。

鱼孔滩，此滩河宽水急，应修南岸偏坡石纤路九十丈，砍伐竹茨树木一百九十丈。

第四图：临江溪口滩、永保碛滩、小孔滩、大孔滩、离梯埂滩。

临江溪口滩，此滩河宽水紧，应修南岸乱石土纤路一百六十丈。

永保碛滩，此滩水急浪平，应修南岸偏坡乱石土纤路二百丈。

小孔滩，此滩河大水缓，应修凿陡壁石岭坎三道，长六十六丈，伐树木竹茨一百六十丈。

大孔滩，水势平缓，应修北岸偏坡乱石土纤路二百一十丈。

离梯埂滩，此滩水平，应修南岸偏坡乱石土纤路一百八十丈。

第五图：石版滩、雾露连三滩、犁辕滩。

石版滩，此滩河宽水缓，应修南岸偏坡乱石土纤路一百五十丈。

雾露连三滩，此滩长二里，水急浪汹，两岸乱石交加，应开碎石砂槽船路一百一十丈，又开南岸偏坡乱石土纤路一百二十丈。

犁辕滩，水势平缓，应修南岸偏岩石纤路五十二丈，砍伐树木竹茨一百二十丈。

第六图：黄毛滩、八里渡黄角滩、落雁连三滩、落雁溪口滩。

黄毛滩，河大水平，应修南岸偏岩石纤路一百三十丈，砍伐河边树木竹茨一百五十丈。

八里渡黄角（桷）滩，此滩曲折，水急浪涌，应凿北岸挡水大石一个，高一丈五尺，围三丈，修陡窄乱石土纤路一百一十五丈。

落雁连三滩，此滩宽窄不一，水急浪涌，应凿南岸挡水大石二个，一高一丈一尺，围二丈八尺，又一高一丈三尺，围三丈二尺，修乱石土纤路二百九十丈。

落雁溪口滩，此滩弯曲，水急浪涌，应凿北岸拦水大石一块，高一丈三尺，围二丈五尺，修偏坡乱石土纤路一百四十丈。

第七图：羊古滩、丁山碛滩、打扒沱连三滩。

羊古滩，此滩河大水急，应修南岸乱石土纤路八十丈。

丁山碛滩，此滩曲窄，水急浪涌，应修南岸石子沙槽船路六十丈、偏坡乱石土纤路五十丈。

打扒沱连三滩，此滩弯曲，两山逼近，水急浪涌，应修北岸碎石沙槽船路一百二十丈，修偏坡乱石土纤路一百二十丈。

第八图：焦岩连三滩、大木滩、小木滩。

焦岩连三滩，此滩曲窄，水急浪涌，应修北岸拦水大石一半，高一丈一尺，围二丈一尺，修偏岩石纤路九十丈，砍伐河边树木竹茨二百九十丈。

大木滩，此滩曲折，水急浪涌，应凿南岸拦水大石二个，一高九尺，围三丈五尺，又一高七尺，围二丈八尺，修偏坡乱石土纤路九十丈。

小木滩，此滩弯曲，水急浪涌，应凿南岸拦水大石一块，高一丈二尺，围三丈六尺，修南岸偏坡乱石土纤路一百丈。

第九图：普洱渡冷水溪口滩、串龙门滩、板凳滩、土地滩。

普洱渡冷水溪口滩，此滩弯曲，水急浪涌，应开凿南岸碎石沙槽船路三十丈，凿陡岩石纤路一百一十丈。

串龙门滩，此滩弯曲，水急浪涌，应凿北岸拦水大石一个，高八尺，围三丈，凿陡岩石纤路四十六丈。

板凳滩，水势稍缓，应修北岸悬岩石纤路五十二丈。

土地滩，此滩曲折，水急浪涌，应修去北岸挡水大石二个，高七尺，围圆二丈九尺。

第十图：雀儿滩、青菜滩、犀牛滩。

雀儿滩，水势□□，应修北岸陡□□□□纤路一百二□□。

青菜滩脱落。原注。

犀牛滩脱落。原注。

第十一图：嶷山碛滩、三倒拐滩、黄连滩。

嶷山碛滩，河宽水平，应修北岸陡岩石纤路八十丈。

三倒拐滩，脱落。原注。□□南岸□□□。

黄连滩，此系两山峡槽，水平弯曲，应修北岸偏坡乱石土纤路一百三十丈。

第十二图：老鸦滩、新滩碛、马鞍滩。

老鸦滩，此系两山峡槽，水紧弯曲浪涌，应修南岸陡坡乱石纤路二百一十丈。

新滩碛，此滩两山紧夹，最为窄险，波涛汹涌，应凿南岸横直石梁一道，高一丈八尺，围五丈六尺。又拦水大石一块，高一丈五尺，围五丈四尺，修乱石纤路一百五十丈。

马鞍滩，此滩夹窄，水急浪涌，应凿南岸拦水大石三个，一个高六尺，围二丈六尺，一高一丈五尺，围三丈五尺，一高一丈一尺，围五丈六尺，修陡坎乱石土纤路七十丈。

第十三图：侯家滩、鸡公滩、观音连三滩。

侯家滩，河宽水缓，应修陡岩石纤路六十丈。

鸡公滩，此滩弯曲，水急浪涌，应凿北岸拦水大石二块，共高八尺，围五丈一尺，修陡岩石纤路八十丈。

观音连三滩，此滩曲窄，水急浪涌，应凿南岸拦水大石三个，一高一丈二尺，围二丈六尺，一高六尺，围二丈四尺，一高一丈五尺，围五十一丈，修陡岩石纤路九十丈。

第十四图：滩头汛石灶孔滩、将军石、大铜鼓滩、大窝比滩。

石灶孔滩，此滩最窄，水势汹涌，凡船至此，必须起载放空，犹多沉失，应凿南岸拦水石梁一块，高一丈六尺，围五丈。又河心将军石，出水高一丈五尺，围八丈，应于两岸石树拴系过江大篾绳，横系木挡，方可施工，应修偏坡乱石土纤路六十丈。

大铜鼓滩，此滩窄狭，水急浪涌，应凿南岸拦水连根大石一块，高一丈五尺，围四丈九尺，修偏坡乱石土纤路六十丈。

大窝比滩，河弯曲，水势汹涌，应凿南岸河心拦水大石三个，一出水面高一丈三尺，围二丈五尺，一出水面高九尺，围二丈四尺，又一出水面高七尺，围一丈四尺，修偏坡乱石土纤路八十五丈。

渡　桥

盐津跨江设治，当滇川出纳咽喉，故江两岸市镇要地在县治、普洱渡两处建有电线桥，以利交通，余均应用船渡。又因溪涧交错，山洪时发水急，要津亦建电线、铁索等桥。至若石木桥梁仅便小溪流之交通。兹将津渡调查列表于次：

盐津县津渡表

渡口名称	所在乡镇	距县治里数	交通工具	公私设管	收费与否
盐井坝	盐井镇	五里	船	公	未收
黄角（桷）槽		十五里	船	私	收
沱　湾	仁里乡	三十里	船	私	收
八　里	保隆乡	六十里	船	私	收
深溪坪		七十里	船	私	收
焦　岩		八十里	船	私	收
下渡口	永安镇	九十五里	船	私	收
中兴滩		一百一十五里	船	私	收
滩　头	玉屏镇	一百四十里	船	私	收
新　场	西岸玉屏镇	一百六十里	船	私	收
燕子坡	西岸文星乡	一百七十里	船	私	收
石锣滩	文星乡	一百八十里	船	私	收
铜鼓溪		一百九十里	船	私	收
两院溪		二百零五里	船	私	收
庙子溪		二百一十五里	船	私	收
新滩场		二百四十里	船	私	收
庙　口		二百四十五里	船	私	收

金质桥

易渡桥　在盐津旧治南端，夙为滇川要津。清嘉庆二十二年，盐井渡巡检王炎廷因鉴蛮夷屡出侵扰，会同士绅贾少岗、李茂良禀准昭通府尹募资修建铁锁（索）桥，以便防守，而利交通。造铁连环十二条，直长二十四丈，横宽八尺，旁四扶手，中分三路，面幔木板，名曰易渡桥。至道光九年落成，经数十年后，曾重修建。迄光绪二十一年五月五日，乡人为竞渡之戏，观者拥集其上，桥遂压断，是年八月，兴工仍照前修造。光绪三十四年又将倾圮，省府委孙天宝督修，改加木拱，三年始竣。民国九年，大水桥圮。

民国十一年，县长杨天樾募款重修，仍建铁锁桥，数月告成。惜工程草率，铁练未精，至十五年又将倾折，县长官鸿钧仍募捐重建，复惩既往，饬精炼铁棒，牢砌桥基，故工程较为坚固。讵料民二十年八月十四日，洪水滔天，桥复圮。嗣有外乡义士金忠信倡建竹桥，用维现状，并呈准县府，抽收商捐以作工资费，于二十一年鸠工，另建铁锁桥于原址，七月中旬告竣。至二十六年，复遭水灾冲毁。后以县治迁移，乃另建临时电线桥于石门山侧，故未重建。今所存者，仅桥基对峙而已。

电线桥一　在旧治北端，石门古道南。新治落成后，县府呈准层峰建修铁桥，以利交通。设建桥经费委员会及建桥工程处，以董其事。民国二十六年一月兴工，建设厅因鉴工程处开支浩大，不谙工程，乃派技正赵乃广来津监修。甫筑桥基两墩时，政府续建叙昆铁路，计有过车铁桥可供利用，令饬停修，改建电线桥以维临时交通。二十八年一月兴工，翌年三月完成。预定保固期为三年，并在桥头勒石限制过桥人畜数量，以策安全。今则逾期已久，线朽木坏，亟宜修理。

电线桥二　原为师贞桥，在盐津旧治上下滩间小河沟口，以衔接两街。初系石拱桥，长约五丈余，阔约一丈五尺，两侧扶栏雕刻精致，坚（竖）有丰碑，乃清同治六年因岑襄勤公毓英剿办镇雄猪拱箐匪，凯旋所建，故名师贞。民国二十年八·一四大水灾，为浪冲激，已呈裂痕，幸尚安全。至二十六年后，遭洪水，始冲圮，荡然无存。三十年，县长李瑛倡议募捐改建〔铁〕线桥，年完成，勒石志事。工料简单，簸摇甚烈，行有戒心，难期永久。

电线桥三　在普洱渡街中，为通绥江、永善、金江要道，横跨朱提江上，式同县治修建，工料尚佳。

云路桥　即滩头铁锁桥，在石龙关前，横跨野容川与朱提江会流处。清乾隆时系石造桥，因桥身低下，易被水冲毁，迄同治五年，由地方人士募捐改建铁锁桥。光绪十三年冬月，经曹世贵、赵伦元、李孝贤、韩立成、蒙世德、孔昭纪、段启鳌、彭廷训、彭体仁募款新修。计造桥铁链十根，共三百六十一节，吊帘七十对，夹板十六付，共用功德银一千九百余两，长约八丈，阔约一丈，工程巩固。民国二十年，水灾冲塌铁链二根，犹可行人。迄三十二年，山洪暴发，桥被冲斜，由江瀛州捐资修复。

石木桥

盐津县各乡镇石木桥梁表

桥梁名称	所在乡镇	距县治里数	概　要
高桥	盐井镇	东北十五里	两岸对立，阔仅丈余，凿基拱桥，下临甘溪，高达五丈，同治二年李姓建
益善桥		北十里	米滩子甘溪口，乾隆二十年建
众善桥		西南十里	河西张家沟，光绪十二年，绅耆捐建
永兴桥		西南八里	河西平街，光绪十四年，官绅倡建
蓝厂沟桥		北二十里	石孔桥，当大道
李家桥	安乐乡	东三十八里	石拱〔桥〕，通筠连县路，清代李姓建
牛皮寨桥		东北六十里	石拱桥，现没于泥
杉木滩桥	保隆乡	北二十五里	木梁，当大道

续表

桥梁名称	所在乡镇	距县治里数	概要
三龙滩桥	仁富乡	北六十六里	道光五年建石桥，民国十八年商帮重修，二十年冲毁，由炳昌祥捐建木桥，三十四年又被冲毁，现每阻碍行旅
万寿桥		北三十五里	在临江溪口，嘉庆八年建，至光绪三十三年被水冲毁，由江川滇三帮聚资重修，长五丈，阔八尺，石拱两洞
深溪坪桥		北七十里	原石桥冲毁，同治六年改木梁，现已朽
对口溪桥		北七十五里	石拱〔桥〕，逢水涨时方走桥上
铜硐沟桥		北八十里	石拱桥
元兴桥		北六十五里	由临江溪至落雁经黑水河上
萧家桥		东北七十五里	石坪（平）桥，由蒿芝坝至兴隆场路
同善桥		东北八十里	石坪（平）桥，路同上
文星桥		东北八十八里	石坪（平）桥，路同上
双龙桥		东北一百二十三里	石坪（平）桥，兴隆场北
天星桥		东北一百四十里	石拱桥，长四丈，宽四尺，创修已久，又于光绪十七年经张古义募款培修
大风滩桥	玉屏镇	北一百四十三里	石平桥，光绪十八年正月建
太平桥		北一百四十五里	石平桥，宣统元年五月建
三仙桥		北一百五十五里	同治二年江滇川三商帮建，交省界
折桂桥	文星乡	北一百九十里	石平桥，陈铣、陈钟、陈元亮捐修，近年由乡人募款培修
永寿桥		北一百九十五里	石平桥，嘉庆十八年五月建
清平桥		北二百二十里	石平桥，道光年间建
跳蹬子桥		西北二百三十五里	石平桥
板板桥		西北二百四十余里	石平桥，建于乾隆年间
传师坝桥	龙潭乡	西北一百二十里	石孔桥，在传师坝场首
虾子溪桥		西北一百二十余里	石平桥，长二丈五尺，宽三尺五寸，同治九年修
箭坝复兴桥		西北一百二十里	乾隆时为木轿，嘉庆二十年冲毁，道光二年赵永兴之父修为石平桥，长五丈三尺，宽五尺。十七年毁半，二十年修复，光绪三十年赵永义等培修
保关桥	永安镇	北九十里	石平桥，宣统元年募款新修
保龙桥		北一百三十里	石平桥，两端各树坊一架，乾隆五十四年彭大龙捐修
渡善桥		北一百里	系小石平桥，民国十年募款新修
花鱼坪桥	仁里乡	西北一百二十里	木梁上覆以亭，长约二丈，阔七尺余，乾隆四十年建，现尚完好

〔据陈一得编辑民国《盐津县志》（韩世昌、谢远辉点校，《昭通旧志汇编》第六册，云南人民出版社2006年版）卷五《交通》第1706－1709页辑录。〕

红河州

（嘉庆）临安府志·山川志附津梁

卷五　山川志附津梁

其在建水东则有若登龙、在迎晖门外，明万历间建。锁龙、距城一旦，一名汇源桥。迎恩、距城三里，旧名大石桥，年久沙壅。本朝雍正九年，知州夏治源同乡贤傅大美、官绅邢世瞻重建，易今名。同缘、距城八里，知州夏治源同傅大美等建。联珠、距城九里。乾隆乙亥年，郡人王厥清、傅为謇、孙启扬等建。天缘、距城十里。傅大美同耆民王焜等建，覆以高亭，宽广坚固。通贡、距城三十里。明弘治间建，后高新重修。三公、距城一百二十里，今改与中沟之飞虹同名。天生、在娑罗庄，有石跨流，自然成桥。永定之桥。距城四十里，庠生刘文澣修。东南则有若泸江、明宣德间建，正德间王镐等重修，万历间沈崇儒甃以石，后堤决沙滞。本朝雍正八年，知府张无咎、总镇张应宗、知州祝宏各捐俸，延郡人傅大美董其事，撤旧增高，河流始畅。玉虹、距城五里，明宣德间建。双虹、在玉虹南。明正统间建，年久沙滞，本朝知州夏治源同郡人傅大美重修。飞虹之桥。跨中沟，明正统间建。南则有若浣衣、距城五里，明正统间建居人叶丹重修。百花、里同上，明景泰间建。相见沟之桥。距城六十里，乾隆四十年傅为謇倡修。西南则有若板桥，距城十里，明弘治间钱锐建。暨登瀛、明成化间建。乍甸之桥。距城九十里，乾隆六十年乍甸绅士重修。西则有若九司、距城五里。见龙之桥。距城十里，旧名永安。明成化间建，后圮，本朝乾隆六十年，郡人张绍武重建。西北则有若会安、在黑冲，明弘治间徐宣建。万里之桥。距城三十里，贡生廖为栋修。北则有若香木、距城九十里，一名太平桥。进士马景泰倡建，易石。永新、距城九十五里。乾隆三十六年，生员朱藩建，后被水冲动，其子贡生正儒复倡首捐资，与生员冯瑜、倪登甲等重修。大新之桥。距城百里，一名曲江桥，跨两山之中。明天顺间建，系木桥。万历间，乡绅王恩民与巡按沈正隆、兵备龚云致易以石，郡人张国相及僧如净与有助焉。东北则有若青云、距城十里，明乡绅张儒象建。赛功之桥。距城二十里。余先觉建，乾隆二十三年，吴永清、王俊等重修。计桥二十有九。渡一，曰沙坝渡。在城北百里曲江大河。邑人张国相之祖初设木桥，每夏秋水涨，漂没为患，复造舟以济，并置腴田，给役人费，行李（旅）便之。

其在石屏东则有若化龙、距城二里，层阁凌霄，湖山襟带。明参议杨廷相建，本朝乾隆四十三年，绅士重修，五十七年，知州傅应奎又重修。回澜、在海东湖口。知州管学宣建，乾隆三十八年，署州蒋振阅重修。渡沙在异龙湖口，向系木桥，知州傅应奎率绅士易以石。暨顾公、在东门外。明知州顾庆恩建，本朝乾隆四十五年，绅士重修。傅公之桥。在化龙桥之前，为北河入海之道。乾隆五十七年，知州傅应奎浚河建亭，州人赖之，故名。西则有若大桥距城六十里磨古寨。河水奔流，沙石冲激，屡修屡坏。乾隆四十五年，知州吕缵先偕绅士重建，五十七年阖州重修。暨阳景、在西门外。杨琼建，乾隆五十年，阖州重修。迤洛、在宝秀西湖之口，明弘治间建。通远之桥。在迤落之东五里，明弘治间建。计桥九。渡一，曰小河底渡。在城西百二十里，以船渡，设夫二名。

其在阿迷东则有若东桥一名会灵桥，州人伍明德初建木桥，后圮。雍正十二年，知州陈权甃以石。暨通济、明弘治间建。永安、距城二里，明天顺间建。永兴之桥。明弘治间建。南则有若南桥，距城五里，下石上木。明知州方逢圣建，本朝雍正八年，贡生杨于陛、监生徐世绪重修。乾隆四年，贡生杨天与同兄天成捐立二石墩，三十八年，天与及贡生廖为柱捐修右岸，五十八年，天与子生员纬文倡州绅士尽易以石，名曰同人桥。暨古城、距城一里，元时阿宁府旧地，一名香木桥。奏凯之桥。在南门外，州人杨北捐金修路，并建此桥。西则有若西桥在西门外。暨永济、距城八十里，原系木梁。工始于赵应文之妻伍氏，谓之伍氏义桥，后圮，建水乡贤傅大美同耆民李标枝、王建民、王琨等募修石桥，易名为永济。通安、明弘治间王晟建。泰安之桥。距城三十里。东北则有若新桥。

距城五里。石梁三空，广二丈，长十余丈，以济东河之险。康熙十年，土知州李阿侧建。计桥十有二。渡二，曰盘江渡，在城北三十里布沼，过江即弥勒界，入广西要口。曰佴落江渡。在城北九十里盘江迤盘冲下。

其在宁州东则有若惠济、距城三里，康熙二十五年建，今改石桥。铁锁、距城六十里，在婆兮马街东。乾隆七年建，三十五年重修。昇平、在马街，乾隆三十四年建。得渡、乾隆七年建。梯云之桥。在婆兮大寨，康熙五十八年建。东南则有若双元之桥。距城十五里，在马鞍山下。南则有若金锁之桥。距城二十里，在象鼻山旁，乾隆十五年建。西则有若跻虹之桥。距城二里，在斗母阁前。明嘉靖八年建，今改建石桥，易其名为通济。西北则有若广嗣、距城一里，今名双龙桥。浣江、距城五里，康熙四十五年知州梁衍祚率州人建。青龙、距城十二里。飞虹、距城四十里。通惠距城六十里。暨卢公、在浣江桥西。黄澄之桥。距城三十里。明万历四十五年州人黄澄建，以其姓名名之。北则有若观音、距城二十里，一名狮子桥。本朝雍正八年建。赛宫、距城三十里，在梅子哨，一名胥家桥。明崇祯间建。联陞之桥。里同上，在路居先庄。计桥十有八。

其在通海东则有若溥利、在东门外，明弘治间建。太平、一名迎恩桥，康熙二十九年僧海澄建。永济、距城八里，万历二十年张楠建。乾溪在关平甸山下，雍正八年僧诚建。暨沈家之桥。距城六里，明天启七年沈泰建。东南则有若彩虹、距城半里许，明嘉靖间建。灵寿之桥。在白塔山下，曾巩重建。南则有若登瀛、在秀山之半，一名昇仙桥，明万历陈其建。尼郎之桥。在南门外。西南则有若秀江之桥。跨秀山涧水上，赵汝谦建。西则有若碧溪距城二十里小街碧溪寺右。暨高家、在西门外，明万历三十年厉存礼建。邹家之桥。在高家桥之西，明万历元年邹仪建。计桥十有三。

其在河西东则有若碌溪、距城三里，为桥三，宛如长虹。小街、距城十五里。五桂之桥。里同上，在白石甸村下。南则有若指南、距城二里。明弘治间建，本朝乾隆五十一年邑人王亮天重修。锁龙之桥。距城十里，明弘治间建。西则有若普济之桥。距城四十里，乾隆二十四年知县萧思濬建。西北则有若普乃之桥。距城三十五里，在沙罗坡，乾隆十年耆民王孝建。北则有若永济、在北门外，明弘治间庠生苏惠然建。康济、在永济桥下，康熙四十九年邑人杨运昌建。阳关之桥。距城二十五里，明万历八年建。计桥十。渡六，曰渔村渡，在城东二里渔村下。曰文沙冲渡，知县周天任置田，以给渡役工食。曰小白邑渡，曰急递铺渡，曰阿衣村渡，曰乐德旧渡。上五渡俱在碌碌河。

其在嶍峨东则有若济川之桥。在城东门外。知县吴懋英原建有石桥，后被水冲决，已失旧观。乾隆四十七年，知县何昱率绅士刘伟等建石墩六座，工未完竣。五十八年，监生张志行及河西大白邑李成学等各捐工料为木桥。南则有若桂峰之桥。距城一里。西则有若练江之桥。距城半里许。西北则有若通济之桥。距城十里。甸头则有若利济之桥，甸尾则有若康济、乾隆六十年重修。永定之桥。在甸尾乡东北坡脚。兴衣则有若广济、在乡头。永世之桥。在木舌特。计桥九。渡一，曰龙江渡。在县东六十里，即猊江也。水小设桥，大则用舟楫。

其在蒙自东则有若化鳞、距城三里。康熙三十三年，王汝享、李圣先等建。三元、里同上。乾隆五十九年，训导杨晟率绅士建。飞仙之桥。近龙古塘，绅士公建。东南则有若渡龙、锁龙、普渡之桥。三桥距城十里，俱在新安所，绅士公建。西南则有若明远、通宝、迎宝之桥。三桥距城七十里，俱在个旧厂，绅士公建。西则有若永安、在西门外。太平、距城三十里，乾隆五十八年绅士公建。宜民之桥。距城三十里，在迤波铺。明洪武间县丞李复建，后圮，邑人周玺、朱用宾重修，连为三桥。康熙十二年，邑人江濬等易以石。西北则有若长桥距城二十里，在旧镇远哨。明天顺三年，知县陆刚建，筑土堤，覆以木。夏秋水溢，须以舟渡，后邑人魏之选、杜华生等易以石。乾隆三十七年，知县杨奋率绅士重修，水大仍溢过堤，五十一年，绅士刘策廷、陈锡辂等增筑石堤，始无病涉。暨万里、距城六十里，在倘甸。明天顺二建，后圮，乾隆四十七年，武举袁国栋、梁天爵同绅士重修。会仙之桥。距城七十里，在箐口。雍正十二年，邑绅尹文炽同绅士建。北则有若三星、距城十里，在浆水地。乾隆五十六年，训导杨晟率绅士建。长生、距城□里，在草坝，绅士公建。永宁距城□里，在白溪河。暨艾家之桥。距城五十里，在鸡街。明天启三年，艾清溪之妇饶氏建。计桥十有五。渡二，曰逌波渡，在城西三十里。曰箐口渡。在城西北七十里。

〔据江濬源修，罗惠恩等纂修嘉庆《临安府志》(《中国地方志集成·云南府县志辑47》，凤凰出版社2009年据清嘉庆四年刻本影印）卷五《山川志附津梁》第20－25辑录。〕

（乾隆）弥勒州志·城池志津梁附

卷六 城池志津梁附

大百户渡 在城南一百二十里。

莫涉足渡 在城西一百七十里。

弥东桥 在城东一里。本朝康熙六年，邑民程国修。雍正九年，知州张景澍重修。

长薰桥 在城南三里。本朝乾隆元年，钦奉发帑一千二百八十两零，建立石桥，知州徐光督造。

富春桥 在城南五十里。

永顺桥 在城南八十里。

长命桥 在城南一百二十里。本朝康熙四十八年，僧学总建，又名七星桥。

李母桥 在城西五里。

高　桥 在城西四十五里。

弥北桥 在城北九里。

太平桥 在城北十五里。知州秦仁修，雍正十一年，吏目赵良辅重修。

白马桥 在城东北五里，又名平政桥。旧系木桥，今监生杨永芳捐建石桥。

双济桥 在城南七十里竹园村。

凤颈桥 在城西四十里，路通十八寨。

〔据秦仁等纂修，傅腾蛟等增订乾隆《弥勒州志》（清乾隆四年刻本）卷六《城池志津梁附》第27页辑录。〕

（乾隆）蒙自县志·山川志津梁附

卷一 山川志津梁附

永安桥 在西门外，桥上置铺为市。

长　桥 在旧镇远哨，长十余丈。明天顺三年，知县陆刚[1]建，筑土堤，覆以木，夏秋水溢以舟渡，后邑人魏之选、贡生杜华生等易木以石。乾隆三十七年，知县杨奋同绅士重修，桥上建亭，水大仍溢过堤。五十一年，邑绅刘策廷、陈锡辂等积有字纸会银八

---

① 陆刚　康熙《云南通志》卷六《山川志附津梁·临安府》“长桥”条作“禄刚”。

百两增筑堤，不论潦涸，水无病涉。

宜民桥　在矣波铺。明洪武间，县丞李复建，后圮，人病涉，邑人周玺、朱用宾重修，连为三桥。康熙十二年，邑人江濬等建石桥。

艾家桥　在鸡街。明天启三年，艾清溪之妇饶氏所建。

万里桥　在倘甸。明天顺二年建，亦名倘甸桥，水涨桥没。乾隆四十七年，武举袁国栋、梁天爵同绅士重修。

会仙桥　在倘甸。雍正十二年，邑绅尹文炽同绅士建。

永宁桥①　在白溪河塘，桥上有亭。

长生桥　在草坝，绅士公建。

渡龙桥　在新安所，绅士公建。

锁龙桥　在新安所，绅士公建。

普渡桥　在新安所观音寺后，绅士公建。

飞仙桥　近龙古塘，绅士公建。

明远桥　在个旧，绅士公建。

通宝桥　在个旧，绅士公建。

迎宝桥　在个旧，绅士公建。

三星桥　在浆水地。乾隆五十六年，训导杨晟倡绅士同建。

化鳞桥　在城东三里。康熙三十三年，王玉汝、李圣先等建。

三元桥　在城东三里。乾隆五十九年，训导杨晟倡绅士同建。

太平桥　在城西三十里，乾隆五十八年建。

渼波渡　在县西三十里。

箐口渡　在县西北八十里，今建会仙桥。

〔据李焜纂修乾隆《蒙自县志》（故宫博物院编《故宫珍本丛刊》第229册《云南府州县志》第4册，海南出版社2001年据清乾隆五十六年刻本影印）卷一《山川志津梁附》第12辑录。〕

（宣统）续修蒙自县志·方舆志·津梁

卷一　方舆志　津梁

名称	在处	修造年纪	人员	备考
箐口渡	倘甸，城西南八十里			后建会仙桥
矣波渡	城西三十里			
纳楼三渡	绿逢、乍甸、阿士			
槟榔渡	亏容司西北五里			
茶　渡	亏容司北四十里			
永安桥	西门外，桥上置铺为市	明万历间	巡抚邹应龙	

① 永宁桥　道光《云南通志稿》卷四十九《建置志六之二·津梁二·临安府》作“永凝桥”。

续　表

名　称	在　处	修造年纪	人　员	备　考
宜民桥	矣波铺，城西北廿五里	明洪武间 康熙十二年	县丞李复、周玺、朱用宾、江溍等	初以木，复易以石，连为三孔
长　桥	城北二十里	明天顺间 乾隆三十四年	土官陆刚、魏之运、知县杨奋同绅士	刘策廷①、陈钧等初用木，后易石
艾家桥	鸡街，城西北五十里	明天启三年	饶氏，艾清溪妇	
万里桥	倘甸，城西七十里	明天顺二年 乾隆四十二年	车万家、姚之高、袁国栋、梁天爵	屡被水冲，先后几次修造
会仙桥	倘甸	雍正十二年	邑绅尹文炽等	
新　桥	城西北五十里	康熙二十五年	知府黄明、知县孙居湜	
明达桥	个旧		绅士	
通宝桥	个旧			
迎宾桥	个旧			
三星桥	浆水地，城西北三十里	乾隆五十六年	训导杨晟同绅士	
太平桥	城西三十里	乾隆五十八年	绅士等	
矣波桥	城西三十里			
长生桥	草坝，城北二十里			
永宁桥	白期河塘			
化鳞桥	城东三里	康熙二十三年	王玉汝、李圣先等	
三元桥	城东三里	乾隆五十九年	训导杨晟同绅士	
敬修桥	城东南二里			俗名螺丝桥
大　桥	城东南六里			上新安所路，尹壮图碑记
龙树桥	新安所			
锁龙桥	新安所西北			
普渡桥	新安所观音寺后	光绪□□年	吴氏募捐	因旧圮，重修
张公桥	新安所务本街			
渡龙桥	新安所南关外	乾隆十七年 嘉庆十七年	绅士建 绅士重修	光绪间因久废，拆石筑河堤
永安桥	丫口	光绪九年	绅士	原有，已圮
飞仙桥	阿三寨			《通志》在竜古塘
同乐桥	何家村前	嘉庆十三年 光绪二十二年	绅士王□□作序	旧圮，新修

〔据佚名纂宣统《续修蒙自县志》（上海古籍书店1961年影印本）卷一《方舆志·津梁》第40－42页辑录。〕

① 刘策廷　原本作“刘廷策”，道光《云南通志稿》、光绪《云南通志》、《新纂云南通志》、乾隆《蒙自县志》皆作“刘策廷”，今据乙正。

（康熙）石屏州志·地理志·桥梁

卷二　地理志　桥梁

顾公桥　东门外，署州通判顾庆恩建。

化龙桥　参议杨廷相父子建。

会通桥

郭家桥

南薰桥

西山桥

通贡桥　杨琼建。

福森桥　杨明学建。

拱辰桥

杨家桥

许家桥　许子言建。

惠民桥

修冲桥

通远桥

迤络桥

〔据程封纂修康熙《石屏州志》（国家图书馆藏清康熙十二年刻本）卷二《地理志·桥梁》第9页辑录。〕

（乾隆）石屏州志·地理志·桥梁

卷一　地理志　桥梁

顾公桥　东门外，顾庆恩建。

化龙桥　参议杨廷相建。

会通桥

郭家桥　城南。

南勋桥

西山桥　耆民张进捐建，易名长引桥。

通贡桥　杨琼建。

福森桥　杨明学建。

拱辰桥

杨家桥

许家桥 许子言建。

惠民桥

修冲桥

通远桥

迤络桥 宝秀海口。

锁龙桥 海口尾，系全海泄水处。

渡沙桥 详前堤闸。

磨古大桥 在州西北，道通昆阳达省。高枝秀等劝修，嗣被山水冲坏，乾隆四十四年贡生杨堂矢愿兴修，乡宦刘治传、罗元琦、生员刘道传、杨凤藻同各绅士募造捐赀，桥梁未就。适署州牧吕缵先抵任，亲往督修，入山采木，雇夫运送，村民踊跃赴功，刻期告竣，颜曰惠远桥。

〔据管学宣纂修乾隆《石屏州志》（清乾隆二十四年刻本）卷一《地理志·桥梁》第33页辑录。〕

（民国）石屏县志·山川志·桥梁

卷四 山川志 桥梁

小河底渡 旧《云南通志》：在城西一百二十里。

顾公桥 在城东门外。明天启间，知州顾庆恩建。《临安府志》：乾隆四十五年，绅士重修。

傅公桥 在城东二里。《临安府志》：在化龙桥前，为北河入海之道。乾隆五十七年，知州傅应奎浚河建亭，州人赖之，故名。

化龙桥 在城东五里。明嘉靖间，州绅杨廷相建。《临安府志》：在城东二里。乾隆四十三年，绅士重修，五十七年，知州傅应奎又重修。阮《志》：嘉庆十六年，署知州李培英重修。

修冲桥 《古今图书集成》：在城东四十里，交建水州界，往临安要路。

回澜桥 在城东四十里。《临安府志》：在海东湖口。知州管学宣建，乾隆三十八年，署知州蒋振阅重修。按：蒋作记，立碑，今存。

渡沙桥 在城东四十里。《临安府志》：在异龙湖口。向系木桥，知州傅应奎率绅士易以石。

阳景桥 《临安府志》：城西门外。州人杨琼建，乾隆五十年阖州重修。

福森桥 旧《云南通志》：在城西十五里。明崇祯间，州人杨名学建。

通贡桥 旧《云南通志》：在城西十五里。顺治间，州人杨琼建。

许家桥 旧《云南通志》：在城西十五里。顺治间，州绅许子言建。

矣落桥 旧《云南通志》：在城西三十里。《古今图书集成》：在城西八十里，跨矣落河。《一统志》：明天顺间建。《临安府志》：在宝秀西湖之口，明弘治间建。旧《志》：顺治间，里人公建。按：矣落，亦书“迤络”。

通远桥 旧《云南通志》：在城西三十里，明弘治间建。《临安府志》：在矣落桥东五里。

会通桥

郭家桥　城南。

南勋桥

拱辰桥

惠民桥

磨古大桥　在州西北，道通昆阳达省。高枝秀等劝修，嗣被山水冲坏。乾隆四十四年，贡生杨堂矢愿兴修，乡宦刘治传、罗元琦，生员刘道传、杨凤藻同各绅士募造捐资，桥梁未就。适署州牧吕缵先抵任，亲往督修，入山采木，雇夫运送，村民踊跃赴功，刻期告竣，颜曰惠远桥。阮《志》：道光五年，阖州绅士改建于上流河狭处，去旧址二里许，易名庆安桥。《采访》：光绪戊寅二月，张钊纮倡修，甚坚固。

袁大姑桥　《采访》：在徐杨寨，省长由云龙有题名碑。

大仙桥　《采访》：在白花龙河汇莫古河之处，通迤南道。

锁水桥　《采访》：在龙朋城西北，清光绪十六年造。

青龙桥　《采访》：在龙朋城西，民国八年造。

瑞溪桥　《采访》：在赤瑞湖口，陈均等倡建。

承先桥。

新回澜桥　《采访》：在新街前。

龙井桥　《采访》：在异龙乡。

永济桥　《采访》：在张茂寨前。清光绪三十二年造，倡建人李芳珍、李席珍等，为石屏至曲溪大道。

普济桥　《采访》：在江家城前。清光绪二十年造，倡建人雷电等，为龙朋里至建水大道。

乾沟桥　《采访》：在云台石山下乾沟。宣统三年三月造，倡建人李正发、李正有、李正彩等，为通五土司之道。

新　桥　《采访》：在何保寨，公造。

太平桥　《采访》在芦子沟，苏世奇倡建。

杨柳树桥　《采访》：在宝秀街旁。

旧回澜桥　《采访》：在新街右。

西山桥　耆民张进捐建，易名长引桥。

杨家桥

锁龙桥　海口尾，系全海泄水处。

铁索桥　民国初陈钧倡修，为石屏入元江之新路。

天生桥　《采访》：往落水洞路，所经过水如雷震，有万马奔腾之声。

〔据袁嘉穀纂修民国《石屏县志》（民国二十七年排印本）卷四《山川志·桥梁》第15－17页辑录。〕

（乾隆）广西府志·城池志附桥梁

卷六　城池志附桥梁

本　府

望仙桥　城西关口。

晏清桥　城南关外。知府萧以裕建，有大士阁。

环翠桥　城西关外。弘治间建，万历间张光宇重修，有坊。

吉双桥　城东四里，架木。

竜甸石桥　水泛则淹，尼僧海藏建，筑堤。

江头桥　城东北五里。乡人周遇奇募众建，东去要路。

石洞村桥　城南五里，生员汪浤建。

通济桥　城南十五里固白村。

隍祠桥　通判毕一谦建。

烟光桥　城西五里。旧架木，乡官董治、赵日暖易石。

撒普桥　知府万裕祚重修，乡官董治、里长梅朝阳易石新建。

三见坡桥　城西十二里。

高　桥　明太史杨绳武、梅朝阳募众重修，加高石堤。

嵳竜桥　城西四十里，生员杨开建。

普则勒桥　城西五十里，生员刘世昌建。

玉阁桥　城西里许。二座，一在正街，新建；一在朝天门外。

金马桥　城西十五里。知府万裕祚增修，乡官张大为易石，筑堤。

绿里桥　城西四十里。

老鸦桥　城西五十里，自玉阁桥俱往省大路。

矣弋河桥　城北二十里。

柯家桥　城北五十里。

矣马桥　圭山下。

路溪桥　城西四十里。

师宗州

漾月桥　知州陈檀建，南门外。

五马桥　西门外。

平政桥　南门外。

绿生桥　州东一里，乡官赵尚文修。

普济桥　在大河口，知州韩维一重修。

石凤桥　在小河口，知州韩维一重修。

新　桥　在瓦窑村。

大渡桥 在阿堵。

双凤桥 在双凤村。

蚁泽桥 在槟榔洞。

赵公桥 州西十里，乡官赵尚文修。

洪济桥 州北三十里，赵尚文修。

弥勒州

三星桥 在弥东哨，即玉津桥，上建水月楼。

平政桥 知州李延春改建。

部竜桥 在弥南哨，久圮，知州王希圣重修。

白马桥 州监生杨永芳捐金二百两重修。

李母桥 城西五里。

高　桥 州南四十里。

龙潭桥 州东三十里。

七星桥 州西四十里。

富春桥 州南五十里，州民喻时通重建。

十月渡桥 州西二里古城。

龙潭哨桥 州庠生耿襄捐金一百五十两重建。

长命桥 在构甸坝下五村长命寨，五孔，溯普观音寺老僧独建，广一丈，长十余丈，筑堤三十余丈。

邱　北

拐村渡 在治东一百八十里。

便柳渡 在治东三百里，通西隆州。

八达江渡 在治东二百五十里，亦通粤要津。

飞土江渡 在治西，通本府。

大江边渡 在治西北，通粤西、开化、广南要津。

东　桥 在治东门外。

水寨桥 在治西十里。

新城桥 在治西旧三乡城。

高枧槽桥 在治西十三里。

三道箐桥 在治西北三十里。

旧城桥 在治北龙潭前。

八达桥 在治北三十里。

〔据周埰纂修乾隆《广西府志》（清乾隆四年刻本）卷六《城池志附桥梁》第6–9页辑录。〕

普洱市

（乾隆）景东直隶厅志·疆域志·关梁

卷一之二　疆域志

关　梁

渡船口渡　治南清凉桥。

蛮井渡

都喇渡

中所渡

那允渡

者后渡

戛里江渡

兰津桥　距城百二十里。峭壁竦立，仰插霄汉，俯映沧江，飞泉激峡，复磴危峰，地势阻绝，以铁索系南北为桥。汉永平中造，久废。

溯澜桥　距城东一里。大河至此分流，长桥如虹，覆瓦屋六十四间，郡人于此赶街，久圮。

新　桥　城北六里。

大坝桥　城北十八里。

通化桥　城北一里。

蛮垂桥　城北二十里。

新站桥　城北八十里。

青云桥　城南门外。

云津桥　城东一里，水冲无存。

者吉桥　城南七十里。

通津桥　城西二里菊河内，水冲无存。

旭升桥　城南六里。

孔雀山石桥　城南十五里。

清凉桥　城南二十里。

蛮仓桥　城南三十里。

开南桥　城南四十里。

〔据吴兰孙纂修乾隆《景东直隶厅志》（国家图书馆藏民国二十二年钞本）卷一之二《疆域志·关梁》第27页辑录。〕

（嘉庆）景东直隶厅志·城池志·关梁

卷八　城池志

关　梁

渡船口渡　治南清凉桥下，今移蛮仓渡。

中所渡　距城四十里。

蛮井渡

都喇渡

那允渡

者后渡

戛里江渡

虹　桥　在郡治西北。

兰津桥　在城西南一百里。两岸峭壁插汉，江流飞急，以铁索扣南北岸为桥。相传汉明帝建，永乐间重修，久废。土人目为兰津箐。

溯澜桥　城东一里。银江至此，水势浩大，长桥如虹，覆瓦屋六十四间，上有铺面，下有沙坝，郡人于此赶街。久圮，嘉庆十八年，众绅耆禀请募化重建，未成。是以明经赵绂等筹办，得租谷三十二石。嘉庆二十四年，郡绅罗含章捐银四百两，添田租谷二十八石，一共六十石，送入充作每年雇觅渡夫工食之费。凡往来行人，不准收钱，以便行旅。

大坝桥　城北二十里。

通化桥　城北二里。

蛮垂桥　城北三十里。

新站桥　城北九十里。康熙九年，同知胡向极捐俸重修，圮，嘉庆十六年再建。

青云桥　城南门外。

景明桥　城南六里。

者吉桥　城南八十里。

通津桥　古名中桥，城西五里。据菊河之中流，通达村寨。

孔雀山桥　城南二十里。嘉庆二十四年圮，绅士罗承休等改建石桥。

清凉桥　城南三十里。

蛮仓桥　城南四十里。

开南桥　城南六十里，系乡饮大宾拔贡李继春、苏子秀倡建。嘉庆十八年，倾圮，众善士复修。

者干桥　距城南九十里。李护府题曰“万世永赖”，程近仁题曰“霁虹云渡[①]”。

石麟桥　俗呼蛮岗桥，罗遵缨捐金倡建。

会麟桥　距者干桥五里。

---

① 云渡　道光《云南通志稿》引旧《云南通志》作“饮渡”。

景恩桥　距城百四十里，系周、艾、曹、丰四人倡建。
板　桥　在城北六十里。
瀛州桥　在者干上营。
石　桥　在治东门外。旧传郑氏所造，今众重修。
蛮费桥　在者干。
那赖桥　在者干。
圈快桥　在者干。
新　桥　城北八里。
中和桥　罗遵缨、罗日伯倡建。
水寨桥　在城北十六里。
右所桥　城北十里，久圮。嘉庆二十四年，绅士罗承休等改建石桥。

以上诸桥，或载《通志》，或系新建，并列之。其他沟壑建桥者尚多，不能备载。

〔据罗含章纂嘉庆《景东直隶厅志》（云南民族社会历史调查组1960年据清嘉庆二十五年刻本钞录）卷八《城池志·关梁》第2－4页辑录。〕

（道光）普洱府志·山川志津梁附

卷六　山川志津梁附

宁洱县

连家桥　在城东一里。
高　桥　在城东一里。
普济桥　在城东南一里，俗名石桥头。
新　桥　在城东南五里。
钟石桥　在城东南六里。
天赐桥　河中生巨石，因造桥其上，故名天赐。
麒麟桥　在城东南二十五里，出入石膏井要路。
普安桥　在城南三十里，乡饮张任寿倡修。
追栗桥　在城南三十五里，职员包际泰倡修。
西河桥　在城西一里。
猛缅桥　在城西二里龙潭村外。
大　桥　在城西三里。
凤凰桥　在城北一里。
永胜桥　在城北二里。
姑嫂桥　在城北三里。
接封桥　在城北十五里。
惠远桥　在城北十五里。
杨柳桥　在城东三里。

联陞桥　在城东北四里。

弥陀桥　在城东北十五里，民人杨士奇建。

磨黑大桥　在城东北六十里。

把边渡　在城东北一百四十五里，设船二只，船夫二名。

思茅厅

永靖桥　在城南二十五里永靖关之下。

象和桥　在城东二里。

南关桥　在城南三里。

环翠桥　在城北五里。

平政桥　在城南二里。

玉屏桥　在城西八里玉屏山下。

太平桥　在城南二里。

通商桥　在城南二里。

架龙桥　在城西二里。

车　桥　在城南十里。

整板桥　在城南十里。

晏公桥　在城西南一里。

宿底桥　在城西南五十五里。

观音桥　在城西八里。

威远厅

石　桥　在城东北一百二十里，在厅署之东古井之旁。

草　桥　在城东北一百三十里，在厅署东十里。

南泥河石桥　在城东北一百二十里，在厅署东南十五里。

玉带桥　在城东北一百二十里，在厅署南。原建于水箐山下，因水冲淹，今废。

蛮别桥　在城北八十里，在厅署南三十五里。道光十年，士民建修，因秋水泛涨遂废。

石龙桥　在城南六十里。道光十六年，同知谢体仁捐廉率士民同建。

马跳桥　在城南五里。

猛乃渡　在城南八十里。

永定桥　在城东北一百二十里，在厅署西南，乃商民往来之所。嘉庆元年，河水冲淹，片石无存。道光十七年，同知谢体仁捐廉率士民重建，移于四官庙之下。

木龙桥　在城东北一百一十里，在厅署西北。即原建瓦桥，乃灶户运盐之路。嘉庆元年水泛，石墩冲没，士民捐建便桥，移于厅署之右。

石　桥　在城北一百二十里梁家箐下。

济远桥　在城北一百三十五里。

蛮拱渡　在城北一百一十里，每年给水手银六两。

青庄渡　在城北一百里，盐大使每年捐银六两给水手工食。

景谷塘渡　在城东北三十里。

迎龙桥　在城东五里威街之首。
姑孃桥　在城西七里。
威远渡　在城东五里。
清水河桥　在城南八十里，居猛乃蛮谷之中。
太平桥　在城南二百九十里猛旺地。
拦门山桥　在城西北五十里文明村外。
南京河桥　在城东十五里。
香盐桥　在城东南二十五，在香盐井外。
月弓桥　在城南五里威街之尾。
猛戛渡　在城西南一百三十里。
蛮铁渡　在城西三百四十里。
蛮乐渡　在城西三百六十里。
蛮叠渡　在城西三百三十里。
猛班渡　在城西二百七十里。
蛮白渡　在城西三百六十里。
猛撒渡　在城西三百七十里。
以上七渡，俱是紧要江口，每渡额设土练一百名，常川巡防，堵御江外倮黑。

他郎厅

水癸桥　在城东十五里。
昌阜桥　在城东一里。
南门桥　在城南一里。
椿溪桥　在城西南四里。
涟漪桥　在城南五里。
南渡桥　在城南十五里。
步仙桥　在城南四十里。
观音桥　在城西一里。
青云桥　在城西一里。
西门桥　在城西一里。
步竜桥　在城西五十里。
白华桥　在城北三里。
那肺桥　在城北二里。
章差桥　在城北十里。
碧朔桥　在城北三十里。
挖野江渡　在城南一百二十里。
永安江渡　在城南一百二十里。
普西江渡　在城南一百二十里。
里仙江渡　在城南一百八十里。
漫丢江渡　在城南二百四十里。
鲁马江渡　在城南一百八十里。

猛海江渡　在城南三百里。

阿墨江渡　在城南七十里。

布固江渡　在城西六十里。

谷麻江渡　在城西一百二十里。

〔据郑绍谦纂，李熙龄续纂道光《普洱府志》（清咸丰元年刻本）卷六《山川志津梁附》第30－34页辑录。〕

（民国）江城县政府征集省志资料·境内之桥梁津渡

江城重要桥梁，惟县城营盘山脚有蜈弓桥一座，造于清光绪初年。草皮坝村前有一竹桥，随坏随修。又出城南四五里有捲洞石桥一座，县城东有瓦房桥一座，均系民国元年所造，惟无碑记，难考其详。至于津渡，如李仙渡、鲁马渡、居浦渡、坝溜渡等，历来均以船筏往来，并无变迁之经过，亦无碑记之可搨。

〔据李文新纂民国《江城县政府征集省志资料》（国家图书馆藏民国二十二年钞本）第19页辑录。〕

（民国）江城县志初稿·山川·桥梁

山川　桥梁

江城开化既晚，改县又迟，桥梁一项，极鲜建筑，因夷民性情简陋，只顾目前，凡遇溪河，编竹为桥，随坏随修，不图永久。故民国以前，仅有石建蜈蚣桥一座，在本街西偏营盘山脚，惟无碑记，成于何年，无从搨考。及民国廿三年，李县长文新在任，竭力筹款，苦心经营，建成瓦桥三座：一曰民光桥，在中山阁之前，二十三年告成，廿四年十一月四日大水漂去，廿五年，县长赵聘九修复；二曰富贵桥，在县城西三里大平寨脚；三曰云龙桥，在县城北二十里摩等河上。

〔据民国《江城县志初稿》（云南省社会科学院图书馆藏钞本）第11页辑录。〕

楚雄州

（康熙）楚雄府志·建设志·关梁

卷二　建设志　关梁

楚雄县（梁十六）

青龙桥　在府城东五里。明万历年，客民徐应中募建，明末渐圮。康熙五年，总兵马宁、知府史光鉴同修，十九年，地震倾圮，二十四年，总兵牛凤翔、知府牛奂、游击王成功捐资倡修，详请督抚各宪捐助工费，委贡生陈我睿、廪生倪有裕、张伟、吏书张朝缙、乡耆刘宗尧等重建。康熙五十四年，知县陆坦捐赀重修。

延寿桥 在府城东十里。地震倾圮，知府牛奂同青龙桥详捐，委陈我睿、倪有裕、张伟、张朝缙等重修。

凌虚桥 在腰站，去府东三十里。

马家桥 府南五里。

霜　桥 府西二里。

大坝桥 康熙五十年，邑民公建。

济生桥 康熙四十九年，典史雒永禧重修。

木兰村桥 监生杨毓和建。

石头河桥 康熙四十六年，许〔志能〕募建。

石　桥 府西十里。

清水桥 府西三十里清水坝。

济川桥 在吕合。

吕仙桥 在吕合。

仁永桥 在城北。康熙十九年，地震倾圮，二十三年，知府牛奂委吏张朝缙捐赀重修。

中渡桥 康熙五十二年，耆民许志能[①]等捐募重修。

济渡桥 在凌虚街腰站处。向无桥梁，行人以船济渡，水涨屡有不测之虞。知府张嘉颖捐赀起建石桥一座，委土县丞杨世勋董其事，工程浩大，赞襄之力居多。

镇南州（梁十六）

黑泥桥 在州治东半里。明万历年，知州尹为宪建。

应嗣桥 在州治东南一里。明万历庚戌年，黄廷佐因祈嗣而建，果应。

丰成桥 在州治西城外。明天启年，知州卢伯宷建。

瑞应桥 在州治西五里，即平彝桥。明万历年，知州周国庠建。

永宁桥[②] 在州治西北七里。明万历年，知州周国庠建。

小　桥 在州治西北五里。

镇川桥 在州治东南二里。康熙三十九年，土州同段光赞新建桥，左建观音阁，以培一州风脉，知州陈元为记，勒石。

白塔桥 在州治西三十里。明万历年，知州李茂魁建。

擢秀桥 在州治东城门外，知州尹为宪修建。

天心桥 在州治城内，通北门水径。

长寿桥 在州治东南三十里。康熙辛未年，监生李植建。

石官桥 在州治南十里，土州同段明柱建。

长坡桥 在州治东二十里。康熙三十九年，监生李植建。

---

① 许志能　原本作“许智能”，嘉庆《楚雄县志》、雍正《云南通志》皆作“许志能”，今据改。

② 永宁桥　原本作“镇川桥”，康熙《云南通志》楚雄府有“永宁桥，在州西北七里，姚安孔道。明万历辛丑年，知州周国庠建”。今据改。

三元桥　在州治南一里许。康熙丙寅年，武举徐乾元建。

羊草河桥　在州治南六十里，州民王永清等同众修建。

鼠街桥　在州治西南二百里。康熙七年，客民赵英建，因水泛倾颓。三十八年，金元勋、武方侯等重修。

南安州（梁八）

天心桥　城内。

迎恩桥　州西半里。

擢秀桥　城东门外。

新石桥　州西半里。

小　桥　州西北二里。

济川桥　州西南五里。

妥稍桥　州西四里。

弘济桥　在州西南二百里。路通石羊厂，民皆病涉。康熙四十六年，知府卢询、知州张伦至捐赀，率众熔铁索联络木石建之。

江　桥　在石羊厂下。水流汹涌，舟楫多虞。康熙四十四年，武生滕凯捐基地，昆明吴学周率厂民捐赀建。四十八年，知州张伦至捐赀率各省洞民修。

旧碍嘉县（梁四）

三麻架桥　县东八里。明景泰间，知县熊飞建，嘉靖年，杨江永重修。

鱼庄桥　县东南二里。

麻纽河桥　县西四十五里。明弘治间，知县虎臣建，县民杨江永重修。

西龙桥　县北十里。

广通县（梁八）

清风桥　县东门外三里。明弘治十六年，知县王正修建，嘉靖间陆芳重修。

蒙七桥　县东二十里，嘉靖年堡军徐昂建。

黑苴桥　县东二十五里。

安乐桥　县东四十里舍资界，嘉靖间堡军潘惠建。

濯缨桥　县西门外。明弘治年，知县蒋哲、县民陆芳建。

明月桥　县西半里，成化年土官段镒妻梅氏建。

通济桥　县西五里。成化年建，嘉靖年堡军周宪重修。

关山桥[①]　县西二十五里回蹬关下，弘治年堡军何荣建。

广济桥　县东七十里新铺，康熙二十八年建。

响水桥　县东七十五里响水箐底，成化年建。

定远县（梁十六）

迎恩桥　县南三里。

拱极桥　县北三里。

---

① 关山桥　原本缺“山”字，据康熙《云南通志》楚雄府“关山桥”条补。

会基桥

利市桥

观音桥

济通桥

天神桥

双 桥

土河桥

石河桥

五马桥 在黑井提举司中街，为行盐要地。怒涛汹涌，下筑石基，三洞，高二丈。历久将圮，康熙九年，提举朱濠重修。

永盛桥 在提举司治西南。

永正桥 在琅井提举司中街，开井时建。

玉带桥 在河尾。

玉成桥 提举司北三里。

小石桥 在井西。

定边县（梁四）

普利桥 在县治内。

永济桥 在驿前。

平彝桥 在县治前。

德胜桥 在县治北。

〔据张嘉颖纂修康熙《楚雄府志》（《中国地方志集成·云南府县志辑58》，凤凰出版社2009年据清康熙五十五年刻本影印）卷二《建设志·关梁》第26－37页辑录。〕

（嘉庆）楚雄县志·关梁志

卷二 关梁志

青龙桥 城东五里。明万历中，客民徐应中捐建。康熙五年，总兵马宁、知府史光鉴重修，地震圮。二十四年，总兵牛凤翔、知府牛奂详请上宪重修。五十四年，知县陆坦重修。

延寿桥 城东十里，知府牛奂重建。

凌虚桥 城东三十五里。相传仙造，其石壁立，桥顶有月晕痕迹。明洪武间，添建八字，乾隆壬寅，涨水激坏，壬子，知府史积容重修。

马家桥 城南五里，进士马兆羲建。

霜 桥 城西二里。

大坝桥 康熙五十年，邑民公建。

济生桥 康熙四十九年，典史雒永禧重修。

木兰村桥 监生杨毓和建。

石头河桥 康熙四十六年，许志能募建。

石　桥 城西十里。嘉庆二十一年，知县张廷献补葺。

清水桥 城西三十里。

济川桥、吕仙桥 皆在吕合驿。

仁永桥 在城北。康熙二十三年，知府牛奂重修。

中渡桥 康熙五十二年，邑许志能募修。

伯鱼河桥 监生杨毓昌父子、祖孙三世捐募，费四千余金，今名绳武桥，举人尤英为记。

济渡桥 在凌虚街。知府张嘉颖建，土丞杨世勋佐之。

龙川江桥 原板桥，乾隆四十七年。大水漂没，则以舟济，水涨人溺。嘉庆五年，邑人李存典、陆鼎倡建石桥，不占地要，花费募银六千两有奇，阅二年而竟无成。时识者谓宜造于锁水塔下，基趾牢固，可以事半功倍。今则仍造板桥。

天生石桥 在后河哨。

仙人桥 在曲甸东老者庄楚通江界。相传有仙夜逐石为桥，被樵人作鸡鸣声，仙去，桥只成丈余，其石森立方正，无斧凿痕。

永盛江桥 在治西三百余里。江心两岸，甃砌石墩，巨木搭梁，上建瓦屋蔽雨淋，凡景东、普洱、思茅、镇沅所经。乾隆三十四五年，厂民捐造。

团山厂铁索桥 在治西三百余里。大江两岸，甃砌石墩，上牵铁索六条，约宽四丈，长五丈，索上铺板，人畜皆渡。嘉庆八九年，厂民募建。

石羊桥 在后河哨，亦铁索贯曳，其工费亦不赀。

〔据苏鸣鹤修，陈璜纂嘉庆《楚雄县志》（《中国地方志集成·云南府县志辑59》，凤凰出版社2009年据清嘉庆二十三年刻本影印）卷二《关梁志》第25－27页辑录。〕

（宣统）楚雄县志述辑·建置述辑·津梁

卷三　建置述辑　津梁

三元桥 在城内文庙泮池。

雇工桥 在城内小东门太平街口。

海资街桥 在城内海资街。

学　桥 在城内文庙街口。

小砖桥 在城内北门街。

化官桥 在县治西城外官厢街口。

米市桥 在县治西城外新米市街。

青龙桥一名平山桥 在县治东门外四里。明万历间，客民徐应中倡首捐赀，同业十余辈亦各出赀有差建，后年久渐圮。国朝康熙五年，总镇马宁[①]、知府史光鉴同修，十九年，

---

① 马宁　原本作“牛凤翔”，道光《云南通志稿》、光绪《云南通志》、《新纂云南通志》、康熙《楚雄府志》、嘉庆《楚雄县志》皆作“马宁”。嘉庆《楚雄县志》卷5《武职志·总镇》：“马宁，宁夏人，康熙二年驻防。牛凤翔，辽东人，康熙二十二年任。”作“马宁”是，今据改。

地震圮，二十四年，总镇牛凤翔、知府牛奂、游击王成功捐赀倡修，详省宪捐助工费，委贡生陈我睿、廪生倪有裕、张伟、吏书张朝缙、耆老刘宗尧等重建。康熙五十四年，知县陆坦捐俸重修。

永济桥 在县治东五里小河口。光绪三十年，知府石鸿韶、釐金委员劳懋林同建。

延寿桥 在县治东十五里。康熙十九年，地震圮，二十五年，知府牛奂同总镇牛凤翔详省宪捐助，委贡廪生陈我睿、倪有裕、张伟、典吏张朝缙等董其事。

中渡桥 在县治东二十里，又名石头河桥。耆庶杨志能自水车哨至方家哨，建延生、普渡、普济、遐龄等桥大小六座，欲延母寿，捐赀竭力首倡其事。又得耆民许国荣乐助，且得明经孙庭诏起而赞襄，数年工成，知府张嘉颖为之记。

凌虚桥一名腰站桥 在县治东三十五里。前明弘治年知府邵敏、万历年推官陈以躍相继重修。桥中有木柮塞孔，里人传闻，称为鲁班仙迹。国朝乾隆四十七年，水涨冲坍，五十七年，知府史积容重修。

济生桥 在城东四十里。康熙四十九年，典史雒永禧重修。

将军桥 在凌虚桥前五里。光绪中，蒋军门宗汉重修。

新　桥 在县治民东六十里，前明建。

白龙桥 在县治民东一百二十里，前明建。

大坝桥 在县治南二里。康熙五十年，邑人公建。

马家桥 在县治南十里。前明崇祯十六年，致仕邑绅马兆羲建。

太平桥 在县治民南五十里大琶子午街旁。

波罗涧桥 在县治南八里波罗涧旁。

霜　桥 在县治西四里。康熙二十五年，知府牛奂建。

长庚桥 在县治西十里三家塘。前明建，国朝康熙己亥，邑绅范朝膺捐修。嘉庆二十一年丙子，楚雄县张廷献倡修。

金家桥 在县治西十五里。康熙二十年，邑人公建。

彩云桥 在县治西二十里。雍正二年，提督郝玉麟建。

木兰桥 在县治西二十里。康熙五十年，监生杨毓和建。

清水桥 在县治西三十里。康熙三十五年，邑人公建。

火烧桥 在县治西四十里，前明公建。

济川桥 在县治西四十五里，一名钱粮桥。明初架木，成化十一年冬，知府邵敏重修，以石易木，宽二丈五尺，长八丈，上有扶阑。国朝康熙四十八年，邑人公修。

吕仙桥 在县治西五十里吕合街头，前明巡检司建。

烧香桥 在县治西南三十五里小琶百宰河，邑人公建。

三接桥 在县治西南三十五里海子尾，邑人公建。

金锁桥 在县治西南四十五里大琶，前明公建。

绳武桥 在县治西南八十里瓦姑哨。雍正十一年，监生杨育昌独力捐银二千两重建。乾隆中，为伯鱼河水冲坏，子贡生世相复修，后又被河水冲坏，孙炳复修成之。

德胜桥 在县治北门外。雍正八年，知府储之盘捐款，率耆民王作宾等建。

龙川桥 在县治北三里车坝之上。嘉庆纪元，花香村文生陆筠建。按：传闻筠生平急公好义，相度江岸年久，见对面皆粘土夹羊肝石，知江水至此顺流，必无泛溢之患，始从夹岸拨石脚，向江心下石桩，立雁齿五堆，欲通桥洞六空为水道，尚未铺脊石而卒。是时，筠独力捐赀，所费工程不小，至今百年，江水至此，顺流不泛，全赖粘土夹羊肝石拨石岸也。惜近来补上首安定桥，妄人将江心石桩五堆折毁。诚者谓："毁前人善功而剜肉补疮，疮不愈而肉已剜矣。"诚哉是言！后有建者，宜从筠拨岸处造之，相度江水，当不以予言为谬。

安定桥 在县治北二里许。道光二十二年，致仕邑绅谢长清、谢长年建。光绪二十九年、三十年，知府石鸿韶、金华倡首募修，复被水冲塌。宣统二年，知府崇谦筹款复修。

仁永桥 在县治北五十里。康熙二十五年，知府牛奂委吏书张朝缙建。

济渡桥 在县治北四十里曲甸，又名土官桥。康熙五十六年，知府张嘉颖捐俸建，委土县丞杨世勋董其事。工程浩大，赞襄之力居多，而助其成者，平江高子羽丰也。定边知县杨书有《济渡桥记》。

铁索桥 在县治西北三百四十里后河哨，与镇南阿雄乡接界，礼社江夹流其中。前明楚、镇两属公建。国朝乾隆三十四年、嘉庆九年厂民公修，易名永盛江桥。两岸各甃石墩，拽以铁索，上架巨木，覆瓦屋，宽三丈，长十丈，通迤南景、普、镇、威要路，今毁。

〔据崇谦修，沈宗舜纂宣统《楚雄县志述辑》（《中国地方志集成·云南府县志辑59》，凤凰出版社2009年影印本）卷三《建置述辑·津梁》第36－40页辑录。〕

（康熙）武定府志·山川志关梁附

卷一 山川志关梁附

和曲州

兴文桥 在北门外。

镇武桥

惠民桥

太平桥

想惠桥[①] 在福田寺前。康熙二十六年，知府王清贤建。

虎市桥

龙潭桥

通远桥 弘治十二年建。

高　桥 正统十年，阿宁建。

聚宝桥 弘治九年建。

济溪桥 在泠村，天顺七年建。

清风桥 在木果甸，旧名龙桥。

明月桥 在燃灯寺右。

大营桥

① 想惠桥 康熙《云南通志》、雍正《云南通志》、道光《云南通志稿》、光绪《云南通志》、《新纂云南通志》、光绪《武定直隶州志》皆作"恩惠桥"。

久罗桥

便民桥　在西村，今圮。

元谋县

大板桥　在县西一里，土县吾起建。

禄劝州

拖梯桥　康熙十八年，僧学显建。

鲁虚桥　在州北八里。

五马桥　在鹏鸪河，去州一百里，今废。

〔据王清贤修，陈淳纂康熙《武定府志》（国家图书馆藏民国年间钞本）卷一《山川志关梁附》第36页辑录。〕

（光绪）武定直隶州志·山川志关梁附

卷二　山川志关梁附

武定州

兴文桥　在北门外。

镇武桥　在东门外。

惠民桥　在北门外。

太平桥。

恩惠桥　在福田寺前，知府王清贤建。

虎市桥

龙潭桥

通远桥　弘治十二年建。

高　桥　正统十年阿宁建。

聚宝桥　弘治九年建。

济溪桥　在冷村，天顺七年建。

清风桥　在木果甸，旧名龙桥。

明月桥　在燃灯寺右。

大营桥

久罗桥

便民桥

元谋县

大板桥　在县西一里，土县吾起建。

崇义桥　在县西北里许。

永福桥　在那乌山，同崇义桥俱系邑人赵邦贵修。

禄劝县

拖梯桥　康熙十八年，何学显[①]建。

鲁虚桥　在城北八里。

五马桥　在鹧鸪河，去县一百里，今废。

蟠龙桥　在城西三里。

〔据郭怀礼修，孙泽春纂光绪《武定直隶州志》(《中国地方志集成·云南府县志辑62》，凤凰出版社2009年影印本）卷二《山川志关梁附》第7页辑录。〕

（康熙）元谋县志·山川志关梁附

卷二　山川志关梁附

大板桥　在县西一里，土县吾起建，今废。

便民桥　在阿郎渡，知县莫舜鼐创建。

崇义桥　在县北里许，耆民赵邦贵等募建。

永福桥　在县北十五里，耆民赵邦贵等募建。

〔据莫舜鼐修，王弘任续补康熙《元谋县志》(《中国地方志集成·云南府县志辑61》，凤凰出版社2009年影印本）卷二《山川志关梁附》第8页辑录。〕

（光绪）元谋县乡土志（初稿）·桥梁

大板桥　在县西一里，土县丞吾起建，后废。

便民桥　在阿郎渡，知县莫舜鼐建。

崇义桥　在县北里许。

永福桥　一名花桥，在县北十五里，耆民赵邦贵建。

万民桥　在马街北。

永定桥　在石灰村箐。

新　桥　在大塘子箐。

〔据杨德恩、吴集贤等撰光绪《元谋县乡土志》(初稿）(李在营校注，杨成彪主编《楚雄彝族自治州旧方志全书·元谋卷》，云南人民出版社2005年版）《桥梁》第331页辑录。〕

---

① 何学显　道光《云南通志稿》、光绪《云南通志》、《新纂云南通志》、康熙《武定府志》、民国《禄劝县志》皆作“僧学显”。

（康熙）禄丰县志·山水志津梁附

卷一　山水志津梁附

启明桥　在县南十里。明崇祯间，丽江木土府建修。淫雨淋漓，会诸山之水，遂成灏瀚之势，不数里汇于西河。

星宿桥　古称星宿江，长流汹涌，当夏秋之交，洪波急涛，渡舟者多婿溺之虞。明万历间，县令向兆麟详请建修大桥。始于壬子冬，竣于甲寅秋，长三十丈，阔四丈，计五硐。从兹履若坦途，民不病涉。本朝康熙三十九年秋，积雨泛涨，冲塌二硐四礅，县令丁宗闵申详，批檄迤西文武衙门公捐修葺。至四十二年复冲坏，各宪委员复修补。四十六年复冲断，行者舟渡难艰，藩司刘荫枢亲勘议修，因巡抚黔省东行，不果。四十九年，县令刘自唐详明，各宪捐银三百两有奇，县令会竭千余金，亲身督率，中建龙王庙，铸造铁牛三只，于五十一年四月告成，备载碑记。

飞虹桥　在县北里许，为黑、琅两盐井要津。天启间，邑绅王锡衮建石桥，三硐。至康熙壬子倾圮南中二硐，盐道郭廷弼捐银五十两，并饬两井襄其事，易建木桥，上覆以屋，往来称善。丁亥五月，洪水泛溢，冲断南岸，房桥尽赴长江，盐道李苾发银五十两，县令黄枢督修。木桥今被风雨飘零，尽朽坏，县令刘自唐详明议修，盐道刘檄两井会议，癸巳春黑井提举沈懋价独捐兴修，即于是年夏四月告厥成功。

双济桥　在邑北隅，路通武定、黑井。涧水骤发，商旅难行。康熙五十年，邑监生唐瑜率众建石桥一座，既便利涉，又能灌田，因名之。

宝泉桥　在县北隅二十里。旁近大河，出有温泉，土人相传浴之可疗疯（风）疾。其桥创建无考，据《黑井志》载，系黑井，未详。

〔据刘自唐纂修康熙《禄丰县志》（张海平校注，杨成彪主编《楚雄彝族自治州旧方志全书·禄丰卷上》，云南人民出版社2005年版）卷一《山水志津梁附》第11页辑录。〕

（康熙）罗次县志·关梁志

卷一　关梁志　桥梁

顺定桥　在县城内。

凤凰桥　在罗凹营。

永丰桥　在川心营。

镇北桥　在鸣鸡寨。

昆石桥　在河尾村。

小石桥　在沙竜，此通安宁之大道也。

鹿鸣桥　在鹿角村。知县何清架以木，覆以瓦，久而倾圮。康熙三十六年，士民杨仪、王辅弼等募修石桥。盖明时邑弟子员赴公车而长令师儒饮饯于此，故名。

小板桥　在九岳坪。

扳桂桥　亦在九岳桂树下。

双贵桥　在响地哨外。邑人王嘉宾修，此通富民大道也。

普济桥　在黄坡。县民王嘉宾募修，通禄丰大道也。

平政桥　黄一清修。

喜雨桥　杨广德、李如松等修。

广德桥　在温泉北，杨广德修。

永宁桥　在张至坡下。

济川桥　在落摩伍，通武定大道也。

〔据王秉煌修，梅盐臣纂康熙《罗次县志》（清康熙五十六年刻本）卷一《关梁志》第34页辑录。〕

（光绪）罗次县志·关梁志

卷一　关梁志　桥梁

顺定桥　在县城内。

翼文桥　俱五空，在西街碧城河。

永丰桥　在川心营。

镇北桥　在鸣鸡寨。

昆石桥　在河尾村。

小石桥　在沙竜，此通安宁之大道也。

鹿鸣桥　在鹿角村。知县何清架以木，覆以瓦，久而倾圮。康熙三十六年，士民杨仪、王辅弼等募修石桥。盖明时邑弟子员赴公车而长令师儒饮饯于此，故名。

小板桥　在九岳坪。

扳桂桥　亦在九岳桂树下。

双贵桥　在响地哨外。邑人王嘉宾修，此通富民大道也。

普济桥　在黄坡。县民王嘉宾募修，通禄丰大道也。

平政桥　在北厂坡底，黄一清修。

喜雨桥　杨广德、李如松等修。

广德桥　在温泉北，杨广德修。

永宁桥　在张至坡下。

济川桥　在落摩伍，通武定大道也。

凤凰桥　在罗凹营。

附　增

桥梁照旧，惟罗凹营之凤凰桥，年久未修，以致倾圮。光绪十一年，经知县胡毓麒倡捐，督率绅庶等募捐修建。现已桥梁巩固，利于行旅，商民德之。

〔据胡毓麒等修，杨钟壁等纂光绪《罗次县志》（清光绪十三年刻本）卷一《关梁志》第34页辑录。〕

（康熙）广通县志·建设志·关梁

卷二　建设志　关梁

广通县梁十

清风桥　县东门外三里。洪武十六年，知县王正修建。嘉靖年间，陆芳重修。

蒙七桥　县东二十里。嘉靖间，堡军徐昂修建。

黑苴桥　县东二十五里。

安乐桥　县东四十里舍资界。嘉靖年，堡军潘惠建。

广济桥　县东七十里新铺。康熙二十八年建，有碑记。

响水桥　县东七十五里响水箐底，成化年建。

濯缨桥　县西门外。弘治年，知县蒋哲、县民陆芳[①]建。

明月桥　县西半里，成化年，土官段鑑妻梅氏建，有碑。

通济桥　县西五里。成化年建，嘉靖年堡军周宪重修。

关山桥　县西二十五里回蹬关下。弘治年，堡军何荣建。

〔据李铨纂修康熙《广通县志》（清康熙二十九年刻本）卷二《建设志·关梁》第13页辑录。〕

（康熙）黑盐井志·桥梁志

卷二　桥梁志

五马桥　元朝大德元年建。万历壬午，水涨桥坏，架木为梁。又至顺治甲午年，井司林启杰重修。康熙六年，井提举朱濠重修。康熙三十一年，水涨桥圮，井司王策重修，易木架石。康熙四十六年，洪水放涨，桥圮，井司沈懋价重修。

八龙桥　在司北龙沟水入大河处，今废。

马施桥　天启元年，井司马良德修。

小石桥　康熙三十九年，祝明修。

惠远桥　在沙矣旧，井司沈懋价建。

宝泉桥　在禄丰发泥河，黑井建。

〔据沈懋价、杨璿纂修康熙《黑盐井志》（《中国地方志集成·云南府县志辑67》，凤凰出版社2009年影印本）卷二《桥梁志》第31页辑录。〕

① 陆芳　原本作“六房”，康熙《云南通志》、康熙《楚雄府志》“濯缨桥”条皆作“陆芳”，今据改。

（嘉庆）黑盐井志·疆域志·桥梁

卷三 疆域志 桥梁

永济桥 桥跨龙川江东西两岸，通商旅盐运，旧名五马桥。长二十丈，宽二丈六尺，凡五圜硐。建自元大德元年，至明万历壬午年大水，桥坏，建石礅，架木为梁。本朝顺治甲午，提举林启杰重修。康熙六年，提举朱濠重修，三十年水涨基圮，提举王策重建，四十三年大水，桥复圮，提举沈懋价重修。雍正四年，桥又圮，十年提举安鼎和、定远县知县唐世梁，详请动帑重建，改名永济。乾隆三年，西硐冲坍，提举王敎、定远县知县李堂，详请动帑兴修，十年提举孙必荣、定远县知县李堂补修桥基，十三年砲岸冲坏，孙必荣复详请动帑补修，十八年三月冲坍中西二硐并桥基砲岸，提举邱肇熊捐修，二十八年墩脚汕刷，提举高其人、广通县知县宣世涛查估详请兴修，三十七年八月水涨冲没，奉檄勘办，提举张珑以需费不赀，且屡修屡坏，不能永久，议请令各灶户于夏秋设船济度，冬春造浮桥。于是岁多耗费，而行旅挽运益阻险，往往有覆溺者。乾隆五十二年，提举吴公濟倡井灶居民于旧桥基下十余丈，捐建石墩五座，东砲岸十余丈，仍架木为梁，由是往来称便，无烦舟楫，亦无病涉矣。嘉庆二年，提举叶道治增高石墩数层，铺石易木，嘉庆六年西岸墩倾，提举张度详动桥路功德租修复。

八龙桥 在司治北，跨龙沟河口，今圮。

马施桥 在司治西南。明天启元年，井司马良德建，今圮。

桃园桥 在司治西南五里。本朝康熙年间建，通琅井、定远要道，今圮。

小石桥 在司治东南，运盐大路。本朝康熙三十九年，祝明修。

永盛桥 在司治南山庙外，今圮。

惠远桥 在司治东南沙矣旧寨，为赴省大路。本朝康熙四十年，井司沈懋价建，以利盐运，后圮。雍正间，盐生梁翊材重修，更名仁寿。乾隆三十年，冲没，提举张珑率灶户重建。四十五年冲坏，署提举徐统藩劝灶户重修，旋圮。乾隆五十八年，井生梁之权倡修，逾于旧制。

宝泉桥 在司治东南，为禄丰发泥河运盐要路。明井人建。

〔据王定柱纂修嘉庆《黑盐井志》（清嘉庆间刻本）卷三《疆域志·桥梁》第30页辑录。〕

（康熙）琅盐井志·地理志·津梁

卷一 地理志 津梁

永正桥 在司治中街。开井时建，架木而成，上覆以屋。

玉带桥 在司治东门内。明万历中，井耆杨永濂倡建。本朝康熙己酉，井生施溥、张仲斌等重修，后已焚毁。康熙三十一年，井生景贵春倡众重建。

通文桥 在司治东北文昌街。

西石桥　在司治西北定远路。

永康桥　在司治西，为薪柴要路。提举沈鼒捐赀新建。

鹿鸣桥　在司治东。康熙戊午年建，为水所没。康熙五十年，提举沈鼒捐赀重建。

玉成桥　在司治北三里，通黑井路。

〔据沈鼒纂修康熙《琅盐井志》（《中国地方志集成·云南府县志辑67》，凤凰出版社2009年影印本）卷一《地理志·津梁》第28页辑录。〕

（乾隆）琅盐井志·桥梁道路

卷一　桥梁道路

永正桥　在司治中街。开井时建，架木而成，上覆以屋。为井北运卤要道，年久倾颓。雍正三年，提举汪士进、吏目孙复率众灶重修。

玉带桥　在司治东门内。明万历中，井耆杨永濂倡建。本朝康熙己酉，井生施溥、张仲斌等重修，后已焚毁。康熙三十一年，井生景贵春倡众重建，康熙四十九年，被水冲没，提举沈鼒率众捐赀重建，至今通行。

通文桥　在司治东北文昌街。

西石桥　在司治西北定远路。

永康桥　在司治西，为薪柴要路。提举沈鼒捐赀新建，乾隆十四年，提举孙元相捐赀重修。

鹿鸣桥　在司治东。康熙戊午年建，为水所没，康熙五十年，提举沈鼒捐赀重建。雍正四年，提举汪士进率众灶重建。

永济桥　在鹿鸣桥下。提举李国义建立，有碑记。

玉城桥　在司治北三里，通黑井路。

河道木桥　井地两山相逼，一水中流，民居两岸之上。每遇雨泽过多，河水泛涨，易遭水患，提举李国义审度水势，捐赀开挖河道，修筑堤塍，民获安堵，建木桥一座，以济往来。

东路通各行盐地方，山路崎岖，水流坍塌，康熙五十年，提举沈鼒捐赀修葺。雍正五年，提举汪士进、吏目孙复捐赀暨众灶重修。雍正十二年，提举李国义详明动项修理，自东门起至罗武哨止，其不敷者，捐赀添修。于硝井坡上盖房一所，设立水缸，以济行渴。乾隆四年，提举李国义请项复修，乾隆十九年，提举孙元相详准动项修理。二十年，又捐俸及众灶公捐修理转塘及鳌峰高枧槽山脚一带，详载艺文碑记。

南路亦系运盐要路，雍正十二年，提举李国义请项修理。随于登高架坡上盖屋一所，设立石缸，捐置买陆地一块，以作运水之人衣食，永济行渴。乾隆四年，又请项修理至大江坡。二十一年，提举孙元相又复倡率灶生灶民捐赀修理。

西至定远县，雍正十二年，提举李国义捐赀修理至石灰窑坡止。乾隆四年，又请项修理至白土坡止，并修西南一路。

北至通黑井，雍正十二年，提举李国义捐赀修理至黄泥湾止。乾隆四年，又请项修理，西北至蒙恩哨止。

又本井四街坑坎泥泞，提举李国义捐赀修理齐全。

〔据孙元相纂修乾隆《琅盐井志》(芮增瑞校注，杨成彪主编《楚雄彝族自治州旧方志全书·禄丰卷下》，云南人民出版社2005年版）卷一《桥梁道路》第1161－1163页辑录。〕

（康熙）镇南州志·建设志·梁

卷二　建设志　梁

黑泥桥　在州治东半里。明万历年，知州尹为宪建。

应嗣桥　在州治东南一里。明万历庚戌年，黄廷佐因祈嗣而建，果应。

丰成桥　在州治西城外。明天启年，知州卢伯寀建。

瑞应桥　在州治西五里，即平彝桥。明万历年，知州周国庠建。乾隆元年，知州钱汧重修。

永宁桥　在州治西北七里。明万历丁酉廿五年，知州周国庠建。

小　桥　在州治西北五里。

镇川桥　在州治东南二里。康熙三十九年，土州同段光赞新建。桥左建观音阁，以培一州风脉，知州陈元有记勒石。

白塔桥　在州治西三十里。明万历年，知州李茂魁建。

擢秀桥　在州治东城门外，知州尹为宪修建。

天心桥　在州治城内，通北门水径。

长寿桥　在州治东南三十里。康熙辛未年，监生李植建。

石官桥　在州治南十里，土州同段明柱建。

长坡桥　在州治东二十里。康熙三十九年，监生李植建。

三元桥　在州治南一里许。康熙丙寅年，武举徐乾元建。

羊草河桥　在州治南六十里，州民王永清等仝众修建。

鼠街桥　在州治西南二百里。康熙七年，客民赵英建。因水泛倾颓，康熙三十八年，金元勋、武方侯等重修。

〔据陈元、李犹龙纂修康熙《镇南州志》(曹晓宏、周琼校注，杨成彪主编《楚雄彝族自治州旧方志全书·南华卷》，云南人民出版社2005年版）卷二《建设志·梁》第25页辑录。〕

（咸丰）镇南州志·建设志·桥梁

卷二　建设志　桥梁

黑泥桥　在州治东半里。明万历年，知州尹为宪建。

应嗣桥　在州治东南一里。明万历庚戌年，黄廷佐因祈嗣建，果应。

丰成桥　在州治西城外。天启年，知州卢伯寀建，乾隆间知州钱汧重修，今废。

瑞应桥　在州治西五里，即平彝桥。明万历年，知州周国庠建。

永灵桥　在州治西北七里。明万历辛丑年，知州周国庠建。

小　桥　在州治西北五里。

镇川桥　在州治东南二里。康熙三十九年，土州同段光赞建。

白塔桥　在州治西三十里。明万历年，知州李茂魁建。

擢秀桥　在州治东城门外，知州尹为宪建。

长寿桥　在州治东南三十里。康熙辛未年，监生李植建。

石官桥　在州治南十里，土州同段明柱建。

长坡桥　在州治东二十里。康熙三十九年，监生李植建。

三元桥　在州治南一里许。康熙丙寅年，武举徐乾元建。

羊草河桥　在州治南六十里。州民王永清等仝众建，道光二十六年倾圮，孔从周仝众重修，改名永安桥。

铁索桥　在州治西南二百里鼠街。康熙七年，客民赵英建，后水泛倾颓。康熙三十八年金元勋、武方侯重建，今废。

天神堂桥　在州治西九十里。道光二十年，〔迤〕西道马志燮捐修。

小箐河桥　在州治南三十里。嘉庆间，景东程含章修。

团山厂桥　在州治南二百五十里石硐寺。江心石岩矗起，西界镇南，东界楚雄，古设藤桥。今岩西为木桥，岩东为铁索桥，道光间建。

〔据华国清修，刘阶等纂咸丰《镇南州志》（曹晓宏、周琼校注，杨成彪主编《楚雄彝族自治州旧方志全书·南华卷》，云南人民出版社2005年版）卷二《建设志·桥梁》第143－145页辑录。〕

（光绪）镇南州志略·建置略·津梁

卷三　建置略　津梁

天心桥　在城内北巷口，通北门水道。谨案：刘阶《旧志》未载此桥，今本《通志》及陈元《旧志》采录。

擢秀桥　在城东门外，知州尹为宪建。

黑泥桥　在城东半里。明万历间，知州尹为宪建。

长坡桥　在城东二十里。康熙三十九年，谨案：《通志》作“二十九年”，今本陈元、刘阶两《旧志》采录。监生李植建。

应嗣桥　在城东一里。万历间，州民黄廷佐因祈嗣建，后果应，故名，今圮废。

镇川桥　在城东南二里。康熙三十九年，土州同段光赞建。

亘川桥　在城东南二十五里，武生杨正昌倡首修建。

长寿桥　在城东南三十里。康熙三十年，监生李植建。

三元桥　在城南一里。康熙二十五年，武举徐乾元建。

石官桥　在城南十里，土州同段明柱建。

羊草河桥　在城南六十里。州民王永清等建，道光三十年圮废，州民孔从周等重修，更名曰永安。

鼠街桥　在城西南三百里，系铁索桥。康熙七年，客民赵英建，后倾圮。三十八年，客民金元勋、武方侯重修，今废。

丰成桥　在城西门外。天启间，知州卢伯寀建。乾隆间，知州钱洴重修。

瑞应桥　在城西五里，一名平彝桥。跨龙川江，为西上必由之道。桥西有灵官庙，故又名灵官桥。沿河皆古柳，行人至此憩焉，知州陈元题曰“平桥烟柳”，为州八境之一。

苴力桥　在城西四十里。谨案：《旧志》未载此桥，今本《通志》采入。

白塔桥　在城西三十里。明万历间，知州李茂魁建。

小　桥　在城西北五里。

永灵桥　在城西北七里。明万历二十九年，知州周国庠建。

天神堂桥　在城西九十里。道光间，迤西道马志燮捐资修。

团山厂双桥　在城南二百五十里，地名石洞寺。江心有石岩屼立，岩西为镇南地，岩东为楚雄地，古有藤桥通往来，后废。道光间建木桥于岩西，建铁索桥于岩东，今俱废。

芦湾桥　在城西四十里。光绪四年，里人捐资公建。

鼠街渡　在州西北三百里，即礼社江之上流，为州境入赵州必经之路。冬春褰裳可涉，夏秋水涨，川陡石欹，舟楫难施，不可渡。

象鼻岭渡　在州南二百八十里，即鼠街渡之下流，为州境入迤南必经之路。冬春可涉，夏秋渡筏。

〔据李毓兰修，甘孟贤纂光绪《镇南州志略》（清光绪十八年刻本）卷三《建置略·津梁》第25－27页辑录。〕

（民国）镇南县志·建置志·津梁

卷四　建置志九　津梁

或修石桥，或造木桥，乡视为一种慈善家事业，在司行政者，往往漠焉置之。庸讵知岁十一月徒杠成，十二月舆梁成，则民未病涉，明载诸《孟子》七篇中。此可见桥梁之修，固地方官绅之责也。县境龙川旋绕，礼社奔腾，夏秋之交，万流齐涨，颇有褰裳难涉之虑。在昔贤达，近今达人，多所建筑，排之以雁齿，跨之以虹腰，乃便交通，而免厉劫，是诚知惠政立善功者哉。兹依旧乘，并访新闻，以汇记为是篇。

天心桥　在城内北巷口，通北门水道。谨案：刘《志》未载此桥，前甘《志》本《通志》、陈《志》采录，今废。

擢秀桥　在城东门外。明万历间，知州尹为宪建。

黑泥桥　在城东一里。明万历间，知州尹为宪建。

长坡桥　在城东二十里。康熙三十九年，监生李植建。

镇川桥 在城东南二里。康熙三十九年，土州同段光赞建。

亘川桥 在城东南二十五里，武生杨正昌倡建。

长寿桥 在城东南三十里。康熙三十年，监生李植建。

三元桥 在城南一里。康熙二十五年，武举徐乾元建。

石官桥 在城南十里，土州同段明柱建。

永安桥 在城南六十里，旧名羊草河桥。州民王永清等建，道光三十年圮废，州民孔从周等重修，更名曰永安。

丰成桥 在城西门外。天启间，知州卢伯寀建。乾隆间，知州钱汧重修。

瑞应桥 在城西五里，一名平彝桥。跨龙川江，为西上必由之道。桥西有灵官庙，故又名灵官桥。沿河皆柳，行人至此憩焉，知州陈元题曰“平桥烟柳”，为南州八境之一。

白塔桥 在城西三十里。明万历间，知州李茂魁建。

芦湾桥 在城西四十里。光绪四年，里人捐资公建。

苴力桥 在城西七十里。谨案：旧《志》未载此桥，今本《通志》采入，即杨升庵题《垂柳篇》处。

天神堂桥 在城西九十里。道光间，迤西道马志夔捐资修，今废。

永灵桥 在城北七里。明万历二十九年，知州周国庠建。

团山厂双桥 在城南二百五十里，地名石洞寺。江心有石岩屼立，岩西为镇南地，岩东为楚雄地，古有藤桥通往来，后废。道光间，建木桥于岩西，建铁索桥于岩东，今俱废。

鼠街桥 在城西南三百里，系铁索桥。康熙七年，客民赵英建，后倾圮。三十八年，客民金元勋、武方侯重修，今废。

鼠街渡 在城西三百里，即礼社江之上流，为州境入赵州必经之路。冬春褰裳可涉，夏秋水涨，川陡石攲，舟楫难施，不可渡。

大岔河渡 在阿雄乡。由五顶山至小马街必经之路，通景东、祥云县城。

立石箐渡 在阿雄乡。为入县城过楚雄必经之路，后河于此交界。

象鼻岭渡 在县南二百八十里。即鼠街渡之下流，为县境入迤南必经之路。冬春可涉，夏秋渡筏。楚雄前河于此交界，合以上为四大渡口，皆渡礼社江。

鱼鳞桥 在县东十里。

老乌桥 在长坡桥之东，伯鱼河水经其下。

小　桥 在城北五里，久圮。民二十三年，乡民于小龟山之南新建一石桥，昔之小桥应即此耳。

黑马邑桥 在县北七里。或即是黄震寰孝廉所修之永济桥，抑或即是永灵桥，惜碑记无存，不可考耳。

新城桥 在城西门外，古有丰城桥矣。因河流改道，民十六年，县长李夔龙、邑人陈丕恭、饶开文等募资新修，名曰双河。不切，乃命之曰新城，以此地古为新城乡，又次于丰城也。

文曲桥 在城西南里许白龙河上。旧有永安桥，已坏。宣统二年，署知州伍毓崧亲督堡自山、大河边两村当事人重修，不一月，桥成，命名文曲。次年，河水暴涨，复坏。

迎薰桥　在南门外。民国十五年，周凤文等倡首募资新修，由河身架木柱，上铺横板，宽四尺许，界以直条，即乘马可过。民二十九年，被洪水冲坏。三十年，潘毓英、周凤岐倡捐重修。

大谷堆桥　在城西北七里。光绪间，欧锡黼修。民国初年，郭湘等重建板桥。

达孝桥　亦板桥，在李子湾门首。光绪间，村人公修。

映红桥　在城北三里小红山下，迭经蛟泛，遂毁。

车子塘桥　在城南十八里。上有桥阁，村人公修。

正春桥　在县西英武关内。民国五年，段正科修。

梅花桥　在县西大佛寺外。民国六年，段正科修。

泸顺桥　在沙桥之西三里。民国七年，段正科修。

永定桥　在阿雄乡。光绪间，刘宇清修。

永安桥　在县西南一百八十五里雪屏庄之龙潭箐。民三十一年，乡人周开祥、罗玉科倡捐，改修为大板桥。

双龙桥　在城东半里清水、浑水二河合流处，建始未详。

应嗣桥　在城东二里。万历间，州民黄廷佐因祈嗣建，后果应，故名。兵燹后废，近有人民。

〔据郭燮熙编辑民国《镇南县志》（曹晓宏、周琼校注，杨成彪主编《楚雄彝族自治州旧方志全书·南华卷》，云南人民出版社2005年版）卷四《建置志九·津梁》第594－597页辑录。〕

（康熙）定远县志·地理志·关梁

卷一　地理志　关梁

定远桥七

拱极桥　邑北五里。

迎息桥　邑南三里。

石河桥　邑南二十里。

玉带桥　邑东三十里琅井。

五马桥　邑东六十里黑井。

北门桥　在北门外。因城门闭久，原未建桥。四十一年，永定桥开北门后，新建此桥，行人称便。

永定桥　邑南二十里，为府属诸处必由之道。因河水泛涨，石皆湮没。四十一年，余乃捐资，率绅士里民，采石烧灰，鸠工重建，阅两月而桥成。

卷八　杂纪志　补遗

西南来桥、光法寺桥　一在邑西里许西来寺后，一在邑西北十里光法寺前。旧有木桥，年久俱圮。因秋雨泛涨，被水潒无存。四十二年，庀材鸠工，重修二桥，易以新木，人马可通，西北两界民不病涉。

〔据张彦绅修，李仲伟等纂康熙《定远县志》（卜其明校注，杨成彪主编《楚雄彝族自治州旧方志全书·牟定卷》，云南人民出版社2005年版）卷一《地理志·关梁》第17页、卷八《杂纪志·补遗》第85页辑录。〕

（道光）定远县志·城池志津梁附

卷一　城池志津梁附

东门桥　邑东门外。

南门桥　邑南门外。

西门桥　二，邑西门外。

北门桥　二，一在城北门外，康熙四十一年，知县张公彦绅建；一在土主庙前。

济通桥　在城东二十里。明万历十八年，军民同建。

石河桥　在邑南二十里。明万历三年，阖邑捐建。

土河桥　在邑北十五里。明万历三十年，绅士军民捐建。

利济桥　在城东十五里。雍正元年，知县孙公尔振同绅士军民建。

观音桥　在城南三里。雍正四年，邑士民建。

会基桥　在城南二十里。雍正五年，邑民王天祥建。

迎恩桥　在城南三里。康熙四十一年，知县张公彦绅建。

永定桥　在城南二十里。前知县袁公率众创建，河水涨泛，石尽湮没。康熙四十一年，知县张公彦绅率绅士里民重建。

双　桥　在城北三里。康熙四十五年，阖邑捐建。

玉润桥　在城南十五里，邑士民捐建。

拱极桥　在城北三里。康熙五十六年，知县孙公尔振率士民捐建。

天神桥　在城北四十里。康熙五十四年，阖邑捐建。

龙川桥　在城西一里许西来寺右。旧有木桥，年久倾圮，康熙四十一年重建，年久又冲倾，后移建西来寺前，复被水泛，木植无存。嘉庆二十五年，知县许公应元率士民公捐重建，至今民无病涉。

光法寺桥　旧有木桥，年久秋雨涨泛，冲倾无存。康熙四十二年，知县张公彦绅鸠工重建。

大石桥　在城北五里。康熙四十年，知县张公彦绅建。乾隆年间，知县钟公声峻重葺。

玉带桥　邑东四十里琅井。

五马桥　邑东七十里黑井。

〔据李德生修，李庆元纂道光《定远县志》（清道光十五年刻本）卷一《城池志津梁附》第17页辑录。〕

（民国）牟定乡土地理志初稿·津梁

第十八课　津梁

零川河有三十桥，一在治西一里，曰龙川桥，为通镇南要津；一在治南二里，曰镇水关桥，为通楚雄要津；一在治南三十里，曰大石桥，为通楚雄及广通要津；大江坡有水桥，为通广〔通〕要津；治北四十五里之火烧屯，有木桥，为通姚州要津；东南四十五里之妥安，新建铁锁桥，为通元永井要津；治南五十里之龙川江，为本境及三姚往省要津，历无桥梁，夏秋恃舟过渡。现筑石桥，亦利交通一大端也。四月二十四日，将成，崩废，惜哉！

〔据吴联珠编辑民国《牟定乡土地理志初稿》（卜其明校注，杨成彪主编《楚雄彝族自治州旧方志全书·牟定卷》，云南人民出版社2005年版）第355页辑录。〕

（康熙）南安州志·建设志·关梁

卷二　建设志　关梁

天心桥　在城中正街，明成化间建。

迎恩桥　在城西半里，明成化间建，通府大路。

擢秀桥　在城东门外，明成化间建。

新石桥　在州西半里，往表罗路。

小　桥　在州西北二里，往府大路。

济川桥　在州西南五里，往碍嘉路。

安稍桥　在州东南四十里，往法脿、撒甸路。河窄流急，架木不坚。康熙四十七年，知州张伦至捐资率士民砌以石，以利永久，改名曰永安。

弘济桥　在州西南二百里。路通石羊厂，民皆病涉。康熙四十六年，知府卢询、知州张伦至捐资率众，熔铁索联络木石建之。

江　桥　在石羊厂下，水流汹涌，舟楫多虞。康熙四十四年，武生滕凯捐基地，昆明吴学周率厂民捐资建，四十八年，知州张伦至捐资率各省硐民修。

西龙桥　在旧碍嘉县北十里。

三麻架桥　旧碍嘉东八里。明景泰间，知县雄飞建。嘉靖间，县民杨江永重修。

鱼装桥　县东南二里。

麻纽河桥　县西十五里。明弘治间，知县虎臣建，杨江永重修。

〔据张伦至纂修康熙《南安州志》（杨壬林、张海平校注，杨成彪主编《楚雄彝族自治州旧方志全书·双柏卷》，云南人民出版社2005年版）卷二《建设志·关梁》第30－32页辑录。〕

（乾隆）碍嘉志书草本·桥梁

桥　梁

石瓮桥三座：

清冈桥　在哀牢山心，系下水箐赴景东之路。康熙三十年，易门苏尚文建。今路因防野贼堵塞，桥亦坍塌。

黎龙桥　雍正七年，生员王珩建。

班角桥　县南三十里。康熙五十三年，里民黄光源修建。

房桥七座：

大江桥　一名长寿桥，长十九间，在县东六十里石羊厂山下。康熙四十年建，雍正八年九月内，被水冲毁，管厂官南安州知州孙必荣、原元谋县郭治，详蒙升藩宪张，发银二百两，又率厂民公捐银五百两重修。

虹竜桥　一名西竜桥，长三间，在县北八里。康熙四十年，楚雄县生员杨世正之母黄氏倡建。

凤翅桥　长七间，县南七里。康熙五十三年，县民公建。雍正九年，为野火烧毁，雍正十三年春，州判罗仰锜率士民郭之瑗等重建。乾隆二年，又被火毁，报奉上宪准领帑修建，十年，被风歪斜，又复拆修。

麻戛桥　长五间，县东南八里。旧桥于雍正十年六月被河水冲毁，十一年冬州判罗仰锜率里民黄光源重建。

南岭桥　长五间，县南四十里。旧系草房，雍正十三年，州判罗仰锜率里民张进忠易瓦重盖。乾隆五年四月内，因年久朽杯，州判罗仰锜倡同士民重修，十年冬被风歪斜，又复拆修。

界牌桥　长五间，县南六十里。乾隆五年，因为水冲坏，报蒙本府宪张，倡捐俸银二十两，州判罗仰锜遂与界牌营千总陈襄公同重修，十一年六月被水冲毁。

小江桥　长七间，县东南六十里。康熙三十九年，邑民与界牌营公建。乾隆十一年，因木植朽坏，炮岸倾圮，州判罗仰锜，报蒙本府宪张，饬同本州蔡设法劝捐重建，于六月内工竣。

〔据罗仰锜纂修乾隆《碍嘉志书草本·桥梁》（芮增瑞校注，杨成彪主编《楚雄彝族自治州旧方志全书·双柏卷》，云南人民出版社 2005 年版）第 111 页辑录。〕

（乾隆）碍嘉志·建置志·津梁

卷一　建置志　津梁

三麻架桥　《通志》：在治东八里哀牢山麓，上覆板屋。明景泰间，知县熊飞建。嘉靖间，知县杨江永重修。

大江桥 在治东六十里大场。江上有铁索桥，被水冲没。本朝雍正六年，南安州知州张任详请，布政使张允随发帑金，委接任知州孙必荣、候补知县郭治重修，仍絙以铁索，上架木板，桥槛两头各建瓦屋三楹。至乾隆四十年，署碍嘉州判朱朴重葺。

鱼装桥 在治东十里。

凤翅桥 在治南八里。雍正十一年，州判罗仰锜重修。

清岗桥① 在凤翅之上。康熙三十年，易门苏尚文等建立。

斑阁桥 在治南五十里。康熙五十三年，邑人罗光源等建立。

小江桥 一在界牌城下，康熙三十九年，兵民公建；一在石羊厂南，俱覆瓦屋。

麻纽河桥 在治西十五里。明弘治间知县虎臣建，嘉靖间知县杨江永重修。

虹龙桥 在治北十里。康熙四十年，楚雄县生员杨世正之母黄氏倡建。

栗弄河桥 在治西三十里。康熙三十年，旧县生员名锐之子王衍独力建修石桥一座。以上见《通志》。

〔据王聿修纂修乾隆《碍嘉志》（芮增瑞校注，杨成彪主编《楚雄彝族自治州旧方志全书·双柏卷》，云南人民出版社2005年版）卷一《建置志·津梁》第218页辑录。〕

（康熙）姚州志·山川志桥梁附

卷一 山川志桥梁附

栋川桥 在府南门外，明时知府王嘉庆重修。

蜻蛉桥 在府西北，跨蜻蛉河。明弘治间，知府王嘉庆重修。

迎晖桥 在府东门外。

拱辰桥 在府北门外。

飞虹桥 在府儒学前，明时知府杨日赞建。

九龙桥 在府东南阳。

镇远桥 在府东五里。

普利桥 在府东北演武亭后。

惠通桥 在府南五里大石溯上，明时知府马自然建。

石泉桥、汇泉桥、仁和桥、如逵桥、广济桥 俱府南。

济川桥 在府东北十五里。

连场桥 在府西三十里。

望川桥 在府北二十里，明嘉靖间建。

利鹾桥 在白盐井提举司前。

神喜桥 在司东半里。

荣春桥 在司后。

---

① 青岗桥 雍正《云南通志》同，乾隆《碍嘉志书草本》、道光《云南通志稿》皆作“清冈桥”。

聚魁桥　在三元阁左、金家坝南，知府罗良信建，蜻蛉河从此北下。以上楼阁桥塔，俱以锁水，数事备而风气始完。

论曰：滇通中国，自楚庄蹻，今无从考其入滇之路。然汉武侯渡泸，隋史万岁讨南宁蛮，俱自蜻蛉川入。唐置都督府，而姚州之为关蜀门户，几千百年矣。何以斧画，遂委之夷？即前明太祖高皇帝“关索岭本非正道”之谕，亦竟付之榛莽也。金沙固姚州境也，姚州六日而渡金沙，金沙五日而抵会川，会川十余日而达成都。金沙片帆可渡，邛崃城邑星罗，较之开道西粤者，便利当数倍，无论从来行商络绎，往时九隆薛侍御亦由此便道归省，以所经涉，证之载籍，所云渡泸者，考其地则通西南要路甚著，所少者亭堠驿传耳。惟是滇蜀不通，故成都于邛雅，鞭长不及马腹，向之番倮得恣桀骜。倘寻汉唐故道，俾邛崃、越嶲项背相望，而中原无隔輽之患，通滇以安蜀，蜀安而滇可长无事矣。往岁，南昌徐直指按蜀，曾倡议檄行于姚，而事未竟。然读太和杨公士云书，则百年前已有及此者，姑志之以待。见郡旧志。

〔据管棆纂修康熙《姚州志》（清康熙五十二年刻本）卷一《山川志桥梁附》第10页辑录。〕

（道光）姚州志·城池志桥梁附

卷二　城池志桥梁附

栋川桥　在城南门外，明时知府王嘉庆重修。

蜻蛉桥　在城西北蜻蛉河。明弘治间，王嘉庆修。

迎晖桥　在城东门外。

拱辰桥　在州北门外。

飞虹桥　在府儒学前，明时知府杨日赞建。

九龙桥　在城东南阳。

镇远桥　在州东五里。

普利桥　在州东北演武亭后。

石泉桥

惠通桥　在城南五里大石溯上，明知府马自然建。

汇泉桥

广济桥　在州南。

仁和桥　在州南十余里。道光十二年，官绅重修。

如逵桥　在州南二十五里，久圮。道光十二年，官绅重修。

济川桥　在州东北十五里。

连场桥　在城西三十里。

望川桥　在城北二十里，明嘉靖年间建。

利鹾桥　在州北白井提举司前。

荣春桥　在司治后。

神喜桥　在司治东半里。

聚魁桥 在三元阁左、金家坝南，知府罗良信建，蜻蛉河从此北下。以上楼阁桥塔，俱以锁水，数事备而风气始完。

〔据额鲁礼、王垲纂修道光《姚州志》（芮增瑞校注，杨成彪主编《楚雄彝族自治州旧方志全书·姚安卷上》，云南人民出版社2005年版）卷二《城池志桥梁附》第257页辑录。〕

（光绪）姚州志·建置志·桥梁

卷二 建置志之八 桥梁

聚石为徛，横木为彴，制虽殊而济人则一。姚州四壁崇山，道路半入涧谷之中，山泉暴涨，奔腾澎湃，舟楫难施，则所以通川泽之阻而便往来者，恃有桥梁而已。今备纪之，亦以见徒杠舆梁之成，民未病涉云尔。

飞虹桥 《姚州旧志》：在府儒学前，明知府杨日赞建。

迎晖桥 《云南通志》：一名九龙桥，在城东门外。明万历间，知州杨之彬重修。雨按：《云南通志》以迎晖桥即九龙桥，《州志》则两桥并载，谓九龙桥在城东南。今考城东南并无桥，九龙、迎晖为一桥无疑。

蜻蛉桥 《云南通志》：在大南门外。明弘治间，知府王嘉庆建。《采访》：经乱被毁，光绪五年，州人张星聚重建。

宝成桥 《采访》：在西门外。

文明桥 《采访》：在小南门外。同治十年，州人公建。

栋川桥 《姚州旧志》：在城西北一里。明弘治间，知府王嘉庆重修。《采访》：今废。

拱辰桥 《云南通志》：在城北门外。明万历间，知府李敬可建。

骆家桥 《云南通志》：在城东一里。明万历间，州人骆升建。

镇远桥 《云南通志》：在城东五里。康熙六十年，州人周日秀重建。

惠通桥 《州旧志》：在城南五里大石溯之西，明知府马自然建。

如逵桥 《云南通志》：在城南十里，明知府马自然建。《采访》：嘉靖三十年，知府杨慥建。《州旧志》：在城南二十五里。道光十二年，官绅重修。

汇泉桥 《云南通志》：在城南二十里，明洪武间建。《采访》：嘉靖三十年，知府杨慥修。

仁和桥 《云南通志》：在城南十里。顺治十七年，州人黄玉倡建。

广济桥 《云南通志》：在城南十二里。明嘉靖间，州人刘福倡建。

石泉桥 《云南通志》：在城南十五里。明崇祯间，僧普利募建。

连场桥 《云南通志》：在城西三十里。明万历间，知府李贽建。

望川桥 《云南通志》：在城北二十里，明万历间建。《州旧志》：明嘉靖间建。

普利桥 《云南通志》：在城东北二里，一名朱家桥。顺治八年，州人公建，康熙五十四年，护府任中宜重修。

济川桥 《州旧志》：在城东北十五里。

聚魁桥 《州旧志》：在三元阁左、金家坝南，知府罗良信建。旧时桥旁有塔，蜻蛉河自此北下，楼阁桥塔俱以锁水。道光二十七年，知州吴嘉思重修。《采访》：经乱圮坏，同治十一年，州人公修。

聚源桥 《采访》：在城南二里，光绪七年，州人徐联魁建。

论曰：十月成梁，垂为政典，此守土者之责也。然士民苟有财力，亦当勉为。夫一桥之成，计其费不过数十金或数百金，计其功则周于千万人，垂诸千百世，利莫溥焉，善莫大焉。留心利济者，可以知所从事矣。

〔据陆宗郑等修，甘雨纂光绪《姚州志》（清光绪十一年刻本）卷二《建置志之八·桥梁》第34－36页辑录。〕

（民国）姚安县志·舆地志·交通

卷十四　舆地志　交通桥梁附

飞虹桥 旧《云南通志》：在府儒学前，明知府杨日赞建。谨按：府儒学前现无此桥，惟黉宫泮池上旧有遗址。光绪二十年，知州周应方重修，疑即此桥。

迎晖桥 旧《云南通志》：在城东门外，一名九龙桥。万历间，知州杨之彬建。民国初，区长陈光洲于两旁添筑铁栏。

谨按：李《通志》云九龙桥在府东南隅。甘《志》注：《云南通志》以迎晖桥即九龙桥，《州志》则两桥并载，谓九龙桥在城东南。今考城东南并无此桥，九龙、迎晖实为一桥无疑。

栋川桥 李《通志》：在府治南门外，知府王嘉庆重建。

谨按：栋川桥，《州旧志》云在城西北一里，甘《志》云今废。而于蜻蛉桥，旧《通志》及王《志》均云在城西北一里。旧《通志》引《州旧志》则云在大南门外。甘《志》云经乱被毁，光绪五年，州人张星聚重建。今考李《通志》，则知《州旧志》及甘《志》均将栋川桥误为蜻蛉桥，其实张星聚所建之蜻蛉桥即栋川桥也。所云栋州桥在城西北，实即蜻蛉桥也。不过，今日之栋川桥，前实无，如参政张朝用《桥记》所云“巨大水利或沧桑变迁所致”欤?《记》见“文征”。

蜻蛉桥 李《通志》：在府西北，跨蜻蛉河之上。旧为木桥，弘治十五年，知府王嘉庆易以砖。

谨按：蜻蛉桥，旧《通志》及王《志》所云均与李《志》同，惟旧《通志》引《州旧志》云在大南门外，甘《志》云栋川桥今废。其错误已详前。民国元年，钱洲等所建段家闸桥，或即当年之蜻蛉桥也。

文明桥 甘《志》：在小南门外。同治十年，州人公建。《采访》：民国三十三年，势将倾圮，县长李士厚筹款重修。一在小代苴外海子，光绪三十一年，里人谭祖询倡建。

河头桥 《通志》：在府东南二里。

谨按：疑即孙家坝桥。

宝成桥 《志》：在城西门外。

拱辰桥 旧《云南通志》：在城北门外。明万历间，署知府李敬可建。

聚魁桥 《云南通志》：在三元阁左、金家坝南，知府罗良信建。旧时桥旁有塔，蜻蛉河自此北下，楼阁桥塔俱以锁水。道光二十七年，知府吴嘉思重修。甘《志》：经乱圮坏，同治十一年，州人公修。

谨按：本条“道光二十七年，知府吴嘉思重修”一语，《通志》及甘《志》均依据《州旧志》云然。惟查道光二十七年以后，甘《志》以前并无，若何？《州志》均应作为甘《志》。又按：李《通志》有水碓桥，在府东北隅，疑即此桥。

黄家闸桥　《采访》：在城西南隅。民国五年，县人郑樾募建。

谨按：李《通志》有刘家桥、纸房桥，在府西南隅，今已不可考。此桥必即就二桥中一桥故址修建。

段家闸桥　《采访》：在城西北隅。民国元年，县人钱洲、丁永祜等倡募重修。

骆家桥　旧《云南通志》：在城东一里。明万历间，州人骆升建。《采访》：今呼为袁家桥。

曾岩桥　《采访》：在城东二里。民国十六年，县人曾思贤等募建。

金闸桥　《采访》：在城东北二里金家屯西首。清光绪二十年，邑人陈玉龙、陈玉珂等募建。

普利桥　旧《云南通志》：在城东北二里，一名朱家桥。顺治八年，州人公建，康熙五十四年，护府任中宜重修。

谨按：李《通志》及王《志》有“在州东北演武亭后”一语，各志均无，待考。

镇远桥　旧《云南通志》：在城东五里，康熙六十年，州人周日秀重修。

谨按：旧《通志》又载有“《姚州志》在城西北一里”，旧《通志》又云“在城南门外，明弘治间知府王嘉庆重修，今圮”等语，甘《志》未采入，姑存待考。

震乾桥　《采访》：在城西北隅。民国元年，县人钱洲、丁永祜等倡募重修。

大板桥　《采访》：在城东八朱下屯东首，建于清乾隆间。民国十一年，邑人朱明达及村民重修。

绿杨桥　《采访》：在城东十里马家庄前。光绪二年，邑人赵其福及村人公建。

济川桥　旧《云南通志》：在城东北十五里。

大百桥　《采访》：在城东八十里新房子外，为通元谋要路。民国二十三年，县人公建。

普济桥　《采访》：在城东八十里，为通牟定要路。清嘉庆庚申年，县民普国用鼎建，故名。后倾圮，民国二年，大石桥、小哨、半山、王朝里四村人民重修。

大石桥　《采访》：在城东八十里，为通牟定要路。残碑载“嘉靖二年重修”等字，民国二十年，县长崔崇复倡修。

龙凤桥　《采访》：一在城东九十里，民国二十三年，县人侯万发、周德贵等倡建；一在弥兴胡家山，民国六年，周法孔倡建。

龙丰桥　《采访》：在城东一百一十里利市厂村坡脚。民国元年，县人李连璋、李连科等倡建。

聚源桥　甘《志》：在城南二里。光绪七年，州人徐连魁建。《采访》：一在县北萧家冲。民国二十八年，村民合建。

惠通桥　旧《云南通志》：在城南五里大石洲，明知府马自然建。

谨按：李《通志》、王《志》作“在大石洲上”，甘《志》作“在大石洲之西”，未知孰是？姑存待考。

如逵桥 旧《云南通志》：在城南十里，明知府马自然建。管《志》：在城南二十五里。嘉靖三十年，知府杨慥建。王《志》：道光十二年，官绅重修。

仁和桥 李《通志》：在石泉桥南二里。旧《云南通志》：在城南十里。顺治十七年，州人黄玉倡建。王《志》：在州南十余里。道光十二年，官绅重修。《采访》：光绪三十一年，县人杨遇凤又续修。

广济桥 李《通志》：在如逵桥南十八里。旧《云南通志》：在城南十二里。明嘉靖间，里人刘福倡建。

石泉桥 李《通志》：在汇泉桥南二里。旧《云南通志》：在城南十五里。明崇祯间，僧普利募建。

谨按：右三桥各志所载，里数与李《通志》互有异同，应缺疑待考。

汇泉桥 李《通志》：在惠通桥南。《云南通志》：在城南二十里，明洪武间建。甘《志》：嘉靖三十年，知府杨慥修。《采访》：清光绪二十九年，县人林国樑、米珠等续修。

紫云桥 《采访》：在城南二十里。清光绪十四年，县人周之凤建，今废。

栖云桥 《采访》：在城南二十里李家嘴子。民国八年，县人郑樾倡建。

乌龙桥 《采访》：在城南五十里乌龙坝，县人周万保等重修。

高 桥 《采访》：在城西十五里。相传道光间，兴宝寺僧所建。民国十六年，县人李春灿、董万钟重修。

大板桥 《采访》：在城西十五里官屯镇。清光绪二十四年，里人周化南、李泰等倡建。

永兴桥 《采访》：有二，均在洋派坝堤东西两端。光绪十年，里人杜春荣、杜汉周等倡建。

白马桥 《采访》：在城西十五里白马寺前。民国十年，县人杨玉亭倡建。

新 桥 《采访》：在城西二十里小村官坝河，一名文明桥。民国八年，县人毕万钟、高光灿等募建。

文漪桥 《采访》：在城西二十里大村后冲。民国八年，县人董钟宝等募建。

连场桥 李《通志》：在府西三十里。旧《云南通志》：在城西三十里。明万历间，知府李贽建。《采访》：清光绪三十四年，邑人李春灿、陈飞熊等倡捐重修。

怀安桥 《采访》：在城西四十里弥兴镇北。清光绪三十三年，州牧李金鳌及邑人徐麟书等倡建。

利济桥 《采访》：在城西五十里三角苏家村。民国九年，县人李永坤、李天佑等募建。

太平桥 《采访》：在城西六十里太平街西。民国十四年，县人谭恩溥妻尹氏倡建。

双龙桥 《采访》：在城西七十里大代苴上庄房。民国二十六年，县人罗雨泽倡建。

普昌河桥 《采访》：在城西一百五里，建于道光间，久废。民国八年，县长段世璋及普洱县佐陈开乾、邑人文应华倡捐重建。

济通桥 《采访》：在城西八十里大河口。民国三十三年，乡长瞿怀恭、周明德、杨克恭等倡建。

望川桥 李《通志》：在府北二十里。旧以木架，嘉靖十八年易以石。旧《云南通志》：在城北二十里，明万历间建。王《志》：明嘉靖间建。

启明桥　《采访》：在城北二十里花邑村。光绪二十二年，李芝山倡建。

登瀛桥　《采访》：在城北二十里光禄街北，为明时高让公故里坊旧址，回乱被毁。民国十五年，县人赵鹤清倡建。

汇江桥　《采访》：在县北三江口。民国十三年，乡人周凤纪等倡建。

锁云桥　《采访》：在城北五十里周家冲前。清光绪二十五年，邑人郭维纲、赵秉忠及村人公建。

渡众桥　《采访》：在县北将军冲。民国十四年，乡人李春旺倡建。

致中桥　《采访》：在城北六十里将军冲观音寺前，为两姚通道。民国二年，县人郭维泰倡建。

大　桥　《采访》：在城北七十里大桥村首，为姚盐往来孔道。清乾隆八年，邑人公建。

谨按：本篇所列桥梁，先附城而后及四乡，故次序与各志稍异。

附　录

《府旧志·道里说》：滇通中国，自楚庄蹻，今无从考其入滇之路。按：庄蹻当时系自湘黔、蜀黔两路入滇，犹可考见。然汉武侯渡泸，隋史万岁讨南宁蛮，俱自蜻蛉川入。唐置都督府，而姚州之为关蜀门户，几千百年矣。何以斧画，遂委之彝？即前明太祖高皇帝“关索岭本非正道”之谕，亦竟付之草莽也。金沙固姚州境也，姚州六日而渡金沙，金沙五日而抵会川，会川十余日而达成都。金沙片帆可渡，邛崃城邑星罗，较之开道西粤者，便利当数倍，无论从来行商络绎，往时九隆薛侍御亦由此便道归省，以所经涉，证之载籍，所云渡泸者，考其地则通西南之要路甚著，所少者亭堠驿传耳。惟是滇蜀不通，故成都于邛雅，鞭长不及马腹，向之蕃倮得恣桀骜。倘寻汉唐故道，俾邛崃、越巂项背相望，而中原无隔轓之患，通滇以安蜀，蜀安而滇可长无事矣。往岁，南昌徐直指按蜀，曾倡议檄行于姚，而事未竟。然读太和杨公士云书，则百年前已有及此者，姑志之以待。

〔据霍士廉等修，由云龙纂民国《姚安县志》（民国三十七年排印本）卷十四《舆地志·交通》第4－8页辑录。〕

（康熙）大姚县志·建设城池

建设城池

春溪桥　在县城南门外。

余庆桥　新建。

承恩桥　在县治东十里。

大通桥　在县西南五里。

广运桥　在县城东五里。

广济桥　在县北五里。

迎恩桥　在县西南八里。

利济桥 在县东四里。

〔据陆应矶修，吴殿弼纂康熙《大姚县志·建设城池》（张海平校注，杨成彪主编《楚雄彝族自治州旧方志全书·大姚卷上》，云南人民出版社2005年版）第21页辑录。〕

（道光）大姚县志·地理志·桥梁津渡

卷二 地理志下

桥 梁

承恩桥 在治东三里。

广运桥 在治东五里。

龙街桥 在治东八十八里。

春溪桥 在治南一里。

泗溪桥 在治南七里。

迎恩桥 在治南八里。

新 桥 在治南十五里。

蒋家桥 在治南十五里。

姜家桥 在治南十八里。

宝珠桥 在治南见龙寺，距城二十三里。

回龙桥 在治南谭家坝，距城二十二里。

西门桥 在治西半里。

大通桥 在治西五里。

广济桥 在治西六里。

火烧桥 在治西十五里。

申安桥 在治西二十五里。

允升桥 在治西四十里。

彩新桥 在治西五十里。

回龙桥 在苴却锁水阁下，距城一百八十里。

论曰：寻橦绳渡，以为创闻，邑中实有之。猛冈河当盛涨时，无船无梁，以溜筒济，即寻橦遗制也。其余溪涧之间，深厉浅揭，习而安焉。荒途僻径，虽无邮递使命之往来，而策蹇乘篮，不致自崖而返，则有待于徒杠舆梁矣。附志桥梁。

津 渡

陆之关，水之津，其守一也。邑西南皆山，河流通处，胥有桥梁，无虞蹇裳矣。东北之近城者，一则苴跛江，涨涸无定，遇盛时或以筏济，或以艇渡，水落则杠梁施焉。羊蹄江亦然。猛冈河则绳渡矣。至东北枕江，自丙海以至利谷麽，凡六百里。其间大渡口六，小渡口六，与永北厅相对者六，与会理州相对者五，与盐源县相对者一，皆扼要之区。道光元年，夷匪滋事，则自永北之侯家坪渡白马口也。二十三年，贼匪滋扰，则自永北之格地坪渡红门口也。遇有事时，诚严私渡之禁，亦如天堑不能飞越矣。志津渡。

丙海渡 在白水江边，属泗溪里。距苴却三百三十里，至县城四百五十里，对岸即永北之石腊哨。按：石腊哨距永北厅城二百七十里、旧衙坪一百二十里。

湾别渡 在白水江边，属泗溪里。至苴却三百里，至县城四百三十里，对岸即永北之以德麽。按：以德麽距永北厅城四百五十里。

顺山渡 在白水江，属悦来里。至晖东厂六十里，至苴却二百七十里，至县城四百五十里，对岸即永北之鸭子庄。按：鸭子庄距永北厅城四百六十里。

白马河猛连渡 在白水江边，属后教正里。至灰坝四十里，至苴却二百一十里，至县城三百九十里，对岸即永北之侯家坪。按：侯家坪距永北厅城五百里，距旧衙坪一百二十里。

红门口渡 在白水江边，属后教正里。至太平场三十里，至苴却二百二十里，至县城四百里，对岸即永北之格地坪。按：格地坪距永北厅城五百五十里。

丙南道渡 在白水江边，属前教正里。至太平场三十里，至苴却街二百二十里，至县城四百里，对岸即永北之大水井。按：大水井距永北厅城五百六十里。

懦弄大渡口 在白水江边，属前教正里。至仁和街二十里，至大田街一百二十里，至苴却街二百一十里，至县城三百九十里，对岸即盐源县之懦弄。按：懦弄距盐源县城五百里。

小鲊石渡 在白水、泸水两江会流处，属大成里。至仁和街二十里，至苴却二百一十里，至县城三百九十里，对岸即会理州之三堆子。小鲊石以下俗始称为“金沙江”。按：三堆子距会理州城一百七十里。

阿机鲁渡 在金沙江边，属大成里。至仁和街三十里，至大田街八十里，至苴却一百九十里，至县城三百七十里，对岸即会理州之阿机鲁。按：阿机鲁距会理州城一百六十里。

矣资渡 在金沙江边，属向化里。至大田街九十里，至苴却二百里，至县城三百八十里，对岸即会理州之刀司。按：刀司距会理州城一百三十里。

拉鲊渡 在金沙江边，属兴隆里。至大田九十里，至苴却一百六十里，至县城三百四十里，对岸即会理州之鱼鲊。按：鱼鲊距会理州城一百六十里。

格槎渡 在金沙江边，属兴隆里。至大田一百里，至苴却一百三十五里，至县城三百一十五里，对岸即会理州之列拉。按：列拉距会理州城二百四十里。

以上猛连、红门、懦弄、阿机鲁、矣资、拉鲊大渡口六处，丙海、湾别、顺山、丙南道、小鲊石、格槎小渡口六处，其余沿江有居民处，皆有小舟，以通往来，难于悉载。小鲊石以西白水江，若水也；小鲊石以东，若水与泸水合流而下至龙街，合绳、淹二水，统名之曰金沙江。按：县属沿江地界，白水江自宾川州界流入县境之丙海渡，向东北流，下至湾别江口六十里，下至顺山渡三十里。转东，下至猛连渡一百一十里，下至红门渡八十里，下至丙南道渡三十里，下至懦弄大渡口七十里，下至小鲊石渡二十里。与泸水合，下至阿机鲁渡十里，下至矣资渡三十里。转东南下，至拉鲊渡三十里，下至格槎渡三十里，下至利谷麽一百里，入武定州界。统计县境江面长六百里。

论曰：入蜀之路三。自宾川渡白水江，仅通北胜，以达盐井卫，路甚纡矣。自武定大度河即石门一路，观韦皋遣马益闭隋所开之石门路，则其险有不可骤夷者，宜自汉唐至今，俱以渡泸为捷便也。《蛮书》谓自目集馆至河子镇七十里，为泸江。乘皮船渡泸水，其渡处即今方山后之拉鲊等渡也。过江为武定州之江驿地，似即当年河子镇，古今称名虽殊，而形势固不能改。即如唐贞元间，王嵯巅寇成都，俱从泸水入，故雍陶诗云“茜马渡泸水”，又云“越嶲城南无汉地”，而贾岛送陶诗亦云“夏浅嶲州蚕”，其路迳可历考也。邑通蜀之渡六，而阿机鲁、矣资、拉鲊三渡为极要。道光元年，设汛于白马河，与永北傈家坪对，去泸水尚远，似不如于若水与泸水合流，于沙坝以下，或阿机鲁，或矣资，驻兵防守尤为扼要。谨附论之，以备后来者采择。

〔据黎恂修，刘荣黼纂道光《大姚县志》（清光绪三十年刻本）卷二《地理志下·桥梁津渡》第 7－13 页辑录。〕

（乾隆）白盐井志·建置志桥梁附

卷一 建置志桥梁附

迎峰桥 在南关内玉阁之前。乾隆十九年，监生甘旨倡送祖茔树木，新建。

涌泉桥 在观音井，旧名新桥。

环龙桥 在观音井。雍正七年，提举刘邦瑞重修。

宝泉桥 旧名慈润桥，属旧井。康熙癸巳年，提举郑山修。

五马桥 在司治前，即古利嵯桥。崇祯丙子年，提举沈昌祐建。康熙乙丑，提举郑山修。雍正戊申，提举刘邦瑞修。乾隆乙亥年，提举郭存庄重修。

行春桥 在司治东北，旧名神喜桥，又名荣春桥，属乔井。乾隆丁卯，提举何恺重修。

锁镇桥 属尾井。乾隆丁卯，提举何恺重修。

霁虹桥 在司治后，属界井。旧名李良桥，久圮。乾隆丁丑年，提举郭存庄重建，易今名。

万安桥 属尾井。乾隆丁卯，提举何恺重修。

圣泉桥 在万安桥之西，旧名清水桥。乾隆丁卯，提举何恺重修。

孔仙桥 离井五十里，两山峻峭，中流巨波，通商行盐之大道也。旧为孔姓所造，因名孔仙。后将圮，道人袁见空鼎力重建，易木为石，费至数千金，勒碑为记，载桥西首。乾隆十六年，提举高锦动项二百三十五两四钱零重修。

〔据郭存庄修，赵淳纂乾隆《白盐井志》（《中国地方志集成·云南府县志辑 67》，凤凰出版社 2009 年影印本）卷一《建置志桥梁附》第 17 页辑录。〕

（光绪）续修白盐井志·建置志·津梁

卷二 建置志之五 津梁

《夏令》有除道成梁之制，《尔雅》有石徛木彴之名。此利济之资，为政所以称惠也。白井峰峦攒簇，川谷浸汇，两岸民居鳞次，褰裳难越，则所以占利涉而便往来者，不重有赖于杠梁之成哉？兹汇纪之，亦足见民不病涉而无厉揭之虞云尔。

彩虹桥　《采访》：古名香水桥，在观井南关右。提举何恺建，题左额“萝山砥柱”，右额“天府彩虹”。咸丰间，兵燹毁。同治初，观井重建。

迎峰桥　一名义学桥。郭存庄《井志》：在南关内玉皇阁前。乾隆十九年，监生甘旨倡送祖茔树木，新建。《采访》：道光丙午年，被水圮坏，提举李成基请款重建。光绪二十六年，观井重建木梁。

小砖石桥　《采访》：在汤家冲水口，提举郭存庄建。

新　桥　《云南通志》：在治南一里。康熙三十八年，灶民王绳武建。郭存庄《井志》：在观音井，又名涌泉桥。

环龙桥　《云南通志》：在治南一里。雍正七年，提举刘邦瑞重建。郭存庄《井志》：在观音井。明成化五年，灶民王姓新建。《采访》：同治丁卯年，兵燹毁。光绪五年，观音井重建。

风水桥　《采访》：在观音井小西井侧。同治丁卯年，兵燹毁，壬申年重修。谨按：光绪二十五年，观井赵联陞倡捐，二十八年，提举文源重修。

太平桥　《采访》：在旧井行台下左，又名盐水桥。

小板桥　《采访》：在旧井大街。乾隆间，提举郭存庄建石。

宝泉桥　旧《云南通志》：在司治南一里，原名慈润桥。康熙五十二年，提举郑山建。《采访》：乾隆间，提举高锦重修，题额。道光丙午年，被水圮毁，提举李成基请款重建。

文峰桥　《采访》：在宝泉桥左。乾隆间，提举郭存庄重建。

五马桥　旧《云南通志》：在司治南，一名利鹾桥。郭存庄《井志》：明崇祯丙子，提举沈昌祐建。康熙乙丑，提举郑山修。雍正戊申，提举刘邦瑞重修。乾隆乙亥，提举郭存庄重修。《采访》：嘉庆六年毁，提举周礼重建。道光丁酉毁，提举周澍重建，丙午，被水圮坏，提举李成基请款重建。谨按：桥上旧建一亭，同治间折（拆）毁。

龙吟桥　《采访》：谚名瘴气桥，在龙吟书院下右。道光丙午，水圮坏，提举李成基请款重建，未竣。同治间，乔井补修。光绪三十年，提举文源培修。

佛惠桥　在乔井准提庵前。道光丙午，水圮坏，提举李成基请款重建，复毁。光绪七年，乔井移上数尺重建。

行春桥　旧《云南通志》：在司治东一里，原名神喜桥，又名荣春桥。康熙四十六年，提举郑山捐建。雍正六年，提举刘邦瑞补修。郭存庄《井志》：在司治东北，属乔井。乾隆十二年，提举何恺重修。《采访》：道光丙午年，水圮毁，提举李成基请款重建。

霁虹桥　郭存庄《井志》：在司治后，属界井。昔为李良所建，又名李良桥，久圮。乾隆丁丑年，提举郭存庄重建，易今名。《采访》：道光丙午，水圮坏，提举李成基请款重建。谨按：桥上旧建一亭，同治间折（拆）毁。

圣泉桥　旧《云南通志》：在万安桥西。郭存庄《井志》：属界井，原名清水桥。谨按：乾隆丁卯年，提举何恺重修。光绪三十年，提举文源培修。

延龄桥　《采访》：在大东关外炎帝宫前。乾隆间，提举郭存庄建石。

普利桥　《采访》：属界井，在宝关坊外二神祠前。乾隆丁丑，提举郭存庄建石。

聚宝桥　《采访》：属界井，在聚宝门外大王寺山脚。乾隆丁丑，提举郭存庄建石。

万安桥　《云南通志》：在司治北一里。康熙二十七年，提举夏宗尧建。郭存庄《井志》：属尾井。乾隆丁卯年，提举何恺重建，题额，字流动飒爽。《采访》：道光丙午年，水圮坏，匾额浮置两岸，至今称奇异焉。提举李成基捐建。谨案：桥上旧建一亭，同治间折毁。

文焕桥　《采访》：在尾井龙祠上左，修建无考。道光丙午，被水圮坏，提举李成基重建。

锁镇桥　旧《云南通志》：在治北二里，属尾井。雍正十年，提举刘邦瑞重建。郭存庄《井志》：乾隆十二年，提举何恺重修。《云南通志》：道光五年，提举曹锡爵重建。

采香桥　《云南通志》：在司治内。乾隆四十三年，提举郎嘉卿重修。道光元年，提举王汝琛修。《采访》：道光丙午年，水圮，提举李成基重建。光绪十年，五井重修建，高五尺。

镇川桥　《云南通志》：在司治北。嘉庆二十年，提举张槐率士民新建。《采访》：道光乙巳年，提举郑家宝重建。丙午年，水圮坏，提举李成基建。

镇岭桥　《采访》：俗名四道河桥，在司治北镇川桥下。雍正五年，提举刘邦瑞建。乾隆四十二年，提举阚崇德重修。道光四年，提举曹锡爵重建。道光丙午年，水圮坏，提举李成基重建。光绪三十年，提举文源重修。

孔仙桥　旧《云南通志》：在司治西北四十里。雍正七年，提举刘邦瑞重修。郭存庄《井志》：距井五十里，两山峻峭，中流巨波，系运盐要路。旧为孔道人新建，因名孔仙桥。后道人袁见空重建，易木为石。乾隆十六年，提举高锦动项重修。嘉庆九年，署提举李辑玉、提举周礼续修。《案册》：光绪元年，水圮坏，署提举刘锡龄重建，提举玉璋续建，均被水圮坏。《采访》：光绪十九年，署提举吕调阳请款银壹千两，移上流里许建步仙桥，工竣，即被水圮坏。二十年，仍建于旧址，亦被水圮。二十五年，署提举李训鋐相度水势，易石礅为木架，筹赀重建。谨案：李提举桥工未竣，即解任去，提举文源接任重修，易其额曰“永济”。

通济桥　《采访》：在井南十五里。乾隆末年，井例贡白汇捐建，又名白汇桥。

黎武桥　《采访》：在司治南二十里。道光二十七年，提举李成基重建。光绪十八年，水圮，二十四年，署提举江海清重修。

永定桥　《采访》：在司治南猪头山西。咸丰间建，后圮。同治间，举人甘潮倡建。

磨石江桥　《采访》：在井南磨石江村下。康熙间，井人张曰宿建石。

文殊阁桥　《采访》：在井南文殊阁山下。光绪二十三年，王三庄合村人新建。

马市桥　《采访》：在黎武村外一滴庵山脚，原有石桥。光绪十八年，署提举吕调阳重修。

三岔河桥　《采访》：光绪间，水圮。

天生桥　《采访》：光绪二十三年，白井重建。

新　桥　《采访》：在紫喇的，提举江海清建。

插朗哨桥　《采访》：原名白汇桥，水圮。光绪十七年，井人捐建。

灰箐桥　《采访》：井人张寿百捐赀凿石新建，光绪初重建，今圮。

〔据李训鋐等修，罗其泽等纂光绪《续修白盐井志》（清光绪三十三年刻本）卷二《建置志之五·津梁》第22－27页辑录。〕

（民国）盐丰县志·地理志·津梁

卷一 地理志之十一 津梁

前既志山与河矣，兹将县属之山桥、河桥赓续特书，盖以类相从之义也。其次序先五井，而后及于四乡，都记共三十七桥云。

彩虹桥 《续井志》：古名香水桥，在观井南关右。提举何恺建，题左额“萝山砥柱”，右额“天府彩虹”。咸丰间，兵燹毁。同治初，观井重建。

迎峰桥 一名义学桥。郭存庄《井志》：在南关玉皇阁前。乾隆十九年，监生甘旨倡送祖茔树木，新建。《续井志》：道光丙午年，被水圮坏，提举李承基请款重建。光绪二十六年，观井重建木梁。

环龙桥 《云南通志》：在治南一里。雍正七年，提举刘邦瑞重建。郭存庄《井志》：在观音井。明成化五年，民灶王姓新建。《续井志》：同治丁卯年，兵燹毁。光绪五年，观音井重建。

风水桥 《续井志》：在观音井小西井侧。同治丁卯年，兵燹毁，壬申年重修。光绪二十五年，观井赵联陞倡捐，二十八年，提举文源重修。

太平桥 《续井志》：在旧井行台下左，又名盐水桥。

宝泉桥 旧《云南通志》：在司治南一里，原名慈润桥。康熙五十二年，提举郑山建。《续井志》：乾隆间，提举高锦重修，题额。道光丙午年，被圮毁，提举李成基请款重建。

五马桥 旧《云南通志》：在司治南，一名利鹾桥。郭存庄《井志》：明崇祯丙子年提举沈昌祐建。康熙乙丑年，提举郑山修。雍正戊申，提举刘邦瑞重修。乾隆乙亥，提举郭存庄重修。《续井志》：嘉庆六年毁，提举周礼重建。道光丁酉毁，提举周澍重建，丙午，被水圮坏，提举李成基请款重建。

龙吟桥 《续井志》：在龙吟书院前之右。道光丙午，水圮坏，提举李成基请款重建，未竣。同治间，乔井补修。光绪三十年，提举文源培修。

佛惠桥 《续井志》：在乔井准提庵前。道光丙午，水圮坏，提举李成基请款重建，复毁。光绪七年，乔井移上数尺重建。

行春桥 旧《云南通志》：在司治东一里，原名神喜桥，又名荣春桥。康熙四十六年，提举郑山捐建。雍正六年，提举刘邦瑞补修。郭存庄《井志》：在司治东北，属乔井。乾隆十二年，提举何恺重修。《续井志》：道光丙午年，水圮毁，提举李成基请款重建。

霁虹桥 郭存庄《井志》：在司治后，属界井。昔为李良所建，又名李良桥，久圮。乾隆丁丑年，提举郭存庄重建，易今名。《续井志》：道光丙午年，水圮坏，提举李成基请款重建。

福临桥（新增） 民国八年，界井张如锡、甘兴祖等创建，以桥之西适对界井神台，有大姚刘太史荣黼所书“福临大界”匾额，因名为福临桥。

万安桥　《云南通志》：在司治北一里。康熙二十七年，提举夏宗尧建。郭存庄《井志》：属尾井。乾隆丁卯年，提举何恺重建，题额，字流动飒爽。《续井志》：道光丙午年，水圮坏，匾额浮置两岸，至今称奇异焉。提举李成基捐建。

文焕桥　《续井志》：在尾井龙祠上左，修建无考。道光丙午年，被水圮坏，提举李成基重建。

锁镇桥　旧《云南通志》：在司治北二里尾井。雍正十年，提举刘邦瑞重建。郭存庄《井志》：乾隆十二年，提举何恺重修。《云南通志》：道光五年，提举曹锡爵重建。

小砖石桥　《续井志》：在汤家冲水口，提举郭存庄建。

采香桥　《云南通志》：在司治内。乾隆四十三年，提举郎嘉卿重修，道光元年，提举王汝琛修。《续井志》：道光丙午年，水圮，提举李成基重修。光绪十年，五井重修，建高五尺。

镇川桥　《云南通志》：在司治北。嘉庆二十年，提举张槐率士民新建。《续井志》：道光乙巳年，提举郑家宝重建。丙午年，水圮坏，提举李成基建。

镇岭桥　《续井志》：俗名四道河桥，在司治北镇川桥下。雍正五年，提举刘邦瑞建。乾隆四十二年，提举阚崇德重修。道光四年，提举曹锡爵重建。道光丙午年，水圮坏，提举李成基重建。光绪三十年，提举文源重修。

孔仙桥　旧《云南通志》：在司治西北四十里。雍正七年，提举刘邦瑞重修。郭存庄《井志》：距井五十里，两山峻峭，中流巨波，系运盐要路。旧为孔道人新建，因名孔仙桥。后道人袁见空重建，易木为石，乾隆十六年，提举高锦动项重修。嘉庆九年，署提举李辑玉、提举周礼续修。《案册》：光绪元年，水圮坏，署提举刘锡龄重建，提举玉璋续建，均被水圮坏。《续井志》：光绪十九年，署提举吕调阳请款银一千两，移上流里许，建步仙桥，工竣，即被水圮坏。二十年，仍建于旧址，亦被水圮。二十五年，署提举李训鋐相度水势，易石墩为木架，筹资重修。工未竣，即解任去，提举文源接任重修，易其额曰“永济”。

通济桥　《续井志》：在井南十五里。乾隆末年，井例贡白汇捐建，又名白汇桥。

驷马桥（新增）　在一滴庵山麓，乃往来必经之孔道。光绪十八年，提举吕调阳重修，旧名欠雅，因易以今名，用司马相如题桥意。

黎武桥　《续井志》：在司治南二十里。道光二十七年，提举李成基重建。光绪十八年，水圮，二十四年，署提举江海清重修。

香水桥（新增）　在石嘴子下。民国六年，萧维熙、陶乐尧、姜起凤等倡建，工未竣，至八年续修落成。

永定桥（新增）　在县南猪头山西。清同治间，举人甘潮倡建。民国七年，大水圮坏，邑绅王宗儒、萧维熙倡捐重建，县知事郭燮熙为之记，见《艺文志》。

深柳桥（新增）　在王三庄、小七笼两村之间。民国七年，甲长张保和等倡捐修复。古无桥名。石羊新八景，其一曰“南河深柳”，遂名为“深柳桥”云。

磨石江桥　《续井志》：在井南磨石江村下。康熙间，井人张曰宿建石。

文殊阁桥　《续井志》：在井南文殊阁山下。光绪二十三年，王三庄合村人新建。

天生桥　《续井志》：光绪二十三年，白井重建。

新　桥　《续井志》：在紫喇的，提举江海清建。

插朗哨桥 《续井志》：原名白汇桥，水圮。光绪十七年，井人捐建。

三岔河桥 《续井志》：光绪间，水圮。

灰箐桥 《续井志》：井人张寿百捐赀凿石新建，光绪初重建，今圮。

涌泉桥 《云南通志》：在司治南一里。康熙二十八年，灶民王绳武建。郭存庄《井志》：在观音井。

小板桥 《续井志》：在旧井大街。乾隆间，提举郭存庄建石。

文峰桥 《续井志》：在宝泉桥左。乾隆间，提举郭存庄重建。

圣泉桥 旧《云南通志》：在万安桥西。郭存庄《井志》：属界井，原名清水桥。乾隆丁卯年，提举何恺重修。光绪三十年，提举文源培修。

延龄桥 《续井志》：在大东关外炎帝宫前。乾隆间，提举郭存庄建石。

普利桥 《续井志》：属界井，在宝关坊外二神祠前。乾隆丁丑，提举郭存庄建石。

聚宝桥 《续井志》：属界井，在聚宝门外大王寺山脚。乾隆丁丑，提举郭存庄建石。

论曰：今盐丰县治，群山攒簇，诸水汇流。香水一河，贯通五井，民居鳞次，对岸望衡。当夏秋河水盛涨时，颇有褰裳难越之虑。自昔先达，多所建筑，排之以雁齿，跨之以虹腰，乃便交通而免厉揭，是诚知惠政者哉！今计南北关内，都有十五桥。数屐迹之分明，清霜白板；听箫声之呜咽，明月朱栏。即斯以言，夫亦山水间之大好风景也已。

〔据郭燮熙纂修民国《盐丰县志》（民国十三年排印本）卷一《地理志十一 · 津梁》第 38－43 页辑录。〕

大理州

（嘉靖）大理府志 · 地理志 · 桥梁

卷二　地理志　桥梁

自府城南门双鹤桥起三十里至龙尾关，有桥梁九座；自府城北门狮子桥起六十里至上关，有桥梁一十四座。

大理府卫

太和县

双鹤桥 虹跨绿玉溪，一空行水，翼以扶阑。

安固桥 虹跨龙溪，三空行水，翼以扶阑。成化间，知府李逊建，有碑，其略曰：天顺甲申岁七月甲寅夜，旧桥为蛟怪所坏，荡尽无复存者。同寅二守杨君规画经理，得海贝六千缗，又以府县官俸赀益之，伐石作二墩[①]，架石其上，穹窿如虹，翼以石阑，长四丈，阔三丈，更名安固桥。经始于是年八月，落成于十月，后复圮于水。弘治四年，知府马自然重建，造丈六浮屠于桥南，内置经像，桥乃固。

① 二墩 万历《云南通志》大理府“安固桥”条作“三墩”。

阳和桥　虹跨青碧溪，一空行水，翼以扶阑。

十里桥　跨莫残溪，□□为梁。

鹤背桥　虹跨葶溟溪，三空行水。知府毕鸾重建，桥旁立塔以压蛟，作祠以安龙。

阳南桥　跨阳南溪，条石为梁。

清风桥　虹跨海尾，一名黑龙桥，在下关城南，长一十五丈。明正统间，知府贾铨、守备都指挥郑俊协心合工，扶阑砥柱，致其坚密，酾水为五道。郡治桥梁，此为第一。

子河桥　跨海尾新河，条石为梁。

龙关桥　虹跨海尾，二空行水，翼以扶阑。

狮子桥　虹跨城壕，一空行水，翼以扶阑。

宣化桥　虹跨桃溪，一空行水，翼以扶阑。旧桥屡坏，弘治十年，通判刘杰创造，又作一丈浮屠以阴翊之。有知府许坦碑，其略曰：郡城北门外第二桥坏，弘治丁巳，余寅友通守刘君朝用，出俸金百两为诸人倡，士民乐助，遂建桥造塔。经始于岁五月朔，讫于十月望，计为工者八千有奇，皆偿以直。郡人德之立，请予为记云。

四里桥　跨梅岑溪，条石为梁。

五里桥　跨隐仙溪，条石为梁。

白石江桥　跨双鸳溪，条石为梁。

屏峰桥　跨白石溪，条石为梁。

塝曲桥　跨灵泉溪，条石为梁。

洛阳桥　跨锦溪，条石为梁。

湾　桥　跨芒涌溪，条石为梁。

作邑桥　跨阳溪，条石为梁，酾水为二十八道。郡委官每年修葺，一年不修，为费十倍。

牧牛桥　跨万花溪，条石为梁，酾水为十道，每年一修。

院塝桥　跨霞移溪，条石为梁。

峩崀桥　横潦冲决，石梁不存，近作木桥，时漂于水。

波罗江桥　山潦横流，随梁随坏，盖官中惮费，置而不问，及监司经过，始令邻近村民暂尔支撑，往往错误，古人徒杠之法荡然矣。嘉靖辛亥，知府毕鸾毅然以修复为己任。

官路桥　府城北门至邓川驿，计桥二十二座。每岁七八月，大雨时行，山溪泛涨，桥梁倾圮，官路齿缺。例以正二月农隙，府委一官查估，召匠给直，起工修葺，岁以为常，一年不修，为费必倍。嘉靖五年，兹事废阁，行者倾坠，守长被论。

赵　州

永安石桥　弘治二年，楚雄府同知陈宝建。

通济石桥　天顺七年建。

太平石桥　弘治三年，同知陈宝作。涧泉横潦，涨沙淤寒，为北门之害，议作坝导流以啮之，甚善，惜未有主其议者。

神庄桥　在治东北。

城澄桥　在治东北。

迷渡桥　在治南。

东山桥 嘉靖十六年，致仕教谕李载阳重修。

城东桥 州人共建。

云南县

倚江桥 在县西十里。

赤水桥 在县东南二十五里。

小板桥 在云南驿。

大板桥 去小板桥五里。洪武丁卯，指挥赖镇结石为之。

孔全桥 义士孔全所造，构木虹跨，长十丈许，通盐井路。

邓川州

德源石桥 长五丈，三空行水，在州北十里。天顺间，舍人王纲募众建。

青索鼻石桥 长五丈五尺，三空行水，在州东二十里巡司左。成化二十三年，舍人胡泉建。

银　桥 在州东六里，地名三江头。嘉靖二十三年，左所人王经父子出银七十两，作石桥九空，后为自水所啮，又以二十两修。

龙　桥 在州东九里，长五丈，广六尺。弘治四年，同知程永亨重修。嘉靖二年，上关人沈经易以石。

三道桥 中三空，左右二座各一空，在州东。天顺间，左所人蒋庆建。弘治十六年，杜文忠、赵俊重修。

新　桥 在州东三里。嘉靖七年，上登里民杨日新建。嘉靖二十年，圮坏，知州阿国桢重修。

进宝桥 在遵政乡。

安渡桥、新桥 俱苏鹏程、杨守道、□长寿、杨依子等建。

浪穹县

南江桥 在县南四里，耆民杨纶修。

蒲江桥 耆民杨缟修。

通宁桥 在县东南三里，耆民李敏、杨纶建。

分水桥 在县东四里，乡民孙韩宪、苏宽重修。

通济桥 在县东八里，乡民朱伦、沈杰、王明重修。

广济桥 在县东三十里，乡民李文华建。

猿江桥 在县西南十五里。嘉靖二十四年，县丞鲜椿[①]建。

汇川桥 在县东南十五里，检校王渊修。

以上八桥，皆石墩架木。

宾川州

南薰桥 一名南津桥，在永安门外。秋潦崩岸，随桥随圮。嘉靖二十三年，知州朱官作新桥，视旧坚致，有李逸民记："嘉靖二十三年正月甲子，宾川州知州安庄朱君作桥于城之南门，越三月朔，桥成。明日丙午，州之宾僚生儒合酹于桥，祝爵于侯。维时凯风景明，

① 鲜椿　康熙《大理府志》作"鲜春"。

其为士者歌薰风之诗。宾曰：其以南薰名桥，侯之惠和，其永于吾土乎？乃驰龙津何邦宪书，征灵鹫山李逸民为之记。其词曰：‘维大罗城，水经其南。流潦暴会，驶为怒涛。走石如马，其声轰雷。惊我居人，儿童喧愿。岿墩以梁，激悍莫支。旋梁旋坏，孰究孰思？历载以来，寤言拊髀。时维朱君，阶令升守。爰自温江，莅我邑阜[①]。察其安危，分其禾莠。剪植并作，燕及黄耇。神应以和，民生日厚。既庶而丰，民力以充。人士是咨，陟降是躬。乃布王政，杠梁是攻。城凡四门，维南称雄。上表奉制，阙庭是通。旬宣劳来，旗帜临戎。不有桥梁，安示尊崇？仍敝守陋，曷称在公？爰作虹跨，以让激射。爰屋于桥，以防渗湿。杀水迂流，排涛甓石。既免傍城之侵溃，亦无作墩之剥激。去危就安，改泛以翕。用利永成，匪曰观侈。於戏！维墉言言，寇偷是樊。维梁平平，施惠以存。天子万祀，侯多受祉。薰风自南，沄沄兹水。后来其观，毋替厥美。’”

步云桥 在州城南五里，又名周营桥，今废。

吴公桥 在州西二里。嘉靖八年，知州吴仲善建，十七年，知州唐佐重修，二十二年，知州朱官复修。

通江桥 在州北四里。

桑园桥 在州城北七十里。

云龙州

云龙桥 在洛马盐井，嘉靖七年造。

〔据李元阳纂嘉靖《大理府志》（《云南大理文史资料选辑·地方志之一》，大理白族自治州文化局1983年录自云南省图书馆藏钞本）卷二《地理志·桥梁》第109－113页辑录。〕

（康熙）大理府志·城池志·桥梁

卷六 城池志 桥梁

太和县

双鹤桥 南门外，跨绿玉溪。一空行水，翼以扶阑。明万历[②]间，知府莫天赋、同知黄大载建。

安固桥 城南五里，跨龙溪。三空行水，翼以石阑，长四丈，阔三丈，造浮图，桥南置金像镇之。明成化间，知府李逊建。弘治四年，知府马自然重建。万历丁丑，分巡王希元重建。

阳和桥 跨青碧溪，一空，亦王希元建。

十里桥 跨莫残溪。

鹤背桥 跨葶溟溪。

阳南桥 跨阳南溪。皆条石为梁。

清风桥 一名黑龙桥，跨海尾，在下关城南，长一十五丈。明正统间，知府贾铨、

---

① 邑阜 万历《云南通志》“南薰桥”条作“龟阜”。

② 明万历 原本缺，据雍正《云南通志》“双鹤桥”条改。

镇守指挥郑俊同建，分水五道，翼以阑墙。郡治桥梁，此为第一。

子河桥 海尾新河，条石为梁。每风大作，人马堕水。本朝康熙三十一年，僧正觉募砖石而墙之，知县张泰交为之记。

龙关桥 虹跨海尾，二空行水，翼以扶阑。

以上自城而南，桥有九。

狮子桥 城北门外。跨城壕，一空行水，翼以扶阑。

宣化桥 桥跨桃溪，一空行水，翼以扶阑。明弘治十年，通判刘杰建，镇以浮屠，知府许坦碑以表之。

四里桥 跨梅岑溪。以下过北十二桥，皆条石为梁。

五里桥 跨隐仙溪。

白石江桥 跨双鸳溪。

屏风桥 跨白石溪。

塝曲桥 跨灵泉溪。

洛阳桥 跨锦溪。

湾　桥 跨芒涌溪。

作邑桥 跨阳溪，酾水二十八道。

牧牛桥 跨万花溪，酾水十道。

院塝桥 跨霞移溪。

峩崀桥 水冲，桥不行。

波罗江桥

以上自城而北，桥十有四。

赵　州

通济桥 城东街。明天顺七年，百户胡玺、州人苏忠等建。

永安桥 城南门外。明弘治二年，楚雄府同知陈宝建。

太平桥 明弘治三年，同知陈宝建。

曹溪桥 一名汤颠桥，耆民赵永龄建。

尚义桥 明嘉靖八年，白崖义民盛钺建。

水硙桥 明嘉靖十九年，知州王惠重建。以上六桥，俱在州南。

双　桥 在白崖。

天津桥 在迷渡。明万历二年，通判潘大壮、黄若金建。

东山桥 州东。明嘉靖十六年，致仕教谕李载阳重修。

云南县

倚江桥 县西十里。

赤水桥 东南二十五里。

小板桥 云南驿。

大板桥 去小板桥五里。洪武丁卯，指挥赖镇建。

孔全桥 义士孔全所造，构木虹跨，长十丈，今更名孔仙桥。

邓川州

德源桥 州北十里，长五丈，三空行水。明天顺间，舍人王纲募建。

青索鼻石桥 州东二十里，长五丈五尺，三空行水。成化二十三年，舍人胡全建。

银 桥 州东六里，地名三江头，九空行水。明弘治间，知州阿骥建木桥。嘉靖二十三年，左所军王经复建。万历间，举人杨韶以石易之，并建小桥六处。

龙 桥 州东九里，长五丈，广六尺。明弘治四年，同知程永亨修。嘉靖二年，上关军人沈经等以石易之。

三道桥 州北孔道中，三空行水，左右各一空。明天顺间，左所军蒋庆等建。弘治十六年，杜文忠等重建。

新 桥 州东三里。嘉靖间，上登里民杨日新建，知州阿国祯重修。

进宝桥 在遵政乡。

安渡桥 在遵政乡。

新 桥 在遵政乡。以上三桥，皆耆民苏鹏程等建。

三善桥 在羊塘河头。万历间，王懋和①等以石建。

元济桥 在羊塘河中。万历间，王允昌等以石建。

永镇桥 在羊塘河尾。万历间，王启后等以石建。

浪穹县

通宁桥 县东南三里。明嘉靖间，耆民李敏、杨纶等建，义民饶光泰重修。

分水桥 县东四里。知县张廷柏修，义民张崇志、孙漠等重修。

通济桥 县东八里，乡民朱伦等重修。

广济桥 县东三十里，三营屯民李文华建。

宁津桥 原名汇川，明检校王渊、耆民杨廷柏建。本朝康熙二年，义民饶光泰重建。康熙三十一年，通判黄元治易木以石，覆之以屋，改题今名。

南江桥 县南四里。明耆民杨纶建，子锐重修。万历辛丑，邑人知州何邦渐更修。本朝康熙二十五年，僧裕量同王登科募建，覆屋五间，今俗名“福寿”。

猿江桥 县西南十五里。明嘉靖二十四年，县丞鲜春建，己未，邑人教谕李友兰重修。至本朝康熙己巳，僧裕量重修。

沂水桥 城中南街。明弘治间，寿官萧春建，其子萧茂重修。

大营桥 县东四里，义民张崇志捐修独建。

东汇桥 宁津桥东。康熙年间，僧宗印捐修建。

宾川州

南薰桥 一名南津，在永安门外。明嘉靖二十三年，知州朱官重建，逸民李元阳记之。

步云桥 州南五里，又名周营桥。

福申桥 山冈铺南五里。

---

① 王懋和 原本作“周懋和”，雍正《云南通志》“三善桥”条作“王懋和”，据改。

吴公桥 州西三里。嘉靖八年，知州吴仲善建，二十二年，知州朱官重修。

通南桥 州北四里。

石门桥 州北。

知政桥 在州北五里，跨纳六溪。万历间，知州王思珩建，酾水为五道，长可四十丈。

龙津桥 排栅营之东，跨潢溪。

通江桥 在州北四十里，利交营，达金沙江孔道也。

桑园桥 州北七十里。

云龙州

云龙桥 在今州治雒马江。宽一丈，长十五丈，缭以铁索，覆以瓦屋，凡十六间，一名砥柱桥。明万历末年，知州周宪章修，岁久倾坏。本朝康熙十二年，乡耆董允升、赵宗鹏募修。

下江嘴铁索桥 跨漾濞河，制如雒马桥。明知州周宪章重修。

果苴郎河桥 在师井，制如砥柱。

顺荡井藤桥 知州周捐赀重修。以上皆行盐要路。

关坪河大木桥 宽一丈，长五丈，覆以瓦屋。康熙十五年，州人建。

三板渡大桥 宽长制皆如关坪桥，知州周宪章建，今易以石。

补 遗

赵 州

北 桥 州南五里。知州潘大武建，筑堤护之。

狮子桥 在北桥南一里，亦知州潘大武建。

见山桥 州东门外，达宾川路。里民翁秀建，更名孝友桥。

邹官桥 州东北一里，乡民邵廷文建。

神庄桥 州东北二里，知州庄诚建。

镇龙桥 定西岭三子龙水所经。

彩云桥 定西岭驿东二里，云南县义官杨舟建。

嘉乐桥 白崖嘉买铺。万历间，知州沈奎灿督建。

左清密底二河桥 州东南一百二十里，生员杨本荣建，久圮。顺治十六年，里人金殿相等募修。至康熙二十九年，复为大水冲塌，急须修理。

大庄桥 州南九十里，达景东路。

甸中桥 白崖南十五里，跨赤水江，入迷渡路。

铁柱坪桥 迷渡北五里，亦赤水所经。

磨盘桥 州北西三十里，里民陈辅建。

天渡桥 迷渡西门。

附 纪

漾濞云龙桥 漾濞河水自剑川来，绕点苍山背，洱海之水入焉。飞湍骇浪，舟楫难施，孔道要津，行者病涉。康熙三十二年，提督诺穆图捐资募助，就两岸旧石墩架木层出以渐而长板，于其上屋以覆之，又用大铁索穿桥腹，绕屋梁而寄于两岸，行者如□[①]平地，远近赖焉。以洱水所经，故附志之。

〔据傅天祥等修，黄元治等纂康熙《大理府志》（故宫博物院编《故宫珍本丛刊》第230册《云南府州县志》第5册，海南出版社2001年据清康熙三十三年刻本影印）卷六《城池志·桥梁》5－10页辑录。〕

（万历）赵州志·地理志·桥梁

卷一　地理志　桥梁

通济桥　在州治东街。天顺七年，百户胡玺建。

永安桥　在城南门外。弘治二年筑城，楚雄同知陈宝建。

太平桥　在城北门外，千户时雍建。

凤仪桥　在城西门外，千户桑郁建。

水碾桥　在州治南一里。嘉靖二十九年，知州潘大武建。

北　桥　在州治南五里，知州潘大武建。

狮子桥　在北桥南五里，知州潘大武命州民叶英建。

汤颠桥　在汤颠铺，州民罗士杰建。

东山桥　在州治东一里，乡官李载阳建。万历十五年，邵廷文易木凭石重建。

见山桥　在州治东门外，州民翁秀建。

邹官桥　在州治东北一里，邵廷文[②]建。

神庄桥　在州治东北二里。万历十五年，知州庄诚建。

城澄桥　在州治东北，架江水上。

红山桥　在州治东北五里。

只羊桥　在州治西北六里。

白崖义桥　在定西岭驿，西堡人盛钺建。

镇龙桥　在州治南五十里定西岭下。

磨盘桥　在州治北西三十里，陈辅建。

彩云桥　在定西岭驿东二里，云南县官杨舟建。

嘉乐桥　在白崖嘉买铺。

弥渡桥　在弥渡西，跨赤水江。万历二年，督捕潘大壮、黄若金建。

左清密底二河桥　在州治东南一百二十里，生员杨本荣建。

大庄桥　在州治南九十里。

元　桥　在州治北马加邑村，解元王吉人建。

〔据庄诚修，王利宾纂万历《赵州志》（国家图书馆藏钞本）卷一《地理志·桥梁》第35页辑录。〕

---

① □　原本漫漶，疑为“履”。

② 邵廷文　康熙《大理府志》、乾隆《大理府志》同，雍正《云南通志》、乾隆《赵州志》、道光《赵州志》、道光《云南通志稿》、光绪《云南通志》、《新纂云南通志》皆作“邹廷文”。

（乾隆）赵州志·水利志桥梁附

卷二　水利志桥梁附

凤仪桥　在城隍庙前，自西门外移此。

通济桥　城东街。明天顺七年，百户胡玺、州人苏忠等建。

永安桥　城东一里。明嘉靖年，州绅李载阳建，邵廷文修。

东山桥　城南门外。明弘治二年，楚雄府同知陈宝建。

见山桥　城东一里，州民翁秀建，更名孝友桥。

邹官桥　城东一里，州民邹廷文建。以上三桥，皆跨罗江。

太平桥　城北门外。明嘉靖间，千户时雍建。

神庄桥　城东北二里。明万历十五年，知州庄诚建。

红山桥　城北五里。

澄城桥[①]　城东北七里。

水碾桥　城南里许。明知州潘大武建，雍正十二年，水泛桥圮，知州程近仁修。

只羊桥　城西北六里。

北　桥　城南五里，明知州潘大武建。

狮子桥　城南七里，明知州张廷仪修建。

曹溪桥　城南十五里，一名汤颠桥。州民赵永龄建。

磨盘桥　城西北三十里，明里民陈辅建。

迎风桥　城南三十里。雍正十一年以下文字漫漶不清建。

镇龙桥　城南五十里定西岭下。

尚义桥　定西岭下。明嘉靖八年，白崖义民盛钺建。

水碓桥　明嘉靖中，知州王惠重建。

永利桥　在铁柱坪之南。

双　桥　在白崖市。明万历间，崖市翁德敬造。

彩云桥　白崖东二里，义官杨舟建。

嘉乐桥　白崖东十五里。明万历间，知州沈奎灿建。

白马桥　在白崖南五里。

甸中桥　一名中江，在治南六十五里，跨赤水江。雍正二年，弥渡张举倡众修建。

铁柱坪桥　城南八十五里，赤水所经。

永利桥　在弥渡北六里。

报恩寺桥　在弥北一里。

二龙桥　在弥渡东三里。

四象桥　青螺山下，跨城北天生河为城中过峡，旧墩阻水滞脉。雍正四年，锦江黎

---

① 澄城桥　嘉靖《大理府志》、万历《赵州志》皆作“城澄桥”。

著明倡众改造，因之人文益盛。

天渡桥 弥渡城西一里，跨赤江。康熙八年，巡司吴道亨建。

通济桥 弥渡南二里。雍正九年，里民共建。

大庄桥 城南百五里。明万历间造，康熙二十四年，史青、高印玉重修。

锁云桥 城南一百三十里苴力新村。康熙五十九年，郭宪汾率众同建。

二河桥 城南一百五十里，苴青、密底二水会处。顺治十六年，金殿相重修，今圮。

永济江桥 在密底江心中。

〔据程近仁修，赵淳等纂乾隆《赵州志》（故宫博物院编《故宫珍本丛刊》第231册《云南府州县志》第6册，海南出版社2001年据清乾隆元年刻本影印）卷二《水利志桥梁附》第6－8页辑录。〕

（道光）赵州志·水利志桥梁附

卷一 水利志桥梁附

凤仪桥 在城隍庙前，自西门外移此。

通济桥 城东街。明天顺七年，百户胡玺、州人苏忠等建。

永安桥 城东一里。明嘉靖年，州绅李载阳建，邵廷文修。

东山桥 城南门外。明弘治二年，楚雄府同知陈宝建。

见山桥 城东一里，明民翁秀建，更名孝友桥。

邹官桥 城东一里，州民邹廷文建。以上三桥，皆跨罗江。

太平桥 城北门外。明嘉靖间，千户时雍建。

神庄桥 城东北二里。明万历十五年，知州庄诚建。

红山桥 城北五里。

澄城桥 城东北七里。

水碾桥 城南里许。明知州潘大武建，雍正十二年，水泛桥圮，知州程近仁修。

只羊桥 城西北六里。

北 桥 城南五里，明知州潘大武建。

狮子桥 城南七里，明知州张廷仪修建。

曹溪桥 城南十五里，一名汤颠桥。州民赵永龄建。

磨盘桥 城西北三十，明里民陈辅建。

迎风桥 城南三十里，雍正十一年募建。

镇龙桥 城南定西岭下。

尚义桥 定西岭下。明嘉靖八年，白崖义民盛钢[①]建。

水碓桥 明嘉靖中，知州王惠重建。

永利桥 在铁柱坪之南。

双 桥 在白崖市。明万历间，崖市翁德敬造。

---

① 钢 道光《云南通志稿》、光绪《云南通志》皆作“钺”。

彩云桥　白崖东二里。义官杨舟建，道光辛卯重修。

嘉乐桥　白崖东十五里。明万历间，知州沈奎灿建。

白马桥　在白崖南五里。

甸中桥　一名中江，在治南六十五里，跨赤水江。雍正二年，弥渡张举倡众修建。

铁柱坪桥　城南八十五里，赤水所经。

永利桥　在弥渡北六里。

报恩寺桥　在弥渡北一里。

二龙桥　在弥渡东三里。

四象桥　青螺山下，跨城北天生河为城中过峡，旧墩阻水滞脉。雍正四年，锦江黎著明倡众改造，因之人文益盛。

天渡桥　弥渡城西一里，跨赤江。康熙八年，巡司吴道亨建。

通济桥　弥渡南二里。雍正九年，里民共建。

大庄桥　城南百五里。明万历间造，康熙二十四年，史青、高印玉重修。

锁云桥　城南一百三十里苴力新村。康熙五十九年，郭宪汾率众同建。

二河桥　城南一百五十里，苴青、密底二水会处。顺治十六年，金殿相重修，今圮。

永济江桥　在密底江心中。

万春桥　在弥渡城北十五里，旧名五孔桥。道光十一年，里人重修。

云津桥　即大庄桥，年久倾圮，邑人王缃新建。道光八年，里人重修。

天舟桥　在北狮邑。乾隆年间建，嘉庆十三年，贡生刘苕倡众重修。

青云桥　弥渡北门外，乾隆五十五年重修。

天渡桥　道光五年重修，长十余丈，建屋其上，共十二楹，桥头建坊。落成后，吕纯阳降乩授联云“廿四番信风，吹不散天边鹊羽；三千界法眼，请来看渡口桃花”，额云“行所无事”。邑绅孔龙章联云“石磴驾危梁，水色山光浑似虹垂天汉外；长桥通利济，烟环柳绕宛然人在画图中”，额云“别有天地”。

龙津桥　在弥只，高五丈，长四丈。道光六年造。

象鼻桥　在弥底。

永济桥　更名安定桥，重修。

通济桥　更名渡永桥，重修。

〔据陈钊镗修，李其馨纂道光《赵州志》（《中国地方志集成·云南府县志辑77》，凤凰出版社2009年据清道光十八年刻本影印）卷一《水利志桥梁附》第92－95页辑录。〕

（康熙）剑川州志·乡井志桥梁附

卷十五　乡井志桥梁附

四门濠池桥

伽蓝桥　北门内伽蓝祠前，乡绅杨廷幹建。

劝农桥　城东一里岩江上。

岩场桥

岩江桥　城北半里。康熙丁亥年决崩，戊子复修。

柳邑桥　州北一里。

小石桥　州北二里。

小马桥　城东里半庄登沟上。

上大桥　城东三里合惠江上，鹤庆路所经。

下大桥　上大桥南，为东厢所经。

通湖桥　城南四里东西湖通处，柳道所经。

海虹桥　甸尾，旧名罗城桥，湖尾河上。

回龙桥　易堤坪回龙溪上。

巅场桥　石莱江上，丁亥决坏。康熙戊子，耆民赵邦献建。

利济桥　河头江上。

永济桥　干木河上。

邵家桥　清水江上，客民邵辉建。

桃江桥　庠生杨憹建。

茄平桥　距沙溪二十里，桥后所经两岸高山险隘之处。

狮子桥　羊层，为兰州所经。康熙壬子，王总兵建，今决坏。

回流桥　求仁甸河尾，通衢所经。

永渡桥　在州城南十里。

〔据王世贵修，张伦纂康熙《剑川州志》（《北京图书馆古籍珍本丛刊44》，书目文献出版社据清康熙五十二年刻本影印）卷十五《乡井志》第54页辑录。〕

（康熙）定边县志·山川志关梁附

山川志关梁附

平彝桥　县前，久废。

德胜桥　县北十里。明初西平侯征南至县，刀斯郎伏兵于此。俗传武侯所建，□□□□□□□□□□□□□□□□□大水久冲，桥址犹存。

永陞桥　县北十里，即在古德胜桥之上。康熙三十八年，署定边县事楚雄府同知卫淇置。

〔据杨书纂康熙《定边县志》（云南民族社会历史调查组1960年钞本）第9页辑录。〕

（康熙）蒙化府志·建设志·桥梁

卷二　建设志　桥梁

锦溪桥　城东南一里。昔日沿溪花柳开时，望之若锦，故名。初为魏忠建，上覆屋七楹，长七丈，高三丈，势若长虹。万历年，郡绅朱鸣时继修，郡人朱衡有赋，具《艺文志》中。

永春桥　在郡西二里，横跨阳江，为西路要津。郡绅张烈文架石为桥，行旅便之。后水泛冲决，监生梁朝柄倡众重修。

润泽桥　在北门外。

永济桥　在府北七十里甸北巡司南。万历年间，通判薛希周建，大理人李元阳有记。今渐圮。

云龙桥　在府北一百余里。为蒙永交界，漾水、濞水、雒马水三江汇流于此，奔湍雪浪，触石吞崖，舟楫难施，诚为天险。旧例蒙三永一修治。后因倾圮，行者望洋。康熙三十一年，提督诺穆图捐资改建，就崖架木，缭以铁练，横楞厚枋，上覆以屋，利济无穷，厥功懋焉。

四十里桥　在甸头西北四十里，蒙化、赵州两界之内。为濞水下流，怪石硿砑，惊湍溯湃，飞花喷雪，声若轰雷。架木为梁，覆以瓦屋，此路即武侯之入滇路，又名为天威迳。蒙七赵三，不时修治。

崇化桥　在南一里，俗名菜园河桥。旧桥圮，大理人杨国用重建。

衍洋桥　在城东三里土主庙下，旧名嵯郿庙桥。郡人张锦[①]重修。

聚仙桥　在城东五里元珠观下，又名元珠桥。用石平架，俨若龙门，瀑布中流，声同碎玉。王德清建，郡人王绪重修。

南薰桥　在府南三里白塔河，郡人孙钊[②]建。

饮虹桥　在府北三里系马桩下。

封川桥　在府南十五里，阳江所经。一川之水汇流于此，下泻定边，为南路要津。大理人杨生券石为桥，三空行水，长十丈，宽二丈，若长虹卧波。后水泛冲决，郡人重修。

兴隆桥　在府南七十里罗求场下。两山逼窄，一水奔流。顺治间，蜀人周士昂重修。

通云桥　在府南三十里。乡耆戴时遇建，梁朝柄重修。

登龙桥　在龙王庙前。

佛渡桥　在石佛哨。

宏济桥　在鼠街下。同知卞廷松、监生梁朝柄等建，今圮。

康济桥　在瓦葫芦下，今圮。

靖武桥　在府北里许。

和会桥　在大小禾里村下，郡人冯光前等新建。

〔据蒋旭修，陈金珏纂康熙《蒙化府志》（《中国地方志集成·云南府县志辑79》，凤凰出版社2009年据清康熙三十七年刻本影印）卷二《建设志·桥梁》第38－40页辑录。〕

---

① 张锦　民国《蒙化志稿》卷十《地利部·津梁志》作“张锦蕴”。

② 钊　乾隆《续修蒙化直隶厅志》同，民国《蒙化志稿》作“钏”。

（乾隆）续修蒙化直隶厅志·建设志·桥梁

卷二　建设志　桥梁

万年桥　在城北三里，郡丞赵珮率绅士钊炜等建。

白塔桥　即旧《志》南薰桥，郡人谭文秀、童适恭、孙煓等重修。

永宁桥　在南涧，巡司吴景曾率众重修。

永安桥　在罗求厂，郡人林正隆同众新建。

可渡桥　在甸北，巡检司郡丞赵珮建。

永固桥　即旧《志》聚仙桥。年久倾坏，僧庆玉新移地建之。

普利桥　在南涧。

永济桥　在驿前。

平彝桥　在南涧。

德胜桥　在南涧。

〔据刘岦等修，吴蒲等纂乾隆《续修蒙化直隶厅志》（清光绪七年刻本）卷二《建设志·桥梁》第104页辑录。〕

（民国）蒙化志稿·地利部·桥梁志

卷十　地利部　津梁志

昔子产相郑以乘舆济人于溱洧，孟氏讥之，而以徒杠舆梁之成为王政，然则桥梁固足以觇治也。蒙化僻在滇西，既非孔道，又无长江大河之险，仅山谷溪流，夏秋涨而冬春涸，故山居夷民，或淫霖盛涨即有病涉之虞，则排木通道水泛随崩，固不若筑高堤，事一成而永赖也。

其在城之东三里，曰衍洋桥。在土主庙下，旧名嵯㠔庙桥，郡人张锦蕴重修。再东曰聚仙桥，在元珠观下，又名元珠桥。用石平架，俨若龙门，瀑布中流，声同碎玉。王德清建，郡人三绪重修，今圮。后倾圮移地新建，更名永固桥者，僧庆玉也。在龙王庙前者登龙桥也，通弥渡道。在大小禾里村下者，和会桥也。郡人冯光前等新建，今圮。在石佛哨者，佛渡桥也。东南一里曰锦溪桥，上覆瓦七楹，长七丈，高三丈，石基木道，势若飞虹。初为魏忠所建，明万历间，朱明时①继之。昔日沿溪花柳，每当春时，灿熳如锦，故名云。道光间渐朽坏，玄龙寺僧密湛复修葺焉。光绪丙戌，山溪暴涨，水溢桥崩，无复基础矣。城之南曰崇化桥。大理人杨国用重建，承平后复圮，同知夏廷燮筹款饬拔贡孙骏重修，然不数年亦为水所倾矣。至宣统二年，始改用铁练，上覆以板，俗名菜园河桥。再二里许，南薰桥。即白塔桥，明指挥孙福建，其八世孙孙钊重修，后谭文秀、童适恭、孙煓复修之。再十余里，

① 朱明时　康熙《蒙化府志》作“朱鸣时”。

曰封川桥，通景东云缅大道，南路要津也。全川诸水，皆汇流阳江而注于此，下泻定边焉。初大理人杨生券石为桥，三空行水，长十丈，宽二丈，后水泛冲决，郡人重修之。再南十五里，曰通云桥。乡耆戴时遇建，梁朝柄重修，今圮。其距城七十里，在罗球场者，曰兴隆桥，两山逼窄，一水奔流，顺治间蜀人周士昂重建，今圮。曰永安桥。郡人林正隆建，后为河水冲没，郡廪生范韶、武生林恩雨仝村人钱淮字成顺移建瓦屋村下，砌砖为梁，长六丈余，宽一丈余，时道光十八年也。其在南涧巡检司者，则永宁桥、巡司吴景曾率众同修。普利桥、平彝桥、德盛桥也。城之西二里，曰永春桥，横跨阳江，为西路津要。前仅架木为之，明进士张烈文始易以石，后水泛冲决，监生梁朝柄重修焉。道光间复颓圮，监生林智首倡改建，砌以陶砖，下分三空，桥首尾建二坊，桥长十丈有奇，宽一丈六尺，复增筑河堤一百五十二丈，此道光十一二三年也。又子午街有弘济桥，同知卞廷松、监生梁朝柄等建。瓦葫芦有康济桥，则今皆废圮矣。西北百余里，界接永昌，途冲腾缅，为济众而修，亦最数者，曰云龙桥。蒙化、永平交界，漾水、濞水、雒马水三江汇流于此，奔湍雪浪，触石吞崖，舟楫难施，诚为天险万仞。初为蒙永合修，费亦蒙三永一，后倾圮，行者望洋。康熙三十一年，提督诺穆图捐资改建，就崖架木，缭以铁练，横楞厚枋，上覆以屋，利济无穷，厥功懋焉。至壬申年，概行毁坏，改为铁练软桥。其在天威迳者，后汉诸葛武侯七擒孟获，获心服曰“公天威也，南人不复反矣”，故名此地为天威迳。曰四十里桥。在甸头西北四十里，蒙化、赵州两界之内。为濞水下流，怪石硗岈，惊湍澎湃，飞若喷雪，声若轰雷。架木为梁，覆以瓦屋。此路即武侯之入滇路，又名天威迳。蒙七赵三，不时修治。同治间，水溢冲坏，光绪间重修。其在平坡下者，曰藤桥。康熙间始建，桥墩编藤为之，行人稍便。至咸丰六年，水涌冲坏，修造维艰，递年由熊光甲等捐资，遂复旧规云。城之北与拱宸门相接者，曰润泽桥。又北里许，曰靖武桥。又北三里，曰饮虹桥。在系马桩下。再北曰万年桥。疑即今之万年桥，郡丞赵佩率绅士钏炜等建。至甸北则杨美桥。久圮，光绪甲辰，大仓约绅士捐资修理。可渡桥，又名仁寿桥。郡丞赵佩建，今圮。永济桥在焉。万历间，通判薛希周建。大理李元阳《记》云：“蒙化甸头永济桥，府通判成都泮江薛君之所建也。此桥于春冬可有可无，若夫百川灌河，流潦奔骤之时，顷刻之间水深丈许，频年人马冒渡而死者，不知其数，铺邮递文，戴星承命者往往阂阻，以此罹法网者，岁又不知其几矣。自有郡以来，孰究孰思，薛君莅任既两期月，政成化行。万历初元春，仍以桥事谋于乡大夫晴湖张君，遂兴兹役，委仓使梁儒督发山木，五材既具，首尾十月而竣工。愚谓近代守令，但知计俸度日，任满而去，境内桥梁道路大为民病者，一切付之不问，乃薛君任为己事，捐俸廪首倡义举，一时士民莫不感动，效工施材有差，而太学童瑜季昆其著也。呜呼！非有感人之素而能然乎？余居邻壤，闻行旅欢声，因买石识其岁月。此桥共费银九十两，其施一钱以上者，并列名氏于碑阴，庶几将来随坏随修，勿替嘉惠之意云尔。薛君名希周。”至光绪乙酉，同知卞庶凝复加修葺。顾自万历以来，约二百六七十年，而中间何时倾坏、何人重修，竟无可考。世断无一桥可历二三百年，而始一修理者，则蒙前辈人之吝于载笔也。吾读《周礼·司险》，知山泽之阻而达其道路。郑注：达，通也。谓以桥梁通之也，则桥梁非王政之一端耶。顾未有而创建之，与既坏而修治之，其屈力殚货不可以数计，而又往往以帑绌而止，则莫先时戒修，即其已成者而补葺焉，勿使其终归于颓败，斯可矣。

〔据李春曦等修，梁友檍纂民国《蒙化志稿》（民国九年排印本）卷十《地利部·津梁志》第1–3页辑录。《凡例》言：“旧志疆域仅载东西四至，兹将城市、街巷、约乡、地名详细备载，后附以道里、远近、形势、险要，俾阅者知全属大势，城池、公署、水利、津梁等志详载亦如之。”〕

（康熙）鹤庆府志·山川志津梁附

卷六　山川志津梁附

跨鳌桥　在龙溪书院前。旧有跨鳌坊，故名。

迎贵桥　在府治南。

新生桥　在治南一里，郡人孙翚易以石。

落钟桥　在府南五里。郡人孙昂甃以石，郡人赵子禧有记。按：唐时有自叶榆舁所铸元化钟归，及桥坠水中，旦日往取，失钟失所在，皆以为龙盗去，因名。

鹤川桥　在府治南十里。知府刘钰、义官张质易以石，有二坊跨桥南北，郡守吴堂作记。

永济、石固二桥　在府治南十五里，郡人孙翰有记。

利川、通津二桥　在府治南十八里。

金登桥　在府治南二十里，官道，跨漾工江。长十余丈，架木为之。

东山桥　在府治东五里，跨漾工江，架木为之。

镇远桥　在府治西，郡人吴琨修。

周官屯桥　在府北七里，郡人吕文聪甃以石。

大龙潭桥　在府北十五里，跨漾工江。长八丈余，架木为之。

象跪石桥　在府治北八里，官道。

逢密桥　在府治北三十五里。

小板桥　在府北。

天生桥　府治南一百二十里。

观音山桥　在府南一百二十五里。

三庄桥　在府治南三十里。土通判高浤、郡人段联陞、向贞明等易以石，行人便之。

剑川州

四门濠池桥

伽蓝桥　北门内伽蓝祠前，乡绅杨廷幹建。

劝农桥　城东一里岩江上。

岩场桥

岩江桥　城北半里。康熙丁亥年决崩，戊子复修。

柳邑桥　州北一里。

小石桥　州北二里。

小马桥　城东里半庄登沟上。

上大桥　城东三里合惠江上，鹤庆路所经。

下大桥　上大桥南，为东厢所经。

通湖桥　城南四里东西湖通处，柳道所经。

海虹桥　甸尾，旧名罗城桥，湖尾河上。

利济桥　河头河上。

回龙桥　易堤坪回龙溪上。

巅场桥　石菜江上。丁亥决坏。康熙戊子，耆民赵邦献建。

永济桥　干木河上。

邵家桥　清水江上，客民邵辉建。

桃江桥　庠生杨懔建。

茄平桥　距沙溪二十里，桥后所经两岸高山险隘之处。

狮子桥 羊层，为兰州所经。康熙壬子，王总兵建，今决坏。

回流桥 求仁甸河尾，通衢所经。

永渡桥 在州城南十里。

〔据佟镇修，邹启孟纂康熙《鹤庆府志》（故宫博物院编《故宫珍本丛刊》第232册《云南府州县志》第7册，海南出版社2001年据清康熙五十三年刻本影印）卷六《山川志津梁附》第48辑录。〕

（民国）鹤庆县志·建置志·津梁

卷二 建置志 津梁

跨鳌桥 在治南。旧有跨鳌坊，故名。

迎贵桥 一名迎恩桥，在治南。明知府王昂建。

新生桥 在治南一里。初本木桥，州人孙翚易以石。

通济桥 在治西南百二十里。明嘉靖间，郡守刘音建。郡人樊魏《通济桥记》：

通济桥者，观音山河桥也。河去府治百二十里，当兰、剑、丽、鹤之冲，盖滇西要津也。河水出自分水岭麓，经浪穹过邓入榆为黑水，此即其源也。河源混混，奔激怒号，雨淫则涨，人溺焉，货没焉，数诉于官，有司者莫之恤也。嘉靖甲寅冬，大庾刘公擢守兹土，过而询焉，叹曰："民病涉久矣，曷桥之？"命巡司程沣计之，曰："桥故址北洼而淖，循西岸而南，可途可桥也。费当三千金，役取诸乡民足矣。"公曰："将以济民而疲吾民，吾弗为也。"即日捐赀二千金，益以讼赎，檄沣督其事。募工伐石，为墩三，墩高丈余，阔称是。跨墩为梁，梁以坚木。覆梁为亭，亭凡四楹。桥之北岸，崖之险者凿之，侧者平之。崖之东途之污者实之，颓者补之，约里许。始事于乙卯二月，毕工于五月初旬。完矣美矣，坦而夷矣。途之人，商者、贩者、肩者、负者、徒者、舆者，群然而往，欣然而来，熙熙而歌。歌曰："河之广矣，梁石惟坚，济我众矣，旅裳无蹇。"又歌曰："河之汤汤，清且涟矣，我公之功，万斯年矣。"已而鹤士夫及耆老属樊子文之。樊子曰："贤哉大夫，善于济民矣！济民之道，拯溺为难，拯溺之道，垂久为难。"公也费出于己而成功于倏，虑周于民而垂休于远。古之良二千石，不是过矣。矧徒杠舆梁，王政一事。公兴举百废，而兹桥之成，亦其一事也。遂书而记之，鹤之人相与树石于桥之隅而镌之。

落钟桥 在治南五里。相传唐时有人由叶榆舁所铸元化钟归，及桥坠水中，旦日往取，钟忽失所在，皆以为龙盗去，因名。州人孙昂甃以石，赵子禧为之记，今不传。

鹤川桥 在治南十里。旧系木，知府刘钰、义官张质易以石，有二坊跨桥南北，郡守吴堂为之记，今不传。

永济桥

石固桥 在治南十五里，与永济桥俱明举人孙翰建，有记，今不传。

利川桥

通津桥　在治南十八里，与利川桥俱明知府周集建。

东山桥　在城东五里，跨漾江，以木为之。

镇远桥　在治西，明知府周集建。让朝顺治间，邑人吴琨重修。

周官屯桥　在治北七里，以木为之，邑人吕文聪[1]甃以石。

大龙溪桥　在治北十五里，架木为之。

象跪石桥　一名大板桥，在治北十里，以石为之。明知府林遒节建。

逢密桥　在治北三十五里。

小板桥　在治北十里。

天生桥　在治西南一百二十里。

观音山桥　在治西南，与天生桥皆明知府刘钰建。

金登桥　在治南二十里，旧以木为之。让朝光绪间，邑人杨甲寿易以石。

梅花桥　在治西百二十三里鹤浪交界处。

鹤寿桥　在治西百一十五里。让朝光绪间建，郡守李盛卿题以此名。

利济桥　在治西观音山，有洱源举人段履富为之《记》。

梅茨一河，汇鹤剑山溪之水，直贯西区中心，蜿蜒而达于茈湖。两岸村落田畴，则支木为梁，以通行人，以利耕种。然每当春夏之际，河水泛滥，泥滑木摇，行人动遭淹毙者，已数有闻，未闻有热心拯溺而以石易木者。有之，则自李君多男始，爰夫李君之修建此桥也。卖田得银三十元，用以提倡，并约同志李君云山，四出募捐，得银二百元。于是鸠工庀材，率作兴事，自丁巳六月经始，至戊午四月而桥工告成，共费用银二百八十元。由是昔之频忧失足者，今得夷然无险矣。美哉斯桥！非得李君始终独任，曷克臻此？然而李君非余于财者，且年逾七秩，精力渐衰，尚能存公德心，行公益事，汲汲如不及，利物济人，殆其天性然欤？彼世之丰于财而年力强健者，不肯行一慈善事，即遇有劝募至门，亦悭吝不拔一毛，其对于李君有愧多矣。

永安、永寿二桥　均在治西南，跨梅茨河。民国九年改建。

五峰桥　在治北二十里。邑人王崇矩《五峰桥碑记》：

时当二十世纪，江河铁轨云飞，故国愈文明而道路桥梁愈修建。飞虹既跨东西，大江岂限南北。利行人，免病涉，舆梁徒杠，岁时告成，自治之一端见矣。天下无不可为之事，亦无不可建之业，视乎其人其志，及其迈往心与群力之团结若何？英雄造时势，有志竟成，桥云乎哉！夫力能及天下者任天下，力能及一乡者善一乡。吾乡五峰桥，据漾江之上游，张辛屯之左翼，东西横跨，烟树四围。前清架木为梁，不及二十稔，乡人士复醵金再修，图廉反费，势使

① 吕文聪　原本作“周文聪”，康熙《鹤庆府志》、雍正《云南通志》“周官屯桥”条皆作“吕文聪”，今据改。

然耳。兹则易木为石，一劳永逸，诚盛事也。顾斯桥之发起者，非北排诸君耶？赞成解囊以蒇其事者，非芳名刊石诸君耶？劳怨不辞，必底于成而后快者，非吾乡父老子弟迈往团结力耶？视乎其人其志，胥于是乎在？抑斯桥也，东接五峰，西瞰凤岭，选胜垂纶，弥增景物。临桥四顾，宛若游龙。西望吾乡，比屋可封者，前人缔造之难也；东顾阡陌，沃壤可耕者，前人垦辟之力也。花木成蹊，缨络果实，柳阴路曲，柔桑满堤，供吾人之游览取携者，前人种植之劳也；志士息游，临流赋诗，题桥见志，愿作中流之砥柱者，乡人士后先继起，兴文讲学之遗也。然则斯桥之成，凡游览其上者，每足以资感慨，励奋发，念前谟，又不仅利人行，免病涉已也。余于是役，一石未转，远任崖疆，乡人邮属为记，谨珥笔祝曰：斯桥兴役之始，适际民国纪元之初。民国亿万斯年而不朽，五峰桥亦与之不朽。

三庄桥 在治南三十里。桥故木，土通判高浤、邑人段联陞、向贞明等易以石。已而圮，□□□□□□□□□□□□等募资重建。

渡龙桥 在治西南百里，以建文帝过此得名。让朝光绪辛卯、辛亥间重修，有邑人杨金和、洪儒各为之记。杨《记》：

分水岭之麓，茨源出焉。五十里而南至峡石桥，而水口锁住。峡之上游二里许有渡龙桥，为义常西幹接脉，历来皆以木为之。每当秋水涨泛，波撼桥槽，往来行人，无不战兢彳亍，乡父老忧之。爰于光绪辛卯岁兴工率作，易木柱为石墩，墩上仍架以木板。自冬徂春而夏，凡五月而桥成，计费白金九十余金，八十余夫役。佥曰：“今而后，风雨不动如山矣。”讵意匠氏造不如法，桥砥入土不深，未及一年，已为狂澜漩倒。不得已而复议重修，拟于桥之上下，镇以方丈石条，庶足以当中流砥柱。所虑者，他山之石，搬运殊非易易耳。乃于村东寻获一卷大礐，诸绅耆欢欣踊跃，以为天助成功。由是鸠工破石，而凡器具，凡人役，凡供膳，悉取给于村中。间有不敷，则邻乡募化。除前次荒销外，再用一百三十余金。肇于癸巳之春，至冬乃观厥成。从此荡平正直，不独邑人便于樵耕，即远方之服牛乘马负戴而来者，亦不至临河返驾。则杨君景明诸善士，其有济于斯土也，岂浅鲜哉！至于渡龙桥之所以名，盖因前明建文帝在大喜庵时，玉趾曾经此桥，故云。

洪《记》：

夫桥胡以“渡龙”名也，粤稽《明建文帝逊国记》所载：永乐九年，与其臣应能、希贤、程济浪浪穹，结庵于赤壁山麓，托君臣为师弟，道义甚隆。十年三月，应能卒。四月，希贤卒。并葬于庵左，师悲恸。十五年，欲别筑室于鹤庆山中，盖即《明鉴易知录》所谓大喜庵者。帝偕程济初往相度，会乡先辈梁宏公造桥，工竟，帝适过，后人以帝玉趾之临为至难得之事。此桥之所以以“渡龙”名也。桥东通松桂，南下叶榆，西进沙溪，北走县治，熙来攘往，行人如织。旧成以木，自永乐迄于让朝嘉庆末，垂四百年，中间坏而修，修而复坏，盖不知几经兴废矣。道光甲午，有洛书村李乡饮馨者深惟百年之计，喟然曰："是可砌以石也。"乃走约浪属夹石渡赵其福、梁怀亮两君，于附近诸村量为募集。乡饮则先认捐白金十两以为之倡，遂于乙未鸠工，乃延至丙申，募集无多，工资中竭。乡饮不得已，乃独力承之，盖犹以木也，及丁酉秋方告竣。越五十余年，至光绪辛卯，乡人杨君景明诸善士两次募修，共费白金二百余金，始易木柱以石墩，有乡先达杨蔼庐先生为之记。又三十年，至宣统辛亥，而桥旁坏。李蔚森者，乡饮馨之裔孙也，乃承祖志售田三亩，得银六十余金，而为桥增其旧制焉。此渡龙桥之所以续修也。桥当鹤、浪毗连之界，龟洛两岫之间。经此次之增修，就之以蔽风雨，则上覆椽瓦也；凭之以观山水，则旁缭栏干也；设以坐次，憩行人也；建以排坊，培佳致也。田夫野老、墨士骚人、行商羁客多憩于此，感时抚景，能不异乎？若夫夏去秋来，阴雨如注，河水涨发，放滥田禾，临斯桥也，则有岁荐民饥惶然而骇者矣。迨冬藏春至，惠风和畅，天朗气清，两岸则柳媚花明，水中则锦鳞游泳，且青青柳色掩映绿波，袅袅田歌传来清听。少焉，皓月东上，光临茨水，穿梁照槛，孔隙皆明，临斯桥也，则有闷散愁消，情怡志适，其乐陶陶者矣。嗟呼！人生忧乐各因其所触而异，不能强合。然遐想建文师弟，当日一瓢一笠相从于患难，历险阻而不渝初志者，谓何？梁宏、李馨诸人于兹桥，并非一身一家之私，而汲汲谋成之。李蔚森且甘破己产，以继述先人之志，事为何意？则岂非忠孝节义，生人之大纲，抑程子有言"一命之士，苟存心于利物，于人必有所济"耶？前事不忘，后事之师。此续述渡龙桥之所以有记也。儒也生长是乡，距桥南不二里，朝夕在望，往来必经。近十余年来，侧身军学界中，自甲寅归，设教于乡，课余率二三童子来游，辄有感于是，因为之记，并以勖门人之游览于是桥者。时在乙卯冬十月。

玉龙桥 在治东北，以石为之。

桃树河桥 在治南二十里，以石为之。桥上复作石渠，以过湫水，知守李焜有记。李焜《桃树河桥记》：

治南二十里有塘，曰桃树河塘。北一里许，有堑横亘通衢间，曰桃树河大箐。箐深五丈许，宽如之。箐底搭浮桥，以通行人来往。顾两岸陡绝，又夏秋间河水暴涨，浮桥辄被冲刷以去，褰裳徒涉，岁所时有，行人病焉。予忝司牧，过是目击情形，喟然曰："桥梁为王政之一端，鹤守牧类多名公卿，何忽而不治若是？"及进而询之耆老，佥曰："箐非无桥也，向故有石桥。桥之东偏承以石槛，嵌之为渠，引南岸之水达于北，盖箐北田亩之傍高阜者，其灌溉强半资焉。桥成于前明，郡守周公、方公之初营建此桥也。计费不赀，先自捐俸金若干金，并嘱郡之贤士大夫广为劝导，翰金助役，畛域不分，民既子来，大工斯集。自桥成后，农安于野，行旅安于途，殆数百年于兹矣。乃忽于乾隆十五年孟秋夜，雷雨暴作，诘旦而桥渠并圮。数百年贤守政绩，一旦而隳。行道之人，无不咨嗟太息之。邑之人久思重建，以费钜难筹，而官府又旁午簿书，罕有措意于此者。今承垂问，是地方之幸，而此桥修复之机也。”予曰：“若如所言，予滋愧矣。顾予惟此桥北达治城，由治城而上，而丽江，而中维；南通大理，由大理而下，而楚雄，而省会，粮储之所推挽，驿递之所奔驰，皆经焉。况农田水利，尤国计民生之大者。予忝司牧，其何可诿?”因谋之代理总戎恩公、守府陈公及诸僚属，皆愿各捐清俸为之倡。因亟召邑绅，遴举首人，惟桥惟渠，一如旧制修复。卷查乾隆庚寅年前州费任内，有石宝僧源滋罚锾银□百两，因即发之首人，俾资鸠庀，并告之曰：“若从事于此，宁拙勿巧，宁朴勿华，兹或简料省工，后必重费。”又诫之曰：“慎尔从事，核实勿浮。”首人唯唯。复因首人请加委捕厅，俾司督率。其钱谷、灰石、工匠之不时至，则签总役督催之，凡三阅月而首人来告工且竣。予往视成，桥则平如砥也，渠则直如弦也。桥以上道途，桥以下沙砾，则皆平治而疏浚之，无稍崎岖，无或雍塞也。予曰：“美乎哉!”或曰：“公之德也，邑贤士大夫之劳也。”予曰：“不然，夫修桥善举也，治渠亦善政也。人性之就善，犹水性之就下，即如渠之水自南而之北，箐之水自西而之东，皆顺其地势也。今如使渠之北高于南，箐之东高于西，必不能强其安澜而顺轨也审矣。然则使非修桥治渠，协乎人性之善，亦安能必如是之大役而三月即成乎?”或曰：“固然，然究公之谦也。”首事者谓地方兴废大政，不可无述以告后人，因为之记。

银河桥　在治南二十里，跨银河，以木为之。乾隆间，乡绅请于官捐资另建，有郡人赵士圻为之记。光绪间重修。赵士圻《重修银河桥记》：

稽《滇水考》，鹤郡西山曰冈脊，为南七省祖龙。上有分水岭，南流为梅茨溪，东流飞空直泻，如匹练长拖，约四十里许，始落山麓，名以银河，示仿佛也。每当潦水聚集，汹涌奔腾，横截孔道。旧架木桥，年久湮废。廿年来，盐驮货载，渡涉多虞。壬寅冬，乡之绅叩请大元戎罗公、大邑侯唐公，命捐资共建。是举也，石之以丈计者，四百有奇；灰之以斤计者，万五千有奇；工之以日计者，千五百有奇。两岸石墩长各十丈许，高各丈许。直榜大木八，长五丈许。覆以楼五楹，宽称之，高称之。周以回栏，护以两坊，翼以一亭楼，上可容八十蹄。凡木、石、灰、铁、瓦片、土块、匠役人工，总会支费银以两计者，四百有奇，皆出于乐善好施之囊，裕如也，历癸卯夏五工竣。因思公造之举，莫难于经理之得人。若此桥，两难俱备，复叨大人君子乐与观成，不可无记。爰将捐资首事姓名备刊于石，以与桥并寿，且约略其事，以告后之补苴者。是为记。

大龙潭桥　在治东十里。
观音桥　在治北□□里。
马鞍桥　在治西□□里。
清水江桥　在治西四十里。
兴文桥　在治东南王营北，让朝道光元年建。

碧玉桥 在治南三十里，跨碧玉河，以石为之。民国邑人刘锡铭、刘以仁等倡建。

垂珠桥 在垂珠洞右，邑人刘锡铭、刘文昭等倡建。

源深桥 在治南二十五里。让朝光绪间，乡饮毛双美倡建。

龙蟠桥 在治东二十五里，邑人刘文昭倡建。

文定桥 在治东南，跨姜营大河，以铁练索为之。让朝光绪间，邑人李瑞亭、高天佑同倡建，约费千余金。辛亥被水冲毁，民国纪元，邑绅王建邦、杨成、王定邦、左桂森等重费五百余金修复。

五十三空桥 在治北。明嘉靖间建筑，郡廪生王德超为记。王德超《五十三空桥记》：

盖闻十方善果，待人以成；八部胜因，须时乃建。是以富平致筑，实维泰始之年；洛阳告成，岂尽神符之力。有龙溪渡口者，当河东之冲，路乃往来之要津。开辟始于明时，徒杠成于盛世。但历遭水害，湮没孔多。隔岸相呼，恨天涯于咫尺；蹇裳莫济，悲歧路以徘徊。凡各村该渡人等，望切河清，情深利济。予怀渺渺，孰从在水伊人；微步姗姗，空羡凌波仙子。试思梁成十月，王乃命于冬期；爰念桥圮经年，人实悲夫春渡。于是会集十二村等议捐费资，通力合作。更得一带仁人长者捐助，亦复不少，故二月而告竣。自是磅礴雁齿，将与圣德齐隆；行见蔼蔼龙光，常并青波永贮。超时惟清袖，术愧布金。爰序其始末，以志成功之自来。是为记。

南乾河桥 在治南四十余里。邑举人阮元旦倡首募建，石皆长丈余，计共长□□丈。有记，今不传。

曲江桥 一名烈女桥，在治东南二十余里。旧以木为之，民国二年，邑人捐赀易以石。

镇源桥 在治东南，跨新河。以木为之，光绪二十八年，易以石，有郡人杨金鉴为之记。杨金鉴《镇源桥记》：

隔一衣带水而行人尽裹足不前，此徒杠舆梁之成之不容缓也。州治东南距城廿里许为镇源河，本漾弓江水尾。漾弓发源于丽江，入鹤庆蜿蜒数十里至南山麓，伏流而出于山阴，旧传有番僧以神力掷念珠，穿开一百八孔，名落水洞。年久洞淤，邑之南北烟村，半居泽国。自新河开，而水皆汇出于东南两山之间，即镇源河也。其水汇故大，其流急且涌，新建木桥，阅十稔而势将倾圮，州人士恐东道之不通，议建石桥。或曰："河岸广深，势难为力。"或曰："工程浩大，难积钜资。"言人人殊，莫衷一是。邑之四品封职舒君金和闻之，曰："此不朽功德也，盍急议修乎？"遂出百金为先导，又五品封职赵君应云捐五十金，国子生赵君根润亦慨捐百金，而遂可以集事乎。佥曰："唯唯否否。夫大厦非一木能成，大功非一二人能就也，此非广为募捐不可。"于是河之上游，如金登捐银六十两，金墩街捐银三十两。河之下游，如龙华僧众捐银五十两，二排半捐银一百两，以及城乡内外绅士商民，各皆量力捐助。遂鸠工庀材，工取其坚，料取其实，不仅徒壮观瞻也。计河广七丈有奇，而桥称是，宽以一丈三尺为度。河底深二丈，复开下数尺，而满以五面石铺平之。中建石墩二，长一丈八尺，宽六尺，高一丈二尺。上券大洞三，皆宽一丈八尺。两岸迎送水皆以条石镶三丈许，用杂石填之。是役也，兴工于己亥初冬，而以庚子六月蒇事。不请款，不劳民，劝捐一呼而经费沛然有余，岂非吾邑之人心素称向善哉？总理其事为记名提督杨君建勋、四品封职舒君金和、举人前署山西大宁县刘君纶、贡生赵君运吉、职员杨君有筠与家中宪公。司计为文生赵君时和、童生杨君品重。督工为从九赵君鸿润、乡饮杨君飞，而金鉴亦时参赞其间。抑金鉴更有说焉："为善非必获报也，而利济之心，遂克酿为慈祥之气，儒生侈谈施济，每薄善事而不为，而谋禄保身家，卒之一无建立焉，以视此共成善举，其贤愚又何如也！夫君子在上则造一世之福，在下则成一方之功，其道固无殊耳。"桥成，家中宪公命为之记，勉缀数语，以示后之乐善者。至其功德出入，工用浩繁，别有碑记。

回澜桥 在治东南九十八里，跨犹龙河。让朝道光间，邑人杨一龙等倡建。

金锁桥 在治东南九十里。让朝乾隆间，高馨等倡建。

会江桥 在治东南八十里，跨乾河。让朝光绪间，邑人高学源倡首捐修。

聚风桥 在治东南百里，跨阜财河。民国九年，邑人高其仁、杨国鉴等倡建。

广惠桥 在治东南百里，仍跨阜财河。民国四年，高其仁、杨卓安等倡建。

永安桥 在治南八余里许，跨漾弓江。旧以木为之，让朝光绪间，邑绅李上贵等醵资易以石，始改今名，有邑廪生高璞山为之记。高《记》：

距治城东可二里许，有漾江焉，发源于丽江之象山麓，延袤百余里，蜿蜒而流入鹤境，横亘邑中。邑之人率聚居成村落于江之西，虑东道之弗为通也，则或一村或数村相与架一木桥，以通往来而惠行旅。建寅吉庆三村之东鄙，旧亦有桥一。是桥尤东路中江一带居人孔道，匪特为三村樵苏捷径而已。顾亦以木为之，木质易朽，既苦修废之不时，而涝岁洪水为灾，复屡被横流漂没以去。三村人士忧之，每欲易之以石，为一劳永逸之举，辄因肯绌不果。去岁，村人李上贵、叶先春、李复生、李恩沛、李叶华、李育泉等，目击斯桥之复届修废，因聚议曰："凡大建设之役，必乘大破坏之后，斯桥之改建，此其时乎？"爰倡首于村内，挨户劝捐，得白金五百二十金、钱六百一十缗。更得邑绅舒君金和、丁君□□、杨君□□协力赞襄，广为劝募，得白金一百五十金、钱八百七十缗。于是缔造经营，鸠工庀石，即旧桥之址而改作之。起工于三月，迄工于七月，不半载而告成，名之曰永安桥，盖取"永久不坏，安贞斯吉"者也。桥身长十丈零，宽一丈三尺，两旁护以石栏，防倾跌也。不施雕琢，取坚致也。下分三洞，中洞较宽，而左右稍狭，取其易于容纳而畅流也。侧建石亭，刊捐资人姓名于其上，见众擎之易于举，亦以表其乐善好施之心也。呜呼！天下之善举，惟天下之善士为之。为之而利在一时者其利小，为之而利在后世者其利大。斯桥之建，其有利于后世，岂小也哉！抑予闻之，善作者不必善成，善始者不必善终。斯桥之建，兹幸聿观厥成，尤冀后之人图维厥终。人人僵溺由己溺之心，随时补苴。随时修葺而勿令废坠，庶斯桥之不朽云。时在光绪乙巳冬。

孝廉桥 在治东南十八里。旧本木桥，民国四年，村人倡首筹资易以石，有郡人赵鹤龄为之记。赵鹤龄《改建孝廉村桥记》：

距孝廉村可三里许，有桥翼然跨漾江而东者曰孝廉桥。桥何以“孝廉”名？因村也。何因乎村？尔村人四百余户，樵采出于是，丧殡出于是。路洼街间日一集，趁集者亦无不出于是。熙来而攘往，虽不尽孝廉村人，而孝廉村人实为多。又成之者，皆孝廉村人，故以“孝廉”名之也。孝廉桥旧以木为之，远或经五六十年，近则三四十年，辄复朽坏，既坏，乃更醵金购木易之。计自有此村以来，即有此桥，其间或废或兴，盖不知几经朽坏，几经更易矣。岁乙卯，适当朽坏宜更易之时。于是村人谋曰：“工坚须由料实，如但补苴夫旦夕，非所以诏来兹也。时绌未可举赢，然筹永逸于一劳，仍所以纾财力也。矧兹桥也，从流下而逆溯之，如南邑桥，如金登桥，如镇江王庙桥。从流上而顺数之，如东山桥，如太平桥，如田屯、金锁、建寅各桥。虽工有大小之不同，桥亦有从实从华之差别，要无不甃之以石。而吾村以四百余户之人众，顾惟是因陋就简，曾不为子孙百年之计，田舍翁无远志，不且令后人笑我拙乎？”或曰：“是良然，然如款之难筹何？”或又曰：“是不难，筹款有法，法主于人，得其人则不厉民而款以集。不见夫某某之采用吕宋彩票法之成某公益事乎？其法惟何？例如额设彩票万张，每票售一钱，得钱万，内以百票为彩。既售讫，诹日开票，中头彩者得千钱，二彩三彩四彩至尾彩，以次而杀。综计耗于彩者十之六，而以其四为赢余。人佥注视于头彩之得钱多，故市票趋若骛焉。迹虽近博，然法勿论其正谲，视用之者为何如。譬之乌附，用以害人，则能杀人；用以救人，则生人之功与参术等。今以彩票赢余之利而用之于造桥，是犹用乌附以治人疾也。”众皆称善，遂公举董事者，依法办治。既迄事，得赢余金钱五百元。计犹不敷，乃进而募之本村人，得若干元焉。又进而募之邻村人，得若干元焉，贴然无忧而经费以备，爰召石工计议。粤以乙卯年十月始事，越年余而桥落成，仍榜之曰孝廉桥，从其旧也。桥之长十丈而强，广视其长十之二。是役也，用整石之以条计者千有余，用杂石之以码计者数百有余，用灰石之以斤计者三万三千七百有余，共耗金钱一千二百四十余元而始事落成，诸杂费均与焉。襄其事者为某某，承揽石工则某某也。予羁薄宦，于兹桥无能为役。村人以书来属书其缘起，故记之如此。诸捐资者不具载，载之碑阴。

石梆桥 在治东南八十里。旧架木为之，毁于火，邑绅杨文彬、高学源倡首集资，改建以石，金铠尝为之记。金铠《重建石梆桥记》：

昔郑子产以乘舆济人，孟轲氏讥之，谓其惠而不知为政，因历举先王“岁十一月徒杠成，十二月舆梁成”之制，用明政体之在彼而不在此。顾予幼读孟子书，至是尝窃窃然疑，谓徒杠舆梁，视乘舆则为得矣。顾桥梁乃百年利赖之事，即应为百年经久之计，而乃仍徒为，是补苴旦夕之谋，今岁所成，明岁复有事焉，何先王之不殚烦也？及予筮仕守绵州，州当驿路冲，又治滨涪，出郭门里许即有渡，夏秋通以舟楫，入冬而春，则搭浮桥济之。桥不高而长，每岁工之起讫有定程，所需板插絇涂及棱索竹篾之属惟备。予颇病其烦琐，尝进州人语之曰："劳民伤财，政之大戒也。顾天下事有不一大用民，而民之劳转无已时；不一大用民财，而财之伤转无止境者。即如州之有涪江渡也，合舟楫、浮桥并用之。夫以舟楫之来去不时，既不无守候之需，又时有覆溺之患，夫人而知之矣。即此浮桥者，岁縻工资，徒供数月用，一年一役，庸可常乎？若等皆州人，尔宅尔田，以长子孙，则何不乘冬涸为经久之图，桥以石焉，数百〔年〕之利也。即不然而桥以木焉，亦数十年之利也。以视舟楫、浮桥，殆不可同日语。若等州人，其于此岂遂无意乎哉？"则佥曰："使君之策吾绵，所以嘉惠吾绵者，德意甚厚。虽然前人于兹事筹之熟矣，奈岸阔，无要可扼，夏秋盛涨，急湍横流，木石之桩，辄被冲刷以去。兹之舟楫、浮桥并用，非人谋之有未尽，实地势之无如何也。"予乃释然于前此读书时之蓄疑，且以知天下事固有绌于人谋者，亦实有限于地势者，必人谋与地势相乘，斯事无不举矣。邑石梆桥，僻在一隅，其行人虽不如左绵之众多，然过桥而东，为达柏邑、中江入川之路；过桥而南，为达朵美、金江入川之路。熙来攘往，亦吾邑要冲也。跨桥两山，以木为之，其工程虽不如砌石之坚致，然以资倚庇，则覆以椽瓦；以防倾跌，则围以栏杆，翼然者粤如旷如，亦吾邑桥工之完美者也。顾正惟地要冲而工完美也，以故行道之人与夫乞人，时而栖止其上。星星遗火，即成燎原，于是遂有丙午六月夜延烧之事。随毁随建，焕然一新。又有戊申七月夜延烧之事。夫以千万人往来之所利赖，一旦而委于一炬，其为行人之不便，奚顾问哉？邑之东山六甲绅士杨君文彬、高君学源目击心伤，议重建而以石易之。初以费不赀，颇涉疑虑。既而曰："事非财不办，财非人不集。即财因人集矣，而大建设之事，非遇大破坏之后无所于施。时会所乘，功斯出焉，奈之何其以费钜诿也？"于是捐赀为倡，分投广募，谓苟劝募之不足，则仍于一己是任。一面盟心白水，伐石青山。自癸丑夏兴工，越八月告成，计共费白金四百九十六两有奇，皆出于乐善好施之囊，裕如也。工既讫，在事诸君以事由众擎，谋刊碑永之，以不没捐赀者之姓名，而属予为之记。予曰："桥之旧有以'石梆'名也，其名也实则犹是木也。盖桥底两岸石壁屹立，下丰上束，如有升然。土人谓'升'为'梆'，因特以'石梆'名，而非桥之果石也。"夫桥以木为，虽非补苴旦夕之谋，然其经久，不能与石絜长而较短也，明矣。今诸君子鉴于前车，能不与费钜，故辍其改建为石之念。捐赀诸善信，复能慷慨解橐以赞成之。图功者在一时，利赖者在数百年，是皆可书也。予固因诸君子之请，特述其原起，以示来哲。至是役之监工管事，为高润德、高润育、杨启贵、苏嗣泉，亦例得并书。其捐赀者之姓名，则列于碑阴，不具载。

种福桥　在治南十五里，跨漾江。旧木为之，民国甲子，邑人醵金易以石。

右桥凡五十四。

金沙江渡　在治东一百三十里。

右渡一。

〔据杨金铠纂辑民国《鹤庆县志》（大理白族自治州图书馆1983年据民国十二年稿本油印）卷二《建置志·津梁》第27–45页辑录。〕

（雍正）宾川州志·城池志桥梁附

卷五　城池志桥梁附

南薰桥　一名南津，在永安门外。明嘉靖二十三年，知州朱官建，郡人李元阳记之。

步云桥　在州南五里，即旧称周官营桥，今废。

福申桥　在山冈铺南五里，旧名老吼桥。

吴公桥　在州西三里。明嘉靖八年，知州吴仲善建，二十三年，知州朱官重修，今废。

通南桥　在州北四里。

石门桥　在州北。

知政桥　在州北五里，跨纳六大河。万历间，知州王思珩建，酾水为五道，长可四十丈。

龙津桥　在州排栅营之东，跨横溪。

通江桥　在州北四十里义交营，达金沙江孔道也。

桑园桥　在州北七十里。

天保桥　在州西南二十里，里人戴著乐等新建。

揽溪桥　在下江股，即驷马通桥旧址，里人李翔云建。

龙门桥　在州北一百二十里松明村南，两山峙立，中有天生石墩。

洴溪桥　在上江股，新建。

五叶桥　一名百节桥①，在州西北七十里石蟆江。

雪阴桥　在鸡足山之麓，又名洗心桥。

〔据周钺纂修雍正《宾川州志》（清雍正五年刻本）卷五《城池志桥梁附》第2页辑录。〕

（雍正）云龙州志·疆域志附津梁

卷三　疆域志附津梁

砥柱桥　州署前，横跨沘江。宽一丈，长十五丈，缭以铁索，覆以瓦屋，共计十六

① 百节桥　雍正《云南通志》“五叶桥”条作“百接桥。”

间。万历末，知州周宪章修治。岁久倾坏，康熙癸丑，生员赵宗鹏、董允升募修。甲申，知州顾芳宗重修。辛卯，圮于洪水。壬辰，知州毕仕魁重修。雍正四年，知州陈希芳捐俸倡募，贡生段缙、生员赵震捐送铁练二根，名虽重修，实如创建，有碑载《艺文》。

利济桥 箐门口小河。

瓦草河桥 详前。

木瓜笼桥 详前。

瓦工河桥 州治北，摄篆郡丞朱钧重修。

果郎桥 果苴郎村前，制如砥柱。

诺邓桥 跨诺水，康熙五十四年，知州王𥑮[①]倡义修治，架木覆瓦，颜曰“秉礼徙义”，有记，载《艺文》。

普渡桥 天耳冷水箐。雍正六年，知州陈希芳捐俸，贡生施震募助。

藤　桥 在十二关大波浪。

板　桥 顺荡井南里许，跨沘江，覆以瓦屋。

青云桥 在天耳，跨溪水。

世德桥 关坪，跨带河，宽一丈，长五丈。周宪章重修。

永清桥、靖北桥、古吉桥 俱在旧州。

苏溪渡 在澜沧江渡口，为州西咽喉。旧船窄小，惊涛危险，周宪章易以大船，委土袭经理之，岁收租息，以资修船。后段元相不能任事，船朽路梗，阖学公呈，令元相不得干预，更委之总约练总。

小渡口 在松牧村前，制如苏溪渡。

〔据陈希芳修，胡禹谟纂雍正《云龙州志》（《中国地方志集成 · 云南府县志辑82》，凤凰出版社2009年据钞本影印）卷三《疆域志附津梁》第18－20页辑录。〕

（隆武）重修邓川州志 · 山川志 · 桥梁

卷二　山川志　桥梁

德源桥 在中所。天顺间，王纲以石建，杨富重修，跨瀰苴河。

青索鼻桥 在青索。舍人胡泉以石建，跨瀰苴河。

银　桥 在州东银场，解银故名。弘治间，阿骥以木建。万历间，举人杨韶易以石，并修西庄里双龙桥、小石桥共六座。

龙　桥 在州东。用木建，军人沈经等易以石。

三道桥 在州北大路。天顺间，蒋庆等以石建。

三所桥 在左所，军王经以石建。中前所、右所军等以木建。

三善桥 在羊塘河头。万历间，王懋和等以石建。

元济桥 在羊塘河中。万历间，王允昌等以石建。

---

① 王𥑮　道光《云南通志稿》“诺邓桥”条引旧《云南通志》作“王府”。

永镇桥　在羊塘河尾。万历间，王启后等以石建。

〔据敖浤贞修，艾自修纂隆武《重修邓川州志》（《云南大理文史资料选辑·地方志之三》，大理白族自治州文化局1983年据云南省图书馆传钞本整理点校）卷二《山川志·桥梁》第14页辑录。〕

（咸丰）邓川州志·建置志·桥梁

卷六　建置志　桥梁

德源桥　在州北二十里，跨瀰苴河，三空行水。明天顺间，舍人王纲、张福募建，杨富重修。乾隆二十三年，僧定一暨中所士民再修。然河底既高，桥如偃卧水面，每七八月阻抑洪流，震荡可怖，不能不亟筹增高矣。

天衢桥　州东八里，跨瀰苴河，如德源而较耸。明成化二十三年，舍人胡琭[①]建。乾隆四十七年，署知州张公士俊、邑绅高公上桂重修，有记。

中前所桥　在德源桥南，跨瀰苴河。中前所士民建。

王铁桥　在中前所桥南，跨瀰苴河。军人王经建。

右所桥　在王铁桥南，跨瀰苴河。邑人刘汝公偕宋姓建。

银　桥　在右所桥南，跨瀰苴河。先建以木，万历间，举人杨韶倡首易以石。

井旁桥　在银桥南，跨瀰苴河。井旁士民建。

马甲邑桥　在井旁桥南、天衢桥北，跨瀰苴河。明嘉靖间，邑人杨自新建，知州阿公国桢重修。道光三十六年，邑人加修。过桥，沿堤转东北里许，甃石成堤，形如曲尺，卧于波心间，以数桥分泄东湖之水，曰甲戌桥。

小街子桥　在天衢桥南，跨瀰苴河。小街士民建。

江尾桥　由小街桥节次而南，跨瀰苴河。江尾士民建。

锁水阁桥　在江尾桥南，是为瀰苴河尾。江尾各村同建。

普渡桥　在州南十七里，跨上洱池，以通东西道。知州陈公鉴率邑人赵美建。

三道桥　在州北二里许。一堤亘摩迦泽中，以通南北孔道，复截堤为桥，以通东西泽水。明天顺间，左所屯军蒋庆倡建。弘治十六年，杜文宗重修。道光二十五年，地震尽圮，二十九年，署州汤公师淇捐修。

龙　桥　在州东里许，跨罗时江。弘治四年，同知程永亨[②]建以木。嘉靖二年，上关屯军沈经易以石。雍正间，贡生杨东昇重修。

杨家营桥　在州西北八里，跨西湖尾。杨家营暨附近各村捐建。

西湖桥　在州北三里西湖南岸。嘉靖间，邑人杨自新建，知州阿公国桢重修，今沦于水。

六　桥　在州东五里。先因东湖涨漫，砌石堤为路，中驾六小桥通水。举人杨韶倡建，今成陆路矣。

沙　桥　在州东四里沙桥甸，士民建。

---

① 胡琭　道光《云南通志稿》“青索鼻桥”条引《大理府志》作“胡全”，隆武《重修邓川州志》作“胡泉”。

② 程永亨　原本作“陈永亨”，万历《云南通志》、天启《滇志》、嘉靖《大理府志》皆作“程永亨”，今据改。

三善桥 在州东羊塘里，跨罗陋河。万历间，里人王启倡建，今圮。

铁索桥 在三善桥南，跨罗陋河。道光二十九年，里人杨振烈、客民陈秉信倡建。

永济桥 在铁索桥南，跨罗陋河。嘉靖间，里人李政、杨纶等倡建，今圮。

高筧桥 在州东南小站后。

和光桥 在州东南大哨塘。

松鹤桥 在和光桥下。

论曰：邓邑如泽国，多洪流，未可深厉浅揭也。然皆铺石齿如坦途，不致至崖而返，徒杠舆梁，治赅纤悉，为政之道盖如此。

〔据钮方图修，侯允钦纂咸丰《邓川州志》（清咸丰五年刻本）卷六《建置志 · 桥梁》第 10 – 13 页辑录。〕

（康熙）云南县志 · 地理志 · 桥梁

地理志 桥梁

倚江桥 在治西十里。

赤水桥 在治东南二十五里。

孔泉桥 在治东二百里。古义民孔泉建，今改名孔仙桥。

大板桥 在治东南。昔为指挥赖镇所造，年久已倾，今于辛亥年，赵争先、倡先[①]募建造为石桥。

〔据伍青莲纂修康熙《云南县志 · 地理志 · 桥梁》（国家图书馆藏民国年间钞本）第 15 页辑录。〕

（光绪）云南县志 · 建置志 · 津梁

卷三 建置志 津梁

县城四门石桥 四桥俱跨城壕。雍正四年，知县王璐修。

三孔桥 在城东十里。

孔仙桥 在城东二百里。明时邑民孔全[②]建，因名孔全桥，复改名孔仙，在米甸白盐井大路。桥长十余丈，宽二丈，孔道人修炼于此，故又名孔仙。按：孔仙者，或传即杨向春所假名号，载余《静意公记》。

升恒桥 在城东米甸小里坡，通盐井大路。生员赵升恒建。

青涧桥 在米甸，杨焕修建。

双石桥 在米甸双桥哨。

俄打喇石桥 在米甸。

---

① 倡先 光绪《云南县志》作“赵昌先”。

② 孔全 康熙《云南县志》“孔泉桥”条作“孔泉”。

丰隆桥　此桥有二，在城东禾甸街东西。

美成桥　在禾甸新兴村左下。

新册村石桥　在禾甸。

火烧桥　在城东南青石湾。旧以木为之，邑人张汉忠易以石，原名永安桥。因河水骤涨决倒，光绪九年，邑增生刘诏书、军功虞腾春率各村士民增修。

赤水桥　在城东南五十里。明时建，一作二十五里。

大板桥　在城西二十五里。明指挥赖镇建，康熙十年，邑人赵争先、赵昌先易以石。距小板桥五里，在青海铺大路。青龙海水从此出段家坝，积有余田，为岁修赀。

小板桥　在云南驿，距大板桥五里。

倚江桥　在城西南八里。明时建，康熙五十六年，知县伍青莲捐修，又名万年桥。

五孔桥　在城西北。明隆庆时，兵备道朱奎建。

九峰桥　在城西北二十里九峰山下，通大理路。

利济桥　在城东北乔甸周派鲁，通白盐井大路。康熙二十三年，袁君龙倡建。

老马村桥　在波川，系城云两川水注处。按：桥以木板为之。

鱼进营桥　旧系木桥，道光二十八年，邑人钱文印、吴联相率众捐修，易为石桥，知县张同登更名永定桥，撰碑勒石。

龙凤桥　距云南驿二里许，《通志》未载。光绪九年，邑增生刘诏书、军功虞腾春倡众重修。

养鱼潭桥　距云南驿东十里，当孔道。每秋间水涨，不利行人。光绪五年，军功董云庆同各村民兴修。

观音桥　在云邑沐滂铺中，当省会大路。

〔据项联晋修，黄炳堃纂光绪《云南县志》（清光绪十六年刻本）卷三《建置志·津梁》第34－35页辑录〕。

（康熙）续修浪穹县志·舆地志·桥梁

卷一　舆地志　桥梁

南江桥　隆庆间，知县邢继先更名见龙桥。在治南四里，耆民杨纶建，其子杨锐重修。万历辛丑，邑人知州何邦渐更建，后充（冲）毁。至康熙二十五年，僧裕量同化主王登科协同募化，起建桥楼五隔，更名福寿桥。

蒲江桥　在治东一里。耆民杨镐建，义民陈宗周等重修。万历辛丑，义民赵明昇捐资独建，复废于辛卯年，知县陈在扆倡义复券为石，更名为德星桥。

通宁桥　在治东二里。以石易木，耆民李敏修，地震崩坏，义民饶光泰重修。

分水桥　在治东三里。知县张廷柏重修，后义民张崇志捐资复券。

沂水桥　在治南街。弘治间，寿官萧春建，其子廪生萧茂重修。

大营桥　在治东四里，义民张崇志捐资独建。

广济桥　在治东三十里三营屯内，民李文萃建。

猢狲桥　在治西南十五里。嘉靖间，县丞鲜椿建。嘉靖己未，邑人教谕李友兰重修。

至康熙己巳年，僧裕量协同募化高券石桥。

汇川桥　在治南十五里，即蒲陀江口。先年检校王渊修，后耆民杨廷柏修，久之移建上流，每入秋，水泛路迷，溺伤人畜。万历庚子，知县李在公委省祭洪鉴等移修于旧址，于康熙二十年，义民饶光泰重建。

东汇桥　在汇川桥东，僧人宗印捐资独建。

〔据赵珙纂修康熙《续修浪穹县志》（国家图书馆藏民国年间钞本）卷一《舆地志·桥梁》第10页辑录。〕

（光绪）浪穹县志略·建置志·津梁

卷三　建置志　津梁

沂水桥　旧《云南通志》：在城内南街。明弘治间，邑绅萧春、子生员萧茂重修。

蒲江桥　旧《云南通志》：在城东一里。明万历间，邑民赵明昇建。

分水桥　旧《云南通志》：在城东四里。明万历间，知县张廷柏建，乡民孙漠等重修。

大营桥　旧《云南通志》：在城东四里，明邑民张崇志建。

通济桥　旧《云南通志》：在城东八里，乡民朱伦等捐赀重修。

广济桥　旧《云南通志》：在城东三十余里，明屯民李文华建。

通宁桥　旧《云南通志》：在城东南三里。明嘉靖间，耆民李敏、杨纶等建。《大理府志》：里民饶光泰重修。

东汇桥　旧《云南通志》：在城东南十五里。康熙年间，僧宗印建。

南江桥　旧《云南通志》：在城南四里，一名见龙桥。《大理府志》：明耆民杨纶建，子锐重修。万历二十九年，邑人何邦渐复修。国朝康熙二十五年，僧裕量同王登科募建，覆屋五间，今俗名曰福寿桥。《采访》：旧系木桥，时有倾圮，光绪初年，知县江海清筹款易作石桥。

汇川桥　旧《云南通志》：在城南十五里，一名宁津桥。《大理府志》：明检校王渊、耆民杨廷柏建。国朝康熙二年，里民饶光泰重修。三十一年，通判黄元治易木以石，覆之以屋，改名宁津。《采访》：岁久倾圮，光绪二十年，邑人捐赀重建石桥，知县田亮勋有碑记。

猢狲桥　旧《云南通志》：在城西南十五里，一名猿江桥。明嘉靖间，县丞鲜于春①建，后邑人李友兰修。国朝康熙二十九年，僧裕量募化重修。

上下铁锁桥　旧《云南通志》：在城西，嘉庆八年重修。《采访》：岁久倾圮，光绪初年，邑人捐赀重修。

赤硐壁桥　旧《志》：在石龙寺。

泰丰桥　旧《志》：在小红山。

---

① 鲜于春　雍正《云南通志》同。道光《云南通志稿》引旧《云南通志》、康熙《续修浪穹县志》皆作“鲜椿”，有异。

应山铺桥 旧《志》：在城东十五里。

下新村桥 旧《志》：在城东十八里。

大涧口桥 旧《志》：在城西五十里。

马家营桥 旧《志》：在城东十五里。

郑家庄桥 旧《志》：在城东二十里。

高三营桥 旧《志》：在城东二十里。

永济桥 《采访》：在三营街中，为鹤庆、丽江、剑川通衢。旧有木桥，邑人姚崇义于同治中集村众捐赀并募建为石桥。

观音桥 旧《志》：在三营东。

寿山桥 旧《志》：在三营东。

渡龙桥 旧《志》：在夹石渡西，以明建文帝往来鹤庆经比得名。

长庚桥 旧《志》：在山关村南。

子河桥

集凤桥 旧《志》：在城南十五里。

落凤桥 旧《志》：在城南凤羽河上。架木为之，岁由官修。

江登桥 旧《志》：在村中。《采访》：岁久倾圮，光绪十八年，村人杜会昌捐赀修造石桥，更名彩虹。

新生邑桥 旧《志》：在村西。

波大邑桥 旧《志》：在村西。

雪梨场桥 旧《志》：在村西。

藤 桥 《采访》：在城西一百一十里浪渡邑，跨黑惠江。

岩羊桥 《采访》：在城东南八里。光绪二年，邑人募赀建，桥成，有岩羊渡过，故名。

彩凤桥 《采访》：在罗坪山半白石江源，为出入云龙、永平孔道。

白石江桥 《采访》：跨白石江。光绪二十八年，村人杜会昌捐募重修。

〔据罗瀛美修，周沆纂辑光绪《浪穹县志略》（清光绪二十九年刻本）卷三《建置志·津梁》第11－14页辑录。〕

丽江市

（乾隆）丽江府志略·山川略·津梁

上卷 山川略 津梁

金沙江渡 在城北[1]五十五里阿喜汛，出中甸要路，设有官渡。按《图说》：金沙江自铁桥而西北有其琮渡口，路通蒙蕃，今为所据。又有[2]各桥头渡口，又南有喇沙漠渡

---

① 在城北 光绪《丽江府志》作“在城西北”。

② 又有 原本作“又有有”，据光绪《丽江府志》改。

口，转而东有阿喜渡口及金江大渡口，过雪山而东至故宝山州北有大具渡口，折而南有俸可渡口，又南有井里渡口，俱[①]在金沙江上。今皆禁止，不得私渡，惟府东井里渡口通往来，与永宁府接界。今查，自雍正元年平定[②]青海，中甸归诚，蒙蕃据地，悉皆内附，丽境大渡，总归阿喜。井里为永北捷径，俸可系永宁要路，其琮今隶维西，俱有塘汛，不在禁例。

澜[③]沧江渡 在城西四百里，地名木瓜音，渡用双木槽。又一在日件，即剑川协吉尾汛前。

井里渡 在城东一百三十里。冬春[④]用双木槽，夏秋用溜筒。

俸可渡 在城东北四百五十里，渡用木槽。

晟剌古岸 在城西六十里[⑤]海罗塘。康熙六十年大兵进西藏，于此搭浮桥渡江。

跨玉河石桥五，内：

双石桥 在城西门北二里。两孔行水，玉河于此分派。

大研桥 在城西门外一里许，明时土知府木氏建。

万子桥 在城西饮玉门外半里许。本朝雍正九年，教授万咸燕、善士赵良弼重修。

万钧桥 在城南门外。本朝康熙六十年，通判程廷伟建。

修文桥 在万钧桥东数武。架木为梁，上覆以屋，额曰“中流砥柱”。桥畔有阁，上奉观音大士，之下为游人啸咏所。白沙回濑，深柳垂荫，夏日流觞，坐失烦暑，亦郡中雅胜也。通判程廷伟题有诗并序，见后《艺文》。

跨白玉溪石桥六：

一在剌沙里，二在具略瓦，三在寨后，俱系通衢。明时土知府木氏建。

跨清溪石桥八，内：

北岳桥 在城北二十六里北岳庙东。

吉祥桥 在城西北二十里白沙里。

具可桥 在白沙村中。

葛陂桥 在白沙里。两岸缘崖，条石为梁。

此四桥当作白沙桥，原跨大乾沟上，夏秋交通，白沙里西山溪雨水南流至束河里，参青龙河，流至长水村，时冲坏河岸，淹近河田亩，冬春则涸。非青龙河源也，源只是岩阿潭，不可谓其源有二。青龙桥以下，乃跨青龙河。青龙桥，方言加合筰[⑥]。原批。

青龙桥 在城西十五里束河里。

普济桥 在城西十三里普七瓦村。

次美桥 在城西十八里剌沙里。“美”应为“满”。批改。

长水桥 在城西南十五里剌沙里。

东员桥 一名迎恩桥，在城东南十里，一空行水，宽阔坚固。府治清溪、白玉河、龙湫、白□□、玉河、西议诸水，皆汇于此，由桥下东行，合于玉河，中汇东议至坧塘

---

① 俱 光绪《丽江府志》作“渡口俱”。

② 平定 光绪《丽江府志》作“平地”。

③ 澜 光绪《丽江府志》作“浪”。

④ 冬春 光绪《丽江府志》作“春冬”。

⑤ 六十里 光绪《丽江府志》作“八十里”。

⑥ 加合筰 丽江市古城区图书馆藏钞本乾隆《丽江府志略》作“合作筰”，有异。

关石岩下，南入鹤庆。皆明时土知府木氏建[①]。

木别桥 在城西二十里剌是里。

清江桥 在城西南九十里九河里，跨清江。

七河桥 在城南四十里七河村中。

来远桥 又名吊桥、关桥，在城西七十里石鼓，跨冲江河。本朝乾隆四年，知府管学宣奉文建。

介福桥 在城西七里剌沙里。乾隆三年，里民和日介建。

通甸桥 在城西二百七十里。架木为梁，长十余丈，跨通甸河。乾隆七年，水圮，知府管学宣重修。

甸平桥、新井木桥 以上二桥在城西四百里，下井盐大使署里许。本朝乾隆元年，大使苗道详建。

平政桥 在城西一百五十里桥头，系通维西大道。乾隆二年，署府江峤孙建，五年正月毁于火，七年知府管学宣重修。

长川桥、应鼎桥 二桥俱在城西南二百余里旧兰州界，跨白石溪上。本朝康熙年间，土舍罗维馨建。

白地坪桥 在城南三百八十里，离下井二十里，系运盐要路。雍正八年，知府靳治岐建。乾隆三年圮，知府管学宣重修建。

河西木桥 通高先井要路，离井二十里。

阿那湾木桥 通通甸，下井要路。

弩弓坪木桥 通下井要路。以上三大木桥，俱系通各井要路。乾隆七年，知府管学宣详明修建。

来鹤桥 在府南七河桥之南，原桥久圮。乾隆八年正月，有鹤庆耆民洪伟烈呈请捐修石桥，共费一百六十余两。知府管学宣旌以匾，曰“石虹来鹤”。

〔据官学宣修，万咸燕纂乾隆《丽江府志略》（《中国地方志集成·云南府县志辑41》，凤凰出版社2009年据钞本影印）上卷《山川略·津梁》第114－118页辑录。〕

（光绪）丽江府志·建置志·津梁

卷二 建置志 津梁

金沙江渡 旧《志》：在城西北五十五里阿喜汛，出中甸要路，设有官渡。按《图说》：金沙江自铁桥而西北有其琮渡口，路通蒙蕃，今为所据。又有各桥头渡口，又南有喇沙漠渡口，转而东有阿喜渡口及金沙江大渡口，过雪山而东至故宝山州北有大具渡口，折而南有俸可渡口，又南有井里渡口。渡口俱在金沙江上，今皆禁止，不得私渡，惟府东井里渡口通往来，与永宁府接界。今查，自雍正元年平地青海，中甸归诚，蒙蕃据地，悉皆内附，丽境大渡，总归阿喜。井里为永北捷径，俸可系永宁要路，其琮今隶维西，

① 皆明时土知府木氏建 光绪《丽江府志》作“以上九桥皆明土知府木氏建”。

俱有塘汛，不在禁例。

浪沧江渡 旧《志》：有二，一在城西四百里，地名木瓜音，渡用双木槽；一在日件，即剑川州协吉尾汛前。

俸可渡 旧《志》：在城东北四百五十里，渡用木槽。

井里渡 旧《志》：在城东一百三十里。春冬用双木槽，夏秋用溜筒。今建有铁索桥，详见下“金龙桥”。

大具渡 在城北一百里大具里，出中甸小路，渡用革囊。

江凹渡 在城东北三百二十里剌宝里，出永宁路，渡用革囊。

鸿门口渡 在城东一百四十里东山里，出永北小路，渡用革囊。

晟剌古岸 旧《志》：在城西八十里海罗塘。康熙六十年大兵进征西藏，于此搭浮桥渡江。后因江水泛溢，移于上游石门关，渡用木筏。

跨金沙江桥一：

金龙桥 在城东八十里古井里渡。光绪五年，郡绅总兵蒋宗汉创建。用铁索十六条悬系两岸，宽八尺五寸，长二十六丈，上铺木板，旁护长栏，两头覆以瓦屋，共费银一万四千五百一十七两，又捐银二百两贷石鼓居民，岁收利银二十两，积为修补之资。

跨玉河桥九：

双石桥 旧《志》：在城西北二里。两孔行水，玉河于此分派。

大石桥 旧《志》：在城西门外一里许。明时木土司建，一名映雪桥。

万子桥 旧《志》：在城西饮玉门外半里许。雍正九年，教授万咸燕、善士赵良弼重建。

万钧桥 旧《志》：在城南门外。康熙六十年，通判程廷伟建。

修文桥 旧《志》：在万钧桥东数武。架木为梁，上覆以瓦，额曰“中流砥柱”。桥畔有阁，上奉观音大士，下为游人咏歌所。白沙回濑，深柳垂阴，雅宜消夏流觞，亦胜地也。通判程廷伟建，题有诗并序，见后《艺文》。桥今圮。

小石桥 在大石桥东数武。

街左桥 在城西门外西四方街西。

街右桥 在四方街右。

销脉桥 在城南五里许，旁有阁曰“玉龙销脉”。

跨白玉溪桥：

玉龙桥 有二，在城西北四里许，俱系木桥。

折柳桥 在城西狮山西，出中甸、维西、剑川等处通衢，郡人迎送征人皆集于此。

寨后桥 在城西三里寨后村中。

镇西桥 在城西六里寨后村中。以上二桥，明木土司建。

介福桥 在城西七里剌沙里。乾隆三年，里民和日介建。

太极桥 在白马里。

北岳桥 旧《志》：在城北二十六里北岳庙东。

吉祥桥 旧《志》：在城西北二十里白沙里。

具可桥 旧《志》：在白沙里村中。

葛陂桥 旧《志》：在白沙里。两岸缘崖，条石为梁。

跨青龙河桥四十三：

青龙桥 旧《志》：在城西十里剌沙里[①]。

康卜桥 在柬河里康卜村。

普济桥 旧《志》：在城西十里普七瓦村。

次美桥 旧《志》：在城西十里剌沙里。

长水桥 旧《志》：在城西南十里剌沙里。

二道桥 在城西八里剌沙里。道光六年，贡生和国钧、生员郭墉等倡建。《通志》误注于青龙桥下，应更正。

三道桥 在剌沙里。光绪四年，里民李彦、和载礼、郭荣等建。

南锁风桥 在城西南十里下柬河里，白玉溪、青龙河、龙湫等水至此汇一。

通化桥 在城南十里剌趋瓦村，出鹤庆路。

迎恩桥 旧《志》：在城东南十里。一孔行水，宽阔坚固。府治青溪、玉河、雪山、木保诸水皆汇于此，由桥下东行至邱塘关石崖下，南入鹤庆。桥南有桃一树，大可数围，广荫长亩，下可坐百人。仲春时花烂漫，游人沓集，数里外望如朱霞。明时木土司建，一名东元桥。咸丰年间毁于兵，光绪十三年士民重建，树亦无存。

七河桥 旧《志》：在城南四十里七河村中。

来鹤桥 旧《志》：在府南七河桥之南，原桥久圮。乾隆八年正月，有鹤庆耆民洪伟烈呈请捐修石桥，共费一百六十余两。知府管学宣旌以匾，曰"石虹来鹤"。

木别桥 旧《志》：在城西二十里剌是里。

清江桥 旧《志》：在城西南九十里九河里，跨清江。

来远桥 一名吊桥关。旧《志》：在城西七十里石鼓里，跨冲江河。乾隆知府管学宣奉文建。

通甸桥 旧《志》：在城西二百七十里。架木为梁，长十余丈，跨通甸河。乾隆七年水圮，知府管学宣重修。

甸平桥、新井木桥 以上二桥，旧《志》在城西四百里，距下井盐大使署一里许。乾隆元年，大使苗道详建。考此二桥，甸平于光绪二年重建，新井桥于光绪十三年改建石桥，更名利济，俱于十六年被水冲圮，提举吕调阳详修。

平政桥 旧《志》：在城西一百五十里桥头里，通维西大路。乾隆二年，知府江峤孙建，五年正月毁于火，七年知府管学宣重修。

长川桥、应鼎桥 以上二桥，旧《志》俱在城西南二百余里旧兰州界，跨白石溪。康熙间，土舍罗维馨建。

白地坪桥 旧《志》：在城南三百八十里，离下井二十里，为运盐要路。雍正八年，知府靳治岐建。乾隆三年圮，知府管学宣重修建。

河西木桥 旧《志》：通先井要路，离井二十里。

阿那湾木桥 旧《志》：通通甸下井要路。

弩工坪木桥 旧《志》：通下井要路。以上三大木桥，俱系通各井要路。乾隆七年，

---

① 在城西十里剌沙里 乾隆《丽江府志略》作"在城西十五里柬河里"。以下"普济桥""次美桥""迎恩桥"条与《志略》所载也有异。

知府管学宣详建。

兴文桥 有二，一在阿喜里，架木为梁，上覆以屋；一在通甸里，道光戊子年建。原系石桥，咸丰辛酉年被水冲圮，今架木为梁。

培风桥 在阿喜里，跨龙洞河，架木为梁，上覆以屋。咸丰七年，里民重修。

铁虹桥 在石鼓里，跨冲江河，架木为梁。光绪十三年，里民建。

西锁风桥 在石鼓里，跨来鹤水，架木为梁。光绪十二年，里民建。

跨虹桥 在城东北八十里，前跨白水河，出鸣音汛路。旧木桥，今易以石。

太平桥 在东山白水桥东数武。同治二年，村人建。

白水桥 在城北六十里，跨白水河。

黑水桥 在城北七十里，跨黑水，架木为梁，出大具剌宝路。

长松坪木桥 在城东北一百五十里。

钟秀桥 在巨甸里。

涧虹桥 在桥头里格子塘前，跨长涧水，架木为梁，上覆以屋。乾隆年间，和忻、木林泽等建。道光己亥年[①]，木彬、和盛、和达遵等重修。

凝风桥 在桥头里三仙姑村。原系石桥，咸丰元年被水冲圮，今建木桥。

太和桥 有二，一在剌是里，石桥，嘉庆年间里民建；一木桥，在兰州，光绪四年里民重修。

金鸡桥 在山复里甸尾。乾隆四年，忽于岩间现金鸡形，故名。道光二十八年，被水冲圮。光绪十年，李维新等重修。

甸中桥 在鲁甸里坝中，出维西通衢，久圮。

宝开桥 在城西三十里剌是里。乾隆年间，里民建。

广文桥 在九河里。同治三年，张宣等建。

金山桥 在城东十里龟山旁，跨东山河，出永北通衢。

〔据陈宗海修，李福宝等纂光绪《丽江府志》（国家图书馆藏民国年间钞本）卷二《建置志·津梁》第105－109页辑录。〕

（乾隆）永北府志·山川志·津渡桥梁

卷五 山川志

津 渡

金沙江渡口 有三，上江渡在井里，与丽江交界，立夏后雪化，江水泛涨，船不能渡，夷人用篾索悬江中，以溜筒过之，至霜降后，始以船渡。中江渡在顺州板桥，与鹤庆交界。下江渡在郡南金江汛。船只旧系营镇管理，署府江峤孙详请设为官渡，以归公。官庄租谷变价银四百八十两，买获高土司金江大小康地方田一百六十亩，田租一百零二石，设立水手十六名，分为两班，后加添十六名，又分两班。除完粮外，每人分得租谷

---

① 道光己亥年 原本作“道己亥年”，脱“光”字，据文意补。

三石二斗，以作口粮。系是子孙顶替，有碑记，案卷存府。

桥　梁

来薰桥　在府城南门屏壁外。

碧溪桥　在府城东三里观音箐阁前。

拱极桥　在府城北门屏壁外。

天生桥　在府城北二里。

长安桥　在城南，俗呼为小桥。

三步两座桥　在城北一里。

饮虹桥　在城西北角。

通川桥　在城北五里。

关坪桥　在城西三里。

城内石桥　在真庆观。

明川桥　在城西十五里西山关小坡下，旧名永安桥，形如架鞍。近屯善士杨之樑修，并凿桥端石路及小坡路千余丈，后善士田金镶修小坡路。年久桥将圮，知府袁德达重修，改名明川桥，有碑记。

梁官桥　在城西二十里近屯，其桥屡建屡圮。善士严尚礼系太和人，于乾隆二十二年捐金首倡，同生员何朝纲、善士刘怀远重建石桥，人甚便之。严尚礼又修中洲至沙河通衢石路五里，又同杨士魁、黄朝勋修理坝箐河大路。

黑坞桥　旧桥崩塌，善士李尔芳建木桥一座。

马伍桥　在近屯西山下。

杨百户桥　在近屯金官。

前所桥　在近屯。

星马桥　在近屯马军。

沈官石桥　又名九眼桥。明嘉靖间，百户沈高建。

观会桥　在近屯。

永清桥　在近屯沙河。

晓　桥　在近屯河西，善士杨珊倡建石桥。

东广桥　在近屯。

永济桥　在城东五十里他留界，为东南要路。旧有木桥圮废，河陡水深，行者病焉。雍正二年，吏员杨大衡为首，偕郡中十余人与土司高熙勋修建石桥，人甚便之。

太平桥　在城南二里。明庠生李科建，并修此处路数百丈，后桥倾圮，监生田永登建石桥一座。

观澜桥　有二，一在城南十里，一在观音阁前。

海河桥　在城南远屯马军。

宏大桥　在清水驿北。

回澜桥　在清水驿西。

起文桥　在远屯清水驿。

江海联桥　在远屯。

累功桥　在远屯满官。

三渡河桥　在远屯三渡河。

济江桥　在江边陶营。

通江桥　在金沙江边陶营。

龙门桥　在府城南二百里金沙江南。桥圮废已久，河阔水深，夏秋人不能过，有停留数日者。雍正九年，知府石去浮委教授杨文征监修，贡生杨丽天、谭奇筹，生员李品隽、段文宰督工重建，改名民功桥，有碑记见《艺文》。嗣后因起蛟冲倒，乾隆丙子年，知府袁德达同绅士捐建，仍名龙门桥，有碑记。

〔据陈奇典修，刘慥纂乾隆《永北府志》（故宫博物院编《故宫珍本丛刊》第229册《云南府州县志》第4册，海南出版社2001年据清乾隆三十年刻本影印）卷五《山川志・津渡桥梁》第7－9页辑录。陈奇典《修永北郡志遍行采访示》言："桥梁自雍正壬子以后，或系官府创建、重修，或系士民捐资修建，各将动工、告竣日期，有无碑记，开单呈报。"（《永北府志》卷二十七《艺文志》第17页）〕

（光绪）续修永北直隶厅志・地舆志・桥梁

卷一　地舆志　桥梁

来薰桥　在城南门外。

碧溪桥　在城东三里观音阁左。

新　桥　在观音箐戏台左侧。同治十二年，郡人士筹款修建。

拱极桥　在城北门屏壁外。

天生桥　在城北二里。一在腊苴，一在金江大龙潭。

长安桥　在城南门外，俗名小桥。

三步两座桥　在城北一里。

饮虹桥　在城西北隅。

通川桥　在城北马房五里，圮而未修。

关坪桥　城西三里。

城内石桥　在真庆观。

盟川桥[①]　在城西十五里西山关小坡坪下，旧名永安桥，形如架鞍。近屯善士杨之樑修，并凿桥端石路及小坡路千余丈，后善士田金镶复修小坡路。继因年久桥圮，知府袁德达重修，改名盟川，有碑记。至道光二十年，桥被大水冲圮，经乡绅王德沛、张书铭、刘陞等劝募倡修，改为铁索桥，上盖瓦房，两头用楼阁照壁，可垂久远。近来倾圮，光绪二十七年，同知秦定基捐廉，命举人刘必苏等重修。

梁官桥　在城西二十里，其桥屡建屡圮。善士严尚礼于乾隆二十二年捐金倡首，与生员何朝纲、善士刘怀远重建石桥，人甚便之。严尚礼又修中洲至沙河通衢石路五里，又同杨士魁、黄朝勋修理坝箐河大路。此桥道光二十年重修，光绪年间又续修。

黑坞桥　旧桥崩塌，善士李尔芳建木桥一座。

① 盟川桥　乾隆《永北府志》作"明川桥"。

马伍桥　在近屯西山根下。

杨百户桥　在金官西首。

前所桥　在前所。

星马桥　在近马军。

沈官石桥　又名九眼桥。前明嘉靖间，百户沈高建。

观会桥　在沙河约。

永清桥　在沙河约。

晓　桥　在河西，善士杨珊倡建石桥。

陈广桥　在下川陈广约。

永济桥　在城东五十里他留界，为东南要路。旧有木桥圮废，河激水深，行者病焉。雍正二年，吏员杨大衡倡首，偕郡中十余人与土司高熙勋修建石桥，人甚便之。

太平桥　在城南二里。明庠士李科建，并修此处路数百丈，后桥倾圮，监生田永登建石桥一座。

观澜桥　有二，一在城南十里，一在观音阁前。

海河桥　在城南远马军。

宏大桥　在清水驿北。

回澜桥　在清水驿西。

启文桥[①]　在清水驿。

江海联桥　在远屯。

累功桥　在满官。

三渡河桥　在城南三渡河。

济江桥　在金沙江陶阿营村。

通江桥　在金沙江陶营村。

龙门桥　在城南二百里金沙江南，跨桑园大河。纳宾川州全境之水，河阔水深，夏秋人不能渡，甚有停留数日者。雍正九年，知府石去浮委教授杨文征等督工监修，改名民功桥，有碑记，见《艺文》。嗣因起蛟冲塌，乾隆二十一年，知府袁德达率绅民捐修，仍名龙门桥。光绪七年，贡生高富年拨租续修。

万安桥　在城东南一百里万山中，为永郡通川之路。随建随圮，光绪十六年，厘局委员陈宗海委拔贡生杨廷楫督工监修。

五济石桥　在马伍东首。光绪十六年，郡人新修。

彩虹桥　在墨林西首。

衆祥桥　在梁官南营南首。

星光桥　在梁官南营东首。

新凸桥　在马房西首。

永顺桥　俗呼罗家桥，世乱被毁，光绪二十年重修。

中和桥　在南泥河石闸之上，嘉庆十年创修。

永安桥　在西甲东首。

---

① 启文桥　乾隆《永北府志》作“起文桥”。

济川桥　在乌鸦口，光绪八年新建。

文风桥　在龙潭南闸海口。

停骖桥　在龙潭北闸海口。

龙溪桥　在龙潭泥河中段。

太平桥　在龙潭文昌宫门首。

龙门桥　在江边龙门水村南，即石人分水河。

空心桥　在郡城东倮黑山下。两山交互为桥，桥下悬崖千寻如空心状，故名。

聚风桥　在顺州西关村，光绪十七年建。

双龙桥　在金官，一在旧坪河北。

太乙桥　在陈广约。

铁锁桥　在习甸。

会川桥　在金官。光绪五年，黄瑛重修。

兴仁桥　在团山秦家铺，光绪十四年建。

乐善桥　在旧坪菩萨山下。

大　桥　在旧坪西门外。

永固桥　崔正明建。

锁龙桥　在大兴街外，长十二丈，宽二丈。张联兴同绅首公建，共用银一千八百五十两。

天星桥　在倮黑。

双合桥、普渡桥、普济桥　以上三桥，在旧坪河北约。

高　桥　在赢将村。

又新桥　在赢将村。

双济桥　在旧坪河北约。

金峰桥　在马伍五佛寺前。郡人周鼎建，圮毁后，从九沈永昌重修。

金龙桥　在郡治西北一百五十里子里汛，西跨金沙江，为永郡通鹤丽要冲。计长二十八丈，宽九尺，系铁索十八股。光绪二年丙子，现授贵州提督鹤阳蒋宗汉炳堂捐赀创修。

〔据叶如桐等修，刘必苏等纂光绪《续修永北直隶厅志》（清光绪三十年刻本）卷一《地舆志·桥梁》第42－46页辑录。本志《凡例》言：“桥梁塘汛等项，半因变乱，修废不一，今悉因旧《志》载入，以存先年规制，或修或废，或有改移，则详注其下，用资征考。”〕

保山市

（康熙）永昌府志·山川志津梁附

卷四　山川志津梁附

保山县

永安桥　在法明寺前。

清河桥 在镇南门内。

春晖桥 在升阳门内。

升平桥 在地官坊北。

土　桥 在彭指挥街。

双　桥 在东街。南北分衢，二桥相对。

新　桥 在钟楼巷口。

石　桥 在南园巷。以上俱在城内。

升阳桥 在东门外。

拱北桥 在拱北门外。

通华桥 在通华门外。

仁寿桥 在仁寿门外。

龙泉桥 在龙泉门外。

镇南桥 在镇南门外。以上俱跨城壕。

龙池桥 在易罗池南。

饮马桥 在龙池南。

众安桥 在城南七里，跨沙河水下流，永、腾通衢也。明洪武二十三年，指挥胡渊创建木桥。正德间参将沐崧、嘉靖间副使郭春震相继重修，砌石为桥，广一丈二尺，高五丈余，袤六丈有奇。康熙二十九年，总兵偏图重修。

济安桥 在城北五里，闸潴西河之流。洪武十五年，指挥李观建。今呼为五里桥。

东津桥 在城北二十里。洪武十五年，指挥李观建。今呼为小板桥。

北津桥 在城北板桥村。洪武十五年，指挥李观建，上有小亭五间。

霁虹桥 在城北八十里，跨澜沧江。古以舟渡，狭险湍急，行者忧之。后以篾绳为桥，攀援而渡。武侯南征，架木桥以济师。元元贞乙未，也先不花西征，始更以巨木，题曰霁虹。丁酉冬，宣慰都元帅达思撤而新之。元季桥圮，复以舟渡。洪武二十八年，镇抚华岳铸二铁柱于石，以维舟，后架木桥，寻毁。成化中，僧了然者，乃募建飞桥，以木为柱，而以铁索横牵两岸。下无所凭，上无所倚，飘然悬空。桥之上复为亭二十三楹，两岸各为一房。副使吴鹏题于石壁曰“西南第一桥”。岸北设官厅，以驻使节，岁以民兵三十人更番戍守。然桥摇动无宁晷，铁缆恒蚀，一修于兵备王槐，再修于参将沐崧，复修于兵部郭春震。万历间，又为顺宁猛酋所焚，兵备郭以仁重修，又修于兵备杜华先、分巡张尧臣。明季复毁，本朝克滇，督抚司道各捐金，檄金腾道纪尧典督建。两端系铁缆十六，覆板于缆上，又为板屋三十二楹，长三百六十丈，南北为关楼四。弘厰坚致，视昔有加，后毁于兵。康熙十二年，总兵张国柱重建，吴逆时又毁。二十年，知县蒋嘉谟重建。二十七年，总兵偏图增修两亭于南北岸，桥旁翼以栏杆，日久损蚀，桥复摇。三十八年，总兵周化凤、知府罗纶、知县程奕又重修之。

凤鸣桥 跨沙木和。相传桥下水多瘴，人马饮之即病，今亦不验。

神济桥 在诸葛营北。明永乐间，指挥车琳建。嘉靖间，义民吴贵甃以砖石。

血战桥 在姚城全胜关外。明时破缅酋于此，参将邓子龙建。

保场桥 在镇姚所小保场驿前，明万历间建。

西山桥 在石册寨，土舍莽承绪建。

腾越州

凌云桥 跨大盈江，指挥陈福甃以砖石。

天生桥 有三，一在灰窑江之下，两岸逼近若天生然；一在打苴；一在清水河。

通津桥 一名神桥，跨大盈之濠，当罗生之冲。嘉靖八年，百户郝升增修。

龙洞桥 跨叠水河之水，架木为之。明指挥陈仪建。

中 桥 在州城内饮马河前。

藤 桥 有二，一在瓦甸，一在曲石。水流湍急，以藤系于两岸树上，行者扳援以渡。

迎恩桥 在饮马河下。

界尾桥 在州北。康熙三十九年，知州唐翰弼捐俸重建。

永济桥 在城北九十里曲石村。康熙四十年，知府罗纶、同知李文渊、副将张友凤、知州唐翰弼捐俸同建。

大板桥 在州北门外。

瓦甸桥 在城北二十里。

灰窑桥 在城北六十里。跨两山断脉，峡深二十丈，陡峻特甚，下流即曲石江。

三合桥 在城西南十里。叠水河、芭蕉溪、来凤滩合流于此，故名。

龙川桥 在州东七十里龙川驿，跨凤溪江。旧编藤为桥，铺以小板。弘治间，兵备副使赵炯建桥于上流，寻废。嘉靖十年，兵备副使潘闰效霁虹桥制重建，两岸各为官厅。康熙三十七年，桥毁。三十八年，知州唐翰弼重建桥于壶瓶口，副将张友凤捐俸助之。然较旧路险而且远，行者苦焉。

永平县

广济桥 在城东。

太平桥 一名银江桥，在城外县治东半里，跨银龙江。长十四丈，高二丈五尺，广二丈。康熙三十三年，江水泛涨，冲断桥梁，知县姚孔鍹重建。

安定桥 在城北八里木里场村，跨银龙江水上。

九渡桥 在县城东北五十里，跨九渡河。

通津桥 在县南关外，与太平桥接境。

胜备桥 在县东北，近桥有胜备铺。

花 桥 在县西三十五里。

双 桥 在县东北八十里，近黄连铺。一河旋绕二桥，故曰双桥。

漾濞桥 漾濞系蒙化、大理、永平三处交界之所。康熙三十年，提督诺穆图新建，引铁索为梁，上覆瓦屋，制颇坚丽。

〔据罗纶修，李文渊纂康熙《永昌府志》（云南省图书馆传抄上海徐家汇藏书楼藏清康熙四十一年刻本）卷四《山川志津梁附》第13－15页辑录。〕

（乾隆）永昌府志·山川志津梁附

卷三 山川志津梁附

保山县

永安桥 在法明寺前。

清河桥 在镇南门内。

春晖桥 在升阳门内。

升平桥 在地官坊北。

土 桥 在彭指挥街。

双 桥 在东街。南北分衢，二桥相对。

新 桥 在钟楼巷口。

石 桥 在南园巷。以上俱在城内。

升阳桥 在东门外。

拱北桥 在拱北门外。

通华桥 在通华门外。

仁寿桥 在仁寿门外。

龙泉桥 在龙泉门外。

镇南桥 在镇南门外。以上俱跨城壕。

龙池桥 在易罗池南。

饮马桥 在龙池内。

众安桥 在城南七里，跨沙河水下流，永、腾通衢也。明洪武二十三年，指挥胡渊创建木桥。正德间参将沐崧、嘉靖间副使郭春震相继重修。砌石为桥，广一丈二尺，高五丈余，袤六丈有奇。康熙二十九年，总兵偏图重修。

济安桥 在城北五里，闸潴西河之流。洪武十五年，指挥李观建。今呼为五里桥。

东津桥 在城北二十里。明洪武年间，指挥李观建。今呼为小板桥。

北津桥 在城北板桥。洪武十五年，指挥李观建，上有小亭五间。

霁虹桥 在城北八十里，跨澜沧江。古以舟渡，狭险湍急，行者忧之。后以篾绳为桥，攀援而渡。武侯南征，架木桥以济师。元也先不花西征，始更以巨木，题曰霁虹。宣慰都元帅达思撤而新之。桥圮，复以舟渡。明洪武二十八年，镇抚华岳铸二铁柱于石，以维舟，后架木桥，寻毁。成化中，僧了然者，乃募建飞桥，以木为柱，而以铁索横牵两岸。下无所凭，上无所倚，飘然悬空。桥之上复为亭二十三楹，两岸各为一房。副使吴鹏题于石壁曰“西南第一桥”。岸北设官厅，以驻使节，岁以民兵三十人更番戍守。然桥摇动无宁晷，铁缆恒蚀，一修于兵备王槐，再修于参将沐崧，复修于兵部郭春震。前明间，又为顺宁猛酋所焚，兵备郭以仁重修，又修于兵备杜华先、分巡张尧臣。明季复毁，本朝克滇，督抚司道各捐金，檄金腾道纪尧典督建。两端系铁缆十六，覆板于缆上，又为板屋三十二楹，长三百六十丈，南北为关楼四。宏厰坚致，视昔有加，后毁于兵。

康熙十二年，总兵张国柱重建，吴逆时又毁。二十年，知县蒋嘉谟重建。二十七年，总兵偏图增修两亭于南北岸，桥旁翼以栏杆，日久损蚀，桥复摇。三十八年，总兵周化凤、知府罗纶、知县程奕又重修之。乾隆十五年七月，水发桥断，知府曹梦龙、知县顿权重修。

凤鸣桥 跨杉木和河。相传桥下水多瘴，人马饮之即病，今亦不验。

神济桥 在诸葛营北。明永乐间，指挥车琳建。嘉靖间，义民吴贵甃以砖石。

血战桥 在姚城全胜关外。明时破缅酋于此，参将邓子龙建。

保场桥 在镇姚所小保场驿前，明万历间建。

西山桥 在石册寨，土舍莽承绪建。

枯柯桥 在城东南一百三十里大鹿山脚。

龙陵厅

猛淋桥 在厅北三里。

盘龙桥 在厅西三里鳌山下。

铁河桥 在厅正北十里。

放马厂桥 在大关外二十里。

永康桥 在芒市，去大关五十里。

香柏桥 在厅西北三十里，通腾越大路。

得胜桥 在芒市蛮波五里。

镇安桥 在土城外。

头道桥、二道桥 俱在潞江。

坝兔桥 在三十六道水箐口。

滩冷桥 在遮放。

腾越州

凌云桥 跨大盈江，指挥陈福甃以砖石。

天生桥 有三，一在灰窑江之下，两岸逼近若天生然；一在打苴；一在清水河。

龙洞桥 跨叠水河之水，架木为之。明指挥陈仪建。

中　桥 在州城内饮马河前。

藤　桥 有二，一在瓦甸，一在曲石。水流湍急，以藤系于两岸树上，行者扳援以渡。

迎恩桥 在饮马河下。

界尾桥 在州北。康熙三十九年，知州唐翰弼捐俸重建。

永济桥 在城北九十里曲石村。康熙四十年，知府罗纶、同知李文渊、副将张友凤、知州唐翰弼捐俸同建。

大板桥 在州北门外。

瓦甸桥 在城北二十里。

灰窑桥 在城北六十里。跨两山断脉，峡深二十丈，陡峻特甚，下流即曲石江。

三合桥 在城西南十里。叠水河、芭蕉溪、来凤滩合流于此，故名。

龙川桥 在州东七十里龙川驿，跨凤溪江。旧编藤为桥，铺以小板。弘治间，兵备副使赵炯建桥于上流，寻废。嘉靖间，兵备副使潘润[①]效霁虹桥制重建，两岸各为官厅。康熙三十七年，桥毁。三十八年，知州唐翰弼重建桥于壶瓶口，副将张友凤捐俸助之。

通津桥　跨大盈之濠。明嘉靖间，百户郝昇修。

永平县

广济桥　在城东。

太平桥　一名银江桥，在城东南，跨银龙江。长四十丈，高二丈五尺，广二丈。嗣水涨断桥，知县姚孔鍹修。后又倾圮，知县宣世涛修。

安定桥　在城北八里木里场村，跨银龙江上。

九渡桥　在城东北五十里，跨九渡河上。

通津桥　在南关外，与太平桥接境。

胜备桥　在县东北，近桥有胜备铺。

花　桥　在县西三十五里。

双　桥　在县东北八十里，近永定铺。一河旋绕二桥，故曰双桥。

漾濞桥　漾濞系蒙化、大理、永平三处交界之所。康熙三十年，提督诺穆图新建，引铁索为梁，上覆瓦屋，制颇坚丽。

〔据宣世涛纂修乾隆《永昌府志》（中共保山市委史志委、保山学院编乾隆《永昌府志》点校，北京方志出版社2016年版）卷三《山川志附津梁》第31－34页辑录。〕

（光绪）永昌府志·建置志·津梁

卷十三　建置志　津梁

永昌府保山县

永安桥　在城内法明寺前，今废。

清河桥　在镇南门内。

春晖桥　在升阳门内。

升平桥　在城内地官坊北。

土　桥　在城内彭指挥街，今废。

双　桥　在东街。南北分衢，二桥相对，今废。

新　桥　在城内钟楼巷口。

石　桥　在城内南园巷。

升阳桥　在东门外。

拱北桥　在拱北门外。

通华桥　在通华门外。

仁寿桥　在仁寿门外。

---

① 潘润　康熙《永昌府志》作“潘闰”。

龙泉桥　在龙泉门外。

镇南桥　在镇南门外。道光元年，知府刘彰宽捐修。

龙池桥　在易罗池南。

饮马桥　在龙池内。

众安桥　在城南七里，跨沙河水下流，永腾通衢。明洪武间指挥胡渊创建木桥。正德间参将沐崧、嘉靖间副使郭春震相继重修，砌石为桥，广一丈二尺，高五丈余，长六丈有奇。康熙二十九年，总兵偏图重修。

济安桥　在城北五里，闸潴西河水。明洪武十五年，指挥李观建。今呼为五里桥。

东津桥　在城北二十里。明洪武年间，指挥李观建。今呼为小板桥。

北津桥　在城北板桥。明洪武十五年，李观建。道光元年，知府刘彰宽捐廉倡众重建。同治间，经兵燹坍塌，光绪元年，绅民重修。

枯柯桥　在城东南一百三十里大鹿山脚。明天启间建，康熙四十七年，知县金铨重修，六十一年，知县李芳华建亭于上，今废。

霁虹桥　在城北八十里。古以舟渡，行者忧之。后以篾绳为桥，攀援而渡。武侯南征，架木桥以济师。元也先不花西征，始更以巨木，题曰霁虹。宣慰都元帅达思撤而新之。桥圮，复以舟渡。明洪武二十八年，镇抚华岳铸二铁柱于石，以维舟，后架木桥，寻毁。成化中，僧了然者，乃募建飞桥，以木为柱，而以铁索横牵两岸。下无所凭，上无所倚，飘然悬空。桥之上复为亭二十三楹，两岸各为一房。副使吴鹏题于石壁曰“西南第一桥”。岸北设官厅，以驻使节，岁以民兵三十人更番戍守。然桥摇动无宁晷，铁缆恒蚀，一修于兵备王槐，再修于参将沐崧，复修于兵部郭春震。前明间，又为顺宁猛酋所焚，兵备郭以仁重修，又修于兵备杜华先、分巡张尧臣。明季复毁，国朝克滇，督抚司道各捐金，檄金腾道纪尧典督建。两端系铁缆十六，覆板于缆上，又为板屋三十二楹，长三百六十丈，南北为关楼四。宏厰坚致，视昔有加，后毁于兵。康熙十二年，总兵张国柱重建，吴逆时又毁。二十年，知县蒋嘉谟重建。二十七年，总兵偏图增修两亭于南北岸，桥旁翼以栏杆，日久损蚀，桥复摇。三十八年，总兵周化凤、知府罗纶、知县程奕又重修之。乾隆十五年七月，水发桥断，知府曹梦龙、知县顿权重修。道光二十六年，被回逆焚毁，铁索坠于江中，知府李恒谦重修。

双虹桥　在城西一百四十里，即潞江上游，通腾越道。江心有一石岩，因砌之以石，两岸以铁索横牵之，悬空而渡，遥望之如双虹然，故名。乾隆五十四年，知府陈孝昇建，咸丰九年，为回逆所焚，今未修。

惠人桥　在城南一百二十五里，潞江去腾龙通衢。明嘉靖间兵备道潘润造巨舟以渡，地多烟瘴，行人病之。道光十九年，知府周澍详请修建，越三年而成。就江心大石复以巨石垒之，周围广四十余丈，环以墙，两岸以铁索横贯于中，墩长五十二丈，悬空飞渡，南北两岸各建以亭，中铺以木板，左右翼以栏杆。光绪二年，土匪李潮焚其南岸，知府朱百梅补修。光绪七年，石岸日久损蚀，桥复偏倚，知府朱鸿重修。光绪十年十二月，大风将北岸铁索吹断尽坠于江中。

凤鸣桥　跨杉木和河[①]。相传桥下水多瘴，人马饮之即病，今亦不验。

---

① 杉木和河　乾隆《永昌府志》同，康熙《永昌府志》“凤鸣桥”条作“沙木和”。

神济桥 在诸葛营北。明永乐间，指挥车琳建。嘉靖间，义民吴贵甃以砖石。

血战桥 在姚城全胜关外。明时破缅酋于此，参将邓子龙建。

保场桥 在镇姚所小保场驿前，明万历间建。

西山桥 在石册寨，土舍莽承绪建。

水打桥 在城南一百里，距潞江二十五里，往腾龙冲道。夏秋山水涨溢，行人病之。光绪八年，知府郭怀礼倡率商民补修。

仁和桥 在城南一百二十里施甸街下。

老邓桥 在城南九十里由旺。

大石桥 在城南一百一十里施甸街下。

龙陵厅

猛淋桥 在厅北三里。

盘龙桥 在厅西三里鳌山下。

铁河桥 在厅正北十里。

放马厂桥 在大关外二十里。

永康桥 在芒市，去大关五十里。

香柏桥 在厅西北三十里，通腾越大路。

得胜桥 在芒市蛮波五里。

镇安桥 在土城外。

头道桥 在厅北潞江界。

二道桥 亦在潞江。

坝兔桥 在厅南三十里道水箐口。

镇南桥 在厅治三里。向用石砌，日久倾塌。光绪七年，同知刘赐龄倡率绅民重修。

迎恩桥 在厅治东五里。道光二十五年，用石修建，后被水冲坏。光绪八年，同知刘赐龄倡率绅民重修。

滩冷桥 在厅南遮放界。

腾越厅

凌云桥 跨大盈江，指挥陈福甃以砖石。

天生桥 有三，一在灰窑江之下，两岸逼近若天生然；一在打苴；一在清水河。

龙洞桥 在城西南五里，一名叠水桥。明指挥陈仪建，后兵燹为回逆所毁。光绪七年，同知陈宗海倡捐重修，更名大盈江桥。

大板桥 在州北门外。

中　桥 在州城内饮马河前。

藤　桥 有二，一在瓦甸，一在曲石。水流湍急，以藤系于两岸树上，行者攀援以渡。

迎恩桥 在城东门外饮马河下流。

界尾桥 在州北。康熙三十九年，知州唐翰弼捐俸重建。

永济桥 在城北九十里曲石村。康熙四十年，知府罗纶、同知李文渊、副将张友凤、知州唐翰弼捐俸同建。光绪五年，同知陈宗海重修，巡抚杜瑞联题额云“普济通津”。

瓦甸桥 在城北二十里。

灰窑桥 在城北六十里。跨两山断脉，峡深二十丈，陡峻特甚，下流即曲石江。

三合桥 在城西南十里。叠水河、芭蕉溪、来凤滩合流于此，故名。

龙川江桥 在厅东七十里龙川驿，跨凤溪江。旧编藤为桥，铺以小板。弘治间，兵备副使赵炯建桥于上流，寻废。嘉靖间兵备副使潘润效霁虹桥制重建，两岸各为官厅。康熙三十七年，桥毁。三十八年，知州唐翰弼重建桥于壶瓶口，副将张友凤捐俸助之。雍正元年，知府林世俊、副将孙宏本、知州杨之盛重建。乾隆三十三年，发帑重修。光绪五年，同知陈宗海重修。

通津桥 跨大盈之濠。明嘉靖间，百户郝昇修。

筒车河桥 在城北门外。明指挥杨继武建，乾隆四十年重修，光绪六年，同知陈宗海捐廉补修。

向阳桥 在城北二十里。明时建，乾隆三十五年，绅民重修，络以铁索，毁于兵。光绪五年，同知陈宗海重修，巡抚杜瑞联题额云“功占利涉”。

界明桥 在界头，交明光界。兵燹为贼焚毁，光绪五年，同知陈宗海倡捐重修，并捐廉置田一段为岁修之资。

济南桥 在曩宋河上流，距城南六十里。光绪六年，同知陈宗海倡建。

普济桥 在龙江左，距城东六十里。光绪五年，同知陈宗海捐修。

小新街桥 在明光下单河口，距城西九十里。光绪六年，同知陈宗海捐修，并由大西练拨逆田一段以为岁修之资。

曩转桥 在城西南七十里，通干崖道。光绪五年，同知陈宗海重修。

成德桥 在曲石野猪箐。光绪五年，同知陈宗海重修。

夹象桥 在瓦甸，一名铁索桥。同知陈宗海重修。

东门桥 在城东门外，明指挥陈效建。

北门桥 在城北门外。

满金邑桥 在城东雷起，郡人陈志建。

跃鳞桥 在城东东山寺，系木梁，今圮。

凤山桥 在城东南团山村。

新　桥 在城西南里许。

镇夷关桥 在城西南明朗蔺家寨。

河西桥 有二，俱在城西南河西练。

普天桥 在南甸黄果树塘下，通曩宋道。

曩烟桥 在南甸夷寨南。

顺江桥 在城西大西练。

固东桥 在城西阿白屯，有田为岁修之资。

乌索桥 在阿白屯西。

厢子桥 在城西明光罗香甸。

回龙桥 在城西界头之马面关。

迎风桥 在城北，明绅士郑文运建。

天济桥 在曲石，跨潞江，络以铁索。乾隆三十年，生员董棫等建，系上江、云龙、永昌要道。三十一年，总兵乌尔登额、知府陈大吕因边事拆毁。

永平县

广济桥　在城西三十里。

太平桥　一名银江桥，在城东南，跨银龙江。长四十丈，高二丈五尺，广二丈。嗣水涨断桥，知县姚孔鍹修。后又倾圮，知县宣世涛修。

安定桥　在城北八里木里场村，跨银龙江水上。

九渡桥　在城东北五十里，跨九渡河上。

通津桥　在南关外，与太平桥接境。

胜备桥　在县东北，为永顺、龙陵、腾越通衢。引铁索为梁，上覆板屋。道光六年三月，毁于火，知府陈廷焴捐廉二百两倡首重建，经兵燹毁坏。光绪二年，署腾越总兵蒋宗汉重修。

花　桥　在县西三十五里。

云龙桥　在城东一百九十里蒙化、永平交界处。康熙十三年，提督诺穆图建，引铁为梁，上覆瓦屋。光绪二年，署腾越总兵蒋宗汉重修。

双　桥　在县东北八十里。一河二桥，故名。

漾濞桥　系蒙化、大理、永平三处交界之所。康熙间，提督诺穆图新建，引铁索为梁，上覆瓦屋，其制颇坚丽。

〔据刘毓珂等纂修光绪《永昌府志》（清光绪十一年刻本）卷十三《建置志·津梁》第1–5页辑录。〕

（乾隆）腾越州志·疆域志·桥梁

卷二　疆域志　桥梁

昔蕃诏画界于神木川铁桥，在今巨津州北。盖大荒险塞，多倚桥为阻，其关系巨矣。腾越界在区外，为内外出入通途，为铁索桥者五，为藤桥者三，石桥者二十一，木桥者十。吴君志云：乾隆三十三年冬，大军至腾，龙江桥不戒于火，以独木船载兵而过。至奏闻，发帑兴修，非李承恩等诸绅士昼夜督修，地方官几束手。三十四年五六月内，干崖海坝江水涨，木桥冲断，运军粮、运船料几至误事。皆所亲历者，不可不预讲也。又，曲石至邦歪，出上江，赴云龙、永昌道。乾隆三十年间，有生员董棫等建天济桥，跨潞江，络以铁索，功已垂成。三十一年冬，边事萌芽，永顺镇乌尔登额、永昌府陈大吕不知其路不通缅，混主画江自守之论，立意折毁，甚为可惜。董棫好讼生事，余详革之。其建天济桥未为非也。吴君之言如此，想见武侯治蜀，谨桥梁，其得此意哉！

其铁索桥五，惟龙江桥为大，在城东七十里。龙川江之桥，建非一处，今所建非明时、国初之地矣。前明至今，修非一人，建非一地，均有纪载。知州吴楷在腾十年，已三修之。康熙时，有义士李让舍田在桥，故修易为力，详《艺文》。其次向阳桥，在城北六十里，创自前明，屡修屡圮。乾隆三十五年，里民积桥租、公捐重修，并建龙神祠于桥头之岭。桥北有屋一楹，临江观涛，颇属壮观。又永济桥，在曲石界尾地，乾隆四十年里人重修。成德桥，在曲石野猪箐。夹象桥，在瓦甸。曩转桥，在南甸西南十余里，通干崖道，干崖土司建。凡六桥，而曰桥五者，以曩转归土司也。

其石桥二十一，在东门外者为东门桥，明指挥陈效建。又迎恩桥，一名饮马水河桥。其前为中桥。出西门二里，凌云桥跨大盈江，又名大桥。又城西通津桥，乾隆三十九年重修。出北门，第一桥为北门桥。北门田心筒车河桥，明指挥杨继武建，乾隆四十年重修。城北迎凤桥，明乡官郑文运建。其西南龙硐桥，一名叠水河桥，明指挥陈仪建。新桥，在城西南里许。三合桥，明寸玉建，在和顺乡。满金邑桥，在雷起，陈志建。又本山路有团山桥、凤山桥。其大西练有顺江桥。在明朗有镇彝关桥、蔺家桥。而普天桥在黄果塘下，通曩宋道。曩烟桥，即在夷寨南。河西桥，在河西练，凡桥二。共石桥二十二也。

其木桥十者，跃鳞桥在东山寺，今圮。郑家桥、冉家桥，俱在江苴。回龙桥，在界头之马面关。固东桥，有二道，其地阿白屯，岁事修桥，有桥田，其地水发时泛涨特甚。其西为乌索桥。厢子桥，在明光罗香甸。天生桥三，一在赤石坪，一在灰磘，一在清水河，皆用木。共木桥十也。

而前目藤桥三者，一在龙川，一在甸尾，一在回石，皆跨龙川江为之，见于《明一统志》者也。

凡桥三十六，惟龙江桥跨龙川江。徐泰记云：永昌西南百十里为潞江，又百里为龙川江。潞江阔而流缓，虽险犹可舟也。龙川江狭而流急，波涛汹涌，巨舰难施。龙江桥成，虽见毁，而究迭修，见于所记石，俱详。而潞江未有桥之者，乾隆三十年，董生员棫发愤为之，垂成，而为庸懦者所毁，盖主画江之议也。夫画江议倡，则弃腾于江外，公私汹汹，谁不惶惧哉！想董生不服，哓哓陈辩，反坐革黜；想吴君内歉，故坐董生以“好讼生事”而微其辞。抑不知其所讼，其为此桥之毁而讼耶？抑或别寻讼端耶？然直书官爵姓名，且曰“混主拆毁，甚为可惜”，意自见矣。夫以守土官所不能为者，一诸生为之，此其号召哄动，费已不赀，顾以千百年未有之奇功，垂成而遭毁，且被生事之诬，载笔者犹不敢为辩雪也。可慨也夫！

〔据屠述濂修乾隆《腾越州志》（《中国地方志集成·云南府县志辑39》，凤凰出版社2009年影印本）卷二《疆域志·桥梁》第9-11页辑录。〕

（光绪）腾越厅志稿·地舆志·桥梁

卷三志　地舆志　桥梁

铁索桥旧《志》腾铁索桥五，除惠人、天济、曩转三桥而言。

龙江桥　在城东六十里。自明至今修之者，非一人非一地矣，州牧吴楷曾三修之。光绪五年，同知陈宗海补修，置有桥田三十三箩五斛，载在碑记。

天济桥　去城百五十里，在马面关。乾隆三十年生员董棫倡建，联以铁索，系跨潞江。三十一年，永顺镇乌尔登额、永昌府陈大吕以边事萌芽，欲画江自守，因毁之，人至今惜焉。

潞江桥 在司署东。道光九年，州牧周澍饬绅管明清宠、朱大椿、马如灏等力修之。累立中渡石墩，迭被冲决，后于中流得一巨石，以为砥柱，砌石于上，加以银锭，阅十年而桥成。积万金买置线多田亩，年收租谷二千九百余箩，作岁修资。咸丰间毁于贼，光绪初递加修理，十一年三月怪风忽大作，铁索尽被吹折，同知陈宗海倡捐，醵金五千九百余，饬监生尹其懋督修，坚致如故。现田租年仅收谷千箩。

曩转桥 在南甸西南十五里，通干崖路。干崖土司建，后圮。光绪四年，同知陈宗海至其地，复倡捐重修之。

向阳桥 在城北六十里。创自前明，屡修屡圮。乾隆三十五年，里人捐租重修，并建龙神祠于桥岭，后毁于兵。光绪五年，同知陈宗海倡捐重建，七年工竣，更名镇龙桥，云南巡抚杜瑞联给额曰“功占利涉”。

永济桥 在曲石界尾地。康熙三十九年，知府罗纶、知州唐翰弼重建，后毁。乾隆四十年，里人复建，寻毁于贼。光绪五年，同知陈宗海倡捐重建，巡抚杜瑞联给额曰“普济通津”。

界明桥 在界头、明光交界。里人修，毁于贼。光绪六年，同知陈宗海倡捐重修，六年告成，复捐廉置田六箩作岁修资，巡抚杜瑞联给额曰“功占利济”。

成德桥 在曲石野猪箐。里人修，毁于兵。光绪八年，同知陈宗海倡捐重修，加铁索四，系于石墩上，九年春工竣。

长庚桥 在界头野老营，毁于兵。光绪十三年，同知陈宗海倡捐重修之。

石 桥

东门桥 在东门外，明指挥陈效捐建。

迎恩桥 在饮马河，一名饮马河桥。

中 桥 在饮马河前。

凌云桥 在西门外，跨大盈江，一名大桥。

通津桥 在城西。嘉靖八年，百户郝昇建，乾隆三十九年重修。

北门桥 在北门外，名北门第一桥，后圮。光绪七年，同知陈宗海捐廉修补。

车筒河桥 在北门外田心寨。明指挥杨继武建，乾隆四十年重修，后圮。光绪六年，同知陈宗海捐廉修补。

迎凤桥 在城北，明郑文运建。

龙洞桥 即叠水河桥。明指挥陈仪建，毁于兵。光绪七年，同知陈宗海倡捐重修，更名为大盈江桥。

新 桥 在城西南。

满金邑桥 在城南雷起潜，陈志建。

团山桥 在大董团山村右。

凤山桥 在大董长洞村旁。

三合桥 在和顺乡。

捷报桥 居大盈江尾。光绪十年，和顺人重建。

夹象石桥 在瓦甸，即永盛桥。毁于兵，光绪七年，同知陈宗海倡捐重建。

陈家桥、德厚桥 俱在瓦甸。光绪十三年，同知陈宗海并倡捐修补。

顺江桥 在大西。

镇夷关桥、蔺家寨桥　俱在明朗。

普天桥　在黄果树下，通曩宋关道。

曩烟桥桥　在曩烟寨南。

河西桥　在河西练。

德禄桥　在缅箐路口村。久圮，光绪十三年，同知陈宗海倡捐，饬乡饮樊启林等重修之。

藤　桥

龙川桥、甸尾桥、曲石桥　三桥俱随地跨龙川江，联以藤索，见《明一统志》，今无。

木　桥

鳞跃桥　在东山寺，今圮。

回龙桥　在马面关。

厢子桥　在罗香甸。

天生桥　有三，一在赤坪，一在灰礌，一在清水河。

济南桥　在曩宋河上流。春冬可涉，夏秋雨水倾注，急浪狂流，力能摧石。光绪六年，同知陈宗海择木龙口地，就两岸砌石成桥。

飞凤桥　在北门外三家村旁。里人建，光绪十三年，大水湮圮。

凤尾桥、范家桥、三家村桥　三桥亦在北门外。

马常桥　在上马常村旁。上五桥，俱同知陈宗海倡捐兴修，下用石为墩，上覆以大木。

郑家桥、冉家桥　俱在江苴。光绪八年，同知陈宗海捐廉修补。

固东桥　有二，俱在阿白屯。

乌索桥　在乌索。以上三桥，光绪十三年，同知陈宗海各拨给叛产田作岁修资。

新街桥　在明光下单河口。其水春冬可涉，夏秋用筏，常有溺者。光绪六年，同知陈宗海修建，复拨给乌索叛产田六箩作岁修资。

普济桥　在龙江上流。光绪五年，同知陈宗海捐廉建。

石龙桥、永安桥、龙家桥、龙胡桥、邓家桥、普济桥、济东桥、柳湾桥、总渡桥、润生桥、木厂桥　以上十一桥，皆在北练。光绪十三年，同知陈宗海俱捐廉修补。

〔据陈宗海修，赵端礼纂光绪《腾越厅志稿》（清光绪十三年刻本）卷三《地舆志九·桥梁》第1-5页辑录。〕

（光绪）腾越乡土志·桥梁

卷六　桥梁

铁索桥

腾桥之最紧要者，惟龙、潞二江衢关通府通省，费必盈千盈万，两岸悬岩峭壁，中流洶涌湍急，非木石所能撐柱，前人费尽移山心力，故必系以铁索焉。虽潞江在界外数十里，历为腾人倡修，费极不赀，《志稿》当举以为冠。龙江桥虽在境内，费则次之。其他，天济桥、在马面关。曩转桥、在南甸西南。向阳桥、在城北六十里。永济桥、在曲石界尾。界明桥、在界头、明光交界。成德桥、在曲石野猪箐。长庚桥在界野老营。则又次。旧《志》载铁索桥五，当曰仅此，实非挂漏。

石　桥

以石砌桥下，孔开丈余，上平如康庄，良非易易。如龙洞桥、即叠水河。凌云桥、即西门外大桥。新河桥、在城外西南角。瓦甸之夹象石桥、大西之灰窑桥、曩烟桥、小河底桥，皆匠石运造而成者，非可以寻常例之。他如费不满千者，或载新旧《志》，或记里巷碑，详而考之，尤得其实，故不赘述。

《厅志》载藤桥三，实不经见，惟古永练外之古勇隘，名猴桥关，以拱把丈八许，木插于两岸石穴中，挽其木杪，以藤束缚，如偃月形，足踏其一，两手扶上，上下如猱，故名。由猴桥河流西南约四十里，曰崇苞河，有石堡河宽十余丈，幽而且深，过渡难甚，傈僳努练于两岸树腰用藤牵束，如仰月形，脚履一巨藤，手抓二藤，始入而俯，将出则仰，秋千不啻也。昔明王文成公征断藤峡，尝疑于是，今信不诬。

〔据寸开泰纂修光绪《腾越乡土志》（国家图书馆藏清钞本）卷六《桥梁》第14－16页辑录。〕

（民国）腾冲县志稿·交通·桥梁

卷十六　交通　桥梁

铁索桥

龙江桥有九：

一在城东六十里龙川江下游，名龙江桥。考《明一统志》：元至正间，始系藤桥。弘治八年，兵备副使赵炯建为木桥于上流，越六载而圮。嘉靖间，兵备副使潘润效霁虹桥制，改建为铁索桥。在今桥之上流二里，遗迹犹存。后毁，万历廿八年，州守郑人和改路由罗坞塘通箐哨，建江桥，旋圮。四十一年，州牧李之仁改建于木瓜寨壶瓶口。康熙三十七年桥毁，知州唐翰弼就址重建，四十五年圮。雍正二年，协镇孙宏本复建之。乾隆三十三年，大兵至腾，桥不戒于火，副将军阿里衮请发币修之，以绅士李承恩等董其役，添大铁练二十。乾隆四十一年，知州吴楷以积年桥租三次补葺。光绪五年，同知陈宗海复修，置有桥田三十三箩五斛。后迭修数次，至民国十五年，龙、潞两江桥均毁于匪，邑绅董友莲共捐款一万六千元修葺之，民国二十一年，复由商会倡议重修，改为铁板桥。

一在龙川江上游，名界明桥。为凤鸣、明光、西练交通要道，创始于清康熙间，至乾隆、嘉庆间迭修，毁于兵。光绪五年，同知陈宗海倡建，并置田六箩作岁修费，十五年续修，三十三年复葺之。

一在龙川江上游凤翔乡，名长庚桥。创始于明中叶，邑庠刘心等倡建。乾隆五十二年，水溢桥圮，邑人募资复修。迨咸丰丙辰毁于兵，光绪十三年，同知陈宗海捐廉修之。复拨给乌索田三箩作修补费，年久田失，补葺维艰矣。

一在龙川江上游孙家坝凤堂村交界，名通济桥。创始于乾隆四十三年，邑人吉国香等醵金建。后江溢桥断，道光三年，里人重修之，咸丰十年复圮。后虽修葺，仅架木而已。然每届夏秋之间，水溢桥浮，行人多有溺者。民国九年，邑人孙秉乾首倡捐资，恢复旧制。

一在龙川江上游瓦甸永安镇，名永安桥。初架木桥，后光绪十三年，同知陈宗海倡修。民国八年，里人李其富等醵资改建铁索桥，长十四丈，广八尺余。二十四年，里人吉运春等醵资重建新式铁索吊桥，由缅购置铁件，约需经费三万余元，于二十六年四月，始修筑完成。

附李曰垓《改建宝华乡永安桥记》：

腾位高黎贡西麓，为滇西极边重镇。自来有事于缅甸，率出于其途，而取径则前后不同，何则？高黎贡为世所称大横断山脉，不通行旅，渐下渐杀，至腾境东北乃已。故东西交通，不得不出于腾者势也。往时地形疏阔，择焉不精，知腾境东北之雪势渐杀，而不知东南之更无雪封。是以有明中叶，王骥三征麓川，大兵出云龙、漕涧、十五喧、马面关，经三练以达于腾。清代征缅，傅恒、阿桂之流，皆取道永昌，经今日之腾永官道以达腾。此今昔取径不同而趋势不能不重于今日之官道者亦势也。虽然，今之官道重矣，而昔之旧道亦所不废，何则？由旧道越高黎贡而东，经云龙、兰坪以通丽、维，或溯潞江西岸，直达菖蒲桶，以上皆规划边境交通所不可忽者。若乃由旧道沿高黎贡西麓，出片马、板厂、拉打谷，上迄俅江流域，则又将来北段未定界不绝如缕之望，独系乎此而已。知此者乃可与言永安桥。永安桥者，跨龙川江上游，据三练中权之宝华乡，而为旧道所必经者也。龙川江有三源：一出大塘隘，汇界头（后改凤鸣，今凤瑞乡）、瓦甸诸水以入于曲石。曲石、瓦甸、界头，即昔所谓三练，而瓦甸即今之宝华乡也。一出明光隘，汇大竹坝、癞石头河、定蛮关、茶山河诸水，南流至固东河阿白屯。一出滇滩隘，经营盘街、阿幸、固东至阿白屯，以与明光河会。又东南流经灰窑，穿山峡至曲石与大塘河汇而为一，通称曰龙江。再沿高黎贡西麓南流二百余里，至腾龙桥，折而西南流，经南甸、遮放、猛卯出境，始与高黎贡正脉、支脉绝缘。故在腾境内高黎贡西麓，实与龙江相比附，勿论官道、旧道，皆舍桥莫济云。先是旧道出三练，人马辐辏，故三练桥工特精。自界明桥以下，长庚桥、通济桥、永安桥、永胜桥、向阳桥、成德桥、永济桥皆排比众木，横嵌两岸，作徼仰势，逐层突出，至于接近，始架长木，通贯其中。其制作颇合近代科学原理，为旧桥所仅见。自官道下移，下游之桥工代兴，于是有龙江桥、龙安桥、腾龙桥，皆冶铁练衔接两端，铺木其上以行，是曰铁练桥。其支重持久，远非木桥所及，于是向之永安、向阳，则而效之，易木而铁。晚近西法融冶顽铁，如绵丝抽，一一纽为巨絙，牢缚两岸，罥桥其上，若悬垂然，是曰铁索吊桥。坚固安稳，又驾铁练桥而上之矣。民国二十四年，吉君运春以永安改建吊桥之议，谋于家乡之人，从而和之；会封君维德亦倡修龙文桥，相度地址于龙江之上、永济桥之下，适与新勘公路吻合。余闻而嘉之。两君亦声应气求，募集巨款，通力合作，越三年而永安吊桥以成。余维山川不改，而要害则因时势为转移。昔元世祖以怯烈佥缅行中书事，有明盛时，缅甸仅为滇鄙，亦宣慰之一。麓川思氏既破灭，犹获踞孟养以自存，则大金沙江以西，固隶我版图也。洎乎缅沦于英，一度划界，江以东且失地无算，而英人意犹未餍，又囊括北段未定界片马以上，欲与我平分高黎贡矣。三面包围，腾与梁、盈、莲、陇、路、瑞六设治局已孤悬高黎贡外，览永安风景，俯仰今昔，不胜其举目山河之感。然则斯桥之成，岂徒曰“利行人、免厉涉”云尔哉！

是役，凡用款三万数千元，用民夫三万余工。首其谋而终成之者，实吉、封两君。出国募捐购料，则封君与李耀廷君用力独多。又措款监工，则熊占先、董绍春、毛发彬、孙承孝、艾其伦、董正荣诸君分其劳。指导赞助则董朝聘、董友薰、姜朝兴、王林兴、杨曰福诸君趣其成。例得并书。中华民国二十七年戊寅冬月上弦。

一在龙川江上游龙江乡之上营甲过窜龙，名龙文桥。民国二十四年，里人封维德等醵金倡建新式铁索吊桥，长十八丈余，宽九尺许，约需经费三万余元，刻正兴修，将于二十六年冬落成。

一在龙川江上游曲石上北交界，名向阳桥。创于明洪武间，屡修屡圮。乾隆三十五年，里人捐租重修，并建龙神祠于面山之椒。后毁，嘉庆间里人改建于上游五里许，名曰济渡桥。不数年，水溢桥毁，复改于下游三里，名双龙桥。因水势汹涌，震撼而圮，里人谢魁然等复建桥于原址，乱又毁。光绪五年，同知陈宗海倡捐重建，工竣，更名镇龙桥，云南巡抚杜瑞联给额曰“功占利涉”。迄今修补者数矣。

附刘楚湘《向阳、成德两桥募捐序》：

龙川江上游，来源有二：一为曲石江，一为固东江，俱会于曲石。固东江流至灰窑山，又名灰窑江，跨有向阳桥，曲石江跨有永济、成德二桥，相距各八九里，鼎足成三角形。由腾城行四十五里，度向阳桥。去分两路：南路过永济桥，经江苴上林家铺，再度潞江双虹桥，至保山之上江下五喧地；北路过成德桥，经瓦甸罗古城，至凤鸣上马面关，越灰坡，到保山上江之上五喧地，出云龙界。此两路为腾越最初辟之古道。考明景泰《云南图经》载：腾越有藤桥三处：一在龙川，一在瓦甸，一在曲石，俱跨龙川江上。因江水湍疾，难支木石，自古编藤为桥，系于岸树。腾越之名，盖谓度越藤桥而达于境。后人改用铁桥，遂忘旧名，而称为腾越耳。《徐霞客游记》云：坞底有桥跨江，铁锁交络，而覆亭于上者，是为曲石桥。《一统志》云：龙川江上有藤桥二，其一在回石。按：江之上下无回石之名，其即曲石之误耶？以道路考之，向阳、永济、成德三桥，为元、明由腾通保山、云龙之大道，正统间三骥征麓川，尚取道于此。景泰《图经》所载之藤桥，一在龙川，一在瓦甸。其在龙川者，即今之界明桥。徐霞客当明崇祯间来游，龙川之藤桥尚在，载其《游记》中。惟龙川、瓦甸之桥，俱非通腾城大道。扼龙川江之咽喉，为行旅之通道者，即向阳、永济、成德三桥。徐霞客所云之曲石桥，为今之向阳桥，迨明季已改为铁索桥矣。又考，元至元间，曾设顺江州及越甸、古永二县，俱属腾冲府，后罢之。故腾越在元代繁荣之地，以今四、五两区之大西、古永、曲石、瓦甸、凤瑞等乡为最。至明犹然，亦以此三桥为龙川江关津之锁钥，来往之通路耳。兹因向阳、成德两桥年久失修，余老友前农商总长兼署国务总理、今滇黔监察使印泉李公，于民国二十八年由昆明旋里，至曲石扫墓，见其朽坏，嘱第五区区长吉君运春修葺之。李公倡捐为之率，以存古迹而利行人。并属余为序于册首。余因考其沿革，俾吾腾人知斯二桥有关于腾越历史之重要若此，其必解囊赞李公乐成之矣。是为序。（成德桥见下）

一在龙川江下游三甲街，为通龙陵、猛柳道，名龙安桥。创于道光末年，里人周之钦、杨启亭等倡建，乱被毁。光绪十五年，里人常自裕、周正贵、黄赛国、尚自泰、杨再东等重建。民国四年，里人周大明、尚必超、常永成等更行改筑，并筹备常年基款云。

一在龙川江下游蒲川乡桥头街又名蛮掠，为通龙陵道，名腾龙桥。创始于清。

趁飞桥 旧名猴桥，在蛮旦江，为古永通止那隘要道。夷人以藤为桥，将藤系两岸树干间，如猴攀援而过，因名之曰猴桥。每江风怒起，树木摇荡，桥临半空，随波上下，危险万状，行人苦焉。民国十九年，邑绅董友薰等醵资倡建，工程甚巨，都用款万有余元。旋圮，现正筹资重建。

成德桥 在曲石野猪箐。里人修，毁于兵。光绪八年，同知陈宗海倡捐重修，加铁索四，系于石墩上，逾年工竣。

永济桥 在曲石界尾地。康熙三十九年，知府罗纶、知州唐翰弼重建，后毁。乾隆四十年，里人复建，寻毁于贼。光绪五年，同知陈宗海倡捐重建，巡抚杜瑞联给额曰“普济通津”。

长庚桥 在界头野老营。毁于兵，光绪十三年，同知陈宗海倡捐重修。

曩转桥 在南甸西南十五里，通干崖路。干崖土司建，后圮。光绪四年，同知陈宗海至其地，复倡捐重修之。

潞江桥 有二，一在潞江下流，为腾永往来要道，名惠人桥。创始无考，道光九年，州牧周澍饬邑绅明清宠、朱大椿、马如灏等力修之。累立中渡石墩，迭被冲决，五年弗成。后骤风雨，江水沸腾，顿见巨石屹于中流，因以为砥柱，砌石于上，加以银锭，阅十年而桥成。计长四十二丈，广二丈有奇。积万金买置线多田亩，年收租谷二千九百余箩作岁修资。咸丰丙辰毁于兵，光绪初同知吴雪堂递加修理，复为狂风所折，十一年同知陈宗海倡捐，醵金五千九百余两，饬监生尹其懋督修，并增铁索大渡二十股，小渡十六股，坚緻如故。后迭经修补，民国七年复毁，知事张其崟及邑商醵金修葺，十五年毁于匪，邑绅董友莲捐巨款修建，二十年商会主席黄增濂等以龙、潞两江桥日见攲斜，倡议改修为铁板桥，需费四万余元，由腾冲商会筹备修建之。一在潞江上游马面关，名天济桥。清乾隆三十年，生员董棫倡建。联以铁索，系跨潞江，功已垂成。三十一年，永顺镇乌尔登额、永昌府陈大吕以缅事起。欲画江自守，主拆毁，并革黜董棫生员，诬以好讼生事。千百年未有之奇功，垂成而遭毁，至今惜焉。

石桥　木桥

东门桥 在东门外，明指挥陈效捐建。

迎恩桥 在饮马河，一名饮马河桥。

中　桥 在饮马河前。

凌云桥 在西门外，跨大盈江，一名大桥。

通津桥 在城西。嘉靖八年，百户郝昇建，乾隆三十九年重修。

北门桥 在北门外，名北门第一桥，后圮。光绪七年，同知陈宗海捐廉修补。

车筒河桥 又名凉亭桥，在北门外田心寨。明指挥杨继武建，乾隆四十年重修，后圮。光绪六年，同知陈宗海倡捐修补。

龙洞桥 即叠水河桥，明指挥陈仪建，毁于兵。光绪七年，同知陈宗海倡捐重修，更名为大盈江桥。

新　桥 在城西南。

满金邑桥 在城南，陈志建。

太极桥 在大盈江龙洞桥下叠水崖头，详《名胜》“龙光台”。

团山桥 在大董团山村右。

凤山桥 在大董长洞村旁。

大庄桥 建于大盈江上，中砌石礅，初以木板，后铺石板。至民国初，由上、下庄人提倡，捐款改建两眼如弓石桥。

四板桥 在和顺尹家巷，通石头山之路。因大盈江与和顺三合河水平流，乡人建设四板石平桥于上。

捷报桥 在大盈江尾。光绪十年，和顺人重建。

双虹桥 在和顺乡路口，原名三合桥，乃芭蕉溪、来凤滩合流所经也。建于有明，村人寸玉等修，后圮。光绪十年重修，民国十年乡人于桥右半里许复增置一桥，配之为双。围以池，池内莳荷，沿堤植柳，每当夕阳西下，水光桥影，两相对峙，形如双虹，因寓名焉。

凤尾桥 近纱帽山。明郑文运建，民国十四年水泛桥圮，里人张聚五倡捐重修。有张罗氏热心募化，此桥为罗坞塘门户，跨大盈与后屯飞凤山联络，故有凤尾桥之名。

永镇桥 在沙坝。创始于清道光六年，初为木桥，被水溢毁。民国五年，邑人李茂先等改建石桥，至二十年复毁，二十一年由邑人重修。

清水桥 在清水河，建于清光绪三十二年。

德禄桥 在缅箐路口。久圮，光绪十三年，同知陈宗海倡捐，饬乡饮樊启林等重修，宣统初复圮。民国十八年，邑人醵金重建。

镇夷关桥 在镇夷关。

蔺家寨桥 在蔺家寨。

三星桥 在下北乡小松树。建于明代成化间，已毁。民国初年，邑绅卢占魁倡捐重修，跨大盈江，为买鱼村、星罗屯往来要道。桥洞三眼，故有三星桥之名。

清涟桥 在下北乡后所营。建于清初，民国二年重修。桥下多石峡，水不易浊，故以清涟得名。

永庆桥 在河西魁云乡。夏秋水涨楼圮，屡修屡圮。

侍郎坝桥 在小西侍郎坝，建于清光绪间。

白泥沟桥 在小西白泥沟，建于清光绪间。

龙马窝桥 在小西龙马窝，建于清光绪间。

山河桥 在小西大宽邑，建于清光绪间。

保定桥 在缅箐小巷寨旁，建于明时。

回龙桥 在缅箐回龙村前，建于明永历间。

永定桥 在缅箐赵家巷寨前，建于清时。

老巴河桥 在清和镇。

小寨河桥 在清和镇。

香柏桥 在清和镇。

小河底桥 在清和镇。建于清乾隆间，民国初重修。

普天桥 在黄果树下，为通曩宋关道。

曩烟桥 在曩烟寨南，为明朗、河西、魁云三乡要道。建于清乾隆间，光绪间重修。

河西桥 又名福星桥，在河西乡。建于清光绪间，民国十八年复修。

左所营桥 在左所营，建于清道光间。

大坡凹桥 在大坡凹，建于民国十三年。

苏家营脚桥 在苏家营，建于清道光间。

大小河桥 在和顺张家坡，建于清光绪间。

太平桥 在明朗乡，建于明正统间。

固东桥 有二，俱在阿白屯。年筑年倒，民国二十四年重筑大木桥，宽丈余。

乌索桥 在乌索。上三桥，光绪十三年，同知陈宗海各拨回产田作岁修资，民国十九年重修。

顺江桥 在大西。

夹象石桥 在瓦甸，即永盛桥。建于明洪武间，毁于兵。光绪七年，同知陈宗海倡捐重建。民国四年，道人邵蓁堂等复醵金修补，长十二丈，广八尺余。

陈家桥、德厚桥 俱在瓦甸。光绪三年，同知陈宗海并倡捐修补。

新河桥 在盏西。建于清光绪间，后毁。民国四年重修，旋圮。

二道桥 在遮坎黑脑河，建始于清宣统初年。

通润桥 在九保镇城内。建始于乾隆四十年，都司王振倡修，乱已毁。光绪六年，都司袁善捐资重修。

新街桥 在明光下单河口。其水春冬可涉，夏秋用筏，常有溺者。光绪六年，同知陈宗海修建，复拔给乌索回产田六箩作岁修之资。今田失桥毁。

普济桥 在龙江上流。光绪五年，同知陈宗海倡捐建。

石龙桥、永安桥、龙家桥、龙胡桥、邓家桥、普济桥、济东桥、柳湾桥、润生桥、木厂桥、总渡桥 以上十一桥皆在北练。光绪十三年，同知陈宗海俱倡捐修补。

三板桥 在周家坡龙川江上游。清嘉庆十二年，邑人倡建。旧《志》失载。

里高桥 在杨家寨龙川江上游。清道光八年，邑人倡建。旧《志》失载。

永胜桥 在杨家寨龙川江上游。建于清光绪六年，民国二十年水溢桥毁，明年春邑人重修。旧《志》失载。

普惠桥 在双龙村龙川江上游。建于清乾三十年，初以藤为之。民国八年，邑人吉庆昌等改建为木桥，二十年夏江溢桥毁，即于是年冬复修之。旧《志》失载。

杨家桥 在第五区龙川江上游。民国八年，邑人蔺斯武等倡建，十四年毁，是年冬即修复之。

高顺桥 在凤鸣村南之龙川江。清乾隆间，邑人董棫等醵金倡建。梁跨两岸石壁间，中流峙有巨石，砌为砥柱，迄今二百余年，未有损坏，不过小有修补。旧《志》失载。

花寨桥 在明朗乡，建于明正统间。

小河桥 在新华乡，建于清光绪间。

小模寨券桥 在蒲川乡，建于民国十九年。

刘家寨石桥 在大西顺江。

大券桥 在大西云华乡。建于清道光二十三年，初筑木桥，后圮。咸丰五年，改建石桥。

琅琊山脚石桥 在古永，建于民国十六年。

轮马石桥 在古永，建于清光绪三十三年。

苏江石浪坝石桥 在古永，建于清道光间。

板桥、卡石桥 在古永，建于民国十一年。

番家冲石桥 在古永，建于清光绪间。

小河桥石桥 在古永，建于民国八年。

浪撒寨石桥　在古永，建于清道光初年。

胆扎石桥　在古永，建于清咸丰间。

岩子嘴石桥　在大西罗坪乡，建于清初。

鳞跃桥　在东山寺，久圮。

回龙桥　在马面关。

厢子桥　在罗香甸。

天生桥　有三，一在赤坪，一在灰窑，一在清水河。

济南桥　在曩宋河上流。春冬可涉，夏秋雨水倾注，急浪狂流，力能摧石。光绪六年，同知陈宗海择木龙口地，就两岸砌石成桥，近年亦屡修。

飞凤桥　在北门外三家村旁。里人建，光绪十三年大水淹没。

范家桥、三家村桥　俱在北门外。

马常桥　在上马常村旁。上四桥，俱同知陈宗海倡捐新修，下用石为墩，上覆大木。

郑家桥、冉家桥　俱在江苴。光绪八年，同知陈宗海倡捐修补。

永顺桥　在瓦甸龙川江。民国六年，里人杨正春等倡建。

平安桥　在瓦甸。民国十二年，里人杨问朝等倡建。

飞虹桥　在曲石乡千双河上游。建于清康熙初年，后毁。民国九年曲、瓦二乡共修复之。旧《志》失载。

黄坂桥　在叠水河下流。

〔据李根源、刘楚湘总纂民国《腾冲县志稿》（许秋芳主编，李光信等点校，云南美术出版社 2004 年版）卷十六《交通·桥梁》第 317 – 322 页辑录。〕

（民国）龙陵县志·地舆志·桥梁

卷三　地舆志

桥　梁

王者体国经野，十一月徒杠成，十二月舆梁成。俾民无病涉之忧，人鲜望洋之叹，虽不必乘舆济人，而惠已流于无穷矣，则津梁岂缓图乎？龙陵僻居荒服，左有潞江，右有龙江，奔流急湍，舟楫难施。其余河道，亦多歧出，或藤桥高跨填乌鹊于银河，或铁锁牵架飞虹于古渡，莫不随时修补，因地制宜。故能骇浪无惊，作中流之砥柱，鲸波永息，挽既倒之狂澜，喜利涉之同沾，何虞弱水觉迷津之可指。奚患哑泉孽海茫茫，犹幸回头是岸，洪涛滚滚，还当立脚横流。

猛淋桥　在县北三里。

盘龙桥　在县西三里鳌山下。

铁河桥　在县正北十里。

放马厂桥　在大关外二十里。

永康桥　在芒市去大关五十里。

得胜桥　在芒市蛮波五里。

镇安桥 在土城外。

头道桥 在县北潞江界。

二道桥 亦在潞江。

坝兔桥 在县南三十里道水箐口。

镇南桥 在县治西八里。向用石砌，日久倾塌。光绪七年，同知刘赐龄率绅民重修。

滩冷桥 在县南遮放界。

迎恩桥 在县治东五里。道光二十五年，用石修建，后被水冲坏。光绪八年，同知刘赐龄倡率绅民重修之。

惠人桥 在潞江土司地，离县治一百八十里，为腾龙入永通衢。明嘉靖间，后备道潘润造巨舟以渡，地多炎瘴，行人病之。清道光十九年，知府周澍详请修建，越三年而成。就江心大石为砥柱，复垒巨石其上，以银锭扣之周围，广四十余丈，环以墙，两岸以铁索横贯于中墩，长五十二丈，悬空飞渡，南北两岸各建以亭，中铺以木板，左右翼以栏杆。桥成，捐集万金，置买线多田亩，年收租谷二千九百余箩作岁修费。咸丰中，毁于贼。光绪初，递加修理。十一年三月，怪风忽大作，铁索尽被吹折坠落江中，腾越同知陈宗海倡捐醵金五千九百余两，督绅修复。以后，间有坍塌，莫不随时修葺。现在，田租年仅收谷一千余箩。

惠通桥 在潞江腊猛渡，离县治一百二十里，为龙赴永通道。道光中，潞江土司线如纶倡修石墩，已砌出水面，因未通禀，有责言，遂中止。光绪十四年，增生李汝亮赴省禀准督部堂岑、抚部院谭批，饬永昌府龙陵县协修，如款不敷，由善后局筹济。次年，同知覃克振倡捐银千两，并劝绅商士民协力捐赞，三载告成，乃期月间即遭风折，复竭力续修，不数年又折。延至光绪二十五年，同知龙文莅任，复劝段绅、逢海等朋捐修葺，段绅前后约共捐银四千余两，其余乐善诸绅各有捐助，斯桥复成。先是，腊猛无桥，往来皆渡筏，水夫之役系大坪子、金刚园、白虎山、窝子寨、后寨，领乾寨、乾滚塘等七村所供。桥成，其役遂免，因禀准每年七村共纳银壹百柒拾两为岁修费。宣统二年，同知徐嘉鉦复劝各善士朋捐得千余金，购洋练预备将来改修之用。盖以土练粗脆亦（易）断，不若洋练之纯熟耐久也。利济之心，不诚远且大哉。

腾龙桥 在龙江蛮掠渡，距厅四十里，为腾龙往来通衢。向皆以竹筏相渡，既险且延，行旅苦之。光绪二十五年，同知龙文、参将苏应瑞、劝谕腾商张以芳倡捐银壹千两、张鑫和倡捐银伍百两，其余腾龙各商号量力捐助，创修铁练桥。复于桥头两岸，修观音、财神、龙王、土地等祠，委熊兆尧、尹贡南监其功。阅三年，告成，行李称便。先是，由蛮掠过邦腊、掌底、龙陵道路险窄，宣统初，防营管带龙德桂修理，两旁开挖宽大，并督修镇安道，舆人称颂之。

永安桥 在芒市地，距县二十里。光绪间，腾商张以芳妻钟氏捐资修建，约用银四百余金，襄其事者为赵珠璋、姜朝阳二绅。

纪善桥 在芒市地，距县三十五里。光绪间，赵珠璋、姜朝阳劝捐修建，建修道路约共用银玖百余金。

香柏桥 在县西北三十里，通腾越大路。乾隆间，以香柏板架之以渡，后板腐则易以大竹，随毁随修，仅免徒涉。光绪三十一年，监生熊兆尧捐银四百余金券石桥，从此行旅可以畅行。

叠水桥 在县西三十里香柏河，亦为通腾要道。光绪十一年，绅商士民朋捐修建，约用银六百余金。

龙安桥 在龙江乡约地猛柳，距县六十里，其制亦仿惠人桥而为之。先用铁柱立于两岸，各覆以亭，而以铁练系于铁柱之上，铺以木板，翼以栏干，俾往来者履险若夷。屡折屡修，今幸完固，其年月功德详载于碑记，兹不赘录。

云龙桥 在县南八里。光绪庚子年，赵珠玮、姜朝阳、李昌美、林青山等倡捐券石为之。

渡 口

腊猛渡 现已造惠通桥于上。

攀枝花渡 在归顺。

打黑渡 在平戞。

罕乘渡 在猛糯。

七道河渡 在猛糯。

等养渡 在平安下甲。

老厂渡 在平安山。

尖山渡 在等谷练。以上皆系潞江。

等插渡、蛮老渡、毛洞渡 以上皆系龙江。

〔据张鉴安修，寸晓亭纂民国《龙陵县志》（台湾学生书局1968年据民国六年石印本影印）卷三《地舆志·桥梁》第13-16页辑录。〕

迪庆州

（光绪）新修中甸厅志书·津梁志

卷上 津梁志 津梁

江边拉咱古大河距城三百一十里，上建木桥，长四丈，高三丈，宽八尺，系进省要路，三年一修。

木撇湾距城四百二十里，阿喜讯（汛）设有渡船，由丽江府修造。

中甸至其宗江口距城二百四十里，往维西大路，设有渡船，由维西厅修造。

桥头塘木桥 距城一百八十里，进西藏大路，五年一修。

奔子栏汛 距城二百二十五里，设有渡船，进西藏大路，由维西厅修造。

头道桥 距城北二里。

三道桥 距城十里。

东旺下村扎卑塘木桥 距城三百六十里，往川属巴塘大路。

路诺木桥 距城三百二十里。

佈庸木桥 距城三百二十里。

佈住通木桥 距城二百九十里。

泽玉丹左木桥　距城五百里，往川属里塘大路。

翁水上村木桥　距城三百二十里，往里塘大路。

克吐木桥　距城一百五十里。

天生桥　中甸东山之外，距城三十里，旷野平原，名曰毕怒坝子，内有大河，一溪水由东南而流于西，其泄水处，两峰壁立，一穴洞开，势若城门之状，遂以天生桥名焉。

〔据吴自修等修，张翼夔纂光绪《新修中甸厅志书》（《中国地方志集成·云南府县志辑82》，凤凰出版社2009年据钞本影印）卷上《津梁志·津梁》第512页辑录，并用云南民族社会历史调查组钞本校补。〕

（民国）维西县志·舆地志

卷一第四　舆地志

朵洛岩桥　在县治三百余里，乃赴川藏必由之路。于悬崖绝壑中架木为桥，为叶枝区紧要门户。

倮大岩桥　在县治东北三百余里。于崖畔江面架木为桥，行人以为栈道云。

其宗渡　在县治东二百余里金沙江边，赴中甸必由之路。近年乡匪入寇，往往由此而入，防边者更宜注意也。

奔子栏渡　在县治东北六百余里，为赴康定、德荣各县必由之道，在金沙江边。

卷二第十　交通

津　渡

金沙、澜沧两江边，土人于冬春水落时，用筏渡，夏秋水涨时，用溜渡。渐有用三角船者，亦廖廖（寥寥）无几也。

桥　梁

县属赴省大道，东路有永春河木桥一座，东北赴阿墩、西藏大道，有青龙山哨義石村工龙河、阿海洛古河、小维西河石券桥五座。岩瓦至康普河、叶枝河、倮大河、黄龙关河木桥五座。又东北赴中甸往荣县道，有其喇河、拖顶河、洛沙河木桥三座。

〔据李炳臣修，李翰湘纂民国《维西县志》（《中国地方志集成·云南府县志辑83》，凤凰出版社2009年据钞本影印）卷一第四《舆地志》第168页、卷二第十《交通》第237页辑录。〕

临沧市

（康熙）顺宁府志·建设志·桥梁

卷二　建设志　桥梁

来宣桥　在澕溪江，距府一百九十里。知府米璁建，后知府许弘勋独捐千金重造，后不数年复圮，知府徐欐劝众输助捐俸重修，往来称便。

迎恩桥　在皇华馆前。知府王政建，后知府刘芳声劝众重修。

宣德桥　知府刘芳声建，署府佟鹦彩助其成，守备保自凤共襄之，先任知府胡朝宾亦与有力焉。

锡铅桥　知府刘芳声、徐欐续建二次，今已圮废。

泗水桥　在城外东南角。

归化桥　署府鲍积仓建。

翁起桥　知府李文渊重修。

大　桥　往永昌道。知府刘芳声重修，年久倾圮，知府董永芠重修，题额曰“济川”，曰“利涉”，贡生李愈芳、驿丞孙耀祖与有力焉。

天顺桥　耆民张所蕴等同建。

攸往桥　知府刘芳声建。

来顺桥　知府董永芠建。

迎春桥　知府李文渊建。

瑞虹桥　知府徐欐重修。

远来桥　知府徐欐重修。

〔据董永芠纂修康熙《顺宁府志》（云南民族社会历史调查组1960年钞本）卷二《建设志·桥梁》第15页辑录。〕

（光绪）续修顺宁府志稿·建置志·津梁

卷十　建置志四　津梁

顺宁县

青龙桥　案旧册参《采访》：在城东北八十五里。乾隆二十六年，知府刘埥督率士民建铁索桥。长三十六丈，宽一丈二尺，系铁絙十四股，上铺木板，左右栏牵扶手、铁絙各一股，共用铁絙十六股。先后共捐置近城各村田每年额租谷九十四孔，又江内外各村田每年额租谷五十七孔零十斛，又租谷十五石，折银十两，又小新街铺地七间，每年地租钱二两一钱，为岁修之费。兵燹后，户口寥落，前收额租二项，近城一项仅得三分之二，现在年共实收租谷一百零四孔十斛，惟年值春夏之交辄遇暴风，桥多毁坏。自嘉庆十九年、道光二十四年两次火毁，知县麟瑞[①]、知府黄德濂率士民重修，后咸丰七年复毁于兵。同治十三年，知府陈泰琨饬士民筹款兴修。光绪十三年，暴风簸荡，铁絙一齐断落入江，知府萧凤仪、知县胡政举督饬士民捐赀力役重修。

副榜李于阳《澜沧江渡》：“横亘水中央，垂虹石丈长。铁絙飞碧落，石壁破青沧。浪急蛟龙吼，山深猿狖藏。临流频眺望，天堑壮遐方。”

① 麟瑞　原本作“麟德”，据光绪《云南通志》、《新纂云南通志》改。光绪《续修顺宁府志》卷二十《秩官志·知县》：“麟瑞，汉军镶红旗人，举人，嘉庆十四年任。”作“麟瑞”是，今据改。

黑惠江渡 旧《通志》：在城东北一百八十里赤龟山下。《采访》作二百三十里。以竹筏齐渡，由犀街乡约经管。

泗水桥 旧《通志》：在城东门外。康熙二十二年，知府刘芳声建。雍正二年，里人又别建石桥于此桥之西。光绪九年被水冲毁，十年知县蔡之模修，后又倾圮，十一年知县胡政举重修。

迎春桥 旧《通志》：在城东一里。康熙四年，知府米璁建，后知府董永芠、署知府陈之玮相继修。嘉庆二十年冲毁，知县路华倡修，道光五年复圮，知县金澄捐赀重建，后复毁。

祝嵩桥 《一统志》：在城东二里，跨顺宁河之中流。明土知府猛寅重修为石址，以酾水道，上有扶栏瓦屋。咸丰年，兵燹毁于火。

宣德桥 旧《通志》：在城东南二里，通云州大路。康熙二十一年，知府刘芳声建。五十四年，知府殷邦翰重修。乾隆六十年，被水冲毁。嘉庆元年，知县崔凤三倡修。同治八年，被贼拆毁。光绪六年，知县邓瑶饬地方筹款修。十三年，旋冲圮。十四年，知县胡政举提拨青龙桥余款，并各寺观租款，督士民改建石桥，上建桥亭，更名登瀛桥。

胡政举《登瀛桥碑记》：

顺宁郡城，居万山中，山泉百道，汇而为溪，自东北迤注于南，奔流奋迅，广不容刀，亦深难褰裳，而适当云缅往来之冲。每值夏涨秋霖，咫尺有望洋之艰，昔人曾建桥以资利涉，咸丰间以兵燹毁，肃清后，旋建旋圮。当前县邓、郑两君任时，率邑中人相继而经营之，其劳费已非浅鲜矣。丁亥夏，积雨兼旬，桥又坍于水，适举承乏斯邑，时则方竣铁索桥之工，民既困于财，亦困于力，势颇难以兴作，然究不得以劳力伤财，故终任其颓然隳废而不谋绍修，所幸江桥余款存四百余金，尚可藉以始事。因集都人士与谋曰："民捐不必再议也，而寺观余租甚夥，酌取之当可以济不足，民力终当藉资也，于近里之编户更调之，自可以见不疲。其有好善乐施者听之，作伪避役者惩之，庶可观厥成乎！"佥曰："可。"遂禀诸府宪而兴役焉，于是鸠工庀财，度地面势，岸不欲其狭，则微辟而宽之，所以纾水势也；时不欲其削，则厚斫以易之，所以固基址也。慎终于始，积日略劳，其间之随时乐助者不乏石，趋事赴公者无难色，财虽费而示扰，力虽劳而若忘。以戊子春暮兴工，以是岁秋杪蒇事。高于旧者三之一，广于旧者五之二，遂使虹腰永垂，鳌背稳跨，为城南一关键焉。维时之率作兴事，则陈铠、罗一鹏两明经也。度支征发，则胡炳、赵思礼两茂才也。程工督役，则李思诚、杨俊诸耆英也。而一切之指示机宜、审量规模者，实则李守戎春圃之匠心为独运。愚谓心之所至，力即赴之，力之所萃，工即随之。是役也，固由诸君子急公好义之心，乃能集群力而成善功，且以上继坠绪，下垂永利也。若其经费之出入，工役之多寡，执其事者当能勾稽其实焉，勒诸贞珉，以质诸众庶矣，亦何庸赘述哉！桥成，而于君春霖秋捷之报适至，遂名以为登瀛桥云。

藤　桥 《一统志》：在城南阿铎河。河水东注，土人构藤为桥。

来顺桥 旧《通志》：在城南四里，通云州路。康熙三十八年，知府董永芠建。先系木桥，上有扶栏瓦屋。咸丰七年，兵燹毁。同治三年，士民重修，八年被贼折（拆）毁。光绪元年，士民集款改修石桥，更名新顺桥。

归化桥 旧《通志》：在城南十五里。《府志》：康熙三年，知府米璁建，七年，知府许宏勋重修。乾隆四十年，水泛冲毁，知县秦涛率士民重修，后废。光绪六年庚辰、二十四年戊戌两次重修，皆旋修旋圮。

麻腊寨桥 旧《志》：在城南七十里。康熙三年，知府米璁建，后废。

来远桥 旧《通志》：在城西南阿度吾里。康熙二十八年，知府徐欐建。

顺济桥 旧《通志》：在城西南一百二十里阿度吾里。雍正三年，经历沈应俞建。

凤鸣桥 旧《志》：在城西。康熙元年，米璁建，今久圮。

济虹桥 《一统志》：在城西二百五十里，俗名枯柯桥。《府志》：在城西北二百里永顺分界处。明万历四十年，知府李忠臣建，挽以铁索，复圮。顺治十八年，知府米璁修。旧《通志》：康熙四十一年，知府董永芠重修，久圮。

李家桥 旧《云南通志》：在城西北五十里猛右地，永顺通衢。明郡人李氏所建，石桥。

锡铅后桥 旧《志》：在城西北八十里，入锡腊路，久圮。

济川大桥 旧《志》：在城西北一百四十里，入永大路。知府刘芳声修，久废。旧《通志》：康熙四十一年，知府董永芠重建。光绪九年圮，经历韩铣督士民重修，十七年又圮，署知县黄炳南、曹衍瀚先后继修。

衢亨桥 旧《通志》：在城北门外。明崇祯十七年，知府曾瑞来建。兵燹毁，光绪元年，知府徐承勋重修，九年圮，知县郑兰蔚重修，十一年复圮，十八年知县黄炳南改建石桥，二十三年又圮，知县曹衍瀚重修，后复圮，未修。

掬春桥 《一统志》：在城北。源出交凤山，桥跨下流，今废。

小　桥 旧《通志》：在城北一百四十里。旧《志》：旧名锡铅前桥，在城北八十里。明崇祯十七年，知府曾瑞来建。因水势冲激，屡修屡圮，后建小桥，以济行人。

猛家桥 旧《通志》：在城北一百六十里，又名大桥。明崇祯间，知府曹巽之建。康熙六十年，知府赵承恭重修，改名兴善桥。《一统志》：路通蒙化，兵燹毁。光绪五年，知县邓瑶督士民筹款修，六年被水冲毁，十一年，知县蔡之模复饬士民重建，二十二年，东桥墩圮，里人罗焕章、纪家铭、张履谦等率同里人民重修。

瑞虹桥 旧《通志》：在城东北半里鼓山下。康熙二十六年，知府徐欐建，兵燹毁。同治十二年，士民重修。光绪七年圮，知县郑兰蔚重修，十八年，知县黄炳南改建石桥，二十三年被水冲塌，知县曹衍瀚督士民筹款重建。

迎恩桥 旧《通志》：在城东北二里。明崇祯六年，知府王政建，后经火毁。康熙二十二年，知府刘芳声重修。雍正三年，知府范溥改建石桥。嘉庆十五年圮，改道于北，兵燹毁。同治十三年，知府陈泰琨重修。光绪五年圮，知县邓瑶饬地方筹款重修，复圮，十一年，知县黄炳南重建木桥，上覆瓦屋扶栏，监生曾国瑾督工修。

史力桥 旧《通志》：在城东北一百五十里阿鲁司北。康熙五十七年，里人同建，后圮。光绪十四年，李金玉等重修。

来宣桥 旧《志》：俗名小江桥，在城东北一百八十里，跨濞溪江，通蒙化路。初为藤桥，顺治七年，通判杨廷璧始易木梁，后因李忠武之乱焚毁。康熙元年，知府米璁重建，绾以铁索，上覆瓦屋二十余间。八年复毁，知府许宏勋捐建，二十八年，知府徐欐重建，五十二年被水冲没，五十四年知府殷邦翰倡修。《顺宁采访》：嘉庆三年，全圮，今由上流编筏以济，即黑惠江渡。

克马桥 旧《通志》：在城东北一百八十里西牛街。康熙二年，知府米璁建。

歪泥桥 旧《通志》：在城东北二百五十五里，通永平路。康熙二年，生员冯嘉训捐修。《府志》：在东木笼里。

飞虹桥 旧《志》：在府东南八十里，翁起坝即飞虹桥。明万历十八年建，康熙三年，知府米璁修，久圮。

青屈桥 在城东七十里，跨四家村河。光绪十年，文生董重如、陈柱邦、李廷佐等改修石桥。

攀云桥 在城东柞房街头。梁基皆用石，历来已久，完好如故。

龙潭桥 距锡铅街八里。光绪二十年，文生杨春芳、赵荣春倡修木桥。

柏木沟桥 在猛右坡脚。道光年间圮。光绪二十六年，文生王友仁等改修石桥。

仓房古桥 在城南十里，通涌金厂大路，久圮。光绪十八年，士民重修。

大树桥 在城南三里，旧云州大路。

天生桥 在城东南白平乡上村。年代已久，桥基为树根屈蟠，牢固不拔，桥头碧荫交加，洵奇景也。

大板桥 在勐家桥下游，距牛街十里，地当通衢。同治元年倾圮，今未修。

立款桥 在城东四十里。道光十九年，杨赞倡修木桥。光绪二十一年圮，廪生杨金等重修，光绪二十九年闰五月又圮，里人杨世典、廪生杨铃复倡首重修。

启蒙桥 在东木笼里下黑妈村，通蒙化大路。同治十一年，本村人民集赀力役创修石桥。

力马兴大桥 在城西南二百里阿度吾里四甲，旧名利往桥，上覆瓦屋扶栏。道光二十七年圮，旋修旋圮者数次。至光绪二十四年，士民等复重修。

南坝桥 在城西南二百三十里马喇坡，久圮，未修。

旧寨桥 在城南猰山旧寨交界。先系石桥，嘉庆年间，被水冲毁。光绪二十四年，士民改修木桥。

甲辰桥 在城西南百里胡家坡脚，上覆瓦屋扶栏。光绪二十四年，士民创修。

小里地河石桥 在城西南六十里。

诗礼桥 在牛街里史力街，距街三里。年久圮，光绪十四年，里人李金玉等重修。

铜路桥 在鲁史街北六里，通永平大道。光绪十三年，贡生陈大勋等改修石桥。

乌沙河上下二桥 在城东南白平乡。光绪二十九年，本乡士民重修。

漭板河桥 在城东北江外东木龙里。光绪二十七年，里人李灼文等重修。

康济桥 在城北观音里瓦屋街左。光绪十四年，文生李载阳等重修。

永顺桥 在城观音里瓦屋街石跨栅房河。原系石桥，光绪十四年，贡生罗登云倡修。

登云桥 在城东六十里。旧系竹桥，光绪十年，贡生杨联登等创修石桥，是年即圮，十一年复改修木桥，十七年又圮，二十五年文生杨兆昌承父联登之志，复倡首迁移址，修造木桥。

凌霄桥 在城东六十里燕子岩，当顺、云、缅通衢。石梁重坚固，造自勐氏，历年久矣。光绪十年桥坊倾落，十二年监生苏耀东补修。

石平桥 在城东六十里乐党街下，旧名圈桥。

冷水河石桥 在城东八十里把边关，光绪二十九年圮。

旧圈桥 在城东一百里热水塘。道光年间，改修石平桥。

石板桥 在城东四十里。同治五年圮，里人杨绍虞重修。

小村石桥 在城东三十五里，跨彭家窝小河，为东山一带进城要道。光绪二十九年，村人彭森等修。

杨柳树桥 在城东三十里，跨马里铺小河，为通城要道。光绪十四年，村人字凤章等倡修。

马里铺石桥 在城东三十里，跨马里铺小河，通城要道。道光丁巳年，武生张德兴等修。光绪十三年圮，十四年，字凤章等重修。

永济桥 在城北漭水街尾。前有桥房，两次被水冲坏，后里人穆自恺倡首改为石桥。

铁锥桥 在阿度吾里三甲立达户王家寨山脚，城南八十里连接四甲小领片山脚。今毁，同治庚午年被白旗焚毁无存，离城八十里。

古板桥 在城南一百二十里立马括山脚，今毁。

劝善桥 在达丙里下六户塘北河。咸丰二年，贡生王成治等修建。

济川桥 在达丙里下六户，又名大桥。咸丰三年，贡生王成治集四里人同建。光绪十六年，被水冲圮，二十年，邑绅蒋士林、杨师尧、袁建中等重修。

回龙桥 在右甸城南一里。光绪二年，段嗣业、尹臣商等重修。

大沟桥 城北一里。光绪二十八年，里人杨登瀛等新建。

达丙大木桥 离右甸城二里，地当通衢。常年屡坏屡修，置有岁修公田三分，座落坝心，年收租谷息三十箩。自光绪十八年起，即系管事段允中、苏兴周经收。

七甲大木桥 在达丙里上八户，高三丈有余，亦当大路。常被冲圮，光绪三十年，监生赵诚、文生林再兴、武生李先春重修。

阿典木桥 在达丙里九甲。

河西桥 在枯柯里官庄。嘉庆十五年，贡生熊湘等修建。道光七年重修。

九道河桥 在枯柯里官庄。光绪三年，本里士民同修。

大过口桥 在枯柯里官庄。光绪九年，本里士民同修，今倾圮。

辉光寨桥 在枯柯里大四甲。光绪二十九年，里民辉如暹等同修，今圮。

上八甲桥 在枯柯里。光绪二十年，里人王奉先等建，今圮。

蟾桂桥 在城东北三里。光绪十三年，知县胡政举捐廉重建，后被水圮，二十三年，知县曹衍瀚筹款重建。

乐善桥 在较场前。光绪二十五年，绅士陈惟寅、毛腾霄、段尚志、杨福元、罗为象、胡炳捐赀重建。

立款桥 在城东南四十里。

永顺桥 在城北观音里瓦屋街。

永顺桥 在城东北江外阿林寨之水泄厂街，当顺宁、永平通衢，跨茅把河。咸丰间变乱，被永平回匪拆坏。光绪二十七年，两属士民暨榆蒙客商等捐赀重修。

永顺桥 在城东北十五里三道河。光绪二十五年，知县桂福饬地方筹款，贡生赵思礼、武生徐国珍监修。

大青树桥 在城东北十里新村塘。光绪二十一年，知县曹衍瀚倡捐饬地方筹款，贡生赵思礼监修。

乌沙河桥 在城东十五里平村。光绪二十五年，邑廪生陈惟寅捐修。

永宁桥 在城东十五里三岔河。光绪二十四年，县学教谕孙骏捐修。

新生邑石桥 在城南三里。

安平村石桥 在城南四里。

翁师魁河木桥 在城南五里。

打铁街石桥 在城南下三里。

漭街渡 在城北一百三十里澜沧江。编竹为筏，为赴蒙化、永平通衢。

新街渡 在城东北二百六十里黑惠江。

六甲渡 在西牛街下南六十里黑惠江。

山后河木桥 在枯柯里六甲。光绪二十六年，军功毕应贵、赵达科等修。以上皆《采访》。

云　州

漫乃江渡 旧《通志》：在城东一百里阿轮山边，通景东要津。

神舟渡 旧《通志》：在城北一百二十里，路通蒙化。

富春桥 旧《志》：一名东桥，在城东五里。康熙五十四年，署知州程之炜修。旧《通志》：雍正三年，知州吴元鏊捐修。

柳荫桥 旧《通志》：在城东邦谷村下。河畔有柳树垂荫，故名。

会龙桥 旧《通志》：在城东南四十里蛮亥山麓，庠生钟澧捐修。

回龙桥 旧《通志》：在城东南猛麻三家村下关。锁一猛风脉，因名回龙。

三道桥 旧《通志》：在猛麻漫岩村下。有三，石桥一，木桥二。

广德桥 旧《通志》：在城南十里，即锁水桥。康熙三年，知州刀飞龙捐建，雍正元年，知府范溥同贡生刘次薇等重修。旧《志》：一名北桥，在旧城，系府境河水下流所经。庠生钟澧捐修，后毁，今编竹为浮桥。

新惠桥 旧《通志》：在城南十二里，即南桥。以铁索架梁，康熙间邑人公建，后毁，今编竹为浮桥。

猛赖桥 旧《通志》：在城南一百二十里，即大藤桥，与小藤桥俱为往来要津。日久渐废，雍正二年，知州吴元鏊捐俸易藤以木。

邦洪桥 旧《通志》：在城南一百三十里，交耿马界。旧传土人张氏建，雍正元年，知府范溥捐修。道光四年，知州李端元重修，更名青云桥。

猛底桥 旧《通志》：在城南二百五十里，即小藤桥。《顺志》：在城南八十里，结藤为梁。

永安桥 旧《志》：在城北门外。旧《通志》：武生刘恬修，后圮，道光四年，知州李端元捐修，更名曰康济桥，今废。

石　桥 《一统志》：在城北，路通蒙化。

小板桥 旧《志》：在城北十里盐井哨。

永镇桥 旧《通志》：在城北三十七里温崩。《府志》：在城北四十里。

长安桥　旧《通志》：在城北四十里。《府志》：在城北五十里猛郎河。

马四河石桥　旧《通志》：在城北四十八里。《府志》：在城北，去猛郎十里，署知州王坦捐修。

大藤桥　《采访》：在州南猛底，与小藤桥同为三乡要津。雍正二年，知州吴元鏊捐俸改建板桥。

猛郎石桥　《采访》：在州东北六十里。乾隆间士民创修。光绪十一年六月圮，十五年邑拔贡卢光肇、耆民杨长元等倡捐重修。

缅宁厅

澜沧江上渡　旧《通志》：在城东二百里，通景东要津，设船以济。

澜沧江下渡　旧《通志》：在城东南一百五十里，通威远要津。

栢木桥　旧《通志》：在城东里许，通景东路，土司时建。《采访》：光绪二十四年，通判李鸿楷，副将羊恩科，绅商士民王兴贵、彭锟、王国恩等捐赀改建石桥。

南信桥　旧《通志》：在城南五里。乾隆五十九年倾圮，六十年，署通判张德基重建。

双　桥　旧《通志》：在城南十里，出猛猛路。乾隆五十七年，里人梅天泽等倡修。

茅草桥　旧《通志》：在城南四十里锡本。上有屋，覆以茅草，故名，今易以瓦。

铁锁桥　旧《通志》：在城西十五里，通耿马路，后改为石桥。康熙己卯年，土司俸廷珍建。光绪二十年，士民重修。

圈纳桥　旧《通志》：在城西北五里，跨蛮巩河。

腊丁桥　旧《通志》：在城北八十里，乾隆三十五年建。

凝远桥　旧《通志》：在城东北二里，通云州路。乾隆二十八年，通判马文炳建。

安南桥　《采访》：系瓦盖，建自道光年间。咸丰七年毁。光绪十一年，士商彭锟、杨占松、王兴贵、邱得凤重修。

平南桥　《采访》：系石券。道光年间建，又名大石房桥。

永南桥　《采访》：系石券。道光年间建，又名鱼塘桥。

迎春桥　《采访》：系瓦盖。康熙乙酉年，土司俸廷珍建。咸丰七年毁。光绪九年，署通判何进贤倡率绅民重建。

〔据党蒙修，周宗洛纂光绪《续修顺宁府志稿》（清光绪三十一年刻本）卷十《建置志四·津梁》第1－17页辑录。〕

（民国）镇康县志·交通·津渡桥梁

第十　交通

津　渡

镇康津渡　有二，俱在潞江，距德党一百六十里。一为罕乖渡，一为七道河渡，俱用木船竹筏乘载。

桥　梁

湾　桥　在镇康坝尾，详见《古迹》。

猛汞花桥　在太平厂下首。土司时，刘文中[①]捐赀建修。

花　桥　在小猛统河尾，为德党北出之要冲。

大花桥　在楠木箕河，为东西往来之要冲。张文清捐赀建修。

仁厚桥　在猛板河锁口处，为德党西出之要冲。张文清捐赀建修。

猛捧大桥　在猛捧街外，高得才捐赀建修。

惠远桥　在舞凤乡。县长纳公捐赀建修，民国二十一年。

［据纳汝珍修，蒋世芳纂民国《镇康县志》（《中国地方志集成·云南府县志辑58》，凤凰出版社2009年据民国二十五年稿本影印）第十《交通·津渡桥梁》第5页辑录。］

① 刘文中　云南民族社会历史调查组1960年钞本作“刘文甲”。